U0935693

机械设计工程师资格考试培训教材

现代机械设计方法

中国机械工程学会机械设计分会编

机 械 工 业 出 版 社

本书由中国机械工程学会机械设计分会组织编写。本书内容包括：产品生命周期设计、创新设计、机械动态设计、有限元设计、稳健设计、优化设计和可靠性设计等，是现代设计理论与方法学分支学科中的几个重要内容。本书所选择的几个内容具有通用性和适于各种专业产品设计应用的特点，既可以对技术产品的某项特性作出定量描述，又有完整的计算方法和步骤（或程序），而且其设计结果有实际应用价值，比传统的设计方法更具有科学性和合理性。

本书为机械设计工程师资格考试培训教材，也可供高等院校机械类专业师生和有关工程技术人员参考。

图书在版编目（CIP）数据

现代机械设计方法/中国机械工程学会机械设计分会编. —北京：机械工业出版社，2011.12（2024.10重印）
机械设计工程师资格考试培训教材
ISBN 978-7-111-36881-6

Ⅰ.①现…　Ⅱ.①中…　Ⅲ.①机械设计—工程师—资格考试—教材　Ⅳ.①TH122

中国版本图书馆CIP数据核字（2011）第268394号

机械工业出版社（北京市百万庄大街22号　邮政编码100037）
策划编辑：蔡开颖　　责任编辑：蔡开颖　段晓雅　章承林
版式设计：常天培　　责任校对：张　薇
封面设计：张　静　　责任印制：张　博
北京雁林吉兆印刷有限公司印刷
2024年10月第1版第5次印刷
184mm×260mm·20印张·1插页·491千字
标准书号：ISBN 978-7-111-36881-6
定价：62.00元

电话服务
客服电话：010-88361066
010-88379833
010-68326294

网络服务
机　工　官　网：www.cmpbook.com
机　工　官　博：weibo.com/cmp1952
金　书　网：www.golden-book.com
机工教育服务网：www.cmpedu.com

前　言

“设计”是把科技成果以技术产品形式转化为生产力的一项关键技术，也是现代工业文明的重要支柱。不少先进工业国家认为，工业革新必须以设计为中心，未来国际市场的竞争是设计的竞争，21世纪竞争的焦点将是基于知识的创新设计，设计工程师则是推动设计技术发展的主体。因此，每一位设计人员都必须不断学习新的设计理论、方法和技术，不断改进产品的设计质量，提高其市场的竞争力。本书内容包括：产品生命周期设计、创新设计、机械动态设计、有限元设计、稳健设计、优化设计和可靠性设计等，是现代设计理论与方法学分支学科中的几个重要内容。有关数字化和信息化方面的可用于支持设计的一些新方法，如计算机辅助设计、智能设计、并行设计、协同与分布式设计、虚拟设计等，将在其他书中介绍。本书所选择的几个内容具有通用性和适于各种专业产品设计应用的特点，既可以对技术产品的某项特性作出定量描述，又有完整的计算方法和步骤（或程序），而且其设计结果有实际应用价值，比传统的设计方法更具有科学性和合理性。

本书由中国机械工程学会机械设计分会组织编写，参加编写的人员有：陈立周（第1、2、6章和第7章），檀润华（第3章），闻邦椿、韩清凯（第4章），谢琴、刘更（第5章），葛世荣（第8章）。全书由陈立周、孙薇统一整理。为了便于读者检验自学结果，每章后面大多附有习题。在编写过程中，参考了国内已出版的有关教材或专著中的一些内容和图表，在此谨向有关作者和出版社致以谢意。由于本书内容面较广，加之编者水平所限，在内容取舍、编排和编写等方面都会存在一些不当之处，恳请广大读者批评指正。

编　者

目　　录

前言
第1章　绪论 …… 1
1.1　引言 …… 1
1.2　产品设计过程 …… 2
1.2.1　设计过程及其特点 …… 2
1.2.2　设计工作阶段和工作方法 …… 4
1.2.3　概念设计与参数设计 …… 6
1.2.4　结构设计，模块化、系列化和组合化设计 …… 6
1.2.5　产品造型设计和人机工程设计 …… 7
1.3　机械设计理论与方法 …… 7
1.3.1　机械设计学科 …… 7
1.3.2　现代设计理论与方法的学科领域 …… 8
习题 …… 8
参考文献 …… 8
第2章　产品生命周期设计 …… 9
2.1　引言 …… 9
2.2　产品生命周期设计的基本概念 …… 10
2.2.1　产品的生命周期 …… 10
2.2.2　产品生命周期设计 …… 10
2.2.3　生命周期设计的组成 …… 11
2.2.4　生命周期设计的实施模式 …… 12
2.3　面向材料选择的设计 …… 12
2.3.1　绿色材料的基本概念 …… 12
2.3.2　绿色材料的评价 …… 13
2.3.3　材料的选择设计方法 …… 14
2.4　面向产品质量的设计 …… 15
2.4.1　产品生命周期的质量设计模型 …… 15
2.4.2　面向产品质量设计与控制的主要方法 …… 16
2.4.3　产品设计质量的模糊评价 …… 17
2.5　面向环境的设计 …… 18
2.5.1　概述 …… 18
2.5.2　面向拆卸的设计 …… 19
2.5.3　面向回收的设计 …… 21
2.5.4　面向维修的设计 …… 24
2.6　产品生命周期设计的评价 …… 26
2.6.1　LCA的概念 …… 26
2.6.2　LCA的分析方法 …… 26
2.7　生命周期设计的关键技术 …… 29
2.7.1　生命周期设计的数据库和知识库 …… 29
2.7.2　生命周期设计用的几种工作软件及其开发 …… 30
习题 …… 32
参考文献 …… 32
第3章　创新设计 …… 33
3.1　概述 …… 33
3.2　创新设计的概念 …… 33
3.2.1　设计理论分层 …… 33
3.2.2　常规设计与创新设计 …… 34
3.2.3　创新设计过程 …… 35
3.2.4　解的分级 …… 35
3.3　产品设计中的冲突 …… 36
3.3.1　冲突的分类 …… 36
3.3.2　TRIZ中的冲突分类 …… 37
3.3.3　产品设计中的冲突实例 …… 38
3.3.4　技术冲突的通用化 …… 39

3.3.5 物理冲突 …… 42
3.3.6 技术冲突与物理冲突 …… 42
3.4 冲突解决原理 …… 43
3.4.1 发明原理 …… 43
3.4.2 冲突矩阵 …… 60
3.4.3 技术冲突问题解决的过程 …… 61
3.4.4 技术冲突解决的工程应用 …… 61
3.5 物理冲突解决原理 …… 64
3.5.1 物理冲突的类型 …… 64
3.5.2 分离原理 …… 65
3.5.3 分离原理与发明原理的关系 …… 67
参考文献 …… 69
第4章 机械动态设计 …… 70
4.1 引言 …… 70
4.1.1 机械动态设计的含义 …… 70
4.1.2 机械动态设计的主要内容及其关键技术 …… 70
4.1.3 机械动态设计的发展 …… 71
4.2 机械结构振动理论基础 …… 72
4.2.1 单自由度振动系统分析 …… 72
4.2.2 多自由度振动系统分析 …… 75
4.2.3 非线性振动系统简介 …… 78
4.3 机械结构动力学建模与参数识别 …… 80
4.3.1 动力学建模的一般方法 …… 80
4.3.2 有限元动力学建模方法 …… 80
4.3.3 实验模态分析建模方法 …… 81
4.3.4 动力学参数识别 …… 86
4.4 机械结构动力学修改与动力学优化设计 …… 88
4.4.1 结构动力学修改的灵敏度分析原理 …… 88
4.4.2 结构动力学修改的矩阵摄动迭代法 …… 91
4.4.3 结构动力学修改的工程应用 …… 91
4.4.4 结构动态优化设计原理与方法 …… 93
4.5 机械减振、振动利用与振动控制设计 …… 94
4.5.1 被动隔振的基本原理 …… 94
4.5.2 被动消振的基本原理 …… 95
4.5.3 主动隔振、振动利用简介 …… 98
习题 …… 100
参考文献 …… 101
第5章 有限元设计 …… 102
5.1 引言 …… 102
5.1.1 概述 …… 102
5.1.2 结构分析和有限元法 …… 102
5.1.3 有限元的基本思想和特点 …… 103
5.1.4 有限元在工程设计中的应用 …… 104
5.1.5 CAE技术与有限元 …… 105
5.2 弹性力学的基本理论 …… 106
5.2.1 弹性力学的基本概念 …… 106
5.2.2 弹性力学的基本方程 …… 108
5.2.3 平面应力和平面应变问题 …… 110
5.2.4 弹性力学的基本原理 …… 113
5.3 单元的类型及其插值函数 …… 115
5.3.1 概述 …… 115
5.3.2 单元的类型 …… 115
5.3.3 单元的插值函数 …… 119
5.4 弹性力学中的有限元法 …… 124
5.4.1 有限元模型的建立 …… 124
5.4.2 单元特性分析 …… 127
5.4.3 整体分析 …… 129
5.4.4 边界约束条件的处理 …… 132
5.4.5 求解、计算结果的整理和有限元后处理 …… 133
5.4.6 算例 …… 134
5.5 等参元和数值积分 …… 139
5.5.1 等参变换和单元矩阵的变换 …… 139
5.5.2 四节点四边形等参元 …… 141
5.5.3 数值积分 …… 143
5.6 轴对称问题和空间问题的有限元分析 …… 145
5.6.1 轴对称问题的有限元分析 …… 145
5.6.2 空间问题的有限元分析 …… 148
5.6.3 体积坐标 …… 151
5.7 结构动力学的有限元分析 …… 152

5.7.1 弹性动力学问题的基本方程和动力学有限元法的基本步骤 ……… 153
5.7.2 结构自振频率和振型 ………… 154
5.7.3 质量矩阵和阻尼矩阵 ………… 155
5.7.4 动力响应的求解 ………… 157
5.8 有限元设计分析中的若干问题 ………… 159
5.8.1 有限元计算模型的建立 ……… 159
5.8.2 减小解题规模的常用措施 …… 162
5.8.3 网格自动生成和误差估计 …… 165
5.9 有限元分析软件 ………… 168
5.9.1 国外有限元分析软件的概况 … 168
5.9.2 ANSYS 有限元分析软件介绍 … 169
5.9.3 ANSYS 软件分析实例 ………… 172
习题 ………… 181
参考文献 ………… 182
第 6 章 稳健设计 ………… 183
6.1 稳健设计的基本概念 ………… 183
6.1.1 产品的质量问题 ………… 183
6.1.2 产品的质量特性与评价指标 … 184
6.1.3 产品质量的稳健性与稳健设计 ………… 186
6.2 损失模型法 ………… 189
6.2.1 概述 ………… 189
6.2.2 两个基本工具 ………… 190
6.2.3 Taguchi 稳健设计 ………… 195
6.3 响应面模型法 ………… 203
6.3.1 概述 ………… 203
6.3.2 响应面模型的试验设计 ……… 203
6.3.3 响应面模型的建立 ………… 205
6.3.4 基于响应面模型的稳健设计 … 207
6.4 容差模型法 ………… 212
6.4.1 概述 ………… 212
6.4.2 容差分析 ………… 212
6.4.3 容差模型 ………… 213
6.4.4 基于容差模型的稳健设计 …… 214
6.5 随机模型法 ………… 214
6.5.1 概述 ………… 214
6.5.2 稳健设计的随机模型 ………… 215
6.5.3 随机模型的计算方法 ………… 217
习题 ………… 219
参考文献 ………… 220
第 7 章 优化设计 ………… 221
7.1 引言 ………… 221
7.1.1 最优化在机械产品设计中的作用 ………… 221
7.1.2 优化设计的分类 ………… 222
7.1.3 优化设计的一般工作方法 …… 223
7.1.4 优化设计的发展与趋势 ……… 223
7.2 优化设计建模 ………… 225
7.2.1 概述 ………… 225
7.2.2 优化设计的基本术语 ………… 226
7.2.3 优化设计数学模型的格式 …… 229
7.3 优化设计模型的基本概念 …… 231
7.3.1 函数的梯度 ………… 231
7.3.2 局部近似函数 ………… 232
7.3.3 凸集和凸函数 ………… 233
7.3.4 约束可行域 ………… 234
7.3.5 约束最优解 ………… 235
7.4 优化计算方法 ………… 238
7.4.1 概述 ………… 238
7.4.2 约束优化计算方法 ………… 241
7.4.3 无约束优化计算方法 ………… 248
7.4.4 遗传优化计算方法 ………… 254
7.4.5 优化计算方法程序 ………… 260
7.5 优化设计的实施与实例 ……… 261
7.5.1 优化设计的建模步骤 ………… 261
7.5.2 优化计算方法的选择 ………… 263
7.5.3 收敛精度的选择 ………… 264
7.5.4 优化计算结果的分析 ………… 264
习题 ………… 268
参考文献 ………… 270
第 8 章 可靠性设计 ………… 271
8.1 可靠性基本概念 ………… 271
8.1.1 可靠性定义 ………… 271
8.1.2 可靠性特征量 ………… 272
8.2 可靠性设计方法 ………… 274
8.2.1 可靠性设计 ………… 274

8.2.2　机械零部件可靠性设计 ……… 276
8.2.3　系统可靠性设计………………… 281
8.2.4　系统冗余技术　……………… 284
8.2.5　提高机械系统可靠性的措施　… 286
8.3　产品可靠性评估 ……………… 287
8.3.1　可靠性模型　………………… 287
8.3.2　系统可靠性评估………………… 288
8.3.3　可靠性试验　………………… 290
8.4　产品故障分析技术 …………… 292
8.4.1　故障模式与分析………………… 292
8.4.2　故障树分析方法………………… 295
8.5　产品的使用可靠性分析 ……… 301
8.5.1　使用可靠性与维修 …………… 301
8.5.2　维修性设计　………………… 303
习题………………………………… 308
参考文献…………………………… 308
附录　冲突矩阵………………………… 310

第 1 章　绪论

1.1　引言

“设计”作为人们综合运用科学技术原理、知识和有目的地创造技术产品的一项技术，已经发展成为现代社会工业文明的重要支柱。伴随着人类文明的起源与发展，设计也从技艺发展到科学。它一方面被社会需求所推动，另一方面也受当时自然、社会和科学技术发展水平的约束。今天，设计水平已标志着一个国家的工业创新能力和市场竞争能力。不少先进的工业国认为，工业革新必须以设计为中心，未来国际市场的竞争将是设计的竞争。

设计实践的经验告诉人们，设计质量的高低，是决定技术产品一系列技术和经济效益的重要因素。许多技术产品的质量问题，大多数是由于设计不周所引起的。因而在产品生产技术的第一道工序——设计上，下的工夫越大和越符合客观，则效果就会越好。统计结果表明，产品的质量问题约有 50% 是因设计不良造成的。产品成本的 70% 是在设计阶段所决定的，而设计周期约占产品开发总周期的 40%。因而随着社会对现代技术产品的越来越苛刻的要求，就必须全面而深入地学习与运用现代设计理论、方法和技术，以不断改进产品的设计质量，提高其市场的竞争能力。

任何一项技术产品的设计，都包含一系列的创新思维和活动，根据设计中所包含创新的程度，可以把设计分为创新性设计、适应性设计和变参数设计三类。

（1）创新性设计　创新性设计是指当根据市场或用户的需求，运用成熟的科学技术成果开发一种新型的技术产品，而它的工作原理、功能及功能载体的结构三者之中至少有一项是或全部都是新颖的和首创的。如世界上第一台内燃机的设计，它首次成功地实现了把化学能变换为机械能，而第一台旋转式内燃机的设计成功，又实现了内燃机主功能工作原理的更新，因此这两种产品的设计都属于创新性设计。

（2）适应性设计　适当性设计是指在主功能及其实现原理、或者载体结构保持基本不变的情况下，增加技术产品的某些功能、或者部分改变某个功能或结构，使技术产品适应特定使用条件或者用户特殊要求的设计。如为了使产品满足防潮、防爆、耐低温等使用条件及要求对产品进行相应的修改或附加的设计等。

（3）变参数设计　参变数设计是指在功能、原理和结构都保持不变的情况下，修改产品部分零部件技术性能、结构尺寸，或扩大产品规格和增补系列以满足更大范围功能参数需求的设计。

创新性设计、适应性设计和变参数设计都含有程度不同的创新设计，因为科技成果不断以技术产品的形式转化为生产力，其中设计是这一转化的关键环节。每一项创新性设计的新产品都意味着新的科技成果被应用。每一次产品的改进也都是一项创新。例如，液压传动技术的发展成果促进各种工程机械由机械传动发展为液压液力传动；晶闸管技术的发展成果促使许多机械由交流驱动改为直流驱动；微电子技术的发展大大推进了机械产品的电子化；计算机技术的发展造就了新一代机电一体化和智能化产品。又如，用洗衣机代替人工洗衣，用洗、清和甩干一体化的单缸洗衣机代替各自分离的双缸洗衣机，进而发展到电脑控制的全自动洗衣机，甚至从原理上完全更新的超声波洗衣机及真空洗衣机等，都反映了一种产品在不断吸取科学技术发展的新成果，并在此基础上为适应不断变化的用户需求促使产品的不断更新。这一过程体现了设计者的创造性劳动。这就是说，每一位设计者都要根据不断变化的市场需要，充分发挥自己的综合分析和创新思维能力，善于把新的科技成果巧妙地应用于技术产品的设计中去，在实践中不断提高自己的创新能力。

1.2 产品设计过程

设计过程是指根据一定的目的和要求进行构思、策划和计划、试验、计算及绘图等一系列活动的总体。“设计”对不同的人和事会有不同的含义。在这里仅涉及技术产品的设计过程，它可以定义为“……为了把一台机器、一个工艺或生产系统制订得十分详细，以至可以参照实施为目的的各种技术和科学原理的利用过程。”设计可以是简单的，也可以是非常复杂的，是容易的或是非常难的，是精确的或是粗糙的，是无关紧要的或是极其重要的。设计是工程实践的一个重要组成部分。

1.2.1 设计过程及其特点

一般，一个设计过程至少应包含如下 10 个步骤：

1）需求识别。

2）背景调查或市场调查。

3）目标陈述或功能说明。

4）性能技术条件。

5）构思与发明（概念设计或方案设计）。

6）设计计算分析。

7）评价和选择。

8）详细设计。

9）样机与试验。

10）试生产。

由于设计种类即创新程度的不同，所以在具体设计中跳越过程中的个别或少数几个工作步骤是完全允许的。按设计过程步骤开发产品将有助于合理组织人力和分工，以便更好地发挥设计师的积极性和创造性，促进人与人之间、部门与部门之间的协调与合作，而最终必须是为了缩短设计周期，提高设计质量。

设计活动本身既有科学性的一面，又有其艺术性的一面，这是由设计本身的特点所决定的。一般，设计的结果可以是所产生的计划或策略，也可以是一种通过构思需要用图样或实物模型表现出来的技术产品。设计的工程性体现在所设计的结果必须是科学原理与实践经验的恰当结合，而设计的艺术性则体现在它需要创造性，为社会不断产生新颖的技术产品。

设计的工程性和艺术性又是相互制约的。设计中，设计人员既不能只凭设计公式，也不能像艺术家那样有高度自由的想象空间。多年来，在许多教科书中所谓的设计只是一些设计公式和方法，或者是设计活动中“应该怎样做和不应该怎样做”的实践性规则。

概括起来，设计活动具有如下三个特点：

1）设计是一个创造性思维过程，是在多种不同类型知识（如经验、常识、规范和标准、法规、原理和理论，计算公式和方法）的基础上，通过反复地、有步骤地、连贯地思考，提出前人未提出的问题，解决前人未解决的问题，这就是设计过程中的创新。在创新活动中，创造想象或构思是重要的组成部分，是根据一定目的、任务创造出新形象的过程。在设计创新中通常也需要某些原型的启发，才能设计出新机器的图样。发明是指创造新的事物，提出新的原理，首创新的制作方法。因此，设计、发明与创新之间有着密切的联系，而且设计的核心是创新与发明。

2）设计是一个反复的过程，每一次的设计都不是按部就班从第 1 步一直做到第 10 步，而是当每一步的设计结果不能达到理想结果时，应该返回到前面的相应步骤进行再设计。因此，反复意味着重复和返回到前面的相应步骤。例如，如果你的一个构思经过分析证明是违反热力学第二定律的，则需返回形成概念设计的构思那一步，以寻找一个更好的设计方案；或者，如有必要返回到设计过程的最初几步，甚至返回到背景调查，重新认识设计问题的更多方面。这种设计—分析—评价—再设计，直至产生一个“满意”的设计方案为止的设计反复过程，实际上也就是设计的“优化”过程。

3）设计是一个“单输入（用户需求）/多输出（多解）”的过程，即设计具有多解性，这是由设计过程是一创造过程这一特殊性质所决定的。特别是根据用户需求产生设计概念时，就会出现多种可能的方案，而这只能通过分析与选择来获得最终的一个选用设计方案。当然采用设计系统学（分类方法学）中的决策矩阵法可选出一个“最佳”的方案。

一般所说的设计过程只是一种狭义的产品设计，从广义来说，产品设计不应该仅指设计过程，而还应全面包括产品的形成和整个产品寿命周期。早在 20 世纪 60 年代，我国的设计人员就总结出了“实验、研究、设计、制造、安装、使用、维护”七事一贯制的设计方法，这是一种广义的设计。20 世纪 80 年代，丹麦技术大学 M. M. Andreasen 教授提出的以市场需求作为设计依据的产品一体化开发模式，认为在产品开发的全过程中，始终应把产品设计、制造和销售三个方面作为整体来考虑，才能开发出比较理想的产品，并以最快的速度回收投资、获得效益。

现代的借助于计算机这个强有力的设计工具和以并行工程原理和思想发展起来的产品生命周期设计又使设计工作的概念和工作范围向前推进了一大步。

产品生命周期设计，其目的是所设计的产品对社会的价值最大，而对制造商、用户和环保的投资（成本）最小。而其中的价值不仅包括产品所应有的功能，还包括它的可制造性、可装配性、可维修性、可循环利用性和与环境的友好性等。在有些场合下，考虑到产品生命周期设计的一个重要目标是将产品对环境负担降低到最低水平，因此，也有把产品生命周期设计称之为绿色设计（Green Design），而由产品生命周期设计的产品称为绿色产品。

产品生命周期设计的核心技术是 DFX。DFX 是 Design For X（面向产品生命周期整个阶段/环节的设计）的缩写，其中 X 可以代表产品竞争力的因素，如性能、质量、成本、开发时间等，也可以代表产品周期中的某个环节，如制造、装配、使用、维修、回收报废等，如面向质量的设计、面向制造与装配的设计等。

1.2.2 设计工作阶段和工作方法

产品设计一般可分为产品规划、概念设计（或方案设计）、技术设计和施工设计四个工作阶段。

（1）产品规划　产品规划阶段需进行需求分析、市场预测、可行性分析、确定设计参数和限制条件。这时需要对产品开发中的重要问题经过技术、经济、社会各方面条件的详细分析和对开发的可能性进行综合研究，提出产品开发的可行性报告。它一般应包括以下几个内容：

1）产品开发的必要性、市场调查和预测情况；有关产品的国内外水平和发展趋势。

2）从现有技术条件分析，预期产品能达到的水平，它的创新点，经济效益和社会效益分析。

3）设计、制造工艺等方面需要解决的关键问题，拟采取的技术措施。

4）投入费用的估算及时间进度等。

产品规划阶段的最终目的是确定任务，并给出详细的设计任务书（或要求表），其参考内容可见表1-1。

表1-1　设计任务书的参考内容

功　能	运动参数：运动形式、方向、范围、速度、加速度、位移等 动力参数：功率、效率、载荷性质（可能的大小）、振动等 其他性质：寿命、可靠性、精度等
经济性	尺寸（长、宽和高）、体积、重量的要求及限制 成本（最高允许成本、理想成本） 生产率
制　造	材料的要求及限制 制造工艺条件、检验的项目及限制、装配条件和试验条件 地基及安装现场要求
使　用	使用对象 维护、调整、修理和配换等要求 人机工程：操纵、安全技术、照明、周围环境的要求等 社会性要求：造型、色彩、外观等
期　限	设计完成日期 研制完成日期 投放市场日期

（2）概念设计　概念设计阶段是在功能分析的基础上通过创新构思、优化筛选取得较理想的功能原理方案。这是决定产品性能、成本以及关系到产品技术水平和竞争能力的重要阶段。在这一阶段应给出表达产品功能原理方案的简图或示意图。

（3）技术设计　技术设计阶段是将产品的功能原理方案具体化，设计出机器及零部件的合理结构。这阶段的工作内容较广，大致包括如下一些内容：

1）产品参数设计和总体设计。合理确定产品的主要设计参数，各零部件的总体布置、运动配合等。

2）结构设计。包括零部件材料选择、结构承载能力设计、结构形状、尺寸的确定。

3）工业造型和人机工程设计。在保证功能、降低成本的前提下，设计美观大方的外形和协调悦目的色彩，确定最宜的人力操作空间和状态等。

4）模型设计和样机试验。通过对模型或样机的试验，查明零部件的承载能力、强度、刚度、振动稳定性、噪声和运动精度等，及时作出改进，提高产品的设计质量。

5）技术设计。应提供技术产品的总装图、结构装配图和外形图等。

（4）施工设计　施工设计阶段是完成全部生产所用的图样、说明书、工艺条件、使用说明书等有关的技术文件。

设计过程中的工作方法是分析、综合、评价和决策。

1）分析是解决问题的前提，即利用现代科学技术的理论、方法和技术去研究问题，找出技术关键。

2）综合是对未解的问题找出解决的方法，是一个创造性过程，一般应采用不同方法求得尽可能多的解法。

3）评价是一种评比过程，用科学的方法对多个方案进行估价和评定，同时针对某些方案的不足进行调整和优化。

4）决策是一种方案的筛选过程，是在方案评价的基础上，根据已定的目标找出问题解的最佳方案。

在设计的各工作阶段中，通过反复地多次运用“分析、综合、评价和决策”这种方法就可获得较理想的设计结果。

在很长的一段时间内，人们在设计中所采用的工程设计方法多数是直觉法、类比法和古典力学、数学中的一些方法，以及依靠大量积累起来的经验、数据和半经验数据的设计法。近年来，随着现代科学技术的进展，以及计算机和计算技术的发展，出现了许多跨学科的现代设计方法，从而使产品设计进入创新、高质量和高效率的新阶段。在表1-2中列出了产品设计过程中的主要方法、理论和工具。

表1-2　产品设计过程中的主要方法、理论和工具

	方法和技术	理　论	工　具
产品规划	预测技术与方法	市场学、技术预测理论、信息学、风险决策理论等	工程材料手册、产品设计手册、设计目录、数据库和知识库、计算机等
概念设计	系统化设计方法、创造性设计方法、评价与决策方法	创造学、决策论、思维心理学、形态学、系统工程学、模糊数学、设计方法学、各种专业机械设计理论	
技术设计	基础零部件的设计方法、计算机辅助设计、优化设计、可靠性设计、结构设计、机构设计、人机工程学设计、系列化和模块化设计、造型设计、试验技术和模型设计等	力学、摩擦学、机构学、制造工艺学、优化理论、可靠性理论、人机工程学、工业美学、相似理论、测量学等	
施工设计	CAD/CAM、CAPP	计算机图学、计算机工艺设计和计算机公差设计原理	

1.2.3 概念设计与参数设计

概念设计与参数设计是设计过程中的核心。

1）概念设计（或产品构思，也有称功能原理设计）主要是选择或确定产品的一个基本构型，包括它所要达到的功能、基本结构和形式，以及约束与定义产品的一组性能技术条件（定义产品做什么用的）和寻找解的原理，更详细的还可以包括材料、元件和零部件的选用等。概念设计的核心是创新设计，即提供有重要社会价值的新颖独特的新产品。概念设计的特点是：①所产生的产品方案不必具有详细的尺寸；②要求快速地形成产品具体构造。基于此，目前出现了一些新的概念设计方法，如适用于概念设计的虚拟设计系统，称之为CO-VIRDS（Conceptual Virtual Design System）；基于神经网络和模糊推理的概念设计自动方法；基于多自主体（Multi - Agent）的概念设计方法（或称A设计法）；约束管理集成的概念设计法；生产过程规划的概念设计法等。

2）参数设计（包括设计计算、分析和选择）或设计综合是在产品的概念设计已产生设计方案之后进行的，即在满足各项设计技术条件下确定该方案的主要设计参数和结构尺寸的大小，以保证达到所要求的性能技术条件。但不排除在确定设计参数时发现所提供的产品方案不能完成预定的功能时反过来修改概念设计的结果。由于产品设计的复杂性、多样性，以及参数设计是标量设计，于是，近几年来，在多学科交叉的基础上，发展了许多现代的参数设计方法，如有限元分析法、仿真计算方法、可靠性计算方法、优化计算方法、动态性能分析方法、稳健设计方法、产品生命周期设计方法等。这些设计方法与传统应用的各种专业机械设计理论和方法，以及基础零部件的设计理论和方法一样，可用于设计方案的分析和计算，大大提高了产品的设计质量，而且还可以降低产品的成本。

一般，参数设计包括两项内容，即确定参数的名义值（或公称尺寸）和规定公差。前者保证产品的性能，后者保证产品性能的稳定性。

在用于产品概念设计和参数设计的方法中，随着科学技术的不断发展和对设计的不断高要求，又提出一些新的设计方法，如虚拟设计、并行设计、智能设计、协同和分布式设计等。这些设计方法的出现目的就是缩短设计周期、提高设计质量、加快市场的响应。

1.2.4 结构设计，模块化、系列化和组合化设计

结构设计，模块化、系列化和组合化设计是工业产品技术设计阶段中应该十分重视的问题。

结构设计的任务是为实现预定的产品功能提供一种具体结构的载体，虽然它的结构形式取决于产品的具体要求，但其“明确、简单和安全”却是它的基本设计原则。明确是指结构的形状和尺寸关系清晰、功能关系（即能量、信息和物料的转换与流动走向等）明确；简单是指形状简单、零件数少、相对运动副少、磨损件少，使用、维护和保养方便等；安全是指结构应具有各类失效强度的安全性、运行的安全性以及对环境的安全性。此外，在结构设计中，还应注意它的可制造性、可修复性、可回收性以及标准化等一系列问题。

产品的模块化、系列化和组合化，主要是出于经济性的考虑。具有相同功能种类、相同解的原理、基本相同的制造工艺，但性能参数不同的一组产品称为系列产品。在系列产品设计中，作为扩展性设计基础的机型称为基型，由此扩展出来的任何后续机型将拥有更多的用

户。因而，对于基型的合理性设计更应给予特殊的关注。模块是一组具有相同结合元素（指连接部位的形状、尺寸和连接件之间的配合等）且能互换的单元，它们的功能可以相同，也可以不相同，但根据其设计依据的不同可分为功能模块、制造模块、装配模块、运输模块和回收模块等。当通过更换部分功能模块而使其功能不完全相同的一组产品称为组合产品。产品的模块化、系列化和组合化是开发任何工业产品的一项原则，它有利于减少零部件种类，增加产品品种，扩大用户面，提高它的经济性、效用性。

1.2.5　产品造型设计和人机工程设计

一般，可以把产品的质量分为六项：技术性能指标、可靠性和寿命指标、标准化和通用化指标、制造工艺性指标、经济性指标和美学指标。前五项称为产品的内在质量，一般都可以定量地进行评定；最后一项指标通常称为产品外在质量，它属于艺术造型和美学的范畴，而美又是一个模糊的概念，很难给予量化。

产品造型设计是技术产品转化为商品，符合消费者需求的一个重要设计阶段。造型设计是在保证产品功能的基础上，要求对产品从形态、色彩和肌理（给予人以不同的心理和生理感受）三个方面进行创新性的设计。设计出新颖的、美观的产品，以满足消费者的需求。

人机工程设计是保证人、机和环境三大因素之间的合理关系的基础，使对人和环境的有害效应降低到最低程度，因而它应该很好地完成作业空间和座椅的设计、显示器和控制器的组合设计以及作业环境设计等。

若在产品设计中，突出为环境而设计，满足可持续发展的要求，这样设计出的产品就不是传统意义上的产品，而是绿色产品或绿色标志产品。更确切地说，所谓绿色产品就是在其生命周期中，符合特定环境保护要求，对生态环境无害或危害极小的产品。为这种产品的设计称为绿色设计（Green Design），或称生态设计，或称环境设计。概括起来，绿色设计是这样的一种设计，即在产品的全生命周期内，着重考虑产品环境属性（可拆卸性、可回放性、可维护性、可重复利用性等），在保证产品应有的功能、使用寿命和质量的条件下，使其对生态环境危害最小的设计。

1.3　机械设计理论与方法

1.3.1　机械设计学科

随着人们不断地把产品设计实践的经验总结成相关的设计理论、设计方法和步骤、设计手册等，而从机械学科中派生出机械设计学科，这是一门关于“设计”的科学技术知识构成的、独立的工程技术科学。

虽然工程设计的历史和人类的历史一样长，但设计学科概念的形成与发展还只是近 100 年的事，而且逐渐形成两个学科范畴：

其一是，各产业部门所采用的生产机械具有不同的工作原理与特点，需要实现不同的功能，因而各种专业机械的设计，特别是整机或整套生产设备的设计必须遵循各专业的生产工艺和技术条件，从而出现农业机械、冶金矿山机械、纺织机械、机床、内燃机、汽轮机、汽车、船舶、飞机等门类繁多的专业机械设计原理和方法，形成许多分支学科。

其二是，各种生产工艺设备的设计之间又存在许多共性技术，如运动学和动力学的设计，方案设计和结构设计，驱动和传动装置设计，润滑与密封技术，通用基础件和标准件设计，工艺性、标准化和模块化等方面的设计原理与方法。

除上述两个主要学科范畴之外，还有一些常用的设计工具，如设计目录、设计手册、设计图集和各种技术标准等。

1.3.2 现代设计理论与方法的学科领域

20 世纪 80 年代以后，在计算机及其计算技术、绘图技术和生产制造自动化技术进展的推动下，通过数学、力学、计算机科学、心理学和社会学等学科的最新研究成果，在工程界和学术界对工程设计理论和新方法的研究有了很大的兴趣，在此基础上，美国机械工程师协会和美国自然科学基金委员会于 1988 年将“设计理论与方法学”正式定义为一个新的研究领域，即“设计理论与方法学是一门关于对创造、重构和优化人工物和系统进行探讨的使过程、方法条理化的工程分支学科。”

在定义设计理论与方法学这个研究领域的同时，也规定了当时三个主要的研究内容：

1）可实施的概念设计的理论。

2）系统化和定量化的设计方法。

3）可用于支持设计的一些方法，特别是有关数字化和信息化设计方面的设计方法和设计支持界面等。

设计理论与方法学领域研究的内容并不是一成不变的，随着人们认识的推移和相关学科的发展，其研究内容也不断拓展与深入。但是，它的提出在历史上第一次规范了对设计理论和方法学的研究，使其系统化与科学化，还是有重要影响的。

习　　题

1-1　按设计活动所含的创新程度，设计可分为几类？

1-2　设计活动一般有何特点？

1-3　设计理论和方法学是一门研究什么的工程分支学科？

参 考 文 献

[1] 机械工程手册编辑委员会．机械工程手册：第 1 篇［M］．2 版．北京：机械工业出版社，1996.

[2] 余俊．中国机械设计大典：第 1 卷［M］．南昌：江西科技出版社，2002.

第 2 章　产品生命周期设计

2.1　引言

1983 年联合国第 38 届大会成立了世界环境与发展委员会。该委员会写出一份名为《我们共同的未来》的报告，全面系统地论述了世界范围的可持续发展问题，并首次给可持续发展概念下了准确、严格的定义：“可持续发展是既满足当代人的需要，又不对后代人满足需要的能力构成危害的发展。”这意味着，人类经济社会发展要与所处的环境维持一种生态平衡关系，失去这种平衡，将会给人类带来灾难，已经越来越多的国家认识到这一点的重要性。

保护环境，不仅利在当代，更重要的是为我们的子孙后代保留一份生存发展的空间。随着人类环保意识的增强，绿色化已成为当前的一种国际性潮流，它主要表现在环保农业和产业的兴起、废弃物的综合利用、清洁能源的开发和利用等。产品是工业的产物，要使它成为一种“绿色产品”，就必须重视产品生命周期中的环保问题，即产品既不会在生产过程中产生污染物，做到清洁生产，产品本身也不含污染物，并在使用中也不会对环境产生有害的物质，直至产品报废还应该可以回收再利用，以使对环境的影响减到最小。基于这一点，提出了产品绿色设计或产品生态设计的概念，它的基本思想是：工业产品的污染预防应从设计入手，把改善环境影响的努力凝结在产品的设计之中。为此，在传统的产品设计准则中加进环境准则，并将其列于重要考虑的位置，如图 2 - 1 所示。

图 2 - 2 所示为产品生命周期设计或绿色产品设计的功能图。它要求设计人员在产品生命周期设计的初始阶段就应把资源优化、能源优化、劳动保护、生态环境保护和报废产品的回收和再利用等与产品的功能、质量、寿命和成本列为同等重要的设计目标，并保证在生产和使用中能够顺利实施。从图 2 - 2 的功能图中可以看出，产品生命周期设计一般具有如下的几个特点：

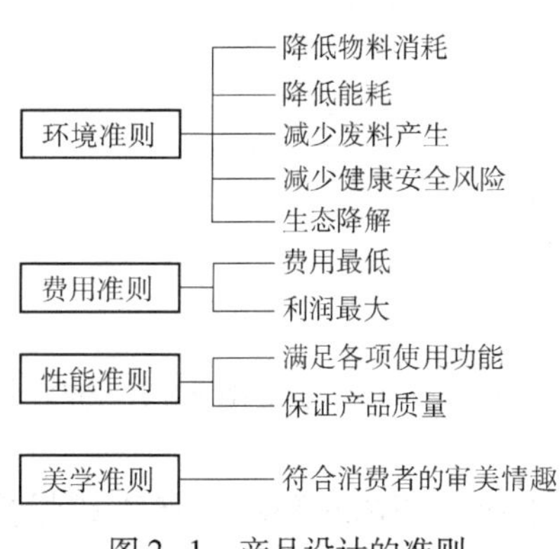

图 2 - 1　产品设计的准则

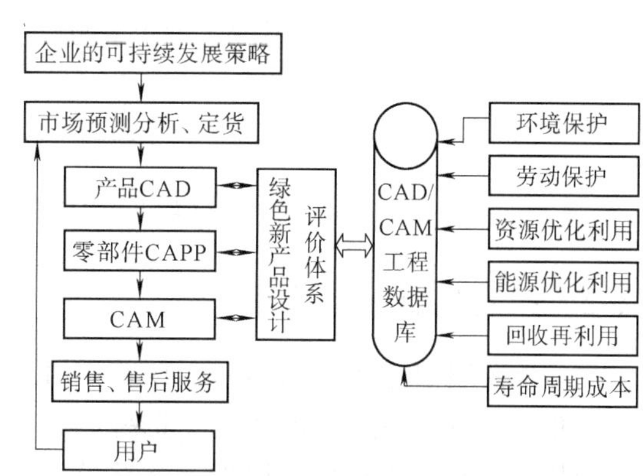

图 2 - 2　绿色产品设计的功能图

1）尽可能使产品从生产到使用乃至废弃、回收处理的各个环节中都对环境所产生的危害为最小，甚至做到对环境无害。

2）最大限度地合理使用材料资源，并使报废产品中的零件材料能再生利用。

3）最大限度地节约能源，使在产品生命周期中的各个环节所消耗的能源为最少，并不至于对环境产生不利的影响。

目前，传统的产品设计思想正受到“绿色浪潮”的推动，认真解决产品设计中的环境友善性、能源和资源的充分合理利用等一系列问题，并制定出用于管理产品生命周期设计的标准 ISO 14000。

提高我国产品在国际市场的竞争力是我国产业政策的主导方向。只有从产品生命周期设计的观点出发，生产出无污染的产品，才能提高产品在国际市场上的竞争力。

2.2 产品生命周期设计的基本概念

2.2.1 产品的生命周期

产品是一种复杂的人造系统，也和自然界的生物一样，具有诞生、成熟到消亡所构成的一个生命周期或寿命周期。但工业产品的生命周期既可以从市场经营来理解，如图 2-3 所示；也可以从设计开发的角度去理解，如图 2-4 所示。或者更详细地说，任何一种产品从市场预测、战略规划开始，经概念设计、样机试制、设计定型、市场测试、投产准备、批量生产、市场销售、售后服务到报废回收，都会经历这样一个生命周期。随着全球化市场竞争的加剧，产品生命周期明显缩短，新产品更新换代加快，为了保证产品的竞争力，在设计与开发新产品时，必须详细地考虑产品生命周期中的各个阶段和过程，特别需要重视产品生命周期对环境的影响问题，这就提出了生命周期设计的概念，它成为实现“产品绿色化”的一种重要手段。

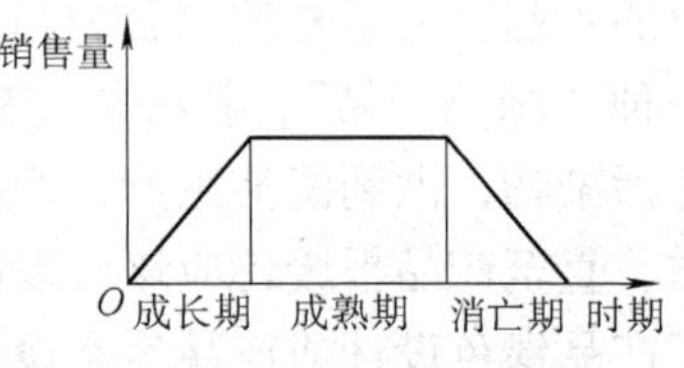

图 2-3 产品生命周期曲线

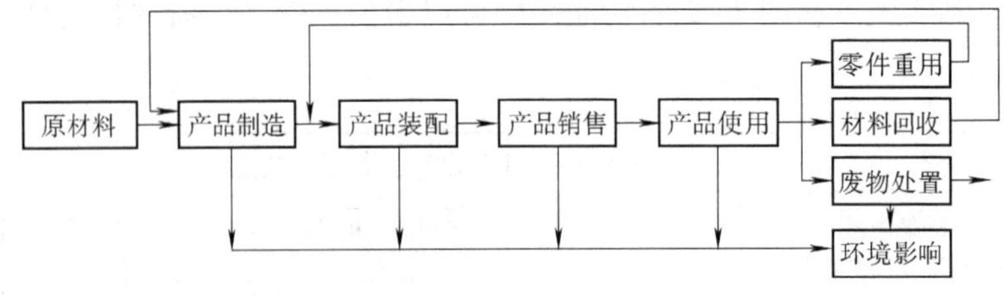

图 2-4 产品生命周期及其循环

2.2.2 产品生命周期设计

产品生命周期设计（Life Cycle Design，LCD）是针对产品绿色化问题提出来的一种设计方法，并随并行工程的发展而发展起来的。

产品生命周期设计所采取的基本策略是“让产品在生命周期内对环境不产生或尽量减少污染，而不是当产品产生污染后采取措施去消除”，其目标是使所设计的产品对社会的价值最大，而对制造、使用维护和环境所投入的费用最小。所谓对社会的价值不仅包括产品所具有的功能，还包括产品的可制造性、可装配性、可维修性、可靠性、可回收再利用性以及与环境的友好性等。因此，产品生命周期设计是一种在产品设计的各个阶段考虑产品整个价值的一种设计方法，由于它的核心是在设计阶段将产品对环境的影响降至最低水平。因此在一些场合下，也把产品生命周期设计称为绿色设计（Green Design，GD）或生态设计（Ecological Design，ED），而把产品生命周期设计出的产品称为“绿色产品”。

绿色产品是这样一种产品，即在其生命周期全过程中，符合特定的环境保护要求，对生态环境无害或危害极少，资源利用率最高，能源消耗最低的产品。因而产品生命周期设计或绿色设计与传统产品设计的不同之处在于，在产品整个生命周期内，着重考虑产品环境属性（可拆卸性、可回收性、可维护性、可重复利用性等），并将其作为设计目标，在满足环境目标要求的同时，保证产品应有的功能、使用寿命、质量等。图 2 - 5 所示是产品生命周期设计或绿色设计的过程轮图。

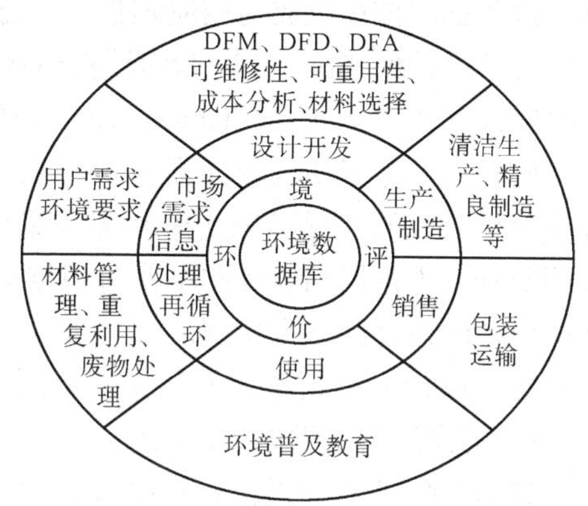

图 2 - 5　产品生命周期设计或绿色设计的过程轮图

2.2.3　生命周期设计的组成

由于生命周期设计不单需要考虑产品的性能、质量、可靠性、可制造性和可维护性等一些基本要求，还必须考虑产品在生命周期中对环境的不利影响最小或是降低到合理水平。因此，DFX 方法就成为产品生命周期设计的重要组成部分。

所谓 DFX 就是 Design For X（面向产品生命周期各个阶段/环节的设计）的缩写。其中，X 可以代表产品生命周期或其中的某一环节，如装配、加工、使用、维修、回收等，也可以代表产品竞争力或决定产品竞争力的因素，如质量、成本、可靠性和效率等。因此，当 X 代表决定产品竞争力的因素时，可以统称为面向产品竞争力的设计，这一类 DFX 实际上是面向整个产品生命周期的；当 X 代表产品生命周期某一环节/阶段时，可以统称为面向产品生命周期阶段的设计。

一般，DFX 方法都是对产品生命周期的某个阶段或某个特性进行的。例如，面向制造和装配的设计（Design for Manufacturability and Assembly，DFMA）、面向拆卸的设计（Design for Disassembly，DFD）、面向维修性的设计（Design for Maintainability，DFMn）、面向回收的设计（Design for Recycling，DFR）、面向环境的设计（Design for Environment，DFE）、面向材料选择的设计（Design for Material Selectivity，DFMS）、面向质量的设计（Design for Quality，DFQ）、面向可靠性的设计（Design for Reliability，DFRa）和面向服务的设计（Design for Serviceability，DFS）等。从产品整个生命周期来看，各项设计可能出现矛盾，无法使产品在整个生命周期内的各项指标达到整体最佳，从而利用产品生命周期评价（Life - Cycle Assessment，LCA）将这些 DFX 方法集成在一起，成为一个有机的整体系统。于是，产品生命周期设计的基本构成如图 2 - 6 所示，它在计算机辅助工程设计环境的支持下，利用综合设计评价工具（如用 LCA），采用分设计组的方式实施产品设计。

2.2.4 生命周期设计的实施模式

生命周期设计继承了并行工程的组织模式和运行机制，并围绕“开发周期、质量、成本和售后服务”四个基本因素来开展工作，并在设计中：①同时考虑生命周期中的各种约束因素；②各设计阶段的各种工具并行协作；③产品的各设计小组协同工作，并定期对产品的各方面问题进行综合讨论与决策；④设计工作按宏观上并式进行，但在微观上按串式进行。

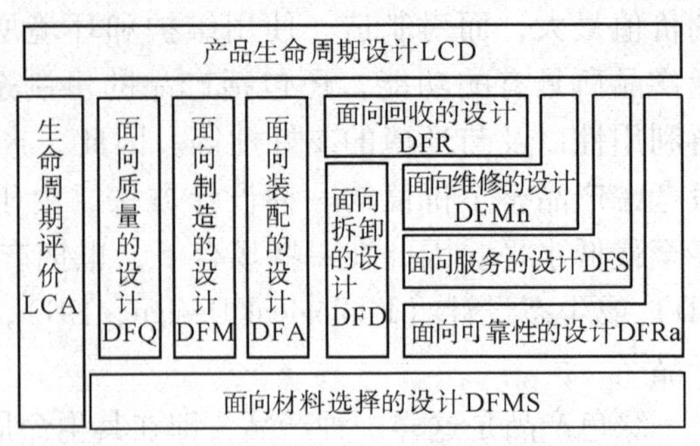

图2-6　产品生命周期设计的基本构成

对于产品生命周期设计，还需要多学科的知识、各种技术与方法和工程设计所必需的数据，这些都应该被集成为相应知识库、方法库和数据库，并把它们组成统一的管理系统，以利于并行设计的实施，其中特别是产品信息模型（Product Information Model，PIM）和产品数据管理（Product Data Management，PDM）尤为重要。

此外，生命周期设计还需有一定的支撑环境，并且应包括一般的并行工程支撑环境和绿色设计支持环境的部分。生命周期设计的工作可根据图2-7所示的并行设计的设计网络来实现。

每个设计人员在各自的工作站上既可以像在传统的CAD工作站上一样进行自己的设计工作，又同时可以与其他工作站进行通信。根据设计目标的要求，既可以随时应其他设计人员的要求修改自己的设计，也可以要求其他设计人员修改其设计以适应自己的要求。这样，多个工作站就可以并行协调地进行。

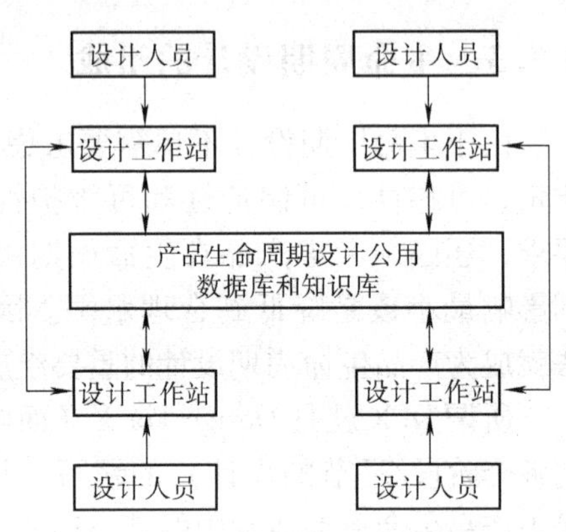

图2-7　并行设计的设计网络

2.3 面向材料选择的设计

面向材料选择的设计（DFMS）是以材料选择为设计对象，在产品生命周期的每一个阶段，以材料对环境的影响和有效利用作为控制目标，在实现产品功能要求的同时，使其对环境污染最轻和资源消耗最小的绿色设计技术。由于材料的绿色特性对产品的绿色化具有极其重要的影响，所以，在生命周期设计的各阶段中，材料的选择和管理最终将影响产品的“绿色程度”。

2.3.1 绿色材料的基本概念

绿色产品首先应要求构成产品的材料具有绿色特性，也就是说，在产品的整个寿命周期内，这类材料应有利于降低能耗，对环境的污染最轻。

绿色材料（Green Material，GM），又称环境协调材料（Environmental Conscious Materials，ECM）或生态材料（Ecomaterials），是指那些具有良好使用性能或功能，并对资源和能源消耗少，对生态与环境污染小，有利于人类健康，再生利用率高或可降解循环利用，在制备、使用、废弃直至再生循环利用的整个过程中，都与环境协调共存的一大类材料。绿色材料不仅包括对具有净化环境、可修复性好等的高新技术材料的开发，也包括对使用量大而面广的传统材料及其产品的改进，使其“环境化”。

绿色材料的主要特点应包括材料本身的先进性（优质、生产的低能耗性），生产过程的安全性（低噪声、无污染），材料使用的合理性（节省、可以回收）以及符合现代工程学的要求等。

2.3.2　绿色材料的评价

在产品生命周期设计中，产品材料的选择是否合理，需要通过对所选用的材料进行评价才能确定。评价一般分两个方面：一是按传统的设计方法来评价，二是从材料的绿色性来评价。这里主要介绍后者，因为前者是大家所熟知的。

如何判断材料的绿色性，有许多不同的方法。从其实质来看，可以分为两类：一类是用于材料开发生产过程的评价，其过程程序比较复杂，如用 LCA 方法等；另一类则是易懂、具体，最终能由消费者判断材料环境利用度的评价方法，如“材料的综合评价法等”。

材料的 LCA 方法是一种从原料取得开始到最终废弃处理为止的材料全生命周期过程中对社会和环境影响的评价方法。图 2-8 简略地表示了材料在整个生命周期中物质和能量的平衡情况。在生产时，从原料的投入，到材料及产品的制造、流通、使用、消费、废弃直至再生循环，均需要投入能量。其结果，一方面有用的产品可有效地发挥其作用；另一方面，在各个过程中要向大气、水域排放出各种污染环境的有害物质。在进行 LCA 时，在输入的一方面要考虑物质资源及能源的有限存量，资源再生的可能性等；在输出的一方要考虑对大气、水、土壤等的环境污染，噪声的产生、固体废物的数量及能耗等。将上述诸方面都作为环境负担的项目来调查、分析，以评价产品在其整个生命周期中物质及能量的平衡和环境负担。在 LCA 方法中，一般用材料的环境指数（Eco - Indicators）作为评价在材料的生产和使用过程中对环境影响的一个具体的量化单位。如何定义材料的环境指数，是各国环境材料研究学者正在致力的一个目标。欧洲有些国家把材料生产过程中资源、能源的消耗以及对环境的影响都折算成能耗，用能耗作为统一的指标。这样虽然有明确的定义，但对环境影响程度反映得较为模糊。日本的山本教授将环境负担评价的内容分为：成本分析、能源分析、二氧化碳分析、灾害分析、材料的 LCA、产品的 LCA、社会的 LCA 和企业的 LCA 等，把环境评价和产品设计联系起来。

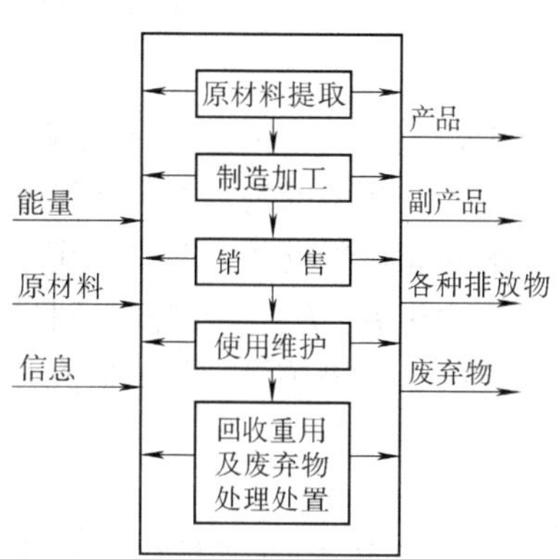

图 2-8　材料在整个生命周期中物质和能量的平衡情况

材料的综合评价法是将材料生产过程中的能源、资源和对环境的影响进行综合评价，为简化，将生产过程看成一个黑箱，其输入参数包括资源和能源两大类，而输出参数除产品外，还有各种形式的排放物，如图 2-9 所示。因此，材料的评价不仅要考虑污染物的直接危害，还要考虑资源消耗和能源消耗的间接危害。这些危害和影响所涉及的范围称之为泛环境（Pan-en - vironment），可以用一个函数来描述，即

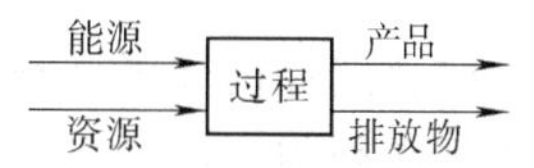

图 2-9　某过程的输入输出

$$ELV = \Psi(n) = f(R(n),E(n),P(n)) \tag{2-1}$$

式中，ELV为泛环境函数，其值称为泛环境负荷，它是材料过程数目n的函数；R为材料的资源环境因子；E为材料的能源环境因子；P为材料的污染物因子。R、E、P都是过程数目n的函数。

对于材料的全过程而言，其泛环境函数为

$$ELV = \int_0^n f(R,E,P)\,\mathrm{d}n \tag{2-2}$$

这里应当注意，泛环境函数不是孤立地研究单个因子R、E或P，而是将材料所涉及的资源、能源和污染物三者合而为一进行综合研究。而且

$$R(n) = y_1(a_i),E(n) = y_2(b_j),P(n) = y_3(c_k) \tag{2-3}$$

式中，a_i表示在材料生命周期全过程中的各种资源消耗量的叠加；b_j表示各种能源消耗量的叠加；c_k表示各种污染物量的叠加。

泛环境函数ELV有两种处理方法：一种是加权和处理法，另一种是乘积处理方法，即加和模型和乘积模型。

（1）加和模型　加和模型可用如下公式表示

$$ELV = w_R R + w_E E + w_P P \tag{2-4}$$

式中，w_R、w_E、w_P为加权系数。

加和模型的物理意义在于资源环境因子、能源环境因子和污染物环境因子三者对环境的影响是相对独立的，分别作用于生态环境。故它们对泛环境函数的贡献应分别叠加。

由于R、E、P环境因子具有不同的量纲，为了叠加，必须分别进行量纲为一的处理。在此引入环境等效指数的概念，定义环境等效指数为

$$I_{ij} = \frac{C_{ij}}{S_{ij}} \quad i = 1,2,3\cdots,n;\quad j = 1,2,3 \tag{2-5}$$

式中，C_{ij}为第j个环境因子和第i项的实测数据，其单位为每千克产品的发生量；S_{ij}为第j个环境因子的第i项国家标准或行业标准。

显然环境等效指数是一个量纲为一的值。$j=1$为资源环境因子项；$j=2$为能源环境因子项；$j=3$为环境污染因子项。

$$R = \sum I_{i1} \qquad E = \sum I_{i2} \qquad P = \sum I_{i3} \qquad i = 1,2,3,\cdots,n \tag{2-6}$$

（2）乘积模型　乘积模型可用以下公式表示

$$ELV = (w_R R)\cdot(w_E E)\cdot(w_P P) \tag{2-7}$$

乘积模型的物理意义在于，资源、能源、污染物三者对生态环境的影响不是独立的，它们相互作用，共同作用于环境系统，其影响具有放大作用，故它们对泛环境函数的贡献具有综合作用。在乘积模型中，R项的单位为kg；E项的单位为kg（标准煤）；P为量纲为一的量。对于P项仍用环境等效指数的概念。

2.3.3　材料的选择设计方法

材料选择需要考虑很多因素，如工程需要、可制造性、性能、环境影响和费用，但所有这些都必须与产品的可靠性、性能、可维修性以及环境友好性同时考虑、协调一致，使产品整个生命周期内的费用以及对环境的危害最小。

一种典型的将环境因素考虑到材料选择过程的方法如图 2 - 10 所示。该方法在满足功能、几何形状、材料特性和环境等需求的基础上，使零部件的成本最低。

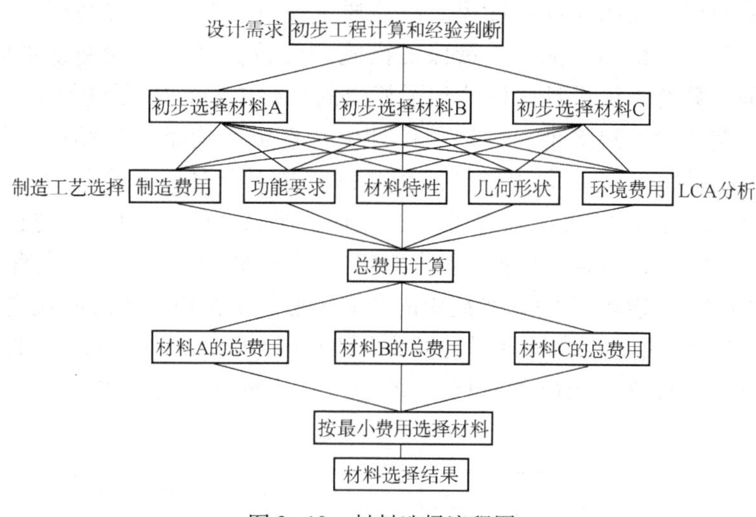

图 2 - 10　材料选择流程图

总的来说，在产品生命周期设计中，材料选择应遵循以下两条原则：一是尽可能使用在自然界中可循环的材料，并将自然的循环应用到其废弃和生产过程中，为此，需要熟知自然循环系统的性质，并根据具体情况以自然循环为模型来设计人类圈的物质循环；二是尽可能少的使用自然界中不可循环的材料，对那些非用不可的材料，应事先设计一个再生循环系统，在材料的废弃和再生过程中，严格控制数量，并使其处于不活泼状态。

2.4　面向产品质量的设计

面向质量的设计（DFQ）是以产品的质量为设计对象，在产品生命周期的各个阶段，在实现产品功能要求的条件下，使其产品的质量获得最好的一项设计技术。

众所周知，要使产品具有市场竞争力，产品质量起着关键的作用。为了提高产品质量，在以往的产品生产中采用了质量控制方法，但许多经验表明，在产品设计早期所作的决策，就已确定了产品的质量，因而靠制造过程的质量控制和管理不能弥补由于产品设计或工艺设计中所造成的先天不足而导致的产品质量问题，从这个意义上说，产品的质量是设计出来的，不是控制和管理出来的。因此，人们越来越认识到产品设计对产品质量影响的决定性作用。

现代产品质量是一个广义的概念，它要求在产品的全生命周期内全面满足用户需求，所以高质量的产品设计，就必须严格控制产品生命周期各个阶段的质量问题，并通过一系列的设计质量控制方法和工具的集成，和各部门间的共同参与和协同工作，以保证提高产品质量。这就是目前一些工业发达国家所推行的面向质量的设计技术的目的。

2.4.1　产品生命周期的质量设计模型

产品生命周期的质量设计的集成模型如图 2 - 11 所示，它由两条设计主线组成。一条是产品生命周期设计主线，即产品从市场需求分析到设计文档生成的具体产品设计过程，它包括产品的一般过程和各 DFX 方法。另一条是产品质量设计与保证的主线，包括产品设计质量目标的制订、控制与评价过程。产品质量设计与保证主线为产品生命周期设计的各个阶段提供产品质量的目标、质量保证措施和评价方法，作为衡量本阶段设计任务是否完成的依据。只有当该设计阶段达到了相应的目标之后，方可进行下一阶段的设计，以有效地防止前期的设计缺陷带入后期的设计中，直至影响整个产品的设计质量。当各个阶段设计完成之后，还可以利用模拟或仿真的方法对产品质量进行综合的考核，并可用质量综合评价系统对所设计的产品质量进行评估。所以，产品质量信息模型（Quality Information Model，QIM）既包含有质量设计与保证的工具和方法，而且也应有质量的综合评价系统，这样才可以使 QIM 与 CAD 系统中的产品模型、工艺模型等之间建立联系。在产品全生命周期设计各阶段中，一方面随时可以访问和利用 QIM，另一方面也可将满足用户需求的必须质量特征直接转移到相应的 CAD 系统中，保证按质量要求进行设计，并提高设计效率。

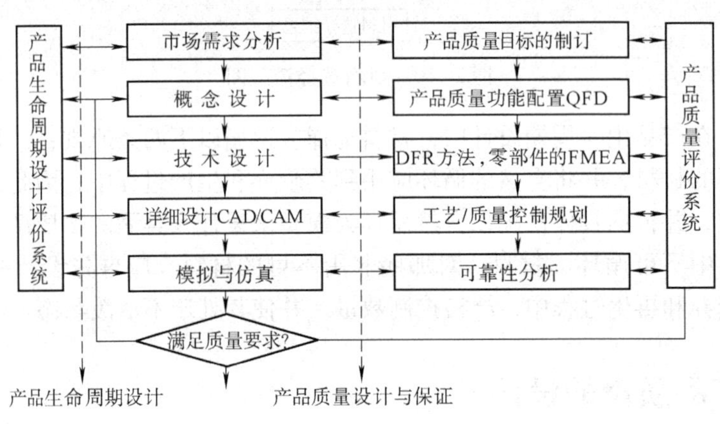

图 2-11　产品生命周期的质量设计的集成模型

2.4.2　面向产品质量设计与控制的主要方法

1）质量功能配置（Quality Function Deploy，QFD）是一种将用户对产品的需求信息正确而有效地转换为产品设计各阶段的技术性能指标和作业控制的方法，其重点是建立用户需求与产品质量特征的关系矩阵，确定质量的目标值，并规定设计过程中哪些质量特征对用户需求满足是重要的及其重要程度，确定了哪些制造过程中哪些工艺和工艺参数对零部件制造质量影响较大，应进行重点控制，以保证零部件的质量。在 QFD 方法中，有美国的质量屋（House of Quality，HOQ）和日本的 Goal/QPC 模型（其中 QPC 即为产品质量特征 Product Quality Characteristic 的缩写）。

2）稳健设计（Robust Design，RD）是一种使产品（系统或零部件）的技术特性达到目标值，并能保证产品在寿命周期内，当其结构参数由于各种随机因素的影响而发生漂移、或是材料老化（在一定范围内）时都能保证产品质量稳定的一种设计方法。目前在美国与欧洲等一些先进工业国家都以此方法作为质量设计的主要方法，如在日本所用的三次设计或 Taguch 方法，英、美等国用响应面法和容差模型设计方法等。

3）失效模式效应分析（Failure Mode Effect Analysis，FMEA）是一种可靠性分析的方

法，它是通过对产品各组成单元潜在的各种失效模式及其对产品功能的影响进行分析，把每一个失效模式按它的危害程度给予分类，提出可以采取的预防和改进措施，以提高产品的可靠性。从 20 世纪 50 年代中期以来，在各工业发达国家，为了提高产品的质量，从产品方案设计开始到产品使用报废为止，也都进行一系列的产品可靠性设计、分析和评价工作，除了采用 FMEA 方法外，还有故障树分析方法、事件树分析方法、应力和失效分析方法等。

2.4.3　产品设计质量的模糊评价

一般，产品在概念设计阶段，都是按其质量功能的配置的方法来产生设计方案的，在此之后，如不能从设计质量的角度对其作出合理性的评价，则有可能造成整个设计方案的不妥，甚至带来一系列的产品缺陷和麻烦。但是考虑到在此阶段，有时对产品的某些性能指标无法定量的计算，只能作出一些定性的评价，因而通常多数采用一种根据模糊理论给出的评价方法。下面介绍一种从众多的可行设计方案中，给出质量好坏排序和选择出一个最佳的或最令人满意设计方案的一种方法。

设有 m 个可行设计方案，对每个方案需考察它的 n 个性能指标（属性），则可以给定两个有限的论域

$$\boldsymbol{U} = \{u_1, u_2, \cdots, u_n\} \tag{2-8}$$

和

$$\boldsymbol{V} = \{V_1, V_2, \cdots, V_m\} \tag{2-9}$$

式中，$\boldsymbol{U}$ 为评价因素所组成的集合；$\boldsymbol{V}$ 为评价对象所组成的集合。

设第 i 个评价因素的单因素模糊评价向量为

$$\boldsymbol{R}_i = (r_{i1}, r_{i2}, \cdots, r_{im}) \tag{2-10}$$

$\boldsymbol{R}_i$ 可看做论域 $\boldsymbol{V}$ 上的模糊子集，其 r_{ik} 为第 k 个评价对象的第 i 个评价因素的隶属度。例如，在考虑各设计方案时，外形尺寸是其中一个评价因素，其代表参数符号为 L，当 L 接近边界的下限和上限值 1.4 和 4.0 时，产品的径向或轴向尺寸都显得过大，该方案不可取，因此可采用正态分布的隶属函数

$$\mu_L = \mathrm{e}^{-\left(\frac{L-2.7}{2}\right)^2}$$

来确定各方案实际尺寸因素的隶属度 r_{ik}。依此可得模糊决策关系矩阵

$$\boldsymbol{R} = \begin{pmatrix} r_{11} & r_{12} & \cdots & r_{1m} \\ r_{21} & r_{22} & \cdots & r_{2m} \\ \vdots & \vdots & & \vdots \\ r_{n1} & r_{n2} & \cdots & r_{nm} \end{pmatrix} \tag{2-11}$$

引入模糊向量

$$\boldsymbol{W} = (w_1, w_2, \cdots, w_n) \tag{2-12}$$

$\boldsymbol{W}$ 是论域 $\boldsymbol{U}$ 上的模糊子集，其中 w_1，w_2，$\cdots$，w_n 即为对各评价因素的加权因子，且须满足归一性和非负性条件，即

$$\sum_{j=1}^{n} w_j = 1 \quad 和 \quad w_j \geqslant 0, j = 1, 2, \cdots, n \tag{2-13}$$

引入模糊变换 $\boldsymbol{W} \bigcirc \boldsymbol{R} = \boldsymbol{B}$，其中 $\boldsymbol{R}$ 可以看做是模糊变换器，$\boldsymbol{W}$ 为输入，$\boldsymbol{B}$ 为输出，即为

模糊评判的结果，它是论域 V 上的模糊子集。但考虑到模糊运算算子“○”既可按最大或最小法则进行，也可按线性变换方法（即按矩阵的乘法运算）计算，于是可得

$$
\begin{aligned}
\boldsymbol{B} &= \boldsymbol{W} \cdot \boldsymbol{R} \\
&= (w_1, w_2, \cdots, w_n)\begin{pmatrix} r_{11} & r_{12} & \cdots & r_{1m} \\ r_{21} & r_{22} & \cdots & r_{2m} \\ \vdots & \vdots & & \vdots \\ r_{n1} & r_{n2} & \cdots & r_{nm} \end{pmatrix} \\
&= (b_1, b_2, \cdots, b_m)
\end{aligned}
\tag{2-14}
$$

式中，$b_j = \sum_{i=1}^{n} w_i r_{ij}, j = 1, 2, \cdots, m$。

根据 b_1、b_2、…、b_m 的大小，即可确定各评价对象（方案）的优劣，若 b_j 越大，则第 j 种方案最优。依此可对各评价对象按综合性能的好坏给出排序，得出综合评价的结果。

上述的模糊综合评价计算可列表进行，见表 2-1。

表 2-1　模糊综合评价计算表

评价因素 $\boldsymbol{U}$	加权 w_i	评判对象集 $\boldsymbol{V}$			
		v_1	v_2	…	v_m
		各评判因素的隶属度			
u_1 u_2 ⋮ u_n	w_1 w_2 ⋮ w_n	r_{11} r_{21} ⋮ r_{n1}	r_{12} r_{22} ⋮ r_{n2}	… … …	r_{1m} r_{2m} ⋮ r_{nm}
$b_j = \sum_{i=1}^{n} w_i r_{ij}$					
按 b_j 大小排序					

2.5　面向环境的设计

2.5.1　概述

面向环境的设计（DFE）是在世界“绿色浪潮”中产生的产品设计的一个新理念，它是以环境的技术原则进行产品设计的。

传统的产品设计通常仅考虑产品的基本属性——功能、质量、寿命和成本等，其设计的指导原则是只要产品易于制造并能保证达到所要求的技术条件即可，很少甚至不考虑产品的环境属性，产品在使用寿命结束后就变为一堆废弃垃圾，回收利用率极低，资源能源浪费严重，特别是其中的一些有害物质会严重污染生态环境，影响人类的生活质量和生产发展的可持续性。

与传统的产品设计不同，面向环境的产品设计主要强调：要从根本上防止产品产生污染，并节约能源和资源。这就是说，对于任何一种工业产品，要预先设法防止产品及工艺对

环境产生负面作用，不能等产品产生了不良的环境后果再采取措施。因此，在产品的生命周期设计中，要用系统化的设计方法，以集成的观点考虑产品的基本属性和环境属性，如产品的可拆性、可回收性、可维护性、可修复性、可重复利用性和对人身健康的无害性及安全性，并将其作为设计目标，使产品在满足基本功能、质量和使用寿命的条件下，使其对环境的影响减少到最小。

2.5.2　面向拆卸的设计

一般在产品设计中，考虑产品零部件的可装配性较多，而较少注意它的可拆卸性。然而，已报废产品的一些零部件经过维修或其他处理后可以被重新使用，那么这些零部件必须能够并且方便地拆卸；如果废弃产品的材料经过一定的再生技术可以被再利用，那么由这些材料构成的零部件也必须首先能够并且方便地拆卸。因此，产品拆卸是产品回收再生的前提，直接影响产品的可回收再生性，面向拆卸的设计（DFD）的设计思想和方法也就应运而生。拆卸的定义就是从产品或部件上有规律地拆下可用的零部件的过程，同时保证不因拆卸过程而造成该零部件的损伤。

1. 产品拆卸设计的基本准则

产品拆卸的目的一般可分为三类：产品零部件的重复利用、元器件的回收和材料的回收。因而也有三种不同类型的拆卸：非破坏性拆卸、部分破坏性拆卸和破坏性拆卸。非破坏性拆卸是指拆卸过程中不能损坏任何零部件（如松开螺纹拆卸、拆除及压出等）的一种拆卸，是拆卸的一种最高形式。零部件的有效拆卸除了有助于合理回收外，还有益于产品重组（如机器人和机床等）及产品寿命周期中的服务和维修。

拆卸设计是实现产品具有良好拆卸性能的有效手段。但是拆卸性靠设计过程中的分析与计算是得不到好的拆卸性能的，需要根据产品在使用和回收中的经验，拟定拆卸准则，用于指导设计。

拆卸设计是生命周期设计中研究较早而且比较系统的一种方法，并且已在汽车、计算机、复印机等产品中得到应用。由于产品种类千差万别，具体产品必须采用具体的方法去解决。但它必须服从下列几个原则，即拆卸工作量最小原则、联接方式简单与统一的原则和方便与易于拆卸的原则。

产品在使用过程中，由于存在污染、腐蚀、磨损等，且在一定时间内需要进行维护或维修，这些因素均会使产品的结构产生不确定性，即产品废弃淘汰时，其结构的不确定性减少，设计时应遵循以下准则：

1）避免将易老化或易被腐蚀的材料与所需拆卸及可回收的材料零件组合。

2）要拆卸的零部件应防止被污染或腐蚀。

2. 拆卸设计的评价

拆卸设计的评价是产品生命周期设计的基础。评价首要的问题是采用什么样的指标来评价产品的可拆卸性。一般是从两方面考虑：一是与拆卸过程有关的时间、费用、能耗和对环境的影响等；二是产品结构的拆卸难易程度。

1）拆卸费用是指与拆卸有关的一切费用，即人力费用和投资费用等。投资费用包括拆卸所需的工具及夹具、工具的定位及夹具送进装置的费用，拆卸操作费用，拆卸材料的识别、分类运输及存储费用等。拆卸费用是衡量结构拆卸性好坏的主要指标之一。某一零部件单元的拆卸费用高，则其回收重用的价值就小。当拆卸费用大于该零部件单元废弃后的固有成本时，就完全失去了回收重用的价值。由此可见，拆卸费用越小，零部件单元的回收重用价值就越高。拆卸费用可用下式表示

$$C_{\mathrm{disa}} = K_1 \sum_i (C_1 t_i/60) + K_2 \sum_i C_2 S_i \tag{2-15}$$

式中，C_{disa}是总拆卸费用（元）；K_1 是劳动力成本系数，它是考虑到不同拆卸方式（如手工拆卸或自动拆卸等）、工人的技术水平、不同时间等的劳动力费用的变化；K_2 是工具费用系数，它是考虑拆卸工具费用随拆卸方式的变化；i 是拆卸操作的次数；C_1 是拆卸操作 i 的当前劳动力成本（元/h）；t_i 是拆卸操作 i 所花费的时间（min）；C_2 是拆卸操作 i 的当前工具消耗成本；S_i 是拆卸操作 i 的工具利用率。

2）拆卸时间即拆下某一联接件所需要的时间，它包括基本拆卸时间和辅助工作时间。基本拆卸时间是指松开联接件、将待拆零件和相关联接件分离所花费的时间；辅助时间是指完成拆卸工作所做的辅助工作所花费的时间，如拆卸工具或人的手臂接近拆卸部位的时间等。产品的某一部件单元可能是由多个联接方式组合而成，则该部件单元的拆卸时间就是完成所有这些联接所消耗的时间总和。拆卸时间越长，表明该结构的复杂程度越高，产品的拆卸性能差。拆卸时间可由下式表示

$$T_{\mathrm{disa}} = \sum_{i=1}^{n} t_{\mathrm{di}} + \sum_{i=1}^{m} N_{\mathrm{fi}} t_{\mathrm{ri}} + t_{\mathrm{a}} \tag{2-16}$$

式中，T_{disa}是系统拆卸时间（min）；t_{di}是分离零件 i 花费的时间（min）；N_{fi}是与某一联接有关的紧固件数量；n 是系统零件总数；m 是联接件的数量；t_{ri}是移去紧固件的时间（min）；t_{a} 是辅助工作时间（min）。

不同联接方式，其拆卸时间的计算方法不同。如单个螺栓联接可用下式计算

$$T = T_1 + T_2 \tag{2-17}$$

$$T_1 = L/(nP) \qquad T_2 = K_{\mathrm{t}} T_1$$

式中，T 是总拆卸时间（min）；T_1 是拆卸螺栓的时间（min）；T_2 是其他时间，包括分离联接件的时间及辅助工作时间（min）；L 是螺纹长度（mm）；n 是螺纹线数；P 是螺纹螺距（mm）；K_{t} 是修正系数，即辅助工作时间占基本拆卸时间的比例。

当然，在拆卸过程中拆卸工具、工人熟练程度、结构复杂程度对拆卸时间会有不同程度的影响，可根据具体情况调整其修正系数。

3）拆卸过程中的能量消耗方式有两种，即人力消耗和外加动力消耗（如电能、热能等）。拆卸单元零部件所消耗的能量大小也是表明该零部件拆卸性能的一个指标。能耗少，则该部件拆卸性能好。由于机电产品中广泛采用多种联接方式，如螺纹联接、搭扣联接和粘结、焊接等，因此其拆卸能量的计算方法也不同。机械联接的拆卸能量包括螺纹的释放能、搭扣联接的弹性变形能或联接元件的摩擦能等；而化学连接方式，视其分离方法，消耗的能量可以是融化能、断裂能或溶解能。下面以机械联接中的螺纹联接为例，给出拆卸能的计算方法。

螺纹联接是通过施加一定的拧紧力 F(N)来使螺纹紧固的。拧紧力矩的大小与拧紧力 F 和螺纹直径 d(mm)成正比，可用下式表示

$$M = 0.2Fd \times 10^{-3} \tag{2-18}$$

式中，0.2 为力矩系数，其大小与摩擦因数和螺纹中径有关。

由机械零件知识可知，螺纹联接的轴向力约等于拧紧力矩的 10%。由于该轴向力作用在螺纹联接的放松方向，则松开螺纹所需的力矩是拧紧力矩的 80%。因而，松开螺纹的能量可由下式计算，即

$$E_1 = 0.8M\theta \tag{2-19}$$

式中，θ 为产生轴向应力的旋转角（rad）。

以上介绍的是几个与拆卸过程有关的指标。显然，产品结构可拆卸性的好坏也应是评价拆卸设计的一个主要方面，但难以量化，一般可以考虑以下几点：①可达性，即拆卸工具接近拆卸部位的方便程度；②标准化程度；③产品结构的复杂程度。产品结构的复杂性与许多因素有关，且这些因素多为模糊因素，对其描述至今尚无一种可行简易的方法。目前用得较多的是一种所谓拆卸评价图法，其格式见表 2-2。

表 2-2　拆卸评价图的基本结构

1	2	3	4	5	6	7	8	9	10	11	12	13	14
						难度等级： 1—容易；2—有一定难度； 3—中等难度；4—较大难度							
零件号	理论最少的零件数	重复动作次数	拆卸任务类型	拆卸方向	拆卸工具	可达性	定位要求	拆卸力的大小	拆卸附加时间	特殊拆卸问题	难度等级之和	难度等级与重复次数的总和	注解

总之，产品的可拆卸性将直接影响产品报废后的回收性与重用性。因此，拆卸设计是产品生命周期设计的一个重要环节。

2.5.3　面向回收的设计

面向回收的设计（DFS）主要是针对产品生命周期报废处理阶段的一种设计方法。

1. 回收设计的基本概念

处理报废产品的最好途径是将其回收再利用。在产品设计时不仅需要考虑最基本材料的回收，而更应该重视在新产品中利用使用过或从废弃产品中回收的某些零部件或元件。然而，目前废弃产品的回收再生率并不理想，以汽车为例，目前全球的平均再生率在 75% ~ 80%，大大低于其应达到的目标。造成回收再生困难的原因之一是缺少更有效的再生技术，另一个主要的原因就是产品设计没有考虑其废弃后的回收和再生，如产品很难拆卸和分类，在产品废弃时很难找到所使用材料的资料，不同材料制造的难拆组件不宜分离等。如果能够在设计时就同时考虑回收和再生，那么就可大大提高废弃产品的再生率，这样就产生了回收设计。回收设计就是在进行产品设计时，充分考虑产品零部件及材料的回收可能性、回收价值大小、回收处理方法、回收处理结构工艺性等以及与可回收性有关的一系列问题，以达到零部件及材料资源和能源的充分有效利用，并在回收过程中对环境污染最小、以期达到“绿色产品”要求的一种设计方法。

产品回收及再生的形式是多种多样的，对于同一种产品可以有多种回收再生形式。

表 2-3 列出了汽车产品的几种回收再生方式。

表 2-4 是面向回收设计与传统设计的比较。可以看出，回收设计与传统设计有很大的不同。回收设计在产品的设计初期就考虑到消除或减少废弃物的产生，并在产品废弃时，对其进行经济的和有效的回收或使废旧产品的零部件得到重用、移用。

表 2-3　汽车产品的几种回收再生方式

回收再生形式	回收再生深度	回收再生前的产品	回收再生后的产品
同化再使用	部件	发动机	作为维修用的发动机
	零件	点火器	作为配件出售的点火器
异化再使用	配件	汽车音响	改装为家用音响
	零件	蓄电池	照明用蓄电池
同化再利用	材料	车身	用再生材料再生造车身
异化再利用	材料	车身	用再生材料再生造机床零件

表 2-4　面向回收设计与传统设计的比较

传统设计的要求	面向回收设计的要求
功能	长寿命或短寿命产品
安全性	环境保护法规、回收材料特性及测试方法
使用	回收方法及废弃规则物
人机工程因素	利用可回收材料的设计准则
生产	先期用户回收及后勤保障，回收材料的生产性能
装配	装配策略，面向拆卸的联接结构
运输	重用及再生材料运输及装置
维护	将拆卸集成在回收后勤保障中
回收废物处理	产品回收，再生，材料回收，处理
成本	制造成本、使用成本、回收成本必须考虑产品销路

在产品的整个生命周期中，设计阶段与回收阶段是两个至关重要的环节。在产品的设计阶段，所有设计数据、信息都是理想的确定值，至回收阶段时，产品本身所有数据与信息都具有不确定性，必须再进行动态回收规划。同时，最终的拆卸技术和处理信息也影响着产品的设计，需及时向设计阶段进行回收信息的反馈。因此，面向回收的产品设计是产品设计子系统与产品回收子系统的有机组成。

2. 产品回收设计的基本原则

废旧产品的回收主要是回收大量由不同企业制造于不同日期的废旧的零部件和材料。由于使用阶段的影响，其最终回收状况也大不一样，相对产品设计阶段的静态回收评价，废旧产品到此阶段所表现出的不确定性也大大增加，其中，腐蚀、变形、老化等是一些影响回收与拆卸的主要因素。

为了增强产品的可回收性，在考虑设计方案时，一般应遵循以下设计原则：

1）设计的结构易于拆卸。合理的结构应是能毫无损伤地拆下要回收的材料及重用的零部件，尽可能采用系列化、模块化的产品结构。

2）尽可能地选用经工艺处理可整新重用的零件，可重用的零件应考虑其净化工艺对环境不产生污染。当回收零部件和材料的性能、使用寿命能满足使用要求时，应尽可能将它用于新产品的设计中，以充分利用材料资源，降低生产成本，保护生态环境。

3）限制所使用材料的种类（特别是塑料），增加同类材料的使用量，以便于回收处理、管理和降低购买价格。可重用零部件材料要易于识别分类，一般应根据其结构、联接尺寸及材料给出识别标志。

4）设计的结构要尽可能用简单的夹具和调整装置，易于调整件和新换零件的全新安装，特别是一些易损件、腐蚀和磨损件应布局在易安装、再加工和易更换的部件上或区域内。

实际上，人人都不太喜欢用再生产品，但是面对世界有限的资源，人们又不得不使用由再生材料和翻新零部件制成的产品，所以废旧产品的回收利用是当今社会发展所必需的一项技术经济政策，这就要求制定相应的法律法规和政策，以约束、规范和引导企业按照回收设计要求来设计、开发新产品，同时还应加强新型回收工艺技术和方法的研究，并对人们的消费观念和消费方式加强教育，提高环保意识。

3. 产品回收设计的评价

产品在其使用寿命结束后，废旧产品中的有些零部件还具有一定的回收价值，这就是零件材料的回收价值与零件的重用价值。为了便于对回收价值进行评估，可根据产品的不同回收方式进行分析，如图2-12所示。

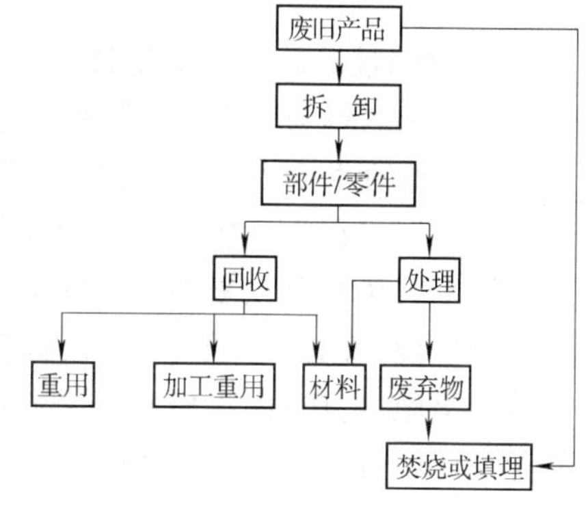

图2-12　产品回收与处理的一般过程

废旧产品的零部件一般可以划分为可重用的零件、可回收材料的零件和废弃的零件（或物）三种。

零件重用或材料回收反映了废旧产品回收所能取得的经济效益。然而，有些从废旧产品中回收后的零件和材料使用前需花费加工和处理费用，产品设计人员必须对这些问题进行全面考虑，以便能取得良好的经济效益。此外，设计人员也需重视那些不能回收而需付出处理费用的零部件。图2-13所示为废旧产品回收费用、拆卸费用和处理费用的关系曲线。当从废旧产品中不断拆卸和回收零部件时，其回收费用渐渐趋近回收的极值点S。在高价值零部件优先回收的前提下，该点表示拆卸的过程或步骤开始进入负价值拆卸。在这种情况下，应该立刻停止拆卸。

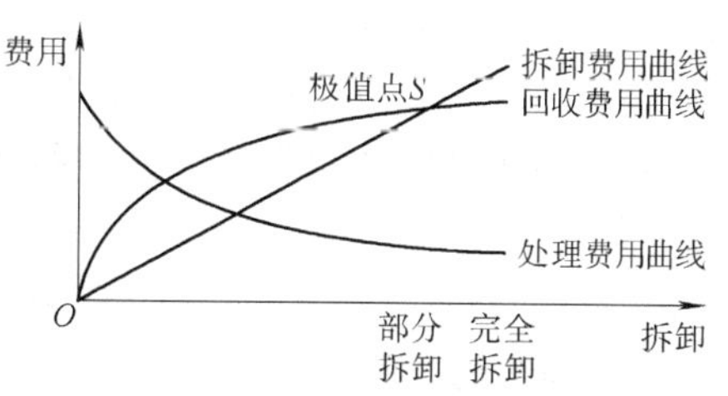

图2-13　废旧产品回收费用、拆卸费用和处理费用的关系曲线

通过对废旧产品零部件价值的分析，废旧产品的回收与处理所能取得的总效益为

$$V_{\text{toal}} = C_{\text{vsum}} - C_{\text{dsum}} - C_{\text{psum}} = \sum_{i=1}^{t} C_{\text{v}i} - \sum_{i=1}^{t+p} (S_{\text{w}}T)_i - \sum_{i=1}^{n-t} C_{\text{p}i} \qquad (2\text{-}20)$$

式中，V_{toal}是总效益；C_{vsum}是总回收价值；C_{dsum}是总拆卸费用；C_{psum}是总处理费用；n是产

品零部件总数；t 是已回收的零件数；p 是需处理的零件数；S_w 是单位时间的拆卸费用；T 是零件的拆卸时间。

回收设计方法能提高零部件总回收价值，降低零部件的拆卸费用与处理费用。例如，若设计的零部件可达性好、易拆卸，则单位时间内的回收价值就能得到提高，拆卸费用也就随之降低。其最终结果是更少的零部件需要处理。因此，产品废弃物的处理费用也随着降低。

零件和材料回收或重用可以减少废旧产品处理费用，因此产品必须具有良好的可拆卸性，才能提高废旧产品的回收效率。

根据零件的回收价值、拆卸时间与处理费用等参数，可得如下的废旧产品的回收效率计算公式，即

$$I = (C_v - C_d - TS_w)/C_v \tag{2-21}$$

式中，I 是回收效率；C_v 是零部件的回收价值；C_d 是废旧产品剩余部分的处理费用。

根据产品回收与拆卸的一般规律，价值高的零件应首先拆卸，随着产品的进一步拆卸，回收价值越来越低，而废旧产品的处理费用也在不断降低。由于剩余废弃物减少，使废旧产品更易于回收处理，同时回收效率也随之增大。

2.5.4 面向维修的设计

1. 维修性设计的基本概念

产品维修是为了保持或恢复其完成规定功能的能力而采取的一种技术管理措施。维修包含维护和修理两个方面的含意：一是为了防止产品性能退化或降低产品失效的概率，按事前规定的计划或相应的技术条件的规定进行的维修，也称为预防性维修；二是产品失效（或故障）后，为使其恢复到完成规定功能而进行的维修，称为事后维修。

维修设计的任务是：一旦设备发生故障，尽可能快地修理好，甚至在未出故障之前就已经采取措施（如预防维修）来消除故障，从而提高设备的可靠性。因而，这种在产品设计的早期阶段就系统考虑产品可维修性目的的设计称为产品生命周期可维修性设计。

维修性设计和可靠性设计是产品设计技术要求中的不可缺少的组成部分，在产品的设计阶段就应该认真地加以考虑，为了保证产品在生命周期内有效地达到规定目标，应当首先考虑提高产品的可靠性，而且可以通过维修性给予保证。

维修性的一个重要指标是维修度。所谓维修度是指可修复产品在规定的条件下使用和在规定时间内按规定的程序和方法进行维修时，能使产品保持和恢复到能完成规定功能的概率，即

$$\text{维修度}\ M(t) = P\{T \leqslant t\} \tag{2-22}$$

式中，T 为维修时间，是个随机变量；t 为从发生故障后开始维修到完成的维修时间。

显然，$0 \leqslant M(t) \leqslant 1$，若同一时刻 t 的维修度 $M(t)$ 值越大，说明产品就越容易维修。图 2-14 所示为维修度函数 $M(t)$ 的曲线。

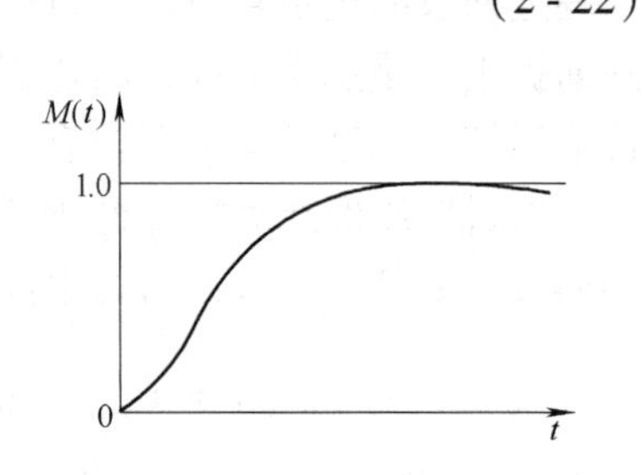

图 2-14　维修度函数 $M(t)$ 的曲线

2. 面向维修的设计原则

为使产品能尽快修复到原有的工作性能，产品生命周

期的维修性设计应遵循以下几个原则：

1）维修作业的可达性，即在对产品内部进行修理操作时，应易于进入操作工具、进行试验工作和交换零部件。

2）零部件间的联接方式既要考虑可靠性，也要考虑拆卸的简便性。要实现产品的模块化设计，可以按模块的部件进行更换维修。

3）增设故障的诊断附件，如显示、警报、校正装置和检测电路等，以尽快发现故障，及早修理。

3. 面向维修的设计方法

生命周期可维修性设计是对产品通过失效方式及其后果的分析，提出产品发生故障的方式，然后通过维修方式分析研究，提出对发生故障产品的修理方法。

各种故障的发生频率及其后果是产品设计过程中需要考虑的两个重要因素。如果某种故障的发生频率较高，就应该在设计时考虑便于维修；如果某种故障会造成严重的后果，那么即使发生故障的频率较低，设计时也应该尽量避免该种故障的发生。

故障的重要性分析，一般可使用表格来进行，主要对各种可能发生的故障频率和故障后果进行打分，然后按下式计算出重要程度，从而可确定其重要设计原则。

$$I_r = F_r C_r \tag{2-23}$$

式中，I_r 是故障的重要程度；F_r 是故障频率；C_r 是故障后果。

当对产品是否需要进行修理作出评估时，多数是依据其费用关系来确定的，设 C_{item} 为故障后修理费用，C_{prod} 为新产品费用，则两者的比值

$$R_c = \frac{C_{item}}{C_{prod}} \times 100\% \tag{2-24}$$

可以作为评定产品是否值得进行修理的依据。一般，若 $R_c < 75\%$，则对产品进行维修；如果 $R_c \geqslant 75\%$，则对产品作报废处理而不进行维修。

对产品在确定进行维修的情况下，还需进行面向维修的设计分析，以表明维修设计的效果，这时主要用基于费用或基于时间的分析方法。

基于费用的可维修性指标定义为

$$\eta_{cost} = \frac{c_s}{c_s + c_d + c_t + LT_s} \tag{2-25}$$

式中，η_{cost} 是基于费用的可维修性指标；c_s 是维修价值；c_d 是被丢弃件的价值（液体、密封件）；c_t 是所需专用工具和设备的费用；L 是单位时间劳动力费用；T_s 是进行维修所需的时间。

由上式可以看出，即使通过改变设计使维修时间大大减少，也不一定能获得较好的可维修性指标。而独立于维修费用之外的基于时间的评估指标为

$$\eta_{time} = \frac{t_{min} N_m}{T_s} \tag{2-26}$$

$$\eta_{total} = \frac{\eta_1 f_1 + \eta_2 f_2 + \cdots + \eta_n f_n}{f_1 + f_2 + \cdots + f_n} \tag{2-27}$$

式中，η_{time} 是基于时间的维修效率；t_{min} 是进行维修的最少时间；N_m 是在维修过程中，理论上能取的或进行调整的最少项数；T_s 是估计的维修时间；η_{total} 是总的维修效率；η_1、η_2、…、

η_n 是各单项维修效率；f_1、f_2、…、f_n 是各单项维修发生的频率。

2.6　产品生命周期设计的评价

2.6.1　LCA 的概念

产品生命周期评价（LCA）是对环境影响进行分析的一种定量方法。从理论上讲，LCA 具有将环境质量融入产品决策过程的特点，是一种全面性的综合思考模式，与传统的产品环境影响评价有本质的区别，主要反映在集中考虑的焦点环节和废弃物管理方面。传统环境影响评价方法与 LCA 的比较见表 2-5。

表 2-5　传统环境影响评价方法与 LCA 的比较

	针对的环节	污染物、废弃物管理
传统评价方法	使用阶段	使用过程中所产生的污染物
LCA	原料开采、生产、制造、使用及废弃等整个阶段	制造、运输、使用及废弃过程中的污染物、废弃物

随着人们环境保护意识的提高及全球环境可持续发展战略的实施，在比较何种产品或制造过程较符合环境保护要求时，应由原料开采—生产制造—消费使用—弃置处理的全过程进行评价，而非仅由单一环节考虑，此即为生命周期分析基本思想的由来。

国际组织和研究机构之间对产品生命周期分析定义的表述略有差异，最具代表性的是欧盟和美国研究机构的定义。

1）欧盟认为，产品生命周期分析是在对产品、生产过程或活动从原材料获取到其最终处理进行调查的基础上，定量产品的环境负荷的方法。该定义强调了产品生命周期分析本身的工具性质和最终的结果。

2）美国的一些研究机构认为，产品生命周期分析是对产品生命周期全过程的环境影响评价的一种思想和方法，其主要内容包括清单分析、影响评价和改进分析，需要进行评价的环境因素包括原材料使用、能源消耗、污染排放，全部生产过程包括原材料开采、加工、运输、销售、使用、回用、再生及处置。

2.6.2　LCA 的分析方法

产品生命周期分析分四个实施阶段：目标及范畴定义，清单分析，影响评估，改进分析。其实施的构架习惯以图 2-15a 所示的正三角模型和图 2-15b 所示的四个相关步骤表示。

1. 目标及范畴定义

目标及范畴定义主要是对研究的目标及范围作出清楚的定义，建立所研究产品的功能单元，设定 LCA 的边界等。它分为三个层次，即观念的、初步的或全面的 LCA。

1）观念的 LCA 用于回答产品—环境系统的基本问题，主要向消费者描述环境标志产品应有的品质及对企业职工的培训，所需数据和研究的投入较少。

2）初步的 LCA 为半定量或定量地确定产品存在的主要环境问题，为产品的设计、开发

a)

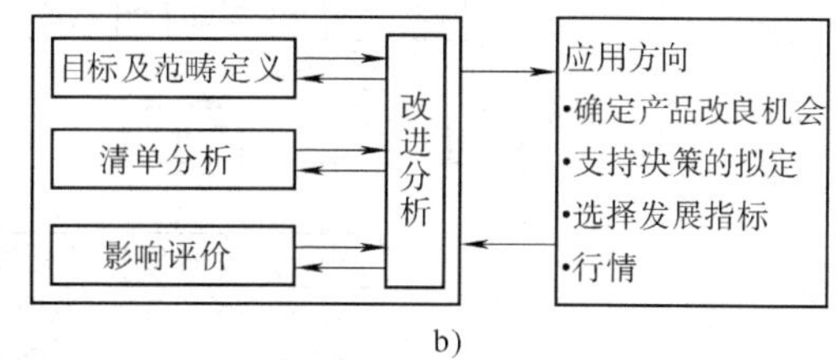

b)

图 2-15　生命周期分析实施框图

a）正三角模型　b）相关步骤

及企业内部环境管理服务，也可用于政府部门的有关环境的决策研究。

3）完全的 LCA 则需要大量数据来支持产品环境体系的全面评价，因而有较强的权威性，用于环境标志的认证，企业的外部宣传，也用于政府法规的制定。

定义某一特定的产品生命周期分析的研究范畴时，可以根据研究目标的不同选择不同层次的产品生命周期分析，同时也需把地理性因素（如局域性、国家性、区域性、全球性等）及时间性因素包括在内。

2. 清单分析

生命周期清单分析，是针对某一特定的产品及其生产全过程（原料开采、加工/制造、运输及供销、使用/再使用、维护、回收及废弃物管理）中的能源和原料需求，以及排放至环境中的空气、水及土壤污染物等资料清单和定量值进行收集整理和描述，作为后续影响评价或改进分析的基础。

生命周期清单分析的一般步骤包括过程描述、数据收集、预评价和产生清单等，并涉及图 2-16 所示的要素。能源包括天然气、石油、煤、核能、太阳能、生物质能及电力等。原材料可以是任何物料，包括不作为燃料的石油和煤。

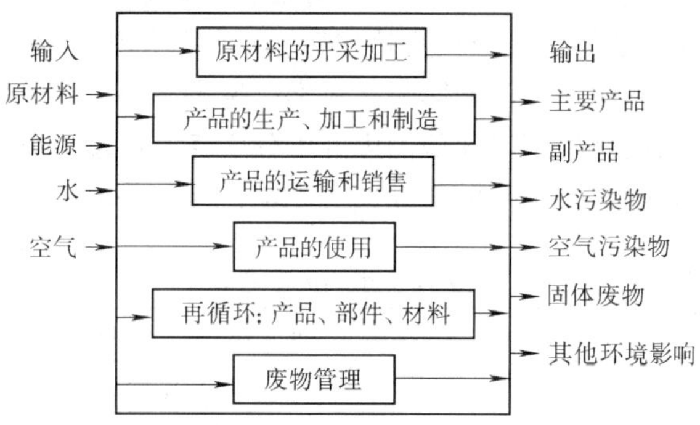

图 2-16　产品生命周期清单分析的要素

在进行清单分析时，污染物排放的清单分析框图如图 2-17 所示，在进行污染物清查时，需逐层展开，以掌握每个阶段产生的污染物及其对环境可能造成的影响。

在清单分析方面有多种计算机辅助模式可供使用，任何一种计算机模式皆需有正确或适当的资料输入，才能得到较佳的结果。图 2-18 所示为生命周期清单分析模式的基本框图。

3. 影响评价

LCA 的影响评价是将清单分析所得的结果，以技术定量或定性方式评价重要且具有潜在性的环境影响。影响评价的步骤通常包括：分类、特征化和量化。

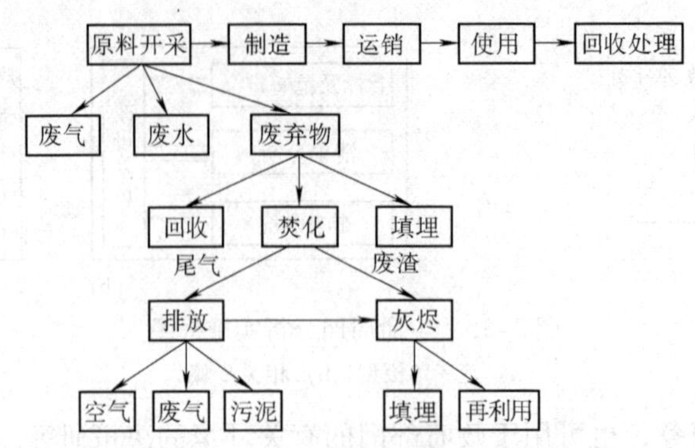

图 2-17　污染物排放的清单分析框图

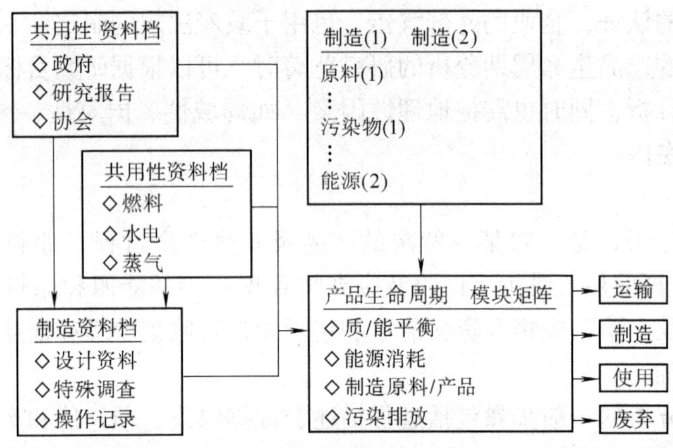

图 2-18　生命周期清单分析模式的基本框图

1）分类是将清单分析所得到的数据，归纳分成数个影响类别。生命周期各阶段所使用的能源/资源及所排放的污染物，经分类及整理后，可作为影响因子。影响因子可分成资源消耗、化学方面的影响及非化学方面的影响三大类，见表 2-6。各类影响因子及其相关的环境影响见表 2-7。生命周期分析环境评价的内容十分广泛，环境影响一般分为生态影响、人类健康、资源损耗以及有关社会福利的活动四大类项，其他分类也有被采用。

表 2-6　影响因子分类

资源消耗	可再生资源、不可再生资源
化学方面的影响	温室气体 臭氧消耗气体 毒性物质 酸性物质 光化学氧化物 营养化物质
非化学方面的影响	栖息地改变 淤泥沉积 噪声 离子化辐射 生活空间受到限制

表 2-7　各类影响因子及其相关的环境影响

影响因子	初级影响	二次影响	影响因子	初级影响	二次影响
酸性气排放	酸雨	湖泊酸化	毒性化学物质	毒性效应	健康损害
光化学氧化物	烟雾	健康损坏	固体废弃物	土地占用	栖息地破坏
营养物质	富营养化	沼泽、湿地	化石燃料使用	资源减少	
温室气体	温室效应	海平面上升	噪声	干扰人与生物	
臭氧消耗气体	臭氧层破坏	皮肤癌	施工建设	栖息地破坏	生物多样性变化

2）特征化主要是利用量化的方法，对不同影响类别的影响因子造成的影响予以定量评价及综合。特征化的方法有：将清单分析得到的数据与技术标准进行比较和用计算机模型计算出各检查点的影响程度。

3）量化是在该阶段将不同的影响类别赋以权重，计算各自的贡献率，如图 2-19 所示。通常，各种影响因子间存在许多不可转换的特性，例如固体废弃物很难与噪声互相转换。在比较两个产品时，除非可以衡量出各种影响类别的相对重要性，否则很难绝对地说两种产品何者对环境造成的影响较少。因此在影响评价的最后尚需有一个评价程序，以得出结论。

4. 改进分析

将清单分析和影响评价中发现的问题，提出对现有产品设计和加工工艺的改进意见，提出可能的实施方案；或者将评价的结果以结论或建议方式提出，供决策者参考。

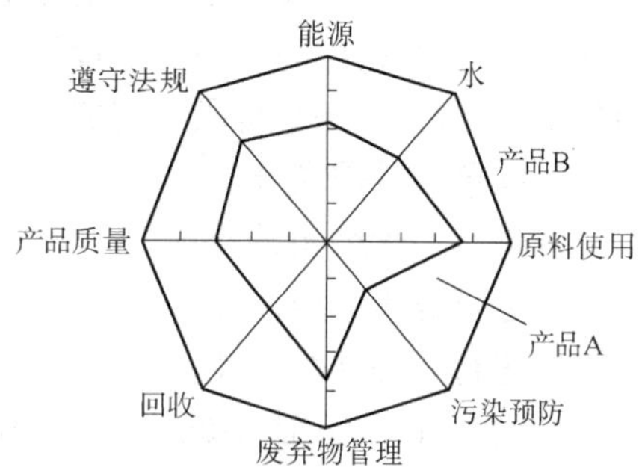

图 2-19　影响类别的比较

2.7　生命周期设计的关键技术

前已述及，生命周期设计是生产“绿色产品”的重要手段，因此也有把生命周期设计称为绿色设计（GD）。为了完成这个设计过程除需一般 CAD 的数据库和知识库外，还需要涉及产品生命周期全过程的支持绿色设计所需的数据、知识，以及必须建立相应的数据库和知识库，并对数据和知识进行管理和维护。同时，以集成为日标的设计战略思想，在采用系统观点的基础上，需要有相应的绿色设计工具或生命周期设计平台的支持。

2.7.1　生命周期设计的数据库和知识库

数据和知识包括在生命周期设计中完成绿色设计所必需的一些数据和知识，如材料数据，不同材料的环境负担值，材料的自然及人工降解周期，制造、装配、销售及使用过程中产生的废弃物数量及能耗，回收分类特征数据及生命周期各阶段的费用及时间等。这些数据有静态数据和动态数据，静态数据如设计手册中的所有数据、回收分类特征等，这类数据通常采用表格、线图、公式、图形及格式化文本表示；动态数据是在设计过程中产生的有关信息，如中间过程数据、零件图形数据、环境数据等。

在知识中应包括在设计过程中涉及大量的公理性知识、经验性知识及标准型知识等，这些知识主要用于设计过程中的选择与决策，如材料选择、方案选择、拆卸结构决策、设计结果决策等。

这些数据和知识与一般的设计所需的数据和知识基本相同，只是充分考虑到完成绿色设计的需求，因此，它具有种类多样性、结构复杂性和动态数据模式的特点。

知识库和数据库可以按一般的设计数据库和知识库来建立，其中数据模型是核心，通常可以采用层次模式、网状模型、关系模型和面向对象的模型。

随着数据及其复杂性的不断增加，传统的数据模型越来越难于适应新环境的要求。它们缺乏丰富的语义描述能力，难以支持相当多的诸如图像、文本、声音、规划或过程等新型数据类型，以及各种信息的多版本性。为解决这方面的难题，支持面向对象的数据模型和传统数据库特征的数据库系统应运而生。面向对象的概念涉及对象/对象标识、属性/方法、封装/消息传递、类/型、类层次/继承等，这组概念形成了新一代数据库模型的基础，包含这些概念的数据模型为相应的核心模型，通过在该核心模型的基础上增加与具体应用有关的完整性约束和语义联系，定义出了面向对象的数据模型。

绿色设计数据库与知识库的设计遵循软件设计的一般原则，即“自顶向下，逐步求精”的原则。一般分成四个阶段来完成：

1）绿色设计需求分析。

2）进行概念结构设计。

3）进行逻辑结构设计。

4）进行物理结构设计。

可见这与设计一般数据库的步骤相同，只要充分考虑绿色设计数据库与知识库的特殊需求即可。

2.7.2 生命周期设计用的几种工作软件及其开发

全生命周期设计涉及很多学科领域的知识，这些知识不是简单地组合或叠加，而是有机地融合。利用常规的分析方法、计算方法和设计工具，是无法满足设计要求的；此外，绿色设计的知识和数据多呈现出一定的动态性和不确定性，用常规方法很难作出正确的决策判断；而且只能要求产品设计人员在设计过程中具有一定的环境基础知识和环境保护意识，而不能要求他们成为出色的环境保护专家。因此，绿色设计必须有相应的设计工具作支持。绿色设计工具也即绿色产品的计算机辅助设计（Computer Aided Design for Green Product，GCAD），是目前绿色设计的研究热点之一。

图 2-20 所示为绿色设计工具的组成。由图可见，绿色设计工具主要包括绿色设计目标和需求分析、生命周期过程阶段描述与设计、设计评价、设计模拟及系统信息模型等。

随着 LCD 研究的不断深入和实践，一些相应的软件系统也应运而生，比较有代表性的是 LASeR1.0、DFA/Pro7.1 和 DFS Version1.0。

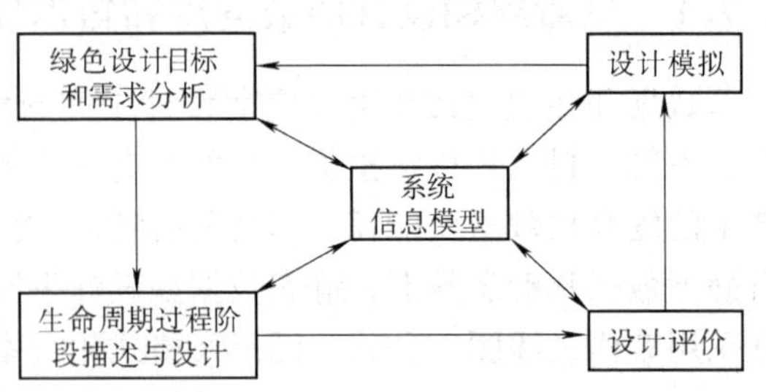

图 2-20 绿色设计工具的组成

LASeR1.0是由斯坦福大学生命周期工程小组开发的基于微机的软件系统，它能对机械设计的可维修性、可循环利用性和装配性能进行评价。用户首先输入机械系统的设计结构、费用、劳动成本以及所使用的材料，然后就能选择相应的手段对设计进行分析。该软件用GE - Hitachi装配评估法对设计的装配性进行分析，通过确定修理所需的操作步骤和计算有关的维修费用对产品的维修性进行分析。如果是产品报废处理，则由用户选择相容的零件组，LASeR1.0对这些零件组或零件族进行分析，根据所给出的分类策略，确定相应的拆卸和再处理费用。

DFA/Pro7.1和DFS Version1.0用结构表按树状结构表示产品全部的子装配件、部件和所需的装配、拆卸和维修操作，树根是主装配件或产品。通过DFA或DFS问题推理对产品进行装配、拆卸、维修和再装配分析，减少装配时部件的数量，计算装配、拆卸、维修和再装配的时间，估计装配或维修的费用，提出重设计建议。用户可根据设计对象定义自己的规则库和操作。它们可与Pro/Engineer集成使用，使之成为一个集成的绿色设计和分析软件工具。

应用或正在开发的生命周期设计工作软件见表2 - 8。

表2 - 8　应用或正在开发的生命周期设计工作软件

工具名称	开发单位	功能特点
DFA/DFD	Boothroyd Dewhurst公司	可以进行拆卸/回收过程分析、工艺流程分析及可制造性分析
EcoManager	PIRA Franklin Associates	面向绿色设计的生命周期分析
Ecopro	EMPA	基于能量/质量数据库进行绿色设计的生命周期分析，包括环境影响分析评价
Ecosys	Sandia	面向绿色设计的生命周期分析
Paradox	Delta	零部件数据库，包括结构图样、材料模型和环境性能
PEMS - PIRA环境工具	PIRA International	基于能量/质量数据库进行绿色设计的生命周期分析，包括环境影响分析评价
PIA清单工具	TEM	利用单元工艺数据库，进行面向绿色设计的生命周期分析
Product LCI Speadsheet	Proctor and Gambel 欧洲技术公司	面向绿色设计的生命周期分析
Restar	Green Engineering Associates	拆卸/回收过程分析
PRICE	Lockheed Martin	面向绿色设计的生命周期分析及工艺流程分析
SEER	Golorath Associates Inc.	面向绿色设计的生命周期分析、工艺流程分析及可制造性分析
IBIS	IBIS Associates	技术成本模型、工艺流程分析及LCA
Diana	PoGo International Inc.	拆卸/回收过程分析
Koning	卡内基梅隆大学	材料选择和材料替代

其中，在产品生命周期设计中的几个主要设计工具是：材料选择、拆卸/回收设计、维

修性设计、制造工艺和装配设计、绿色设计、生命周期评价（LCA）等。

习　题

2-1　产品生命周期设计与传统的产品设计有何不同？它具有何特点？

2-2　从产品设计开发来分析，产品的生命周期大致可分几个阶段？

2-3　何谓 DFX？

2-4　具有什么样性质的材料为绿色材料？

2-5　何谓泛环境函数？

2-6　产品质量设计工具有哪些？

2-7　面向环境设计应该包括哪些方面？

参考文献

[1] 余俊．中国机械设计大典：第1卷［M］．南昌：江西科技出版社，2002.

[2] 刘志峰，刘光复．绿色设计［M］．北京：机械工业出版社，1999.

[3] 商建东，陈康宁．生命周期产品设计质量评价及方案决策模型研究［J］．机械设计，2000（7）：6-19.

[4] 杨旭静，李传乾．绿色产品设计及其关键技术研究综述［J］．机械设计，2001（3）：1-3.

第 3 章　创新设计

3.1　概述

全世界的公司都在参与市场竞争，公司取胜的希望寄托于每年开发出成功进入市场的新产品。新产品定义为进入市场 5 年及不足 5 年的产品，其中包括老产品中系列化的新产品部分及经过重大改进的老产品。统计表明，新产品收入占公司收入的 33%，在一些富有活力的行业，该数字为 100%。

成功进入市场的新产品是技术创新的结果。技术创新包含新概念开发、新产品开发及市场化三个阶段，新产品开发包含产品设计及制造，创新设计是产品设计的一种。创新设计的结果不仅为公司提供新产品，而且提供高级别的新产品，这些产品为公司的市场竞争提供秘密武器。

为了快速响应市场需求，创新设计应该在理论指导下进行。本章介绍设计理论分层、创新设计的定义、过程及冲突解决理论。前苏联的发明问题解决理论（TRIZ）是本章的核心理论。

3.2　创新设计的概念

3.2.1　设计理论分层

设计是人类的基本活动。在过去很长的时间内，设计一直作为人类所从事的一种艺术活动，并采用师傅带徒弟的方式进行。如早期的制陶者根据经验与构思直接操作粘土，做出所需要形状的陶器，并没有事先绘制陶器的形状，经验来自师傅对徒弟的培训及徒弟自身实践的积累。由于社会的发展，产品竞争加剧，师傅带徒弟的设计方式已不能满足要求，而需要设计理论与方法的指导及专业设计人员。

到了 20 世纪 60 年代，对设计的研究得到空前的关注，很多研究目的是提出更好的设计方法以便改进设计过程及相关的教育。正是这些研究，使设计由艺术转变为科学与艺术的结合，设计中科学的一面是设计者能更好地理解设计过程，艺术的一面是设计者能发挥其灵感及创造性。

关于设计理论的大量研究可以分为图 3-1 所示的三个层面。这三个层面研究目的是从不同的高度理解设计。

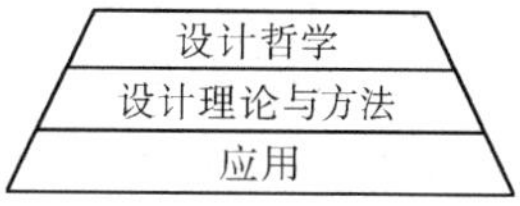

设计哲学
设计理论与方法
应用

图 3-1　设计的三个层面

（1）设计哲学　设计哲学从心理学及认知的层面研究设计的本质。如设计思维、设计能力及极限、心理学基础等都是设计哲学的研究课题。这些研究从哲学的高度定义设计问题、设计目标及设计过程。

例 3-1　“场所制造（Place Making）”是美国捷得国际建筑师事务所（The Jerde Partnership International, Inc.）在购物中心与社区中心设计中贯穿的重要设计哲学与思想。根据这种思想，该事务所设计的购物中心不是一栋建筑物，而是一种综合建筑、景观、空间、声音的“体验式场所”，是一种为群众创造的拥挤热闹的场所。

例3-2 “慢速设计（Slow Design）”是一种哲学思想。按照这种思想，正在诞生一种新的设计模式：设计的角色是在与环境相协调的条件下，保持社会文化与个性需求相平衡。在这种模式中，时间不是主要的约束，不必快速响应市场及与对手竞争，不必再追求最小化或最大化或最快，设计所要确保的是个性及社会美学的需求与人类所在地球的平衡。

(2) 设计理论与方法　设计理论与方法是依据设计哲学的研究结果及设计的实践，建立分步的或细化的设计过程模型，研究过程模型的支持工具，开发工具软件。按照这种模型，设计者可分步骤地按规定完成设计所需要的所有活动，其中的各种工具支持设计者更好地完成过程。

例3-3 在概念设计阶段，设计者要确定待设计产品的功能、效应及原理解，并用简图或草图表示该原理解。图3-2所示为传递转矩功能的实现，是单功能产品的概念设计过程中的主要步骤。

(3) 应用　应用的研究领域很广，包括领域产品设计，如机械设计、集成电路设计、建筑设计、控制系统设计、桥梁设计、园艺设计，及支持领域产品设计的稳健设计、可靠性设计、优化设计、动态设计、各种应用软件开发等。

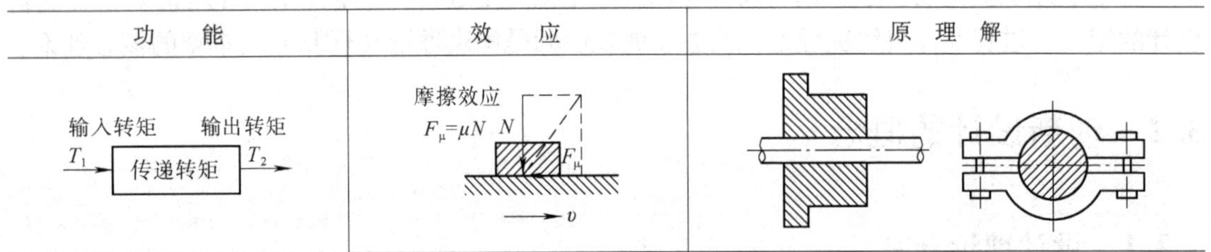

图3-2　传递转矩功能的实现

3.2.2　常规设计与创新设计

产品设计是要解决问题。如果产品的初始状态与理想状态之间存在距离，则称之为问题，设计过程是解决问题的过程，是使产品由初始状态通过单步或多步变换实现或接近理想状态的过程。如果实现变换的所有步骤都已知，则称为“常规问题”（Routine Problem），如果至少有一步未知，则称为“发明问题”（Inventive Problem）。解决常规问题的设计是常规设计，解决发明问题的设计是创新设计。

例3-4 小型混凝土搅拌机（图3-3）的滚筒转速较低，如果搅拌机采用电动机驱动，电动机转速较高，需要将电动机的转速降低到与滚筒的转速相匹配。试解决该问题。

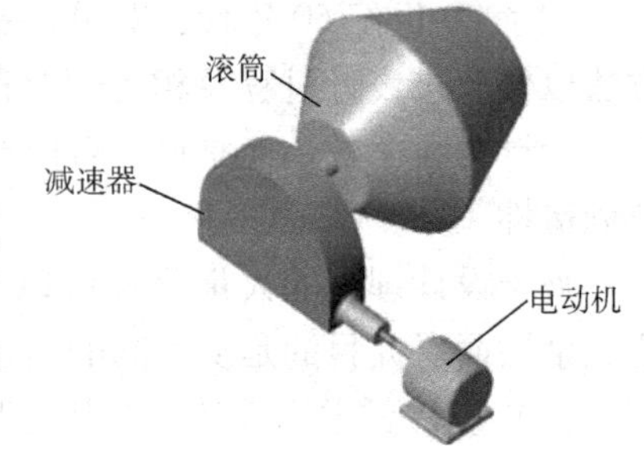

图3-3　小型混凝土搅拌机原理图

该例中设计需要解决的问题是如何实现减速。根据经验及已有的研究成果可知，减速器就是该问题的解，设计人员可以借助手册或机械设计资料完成减速器的设计，也可向有关减速器生产企业直接定购与该设计相匹配的产品。例3-4中问题求解过程的每一步都是已知的，问题本身是常规问题，设计也属于常规设计。

例3-5 飞行汽车。世界各大城市，特别是亚洲一些国家的大城市，交通拥挤是常见的问题，需要一种能在公路上起飞的汽车，以躲过塞车带。莫勒开发了能垂直起降的飞行汽车M400，该型号汽车能垂直起降，能运载4名乘客，速度达500km/h，爬高10000m，续航距离达1400km，使用普通的汽油。

该产品在世界首次开发，设计制造过程中要遇到很多世界上从未解决的问题，如飞行汽车的工作原理、结构设计、专用发动机设计、专门操作控制系统设计等，显然很多的设计问题是首次提出，解决这些问题的很多步骤是未知的。因此，其属于创新设计。

3.2.3 创新设计过程

对于机械设计而言，技术设计与详细设计的重点是用工程图学、机械零件、机械原理、理论力学、材料力学等基础知识完成产品的总装图、部件装配图、零件图及有关的设计与计算。这些可认为是通常设计内容。概念设计是构思及选择产品工作原理或原理解的阶段；对于已有产品的改进设计，主要是改进部分工作原理；对于新设计，要构思与选择全新的原理。因此，产品创新的核心是概念设计。

企业中设计人员可能亲自完成产品的市场分析，也可能仅是参加。首先通过市场分析，考虑竞争者的产品、本企业的综合能力与可能，设计人员可以制订出作为设计已知条件的设计要求。然后是概念设计——构思及选择产品工作原理，或称确定产品的原理解。最后是产品的通常设计，其结果是图样及计算说明书，也可是数据文件表示的图形与计算说明书。图3-4所示为简化的设计过程模型。

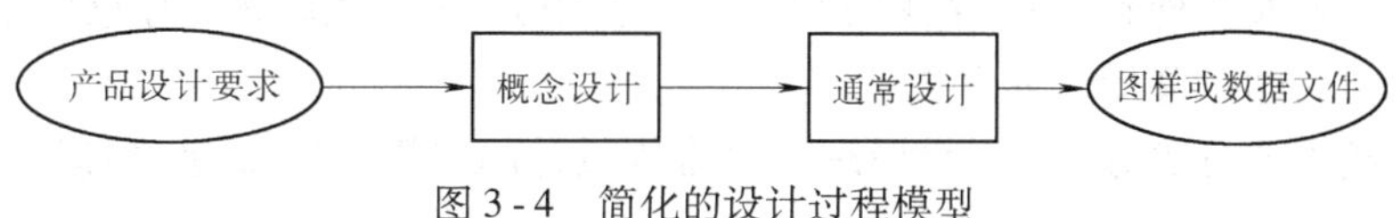

图3-4 简化的设计过程模型

创新设计是解决发明问题的设计，其设计过程也是图3-4所示的设计过程，但该过程的核心是概念设计。创新设计的特征是在概念设计阶段解决设计中的冲突，提出新的或有竞争力的原理解。

3.2.4 解的分级

TRIZ认为产品有级别，产品由低级向高级的方向发展。由于这种发展，产品才一直占领老市场或又赢得新市场。Altshuller通过研究表明，问题的解或概念分为5个级别，设计人员采用试验纠错法从产生最初的工作原理，到最终选定工作原理过程中，所产生工作原理的个数即解的个数决定解的级别。产品从低级向高级进化过程中，高级别解的产生需要更多的知识。产品的级别还与问题的难易程度、知识来源等有密切的关系。描述如下：

1级（Level 1）：通常的设计问题，或对已有系统的简单改进。设计人员自身的经验即可解决，不需要创新。大约32%的解属于该范围。如用厚隔热层减少热量损失，用载质量更大的货车改善运输的成本与效益比。

2级（Level 2）：通过解决一个技术冲突对已有系统进行少量的改进。采用行业中已有的方法即可完成。解决该类问题的传统方法是折中法。大约有45%的解属于该范围。如在焊接装置上增加一灭火器。

3 级（Level 3）：对已有系统有根本性的改进。要采用本行业以外已有的方法解决，设计过程中要解决冲突。大约有 18% 的解属于该范围。如计算机鼠标、山地自行车、圆珠笔等。

4 级（Level 4）：采用全新的原理完成已有系统基本功能的新解。解的发现主要是从科学的角度而不是从工程的角度。大约有 4% 的解属于该范围。如内燃机、集成电路、个人计算机、充气轮胎、虚拟现实等。

5 级（Level 5）：罕见的科学原理导致一种新系统的发明。大约有 1% 属于该范围。如飞机、计算机、形状记忆合金、蒸汽机等。

由上述的描述可以看出，解的级别越高，获得该解所需知识越多，这些知识所处的领域越宽，搜索有用知识的时间就越长。解的级别见表 3-1。

表 3-1　解的级别

级　别	创新的程度	百分比（%）	知识来源	参考解的数目
1	显然的解	32	个人的知识	10
2	少量的改进	45	行业内的知识	100
3	根本性的改进	18	外行业的知识	1000
4	全新的概念	4	已有科学原理的应用	100000
5	发明	1	所有已知的知识	1000000

该表表明，产品设计中所遇到绝大多数问题或相似问题已被前人在其他地方或其他领域解决了。假如设计人员能按照正确路径，从低级开始，依据自身的知识与经验，向高级方向努力，可从本行业及其他行业已存在的知识与经验中获得大量的解，有意识地去发现这些解，将节省大量时间，降低产品开发成本。

按照 5 个级别的分类方法，1 级原理解是常规设计的结果，2 ~ 5 级原理解是创新设计。

3.3　产品设计中的冲突

产品是功能的实现。任何产品都包含一个或多个功能，为了实现这些功能，产品要由具有相互关系的多个零部件组成。为了提高产品的市场竞争力，需要不断对产品进行改进设计。当改变某个零部件的设计，即提高产品某些方面的性能时，可能会影响到与这些被改进设计零部件相关联的零部件，结果可能使产品或系统另一些方面的性能受到影响。如果这些影响是负面影响，则设计出现了冲突。

TRIZ 理论认为，发明问题的核心是解决冲突，未克服冲突的设计不是创新设计。产品进化过程就是不断解决产品所存在冲突的过程，一个冲突解决后，产品进化过程处于停顿状态；之后解决另一个冲突，使产品移到一个新的状态。设计人员在设计过程中不断地发现并解决冲突，是推动其向理想化方向进化的动力。

3.3.1　冲突的分类

图 3-5 所示是冲突的分类树。冲突分为两个层次，第一个层次分为三种冲突：自然冲突、社会冲突及工程冲突，该三类冲突中的每一类又可细分为若干类。冲突解决的容易程度自下向上、自左向右，即技术冲突最容易解决，自然冲突最不容易解决。

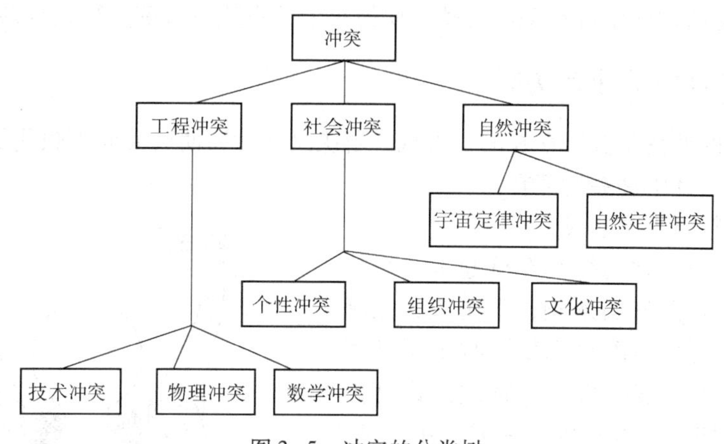

图 3-5　冲突的分类树

自然冲突分为自然定律冲突及宇宙定律冲突。自然定律冲突是指由于自然定律所限制的不可能的解。如就目前人类对自然的认识，温度不可能低于华氏零度以下，速度不可能超过光速，如果设计中要求温度低于华氏温度零度或速度超过光速，则设计中出现了自然定律冲突，不可能有解，随着人类对自然认识程度的不断深化，今后也许会有突破。宇宙定律冲突是指由地球本身的条件限制所引起的冲突。如由于地球引力的存在，一座桥梁所能承受的物体质量不能是无限的。

社会冲突分为个性、组织、文化三类冲突。如只熟悉绘图，而不具备创新知识的设计人员从事产品创新就出现了个性冲突；一个企业中部门与部门之间的不协调造成组织冲突；对改革与创新的偏见就是文化冲突。

工程冲突分为技术冲突、物理冲突和数学冲突三类。其主要内容正是 TRIZ 研究的内容。

3.3.2　TRIZ 中的冲突分类

G. S. Altshuller 将冲突分为三类，即管理冲突（Administrative Contradictions）、物理冲突（Physical Contradictions）和技术冲突（Technical Contradictions）。

（1）管理冲突　管理冲突是指为了避免某些现象或希望取得某些结果，需要做一些事情，但不知如何去做。如希望提高产品质量、降低原材料的成本，但不知方法。管理冲突本身具有暂时性，而无启发价值。因此，不能表现出问题解的可能方向。

（2）物理冲突　物理冲突是指为了实现某种功能，一个子系统或元件应具有一种特性，但同时出现了与此特性相反的特性。物理冲突出现的几种情况为：

1）一个子系统中有用功能加强的同时导致该子系统中有害功能的加强。

2）一个子系统中有害功能降低的同时导致该子系统中有用功能的降低。

（3）技术冲突　技术冲突是指一个作用同时导致有用及有害两种结果，也可指有用作用的引入或有害效应的消除导致一个或几个子系统或系统变坏。技术冲突常表现为一个系统中两个子系统之间的冲突。技术冲突出现的几种情况为：

1）在一个子系统中引入一种有用功能，导致另一个子系统产生一种有害功能，或加强了已存在的一种有害功能。

2）消除一种有害功能导致另一个子系统有用功能变坏。

3）有用功能的加强或有害功能的减少使另一个子系统或系统变得太复杂。

3.3.3 产品设计中的冲突实例

产品设计中的冲突是普遍存在的，发现并解决这些冲突使产品向理想化的方向进化。现举几例说明产品设计中冲突的存在。

例 3-6 自行车车闸总成。

图 3-6 所示为一种自行车车闸总成。目前的设计很容易受到天气的影响，下雨天，瓦圈表面与闸皮之间的摩擦因数降低，减少了摩擦力，降低了骑车人的安全性。一种改进设计为可更换闸皮型，即有两类闸皮，好天气用一类，雨天换为另一类。

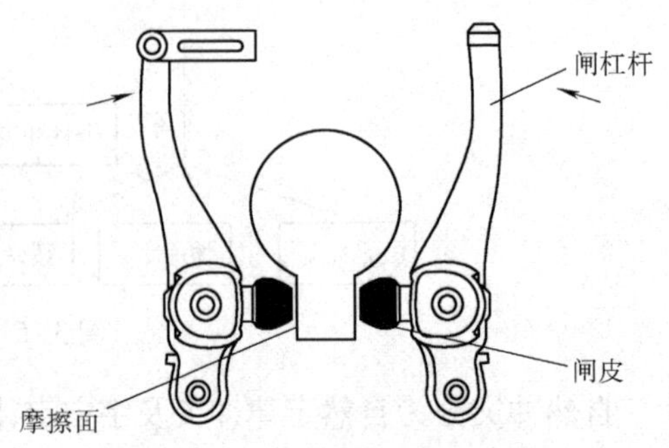

图 3-6 自行车车闸总成

设计中的技术冲突为：将闸皮设计成可更换型，增加了骑车人的安全性，但必须备有可用闸皮，还要更换，使操作复杂。

例 3-7 织物印花操作装置。

图 3-7 所示为织物印花操作装置及工作过程。该装置由橡胶辊、图案辊、染料溶液、染料槽、刮刀组成，橡胶辊与图案辊处于旋转状态，并驱动待印花织物运动。待印花织物通过橡胶辊与图案辊之间时，由于橡胶辊对图案辊的压力，使图案辊的图案凹陷处出现真空，真空使染料溶液吸附到织物上，从而完成印花的功能。

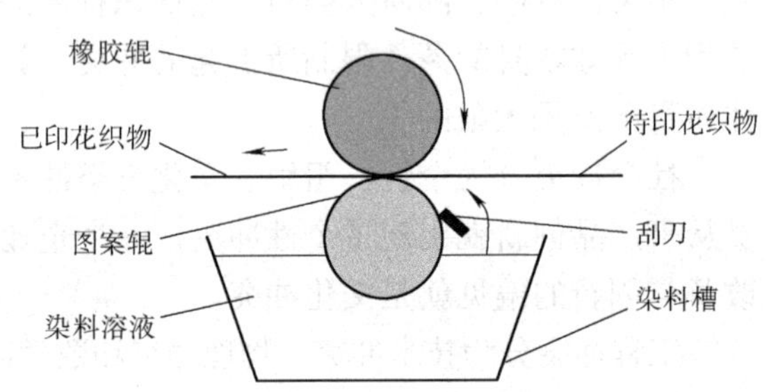

图 3-7 织物印花操作装置及工作过程

本装置的制品是印花织物，织物被两辊子驱动的线速度与织物成本有直接的关系。线速度越高，生产率越高，织物成本越低，设备的生产能力越高，这是任何企业都需要的。但提高线速度时，织物上图案的颜色深度降低，即制品质量降低。如何既提高织物的线速度，又不降低制品质量，是改进图 3-7 所示装置的设计应考虑的问题，该问题决定一个技术冲突。

例 3-8 快速展开缓冲垫。

高层建筑出现危险时的救护方法：防火通道、特殊通道、直升机等。但上述的各种方法均需要时间，假如时间以秒计算似乎都不太可行。能允许处于危难之中的人从高层建筑上跳下的快速展开缓冲垫似乎是理想的方法。

该产品设计中存在的问题是：缓冲垫既要快速展开以便抢时间，又要需要足够的时间展开到适当的刚度，以保障跳到其上的人的安全。

例 3-9 飞机着陆灯的设计。

每架飞机必须装有一盏着陆灯，如图 3-8 所示。假如将该灯安装在机身或机翼表面，空气阻力增加，将减小飞机的飞行速度。如果将该灯置于机翼内部，

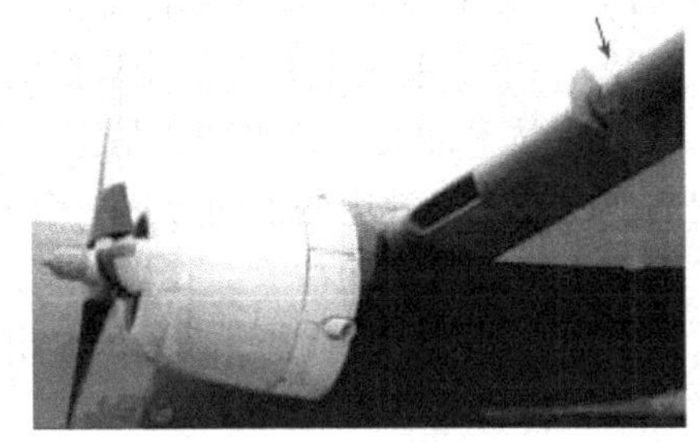

图 3-8 飞机着陆灯

覆盖上透明的导流板，设计将变得太复杂，且降低了机翼的强度。该设计已包含了冲突。

对于不同的设计对象，找出冲突，并用语言描述。TRIZ 理论对可能出现的冲突问题进行分类，以便设计者能根据问题的类型进行深入的研究并得出创新解。

3.3.4　技术冲突的通用化

产品设计中的冲突是普遍存在的，应该有一种通用化、标准化的方法描述设计冲突，设计人员使用这些标准化的方法共同研究与交流将促进产品创新。

通过对 250 万件专利的详细研究，TRIZ 理论提出用 39 个通用工程参数（简称工程参数）描述冲突。实际应用中，首先要把一组或多组冲突均用该 39 个工程参数来表示，然后把实际工程设计中的冲突转化为一般的或标准的技术冲突。

39 个工程参数中常用到运动物体（Moving Objects）与静止物体（Stationary Objects）两个术语。运动物体是指自身或借助于外力可在一定的空间内运动的物体。静止物体是指自身或借助于外力都不能使其在空间内运动的物体。通用工程参数名称见表 3-2。

表 3-2　工程参数名称

序　　号	名　　称	序　　号	名　　称
No. 1	运动物体的重量	No. 21	功率
No. 2	静止物体的重量	No. 22	能量损失
No. 3	运动物体的长度	No. 23	物质损失
No. 4	静止物体的长度	No. 24	信息损失
No. 5	运动物体的面积	No. 25	时间损失
No. 6	静止物体的面积	No. 26	物质或事物的数量
No. 7	运动物体的体积	No. 27	可靠性
No. 8	静止物体的体积	No. 28	测试精度
No. 9	速度	No. 29	制造精度
No. 10	力	No. 30	物体外部有害因素的作用
No. 11	应力或压力	No. 31	物体产生的有害因素
No. 12	形状	No. 32	可制造性
No. 13	结构的稳定性	No. 33	可操作性
No. 14	强度	No. 34	可维修性
No. 15	运动物体作用时间	No. 35	适应性及多用性
No. 16	静止物体作用时间	No. 36	装置的复杂性
No. 17	温度	No. 37	监控与测试的困难程度
No. 18	光照度	No. 38	自动化程度
No. 19	运动物体的能量	No. 39	生产率
No. 20	静止物体的能量		

下面给出 39 个工程参数的名称及意义。

No. 1 运动物体的重量：在重力场中物体的重量。如物体作用于其支撑或悬挂装置上的力。

No. 2 静止物体的重量：在重力场中物体的重量。如物体作用于其支撑或悬挂装置上的力。

No. 3 运动物体的长度：运动物体的任意线性尺寸，不一定是最长的，都认为是其长度。

No. 4 静止物体的长度：静止物体的任意线性尺寸，不一定是最长的，都认为是其长度。

No. 5 运动物体的面积：运动物体内部或外部所具有的表面或部分表面的面积。

No. 6 静止物体的面积：静止物体内部或外部所具有的表面或部分表面的面积。

No. 7 运动物体的体积：运动物体所占有的空间体积。

No. 8 静止物体的体积：静止物体所占有的空间体积。

No. 9 速度：物体的运动速度、过程或位移与时间之比。

No. 10 力：力是两个系统之间的相互作用。对于牛顿力学，力等于质量与加速度之积，在 TRIZ 中力是试图改变物体状态的任何作用。

No. 11 应力或压力：单位面积上的力。

No. 12 形状：物体外部轮廓，或系统的外貌。

No. 13 结构的稳定性：系统的完整性，系统组成部分之间的关系。磨损、化学分解、拆卸都会降低稳定性。

No. 14 强度：强度是指物体抵抗外力作用使之变化的能力。

No. 15 运动物体作用时间：物体完成规定动作的时间、服务期。两次误动作之间的时间也是作用时间的一种度量。

No. 16 静止物体作用时间：物体完成规定动作的时间、服务期。两次误动作之间的时间也是作用时间的一种度量。

No. 17 温度：物体或系统所处的热状态，包括其他热参数，如影响温度变化速度的热容。

No. 18 光照度：单位面积上的光通量，系统的光照特性，如亮度、光线质量。

No. 19 运动物体的能量：能量是物体做功的一种度量。在经典力学中，能量等于力与距离的乘积。能量也包括电能、热能、核能等。

No. 20 静止物体的能量：能量是物体做功的一种度量。在经典力学中，能量等于力与距离的乘积。能量也包括电能、热能、核能等。

No. 21 功率：单位时间内所做的功。利用能量的速度。

No. 22 能量损失：做无用功的能量。为了减少能量损失，需要不同的技术来改善能量的利用。

No. 23 物质损失：部分或全部、永久或临时的材料、部件或子系统等物质的损失。

No. 24 信息损失：部分或全部、永久或临时的数据损失。

No. 25 时间损失：时间是指一项活动所延续的间隔。改进时间的损失指减少一项活动所花费的时间。

No. 26 物质或事物的数量：材料、部件、子系统等的数量，它们可以部分或全部、临时或永久地被改变。

No. 27 可靠性：系统在规定的方法及状态下完成规定功能的能力。

No. 28 测试精度：系统特征的实测值与实际值之间的误差。减少误差将提高测试精度。

No. 29 制造精度：系统或物体的实际性能与所需性能之间的误差。

No. 30 物体外部有害因素作用的敏感性：物体对受外部或环境中的有害因素作用的敏感程度。

No. 31 物体产生的有害因素：有害因素将降低物体或系统的效率，或降低完成功能的质量。这些有害因素是由物体或系统操作的一部分而产生的。

No. 32 可制造性：物体或系统制造过程中简单、方便的程度。

No. 33 可操作性：要完成的操作应需要较少的操作者、较少的步骤、使用尽可能简单的工具，一个操作的产出要尽可能多。

No. 34 可维修性：对于系统可能出现失误所进行的维修要时间短、方便、简单。

No. 35 适应性及多用性：物体或系统适应外部变化的能力，或应用于不同条件下的适应能力。

No. 36 装置的复杂性：系统中元件数目及多样性，如果用户也是系统中的元素将增加系统的复杂性。掌握系统的难易程度是其复杂性的一种度量。

No. 37 监控与测试的困难程度：如果一个系统复杂、成本高、需要较长的时间建造及使用，或部件与部件之间关系复杂，都使得系统的监控与测试困难。测试精度高，增加了测试的成本也是测试困难的一种标志。

No. 38 自动化程度：是指系统或物体在无人操作的情况下完成任务的能力。自动化程度的最低级别是完全人工操作；最高级别是机器能自动感知所需的操作、自动编程、对操作自动监控；中等级别是需要人工编程、人工观察正在进行的操作、改变正在进行的操作和重新编程。

No. 39 生产率：是指单位时间内所完成的功能或操作数。

为了应用方便，上述39个通用工程参数可分为如下三类：

1）通用物理及几何参数：No. 1～12，No. 17～18，No. 21。

2）通用技术负向参数：No. 15～16，No. 19～20，No. 22～26，No. 30～31。

3）通用技术正向参数：No. 13～14，No. 27～29，No. 32～39。

负向参数（Negative Parameters）指这些参数变大时，使系统或子系统的性能变差。如子系统为完成特定的功能所消耗的能量（No. 19～20）越大，则设计越不合理。

正向参数（Positive Parameters）指这些参数变大时，使系统或子系统的性能变好。如子系统可制造性（No. 32）指标越高，子系统制造成本就越低。

例3-10 很多铸件或管状结构是通过法兰联接的，如图3-9所示。为了对机器或设备进行维护，法兰联接处常常还要被拆开；有些联接处还要承受高温、高压，且要求密封良好。有的重要法兰需要很多个螺栓联接，如一些汽轮透平机械的法兰需要100多个螺栓。为了满足密封良好的要求，设计过程中要采用较多的螺栓。但为了减少重量，或减少安装时间，或维修时减少拆卸的时间，螺栓越少越好。传统的设计方法是在螺栓数目与密封性之间取得折中方案。

本例的技术冲突为：如果密封性良好，则操作时间变长且结构的重量增加；如果重量轻，则密封性变差；如果操作时间短，则密封性变差。

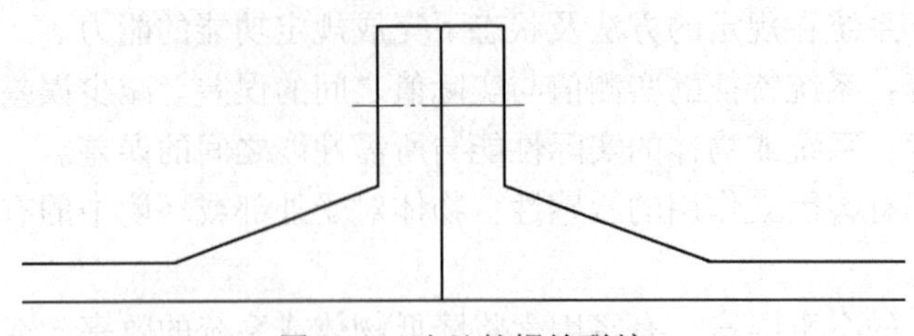

图 3-9　法兰的螺栓联接

按 39 个通用工程参数描述如下：

希望改进的特性：静止物体的重量（No. 2）、可操作性（No. 33）和装置的复杂性（No. 36）。

三种特性改善将导致如下特性的降低：结构的稳定性（No. 13）和可靠性（No. 27）。

3.3.5　物理冲突

物理冲突的核心是指对一个物体或系统中的一个子系统有相反的、矛盾的需求。物理冲突的例子很多，如工程中的例子：

1）飞机的机翼应有大的面积以便起飞与降落，但又要较小以便高速飞行。

2）飞机发动机罩既应该加大直径，以便吸入更多的空气，但又应该减小直径，以增加该罩与地面的距离。

3）安全气囊应该安装以保护驾驶员与乘客，但又不应该安装，目前的设计有时不能保护身材矮的驾驶员及乘客。

相对于技术冲突，物理冲突是尖锐的冲突，但设计中如果能确定，就较容易解决。物理冲突的确定可通过对问题的详细分析及在深刻理解的基础上确定，也可通过对已有技术冲突的进一步分析来确定。

3.3.6　技术冲突与物理冲突

技术冲突总是涉及两个基本参数 A 与 B，当 A 得到改善时，B 变得更差。物理冲突仅涉及系统中的一个子系统或部件，而对该子系统或部件提出了相反的要求。往往技术冲突的存在隐含物理冲突的存在，有时物理冲突的解比技术冲突更容易。

从技术冲突出发确定物理冲突的核心是确定另一参数或物体，该参数或物体控制着技术冲突的两个参数 A 与 B。

例 3-11　用化学的方法为金属表面镀层的过程如下：金属制品放置于充满金属盐溶液的池子中，溶液中含有镍、钴等金属元素，在化学反应过程中，溶液中的金属元素凝结到金属制品表面形成镀层。温度越高，镀层形成的速度越快，但温度高有用元素沉淀到池子底部与池壁的速度也越快。温度低又会大大降低生产率。

该问题的技术冲突为：两个标准参数为生产率（A）与材料浪费（B），加热溶液使生产率（A）提高，同时材料浪费（B）增加。

为了将该问题转变成为物理冲突，选温度作为另一参数（C）。物理冲突可描述为：溶液温度（C）增加，生产率（A）提高，材料浪费（B）增加；反之，生产率（A）降低，材料（B）浪费减少；溶液温度既应该高，以提高生产率，又应该低，以减少材料消耗。

3.4　冲突解决原理

在技术创新的历史中，人类已完成了很多产品的设计，一些设计人员或发明家已积累了很多发明创造的经验。进入 21 世纪，技术创新已逐渐成为企业市场竞争的焦点。为了指导技术创新，一些研究人员开始总结前人发明创造的经验。这种经验的总结可分为两类，包括适应于本领域的经验与适应于不同领域的通用经验。

第一类经验主要由本领域的专家、研究人员本身总结，或与这些人员讨论并整理总结。这些经验对指导本领域的产品创新有一定的参考意义，但对其他领域的创新意义不大。第二类经验由专门研究人员对不同领域的已有创新成果进行分析、总结，得到具有普遍意义的规律，这些规律对指导不同领域的产品创新都有重要参考价值。

TRIZ 的技术冲突解决原理属于第二类经验，这些原理是在分析全世界大量专利的基础上提出的。通过对专利的分析，TRIZ 研究人员发现，在以往不同领域的发明中所用到的规则并不多，不同时代的发明，不同领域的发明，这些规则反复被采用。每条规则并不限定于仅能用于某一领域，融合了物理的、化学的、各工程领域的原理，适用于不同领域的发明创造。

本节介绍技术冲突解决原理，又称发明原理。这些原理是 TRIZ 理论中关于问题的解决原理。

3.4.1　发明原理

在对全世界专利进行分析研究的基础上，Altshuller 等人提出了 40 条发明原理。实践证明这些原理对于指导设计人员的发明创造具有重要的作用。表 3-3 是 40 条发明原理的名称。

表 3-3　发明原理

序号	名　称	序号	名　称	序号	名　称	序号	名　称
No. 1	分割	No. 11	预补偿	No. 21	紧急行动	No. 31	多孔材料
No. 2	分离	No. 12	等势性	No. 22	变有害为有益	No. 32	改变颜色
No. 3	局部质量	No. 13	反向	No. 23	反馈	No. 33	同质性
No. 4	不对称	No. 14	曲面化	No. 24	中介物	No. 34	抛弃与修复
No. 5	合并	No. 15	动态化	No. 25	自服务	No. 35	参数变化
No. 6	多用性	No. 16	未达到或超过的作用	No. 66	复制	No. 36	状态变化
No. 7	套装	No. 17	维数变化	No. 27	低成本、不耐用的物体代替昂贵、耐用的物体	No. 37	热膨胀
No. 8	重量补偿	No. 18	振动	No. 28	机械系统的替代	No. 38	加速强氧化
No. 9	预加反作用	No. 19	周期性作用	No. 29	气动与液压结构	No. 39	惰性环境
No. 10	预操作	No. 20	有效作用的连续性	No. 30	柔性壳体或薄膜	No. 40	复合材料

下面将对各原理进行详细介绍，并包括工程实例。

No. 1　分割

1）将一个物体分成相互独立的部分，如用多台个人计算机代替一台大型计算机完成相同的功能，用一辆货车加拖车代替一辆载质量大的货车。

2）使物体分成容易组装及拆卸的几部分，如组合夹具是由多个零件拼装而成的。花园中浇花用的软管系统，可根据需要通过快速接头连接成所需的长度。

3）增加物体相互独立部分的程度，如用百叶窗代替整体窗帘，用粉状焊接材料代替焊条改善焊接效果。

例 3-12　可拆卸铲斗唇缘设计。

一个挖掘机铲斗的唇缘是由钢板制成的。只要它的一部分磨损或毁坏，就必须更换整个的唇缘。这是一项既费力又费时的工作，而且挖掘机也不得不停止工作。

可使用“分割”原理来解决这一问题。将唇缘分割成单独的可分离的几部分，如图 3-10 所示。这样，可以快速方便地将毁坏或磨损的部分更换。

No. 2　分离（分开）

1）将一个物体中的“干扰”部分分离出去。如在飞机场环境中，为了驱赶各种鸟，采用播放刺激鸟类的声音是一种方便的方法。这种特殊的声音使鸟类与机场分离。将产生噪声的空气压缩机放于室外等。

2）将物体中的关键部分挑选或分离出来。

例 3-13　被绑缚的人造卫星。

可以使用同一个太空船操作几个位置的太空探测器吗？

建议使用“分离”和“局部质量”原理来改善太空船的使用。将太空船（母船有一个推进系统）定位在一个特定的轨道上，从母船发射一个被绑定的人造卫星，如图 3-11 所示。用光缆将其定位在第二个轨道。这样，可以从母船发出许多的操作信号来操作几个位置的太空探测器。

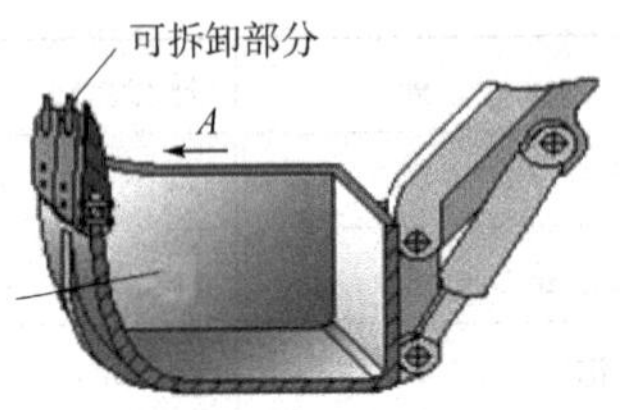

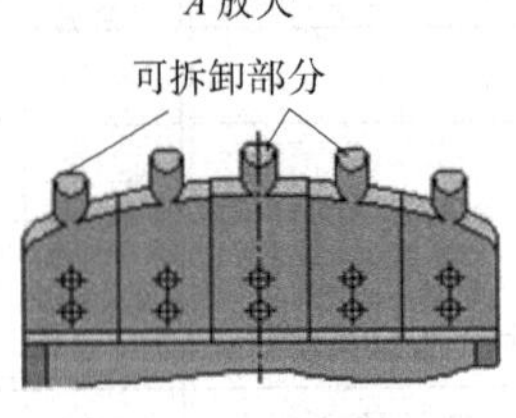

图 3-10　可拆卸铲斗

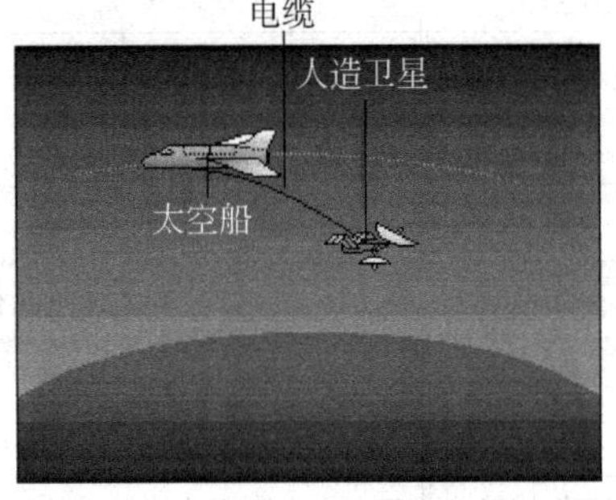

图 3-11　被太空船绑缚的人造卫星

No. 3　局部质量

1）将物体或环境的均匀结构变成不均匀结构。如用变化中的压力、温度、或密度代替定常的压力、温度或密度。

2）使组成物体的不同部分完成不同的功能。如午餐盒被分成放热食、冷食及液体的空间，每个空间功能不同。

3）使组成物体的每一部分都最大限度地发挥作用。如带有橡皮的铅笔，带有起钉器的锤子等。

该原理在机械产品进化的过程中表现得非常明显，如机器由零部件组成，每个零部件在机器中都应占据一个最能发挥作用的位置。如果某零件未能最大限度地发挥作用，则应对其改进设计。

例 3-14　两列齿锯片。

当锯纤维材料（如木头）时，如何保证被锯面的表面粗糙度值?

建议使用“维数变化”和“局部质量”原理来提高切削的质量。可以使用两列齿锯片，如图 3-12 所示。可以将锯齿制成高度不同、交叉排列的形状，短齿比长齿宽。长齿主要用来切削，短齿用来清洁切削表面。由于短齿能切去很薄的层，所以表面粗糙度值减小。同时，切削速度也有明显提高。

No. 4　不对称

1）将物体的形状由对称变为不对称。如不对称搅拌容器，或对称搅拌容器中的不对称叶片；将 O 形圈的截面形状改为其他形状，以改善其密封性能。

2）如果物体是不对称的，增加其不对称的程度。如轮胎的一侧强度大于另一侧，以增加其抗冲击的能力。

机械设计中经常采用对称性原理，对称是传统上很多零部件的实现形式。实际上，设计中的很多冲突都与对称有关，将对称变为不对称就能解决很多问题。

例 3-15　不对称测试箱设计。

在腐蚀媒介中测量材料的强度时，需要精确记录材料失效的瞬间。附加记录装置很复杂，且成本高。可采用“不对称”原理提出测试箱的新设计（图 3-13）：将箱体底部做成两个相互倾斜的平面，形成不对称结构，如果测试样品被腐蚀掉，箱体在下落重物的作用下会倾斜，在此瞬间可通过视觉或简单的检测系统进行记录。该设计方案简单可靠。

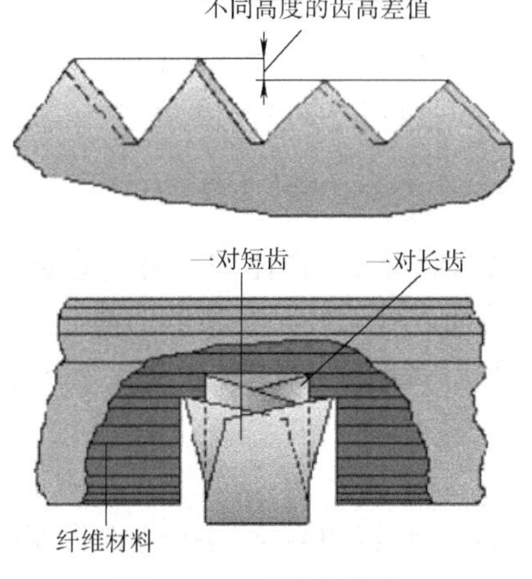

图 3-12　两列齿锯片

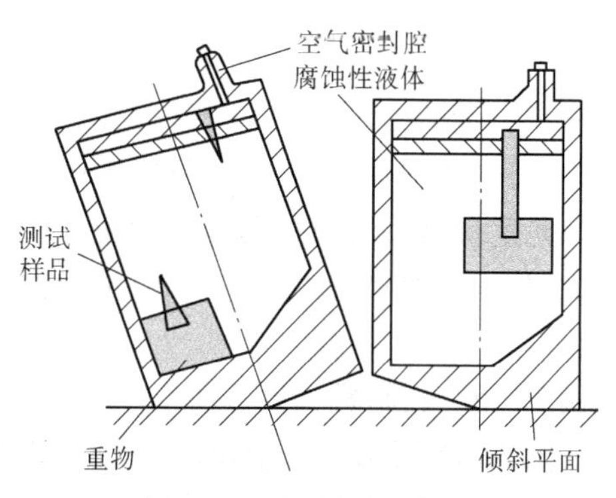

图 3-13　不对称测试箱

No. 5　合并

1）在空间上将相似的物体连接在一起，使其完成并行的操作。如网络中的个人计算机，并行计算机中的多个微处理器，安装在电路板两面的集成电路。

2）在时间上合并相似或相连的操作。如同时分析多个血液参数的医疗诊断仪，具有保护根部功能的草坪割草机。

例 3 - 16　环保型液体包装设计。

目前液体饮料包装大部分采用塑料包装，分为包装物和吸管两部分。吸管和液体包装物分别制造与运输，提高了成本，同时不利于整体回收，容易造成环境污染。可采用“合并”原理，利用现有的塑料成型技术，把吸管和包装物制造在一起，如图 3 - 14 所示，使用方便，易于回收。

No. 6　多用性

使一个物体能完成多项功能，可以减少原设计中完成这些功能多个物体的数量。如装有牙膏的牙刷柄，能用作婴儿车的儿童安全座椅。

例 3 - 17　多功能折叠锹。

采用“多用性”原理使铲、挖、剪、锯、量等功能集于一体——多功能折叠锹（图 3 - 15）。它与普通的锹不同，锹体与手柄通过接头联接而成，其中锹体两侧有刃口和锯齿，手柄柄体上下有刻度，而接头由带有叉板的翘叉与柄套铰接而成，叉板上有若干定位槽、燕尾槽和刃口，柄套上具有对应匹配的定位孔及刃口，通过旋转手柄使定位孔与凹槽配合，锁定可改变手柄与锹体的角度，从而使之成为集铲、挖、剪、锯、量等多功能为一体的工具。

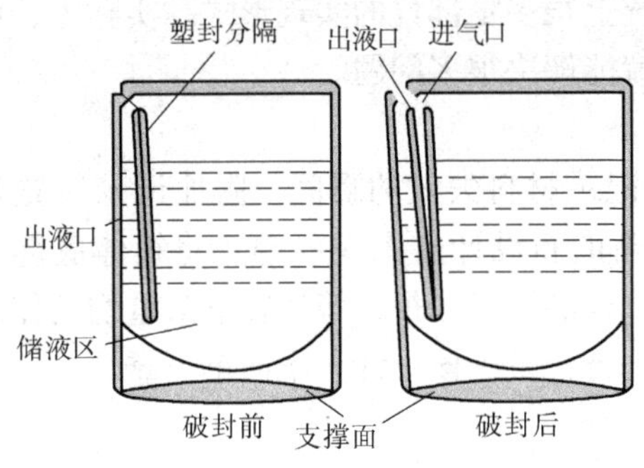

图 3 - 14　自带吸管的环保型液体包装

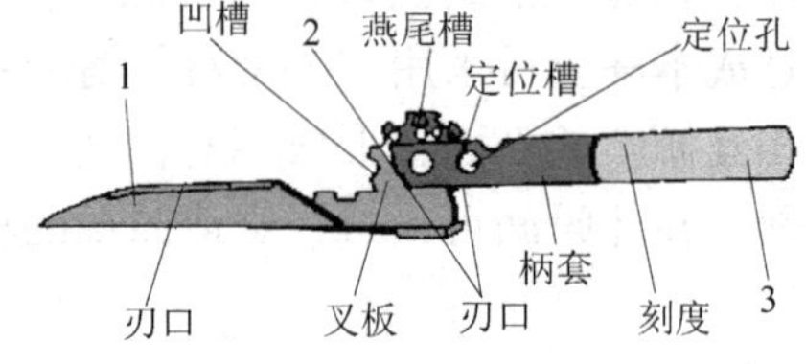

图 3 - 15　多功能折叠锹

1—锹体　2—接头　3—手柄

No. 7　套装

1）将一个物体放在第二个物体中，将第二个物体放在第三个物体中，可一直进行下去。如儿童玩具不倒翁；套装式油罐，内罐装粘度较高的油，外罐装粘度较低的油。

2）使一个物体穿过另一物体的空腔。如收音机伸缩式天线，伸缩式钓鱼竿，汽车安全带卷收器。

例 3 - 18　扭转轴设计。

如图 3 - 16 所示，对于扭转轴（弹性轴）而言，若需要旋转角较大则扭转轴将变得很长，这将需要很大的空间。如何能不减小旋转角而降低扭转轴的长度呢？

建议使用“套装”原理解决这个问题。将一根扭转轴的一半套在另一根之中。结果，扭转角度不变时，扭转轴所占的空间明显减少。

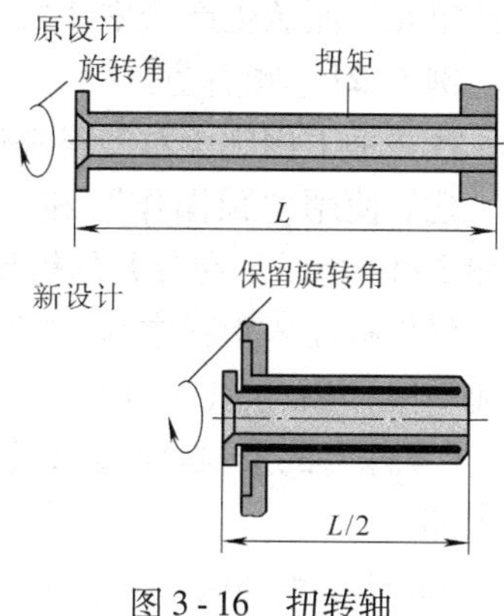

图 3-16　扭转轴

No. 8　重量补偿

1）用另一个能产生提升力的物体补偿第一个物体的重量。如在圆木中注入发泡剂，使其更好地漂浮；用气球携带广告条幅。

2）通过与环境相互作用产生空气动力或液体动力的方法补偿第一个物体的重量。如飞机机翼的形状使其上部空气压力减小，下部压力增加，以产生升力；升力涡改善飞机机翼所产生的升力；船在航行过程中船身浮出水面，以减小阻力。

例 3-19　浮动支撑。

大载荷传送带经常在与传送滚子相接处断裂。

建议使用“气动与液压结构”及“重量补偿”原理来改善支撑件的耐久力和抗振能力。应用浮力达到这一目的。将为浮动而设计的支撑件放在一个充满气体或液体的容器中，如图 3-17 所示。

No. 9　预加反作用

1）预先施加反作用。如缓冲器能吸收能量，减少冲击带来的负面影响。

2）如果一物体处于或将处于受拉伸状态，预先增加压力。如浇混凝土之前的预压缩钢筋。

例 3-20　切削机构中的预压缩弹簧。

在加工孔时，经常使用钻柄。但是，如果钻柄的刚度不足就会引起振动。

建议使用“预加反作用”原理减小振动。可以在切削力方向加一预压力（由一尺寸适当的预压缩弹簧产生，如图 3-18 所示）以增加刚度，从而减少振动，提高加工精度。

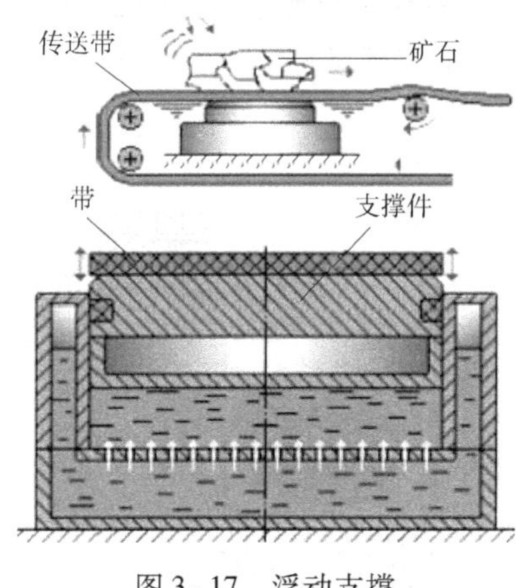

图 3-17　浮动支撑

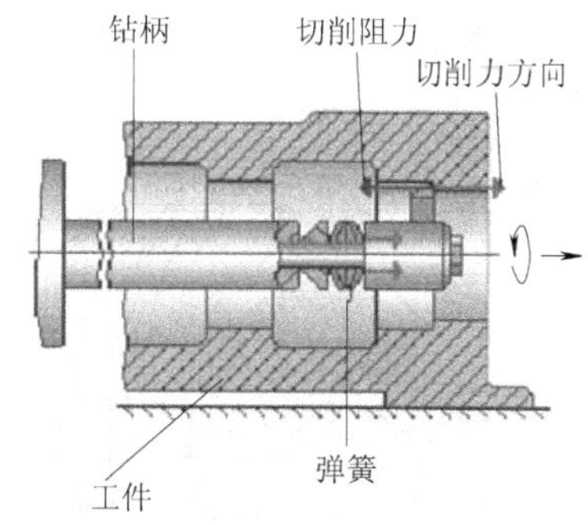

图 3-18　预压缩弹簧

No. 10　预操作

1）在操作开始前，使物体局部或全部产生所需的变化。如预先涂上胶的壁纸，在手术前为所有器械杀菌。

2）预先对物体进行特殊安排，使其在时间上有准备，或已处于易操作的位置。如柔性生产单元；灌装生产线中使所有瓶口朝一个方向，以增加灌装效率。

例 3-21 预着色。

代替手工用刷子对塑料件进行着色，其中一种方法是机械着色。

建议使用“预操作”和“合并”原理来改善着色过程，如图 3-19 所示。在分开的铸型的孔洞中预先加染料套（甚至预先将染料注入塑料中）。普通的印刷油墨（具有成型胶片样的流动性）就可以这样应用。合模后注入塑料（如聚苯乙烯）。零件上的染料具有较好的粘附性，因为染料扩散到了表面内部。

图 3-19 预着色

No. 11 预补偿

采用预先准备好的应急措施补偿物体相对较低的可靠性。如飞机上的降落伞。

例 3-22 汽车安全气囊。

如果碰撞发生在车前部，安全带可以保护驾驶员。然而，安全带对侧面碰撞不起作用。

建议使用“预补偿”原理，安装侧面安全气囊，如图 3-20 所示。紧缩的气囊放在座位的后面。侧面碰撞时，气囊因充气而膨胀，这样可以避免乘客受伤。

No. 12 等势性

改变工作条件，使物体不需要被升高或降低。如与压力机工作台高度相同的工件输送带，将冲好的零件输送到另一工位。

例 3-23 汽车旋转装置。

要到汽车下面修理汽车，汽车必须放在敞开的隧道上，或固定到液压平台上。而且进行修理时，机修工必须在头顶上操作，这很不方便也很不安全。

建议使用“等势性”原理。将汽车固定到一个环形的旋转装置上，如图 3-21 所示，这样汽车就能够随意旋转甚至可以倒置，从而很好地改善了修理条件。

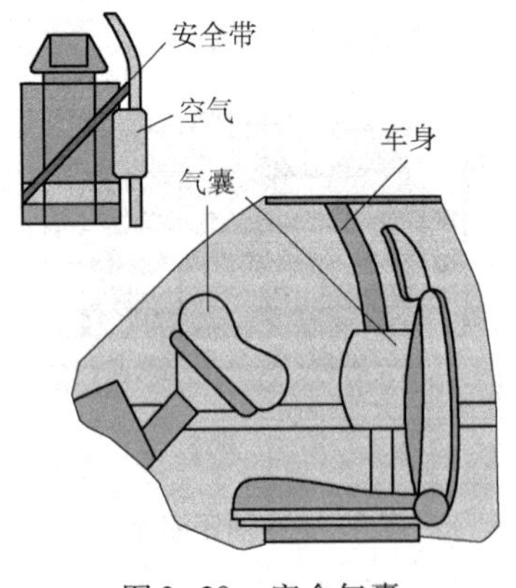

图 3-20 安全气囊

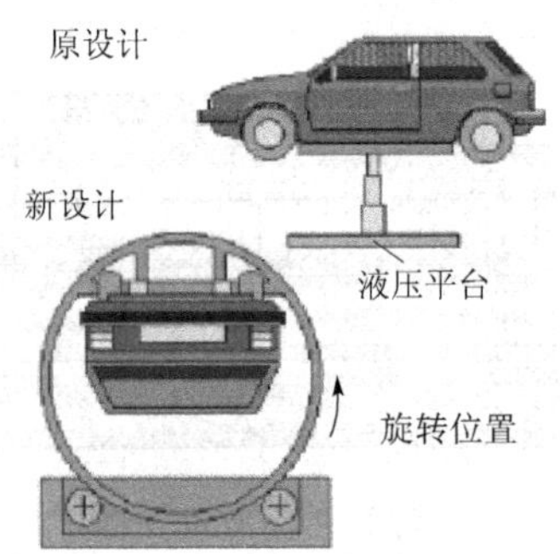

图 3-21 汽车旋转装置

No. 13 反向

1）将一个问题说明中所规定的操作改为相反的操作。如为了拆卸处于紧配合的两个零件，采用冷却内部零件的方法，而不采用加热外部零件的方法。

2）使物体中的运动部分静止，静止部分运动。如使工件旋转，使刀具固定；扶梯运动，乘客相对扶梯静止。

3）使一个物体的位置颠倒。如将一个部件或机器总成翻转，以安装紧固件。

例 3-24　移动测试地面。

为了测试拖拉机的性能，通常需要在各种各样的地形上进行测试，怎样才能减少测试地面的数量呢？

建议使用“反向”原理，让拖拉机静止而让测试地面移动。为了达到这个目的，需要将一个很大的由弹簧支撑的带有叶片的圆筒漂浮在池塘中，如图 3-22 所示，拖拉机在圆筒里行驶使得圆筒转动，而圆筒的转动使得水面产生波浪。波浪的起伏就像是各种各样的地形。

No. 14　曲面化

1）将直线或平面部分用曲线或曲面代替，立方形用球形代替。如为了增加建筑结构的强度，采用弧形或拱形。

2）采用辊、球、螺旋。如螺旋齿轮提供均匀的承载能力，采用球或滚柱为笔尖的钢笔增加了墨水的均匀程度。

3）用旋转运动代替直线运动，采用离心力。如鼠标采用球形结构产生计算器屏幕上光标的运动；洗衣机采用旋转产生离心力的方法，去除湿衣服中的部分水分。

例 3-25　球面接触。

怎么才能提高齿轮副的承载能力？

建议用球体-曲面化原理来改善齿轮副的承载能力。如图 3-23 所示，其中一个齿轮的齿槽设计成球形的，而另一个齿轮的轮齿被制成球状，结果轮齿的接触面积增大，这样就减小了轮齿之间的接触应力，相同型号的齿轮能够承受更大的负载。

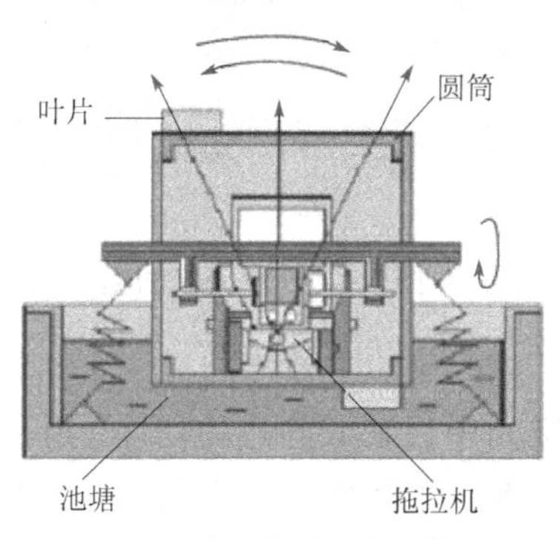

图 3-22　地面测试系统

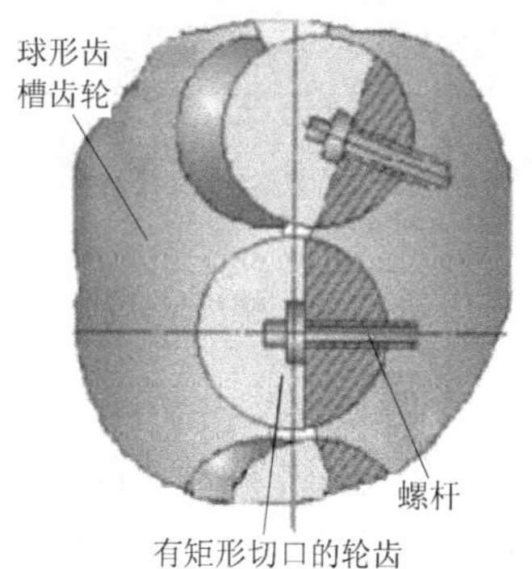

图 3-23　球面齿轮

No. 15　动态化

1）使一个物体或其环境在操作的每一个阶段自动调整，以达到优化的性能。如可调整驱动轮，可调整座椅，可调整反光镜。

2）将一个物体划分成具有相互关系的元件，元件之间可以改变相对位置。如计算机蝶形键盘。

3）如果一个物体是静止的，使之变为运动的或可改变位置的。如检测发动机用柔性光学内孔检测仪。

例 3-26 倾斜角可变的螺杆输送机。

传送如矿物或化学药品之类的松散材料，传统的装置是螺杆输送机，如图 3-24 所示。为了更好地控制材料的输送速度和对不同密度的材料进行调节，希望输送机螺杆的螺旋角是可调的。

建议使用“参数变化”和“动态化”原理设计输送机。螺杆的表面使用如橡胶之类的弹性材料制成。在橡胶带内、外边的两个螺旋弹簧控制螺旋的形状。弹簧沿着旋转轴的伸长/压缩可控制螺杆的螺旋角，从而控制松散材料的传送速度。

No. 16 未达到或超过的作用

如果 100% 达到所希望的效果是困难的，稍微未达到或稍微超过预期的效果将大大简化问题。如缸筒外壁刷漆可将缸筒浸泡在盛漆的容器中完成，但取出缸筒后外壁粘漆太多，通过快速旋转可以甩掉多余的漆。

例 3-27 未完成的船。

依托河流所制造的船如果太大就不能穿过桥梁，那么怎么让它驶入大海？

建议使用“未达到或超过的作用”原理，先将未完成的船（没有上部结构，如图 3-25 所示）驶过桥梁，而船的上部结构通过公路运送到港口，再安装到船的甲板上。

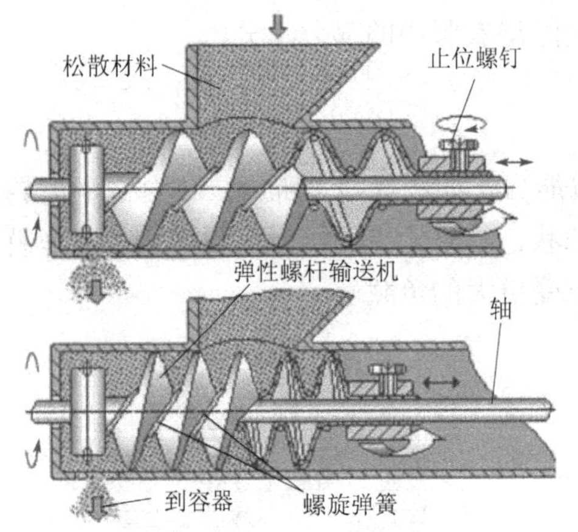

图 3-24 螺杆输送机

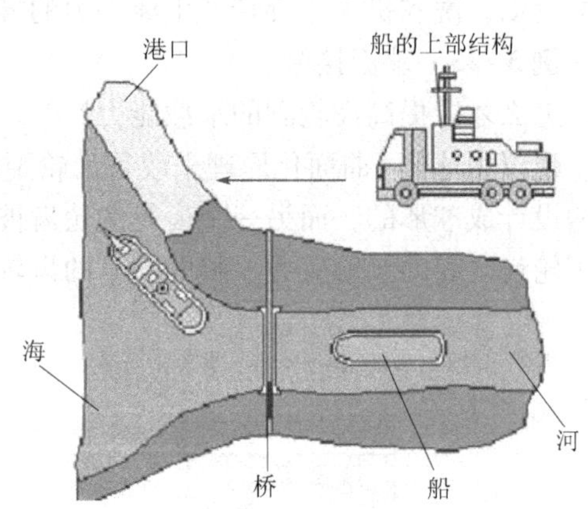

图 3-25 未完成的船

No. 17 维数变化

1）将一维空间中运动或静止的物体变成在二维空间中运动或静止的物体，在二维空间中的物体变成三维空间中的物体。如为了扫描一个物体，红外线计算机鼠标在三维空间运动，而不是在一个平面内运动；五轴机床的刀具可被定位到任意所需的位置上。

2）将物体用多层排列代替单层排列。如能装 6 个 CD 盘的音响不仅增加了连续放音乐的时间，也增加了选择性。

3）使物体倾斜或改变其方向，如自卸车。

4）使用给定表面的反面，如叠层集成电路。

例 3-28 抽拉式滚筒洗衣机。

如图 3-26 所示，将衣服放入通常的洗衣机内时，需要把滚筒的门打开，之后放入衣物。采用“维数变化”原理提出新型洗衣机的设计方案：滚筒沿轴线的导轨可拉出、推进，即滚筒除可作常规的回转运动外，还可作直线平动，拉出的滚筒可方便地取放衣服。

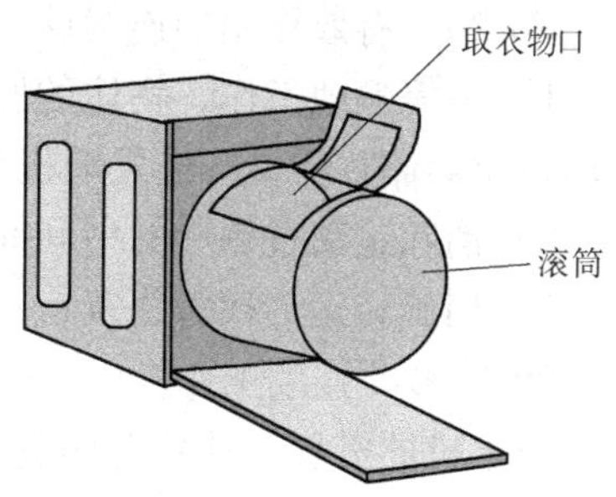

图 3-26　抽拉式滚筒洗衣机

No. 18　振动

1）使物体处于振动状态，如电动雕刻刀具有振动刀片。

2）如果振动存在，增加其频率，甚至可以增加到超声。如通过振动分选粉末。

3）使用共振频率，如利用超声共振消除胆结石或肾结石。

4）使压电振动代替机械振动，如石英晶体振动驱动高精度的表。

5）使超声振动与电磁场耦合，如在高频炉中混合合金。

例 3-29　产品计数装置。

流水线上的机械计数系统长时间使用就会磨损。同时，由于灰尘的积累，光学装置的可靠性将降低。

建议使用“振动”原理，用气流和产品间相互作用产生的声波来计数，如图 3-27 所示。让产品沿着一个路径传送，到达终点后和气流接近。产品和气流相互作用产生声波，声波通过传声器转变成电信号，电信号可用来计数。

No. 19　周期性作用

1）用周期性运动或脉动代替连续运动。如使报警器声音脉动变化，代替连续的报警声音。

2）对周期性的运动改变其运动频率，如通过调频传递信息。

3）在两个无脉动的运动之间增加脉动。如医用呼吸器系统中，每压迫胸部 5 次，呼吸 1 次。

例 3-30　控制振动的方法。

如何控制车床进行金属切削时的振动呢？

如图 3-28 所示，建议用“振动”和“周期性作用”原理，按预先确定的频率，短时间周期性地停止切削操作。切削数圈后，撤回刀具。切削圈数与车床的振动阻尼（刚度、转速和固有阻尼）及工件的材料有关。这种方法也可以防止切屑堆积在刀具边缘。

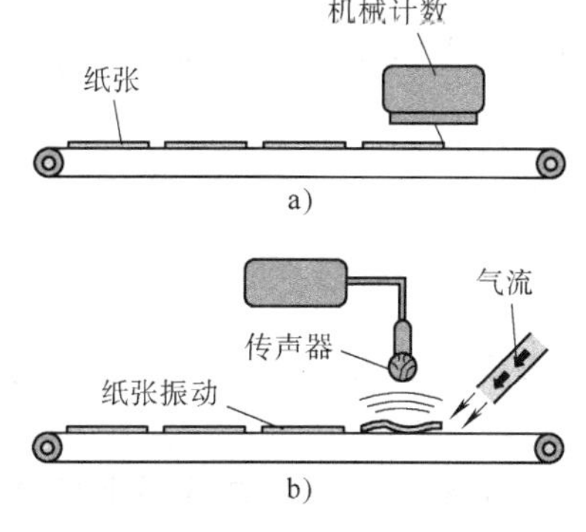

图 3-27　产品计数装置
a）原技术　b）新技术

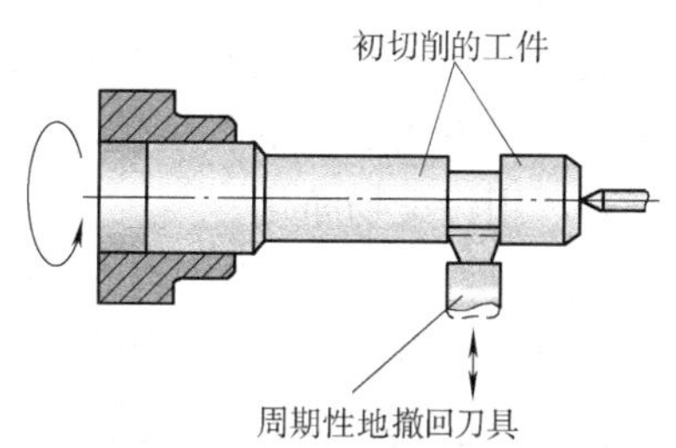

图 3-28　控制切削振动

No. 20　有效作用的连续性

1）不停顿地工作，物体的所有部件都应满负荷地工作。如当车辆停止运行时，飞轮或液压蓄能器储存能量，使发动机处于一个优化的工作点。

2）消除运动过程中的中间间歇，如针式打印机的双向打印。

3）用旋转运动代替往复运动。

例 3-31　连续工作。

由于机器需要等待新毛坯进入工作面，所以流水线的生产率受到限制。

建议使用“有效作用的连续性”原理，在加工毛坯时，让毛坯与工装一同运动，如图 3-29 所示。这项技术可用于回转机械中。由于减少了空转时间，使得旋转流水线的生产率得到提高。

No. 21　紧急行动

以最快的速度完成有害的操作。如修理牙齿的钻头高速旋转，以防止牙组织升温。

例 3-32　高速切断管件。

传统方法截断大直径薄壁管件时，管件变形与过度挤压是个大缺陷。

如图 3-30 所示，建议使用“紧急行动”原理。刀具以极快的速度切削使管件没有时间变形（有一定惯性）。

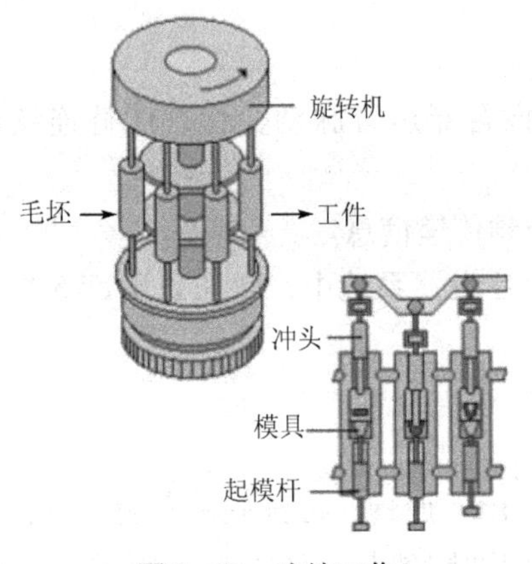

图 3-29　连续工作

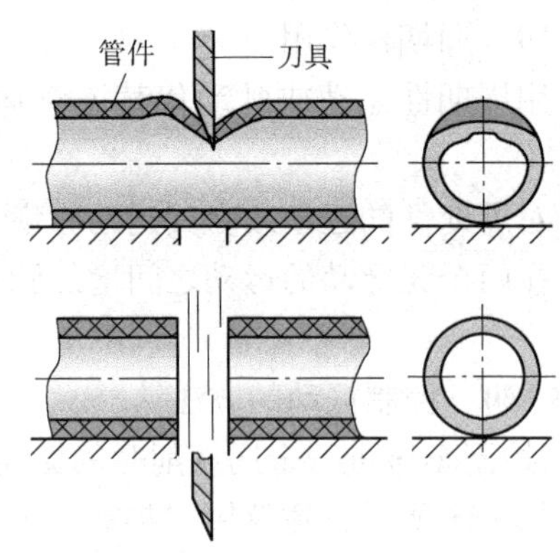

图 3-30　切断管件的方法

No. 22　变有害为有益

1）利用有害因素，特别是对环境有害的因素，获得有益的结果。如利用余热发电；用秸秆做板材原料。

2）通过与另一种有害因素结合消除一种有害因素。

3）加大一种有害因素的程度使其不再有害。

例 3-33　用污染物净化。

热力发电站排出的气体必须经过净化，主要是除去其中的酸性成分，如二氧化硫。同时，还要处理含有碱性炉渣和灰尘的污水。

建议使用“变有害为有益”原理去除废物，提高净化率。可以用碱性污水吸收酸性气体（图 3-31）。这样可以有效地抑制两种污染物中的有害成分。

No. 23　反馈

1）引入反馈以改善过程或动作。如音频电路中的自动音量控制，加工中心自动检测装置。

2）如果反馈已经存在，改变反馈控制信号的大小或灵敏度。如飞机接近机场时，改变自动驾驶系统的灵敏度。

例 3-34　轧机钢板厚度控制。

控制被轧钢板的厚度，重要的是控制钢板温度。钢板最终的厚度是温度和接近辊子的板的厚度共同作用的结果。

建议使用“反馈”原理控制输出厚度，如图 3-32 所示。可以将接近辊子的钢板的厚度与加热器（电子枪）电子束的进给速度结合起来，电子束通过钢板被传感器监控。钢板越厚，接受到的辐射密度越低。那么发信号降低电子束的进给速度以增加钢板的温度。这种反馈控制提高了钢板输出厚度的精度。

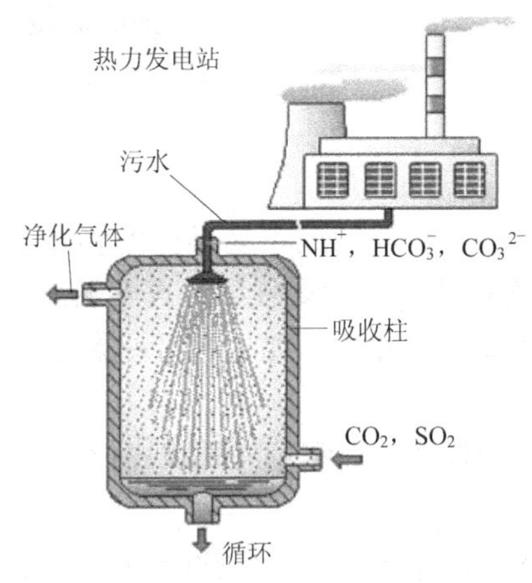

图 3-31　废物利用

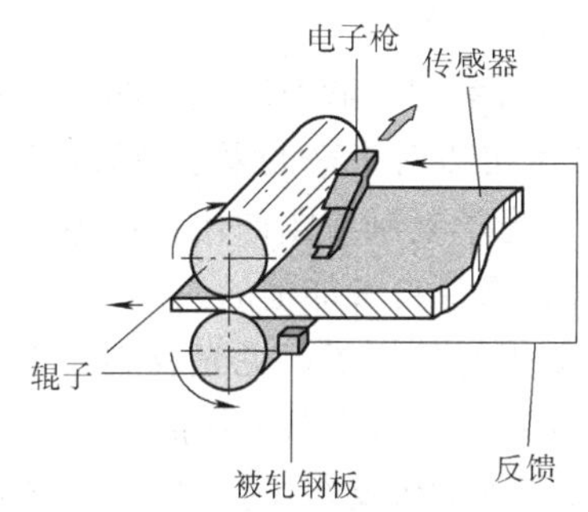

图 3-32　轧机控制

No. 24　中介物

1）使用中介物传递某一物体或某一种中间过程，如机械传动中的惰轮。

2）将一容易移动的物体与另一物体暂时接合，如机械手抓取重物并移动该重物到另一处。

例 3-35　抗磨喷嘴。

当一种研磨剂喷射器加速到高速时，喷嘴很快就会被磨损。

建议使用“中介物”原理来减小喷嘴的磨损，如图 3-33 所示，可以引进空气介质流来加速研磨剂。这些空气流，通过同轴孔（在喷嘴延长块中）流动，不仅加速了研磨剂而且保护了喷嘴壁少受磨损。

No. 25　自服务

1）使一物体通过附加功能产生自己服务于自己的功能。

2）利用废弃的材料、能量与物质，如钢铁厂余热发电装置。

例 3-36　自服务挖掘机。

给挖掘机的铲斗提供气体润滑以减少土壤和铲斗的摩擦，也可以防止卸土时土壤附着在铲斗上。然而，在发动机上安装压缩机会增加能量的消耗。

建议使用“自服务”原理来解决问题。用作业时挖掘机悬臂的运动来给铲斗提供空气，如图 3 - 34 所示。这要通过在悬臂上安装一个双作用的气缸来实现。

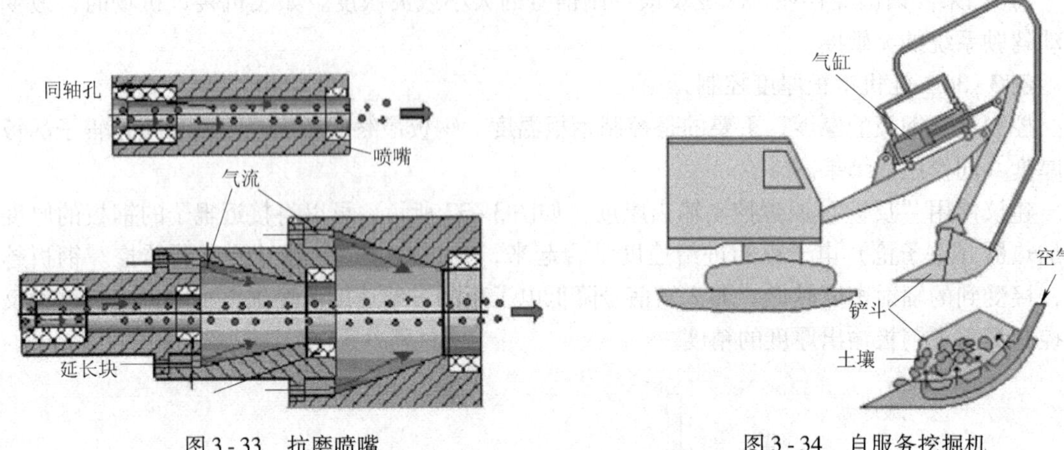

图 3 - 33　抗磨喷嘴　　　　图 3 - 34　自服务挖掘机

No. 26　复制

1）用简单的、低廉的复制品代替复杂的、昂贵的、易碎的或不易操作的物体。通过虚拟现实技术可以对未来的复杂系统进行研究，通过对模型的实验来代替对真实系统的实验。

2）用光学复制或图像代替物体本身，可以放大或缩小图像。如通过看一名教授的讲座录像可代替亲身自参加他的讲座。

3）如果已使用了可见光复制，用红外线或紫外线代替。如利用红外线成像探测热源。

例 3 - 37　人造岩石工作面。

钻头和发动机要在模拟自然岩石的人造岩石工作面上测试，而且测试时要求的钻探转矩比工作时的大。

建议采用“复制”与“复合材料”原理设计一种人造岩石工作面，如图 3 - 35 所示。使用廉价的铅与钢夹杂物的混合物来制作高质量自然岩石的“复制品”。这种“复制品”能很好地满足测试要求。

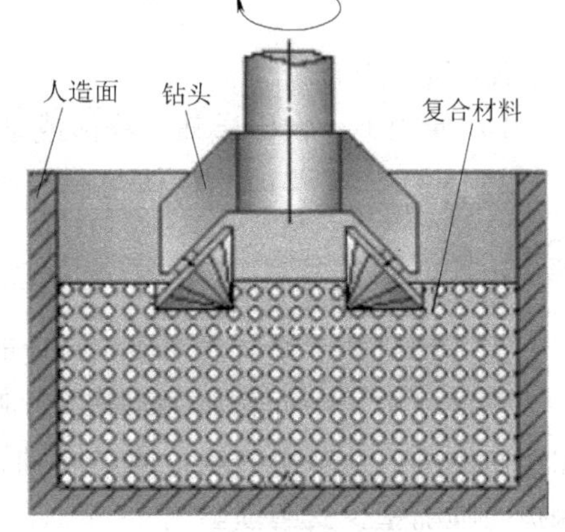

图 3 - 35　人造岩石工作面

No. 27　低成本、不耐用的物体代替昂贵、耐用的物体

用一些低成本物体代替昂贵物体，用一些不耐用物体代替耐用物体，有关特性作折中处理。如一次性纸杯子。

例 3 - 38　泡沫塑胶飞机减速跑道。

有时，机场跑道太短，飞机会因无法着陆而造成严重事故。解决问题的一个可能办法是加长跑道，但是多建一段跑道耗时耗财，而且要多占土地。

建议使用“低成本、不耐用的物体代替昂贵、耐用的物体”原理，用泡沫塑胶板铺一段跑道，如图 3 - 36 所示。如果飞机不能停在水泥跑道上，可以继续在塑胶跑道上减速。实验证明，一段 120m 的塑胶跑道足够使一架波音 727 停止运动。

No. 28　机械系统的替代

1）用视觉、听觉、嗅觉系统代替部分机械系统。如在天然气中混入难闻的气体代替机械或电器传感器来警告人们天然气的泄露。

2）用电场、磁场及电磁场完成与物体的相互作用。如为了混合两种粉末，使其中一种带正电荷，另一种带负电荷。

3）将固定场变为移动场，将静态场变为动态场，将随机场变为确定场。

4）将铁磁粒子用于场的作用之中。

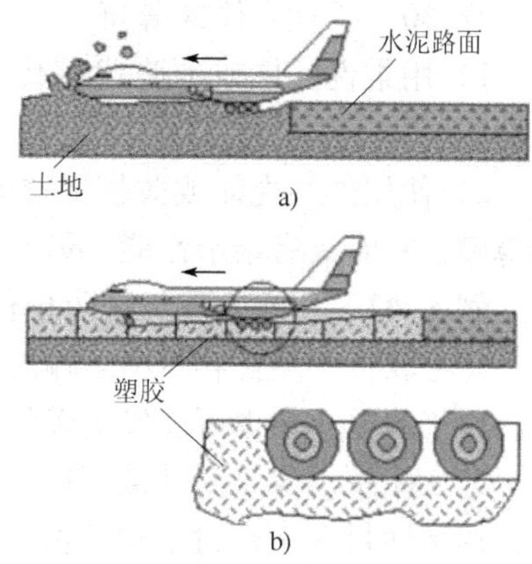

图 3-36　塑胶跑道

a）原设计　b）新设计

例 3-39　磁场移去弹性外壳。

从成形机的轴上移去弹壳所使用的是由机械装置控制的推动器。这种装置可靠性低，而且弹壳经常被刺穿。

建议使用“机械系统的替代”原理改善推动器的效率。用永久磁铁作为推动器放在磁场中提供推动力，如图 3-37 所示。反作用力由一个外部磁场（电磁铁）控制。

No. 29　气动与液压结构

物体的固体零部件可用气动或液压零部件代替，将气体或液体用于膨胀或减振。如车辆减速时由液压系统储存能量，车辆运行时放出能量。

例 3-40　充气夹具。

怎么才能可靠地夹紧易碎件呢？

建议使用“气动与液压结构”及“柔性壳体或薄膜”原理来发明一种夹具。在夹具主体的螺旋形或 Z 字形凹槽中缠绕一种具有膨胀壳的管子，如图 3-38 所示。提升负载时，夹具放在凹室中，向壳体内提供压缩空气。管子内部的压力使夹具与负载紧密接触，沿着螺旋管表面的摩擦力增加，负载被提升起来。

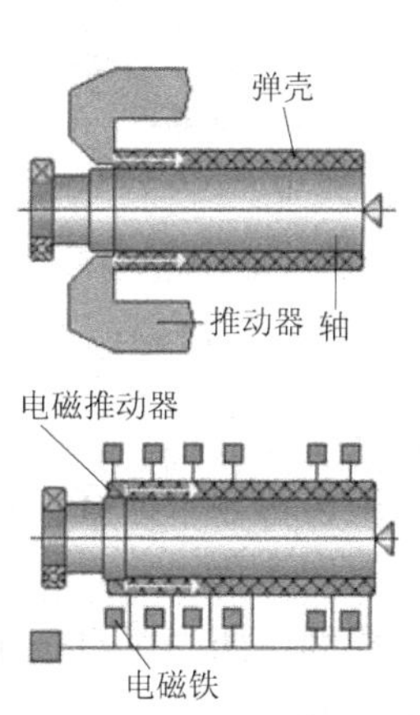

图 3-37　脱壳装置

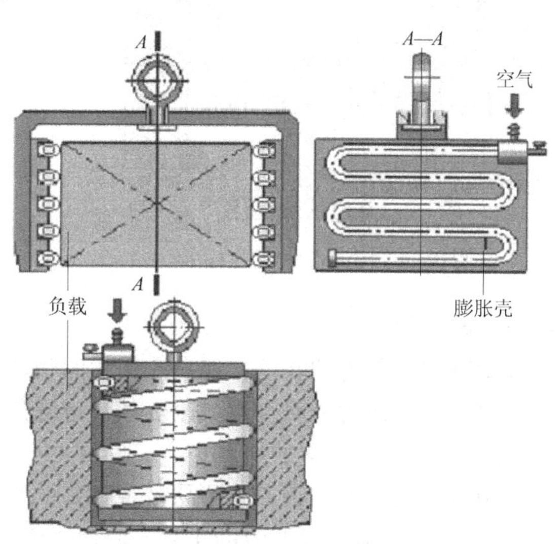

图 3-38　充气夹具

No. 30　柔性壳体或薄膜

1）用柔性壳体或薄膜代替传统结构，如用薄膜制造的充气结构作为网球场的冬季覆盖物。

2）使用柔性壳体或薄膜将物体与环境隔离。如在水库表面漂浮一种由双极性材料制造的薄膜，一面具有亲水性能，另一面具有疏水性能，以减少水的蒸发。

例 3-41　压缩松软货物防止移动。

将松软货物装在容器中运输时，容器移动，货物就有可能移动，因此导致容器失衡。而且，由于静电积累也可能发生爆炸。

建议使用“柔性壳体或薄膜”和“预加反作用”原理来解决这一问题。如图 3-39 所示，用弹性封套来密封松软货物，在下面产生真空。于是，封套在空气压力作用下紧紧地压在货物上。这样，可以阻止货物的大范围移动。

No. 31　多孔材料

1）使物体多孔或通过插入、涂层等增加多孔元素。如在一结构上钻孔，以减少重量。

2）如果物体已是多孔的，用这些孔引入有用的物质或功能。如利用一种多孔材料吸收接头上的焊料，利用多孔钯储藏液态氢。

例 3-42　用织物向轮子上粘贴钻石颗粒。

如何在金属轮的外表面粘一层钻石颗粒？

建议采用“多孔材料”和“中介物”原理来解决。金属轮的表面用多孔材料（如织物）制成。如图 3-40 所示，将钻石颗粒粘在由溶液稍微弄湿的织物上，再将钻石颗粒通过镀镍固定（多孔织物可使电解液不溶解而通过）在轮子表面。织物可以用像丙酮类的溶剂溶解掉。这样将使得工艺过程变得更加简单，且提高质量。

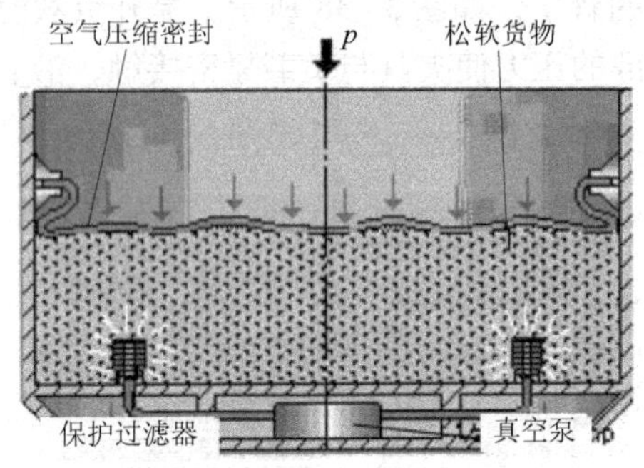

图 3-39　松软货物的运输

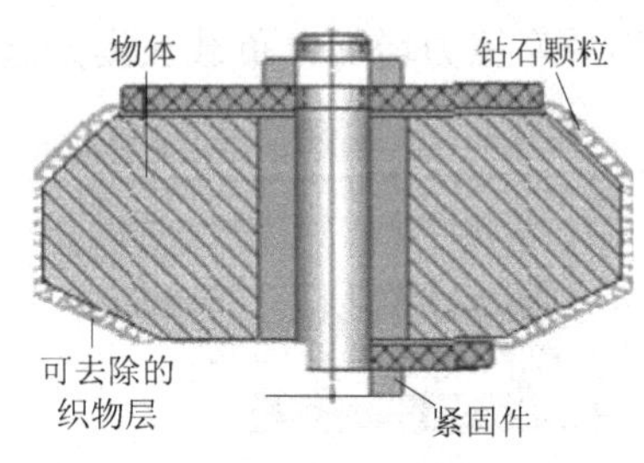

图 3-40　钻石粘贴

No. 32　改变颜色

1）改变物体或环境的颜色，如在洗相片的暗房中要采用安全的光线。

2）改变一个物体的透明度，或改变某一过程的可视性。如采用透明绷带缠绕伤口，可以从绷带外部观察伤口变化的情况。

3）采用有颜色的添加物，使不易被观察到的物体或过程被观察到。如为了对一个透明管路内的水是处于层流还是湍流的实验，使带颜色的某种流体从入口流入。

4）如果已增加了颜色添加物，则采用发光的轨迹。

例 3-43　轻便辐射熨斗。

如何改善普通家用熨斗的设计？

建议使用“改变颜色（透明）”和“维数变化”原理来改善设计。用难熔的、透明的玻璃制成基座，如图 3-41 所示。被熨的织品直接通过热辐射加热，而不是通过金属基座加热。新设计的熨斗重量轻，加热快，能渗透到织品的整个表面。这样的熨斗既轻便，又节约时间。

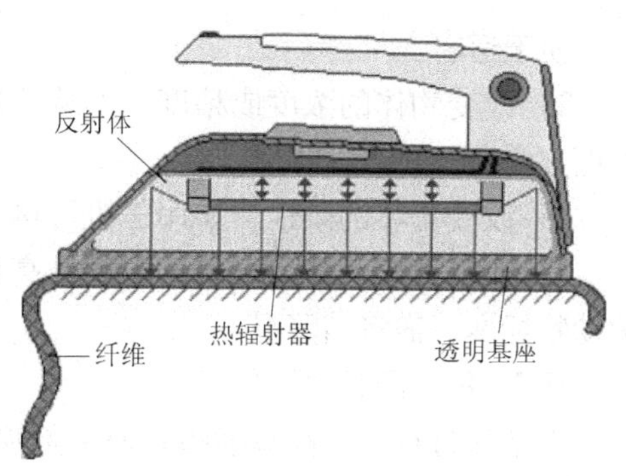

图 3-41　新型熨斗

No. 33　同质性

采用相同或相似的材料制造与某物体相互作用的物体。

如为了减少化学反应，盛放某物体的容器应与该物体用相同的材料制造。

例 3-44　承载轴的设计。

某传动轴包括一个两端都有头部的管道和内部的一个线圈。由于该轴两头部分材料的强度比内部线圈的强度低很多而使得它的耐久性大大降低。

建议使用“同质性”原理来改善轴的设计。用和线圈同种材质来制作头部以消除耐久性问题，如图 3-42 所示。

No. 34　抛弃与修复

1）当一个物体完成了其功能或变得无用时，抛弃或修改该物体中的一个元件。如用可溶解的胶囊作为药面的包装，可降解餐具、子弹壳。

2）立即修复一个物体中所损耗的部分，如割草机的自刃磨刀具。

例 3-45　用铁粉代替沙子。

为了防滑，通常在柴油机车车轮前面的铁轨上撒上沙子。然而，每次都要使用新沙子。而且沙子容易进入车轮的轴套中，加速磨损。

建议使用“抛弃与修复”原理，用铁粉代替沙子来防滑，如图 3-43 所示。磁化装置在撒铁粉前将铁轨磁化。消磁装置将铁轨和使用过的铁粉消磁，并将铁粉收回箱子中。

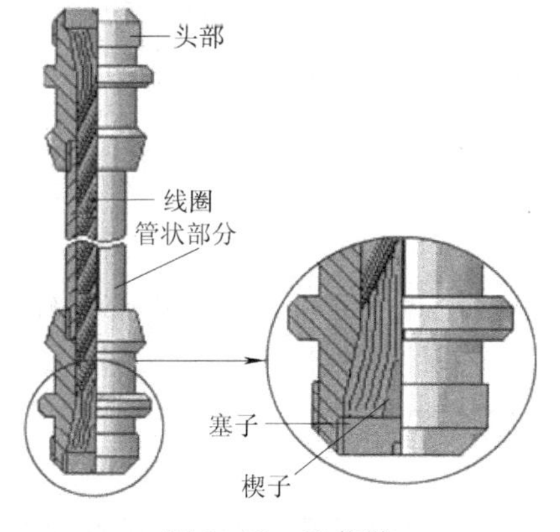

图 3-42　承载轴

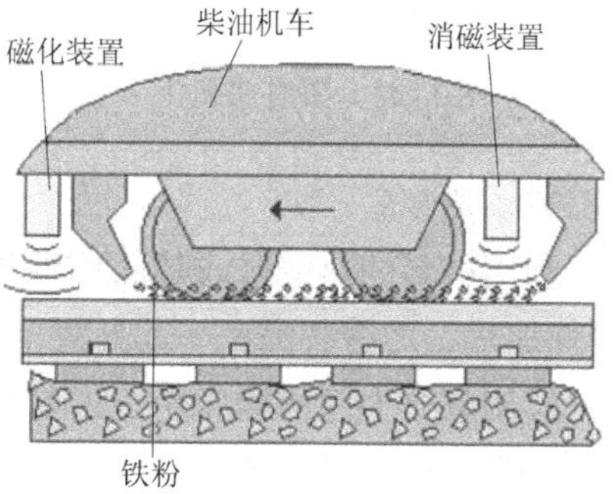

柴油机车　磁化装置　消磁装置　铁粉

图 3-43　铁轨防滑

No. 35　参数变化

1）改变物体的物理状态，即使物体在气态、液态和固态之间变化。如使氧气处于液态，便于运输。

2）改变物体的浓度或粘度。如从使用的角度看，液态香皂的粘度高于固态香皂，且使用更方便。

3）改变物体的柔性，如用三级可调减振器代替轿车中不可调减振器。

4）改变温度。如使金属的温度升高到居里点以上，金属由铁磁体变为顺磁体。为了保护动物标本，需将其降温。

例 3-46 研磨剂硬化

在钻探过程中，高温喷嘴将研磨剂喷到岩石表面，研磨剂可以循环使用。然而，由于热作用研磨剂被软化，这样钻探岩石的效率就很低。

建议使用“参数变化”原理来提高钻岩石的效率。为了硬化研磨剂并且适当地瓦解物质，用水来冷却研磨剂，如图 3-44 所示。冷却后再利用的研磨剂可以提高钻探效率。

No. 36 状态变化

在物质状态变化过程中实现某种效应。如合理利用水在结冰时体积膨胀的原理，热泵利用吸热散热原理工作。

例 3-47 弹簧端部的固定。

尽管设计者已经做出了各种努力，但是插入零件内的弹簧的末端仍随时可能脱落。

建议使用“状态变化”原理固定零件内弹簧的末端。如图 3-45 所示，在零件上做一个倒锥倾斜面的凹槽，其中用在一定温度下易熔金属填充，将弹簧末端覆盖。当金属冷却后，填充物即形成一个不能脱落的塞子，将弹簧末端固定于零件之中。

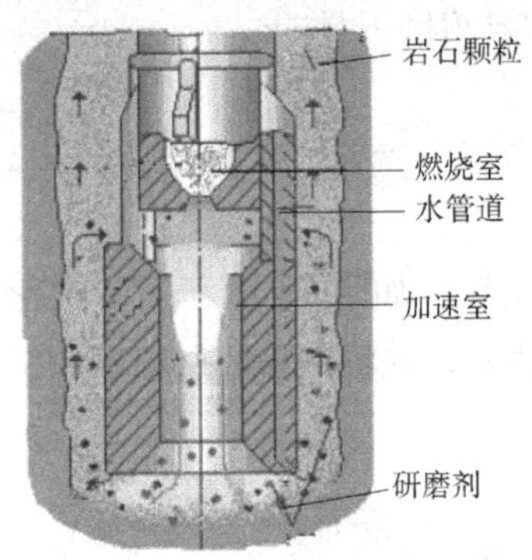

图 3-44 研磨剂硬化

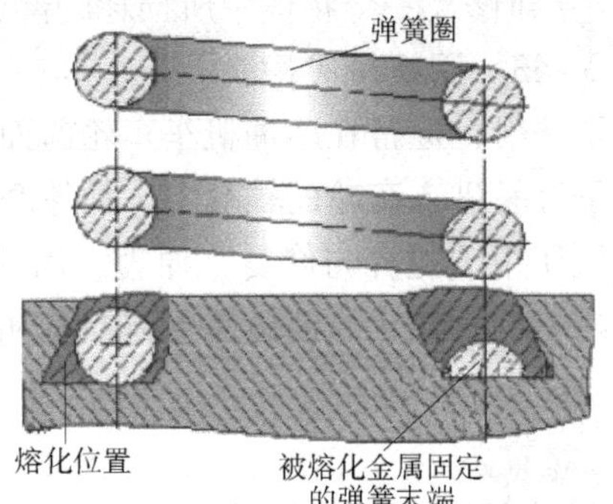

图 3-45 弹簧端部固定方法

No. 37 热膨胀

1）利用材料的热膨胀或热收缩性质。如装配紧配合的两个零件时，将内部零件冷却，外部零件加热，之后装配在一起并置于常温中。

2）使用具有不同热膨胀系数的材料，如双金属片传感器。

例 3-48 热量测试仪。

热量测试仪用来测量在化学反应期间里释放的热量。不过这种热量测试仪的反应速度不够快。

建议使用“热膨胀”原理。热量测试仪的敏感元件用长 400×10^{-6}m、厚 1.5×10^{-6}m 的双金属板制成。在反应过程中，释放的热量把金属板加热，使金属板弯曲，如图 3-46 所示。控制系统用来决定金属板弯曲所需要的热量。这种热量测试仪的敏感度增加了 5 ~ 10K。

No. 38　加速强氧化

使氧化从一个级别转变到另一个级别，如从环境气体到充满氧气，从充满氧气到纯氧气，从纯氧到离子态氧。如为了获得更多的热量，焊枪里通入氧气，而不是用空气。

例 3 - 49　在氧化空气中焊接。

如何防止金属液滴粘附到被焊的零件上？用特殊液体在零件表面上涂层有一个缺点，即当金属液滴落到涂层上时，涂层会分解成有毒物质。

建议使用“加速强氧化”原理来提高焊接工艺的安全性。在焊接区域内提供氧（或氮），溅落的炽热液滴会被覆盖上一层氧化物（或氮化物）。这既可以防止液滴粘附在零件上，又可以使焊接工艺无毒，如图 3 - 47 所示。

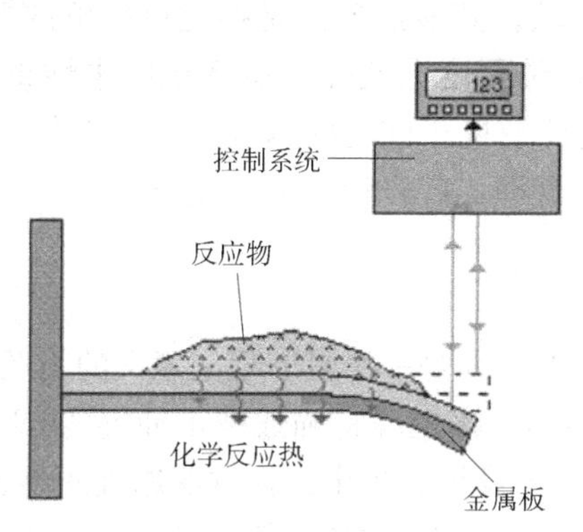

图 3 - 46　热量测试仪

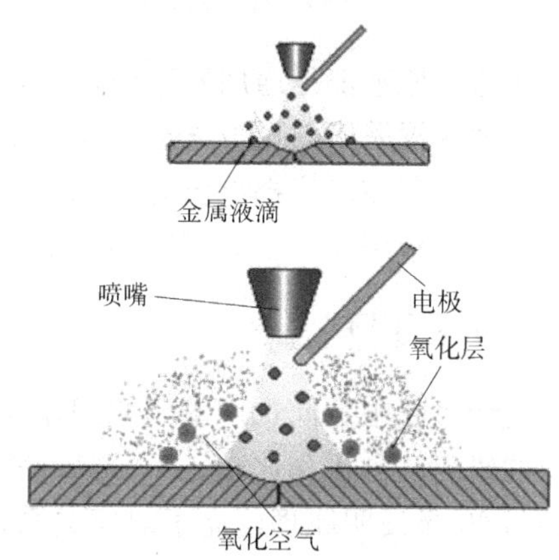

图 3 - 47　在氧化空气中焊接

No. 39　惰性环境

1）用惰性环境代替通常环境。如为了防止炽热灯丝的失效，让其置于氩气中。

2）让一个过程在真空中发生。

例 3 - 50　清洁过滤器。

在冶金生产中，往往使用从熔炉气体中分离出的一氧化碳在燃烧室中燃烧来加热水和金属。在给燃烧室供气之前，应先将灰尘过滤掉。如果过滤器被阻塞，就应该使用压缩空气将灰尘清除。然而，这样形成的一氧化碳和空气的混合物容易发生爆炸。

建议使用“惰性环境”原理，用惰性气体代替空气。例如，将氮气通过过滤器以保证过滤器的清洁和工作过程的安全，如图 3 - 48 所示。

No. 40　复合材料

将材质单一的材料改为复合材料，如玻璃纤维与木材相比较轻及在形成不同形状时更容易控制。

例 3 - 51　超级飞轮。

为了提高飞轮积聚特殊能量的特性，应当使用密度低、强度高的材料来制造飞轮。

建议使用“复合材料”原理，将飞轮的轮缘用玻璃复合材料制作，如图 3 - 49 所示。这种材料的密度虽比金属合金低，但强度能满足要求。这种飞轮积聚的特殊能量将达 4000kJ/kg。

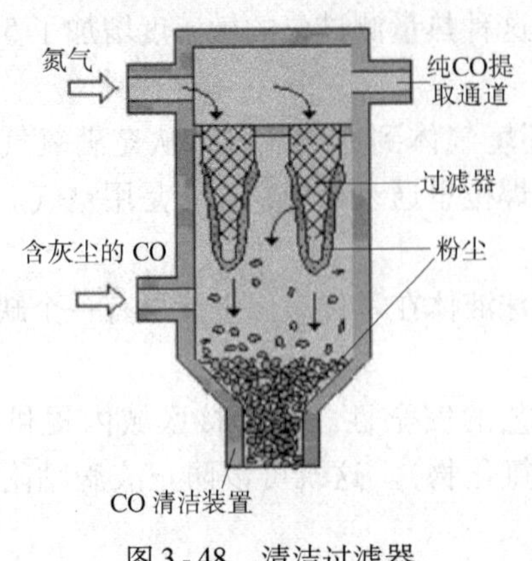

图 3-48　清洁过滤器

图 3-49　超级飞轮

上述这些原理都是通用发明原理，未针对具体领域，其表达方法是描述可能解的概念。如几个原理建议采用柔性方法，问题的解要涉及在某种程度上改变已有系统的柔性或适应性，设计者根据该建议提出已有系统的改进方案，这将有助于问题的迅速解决。还有一些原理范围很宽，应用面广，既可应用于工程，又可用于管理、广告和市场等领域。

3.4.2　冲突矩阵

在设计过程中如何选用发明原理作为产生新概念的指导是一个具有现实意义的问题。通过多年的研究、分析和比较，Altshuller 提出了冲突矩阵，该矩阵将描述技术冲突的 39 个工程参数与 40 条发明原理建立了对应关系，很好地解决了设计过程中选择发明原理的难题。

冲突矩阵为 40 行 40 列的一个矩阵，其中第 1 行或第 1 列为按顺序排列的 39 个发明原理序号和所描述冲突的工程参数序号。除第 1 行与第 1 列以外，其余 39 行与 39 列形成一个矩阵，矩阵元素中或空、或有几个数字，这些数字表示 40 条发明原理中的推荐采用原理序号。表 3-4 为冲突矩阵简表（详细的矩阵请见附录）。矩阵中的行所描述的工程参数为冲突中改善的一方，列所代表的工程参数是恶化的一方。

表 3-4　冲突矩阵简表

发明原理序号 / 工程参数序号	No. 1	No. 2	No. 3	No. 4	No. 5	…	No. 39
No. 1			15,8,29,34		29,17,38,34		35,3,24,37
No. 2				10,1,29,35			1,28,15,35
No. 3	8,15,29,34				15,17,4		14,4,28,29
No. 4		35,28,40,29					30,14,7,26
No. 5	2,17,29,4		14,15,18,4				10,26,34,2
⋮							
No. 39	35,26,24,37	28,27,15,3	18,4,28,38	30,7,14,26	10,26,34,31		

应用该矩阵的过程为：首先在 39 个工程参数中，确定使产品某一方面质量提高（改善）及降低（恶化）的工程参数 A 及 B 的序号，之后将工程参数 A 及 B 的序号从第 1 列及

第 1 行中选取对应的序号，最后在两序号对应行与列的交叉处确定某一特定矩阵元素，该元素所给出的数字为推荐采用的发明原理序号。如希望质量提高与降低的工程参数序号分别为 No. 5 及 No. 3，在矩阵中，第 5 行与第 3 列交叉处所对应的矩阵元素如表 3-4 中的椭圆所示，该元素中的数字 14、15、18 及 4 为推荐的发明原理序号。

3.4.3　技术冲突问题解决的过程

Altshuller 的冲突理论似乎是产品创新的灵丹妙药，实际在应用该理论之前的前处理与应用之后的后处理仍然是关键的问题。图 3-50 所示为技术冲突解决原理。

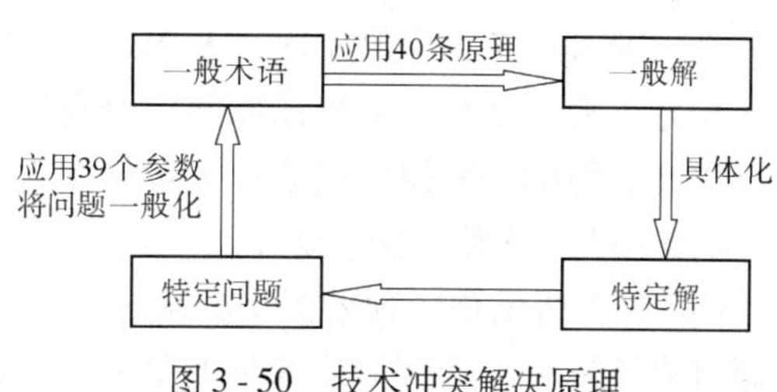

图 3-50　技术冲突解决原理

当针对具体问题确认了一个技术冲突后，要用该问题所处技术领域中的特定术语描述该冲突。之后，要将冲突的描述翻译成一般术语，由这些一般术语选择工程参数。由工程参数在冲突解决矩阵中选择可用解决原理。一旦某一个或某几个原理被选定后，必须根据特定的问题应用该原理以产生一个特定的解。对于复杂的问题一条原理是不够的，原理的作用是使原系统向着改进的方向发展。在改进的过程中，对问题的深入思考、创造性和经验都是必不可少的。

可把上述技术冲突解决原理具体化为以下 12 步：

1）定义待设计系统的名称。

2）确定待设计系统的主要功能。

3）列出待设计系统的关键子系统和各种辅助功能。

4）对待设计系统的操作进行描述。

5）确定待设计系统应改善的特性及应该消除的特性。

6）将涉及的参数按 39 个工程参数重新描述。

7）对技术冲突进行描述：如果某一工程参数要得到改善，将导致那些参数恶化。

8）对技术冲突进行另一种描述：假如降低参数恶化的程度，要改善参数将被削弱，或另一恶化参数被加强。

9）在冲突矩阵中由冲突双方确定相应的矩阵元素。

10）由上述元素确定可用的发明原理。

11）将所确定的原理应用于设计者的问题。

12）找到、评价并完善概念设计及后续的设计。

通常所选定的发明原理多于 1 个，这说明前人已用这几个原理解决了一些特定的技术冲突。这些原理仅仅表明解的可能方向，即应用这些原理过滤掉了很多不太可能的解的方向。尽可能将所选定的每条原理都用到待设计过程中去，不要拒绝采用推荐的任何原理。假如所有可能的解都不满足要求，对冲突重新定义并求解。

3.4.4　技术冲突解决的工程应用

例 3-52　大型法兰系统结构设计。

在例 3-10 中已确定的技术冲突为：如果要求密封性良好，则操作时间变长且结构的重量增加；如果重量要求轻，则密封性变差；如果要求操作时间短，则密封性也变差。

按 39 个工程参数描述（表 3-2）。

希望改善的特性：静止物体的重量（No. 2）、可操作性（No. 33）和装置的复杂性（No. 36）。

三种特性改善将导致如下特性的降低：结构的稳定性（No. 13）、可靠性（No. 27）。

由工程参数查冲突矩阵元素［2 13］、［2 27］、［33 13］、［33 27］、［36 13］、［36 27］，可确定适用发明原理。将不同的发明原理用于结构的改进设计，可提出不同的设计方案。如在发明原理 No. 17（维数变化）及 No. 30（柔性壳体或薄膜）的启发下，法兰的一个表面不一定与另一表面平行，而可以倾斜一个角度，螺栓拧紧后的少量变形可以有助于更有效的密封。按该设想的一种概念或设计方案如图 3-51 所示。

例 3-53 呆扳手改进设计。

图 3-52 所示是一种呆扳手的示意图。图中，呆扳手在外力的作用下拧紧或松开一个六角螺钉或螺母。由于螺钉或螺母的受力集中到两条棱边，容易产生变形，而使螺钉或螺母的拧紧或松开困难。

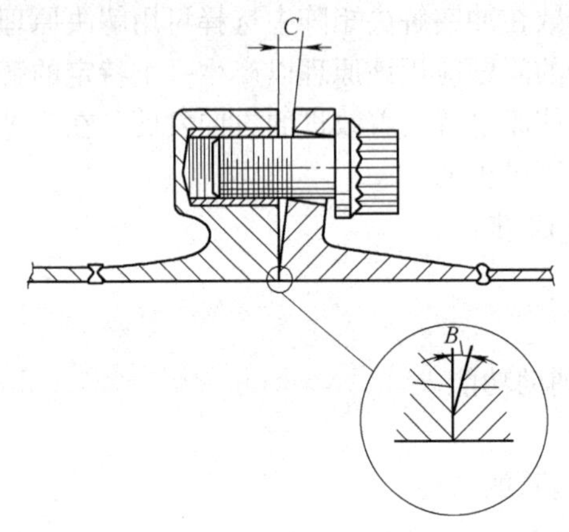

图 3-51 大型法兰系统结构设计（美国专利 5230540）

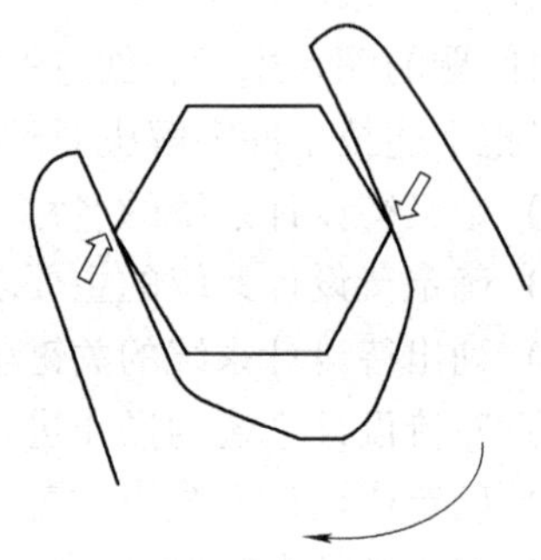

图 3-52 呆扳手

呆扳手已有多年的生产及应用历史，在产品进化曲线上应该处于成熟期或退出期，但对于传统产品很少有人去考虑设计中的不足并且改进其设计。按照 TRIZ 理论，处于成熟期或退出期的改进设计，必须发现并解决深层次的冲突，提出更合理的设计概念。目前的呆扳手可能损坏螺钉/螺母棱边提示设计者，新的设计必须克服目前设计中的该缺点。现应用冲突矩阵解决该问题。

首先从 39 个工程参数中选择确定技术冲突的一对特性参数。

质量提高的参数：物体产生的有害因素（No. 31）。

带来负面影响的参数：制造精度（No. 29）。

由冲突矩阵（附录）的第 31 行及第 29 列确定可用发明原理为：

No. 4　不对称

No. 17　维数变化

No. 34　抛弃与修复

No. 26　复制

对 No. 17 及 No. 4 两条发明原理的分析表明，呆扳手工作面的一些点要与螺母/螺钉的侧面接触，而不仅是与其棱边接触就可解决该冲突。美国专利 US Patent 5，406，868 正是基于这种原理设计的，如图 3-53 所示。

例 3-54 FBC（Fluidized Bed Combustion）锅炉。

FBC 锅炉在使用中，其炉壁经常被煤磨损（图 3-54），不得不停机修理，造成巨大损失，希望提出改进设计方案。

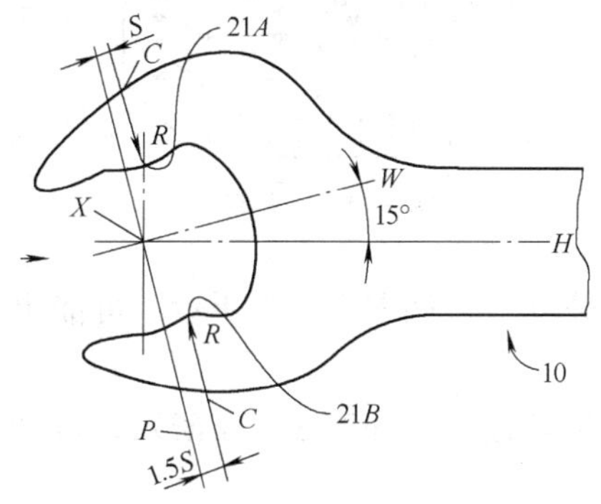

图 3-53 呆扳手美国专利 US Patent 5，406，868

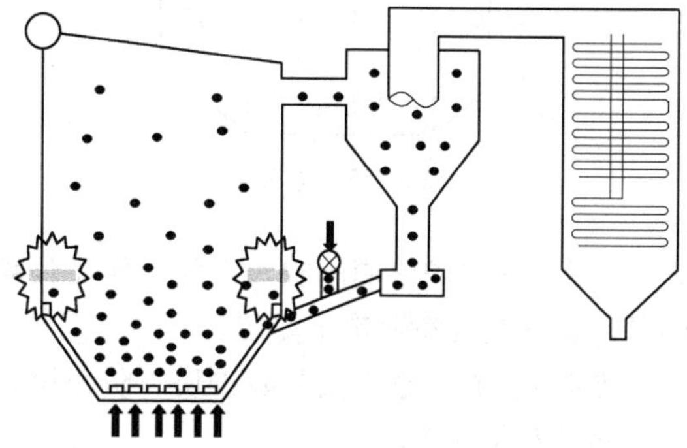

图 3-54 锅炉炉壁磨损

初始状况：在 FBC 锅炉系统中，煤通过循环密封通道进入炉内燃烧，未充分燃烧的煤循环利用。在运行过程中出现了如下的问题。

由于空气的进入，处于流态的煤作用于炉壁，将炉壁的金属磨损掉。因此，锅炉不得不停机维护。

技术冲突：为了提高生产率，需要增加空气的速度，其结果将增加煤的燃烧率，但也将导致磨损增加。由此确定标准工程参数。

希望改善的特性：速度、生产率。

恶化的特性：物质损失（炉壁磨损）、物体外部有害因素的作用（空气速度）。

由冲突矩阵可查出锅炉问题发明原理，见表 3-5。

表 3-5 锅炉问题发明原理

改善特性	恶化特性	发明原理序号
速度（No. 9）	物质损失（No. 23）	10、13、28、38
速度（No. 9）	物体外部有害因素的作用（No. 30）	1、28、23、35
生产率（No. 39）	物质损失（No. 23）	28、10、35、23
生产率（No. 39）	物体外部有害因素的作用（No. 30）	22、35、13、24

选定的发明原理是：No. 10 预操作

No. 24 中介物

No. 28 机械系统的替代

No. 35 参数变化

根据这些发明原理，可以确定解决技术冲突的不同方案，从中选择最有可能实现的方案并将其实现。

方案 1：在炉内经常被磨损的部位安装防护墙，如图 3-55 所示。可能引出的问题是防护墙的材料及安装方法。

方案 2：炉壁受磨损处涂上一层粘性物质，能把煤粘在炉壁表面，如图 3 - 56 所示。可能出现的问题是难于找到在温度为 800 ~ 900°C 正常工作的粘结剂。

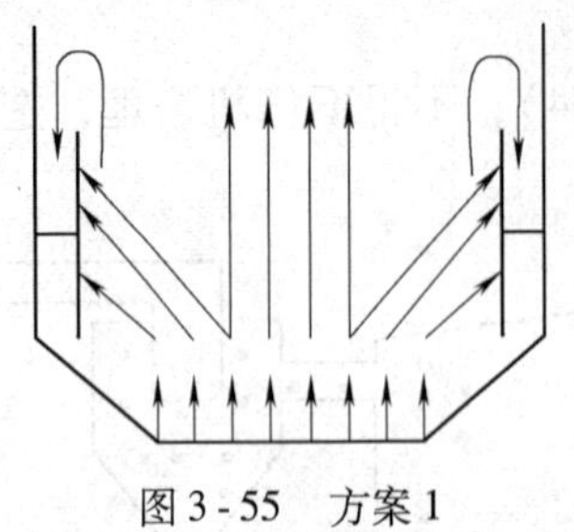

图 3 - 55　方案 1

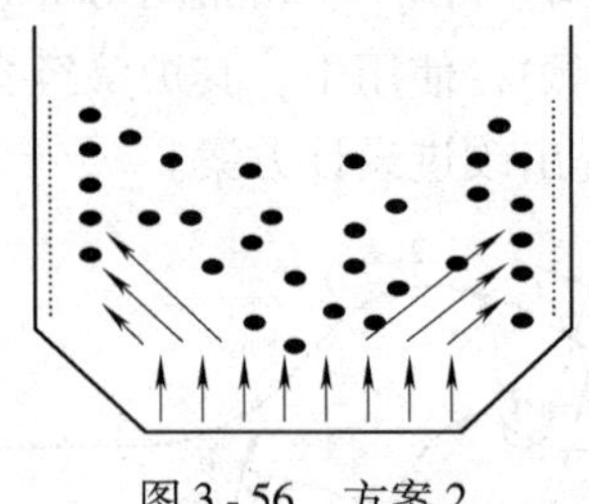

图 3 - 56　方案 2

方案 3：在炉壁周围吹入空气，使煤颗粒不落在炉壁上，如图 3 - 57 所示。可能出现的问题是这种空气喷嘴难于安装。

方案 4：在炉壁上安装防护块，防止煤颗粒落到炉壁表面，如图 3 - 58 所示。可能出现的问题是安装问题。

方案 5：在炉壁添加磨阻涂层，防止炉壁被煤颗粒磨损，如图 3 - 59 所示。此方案副作用最小。

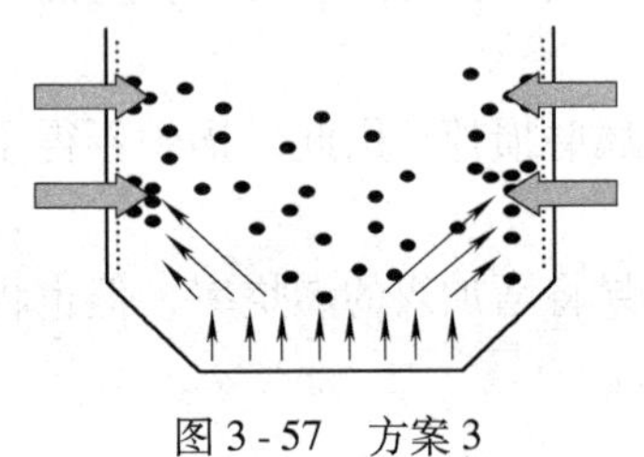

图 3 - 57　方案 3

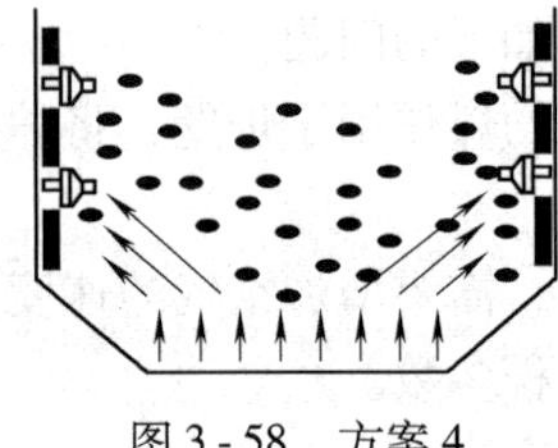

图 3 - 58　方案 4

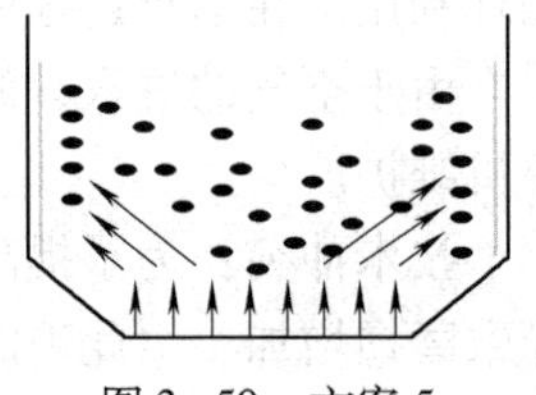

图 3 - 59　方案 5

按照方案 5 选择有关材料进行实验，证明是可行的。

3.5　物理冲突解决原理

物理冲突是 TRIZ 要研究解决的关键问题之一。当对一子系统具有相反的要求时就出现了物理冲突。例如，为了容易起飞，飞机的机翼应有较大的面积，但为了高速飞行，机翼又应有较小的面积，这种要求机翼具有大的面积与小的面积同时存在的情况，对于机翼的设计就是物理冲突，解决该冲突是机翼设计的关键。与技术冲突相比，物理冲突是一种更尖锐的冲突，设计中必须解决。

本节介绍物理冲突的类型及解决原理。

3.5.1　物理冲突的类型

当对一子系统有相反的要求时就出现了物理冲突。出现物理冲突的子系统成为关键子系统 A，该子系统可以是任何的物质或场。物理冲突的一般描述方法为：

关键子系统（名称）应该具有或已有（“有用”参数），以能满足（“第一条要求”）。该子系统（名称）不应该有或不能有（“有害”参数），以能满足（“第二条要求”）。括号内的内容应根据设计实例的具体名称更换。

上述的描述方法是一般方法，Savransky 等人对此给出了更为详细的描述。Savransky 将其归为若干类，本节分别介绍 Savransky 描述方法及 Terninko 描述方法。

Savransky 在 1982 年提出了如下的物理冲突描述方法：

1）关键子系统 A 必须存在，A 不能存在。

2）关键子系统 A 具有性能 B，同时应具有性能 -B，B 与 -B 是相反的性能。

3）A 必须处于状态 C 及状态 C′，C 与 C′是不同的状态。

4）A 不能随时间变化，A 要随时间变化。

1998 年，Terninko 等提出了物理冲突描述方法，该方法基于需要的或有害的效应将物理冲突分为三种描述方法：

1）为了实现关键功能，子系统要具有某一有益功能（UF），但为了避免出现某一有害功能（HF），子系统又不能具有上述有益功能。

2）关键子系统的特性必须是一大值以能取得有益功能，但又必须是一小值以避免出现有害功能。

3）关键子系统必须出现以取得某一有益功能，但又不能出现以避免出现有害功能。

表 3-6 是常见的物理冲突。

表 3-6　物理冲突

几　何　类	材料及能量类	功　能　类
长与短	多与少	喷射与卡住
对称与不对称	密度大与小	推与拉
平行与交叉	热导率大与小	冷与热
厚与薄	温度高与低	快与慢
圆与非圆	时间长与短	运动与静止
锋利与钝	粘度大与小	强与弱
窄与宽	功率大与小	软与硬
水平与垂直	摩擦因数大与小	成本高与低

尽管物理冲突的表达方式较多，设计者可以根据特定的问题，采取容易理解的表达方法即可。

3.5.2　分离原理

现代 TRIZ 理论在总结物理冲突解决的各种研究方法的基础上，提出了采用如下的分离原理解决物理冲突的方法：

1）空间分离。

2）时间分离。

3）基于条件的分离。

4）整体与部分的分离。

通过采用内部资源，物理冲突已用于解决不同工程领域中的很多技术问题。所谓的内部资源是在特定的条件下，系统内部能发现及可利用的资源，如材料及能量。假如关键子系统是物质，则几何或化学原理的应用是有效的；如关键子系统是场，则物理原理的应用是有效的。有时从物质到场，或从场到物质的传递是解决问题的有效方案。

1. 空间分离原理

所谓空间分离原理是将冲突双方在不同的空间分离，以降低解决问题的难度。当关键子系统冲突双方在某一空间只出现一方时，空间分离是可能的。应用该原理时，首先应回答如下问题：是否冲突一方在整个空间中“正向”或“负向”变化？在空间中的某一处冲突的一方是否可不按一个方向变化？如果冲突的一方可不按一个方向变化，利用空间分离原理是可能的。

例 3-55 自行车采用链轮与链条传动是一个采用空间分离原理的例子。在链轮与链条发明前，自行车存在两个物理冲突：其一，为了高速行走需要一个直径大的车轮，为了乘坐舒适，需要一个小的车轮，车轮既要大又要小形成了物理冲突；其二，骑车人既要快蹬脚蹬，以提高速度，又要慢蹬以感觉舒适。链条、链轮、飞轮的发明解决了这两组物理冲突。首先，链条在空间上将链轮的运动传递给飞轮，飞轮驱动自行车后轮旋转；其次，链轮直径大于飞轮，链轮以较慢的速度旋转将导致飞轮较快的旋转速度。因此，骑车人可以较慢的速度驱动脚蹬，自行车后轮将以较快的速度旋转，自行车车轮直径也可以较小。

例 3-56 潜水艇利用电缆拖着千米之外的声呐探测器，以在黑暗的海洋中感知外部世界的信息。被拖的声呐探测器与产生噪声的潜水艇在空间处于分离状态。

2. 时间分离原理

所谓时间分离原理是将冲突双方在不同的时间段分离，以降低解决问题的难度。当关键子系统冲突双方在某一时间段只出现一方时，时间分离是可能的。应用该原理时，首先应回答如下问题：

是否冲突一方在整个时间段中“正向”或“负向”变化？在时间段中冲突的一方是否可不按一个方向变化？如果冲突的一方可不按一个方向变化，利用时间分离原理是可能的。

例 3-57 折叠式自行车在行走时体积较大，在储存时因已折叠体积较小。行走与储存发生在不同的时间段，因此采用了时间分离原理。

例 3-58 飞机机翼在起飞、降落与在某一高度正常飞行时几何形状发生变化，这种变化采用了时间分离原理。

3. 基于条件的分离原理

所谓基于条件的分离原理是将冲突双方在不同的条件下分离，以降低解决问题的难度。当关键子系统冲突双方在某一条件下只出现一方时，基于条件分离是可能的。应用该原理时，首先应回答如下问题：是否冲突一方在所有的条件下都要求“正向”或“负向”变化？在某些条件下，冲突的一方是否可不按一个方向变化？如果冲突的一方可不按一个方向变化，利用基于条件的分离原理是可能的。

例 3-59 水与跳水运动员所组成的系统中，水既是硬物质，又是软物质，这取决于运动员入水时的相对速度。相对速度高，水是硬物质，反之是软物质。

例 3-60 水射流既是硬物质，又是软物质，取决于水射流的速度。

例 3-61 冬季输水管路中的水如果结冰，管路将被冻裂。采用弹塑性好的材料制造的管路可解决该问题。

4. 整体与部分的分离原理

所谓整体与部分的分离原理是将冲突双方在不同的层次分离，以降低解决问题的难度。当冲突双方在关键子系统层次只出现一方，而该方在子系统、系统或超系统层次内不出现时，整体与部分的分离是可能的。

例 3-62　自行车链条微观层面上是刚性的，宏观层面上是柔性的。

例 3-63　自动装配生产线与零部件供应的批量化之间存在冲突。自动生产线要求零部件连续供应，但零部件从其加工车间或供应商处运到装配车间时要求批量运输。专用转换装置接受批量零部件，但连续地将零部件输送给自动装配生产线。

3.5.3　分离原理与发明原理的关系

Mann 通过研究提出，解决物理冲突的分离原理与解决技术冲突的发明原理之间存在关系，对于一条分离原理，可以有多条发明原理与之对应。表 3-7 是其研究结果。

只要能确定物理冲突及分离原理的类型，40 条发明原理及发明原理的工程实例可帮助设计者尽快确定新的设计概念。

表 3-7　分离原理和发明原理的对应关系

分离原理	发明原理
空间分离	1、2、3、4、7、13、17、24、26、30
时间分离	9、10、11、15、16、18、19、20、21、29、34、37
整体与部分的分离	12、28、31、32、35、36、38、39、40
基于条件的分离	1、7、25、27、5、22、23、33、6、8、14、25、35、13

例 3-64　波音公司改进 737 的设计时，需要将使用中的发动机改为功率更大的发动机。发动机功率越大，它工作时需要的空气越多，发动机罩的直径需要增大。发动机罩增大，机罩离地面的距离减小，而该距离的减小是不允许的，如图 3-60 所示。现要求解决该问题。

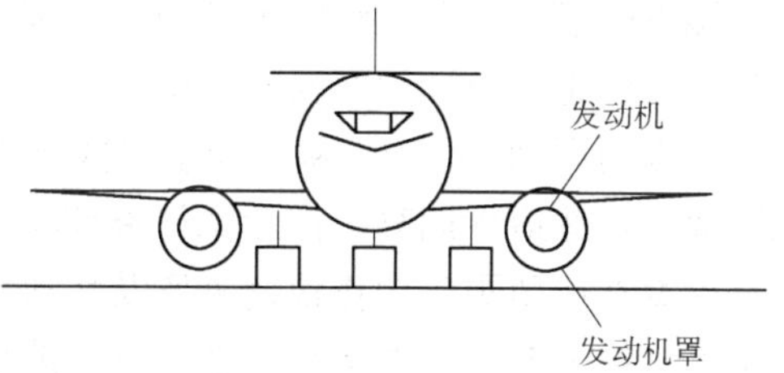

图 3-60　增加发动机功率所产生的技术冲突

该设计中的物理冲突为：发动机罩的直径应该加大，以吸入更多的空气，但机罩直径又不能加大，以不使路面与机罩之间的距离减少。

现采用空间分离原理来解决该物理冲突。空间分离对应的发明原理中有 No. 4 不对称原理。按该原理，可以将对称设计改为不对称设计，如图 3-61 所示。

图 3-61　波音 737 改进型

例 3 - 65 加工中心组合夹具快速夹紧机构设计。

加工中心专用组合夹具是国内某企业的主导产品之一，其中一种产品设计中的夹紧及松开动作均由操作者手工完成，不适合批量生产的要求，需要改进设计。该设计为组合夹具中夹紧机构即子系统改进设计。

根据组合夹具夹紧与松开的要求，新的机构应具备“适应性调整位置”、“快速夹紧工件”、“快速松开工件”三个功能。考虑到成本与机构的可用空间，采用液压系统是合适的，液压执行机构应仅完成快速夹紧与松开的动作，这与还要完成“适应性调整位置”是有冲突的。按 TRIZ 理论，该机构设计中出现了如下的一对物理冲突：机构既要在长距离内作适应性调整，以适应不同尺寸零件的要求；又要在短距离内调整，以适应相同尺寸批量零件的高效加工要求。

从加工的实际情况考虑，长距离的适应性调整与短距离快速调整可在时间上分离。因此，可采用表 3 - 7 中第二条时间分离原理，即“从时间上分离相反的特性”。TRIZ 理论解决冲突的 40 条发明原理中，第 9、10、11、15、16、18、19、20、21、34、37 条均可作为解决物理冲突中第一条原理的参考。发明原理 No. 10 为：

No. 10　预操作

1）在操作开始前，使物体局部或全部产生所需的变化。

2）预先对物体进行特殊安排，使其在时间上有准备，或已处于易操作的位置。

该发明原理适合于解决本例中的物理冲突。因此，该发明原理及以往应用该原理所解决的工程实例是本设计问题的类比解。

按发明原理 No. 10，从时间上对执行机构的特性进行分离，在第一时间段，机构在较长的距离内作适应性调整，使活塞杆端部与被夹紧工件间仅留很小的距离；在第二时间段，液压缸活塞在所留距离内作快速夹紧及快速松开运动。因液压系统仅驱动液压缸在第二时间段内动作，第一时间段的运动只能由其他能量驱动，为了降低成本可采用手动方式。图 3 - 62 所示是一种可能的领域解。

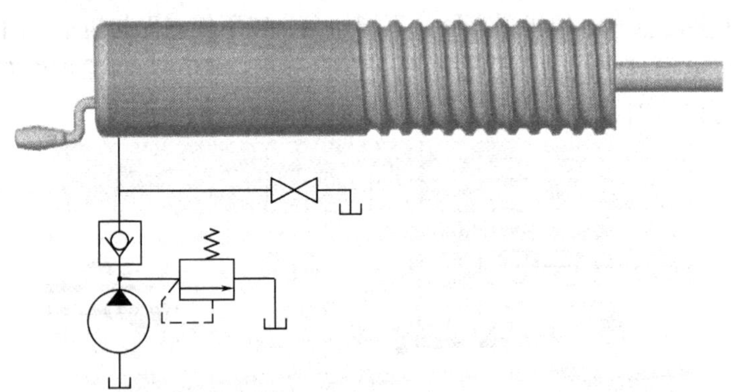

图 3 - 62　新机构原理图

本章小结

冲突广泛存在于产品之中，创新设计要解决冲突。技术冲突与物理冲突是 TRIZ 理论中研究解决的两种冲突。本章详细介绍了冲突的通用化或标准化、解决技术冲突的发明原理，以及将描述冲突的通用工程参数及发明原理联系在一起的冲突矩阵；解决物理冲突的分离原理，每条原理的相应工程实例。设计人员本身的经验、对设计问题的理解，以及由 TRIZ 中的原理与实例所提供的场景，将使设计者产生创新设计概念或方案，并为后续的设计工作提供基础。

参考文献

[1] Altshuller G. The Innovation Algorithm TRIZ: Systematic Innovation and Technical Creativity [R]. Technical Innovation Center. INC, Worcester, 1999.

[2] Savransky S D. Engineering of Creativity [M]. New York: CRC Press, 2000.

[3] 檀润华. 创新设计——TRIZ：发明问题解决理论 [M]. 北京：机械工业出版社，2002.

[4] Cao Guozhong, Tan Runhua, Zhang Ruihong. Proceedings of The eleventh world congress in mechanism and machine science, Tianjin, 2003 [C]. Beijing: China Machine Press, 2004.

[5] Ma Jianhong, Tan Runhua. Proceedings of The eleventh world congress in mechanism and machine science, Tianjin, 2003 [C]. Beijing: China Machine Press, 2004.

[6] Zhang Ruihong, Tan Runhua, Cao Guozhong. Proceedings of The eleventh world congress in mechanism and machine science, Tianjin, 2003 [C]. Beijing: China Machine Press, 2004.

[7] Zhang Ruihong, Tan Runhua, Cao Guozhong. Case Study in AD and TRIZ: a paper machine [J]. Integrated Design and Process Technology, 2003 (12): 3 - 6.

[8] Cao Guozhong, Tan Runhua, Zhang Ruihong. Connect Effects and Control Effects in conceptual design [J]. Integrated Design and Process Technology, 2004 (9): 75 - 82.

[9] Zhang Huangao, Zhao Wenyan, Zhang Ruihong, et al. A new model of the design process using platform/QFD/TRIZ [J]. Integrated Design and Process Technology, 2003 (12): 3 - 6.

[10] 檀润华. 产品创新设计若干问题研究进展 [J]. 机械工程学报，2003，39 (9)：11 - 16.

[11] 檀润华，苑彩云，张瑞红，等. 基于技术进化的产品设计过程研究 [J]. 机械工程学报，2002，38 (12)：60 - 65.

[12] 檀润华，苑彩云，曹国忠，等. 反向鱼骨图下的现有产品功能模型建立 [J]. 工程设计学报，2003，10 (4)：197 - 201.

[13] 檀润华，马建红，张换高，等. 技术进化过程驱动的产品概念设计宏观过程模型 [J]. 中国机械工程，2003，14 (11)：959 - 963.

[14] Tan Runhua, Cao Guozhong, Zhang Ruihong. A Function Model for the Products Existed Using Reverse Fishbone [J]. TRIZCON, 2003 (3): 16 - 18.

[15] 檀润华，马建红，张换高，等. 基于 QFD 及 TRIZ 的概念设计过程研究 [J]. 机械设计，2002，19 (9)：1 - 4.

[16] Tan Runhua, Duan Guolin, Liang Yanhong, et al. Quality Function Deployment In Bottom - up Process For Design Reuse [J]. Journal of Chinese Mechanical Engineering, 2001, 14 (4): 381 - 384.

[17] 檀润华，王庆宇，段国林，等. 发明问题解决理论 TRIZ：过程、工具与发展趋势 [J]. 机械设计，2001，18 (7)：7 - 11.

[18] 檀润华，马建红，张瑞红，等. 产品设计中的物质——场分析 [J]. 工程设计，2001，(4)：207 - 209.

[19] 檀润华，张国红，焦建新，等. 产品设计中的冲突及解决原理 [J]. 河北工业大学学报，2001，30 (3)：1 - 6.

第4章　机械动态设计

为使机械产品具有良好的结构性能和工作性能，其结构系统必须具有良好的动态特性。机械在工作过程中产生的各种振动，会损害机器本身，严重的会损害操作者健康。对机械产品进行动态设计，其主要目的就是满足机械动态特性和低振动、低噪声等要求。

机械动态设计是一个处在发展阶段中的理论技术领域，涉及现代机械动态分析（振动学、结构系统动力学）、设计方法学等许多方面。本章主要介绍机械动态设计的若干关键内容，结合典型工程实例，使读者掌握机械动态设计的有关基本理论与方法，从而在具体设计实践中加以利用。

4.1　引言

4.1.1　机械动态设计的含义

机械动态设计的含义是指对初步设计产品（或需要进行改进的产品）进行机械结构或系统动力学建模和动态特性分析，根据工程实际要求，给出所要求的动态特性设计目标，按结构动力学“逆问题”分析法求解结构参数，或按结构动力学“正问题”分析法进行结构修改设计和修改结构的动态特性预测，从而得到一个具有良好动静态特性的产品，即不仅具有良好的工作工艺指标，而且机械设备本身还能够安全、可靠地工作，并满足相应的工作寿命要求。

对机械结构系统及其关键零部件按照动态设计理论进行设计是一项重要的工作，是保证机械结构系统可靠运行的重要措施。一般情况下，通过机械动态设计，首先实现降低由于机械动态特性不良而可能造成的危害。近十年来，随着现代科学技术的发展，尤其是非线性动力学理论与方法、现代设计理论与方法和计算机技术的迅速发展，对机械进行全面和系统的动态设计已成为可能。

4.1.2　机械动态设计的主要内容及其关键技术

机械产品种类繁多，结构形式千差万别，针对不同机械的动态设计的内容也会不尽相同。一般而言，机械动态设计的理论与方法主要包括以下四个方面：

1）按初步设计图样或实物进行动力学建模。根据实际机器及其零部件结构特点，简化为可用于动力学分析的动力学模型，确定有关动力学参数（质量、阻尼与刚度）和计算对象；根据实际机器及其零部件实际工况，确定其载荷谱；建立系统的动力学方程式。

2）动态特性计算。按照所建立的动力学模型计算该机械系统的动态特性，包括机械系统固有频率、振型以及在激振力作用下的动响应等，即根据动力学方程计算该系统的固有频率，计算与系统固有频率相对应的振型，计算在指定载荷作用下的响应，计算构件上各部位的静应力与动应力。

3）实物试验、模型试验与试验建模。包括：选用适当的实验方法，测定机器及其零部件的动态特性，依据实验数据对系统的参数进行识别，对机器的初步设计进行审核。

4）机械结构动力修改。根据初步计算结果和实验得到的数据，在某些情况下对系统进行动力修改，包括：确定修改准则，找出应修改的问题；对结构的外载荷进行修改；对结构物理参数（如质量、阻尼、刚度）进行修改；对结构的动态特性（固有频率、振型和响应）进行修改。

在动力学建模中，由于有限元模型在处理复杂结构上具有明显的优势，目前普遍采用有限元方法。现在已有许多成熟的有限元软件可供用户选择。但是，对于大型复杂的结构和较为复杂的载荷，由于材料物理参数的不确定，边界条件的近似处理，接头及联接参数估计不准，以及缺乏准确的阻尼参数、刚度参数等原因，直接依据图样建立一个能准确反映结构动态特性的有限元模型是比较困难的，往往需要利用振动测试技术、振动实验建模技术来弥补理论建模的不足。在机械动态设计中，动力学建模是其首要的关键技术。

另外，进行机械动态设计时，必须准确了解结合部的动态特性，这是由于零部件与零部件联接处的结合条件对结构性能的解析计算精度，特别是结构的动态特性解析计算精度影响很大，进行结构结合部动态特性的研究一直是动力学研究领域的难点之一。

4.1.3　机械动态设计的发展

机械产品的传统静态设计方法逐渐被动态设计所取代，已是现代设计方法发展的必然趋势。随着机械设备向大型化、精密化和高效率、高可靠性方向发展，以经验设计、类比设计和静（态）设计为主的机械产品，在质量和寿命方面与国际先进水平相比，都有很大的差距。为了提高现有设计水平，必须在设计阶段考虑实际工作环境下的各种动态因素，如在实际工作条件下的随机载荷及结构对机械系统的响应、结构振动产生的附加动载荷和循环交变载荷引起机械结构的疲劳破坏等。动态设计充分体现了机械的实际动态特性，系统地反映了振动和响应的全过程。在设计阶段可精确地进行动态预算，在产品设计之前解决机械的强度、刚度、振动、噪声和可靠性等问题，可以较显著地提高机械设备的设计水平。

现代设计方法的内容很多，如：创新设计方法、系统分析方法、可靠性设计方法、有限元分析法、优化设计方法、计算机辅助设计和虚拟设计等。机械系统动态设计就是在传统设计方法的基础上对这些现代设计方法的综合应用。机械动态设计是在经验的、感性的和类比的基础上，把设计上升到更科学的、更逻辑的设计方法。它在稳定分析的基础上考虑多变量动态特性，以广义优化为目标且运用现代设计工具（如计算机辅助设计）进行设计与分析。

目前，机械动态设计还处在初级阶段，许多高层次动态设计问题正在研究过程中。许多大型高速机械多是在强非线性、强耦合和非稳态的条件下工作，因此，机械动态设计正在从一般的动态设计向更高层次的方向发展，即向非稳态（慢变、参变、时滞等）、非线性、强耦合、高维和多参数的研究方向发展。

此外，基于虚拟环境的机械结构动态设计是以计算机仿真、建模为基础，集计算机图形学、智能技术、虚拟现实技术、多媒体技术、机械动力学、有限元和优化设计方法为一体，由多学科知识组成的综合系统技术。这种以应用动态优化设计及有限元分析等手段，以虚拟现实技术为支撑的全新技术可以使设计人员利用即时的视觉图像，更直观、更方便地进行机械产品的设计、布局、仿真、动态分析、可制造性检查、性能评价和可靠性设计，制造出高质量、高性能的产品，满足市场竞争的需要。其中，全面考虑机械系统的基本特点，从整机动态设计的高度，使分析计算模型既要正确反映各种实际复杂因素，又要合理地进行简化，也是现代动态设计理论与技术的重要发展之一。

4.2 机械结构振动理论基础

振动是指围绕其静平衡位置的来回往复运动，质量弹簧系统构成一个简单的机械振动系统，而系统所发生的这样一种特殊形式的运动称为机械振动。

机械振动系统可按其不同性质进行不同的分类，如按其参数的分布性质可分为离散系统和连续系统，按其叠加性质可分为线性系统和非线性系统，按其稳定性质可分为稳定系统和非稳定系统，按其参数随时间变化的性质可分为定常系统和时变系统，等等。

在许多情况下，工程实际中的振动系统，其性能参数一般都不随时间而变化，又多属于微幅振动。这样，大多数问题可以近似地简化为线性问题来处理。

4.2.1 单自由度振动系统分析

从真实结构到简化为单自由度系统，如将钟摆的设计、单盘转子的振动和重型机械的主动隔振等简化为单自由度来分析问题，仍然可以得到满意的结果。单自由度模型揭示的系统振动的许多本质现象以及研究方法是结构振动的基础。

图 4 - 1a 所示为一台机器安装在混凝土基础上。机器工作时，由于离心载荷的作用，机器与基础一起产生振动。通常机器与基础的变形远小于地基土壤的变形，因此可把机器与基础看成一个刚性质量块，把基础正下方的地基土壤看成为无质量的弹簧。只研究垂直方向的振动情况，可以简化为图 4 - 1b 所示的力学模型。图中 k 为弹性系数或刚度，它表示产生单位变形所需施加的力，单位是 N/cm。

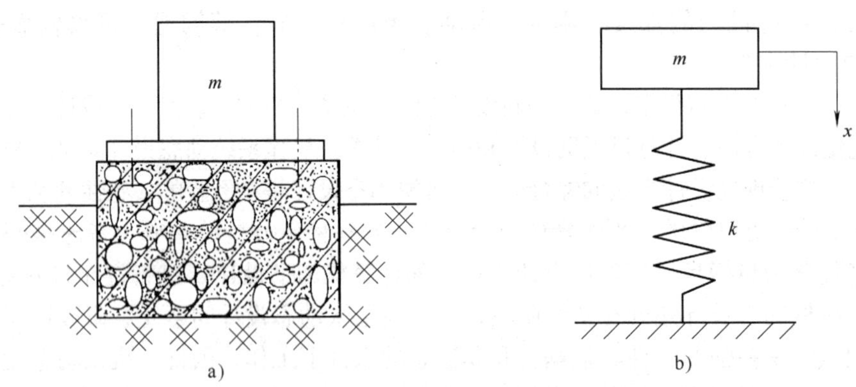

图 4 - 1　机器及其力学模型

工程实际中，在机械运转的过程中，阻力总是存在的。如物体间表面摩擦力、空气或液体阻力以及材料的内摩擦力等都统称为阻尼。在不同的设备和工作环境下，阻尼的性质也是有所区别的，通常可以简化为所谓的粘性阻尼，其阻尼力大小与速度成正比，方向与运动方向相反。

1. 单自由度系统的自由振动

图 4-1b 所示的单自由度系统的运动方程为

$$m\ddot{x} + c\dot{x} + kx = F(t) \tag{4-1}$$

式中，m 为振动物体的质量；k 为弹簧刚度；c 为阻尼系数；$F(t)$ 为外加激振力。

当 $F(t) = 0$ 时，且不考虑阻尼，即 $c = 0$，上式变为无阻尼自由振动的方程

$$m\ddot{x} + kx = 0 \tag{4-2}$$

对该齐次二阶常系数线性微分方程求解得

$$x = A_1\cos\omega_n t + A_2\sin\omega_n t \tag{4-3}$$

或

$$x = A\sin(\omega_n t + \varphi) \tag{4-4}$$

式中，$\omega_n = \sqrt{\dfrac{k}{m}}$ 为振动固有频率或角频率；$A = \sqrt{A_1^2 + A_2^2}$ 为振幅；$\varphi = \arctan\dfrac{A_1}{A_2}$ 为相位差角。

考虑初始条件，$t = 0$ 时，$x = x_0, \dot{x} = v_0$，有

$$A = \sqrt{x_0^2 + \left(\frac{v_0}{\omega_n}\right)^2}, \quad \varphi = \arctan\frac{x_0\omega_n}{v_0}$$

考虑阻尼影响，对于自由振动情形，系统振动微分方程式（4-1）简化为

$$\ddot{x} + 2n\dot{x} + \omega_n^2 x = 0 \tag{4-5}$$

式中，$2n = \dfrac{c}{m}$。

对于欠阻尼状态或弱阻尼状态，即相对阻尼系数或阻尼比 $\zeta < 1$ 的情形，其中，$\zeta = \dfrac{n}{\omega_n}$，方程的解为

$$x = Ae^{-nt}\sin(\omega_r t + \varphi) \tag{4-6}$$

其运动是周期性的振动，固有频率为

$$\omega_r = \sqrt{\omega_n^2 - n^2} = \omega_n\sqrt{1 - \zeta^2}$$

振幅随时间以指数形式衰减，如图 4-2 所示。

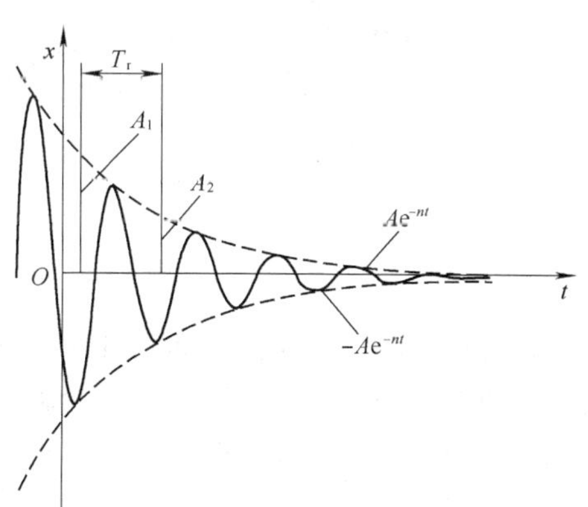

图 4-2　弱阻尼时的减幅振动

阻尼振动的振幅按几何级数衰减，两相邻振幅之比称为减幅率记作 η，有

$$\eta = \frac{A_m}{A_{m+1}} = \frac{Ae^{-nt}}{Ae^{-n(t+T_r)}} = e^{nT_r}$$

2. 单自由度系统的受迫振动

当系统受到外界动态作用力持续作用时，系统将产生等幅的振动，被称为受迫振动，这种振动就是系统对外力的响应。作用在系统上持续的激振，按它们随时间变化的规律，可以归为三类：简谐激振、非简谐周期性激振和任意力激振。这里仅讨论系统在简谐激振力作用下的受迫振动。

简谐激振力 $F(t) = F_0\sin(\omega t + \beta)$ 作用下的系统运动微分方程为

$$m\ddot{x} + c\dot{x} + kx = F_0\sin(\omega t + \beta)$$

化为
$$\ddot{x}+2n\dot{x}+\omega_n^2x=q\sin(\omega t+\beta) \tag{4-7}$$

式中，$n=\dfrac{c}{2m}$；$\omega_n^2=\dfrac{k}{m}$；$q=\dfrac{F_0}{m}$。

式（4-7）的通解为

$$x=x_1+x_2=e^{-nt}(C_1\cos\omega_r t+C_2\sin\omega_r t)+B\sin(\omega t+\beta-\theta)$$

当 $t=0$ 时，$x=x_0$，$\dot{x}=\dot{x}_0=v_0$，则得到

$$\begin{aligned}x=&e^{-nt}\left(x_0\cos\omega_r t+\frac{nx_0+v_0}{\omega_r}\sin\omega_r t\right)-\\&Be^{-nt}\left[\sin(\beta-\theta)\cos\omega_r t+\frac{\omega\cos(\beta-\theta)+n\sin(\beta-\theta)}{\omega_r}\sin\omega_r t\right]+\\&B\sin(\omega t+\beta-\theta)\end{aligned} \tag{4-8}$$

由于阻尼的存在，系统运动的自由振动和伴随自由振动部分随着时间的增长而逐渐消失，只剩下稳态的受迫振动项，即

$$x_2=B\sin(\omega t+\beta-\theta) \tag{4-9}$$

式中，$B=\dfrac{\delta_{st}}{\sqrt{(1-z^2)^2+4\zeta^2z^2}}$，$\delta_{st}=\dfrac{F_0}{k}=\dfrac{q}{\omega_n^2}$为静变形，$z=\dfrac{\omega}{\omega_n}$，$\zeta=\dfrac{n}{\omega_n}$；$\theta=\arctan\dfrac{2z\zeta}{1-z^2}$。

影响稳态响应振幅的因素包括静变形 δ_{st} 的大小、阻尼比 ζ 和频率比 z。取静变形 δ_{st} 为1时的幅频响应曲线如图4-3a所示，它反映了这些参数与稳态响应之间的关系。由于阻尼的作用，相位和激振力差一个（$-\theta$）角，θ 是阻尼比和频率比的函数，这种关系曲线称为相频曲线，如图4-3b所示。

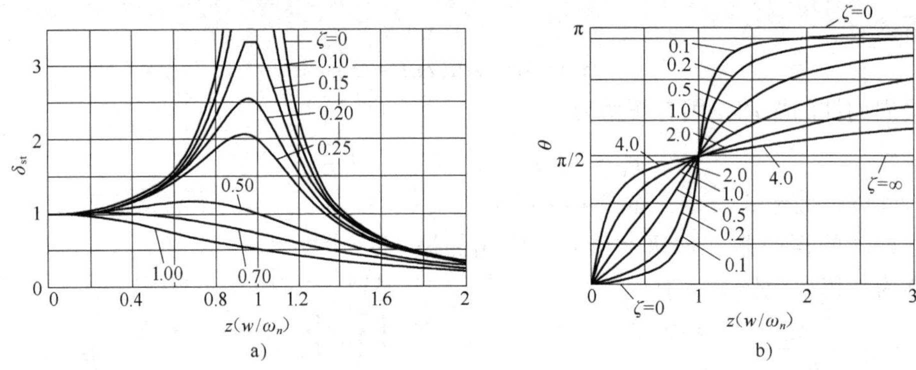

图4-3　幅频响应曲线和相频响应曲线

在工程实际中，非简谐周期性激振的情形也十分常见。解决这类问题的有效方法就是把周期性激振力展开成傅里叶级数，分解为若干与基频成整数倍关系的简谐激振函数，然后逐项求解响应，再利用线性叠加原理，把简谐响应叠加起来，即为该非简谐周期激振的响应。工程上，引起振动的除周期性激振力外，还有像冲击、瞬变等非周期性激振力，如爆破载荷的作用，提升机的紧急制动等。在任意激振的情况下，系统通常没有稳态振动而只有瞬态振动。解决此类问题，要用杜哈美积分或拉普拉斯变换。由于篇幅所限，在这里就不一一介绍，读者可参阅相关资料。

4.2.2　多自由度振动系统分析

在工程实际中，很多情况下需要把机械结构或系统简化为多自由度振动系统。

1. 多自由度振动系统的运动方程

建立系统运动方程的方法主要包括三类：牛顿运动定律、达伦贝尔原理和拉格朗日方程，可以根据实际情况选用不同的方法。

如图 4-4 所示的三自由度弹簧质量系统，根据牛顿运动定律，分析各质体的受力情况，写出其运动方程为

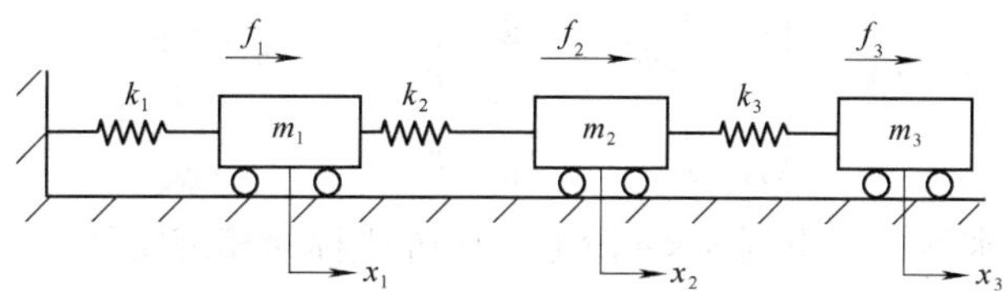

图 4-4　三自由度的弹簧质量系统

$$\left.\begin{aligned} m_1\ddot{x}_1 &= f_1 - k_1x_1 + k_2(x_2 - x_1) \\ m_2\ddot{x}_2 &= f_2 - k_2(x_2 - x_1) + k_3(x_3 - x_2) \\ m_3\ddot{x}_3 &= f_3 - k_3(x_3 - x_2) \end{aligned}\right\}$$

上式用矩阵表示为

$$\boldsymbol{M}\ddot{\boldsymbol{x}} + \boldsymbol{K}\boldsymbol{x} = \boldsymbol{f} \tag{4-10}$$

式中，$\boldsymbol{x} = [x_1, x_2, x_3]^{\mathrm{T}}$、$\ddot{\boldsymbol{x}} = [\ddot{x}_1, \ddot{x}_2, \ddot{x}_3]^{\mathrm{T}}$ 分别为位移向量和加速度向量；$\boldsymbol{f} = [f_1, f_2, f_3]^{\mathrm{T}}$ 为外激励向量；$\boldsymbol{M} = \begin{pmatrix} m_1 & 0 & 0 \\ 0 & m_2 & 0 \\ 0 & 0 & m_3 \end{pmatrix}$ 为质量矩阵；$\boldsymbol{K} = \begin{pmatrix} k_1 + k_2 & -k_2 & 0 \\ -k_2 & k_2 + k_3 & -k_3 \\ 0 & -k_3 & k_3 \end{pmatrix}$ 为刚度矩阵。

从三自由度振动系统可以推广到 n 自由度振动系统。n 自由度振动系统的运动方程为

$$\begin{pmatrix} m_{11} & m_{12} & \cdots & m_{1n} \\ m_{21} & m_{22} & \cdots & m_{2n} \\ \vdots & \vdots & & \vdots \\ m_{n1} & m_{n2} & \cdots & m_{nn} \end{pmatrix}\begin{pmatrix} \ddot{x}_1 \\ \ddot{x}_2 \\ \vdots \\ \ddot{x}_n \end{pmatrix} + \begin{pmatrix} k_{11} & k_{12} & \cdots & k_{1n} \\ k_{21} & k_{22} & \cdots & k_{2n} \\ \vdots & \vdots & & \vdots \\ k_{n1} & k_{n2} & \cdots & k_{nn} \end{pmatrix}\begin{pmatrix} x_1 \\ x_2 \\ \vdots \\ x_n \end{pmatrix} = \begin{pmatrix} f_1 \\ f_2 \\ \vdots \\ f_n \end{pmatrix} \tag{4-11}$$

其中，质量矩阵和刚度矩阵的各元素与坐标的选取和结构形式有关。

2. 固有频率、主振型和方程解耦

（1）固有频率　原系统对应的无阻尼自由振动方程

$$\boldsymbol{M}\ddot{\boldsymbol{x}} + \boldsymbol{K}\boldsymbol{x} = 0 \tag{4-12}$$

设式（4-12）解的形式为

$$x_i = X_i\sin(\omega t + \alpha) \qquad (i = 1, 2, \cdots, n) \tag{4-13}$$

代入式（4-12），消去因子 $\sin(\omega t + \alpha)$，则可得到

$$(\boldsymbol{K} - \omega^2\boldsymbol{M})\boldsymbol{X} = 0 \tag{4-14}$$

式（4-12）中的系数矩阵称为系统的特征矩阵。此代数方程具有非零解的条件是其系数矩阵行列式等于零，即

$$|\boldsymbol{K}-\omega^2\boldsymbol{M}|=0 \tag{4-15}$$

将其展开，可得到 ω^2 的 n 次代数方程式。对其求解可以得到 $\omega_1,\omega_2,\cdots,\omega_n$，即为系统的 n 个固有频率。

（2）主振型　将已求得的第 i 阶固有频率代入式（4-14），便可求出 n 个振幅值间的比例关系，它们构成了系统一定的振动形态，称为第 i 阶主振型或固有振型。规定主振型中最大的一个坐标幅值为 1，以确定其他各坐标幅值，这种经过归一化处理后的特征向量称为振型向量。固有振型是一组振幅间的相对值。对应于 n 个固有频率的各个振型向量分别记为

$$\boldsymbol{\psi}_1=\begin{pmatrix}\psi_{11}\\ \psi_{21}\\ \vdots\\ \psi_{n1}\end{pmatrix},\boldsymbol{\psi}_2=\begin{Bmatrix}\psi_{12}\\ \psi_{22}\\ \vdots\\ \psi_{n2}\end{Bmatrix},\cdots,\boldsymbol{\psi}_n=\begin{pmatrix}\psi_{1n}\\ \psi_{2n}\\ \vdots\\ \psi_{nn}\end{pmatrix} \tag{4-16}$$

将所有振型向量按列排列，可得到 $n\times n$ 阶振型矩阵或称为模态矩阵

$$\boldsymbol{\psi}=[\psi_1,\psi_2,\cdots,\psi_n]=\begin{pmatrix}\psi_{11} & \psi_{12} & \cdots & \psi_{1n}\\ \psi_{21} & \psi_{22} & \cdots & \psi_{2n}\\ \vdots & \vdots & & \vdots\\ \psi_{n1} & \psi_{n2} & \cdots & \psi_{nn}\end{pmatrix} \tag{4-17}$$

不同的固有频率对应的两个主振型之间关于质量矩阵 $\boldsymbol{M}$ 和刚度矩阵 $\boldsymbol{K}$ 的正交，称为主振型的正交性。即

$$\boldsymbol{\psi}_i^{\mathrm{T}}\boldsymbol{M}\boldsymbol{\psi}_i=m_i\quad(i=1,2,\cdots,n) \tag{4-18}$$

式中，m_i 为第 i 阶主质量。

$$\boldsymbol{\psi}_i^{\mathrm{T}}\boldsymbol{K}\boldsymbol{\psi}_i=k_i\quad(i=1,2,\cdots,n) \tag{4-19}$$

式中，k_i 为第 i 阶主刚度。

第 i 阶固有频率平方等于第 i 阶主刚度与第 i 阶主质量之比。

当 $i\neq j,\omega_i\neq\omega_j$ 时，有

$$\boldsymbol{\psi}_j^{\mathrm{T}}\boldsymbol{M}\boldsymbol{\psi}_i=0 \tag{4-20}$$

$$\boldsymbol{\psi}_j^{\mathrm{T}}\boldsymbol{K}\boldsymbol{\psi}_i=0 \tag{4-21}$$

系统自由振动的幅值是由激起振动的初始条件决定，这使得系统每一质点均以同一固有频率 ω_{ni} 和相角 α_i 作简谐振动，这样的振动称为第 i 阶主振动。

（3）方程解耦　将主振型进行正则化处理，对各阶主振动定义一组特定的主振型为正则振型，用列阵 $\boldsymbol{\psi}_{Ni}$表示，它满足

$$\boldsymbol{\psi}_{Ni}^{\mathrm{T}}\boldsymbol{M}\boldsymbol{\psi}_{Ni}=1 \tag{4-22}$$

其中正则振型 $\boldsymbol{\psi}_{Ni}$可以用任意的主振型 $\boldsymbol{\psi}_i$ 求出，令

$$\boldsymbol{\psi}_{Ni}=\frac{1}{\mu_i}\boldsymbol{\psi}_i \tag{4-23}$$

式中，μ_i 为常数，且有

$$\mu_i=\sqrt{m_i}=\sqrt{\boldsymbol{\psi}_i^{\mathrm{T}}\boldsymbol{M}\boldsymbol{\psi}_i} \tag{4-24}$$

将上式代回到式（4-23）中得到正则振型 $\boldsymbol{\psi}_{Ni}$，n 个正则振型构成 $n\times n$ 阶的正则振型矩阵 $\boldsymbol{\psi}_N$，即

$$\boldsymbol{\psi}_N = \begin{pmatrix} \psi_{N11} & \psi_{N12} & \cdots & \psi_{N1n} \\ \psi_{N21} & \psi_{N22} & \cdots & \psi_{N2n} \\ \vdots & \vdots & & \vdots \\ \psi_{Nn1} & \psi_{Nn2} & \cdots & \psi_{Nnn} \end{pmatrix} \tag{4-25}$$

于是可以得到正则质量矩阵 $\boldsymbol{M}_N$，它是一个单位矩阵 $\boldsymbol{I}$，正则刚度矩阵 $\boldsymbol{K}_N$ 的对角线上的元素就是各阶固有频率的平方值，即

$$\boldsymbol{\Psi}_N^{\mathrm{T}}\boldsymbol{M\Psi} = \boldsymbol{M}_N = \boldsymbol{I} \tag{4-26}$$

$$\boldsymbol{\Psi}_N^{\mathrm{T}}\boldsymbol{K\Psi}_N = \boldsymbol{K}_N = \begin{pmatrix} \omega_1^2 & & & 0 \\ & \omega_2^2 & & \\ & & \ddots & \\ 0 & & & \omega_n^2 \end{pmatrix} \tag{4-27}$$

用物理坐标描述的系统运动方程式，由于坐标选择的不同，导出的运动方程式是相互耦合的。通过坐标转换可以实现对方程组的解耦。

利用振型矩阵 $\boldsymbol{\Psi}$ 进行如下的坐标变换。

令 $\boldsymbol{x} = \boldsymbol{\Psi q}$，其中，$\boldsymbol{q}$ 为模态坐标。代入振动微分方程得

$$\boldsymbol{M\Psi\ddot{q}} + \boldsymbol{K\Psi q} = 0$$

根据主振型的正交性，用 $\boldsymbol{\Psi}^{\mathrm{T}}$ 左乘上式，有

$$\boldsymbol{\Psi}^{\mathrm{T}}\boldsymbol{M\Psi\ddot{q}} + \boldsymbol{\Psi}^{\mathrm{T}}\boldsymbol{K\Psi q} = 0$$

即

$$\boldsymbol{M}_N\boldsymbol{\ddot{q}} + \boldsymbol{K}_N\boldsymbol{q} = 0 \tag{4-28}$$

在式（4-28）中已经没有耦合。同理，如果使用正则坐标 $\boldsymbol{q}_N$ 进行坐标变换，得到

$$\boldsymbol{\ddot{q}}_N + \boldsymbol{\omega}^2\boldsymbol{q}_N = 0 \tag{4-29}$$

且有

$$\boldsymbol{q}_N = \boldsymbol{\Psi}_N^{\mathrm{T}}\boldsymbol{Mx} \tag{4-30}$$

3. 多自由度系统的受迫振动

分析含有比例粘性阻尼的多自由度系统的受迫振动。其运动方程为

$$\boldsymbol{M\ddot{x}} + \boldsymbol{C\ddot{x}} + \boldsymbol{Kx} = \boldsymbol{f} \tag{4-31}$$

其中阻尼矩阵为

$$\boldsymbol{C} = \begin{pmatrix} c_{11} & c_{12} & \cdots & c_{1n} \\ c_{21} & c_{22} & \cdots & c_{2n} \\ \vdots & \vdots & & \vdots \\ c_{n1} & c_{n2} & \cdots & c_{nn} \end{pmatrix}$$

用正则振型进行坐标变换，实现系统解耦，$\boldsymbol{x} = \boldsymbol{\Psi}_N\boldsymbol{q}_N$。式（4-31）变为

$$\boldsymbol{M\Psi}_N\boldsymbol{\ddot{q}}_N + \boldsymbol{C\Psi}_N\boldsymbol{\dot{q}}_N + \boldsymbol{K\Psi}_N\boldsymbol{q}_N = \boldsymbol{f}$$

再用 $\boldsymbol{\Psi}_N^{\mathrm{T}}$ 对上式两边左乘，并考虑到式（4-26）关系得

$$\boldsymbol{\ddot{q}}_N + \boldsymbol{C}_N\boldsymbol{\dot{q}}_N + \boldsymbol{\omega}^2\boldsymbol{q}_N = \boldsymbol{f}_N \tag{4-32}$$

其中，$\boldsymbol{C}_N = \boldsymbol{\Psi}_N^{\mathrm{T}}\boldsymbol{C\Psi}_N$；$\boldsymbol{f}_N = \boldsymbol{\Psi}_N^{\mathrm{T}}\boldsymbol{f}$。

通常 $\boldsymbol{C}_N$ 不是对角阵，故式（4-32）不能解耦，但是当有

$$\boldsymbol{C} = \alpha\boldsymbol{M} + \beta\boldsymbol{K}$$

成立时，那么变换后所得的 $\boldsymbol{C}_N$ 可以写为

$$\boldsymbol{C}_N=\alpha\boldsymbol{I}+\beta\boldsymbol{K}_N=\begin{pmatrix}\alpha+\beta\omega_{n1}^2 & & & 0\\ & \alpha+\beta\omega_{n2}^2 & & \\ & & \ddots & \\ 0 & & & \alpha+\beta\omega_{nn}^2\end{pmatrix}$$

所以，在比例粘性阻尼情况下，系统的振动方程依然可以解耦，问题转化为对 n 个单自由度有阻尼系统在受迫作用下的求解。最后可以再利用 $\boldsymbol{x}=\boldsymbol{\Psi}_N\boldsymbol{q}_N$ 求得自然坐标下的响应。

比例阻尼是一种极特殊的情况。从工程的角度，由于振动系统的阻尼一般较小，可以将正则阻尼矩阵 $\boldsymbol{C}_N$ 的非对角元素设为零求其近似响应。

4.2.3 非线性振动系统简介*

1. 非线性振动系统的定义与举例

在前面所讲述的线性振动系统中，弹性力与弹簧的变形成正比，阻尼与物体的速度成正比，惯性力与物体的加速度成正比。但对于实际的振动系统，根据问题的性质及对精度的要求，当弹性力、阻尼及（或）惯性力不能按线性处理时，就是非线性振动系统。典型的非线性振动系统方程为

$$m\ddot{x}+f(\dot{x})+f(x)=P(t) \tag{4-33}$$

如果弹性力 $f(x)$ 与位移 x 之比不是线性关系，即弹性刚度 $k(x)=\mathrm{d}f/\mathrm{d}x$ 不是常数，则该系统具有非线性弹性力项。如果 $k(x)$ 随位移的增加而增加，则弹性力为硬特性的，反之为软特性的。几种典型的非线性弹簧和受压橡胶块如图 4-5 所示。如空气弹簧一般是硬特性的，而受压橡胶块则常表现出软特性。如果多个弹簧组成的弹簧组在不同的运动区段上相应的刚度不同，则会构成分段线性系统。

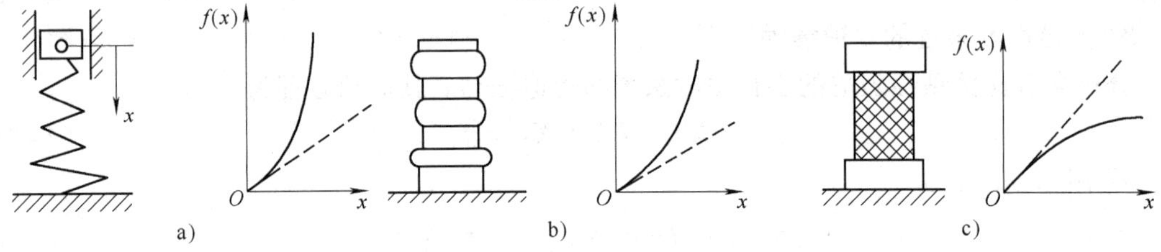

图 4-5　几种典型的非线性弹簧

a）受压圆锥弹簧　b）空气弹簧　c）受压橡胶块

当物体在空气或液体介质中以较大速度运动时，阻尼力项可与速度的平方成正比；当物体运动界面处存在干摩擦时，包括库仑（Coulomb）摩擦，由于在速度为 0 时摩擦力会突变，这些都是阻尼非线性的情况。有些情况下阻尼还可以做正功，可以积累能量，这种阻尼称为负阻尼，系统将具有自激振动性质。

除了弹性力和阻尼力具有非线性外，许多情况下惯性力、外激励都可以具有非线性特性。各种各样的非线性振动在工程中都有典型的例证。

2. 非线性振动系统的典型性质

与线性系统相比，非线性系统具有许多本质不同的性质。主要包括：

1）当恢复力为非线性时，非线性系统的固有频率与振幅的大小有关，而线性系统固有频率与振幅没有关系。其共振曲线与线性系统的曲线有区别。

2）非线性系统的强迫振动会出现跳跃现象和滞后现象。对于硬式非线性系统，当激振力大小不变时，缓慢增加激振力频率，其强迫振动振幅将逐渐增大，直至某点，振幅会突然下降，即发生一次降幅跳跃。此后若继续增加激振力频率，振幅将逐渐减小。反之，从高频开始逐步减小频率，振幅将逐渐增大，直至某点振幅突然增大，即发生一次增幅跳跃，这种振幅的突变称为跳跃现象。但在激振力频率增加和减小的过程中产生跳跃现象的位置是不一样的，正过程跳跃在前，逆过程跳跃在后，这种现象称为滞后现象。

3）在非线性系统中存在超谐波共振、次谐波共振和组合共振。由简谐干扰力引起的强迫振动不仅会出现与干扰力频率 v 相同的振动（$\omega = v$），而且有等于干扰力频率整数倍的振动，即所谓的超谐波振动（$\omega = nv; n = 2,3,\cdots$）。此外还会产生次谐波振动，即其频率低于干扰频率的振动 $\omega = (1/n)v$。当两种不同频率的干扰力作用于系统时，还有各种组合频率的组合振动 $\omega = |(nv_1 \pm mv_2)|$，其中 n 和 m 为正整数。而线性系统的强迫振动只能出现与简谐干扰力周期相同的共振状态。

4）非线性系统中存在同步现象。在近共振情况下，频率等于固有振动的频率会被干扰频率所俘获，即在此情况下，不会同时出现这两种频率的振动。

5）非线性系统中可能会出现自激振动。在线性系统中自由振动总是衰减的，严格的周期运动只可能是在周期干扰力作用下产生的强迫振动。而在非线性系统中，即使存在阻尼，也可能有稳定的周期性运动。能量的损失可以由输入该系统的能量得到补偿，输入能量的时间和大小由振动系统本身进行调节。这也是自激振动的内涵。

6）某些情况下存在分叉解。非线性振动系统在参数空间的某个区域可能存在多个解，而且每个解的稳定性也各不相同，当系统的某些参数发生变化时，可能产生解的分叉，例如，亚谐分叉、Hopf 分叉等。

7）非线性系统有时会出现混沌运动。

3. 非线性振动求解分析方法

一般非线性振动问题，可以从两个方面进行研究：一是定量方法，即研究如何求出方程的精确解或近似解；二是定性方法，即研究方程解的存在性、惟一性及解的周期性和稳定性等。用分析方法求非线性方程的精确解，一般仅对少数特殊的两个自由度以下的非线性方程有效，对于多数非线性的单自由度或多自由度系统，只能求出其近似解。求近似解的方法有以下几种：

1）等效线性化法。

2）里兹 - 加辽金法。

3）谐波平衡法。

4）迭代法。

5）传统小参数法。

6）多尺度法。

7）平均法。

8）渐近法。

9）能量法。

数值方法目前已广泛用于计算非线性振动系统，无论对单自由度系统或是多自由度系统，都是一种十分有效的方法，但在求解时必须事先知道该振动系统的具体参数及有关数据，才能进行计算。

有关非线性振动问题的研究是当前科学与技术领域的热点，读者可参看有关书籍深入学习。

4.3 机械结构动力学建模与参数识别

本节主要介绍机械结构动力学建模中采用经典力学的一般建模方法、有限元建模方法和实验模态分析建模方法，以及动力学参数识别中的频域识别法、时域识别法等。在单独使用这些建模和识别方法时，它们各有优缺点，在实际工程分析时，可根据情况灵活应用，甚至可以将这些方法混合使用，以提高建模效率。

4.3.1 动力学建模的一般方法

振动系统的建模可以采用不同的方法，采用经典力学方法主要包括：

1. 按牛顿定律建立方程

取任何一分离体，该分离体某一方向惯性力之和等于同一方向上的其他作用力之和，即

$$\sum m_i \ddot{x}_i = \sum F_n \tag{4-34}$$

式中，m_i 是分离体中的第 i 个质量；$\ddot{x}_i$ 是分离体第 i 个质量的加速度；F_n 是作用于该分离体上的第 n 个外力。

2. 按达伦贝尔原理建立方程

按照这一原理，作用于某一独立系统的所有作用力 F_i 之和等于零，包括系统中的惯性力，即

$$\sum F_i = 0 \tag{4-35}$$

3. 按拉格朗日方程建立动力学方程

依据机器的力学模型图，写出系统的动能 T、势能 V 以及耗散函数 D，再按照以下拉格朗日方程进行计算，即可求出各个广义坐标上的运动微分方程式

$$\frac{\mathrm{d}}{\mathrm{d}t}\frac{\partial T}{\partial \dot{q}_i} - \frac{\partial T}{\partial q_i} + \frac{\partial V}{\partial q_i} + \frac{\partial D}{\partial \dot{q}_i} = Q_i \tag{4-36}$$

式中，q_i、$\dot{q}_i$ 分别是广义坐标和广义速度；Q_i 是广义力。

由式（4-36）第一项可求出系统的惯性力，第三项为弹性力，第四项为阻尼力，等号后为干扰力。

4.3.2 有限元动力学建模方法

对于机械结构或某些机械系统，可以用有限元法建立动力学方程。机械结构的有限元方程主要是基于弹性力学的变分原理，如虚位移原理、瞬时最小势能原理等。有关有限元详细的理论介绍可参见有关文献。用有限元法建立动力学方程的步骤简述如下：

1）将系统划分若干有限单元，选取单元坐标系。计算在总坐标系中单元的惯性矩阵、

阻尼矩阵、刚度矩阵和结点力列阵，即 $\bar{\boldsymbol{m}}_s$、$\bar{\boldsymbol{c}}_s$、$\bar{\boldsymbol{k}}_s$ 及 $\bar{\boldsymbol{f}}_s(s=1,2,\cdots,r)$。

单元的动力学方程为

$$\bar{\boldsymbol{m}}_s\ddot{\boldsymbol{u}}_s+\bar{\boldsymbol{c}}_s\dot{\boldsymbol{u}}_s+\bar{\boldsymbol{k}}_s\boldsymbol{u}_s=\bar{\boldsymbol{f}}_s \tag{4-37}$$

2）确定系统位移坐标向量 $\boldsymbol{U}$ 及各单元的变换矩阵 $\boldsymbol{A}_s$，进而计算系统的惯性矩阵 $\boldsymbol{M}$、阻尼矩阵 $\boldsymbol{C}$、刚度矩阵 $\boldsymbol{K}$ 和结点力列阵 $\boldsymbol{F}$。

$$\boldsymbol{M}=\sum_{s=1}^{r}\boldsymbol{A}_s^{\mathrm{T}}\boldsymbol{m}_s\boldsymbol{A}_s \tag{4-38}$$

$$\boldsymbol{C}=\sum_{s=1}^{r}\boldsymbol{A}_s^{\mathrm{T}}\boldsymbol{c}_s\boldsymbol{A}_s \tag{4-39}$$

$$\boldsymbol{K}=\sum_{s=1}^{r}\boldsymbol{A}_s^{\mathrm{T}}\boldsymbol{k}_s\boldsymbol{A}_s \tag{4-40}$$

$$\boldsymbol{F}=\sum_{s=1}^{r}\boldsymbol{A}_s^{\mathrm{T}}\boldsymbol{f}_s \tag{4-41}$$

3）建立结构总体坐标系下的运动微分方程

$$\boldsymbol{M}\ddot{\boldsymbol{U}}+\boldsymbol{C}\dot{\boldsymbol{U}}+\boldsymbol{K}\boldsymbol{U}=\boldsymbol{F} \tag{4-42}$$

然后按照式（4-42）求出系统的固有频率、振型和动力响应。

4.3.3　实验模态分析建模方法

目前工程技术人员广泛采用有限元方法作为动态设计中的建模、计算和分析的工具。但是，由于实际机械结构比较复杂，阻尼特性及边界条件的处理比较困难，在建模过程中必然加入人为的主观因素，如对结构的理解和个人经验等。实验模态分析技术是目前基于实际结构实验数据的动力学建模手段，通过对具体结构实测数据的分析和处理，建立结构系统的离散数学模型，所得模型一般能够较准确地描述实际系统，结果也比较可靠，因此在工程方面得到了广泛的应用。

1. 模态分析基本概念

模态分析实质是一种坐标变换。其目的是把原物理坐标系中描述的响应，转换到“模态坐标系”中来描述。模态坐标系的基向量是振动系统的特征向量，用模态坐标系描述的响应的各个坐标互相独立而无耦合。

实验模态分析便是用实验的方法来寻求模态振型以及描述响应向量的各个坐标，即模态坐标。把机械结构视为 n 自由度定常线性系统，在结构系统上选择有限个试验点，在一点或多点进行激励，在其他点上测量系统的输出响应，对这些测量数据计算得到模态参数。只要被测试结构基本符合定常线性系统假设，试验方案合理，信号测量准确，数据处理可靠，由此得到的模态参数就能够反映结构的动态特性，据此可以建立与实际相一致的动力学模型。

对于 n 自由度振动系统，其特征方程为

$$|\lambda^2\boldsymbol{M}+\boldsymbol{K}|=0 \tag{4-43}$$

当质量矩阵 $\boldsymbol{M}$ 和刚度矩阵 $\boldsymbol{K}$ 正定时，有 n 个负实根，记为

$$\lambda_i^2=-\omega_i^2\quad(i=1,2,\cdots,n) \tag{4-44}$$

相应于上述特征值 λ_i^2 的特征向量为 $\boldsymbol{\varphi}_i$，即第 i 阶振型，表示机械结构作第 i 阶模态振动，这时结构上各点发生同频率和同相位的振动，各点振幅的分布规律为 $\boldsymbol{\varphi}_i$。用模态矩阵 $\boldsymbol{\Phi}$ 实

现对系统的解耦，得到模态质量矩阵和模态刚度矩阵分别为

$$\boldsymbol{m}_i = \boldsymbol{\Phi}^{\mathrm{T}}\boldsymbol{M}\boldsymbol{\Phi}, \quad \boldsymbol{k}_i = \boldsymbol{\Phi}^{\mathrm{T}}\boldsymbol{K}\boldsymbol{\Phi} \tag{4-45}$$

因为 $\boldsymbol{\varphi}_i$ 与 $\boldsymbol{\Phi}$ 均为实数，所以 n 自由度无阻尼系统是实模态系统。

理论上讲，n 个自由度系统有 n 个模态存在，其模态矩阵是 $n \times n$ 阶方阵。但在实际模态分析中需要进行模态坐标缩减，即只能求得少于 n 的 n_c 个模态解。将 n_c 个模态排成缩减模态矩阵 $\boldsymbol{\Phi}_c$，利用它可以得到 $\boldsymbol{m}_{ci}$ 和 $\boldsymbol{k}_{ci}$，它们是 $n_c \times n_c$ 阶对角阵，也是位于 $\boldsymbol{m}_i$ 和 $\boldsymbol{K}_i$ 左上角的子矩阵。用截断模态振型进行系统解耦，$\boldsymbol{x} = \boldsymbol{\Phi}_c\boldsymbol{q}_c$，得到如下只有 n_c 个自由度的方程

$$m_{ci}\ddot{q}_{ci} + k_{ci}q_{ci} = 0 \quad (i = 1, 2, \cdots, n_c) \tag{4-46}$$

用这 n_c 个低阶模态描述结构的动态特性可以达到足够高的精度，因为它们是结构的主要模态。

在模态分析中，如果考虑机械结构的阻尼问题，将会变得十分复杂。通常工程上采用三种假设来简化阻尼问题：比例阻尼、结构阻尼和一般粘性阻尼。具有比例阻尼的系统是实模态系统。结构阻尼机理主要是基于材料的内耗，它适用于诸如有紧密连接的结构，具有结构阻尼的系统的固有频率不等于相应的无阻尼系统的固有频率。在小阻尼条件下两者差别不大。若假设阻尼力与运动速度成比例，这种假设适用于诸如具有粘性接触面，或较弱连接的结构。一般地，如果阻尼矩阵 $\boldsymbol{c}$ 可以被 $\boldsymbol{\Phi}$ 对角化而使运动方程解耦，则该系统有实模态。如比例阻尼、比例结构阻尼及可以对角化的一般粘性阻尼等，它们的模态矩阵是 $\boldsymbol{\Phi}$。如果阻尼矩阵不能被 $\boldsymbol{\Phi}$ 对角化，则该系统有复模态。如对一般的结构阻尼及一般的粘性阻尼等，它们的复模态矩阵是 $\boldsymbol{\Psi}$。当结构发生第 i 阶复模态振动时，因为结构上各点的简谐振动虽然有相同的频率，但是有不同的相位角，所以结构上各点不会同时通过平衡位置，也不会同时达到最大振幅。

2. 机械系统的频响函数与模态参数的关系

视机械结构系统为线性系统，施于结构上的外力视为系统输入，结构响应视为系统输出。描述系统特性有三种方式：物理坐标表示的运动方程、模态坐标表示的模态参数及响应坐标表示的频响函数。这三种表示方式互相联系、互相转换。频响函数与模态参数的关系是模态分析的基本依据。

设系统在 p 点处受力 $f(t)$ 作用，在 l 点处产生运动响应 $x(t)$。$F(\omega)$ 及 $X(\omega)$ 分别为它们相应的傅里叶变换，则定义 $H_{lp}(\omega)$ 为系统相应于 p 点与 l 点之间的频响函数

$$H_{lp}(\omega) = \frac{X(\omega)}{H(\omega)} \tag{4-47}$$

它是实变量 ω（圆频率）的复函数。因为 x 是位移响应，所以 $H_{lp}(\omega)$ 也称为位移导纳。其物理意义为，如果在结构的 p 点处施加频率为 ω 的简谐力 $F_{\exp(\mathrm{j}\omega t)}$，则结构的 l 点处简谐运动位移响应的幅值为 $H_{lp}(\omega)F$。频响函数不仅是 ω 的函数，而且与 p 和 l 的位置有关。

根据前面介绍的模态坐标变换理论，在频域中系统响应与模态坐标之间的变换关系为

$$\boldsymbol{X} = \boldsymbol{\Phi}\boldsymbol{Q} = \sum_{i=1}^{n} \varphi_i \boldsymbol{Q}_i \tag{4-48}$$

对于实模态系统，即假设系统具有可对角化的粘性阻尼，对解耦后的运动方程

$$m_i\ddot{q}_i + c_i\dot{q}_i + k_iq_i = \varphi_i^{\mathrm{T}}\boldsymbol{F} \quad (i = 1, 2, \cdots, n) \tag{4-49}$$

两端取傅里叶变换，有

$$-\omega^2 m_i Q_i + \mathrm{j}\omega c_i Q_i + k_i Q_i = \varphi_i^{\mathrm{T}} \boldsymbol{F} \tag{4-50}$$

$$Q_i = \frac{\varphi_i^{\mathrm{T}} \boldsymbol{F}}{-\omega^2 m_i + \mathrm{j}\omega c_i + k_i} \tag{4-51}$$

将式（4-51）代入式（4-48），有

$$\{X\} = [\Phi]\{Q\} = \sum_{i=1}^{n} \{\varphi_i\} Q_i \tag{4-52}$$

可得

$$X = \sum_{i=1}^{n} \frac{\varphi_i \varphi_i^{\mathrm{T}}}{-\omega^2 m_i + \mathrm{j}\omega c_i + k_i} \boldsymbol{F} \tag{4-53}$$

由此即可求得实模态系统的频响函数矩阵为

$$\boldsymbol{H} = \sum_{i=1}^{n} \frac{\varphi_i \varphi_i^{\mathrm{T}}}{-\omega^2 m_i + \mathrm{j}\omega c_i + k_i} \tag{4-54}$$

频响函数矩阵中的任一元素为

$$H_{lp}(\omega) = \sum_{i=1}^{n} \frac{\varphi_{li} \varphi_{pi}}{-\omega^2 m_i + \mathrm{j}\omega c_i + k_i} \tag{4-55}$$

对于实模态的不同的阻尼假设，c_i 有不同的表达式：

对比例阻尼

$$c_i = \alpha m_i + \beta k_i \tag{4-56}$$

对比例结构阻尼

$$c_i = \frac{g k_i}{\omega} \tag{4-57}$$

对可以对角化的粘性阻尼

$$c_i = 2 m_i \zeta_i \omega_i \tag{4-58}$$

式（4-54）及式（4-55）是联系频响函数与模态参数的关系式，是模态分析技术中通过频响函数识别实模态参数的依据。

对解耦的状态方程

$$\boldsymbol{a}_i \dot{\boldsymbol{q}} + \boldsymbol{b}_i \boldsymbol{q} = \boldsymbol{\Psi p} \tag{4-59}$$

两端进行傅里叶变换可得

$$(\mathrm{j}\omega \boldsymbol{a}_i + \boldsymbol{b}_i)\boldsymbol{Q} = \boldsymbol{\Psi}^{\mathrm{T}} \boldsymbol{p} \tag{4-60}$$

从而有

$$\boldsymbol{Q} = (\mathrm{j}\omega \boldsymbol{a}_i + \boldsymbol{b}_i)^{-1} \boldsymbol{\Psi}^{\mathrm{T}} \boldsymbol{p} \tag{4-61}$$

根据

$$\boldsymbol{y} = \boldsymbol{\Psi q} \tag{4-62}$$

不难写出

$$\begin{aligned} \boldsymbol{Y} &= \boldsymbol{\Psi}' \boldsymbol{Q} \\ &= \boldsymbol{\Psi}' (\mathrm{j}\omega \boldsymbol{a}_i + \boldsymbol{b}_i)^{-1} \boldsymbol{\Psi}'^{\mathrm{T}} \boldsymbol{p} \\ &= \sum_{i=1}^{n} \left(\frac{\boldsymbol{\Psi}' \boldsymbol{\Psi}'^{\mathrm{T}}}{\mathrm{j}\omega \boldsymbol{a}_i + \boldsymbol{b}_i} + \frac{\bar{\boldsymbol{\Psi}}' \bar{\boldsymbol{\Psi}}'^{\mathrm{T}}}{\mathrm{j}\omega \bar{\boldsymbol{a}}_i + \bar{\boldsymbol{b}}_i} \right) \boldsymbol{p} \end{aligned} \tag{4-63}$$

由

$$\boldsymbol{y} = \begin{Bmatrix} x \\ \dot{x} \end{Bmatrix} \tag{4-64}$$

和

$$\boldsymbol{\psi}_i' = \begin{Bmatrix} \boldsymbol{\psi}_i \\ \lambda_i \boldsymbol{\psi}_i \end{Bmatrix} \tag{4-65}$$

可以得到物理坐标下的关系式为

$$\boldsymbol{X} = \sum_{i=1}^{n} \left(\frac{\boldsymbol{\Psi}' \boldsymbol{\Psi}'^{\mathrm{T}}}{\mathrm{j}\omega \boldsymbol{a}_i + \boldsymbol{b}_i} + \frac{\bar{\boldsymbol{\Psi}}' \bar{\boldsymbol{\Psi}}'^{\mathrm{T}}}{\mathrm{j}\omega \bar{\boldsymbol{a}}_i + \bar{\boldsymbol{b}}_i} \right) \boldsymbol{F} \tag{4-66}$$

因此复模态频响函数矩阵为

$$\boldsymbol{H} = \sum_{i=1}^{n} \left(\frac{\boldsymbol{\Psi}_i \boldsymbol{\Psi}_i^{\mathrm{T}}}{\mathrm{j}\omega \boldsymbol{a}_i + \boldsymbol{b}_i} + \frac{\bar{\boldsymbol{\Psi}}_i \bar{\boldsymbol{\Psi}}_i^{\mathrm{T}}}{\mathrm{j}\omega \bar{\boldsymbol{a}}_i + \bar{\boldsymbol{b}}_i} \right) \boldsymbol{F} \tag{4-67}$$

利用

$$\left.\begin{aligned}\lambda_i &= -\frac{b_i}{a_i}\\ \bar{\lambda}_i &= -\frac{\bar{b}_i}{\bar{a}_i}\end{aligned}\right\} \tag{4-68}$$

式（4-67）可改写为 $$\begin{aligned}\boldsymbol{H} &= \sum_{i=1}^{n}\left[\frac{\boldsymbol{\Psi}_i\boldsymbol{\Psi}_i^{\mathrm{T}}}{\boldsymbol{a}_i(\mathrm{j}\omega-\lambda_i)}+\frac{\bar{\boldsymbol{\Psi}}_i\bar{\boldsymbol{\Psi}}_i^{\mathrm{T}}}{\bar{\boldsymbol{a}}_i(\mathrm{j}\omega-\bar{\lambda}_i)}\right]\\ &= \sum_{i=1}^{n}\left(\frac{\boldsymbol{R}_i}{\mathrm{j}\omega-\lambda_i}+\frac{\bar{\boldsymbol{R}}_i}{\mathrm{j}\omega-\bar{\lambda}_i}\right)\end{aligned} \tag{4-69}$$

式中，$\boldsymbol{R}_i$ 为系统第 i 阶留数矩阵；$\bar{\boldsymbol{R}}_i$ 是 $\boldsymbol{R}_i$ 的共轭矩阵，且有

$$\boldsymbol{R}_i=\frac{\boldsymbol{\Psi}_i\boldsymbol{\Psi}_i^{\mathrm{T}}}{\boldsymbol{a}_i} \tag{4-70}$$

对于 $\boldsymbol{H}$ 中的任一元素有

$$H_{lp}(\omega) = \sum_{i=1}^{n}\left(\frac{R_{lp}^i}{\mathrm{j}\omega-\lambda_i}+\frac{\bar{R}_{lp}^i}{\mathrm{j}\omega-\bar{\lambda}_i}\right) \tag{4-71}$$

这是联系频响函数与复模态参数的计算公式，是识别复模态参数的依据。R_{lp}^i 与其共轭复数 $\bar{R}_{lp}^i$ 称为相应于 l 和 p 点的第 i 阶留数。根据复变函数理论可得其计算式

$$R_{lp}^i = H_{lp}(\omega)(\mathrm{j}\omega-\lambda_i)\mid_{\mathrm{j}\omega} = \lambda_i \tag{4-72}$$

由式（4-70）可知

$$R_{lp}^i = \frac{\psi_{li}\psi_{pi}}{a_i} \tag{4-73}$$

这是留数与复模态向量的关系式。如果能获得 $l=1,2,\cdots,L$ 时的 L 个留数，这些留数组成的列向量与第 i 阶模态向量 $\boldsymbol{\Psi}_i$ 成比例（对应于同一个作用力点 p 而言）。这就是参数识别求振型向量的方法。

实模态系统的频响函数也可以表示成相似的留数形式

$$\begin{aligned}H_{lp}(\omega) &= \sum_{i=1}^{n}\left(\frac{\varphi_{li}\varphi_{pi}}{m_i}\frac{1}{(\mathrm{j}\omega)^2+\omega_i^2+2\mathrm{j}\zeta_i\omega_i\omega}\right)\\ &= \sum_{i=1}^{n}\left(\frac{R_{lp}^i}{\mathrm{j}\omega-\lambda_i}+\frac{\bar{R}_{lp}^i}{\mathrm{j}\omega-\bar{\lambda}_i}\right)\end{aligned} \tag{4-74}$$

式中 $$\lambda_i,\bar{\lambda}_i = -\zeta_i\omega_i \pm \mathrm{j}\omega_i\sqrt{1-\zeta_i^2} \tag{4-75}$$

$$R_{lp}^i = -\frac{\mathrm{j}\varphi_{li}\varphi_{pi}}{2m_i\omega_i\sqrt{1-\zeta_i^2}} \tag{4-76}$$

上式表示实模态系统的留数为纯虚数。

复模态频响函数式（4-71）也可以表示成类似于实模态的形式，即式（4-55）。设复留数为

$$R_{lp}^i = u_i + \mathrm{j}v_i \tag{4-77}$$

将式（4-77）代入式（4-55）并展开，再利用式

$$\lambda_i,\bar{\lambda}_i = \sigma_i \pm \mathrm{j}\tau_i \quad (i=1,2,\cdots,n) \tag{4-78}$$

$$\omega_{0i}^2 = \lambda_i\bar{\lambda}_i = \sigma_i^2+\tau_i^2 \tag{4-79}$$

$$\zeta_{0i} = \frac{\sigma_i}{2\sqrt{\sigma_i^2 + \tau_i^2}} \tag{4-80}$$

可求得

$$H_{lp}(\omega) = \sum_{i=1}^{n} \frac{2(u_i\zeta_{0i}\omega_{0i} - v_i\omega_{0i}\sqrt{1-\zeta_{0i}^2} + \mathrm{j}u_i\omega)}{|a_i|^2(-\omega^2 + 2\mathrm{j}\zeta_{0i}\omega_{0i}\omega + \omega_{0i}^2)} \tag{4-81}$$

它与式（4-55）的区别在于分子是复数。

对于一般结构阻尼可根据

$$\boldsymbol{m}_i\ddot{\boldsymbol{q}} + \boldsymbol{d}_i\boldsymbol{q} = \boldsymbol{\Psi}^{\mathrm{T}}\boldsymbol{f} \tag{4-82}$$

得到

$$H_{lp}(\omega) = \sum_{i=1}^{n} \frac{\psi_{li}\psi_{pi}}{-\omega^2 m_i + \mathrm{j}g_i + k_i} \tag{4-83}$$

它形式上与式（4-55）相似，区别在于分子也是复数。

因此，可以将实模态与复模态的频响函数公式统一写为

$$H(\omega) = \sum_{i=1}^{n} \frac{c_i}{-\omega^2 + \mathrm{j}D_i + \omega_i^2} \tag{4-84}$$

3. 实验模态建模方法

实验模态建模主要有以下步骤：对结构进行激振、数字信号的采集和处理、频响函数的估计以及模态参数的识别。

（1）对结构进行激振　用于结构激励的激振器可分为接触式和非接触式两类。常用接触式的激振器有机械式（利用不平衡旋转质量提供激振力）、电磁式（利用磁场中的动圈激振）及电液式。使用力锤激振时，由于它仅与结构进行瞬间接触，把它归为非接触式。

在实验中，根据结构具体情况及拥有的实验手段来选择激振方法。对于中小型结构一般采用单点激振，大型结构采用多点激振。采用力锤激振时常将测量响应的传感器位置固定不变，逐次改变敲击点的位置，由此获得频响函数矩阵中的一行（只有一个响应测点的情况）或多行（有多个响应测点的情况）数据。采用电磁式激振器时，一般固定激振点的位置不变，从而获得频响矩阵中的一列（只有一个激振器的情况）元素或多列（有多个激振器的情况）元素。根据采用不同的激振力函数，可以将激振方式分成正弦扫描激振、随机激振和冲击激振等。

（2）数字信号的采集和处理　不论采用何种测量系统，数据采集和处理时都必须遵循一定的原则。

首先，采样定理要求采样频率 f_s 必须大于或等于测量信号上限频率 f_c 的 2 倍。由于抗混淆滤波器不可能是理想低通滤波器，总有一部分高于上限频率 f_c 的频率成分使滤波后的信号“污染”，所以 1024 个点的傅里叶变换得到的 512 条谱线的高频部分有一部分是不精确的。因此，相应提高采样频率，就可以排除干扰。

其次，为了防止产生泄漏误差，必须采用加窗技术。通常对于随机激振采用海宁窗，对于脉冲激振采用指数窗。需要注意的是，对于冲击激振，由于对响应信号采用了指数窗，使信号的衰减加快，这相当于增加了结构的阻尼，因此必须在参数辨识时将这种附加阻尼除去。

再者，不要过分地提高采样频率，应该在满足分析频率要求前提下，尽量减小采样频率，以获得较高的频率分辨率。而提高分辨率的有效方法是采用 Zoom 技术。

最后，在模态分析实验中，平均技术在估算频响函数中有着重要的作用。它不仅用于消除测量中的随机噪声的影响以提高信噪比，而且还可以消除由于结构的弱非线性对测量数据

带来的影响。

（3）频响函数的估计　若响应信号完全是由激励信号引起的，即响应信号中不存在任何噪声，那么，经过一次测量后，即可按定义来计算频响函数

$$H(\omega) = \frac{X(\omega)}{F(\omega)} \tag{4-85}$$

但是，实际测量得到的信号中总会有噪声干扰存在。为了排除或者降低噪声的影响，要使用平均技术对频响函数进行估计。

4.3.4　动力学参数识别

用模态坐标描述的振动系统，需要识别固有频率、阻尼比或者复模态中的留数等，称为振动系统的模态参数识别。物理坐标描述下的振动系统，需要识别 M、K、C，称为物理参数识别或结构（结构动力学）参数识别。

模态参数识别的方法很多，分为频域识别法和时域识别法。

1. 频域识别法

频域识别法是利用模态参数去拟合测试分析得到的频率响应。按照一次拟合时考虑系统自由度的多少，又可以分为单自由度曲线拟合方法和多自由度曲线拟合方法。

单自由度拟合方法又称为图解法，是最直观最简便的模态参数识别方法，可以作为系统特性预估的依据，也是多自由度拟合的基础。但其辨识精度较低，仅适用于单自由度系统和各阶模态耦合不严重的情形。

单自由度振动系统的频响函数为

$$H(\omega) = \frac{1}{-\omega^2 m + \mathrm{j}\omega c + k} \tag{4-86}$$

图解法可以根据频响函数表示方法的不同分为三种情况：

（1）直接读数法　将频响函数用其幅值和相位来表示。

$$|H(\omega)| = \frac{1}{m}\frac{1}{\sqrt{(\omega_n^2-\omega^2)^2+(2\zeta\omega_n\omega)^2}} \tag{4-87}$$

$$\alpha = \arctan\frac{2\zeta\omega_n\omega}{\omega_n^2-\omega^2} \tag{4-88}$$

将上面两式作为幅频和相频特性曲线（伯德图）的函数表达式，得到图 4-6 所示的单自由度幅频和相频特性曲线。

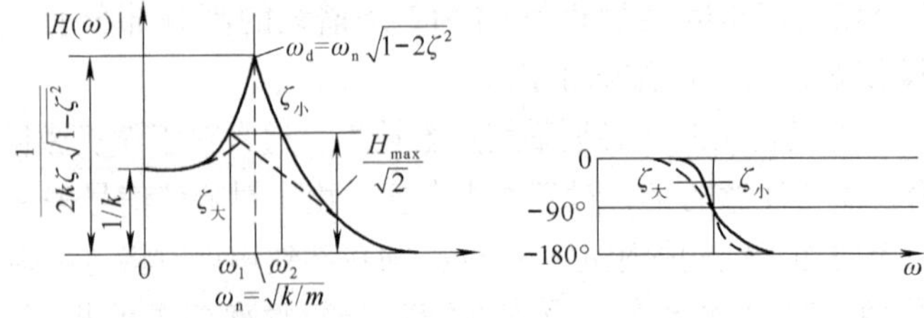

图 4-6　单自由度幅频和相频特性曲线

利用图 4-6 可得到，振幅最大时对应的频率即为系统的固有频率 ω_n，取最大振幅 H_{max} 的 $1/\sqrt{2}$ 倍作频率横轴的平行线，得到它与幅频曲线的交点 ω_1 和 ω_2，得到

$$\zeta = \frac{\omega_2 - \omega_1}{2\omega_n} \tag{4-89}$$

然后根据

$$|H|_{max} = \frac{1}{2k\zeta} \tag{4-90}$$

得到刚度 k，再由 ω_n 和 k 求出质量 m。

（2）最大虚部法　可以将频响函数用它的实部和虚部来描述，即

$$\mathrm{Re} = \frac{1}{m}\frac{\omega_n^2 - \omega^2}{(\omega_n^2 - \omega^2)^2 + (2\zeta\omega_n\omega)^2} \tag{4-91}$$

$$\mathrm{Im} = \frac{1}{m}\frac{-2\zeta\omega_n\omega}{(\omega_n^2 - \omega^2)^2 + (2\zeta\omega_n\omega)^2} \tag{4-92}$$

绘制其实频和虚频曲线如图 4-7 所示。

在图 4-7 中，虚频曲线的峰值突出，易于确定其对应的固有频率 ω_n，并按虚部峰值的 1/2 找到 ω_1 和 ω_2，根据 $\zeta = \frac{\omega_2 - \omega_1}{2\omega_n}$ 求出阻尼比，并由

$$\mathrm{Im}_{max} \approx \frac{1}{2k\zeta} \tag{4-93}$$

求出刚度 k，进而得到质量 m。

（3）导纳圆法　把幅频和相频曲线，或实频和虚频曲线合起来，在复平面上得到图 4-8 所示的 Nyquist 导纳圆，根据图示就可以识别出模态参数，并可以根据阻尼比取值的不同进行比较。

当用实验的方法测量绘制出以上各图所示的曲线，并用参数识别方法求出系统的有关参数时，便可以进一步写出系统的动力学模型。

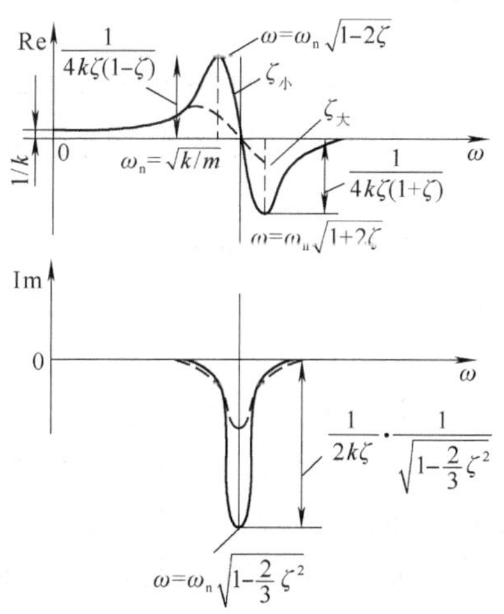

图 4-7　实频和虚频曲线

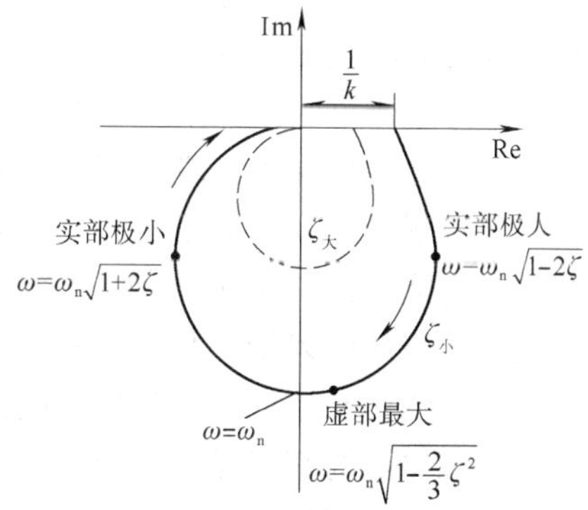

图 4-8　Nyquist 导纳圆

当系统的各阶模态较为密集，或阻尼较大，各模态间互有重叠时，单模态识别法就会给结果带来十分大的误差，甚至是多阶模态的遗失，使系统特性的估计产生偏差。这时就必须使用多自由度拟合方法，也称为多模态拟合法。多模态识别法包含的方法很多，例如，优化识别法、Klosterman 迭代识别法、Levy 法以及有理分式正交多项式拟合法等，每一种方法都

有相应的计算机软件支持，并且都相当完备。它们的核心思想都是最小二乘法，在此不作进一步讲述。

2. 时域识别法

与频域识别法相比，时域识别法对于分离密集模态有更好的效果。时域识别法主要包括时域最小二乘迭代法、复指数法、ITD 法和子空间法等。

复指数法是对脉冲响应函数的一种拟合法。在脉冲响应函数可以通过测量得到的情况下，复指数法可以得到完全的模态参数，而并不依赖于模态参数的初始估计值。而且，复指数法不仅适用于脉冲响应数据，也适用于振动系统的自由响应数据，包括位移、速度或加速度自由响应数据。其优点可以概括为将一个非线性拟合问题变为线性问题来处理，参数识别时需要的原始数据较少。而缺点在于为选择正确的自由度数 N，要进行多次假定识别，这很费时间。

ITD 法即 Ibrahim 时域法，它是 S. R. Ibrahim 在 20 世纪 70 年代中期提出的一种利用时域信号进行模态参数识别的方法。它也是以脉冲响应函数为依据，但与复指数法不同，它本质上是一种解算特征值的过程，利用自由响应采样数据建立特征矩阵的数学模型，通过求解特征矩阵方程来求得特征值和特征向量，再利用模态频率和模态阻尼与特征值之间的关系求得振动系统的模态频率及模态阻尼比。20 世纪 80 年代以 ITD 法为基础演变来的 STD 法，即节约时域法，直接构造了豪森伯格矩阵，节省了计算机的内存和计算时间，并带来了较高的精度，尤其是免除了有偏误差，且对用户的参数选择的要求也大为减少。

此外，ERA 法（特征系统实现算法）、随机减量法和差分方程法也经常在工程实际中加以应用。每一种参数辨识方法都是十分复杂的课题，读者可以参考专门的文献学习。

4.4 机械结构动力学修改与动力学优化设计

在机械动态设计中，为了使对象的动响应满足设计要求，或者对成品机械的动力特性加以改善，往往需要进行动力学修改，即在合理的动力学模型基础上，对机械结构系统进行动力学修改或动力学优化设计。

结构动力学修改主要包括两个方面的问题：一是在给定结构修改形式和已知修改前结构的振动模态参数的情况下，应用高效重分析方法确定修改后结构的振动模态参数，即根据质量、刚度和阻尼的改变量求出结构动力特性（振型和特征值）的改变量，此称为结构动力学修改重分析问题；二是在已知修改前结构的振动模态参数并预定修改后结构的振动模态参数的情况下，应用约束最优化设计等方法确定结构修改形式，即已知振型和特征值的改变量，求质量、刚度和阻尼的改变量，此称为结构动力学修改重设计问题。另外，有时还根据结构振动模态参数的有限元分析结果和实验测量结果对有限元模型的参数进行校正，称为结构动力学分析的模型修正问题。

本节主要介绍结构动力学修改的有关基本理论与方法，并对动态优化设计基本思想加以简单介绍。

4.4.1 结构动力学修改的灵敏度分析原理

许多结构动力学修改问题是要求把结构的振动强度或动柔度限制在一定的范围内。这样需要先找出结构的薄弱环节，然后修改薄弱环节的局部结构，使整机的动特性满足要求。确定结构薄弱环节并以此为依据进行结构修改的方法有能量平衡法和灵敏度分析法两种。下面主要介绍灵敏度分析法。

1. 结构灵敏度分析的基本原理

定义结构模态参数 $\boldsymbol{T}$ 对设计变量 $\boldsymbol{b}$ 中第 j 个量 b_j 的偏导数 $\dfrac{\partial \boldsymbol{T}}{\partial b_j}$ 为 $\boldsymbol{T}$ 对 b_j 的灵敏度。对机械结构而言，令 $\boldsymbol{b}$ 为结构设计参数，即 $\boldsymbol{b}=[\boldsymbol{MK}]$，无阻尼多自由度结构系统的特征矩阵为

$$(\boldsymbol{K}-\omega^2\boldsymbol{M})\boldsymbol{X}=0 \tag{4-94}$$

把对应的特征值 $\lambda_i=\omega_i^2$ 及正则化实振型 $\boldsymbol{\psi}_{Ni}$，代入式（4-94）可得

$$(\boldsymbol{K}-\lambda_i\boldsymbol{M})\boldsymbol{\psi}_{Ni}=0 \tag{4-95}$$

对式（4-95）设计变量求偏导，有

$$\left(\frac{\partial \boldsymbol{K}}{\partial b_j}-\frac{\partial \lambda_i}{\partial b_j}\boldsymbol{M}-\lambda_i\frac{\partial \boldsymbol{M}}{\partial b_j}\right)\boldsymbol{\psi}_{Ni}+(\boldsymbol{K}-\lambda_i\boldsymbol{M})\frac{\partial \boldsymbol{\psi}_{Ni}}{\partial b_j}=0 \tag{4-96}$$

式（4-96）左乘 $\boldsymbol{\psi}_{Ni}^{\mathrm{T}}$ 并整理得

$$\frac{\partial \lambda_i}{\partial b_j}\boldsymbol{\psi}_{Ni}^{\mathrm{T}}\boldsymbol{M}\boldsymbol{\psi}_{Ni}=\boldsymbol{\psi}_{Ni}^{\mathrm{T}}\frac{\partial \boldsymbol{K}}{\partial b_j}\boldsymbol{\psi}_{Ni}-\lambda_i\boldsymbol{\psi}_i^{\mathrm{T}}\frac{\partial \boldsymbol{M}}{\partial b_j}\boldsymbol{\psi}_{Ni}+\boldsymbol{\psi}_{Ni}^{\mathrm{T}}(\boldsymbol{K}-\lambda_i\boldsymbol{M})\frac{\partial \boldsymbol{\psi}_{Ni}}{\partial b_j} \tag{4-97}$$

若把式（4-95）两边转置，并考虑 $\boldsymbol{M}$ 和 $\boldsymbol{K}$ 矩阵的对称性，有

$$\boldsymbol{\psi}_i^{\mathrm{T}}(\boldsymbol{K}-\lambda_i\boldsymbol{M})=0 \tag{4-98}$$

故式（4-98）最后一项等于 0，由此可得

$$\frac{\partial \lambda_i}{\partial b_j}\boldsymbol{\psi}_{Ni}^{\mathrm{T}}\boldsymbol{M}\boldsymbol{\psi}_{Ni}=\boldsymbol{\psi}_{Ni}^{\mathrm{T}}\frac{\partial \boldsymbol{K}}{\partial b_j}\boldsymbol{\psi}_{Ni}-\lambda_i\boldsymbol{\psi}_{Ni}^{\mathrm{T}}\frac{\partial \boldsymbol{M}}{\partial b_j}\boldsymbol{\psi}_{Ni} \tag{4-99}$$

再考虑 $\boldsymbol{\psi}_{Ni}^{\mathrm{T}}\boldsymbol{M}\boldsymbol{\psi}_{Ni}=1$，将得到

$$\frac{\partial \lambda_i}{\partial b_j}=\boldsymbol{\psi}_{Ni}^{\mathrm{T}}\frac{\partial \boldsymbol{K}}{\partial b_j}\boldsymbol{\psi}_{Ni}-\lambda_i\boldsymbol{\psi}_{Ni}^{\mathrm{T}}\frac{\partial \boldsymbol{M}}{\partial b_j}\boldsymbol{\psi}_{Ni} \tag{4-100}$$

式（4-100）即为特征值 λ_i 对设计变量 b_j 的一阶偏导，即特征值的灵敏度。考虑特征值是固有频率的平方，有

$$\frac{\partial \lambda_i}{\partial b_j}=\frac{\partial \omega_i^2}{\partial b_j}=2\omega_i\frac{\partial \omega_i}{\partial b_j} \tag{4-101}$$

于是得到固有频率的灵敏度为

$$\frac{\partial \omega_i}{\partial b_j}=\frac{1}{2\omega_i}\boldsymbol{\psi}_{Ni}^{\mathrm{T}}\left(\frac{\partial \boldsymbol{K}}{\partial b_j}-\omega_i^2\frac{\partial \boldsymbol{M}}{\partial b_j}\right)\boldsymbol{\psi}_{Ni} \tag{4-102}$$

机械结构特征向量 $\boldsymbol{\psi}_i$ 的灵敏度 $\dfrac{\partial \boldsymbol{\psi}_i}{\partial b_j}$ 是 $\boldsymbol{\psi}_i(i=1,2,\cdots,n)$ 的线性组合，即

$$\frac{\partial \boldsymbol{\psi}_i}{\partial b_j}=\psi\alpha=\sum_{k=1}^{n}\alpha_{ijk}\boldsymbol{\psi}_k \tag{4-103}$$

式中，α_{ijk} 为线性组合系数向量，这里直接列出其表示达式为

$$\alpha_{ijk}=\frac{\boldsymbol{\psi}_k^{\mathrm{T}}\left(\dfrac{\partial \boldsymbol{K}}{\partial b_j}-\omega_i^2\dfrac{\partial \boldsymbol{M}}{\partial b_j}\right)\boldsymbol{\psi}_i}{\omega_{i_i}^2-\omega_k^2}\quad(k\neq i),\quad \alpha_{ijk}=-\frac{1}{2}\boldsymbol{\psi}_k^{\mathrm{T}}\frac{\partial \boldsymbol{M}}{\partial b_j}\boldsymbol{\psi}_i\quad(k=i) \tag{4-104}$$

$$i=1,2,\cdots,n;\quad j=1,2,\cdots,n$$

2. 复模态灵敏度分析

(1) 复特征值灵敏度分析　对于任意粘滞阻尼系统，系统的特征方程为

$$s_i \boldsymbol{A}\boldsymbol{\varphi}_i + \boldsymbol{B}\boldsymbol{\varphi}_i = 0 \tag{4-105}$$

式中，$\boldsymbol{A} = \begin{pmatrix} \boldsymbol{C} & \boldsymbol{M} \\ \boldsymbol{M} & \boldsymbol{0} \end{pmatrix}$；$\boldsymbol{B} = \begin{pmatrix} \boldsymbol{K} & \boldsymbol{0} \\ \boldsymbol{0} & -\boldsymbol{M} \end{pmatrix}$；$\boldsymbol{\varphi}_i = \begin{pmatrix} \varphi_i \\ s_i\varphi_i \end{pmatrix}$。

若模态振型已按模态质量归一，有

$$\boldsymbol{\varphi}_i^{\mathrm{T}} A \boldsymbol{\varphi}_i = \varphi_i^{\mathrm{T}}(2s_i\boldsymbol{M} + \boldsymbol{C})\varphi_i = 1 \tag{4-106}$$

将式（4-105）两边对设计变量 b_j 求偏导，并左乘 $\boldsymbol{\varphi}_i^{\mathrm{T}}$

$$\boldsymbol{\varphi}_i^{\mathrm{T}}\left[\left(\frac{\partial s_i}{\partial b_i}\boldsymbol{A} + s_i\frac{\partial \boldsymbol{A}}{\partial b_i} + \frac{\partial \boldsymbol{B}}{\partial b_i}\right)\boldsymbol{\varphi}_i + (s_i\boldsymbol{A} + \boldsymbol{B})\frac{\partial \boldsymbol{\varphi}_i}{\partial b_i}\right] = 0 \tag{4-107}$$

因为 $\boldsymbol{A}$ 和 $\boldsymbol{B}$ 为对称矩阵，便有

$$\boldsymbol{\varphi}_i^{\mathrm{T}}(s_i\boldsymbol{A} + \boldsymbol{B}) = 0 \tag{4-108}$$

则式（4-107）变为

$$\boldsymbol{\varphi}_i^{\mathrm{T}}\left(\frac{\partial s_i}{\partial b_i}\boldsymbol{A} + s_i\frac{\partial \boldsymbol{A}}{\partial b_i} + \frac{\partial \boldsymbol{B}}{\partial b_i}\right)\boldsymbol{\varphi}_i = 0 \tag{4-109}$$

$$\frac{\partial s_i}{\partial b_i}\boldsymbol{\varphi}_i^{\mathrm{T}}\boldsymbol{A}\boldsymbol{\varphi}_i + s_i\boldsymbol{\varphi}_i^{\mathrm{T}}\frac{\partial \boldsymbol{A}}{\partial b_i}\boldsymbol{\varphi}_i + \boldsymbol{\varphi}_i^{\mathrm{T}}\frac{\partial \boldsymbol{B}}{\partial b_i}\boldsymbol{\varphi}_i = 0 \tag{4-110}$$

把式（4-106）代入式（4-110）得

$$\frac{\partial s_i}{\partial b_i} = -\boldsymbol{\varphi}_i^{\mathrm{T}}\left(s_i\frac{\partial \boldsymbol{A}}{\partial b_i} + \frac{\partial \boldsymbol{B}}{\partial b_i}\right)\boldsymbol{\varphi}_i \tag{4-111}$$

将式（4-111）展开得

$$\frac{\partial s_i}{\partial b_i} = -\boldsymbol{\varphi}_i^{\mathrm{T}}\left(s_i^2\frac{\partial \boldsymbol{M}}{\partial b_i} + s_i\frac{\partial \boldsymbol{C}}{\partial b_i} + \frac{\partial \boldsymbol{K}}{\partial b_i}\right)\boldsymbol{\varphi}_i \tag{4-112}$$

式（4-112）即为复频率的灵敏度表达式。当已知系统的 s_i 和 $\boldsymbol{\varphi}_i$ 时，即可求得复频率对某一设计参数的灵敏度值。

(2) 复模态振型灵敏度　设复特征向量灵敏度复特征向量的线性组合

$$\frac{\partial \boldsymbol{\varphi}_i}{\partial b_j} = \sum \alpha_{ijk}\boldsymbol{\varphi}_k \tag{4-113}$$

考虑正交性，由将式（4-113）分别代入式（4-107）和式（4-106）两边求导后的式子，经过整理得

$$\alpha_{ijk} = \frac{\boldsymbol{\varphi}_k^{\mathrm{T}}\left(s_i\frac{\partial \boldsymbol{A}}{\partial b_j} + \frac{\partial \boldsymbol{B}}{\partial b_j}\right)\boldsymbol{\varphi}_i}{s_k - s_i} = \frac{\boldsymbol{\varphi}_k^{\mathrm{T}}\left(s_i^2\frac{\partial \boldsymbol{M}}{\partial b_i} + s_i\frac{\partial \boldsymbol{C}}{\partial b_i} + \frac{\partial \boldsymbol{K}}{\partial b_i}\right)\boldsymbol{\varphi}_i}{s_k - s_i} \quad (k \neq i) \tag{4-114}$$

$$\alpha_{ijk} = -\frac{1}{2}\boldsymbol{\varphi}_i^{\mathrm{T}}\frac{\partial \boldsymbol{A}}{\partial b_j}\boldsymbol{\varphi}_i = -\frac{1}{2}\boldsymbol{\varphi}_i^{\mathrm{T}}\left(2s_i\frac{\partial \boldsymbol{M}}{\partial b_i} + \frac{\partial \boldsymbol{C}}{\partial b_i}\right)\boldsymbol{\varphi}_i \quad (k = i) \tag{4-115}$$

在式（4-113）中，一般只需知道前 n 个复振型元素的灵敏度，故可将式（4-113）改写为

$$\frac{\partial \varphi_i}{\partial b_j} = \sum_{k=1}^{2n}\alpha_{ijk}\varphi_k \tag{4-116}$$

将式（4-114）和式（4-115）求得的系数代入式（4-116）中，即可算出复模态振型

对设计参数的灵敏度。

4.4.2　结构动力学修改的矩阵摄动迭代法

通过结构系统的灵敏度分析，可以确定最有效的结构修改部位和修改参量，以达到改善机械结构的动态特性的目的。修改结构参数后，要计算结构的动特性，以检查是否满足设计要求。这就是前面所说的再分析或重分析。这种重分析往往需要同样大规模的计算量，因此人们研究了矩阵摄动迭代法等来避免这种重新分析。

矩阵摄动迭代法是基于矩阵摄动和模态缩减法的原理，计算精度较好，收敛速度较快。但是矩阵摄动法适合于修改量较小的情况，对于大修改量，即使采用分步矩阵摄动法也可能造成较大的累计误差。

设结构设计变量 $\boldsymbol{b} = [b_1, b_2, \cdots, b_n]^{\mathrm{T}}$ 中，第 k 个设计变量有一摄动量（微增量）Δb_k，则结构的 $\boldsymbol{M}$、$\boldsymbol{K}$、$\boldsymbol{C}$ 将随之产生摄动量 $\Delta\boldsymbol{M}$、$\Delta\boldsymbol{K}$、$\Delta\boldsymbol{C}$，根据灵敏度分析原理，特征值和特征向量灵敏度的摄动量可以认为是特征值和特征向量的一阶摄动。根据复模态灵敏度公式（4-101）和式（4-113），其中，b_j 代表设计变量中质量 m、刚度 k 或阻尼 c。若在上述灵敏度计算式两边同乘 Δb_j，便可以推导出灵敏度计算式的一阶近似表达式

$$\Delta s_i = -\boldsymbol{\varphi}_i^{\mathrm{T}}(s_i\Delta\boldsymbol{A} + \Delta\boldsymbol{B})\boldsymbol{\varphi}_i \tag{4-117}$$

$$\Delta\boldsymbol{\varphi}_i = \sum_{k=1}^{2n} g_{ik}\boldsymbol{\varphi}_k \tag{4-118}$$

其中 $g_{ik} = \dfrac{\boldsymbol{\varphi}_k^{\mathrm{T}}(s_i\Delta\boldsymbol{A} + \Delta\boldsymbol{B})\boldsymbol{\varphi}_i}{s_k - s_i}\quad (k \neq i)$，$g_{ik} = -\dfrac{1}{2}\boldsymbol{\varphi}_k^{\mathrm{T}}\Delta\boldsymbol{A}\boldsymbol{\varphi}_i\quad (k = i)$

$$\Delta\boldsymbol{A} = \begin{pmatrix} \Delta\boldsymbol{C} & \Delta\boldsymbol{M} \\ \Delta\boldsymbol{M} & \boldsymbol{0} \end{pmatrix},\quad \Delta\boldsymbol{B} = \begin{pmatrix} \Delta\boldsymbol{K} & \boldsymbol{0} \\ \boldsymbol{0} & -\Delta\boldsymbol{M} \end{pmatrix}$$

在式（4-117）和式（4-118）中，Δs_i 和 $\Delta\boldsymbol{\varphi}_i$ 与 $\Delta\boldsymbol{A}$ 和 $\Delta\boldsymbol{B}$ 构成线性关系，若 $\boldsymbol{M}$、$\boldsymbol{K}$、$\boldsymbol{C}$ 中各参数同时摄动修改，由线性叠加关系，即可得到新的相应表达式，其形式同式（4-117）和式（4-118）。

令 s_i' 和 $\boldsymbol{\Phi}'$ 为结构参数摄动后一阶近似的复特征值和特征向量矩阵预测值，则有

$$s_i' = s_i + \Delta s_i = s_i - \boldsymbol{\varphi}_i^{\mathrm{T}}(s_i\Delta\boldsymbol{A} + \Delta\boldsymbol{B})\boldsymbol{\varphi}_i \tag{4-119}$$

$$\boldsymbol{\Phi}' = \boldsymbol{\Phi} + \Delta\boldsymbol{\Phi} = \boldsymbol{\Phi} + \boldsymbol{\Phi}\boldsymbol{G} = \boldsymbol{\Phi}\overline{\boldsymbol{G}} \tag{4-120}$$

$$\overline{\boldsymbol{G}} = \boldsymbol{I} + \boldsymbol{G}$$

式中，矩阵 $\boldsymbol{G}$ 和 $\overline{\boldsymbol{G}}$ 的元素分别为

$$g_{ik} = \frac{\boldsymbol{\varphi}_k^{\mathrm{T}}(s_i\Delta\boldsymbol{A} + \Delta\boldsymbol{B})\boldsymbol{\varphi}_i}{s_k - s_i}\quad (k \neq i),\quad \bar{g}_{ik} = -\frac{1}{2}\boldsymbol{\varphi}_k^{\mathrm{T}}\Delta\boldsymbol{A}\boldsymbol{\varphi}_i\quad (k = i)$$

用式（4-119）和式（4-120）就可由原始结构的特征值 s_i 和特征向量矩阵 $\boldsymbol{\varphi}_i$ 求出参数修改后结构的动特性。

4.4.3　结构动力学修改的工程应用

一平面匀质柔性框架结构，$E = 7\times1010\mathrm{Pa}$，$\rho = 2700\mathrm{kg/m^3}$，框架高和宽分别为 1.32m 和 1.292m。截面为薄壁管状矩形结构，截面长和宽分别为 0.076m 和 0.0381m，壁厚 0.0048m，截面积 $A = 10.9\times10^{-4}\mathrm{m^2}$，截面对中性轴的惯性矩 $I = 2.2194\times10^{-7}\mathrm{m^4}$。将此结构

分成24个梁单元共24个节点（图4-9），则各梁单元有6个自由度（两端点x、y轴向位移及绕z轴转角），故此结构共有66个自由度。表4-1所示为计算得到的前9阶固有频率；图4-10所示为前4阶固有振型。

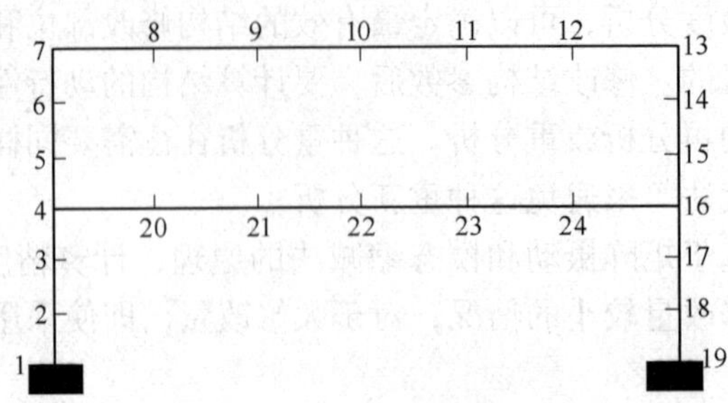

图4-9　梁单元节点分布图

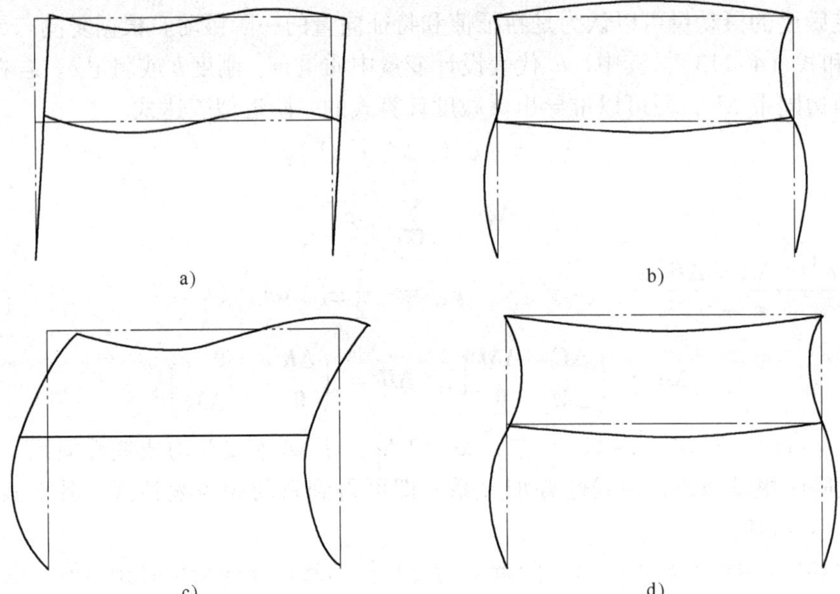

图4-10　前4阶固有振型

a）第一阶振型　b）第二阶振型　c）第三阶振型　d）第四阶振型

表4-1　结构固有频率灵敏度

固有频率阶数	固有频率/Hz	$(\partial f_1/\partial\rho)(\times 10^{-3})$	$(\partial f_1/\partial E)(\times 10^{-10})$
1	32.70	-6.20	2.34
2	109.90	-20.30	7.85
3	116.13	-21.51	8.30
4	130.20	-24.15	9.30
5	310.85	-57.55	22.20
6	356.83	-66.09	25.49
7	457.70	-84.37	32.69
8	579.00	-107.23	41.36
9	610.35	-113.02	43.36

将结构的整体密度ρ及整体弹性模量E作为设计参数，求得结构固有频率灵敏度，见表4-1，振型的灵敏度为

$$\left.\begin{aligned}\frac{\partial \boldsymbol{\Phi}_i}{\partial \rho} &= -0.1852 \times 10^{-3} \boldsymbol{\Phi}_i \\ \frac{\partial \boldsymbol{\Phi}_i}{\partial E} &= 0\end{aligned}\right\} \quad i = 1,2,\cdots,n$$

从上述灵敏度分析可见，如希望改变结构的固有频率与固有振型，增加E可提高固有频率特别是高阶固有频率值，但振型无任何改变；而增加ρ则相反，特别是对高阶固有频率效果十分显著，同时振型也有所改变。

在图4-9中第7节点处施加一水平力$f = 100\sin\omega t$，观察该点水平位移稳态振幅μ_7及其对整体的密度及刚度的灵敏度（假设外力不受参数改变影响且忽略结构内阻尼），表4-2为所得结果。从表中得知，当$\omega = 200\text{Hz}$时，外激励频率与结构第一阶固有频率十分接近，结构处于共振区，位移及其灵敏度较之$\omega = 100\text{Hz}$时急剧增大，此时可根据上述固有频率灵敏度的修改方法对结构进行修改，使结构固有频率避开外激励频率从而避免共振的发生。从表4-2中同时也可得知，增加结构的整体密度或刚度都会使响应变小。

表4-2　稳态振幅及其灵敏度

ω/Hz	μ_7/m	$\dfrac{\partial \mu_7}{\partial \rho}$	$\dfrac{\partial \mu_7}{\partial E}$
100	1.539×10^{-4}	-5.668×10^{-9}	-9.299×10^{-16}
200	-2.200×10^{-3}	-1.200×10^{-3}	-1.953×10^{-13}

当然，实际结构是错综复杂的，可以改变结构整体参数也可改变局部参数从而达到对固有频率、固有振型以及结构的动力响应的修改。

4.4.4　结构动态优化设计原理与方法

在结构动力修改和预测分析过程中，首先判断结构的薄弱环节，然后根据条件和可能进行试探修改，以求达到设计的目标。在某些情况下可以使用优化方法进行这种设计过程，即进行动态优化设计。

在设计中，要求达到的各项指标以数学形式加以描述，称为优化设计问题的目标函数。设计过程中的一系列设计参数作为优化过程的设计变量，达到最优化设计方案的一组设计变量，即为最优解。根据设计要求，对设计变量的取值加以限制，称为约束条件。

机械结构的动态优化设计主要采用如下两种方法：数学规划法和准则法。数学规划法通常采用搜索方式，按一定的搜索方向寻优，按照目标函数值下降的算法，最终找到最优点。该方法有严格的数学理论基础，相应的计算方法比较成熟，计算过程比较平稳，但随着设计变量的增加，迭代次数急剧增加，所以适合于较简单的优化问题。该方法又可分为单纯形法、牛顿法、共轭梯度法和变尺度法等。准则法按照一定的优化准则寻优，并不直接计算目标函数值，鉴于最优点一般落在约束的边界上，所以着眼于设计变量与约束条件关系的分析，根据一定的优化准则判断求得的点是否为最优点。常用的优化准则是库恩-塔克（Kuhn-Tucker）条件。准则法适用于较复杂的优化问题。

机械结构动态优化问题，其典型的数学描述如下：求一组设计变量 $\boldsymbol{X} = [x_1 \quad x_2 \quad \cdots \quad x_n]^{\mathrm{T}}$，使广义特征值问题

$$\boldsymbol{K}(\boldsymbol{X})\boldsymbol{\psi}_i = \lambda_i \boldsymbol{M}(\boldsymbol{X})\boldsymbol{\psi} \tag{4-121}$$

具有 $\lambda_i = \tilde{\lambda}_i$，或 $\lambda_i = \tilde{\lambda}_i$ 和 $\boldsymbol{\psi}_i = \tilde{\boldsymbol{\psi}}_i$，其约束函数分别为

$$\text{s.t.} \quad h_j(X) \leqslant 0 \qquad j = 1,2,\cdots,m$$

或 $$\text{s.t.} \quad h_j(X) \leqslant 0 \text{ 和 } \tilde{\lambda}_{il} \leqslant \lambda_i \leqslant \tilde{\lambda}_{in}$$

或 $$\text{s.t.} \quad h_j(X) \leqslant 0, \tilde{\lambda}_{il} \leqslant \lambda_i \leqslant \tilde{\lambda}_{in} \text{ 和 } \boldsymbol{\psi}_i = \tilde{\boldsymbol{\psi}}_i$$

式中，$h_j(X)$ 表示几何约束或性能约束；~表示给定值。

针对某机械结构态设计的要求，在确定了其动态优化设计的数学描述后，采用相应的优化方法，通过迭代直到满足一定的优化准则，从而完成寻优过程，达到对机械结构系统动态特性的设计目标。

4.5 机械减振、振动利用与振动控制设计

在机械动力学设计中，在很多场合下需要对机械设备的隔振减振、振动抑制，甚至振动主动控制进行分析与设计。本节介绍几种典型的被动减振理论，简述主动隔振和振动主动控制的基本思想。此外，在一些场合下，人们还可以利用振动来完成特定的任务，即振动利用。本节对振动利用的有关内容与进展也给予简单介绍。

4.5.1 被动隔振的基本原理

被动隔振是把隔振材料加在机器与基础之间来减弱机器对基础的影响，或者用于减弱基础运动对机器的作用。

以旋转机械的隔振设计为例，分析单级被动隔振的原理。隔振器装在旋转机械与其基础之间，如图 4-11 所示。当机器转动时，转子偏心质量的离心力对基础产生激励，但由于隔振器的变形，使旋转机械产生的激励力对基础的扰动减弱。下面对其工作原理进行分析。

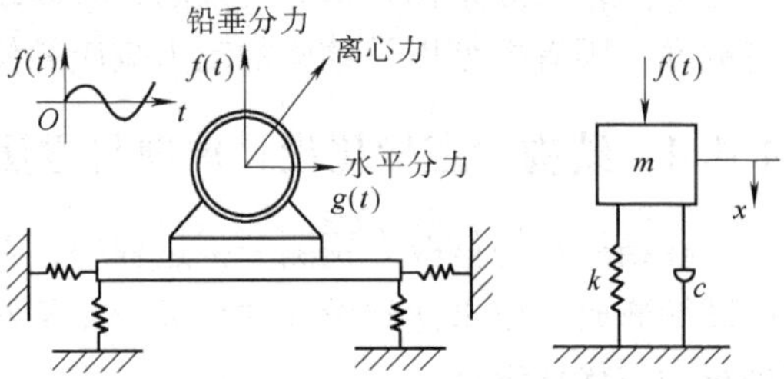

图 4-11 旋转机械的单级被动隔振

只考虑垂直方向上的振动。设旋转机械的质量为 m，隔振器的弹性系数为 k，阻尼系数为 c，机器沿垂直方向的位移为 x，偏心质量离心力的垂直分量为 $f(t)$，则单级隔振系统的运动方程为

$$m\ddot{x} + c\dot{x} + kx = f(t) \tag{4-122}$$

对单级隔振系统，输入量是激振力 $f(t)$，输出量是 $f(t)$ 作用给基础后的扰动力 $n(t)$。扰动力 $n(t)$ 可由下式确定

$$n(t) = c\dot{x} + kx \tag{4-123}$$

将式（4-123）和式（4-122）经拉普拉斯变换并整理，得到隔振系统扰动力对激振力的传递函数

$$G_1(s) = \frac{cs + k}{ms^2 + cs + k} \tag{4-124}$$

将 $s = \mathrm{j}\omega$ 代入式（4-124），可得到给基础的扰动力 $n(t)$ 对激励力 $f(t)$ 的频率特性

$$G(\mathrm{j}\omega) = \frac{\mathrm{j}c\omega + k}{-m\omega^2 + \mathrm{j}c\omega + k} \tag{4-125}$$

将上述频率特性化为幅频特性和相频特性加以分析。幅频特性能够表示线性系统对简谐激励响应的灵敏度，因此可用幅频特性曲线来评价隔振系统性能的品质指标，特别用来评价受简谐激励的系统的隔振能力。事实上，当分析被隔振对象的位移相对于基础位移的隔振性能时，两者的频率特性公式完全相同。

将式（4-125）分解为实部和虚部，经过整理得到幅频特性的解析式

$$R(\omega) = \sqrt{\frac{\omega_n^2(1 + 4\xi^2\omega^2)}{(\omega_n^2 - \omega^2)^2 + 4\xi^2\omega_n^2\omega^2}} \tag{4-126}$$

频率比 g 定义为激励频率 ω 与隔振系统无阻尼固有频率 ω_n 之比

$$g = \frac{\omega}{\omega_n} \tag{4-127}$$

用 $T_a(g)$ 表示幅频特性 $R(\omega)$，经过整理得到以频率比 g 作变量的单级被动隔振系统的绝对传递率公式

$$T_a(g) = \sqrt{\frac{1 + 4\zeta^2 g^2}{(1 - g^2)^2 + 4\zeta^2 g^2}} \tag{4-128}$$

以阻尼比 ζ 作参数，按式（4-128）计算和绘制单级被动隔振系统的绝对传递率曲线，如图 4-12 所示。该图坐标按对数值均匀刻度，图中曲线表明，频率比 g 大于$\sqrt{2}$时，隔振系统才有隔振能力。而且频率比越大，隔振能力越强。

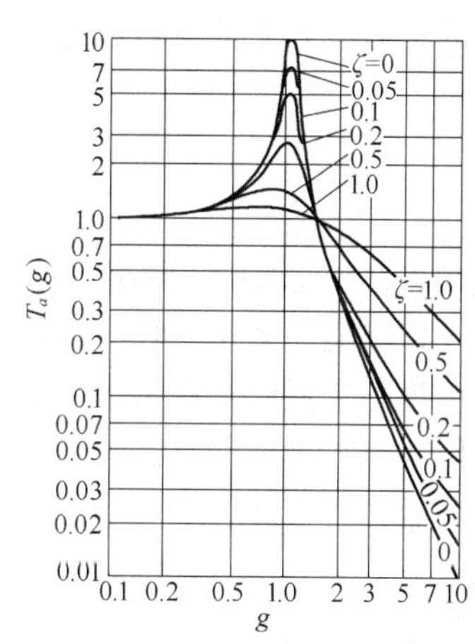

图 4-12　单级被动隔振系统的绝对传递率

工程中利用无源隔振原理可以设计出多种类型的隔振器，主要包括：

1）弹性件与粘性阻尼件并联的隔振器，这种隔振器属于单自由度隔振的基本形式，有效隔振频率范围窄，且高频隔振效果不佳。

2）弹性件与阻尼件串并联组合的隔振器，可以调整弹性元件与阻尼元件的组合方式。

3）橡胶元件隔振器，结构简单，阻尼比金属弹簧刚度大，且调整橡胶材料配方可以很方便地得到不同的特征，但易受外界环境影响，怕油污，高低温性能难以控制。

4）积层橡胶隔振器，广泛应用于建筑物、核反应堆、重型设备和实验台等，其作用是加长主系统的水平方向的摇晃周期，以避开激励波的周期，从而起到减振和避振的目的。

5）空气弹簧，利用气体压缩的非线性恢复力和阻尼力来缓冲冲击和振动，刚度与阻尼可以方便地调节与控制，隔振效果较为理想，常应用在 2Hz 以下的系统。

4.5.2　被动消振的基本原理

机械消振一般是指在减振对象上附加特殊装置，利用它和减振对象的相互作用，将其振动动能传递到消振器上，从而降低减振对象自身的振动强度。

1. 阻尼消振的原理与应用

阻尼消振是利用增加阻尼力抑制原系统的响应。以单自由度振动系统的阻尼与振动响应关系对其原理加以说明。对于单自由度有阻尼振动系统，可以导出振动位移 x 对激振力 $f(t)$ 的传递函数为

$$G(s)=\frac{1}{ms^2+cs+k} \tag{4-129}$$

令 $s=\mathrm{j}\omega$，由上式可导出位移 x 对激振力 $f(t)$ 的频率特性 $G(\mathrm{j}\omega)$。对应的幅频特性公式为

$$R(\omega)=\frac{1}{\sqrt{(k-m\omega^2)^2+c^2\omega^2}} \tag{4-130}$$

设激励力是简谐的，即 $f(t)=f_0\cos\omega t$，则位移振幅公式为

$$x_0=\frac{f_0}{\sqrt{(k-m\omega^2)^2+c^2\omega^2}}$$

而振动系统受到大小等于力幅的常值力作用时，有静态位移

$$x_{st}=\frac{f_0}{k}$$

定义单位简谐激励作用时产生的振幅与单位常值力产生的同一运动量的振幅之比为该系统的动力放大系数。可以导出阻尼消振系统的动力放大系数为

$$A(g)=\frac{x_0}{x_{st}}=\frac{1}{\sqrt{(1-g^2)^2+4\zeta^2g^2}} \tag{4-131}$$

式中，ζ 为振动系统的阻尼比；g 为频率比。

以阻尼比 ζ 作参数，按式（4-131）绘制单自由度振动系统对激振力 $f(t)$ 的幅频响应曲线，如图 4-13 所示。

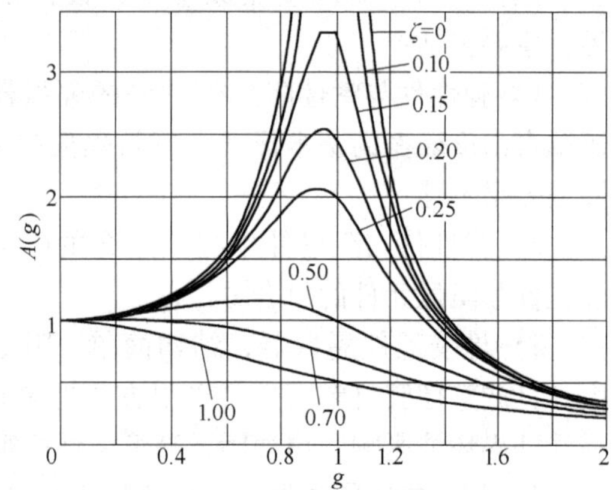

图 4-13　阻尼消振系统的动力放大系数

单自由度阻尼消振系统的动力放大系数实际上就是系统位移对激励力的幅频特性。如果增加振动系统的阻尼，动力放大系数在整个频带上都会减小，因此阻尼消振可以实现对包括随机振动在内的宽带振动进行抑制。此外，增大阻尼对振动系统的共振压制最为明显，工程中常采用阻尼消振来减小共振时系统的最大振幅。阻尼消振技术除了应用于单自由度系统，也常应用于多自由度振动系统和弹性振动系统。

2. 动力消振的原理

动力消振器广泛应用于各种机械结构和工程结构减振之中，例如桥梁、建筑物等。其优点是具有以较低的代价、增加少量部件即可保证获得所需的减振效果。

如图 4-14 所示，设主振动系统的质量为 M，弹簧刚度为 K，消振质量为 m，弹簧刚度系数为 k，主质量位移为 x_1，消振器位移为 x_2，略去阻尼影响，动力消振系统的运动方程为

$$M\ddot{x}_1 + (k+K)x_1 - kx_2 = p(t)\ , \qquad m\ddot{x}_2 - kx_1 + kx_2 = 0 \tag{4-132}$$

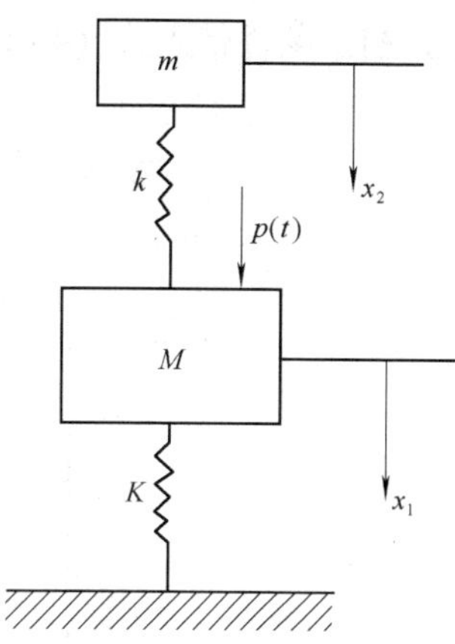

图 4-14　动力消振系统力学模型

式中，$p(t)$ 为主振动系统的激振力。主振动系统质量的位移 x_1 和消振器质量的位移 x_2 对激振力 $p(t)$ 的幅频特性为

$$R_1(\omega) = \frac{k - m\omega^2}{(K + k - M\omega^2)(k - m\omega^2) - k^2}\ ,$$

$$R_2(\omega) = \frac{k}{(K + k - M\omega^2)(k - m\omega^2) - k^2} \tag{4-133}$$

引入参数 $\omega_n^2 = \dfrac{K}{M}, \omega_a^2 = \dfrac{k}{m}, f = \dfrac{\omega_a}{\omega_n}, g = \dfrac{\omega}{\omega_n}, \mu = \dfrac{m}{M}, x_0 = \dfrac{p_0}{K}$，由 $R_1(\omega)$ 和 $R_2(\omega)$ 导出主质量位移 x_1 和消振器位移 x_2 的动力放大系数 A_1 和 A_2 的解析式

$$A_1 = \frac{R_1(\omega)p_0}{x_0} = \frac{f^2 - g^2}{g^4 - g^2[k + f^2(1+\mu)] + f^2} \tag{4-134}$$

$$A_2 = \frac{R_2(\omega)p_0}{x_0} = \frac{f^2}{g^4 - g^2[k + f^2(1+\mu)] + f^2} \tag{4-135}$$

当激振力频率 ω 趋近于主振动系统的固有频率时，将发生强烈共振。这时通过调整动力消振器的固有频率就能抑制共振，即令动力消振器的固有频率等于激振力频率。

$$\omega_a = \omega \tag{4-136}$$

将式（4-136）带入式（4-135），求得此时主振动系统的振幅和消振器的振幅

$$X_1 = p_0R_1(\omega) = 0\ ,\ X_2 = p_0R_2(\omega) = -\frac{p_0}{k} \tag{4-137}$$

由式（4-137）可知，当消振器固有频率与激振频率相等时，主振系统振幅为零，即主振系统振动消失，此称为动力消振的动力调谐条件。当消振器的结构参数满足动力调谐条件时，主振动系统的振动将完全消失，当然，这是一种理想情况。

3. 冲击消振的原理与应用

最简单的冲击消振器是由自由运动物体及其两侧的挡块构成。冲击消振是利用主振系统受激励振动时，安装在其上的冲击消振器的自由物体与两侧挡块反复碰撞，而与主振动系统交换能量的。由于存在冲击与碰撞作用，冲击消振系统是典型的非线性振动系统。

设主振动系统是受简谐激振力 $p(t)$ 作用的单自由度振动系统，其上装有冲击消振器。系统参数满足某些条件时，整个系统将处于稳态对称周期运动状态。活动质量在每个循环中分别与左右挡块碰撞一次，而且两次的碰撞时间间隔均为半周期。

设主振动系统的位移为 x，活动质量的位移为 x_1。设活动质量与左挡块相碰的瞬时为时间原点，激振力设为 $p(t) = p_0\sin(\omega t + \alpha)$，$\alpha$ 为激振力和活动质量位移间的相位差，略去摩擦阻力，如图 4-15 所示。两次碰撞间冲击消振系统的运动方程为

$$m\ddot{x} + c\dot{x} + kx = p_0\sin(\omega t + \alpha),\quad m_1\ddot{x}_1 = 0 \tag{4-138}$$

由于碰撞前后某些运动量有突变，因而需将碰撞起始瞬时表示为 $t = 0_-$，而将碰撞终结瞬时表示为 $t = 0_+$。若将活动质量与左挡块碰撞终结时的运动量作为初始条件，记作

$$x(0_+) = x_0,\quad \dot{x}(0_+) = \dot{x}_0,\quad x_1(0_+) = x_{10},\quad \dot{x}_1(0_+) = \dot{x}_{10} \tag{4-139}$$

将上述初始条件带入式（4-138）中，得到活动质量和主质量位移的解析解为

$$\dot{x}_{10}t = x_{10} + \dot{x}_{10}t \tag{4-140}$$

$$x = e^{-\zeta\omega_n t}(B_1\sin\beta\omega_n t + B_2\cos\beta\omega_n t) + A\sin(\omega + \tau) \tag{4-141}$$

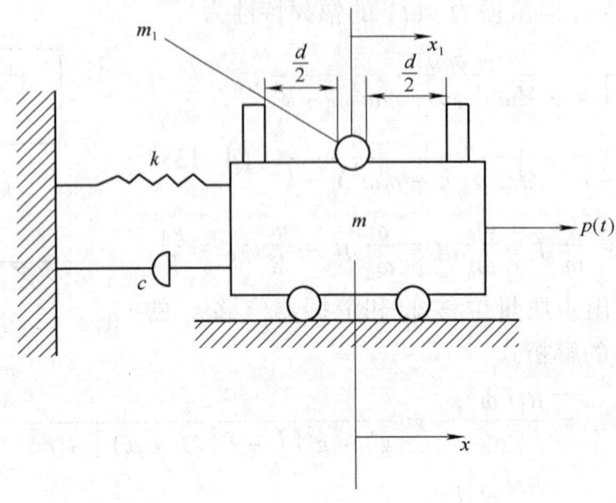

图 4-15　单自由度冲击消振系统力学模型

式中，$\omega_n^2 = \dfrac{k}{m}$；$\zeta = \dfrac{c}{2\sqrt{mk}}$；$g = \dfrac{\omega}{\omega_n}$；$\beta = \sqrt{1-\zeta^2}$；$A = \dfrac{p_0}{k\sqrt{(1-g^2)^2 + 4\zeta^2 g^2}}$；$\tau = \alpha - \Phi$；$\Phi = \arctan\left(\dfrac{2\zeta g}{1-g^2}\right)$。

设图 4-15 所示系统的结构是对称的，受简谐激励后可能产生对称周期运动。与此种对称周期运动对应，在平面（$x,\dot{x}$）和平面（$x_1,\dot{x}_1$）上都由封闭曲线，如图 4-16 所示。

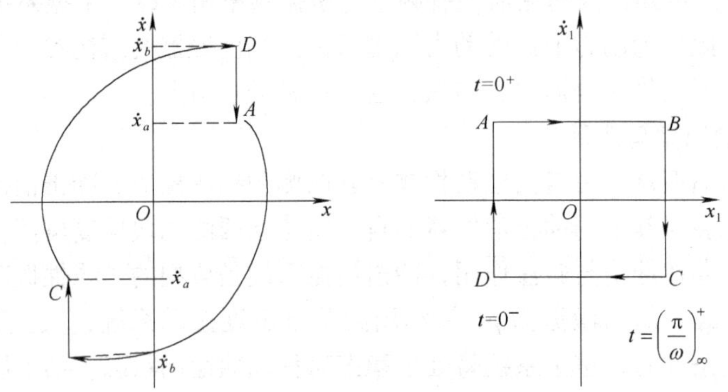

图 4-16　冲击消振系统的相平面图

冲击消振的周期解是否存在取决于其周期运动的稳定性。许多文献对此作了深入的讨论，在此不再叙述。

4.5.3　主动隔振、振动利用简介

1. 主动隔振的原理与主要技术

主动隔振是在被动隔振的基础上，并联能产生满足一定要求的作动器，或用作动器代替

被动隔振装置的部分或全部元件。被动隔振器结构简单、易于实现、经济性好、可靠性高，但控制效果和适应性较差。随着科学技术的发展，以及人们对振动环境及产品与结构振动特性的要求越来越高，被动隔振器在很多方面已很难满足要求。因此，除了在被动隔振器的研究领域继续探讨更为有效的隔振方案外，人们已经重视对主动隔振器的深入研究与应用。

主动隔振是振动主动控制领域的一个主要方面，主动隔振的理论依据在目前主要有：

1）速度反馈控制理论。这一理论起源于主动振动阻尼的研究，其基本思想是利用反馈控制结构的次级系统，产生与被控结构的振动速度呈正比的作用力，并将其作用在该结构上以改变结构的阻尼，从而改变结构的振动响应性质。类似地，也可以使次级系统的作用力正比于结构的振动加速度或位移，以改变振动系统的等效质量或弹性参数，实现主动隔振。

2）波动控制理论。这一理论从波动的线性叠加与干涉效应出发，提出振动能量吸收与抵消概念，目的是要消除或隔离振动能量从振源向某些结构的传递，降低结构的振动传递率。主动隔振器主要由受控对象、作动器、控制器、测量系统和能源组成。

当前，主动隔振器的发展主要取决于作动器、控制器的进步。在主动隔振方面比较有代表性的技术主要包括：

1）车辆半主动隔振和主动隔振。车辆振动控制系统的研究和开发是车辆动力学与控制领域的国际性前沿课题。近年来，随着相关学科和高新技术的发展，半主动隔振系统的研究刚进入实际应用阶段，主动隔振系统由于其造价昂贵、需要额外的控制用功率等原因，至今仍停留在实验室和真车试验阶段。

2）微幅隔振。在超精密加工、超精密测量以及航空航天等方面，微幅振动的影响十分突出。微幅的主动隔振需要性能优异的传感器和作动器。压电陶瓷作动器应用较广，但在实际应用时需要经过精心设计，迫切需要发展高精度传感器和作动器。同时对微信号处理技术、智能控制技术都需要作更深入的研究，对微幅振动控制理论也要作进一步的探讨。

3）振动控制器。在这一方面得益于控制领域的最新成果。鲁棒控制设计在主动隔振技术中应用广泛。根据各类振动的特点，发展有别于传统控制理论的新方法，同时考虑受控对象与控制器之间的相互联系，也是十分重要的。

4）智能作动器。近年来，利用智能材料作为作动器制成的隔振平台，在精密加工、精密测量中得到了广泛的应用。智能作动器主要包括由压电材料、电致伸缩材料、磁致伸缩材料、形状记忆合金和电流变流体等制成的作动器。传统作动器如液体作动、气体作动以及电气作动，由于体积和重量大，多用于地面及固定系统的主动隔振。

2. 振动利用的发展与应用

可以认为，振动是物质世界运动的一种基本形式。从人类的生活及周围工作环境来说，到处存在着利用振动的情况。例如电视机和收音机中的振荡电路、门铃、电话机、机械表与电子表、挂钟、理发用电推子、各部门使用的各种类型的振动机、光导纤维通信技术、医疗设备中的彩超、医用 CT 和核磁共振以及机械设备与结构故障的振动诊断技术等都是对振动（包括波动）原理的实际应用，都属于振动利用的范畴。

在机械工程领域，可以利用振动技术和设备完成许多工艺过程，或用来提高某些机器的工作效率。最近 30 多年来，应用振动原理而工作的机器（振动机械）得到了迅速发展。据不完全统计，目前已用于工业生产中的振动机有百余种之多。例如，振动给料机、振动输送机、振动整形机、振动筛、振动离心脱水机、振动干燥机、振动冷却机、振动球磨机、振动光饰机、动平衡试验机、振动破碎机、振动压路机、振动摊铺机、振动冷冻机、舱壁振动器、振动夯土机、振捣器、振动沉拔桩机和各种形式的激振器等，这些振动机械在各个工业部门已发挥了重要作用。

振动机械或仪器有着广泛的用途，例如给料和输送、筛分和烘干、破碎和清理、成形和压实、振捣和打拔、试验和测示、监测和诊断以及其他用途等。据初步统计，振动机械和仪器的种类已达百余种，在工业、农业、国防以及人类生活的各个方面发挥着重要的作用。随着科学技术的发展，利用振动的新工艺不断出现，下面举出若干应用实例：

1）振动干燥工艺。

2）振动破碎机的应用。

3）振动摊铺及振动压路。

4）振动成形与整形工艺。

5）振动时效工艺及应用。

6）振动诊断技术与振动测试工艺。

7）以振动原理进行体育与健身活动的仪器和设备。

8）机械式医疗仪器、设备与器具。

振动利用工程在近几十年来一直处于发展过程之中，目前已经在机械、基础设施与公共事业建筑、石油化工、地质、采矿、通信、光电子、生物医疗以及经济社会和自然界的许多方面都得到了广泛的发展，具有独特的意义和应用前景。

习　题

4-1　名词解释：固有频率，振型，幅频响应，受迫振动，粘性阻尼，主振型，正则振型，硬特性刚度，组合共振，模态分析，复模态，单自由度拟合方法，导纳圆法，ITD 法，结构灵敏度，矩阵摄动迭代法，被动隔振，绝对传递率，阻尼消振，动力放大系数，动力消振，冲击消振，主动隔振，振动利用。

4-2　简述机械动态设计的含义与主要内容。

4-3　简述非线性系统与线性系统的本质区别。

4-4　求解非线性系统的主要方法有哪些？

4-5　如图 4-17 所示的振动系统，m 为振动物体的质量，k 为弹簧刚度，r 为阻尼系数，$f(t)$ 为外加激振力。

1）求该系统的运动方程，

2）当 $r=0, f(t)=0$ 时，考虑初始条件 $t=0$，$x=x_0, \dot{x}=v_0$，求该系统的响应。

4-6　求图 4-18 所示的弹簧质量系统运动方程，并写出其刚度阵和质量阵。

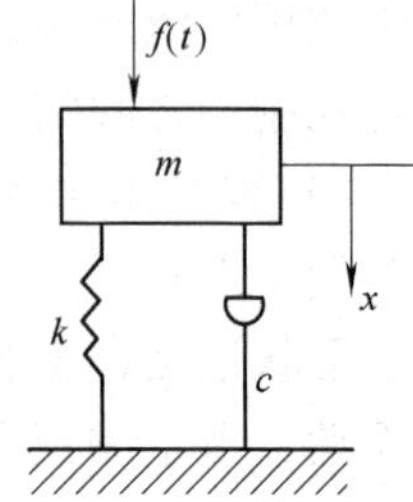
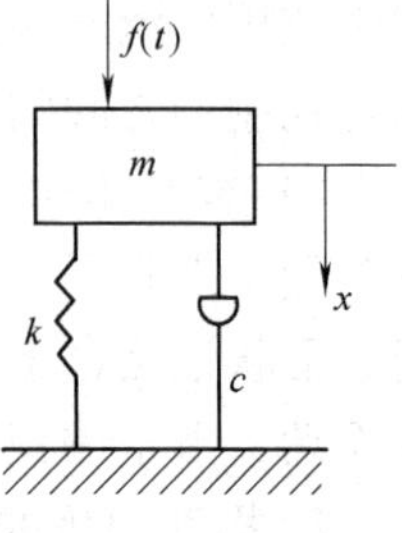

图 4-17　题 4-5 图

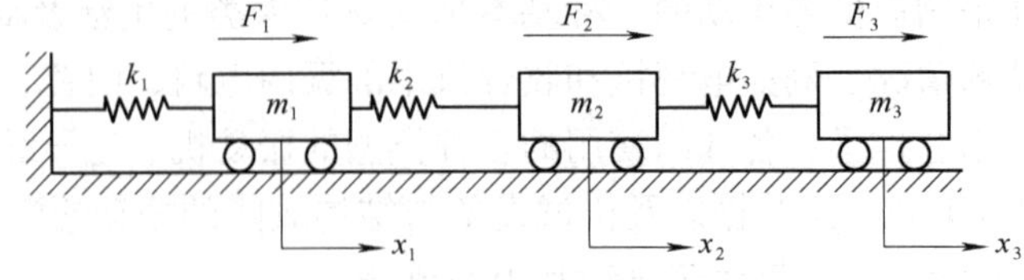

图 4-18　题 4-6 图

4-7　动力学建模的一般方法有哪些？

4-8　试写出有限元动力学建模的一般步骤（包括基本表达式）。

4-9　简述被动隔振与主动隔振的原理。

4-10　某系统的微分振动方程为 $\begin{pmatrix}1&0&0\\0&1&0\\0&0&1\end{pmatrix}\begin{pmatrix}\ddot{x}_1\\\ddot{x}_2\\\ddot{x}_3\end{pmatrix}+\begin{pmatrix}2&-1&0\\-1&2&-1\\0&-1&2\end{pmatrix}\begin{pmatrix}x_1\\x_2\\x_3\end{pmatrix}=\begin{pmatrix}0\\0\\0\end{pmatrix}$，试求系统的固有频率。

4-11　简述实验模态建模的主要步骤。

4-12　结构动力学修改主要包括哪两方面的问题？

4-13　模态分析的目的是什么？

4-14　模态参数识别主要有哪些方法？

4-15　试简述振动利用的原理，并举出 5 个振动利用的工程实例。

参 考 文 献

[1] 大久保信行．机械模态分析［M］．伊传家，译．上海：上海交通大学出版社，1985.

[2] 丁文镜．减振理论［M］．北京：清华大学出版社，1988.

[3] 冯志华．基于灵敏度分析的机械结构动力学修改［J］．苏州丝绸工学院学报，2000，20（4）：46－50.

[4] 傅志方．振动模态分析与参数辨识［M］．北京：机械工业出版社，1990.

[5] 黄安基．非线性振动［M］．成都：西南交通大学出版社，1993.

[6] 李德葆，陆秋海．实验模态分析及其应用［M］．北京：科学出版社，2001.

[7] 孙月明，唐任仲．机械振动学（测试与分析）［M］．杭州：浙江大学出版社，1991.

[8] 闻邦椿，李以农，韩清凯．非线性振动理论中解析方法及工程应用［M］．沈阳：东北大学出版社，2001.

[9] 闻邦椿，刘树英，何勍．振动机械的理论与动态设计方法［M］．机械工业出版社，2001.

[10] 闻邦椿，刘树英，张纯宇．机械振动学［M］．北京：冶金工业出版社，1999.

[11] 闻邦椿，等．现代机械产品设计在新产品开发中的重要作用［J］．机械工程学报，2003，39（10）：43－52.

[12] 沃德·海伦，斯蒂芬·拉门兹，波尔·萨斯．模态分析理论与实验［M］．白化同，郭继忠，译．北京：北京理工大学出版社，2001.

[13] 吴三灵．实用振动试验技术［M］．北京：兵器工业出版社，1993.

[14] 徐庆善．隔振技术的进展与动态［J］．机械强度，1994，16（1）：37－42.

[15] 徐燕中．机械动态设计［M］．北京．机械工业出版社，1992.

[16] 张春红，汤炳新．主动隔振技术的回顾与展望［J］．河海大学常州分校学报，2002，16（2）：1－5.

[17] 周传荣，赵淳生．机械振动参数识别及其应用［M］．北京：科学出版社，1989.

[18] 左鹤声，彭玉莺．振动试验模态分析［M］．北京：中国铁道出版社，1995.

第 5 章　有限元设计

5.1　引言

5.1.1　概述

在工程技术领域内，对于力学问题或其他场问题，已经得到了基本微分方程和相应的边界条件。但是能用解析方法求出精确解的只是方程性质比较简单且几何边界相当规则的少数问题，因此，人们多年来一直在寻求另一种方法，即数值法。

有限元法是一种新的现代数值方法。20 世纪 50 年代其首先被用于飞机的结构强度设计。1960 年，R. W. Clough 在应用位移法分析复杂平面应力问题时，首次提出“有限元法”（Finite Element Method，FEM）这一术语，以区别有限差分法。以后，相继出现以各种变分原理建立的有限元计算公式，使该方法得到迅速发展。现在，有限元法除了在上述结构静力学分析中发挥了极大作用外，还广泛地应用于其他连续介质和各种场问题的求解中，如流体力学、热传导、电磁场以及结构动特性分析等。本章将简要地介绍弹性力学问题有限元法的一般原理和表达格式以及有限元分析软件在工程设计中的应用。

5.1.2　结构分析和有限元法

机械结构分析是机械设计的一个重要方面，主要包括结构的强度、刚度、稳定性和动力特性等分析，其目的在于了解结构强度总貌，找出薄弱部位，改进设计以满足结构在功能、形状、重量以及寿命方面的要求。从力学观点进行结构设计，对已设计好的结构进行结构力学分析，统称结构分析。结构分析方法可分为解析法和数值法两种，如图 5 - 1 所示。

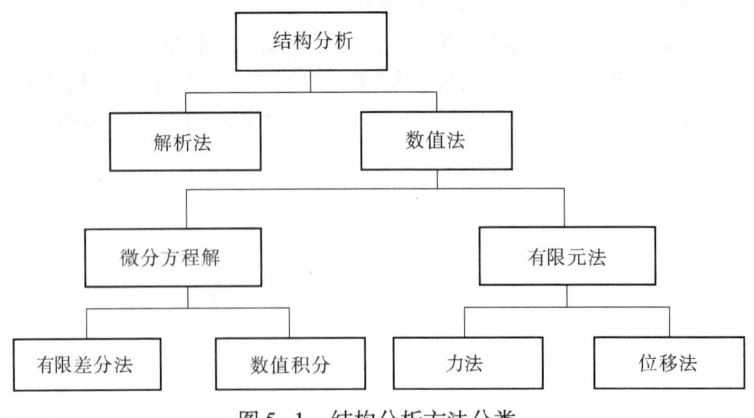

图 5 - 1　结构分析方法分类

解析法就是运用弹性力学的基本方程来求解应力与变形。从理论上讲，弹性力学能解决一切弹性体的应力和应变问题。但工程实践中，一般结构的形状、受力情况和边界条件都比较复杂，用弹性力学的基本方程来求解，往往是不可能的。因此解析法通常只能对某些简单的问题求得精确解。对于复杂的结构分析，惟一的途径是应用数值法来求其近似解。

力学分析的数值法可分为两类：

第一类是在解析的基础上进行近似数值计算。先由解析法建立弹性力学的基本方程，然后再采用近似的数值解法，如有限差分法，它用有限差量比值来代替导数，把微分方程式变换成差分方程式（线性代数方程），然后再求出弹性体内各点的应力分量，求出的应力分量还必须满足边界条件。有限差分法对于具有规则边界和均匀材料的弹性体的求解比较有效。由于它不能适应处理复杂的结构形状与边界条件的情况，也不能适应处理不同材料特性与变化载荷等情况，因此有限差分法在结构分析中的应用受到较大限制。

第二类是在力学模型上进行近似的数值计算。它是将连续弹性体简化为有限个单元组成的离散化模型，在对有限个单元分析的基础上进行总体分析，然后对离散化的模型求出数值解。这种方法就是有限元法。把复杂的结构看成有限个单元组成的整体，就是有限元法的基本思想。从选择基本未知量的角度来看，有限元可以分为两类：①以节点位移为基本未知量的位移法；②以节点力为基本未知量的力法。除此之外，在工程应用中还有以一部分节点位移和一部分节点力为基本未知量的混合法。与力法相比，位移法具有易于实现计算机自动化的优点，因此，在有限元法中，位移法应用最广。在某些特殊问题中，力法由于未知量的个数较少而被采用。混合法的应用较晚，在解决板壳问题中已经显示出其优点。

有限元法是一种基于计算机技术的数值分析方法，不仅可以用来进行力学分析，以及温度场、电磁场的计算，而且还是现代机械设计方法中的疲劳设计、可靠性设计、动态设计、优化设计和计算机辅助设计的基础。

5.1.3　有限元的基本思想和特点

1. 连续体离散化

有限元法先将连续体划分为有限个具有规则形状的微小块体，每个微小块体称为单元，两相邻单元之间只通过若干点相互连接，每个连接点称为节点。再将作用于各单元上的外载荷，按照虚功原理等效化成各单元的节点载荷。用划分后由有限个单元组成的集合体代替原来的连续体，这一步称为连续体的离散化。图 5-2 所示是一托架梁划分为许多三角形单元的例子，三角形单元的三个顶点都是节点。

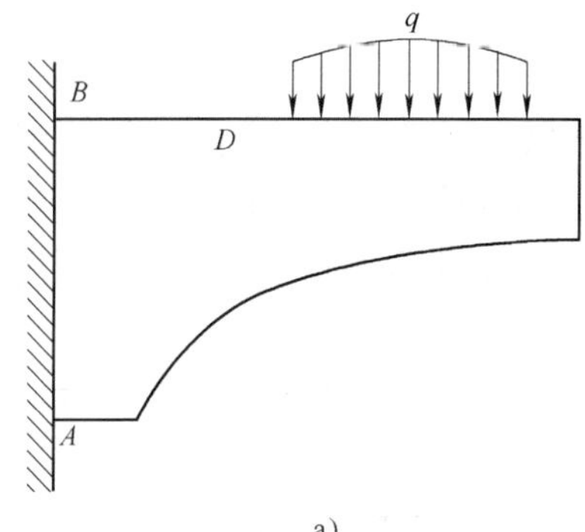

a)

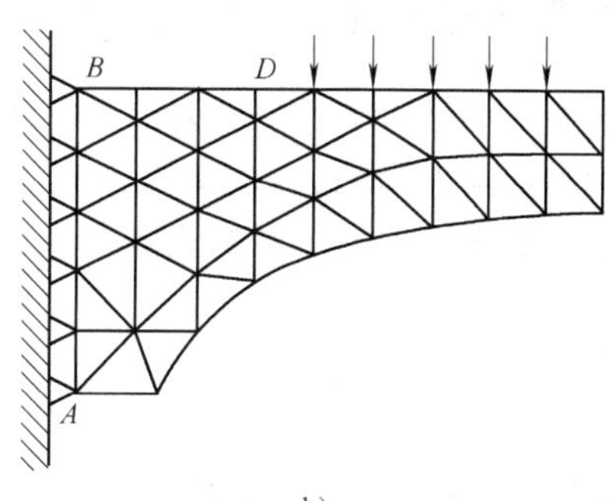

b)

图 5-2　托架梁

a）原始模型　b）有限元模型

2. 单元分析

如采用位移法计算，首先，要针对所选定的单元类型选择一简单多项式近似表达单元内各位移分量的分布规律，并把单元内任意点位移分量写成统一形式的位移插值函数式，从而通过单元节点位移，表达出单元内任意点的位移、应变和应力。其次，利用虚功原理或变分原理建立单元节点力与节点位移之间的特性关系，称为单元有限元方程式。该方程式可用矩阵形式表示为 $\boldsymbol{F}^e=\boldsymbol{K}^e\boldsymbol{\Delta}^e$，其中 $\boldsymbol{F}^e$ 是由单元节点载荷分量组成的列阵；$\boldsymbol{\Delta}^e$ 是由基本未知量节点位移分量组成的列阵；$\boldsymbol{K}^e$ 称为单元刚度矩阵，它反映了单元节点力与节点位移之间存在的特性关系。不难看出，建立单元刚度矩阵 $\boldsymbol{K}^e$ 是单元分析中的核心，事实上它也是整个有限元分析的关键步骤。

3. 整体分析

通过结构力平衡条件和边界条件把各个单元的特性关系叠加组成整体特性关系，即建立整体各节点载荷与节点位移之间的关系，形成整体有限元方程式，该方程式仍可用矩阵表示为 $\boldsymbol{F}=\boldsymbol{K}\boldsymbol{u}$，其中 $\boldsymbol{F}$ 是由全部节点的载荷分量组成的列阵；$\boldsymbol{u}$ 是由全部节点的位移分量组成的列阵；而 $\boldsymbol{K}$ 称为结构刚度矩阵，它是由各单元刚度矩阵 $\boldsymbol{K}^e$ 叠加而成的。这表明，最后得到的是一组以全部节点位移分量为未知量的线性方程组。在引入边界条件后求解上述联立方程组，就可得到连续体力学问题的数值解（包括位移、应变和应力等）。

通过以上介绍，不难看出，有限元法是由整体到分块，又从分块组成整体的分析方法。通常，如果插值函数选得合适，单元分得越细越多，得到的结果就越精确，但是计算量也会随之迅速增大。当单元数越趋于无穷时，计算结果就收敛于精确解。

与传统的分析方法相比，有限元法有以下一些特点：

1）它是一种近似的数值解法，它的本身是求解偏微分方程的一种近似计算工具。

2）不受物体几何形状的限制，对于复杂的几何形状和边界条件以及不同材料构成的弹性体，经过细密地划分来近似地达到真实情况。

3）可以求解包括各种特殊结构部件的复杂结构，能处理物体内部带有间断性和材料性质有跳跃性变化的复杂问题。

4）可以适应各种各样间断的边界条件和载荷条件。

5）有限元法直观易懂，容易编制程序并运用计算机计算，计算方法容易掌握，易于推广应用。

5.1.4　有限元在工程设计中的应用

有限元的应用已由求解弹性力学平面问题扩展到空间问题、板壳问题；由求解静力平衡问题扩展到求解动力问题、稳定问题；从线性分析扩展到物理、几何和边界的非线性分析，分析的对象也从固体力学扩展到流体力学、传热学和电磁学等其他领域。当前可用有限元法解决的问题主要有：

1）杆、梁、板、壳，二维元、三维元、管道元、弹簧元等各种单元的复杂结构的静力分析。

2）频率、振型、各种动力响应和撞击在内的各种复杂结构的动力分析。

3）大型复杂结构的稳定性分析。

4）整机（如水压机、汽车、飞机、船舶、发电机、泵机和机床等）的静力分析。

5）复合材料零部件的强度分析。
6）工程构件及其零部件的弹塑性应力分析。
7）金属、橡胶等材料的大应变分析。
8）梁、板、壳等结构的大挠度分析。
9）工程构件和零部件的热弹塑性、蠕变、粘弹性和粘塑性分析。
10）工程构件和零件的线性和非线性屈曲分析。
11）各种边界条件下的线性和非线性稳态和瞬态温度场分析。
12）零部件之间的接触应力分析。
13）二维和三维问题的线性和非线性电磁场分析。
14）二维和三维液压流场分析。
15）气动力学分析。
16）工程机械轴承润滑、油膜计算。
17）随机激励下（承受风、海浪、地震载荷）结构振动与强度分析。
18）金属冲压加工成形数值模拟。
19）结构零部件的尺寸、重量以及形状的优化分析。

5.1.5　CAE 技术与有限元

计算机辅助工程（Computer Aided Engineering，CAE）技术是一个涉及面广、集多种学科与工程技术于一体的综合性、知识密集型技术。相应的 CAE 软件则是包含了数值计算技术、数据库、计算机图形学、工程分析与仿真在内的综合性软件系统。图 5 - 3 所示为现行 CAE 软件的基本结构。

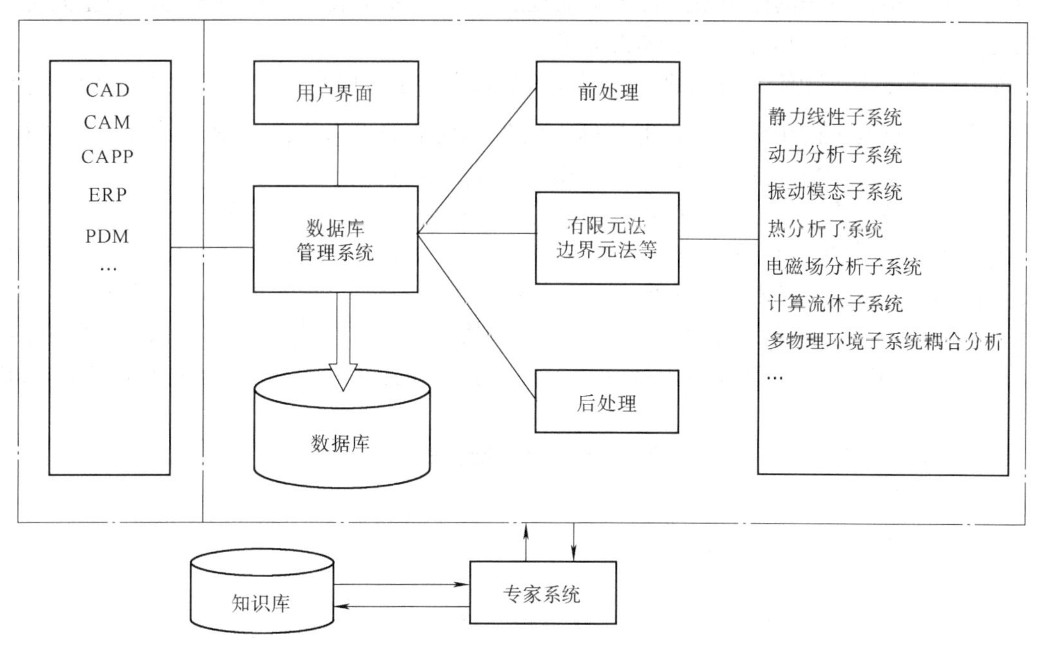

图 5 - 3　CAE 软件的基本结构

CAE 软件可以分为专用和通用两类，前者主要是针对特定类型的工程或产品所开发的用于产品性能分析、预测和优化的软件，它以在某个领域中的深入应用而见长，如美国ETA公司的汽车专用CAE软件LS/DYNA3D及ETA/FEMB等。通用型软件可以对多种类型的工程和产品的物理力学性能进行分析、模拟、预测、评价和优化，是一类可以用于实现产品技术创新的软件，它以覆盖的应用范围广而著称，如ANSYS、NASTRAN、MARC等。CAE软件的主要应用价值在于：在设计阶段通过对工程结构和机械产品的仿制、性能的计算与分析、安全可靠性的模拟，可以及早发现设计中的缺陷，并预测工程结构、产品的可用性与可靠性，为工程实施、产品创新提供技术保障。

从图5-3可看出，CAE软件的理论基础是有限元法、边界元法等现代设计力学方法。随着有限元理论的逐步成熟及计算机硬件的飞速发展，现行的CAE软件日趋成熟并迅速普及。过去只能由专家进行的有限元分析技术正在迅速地进入企业和工程实际领域，并为一般工程技术人员所掌握。

5.2 弹性力学的基本理论

在有限元法中经常要用到弹性力学的基本方程和与之等效的变分原理，在本节中将简要介绍弹性力学的基本理论，关于它们的详细推导可从弹性力学的有关教材中查到。

5.2.1 弹性力学的基本概念

弹性力学中经常提到的基本量有外力、应力、应变和位移。

作用于物体的外力可以分为体力和面力。

体力，是分布在物体体积内的力，如重力、惯性力和磁力等。物体内任一点的体力，用作用于其上的单位体积的体力沿坐标轴上的投影X、Y、Z来表示，且沿坐标轴的正向为正，反之为负。这三个投影称为该点的体力分量。

面力，是作用于物体表面上的力，可以是分布力，也可以是集中力。物体表面任一点的面力，用作用于其上的单位表面积上的面力沿坐标轴上的投影$\overline{X}$、$\overline{Y}$、$\overline{Z}$来表示。沿坐标轴的正向为正，反之为负。这三个投影称为该点的面力分量。

弹性体在载荷作用下，体内任意一点的应力状态可以由6个应力分量σ_x、σ_y、σ_z、τ_{xy}、τ_{yz}、τ_{zx}来表示。其中，σ_x、σ_y、σ_z是正应力；τ_{xy}、τ_{yz}、τ_{zx}为切应力。应力分量的正负号规定如下：如果某一个面的外法线方向与坐标轴的正方向一致，这个面的应力分量就以沿坐标轴正方向为正，与坐标轴反向为负；相反，如果某个面的外法线方向与坐标轴的负方向一致，这个面上的应力分量就以沿坐标轴负方向为正，反之为负。应力分量及其正方向如图5-4所示。

应力分量的矩阵表示称为应力列阵或应力分量，即

$$\boldsymbol{\sigma}=\begin{pmatrix}\sigma_x\\ \sigma_y\\ \sigma_z\\ \tau_{xy}\\ \tau_{yz}\\ \tau_{zx}\end{pmatrix}=[\sigma_x,\ \sigma_y,\ \sigma_z,\ \tau_{xy},\ \tau_{yz},\ \tau_{zx}]^{\mathrm{T}}$$

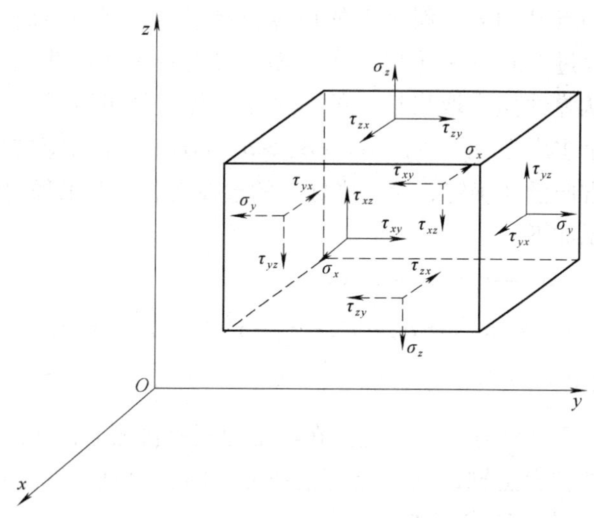

图 5-4　应力分量

弹性体在载荷作用下，不仅产生应力，还产生位移和变形。弹性体内任一点的位移可由沿直角坐标轴方向的三个位移分量 u、v、w 来表示。它的矩阵形式

$$\boldsymbol{u}=\begin{pmatrix}u\\v\\w\end{pmatrix}=[u,\ v,\ w]^{\mathrm{T}}$$

称为位移列阵或位移向量。

为描述弹性体内某点 P 的变形，就在这一点取一平行六面微分体，其中平行于坐标轴的三个微小棱边 PA、PB、PC 的长度分别为 $\mathrm{d}x$、$\mathrm{d}y$、$\mathrm{d}z$，如图 5-5 所示。物体变形以后，这三个棱边的长度及它们之间的夹角改变，就作为这一点的变形。线段每单位长度的伸缩量称为线应变（相对变形或正应变）。线段之间的角度改变称为切应变。弹性体内任意一点的应变，可以由 6 个应变分量 ε_x、ε_y、ε_z、γ_{xy}、γ_{yz}、γ_{zx} 来表示。其中，ε_x、ε_y、ε_z 为线应变；γ_{xy}、γ_{yz}、γ_{zx} 为切应变。应变的正负号与应力的正负号相对应，即应变以伸长时为正，缩短为负；切应变是以两个沿坐标轴正方向的线段组成的夹角变小为正，反之为负。

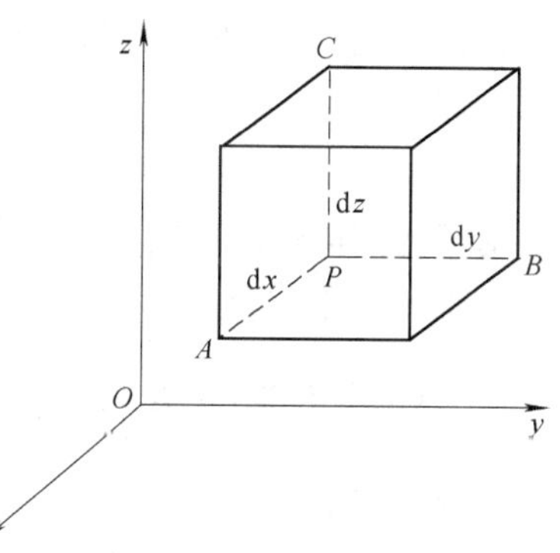

图 5-5　弹性体变形

应变的矩阵形式是

$$\boldsymbol{\varepsilon}=\begin{pmatrix}\varepsilon_x\\\varepsilon_y\\\varepsilon_z\\\gamma_{xy}\\\gamma_{yz}\\\gamma_{zx}\end{pmatrix}=[\varepsilon_x,\ \varepsilon_y,\ \varepsilon_z,\ \gamma_{xy},\ \gamma_{yz},\ \gamma_{zx}]^{\mathrm{T}}$$

如果弹性体内任一点 P 的某一斜面上的切应力等于零，则该斜面上的线应力称为该点的主应力，该斜面称为过点 P 的一个应力主平面，应力主平面的法线方向称为主方向，即主应力的方向。一般从弹性体中取出任意的一个单元体，都可以找到三个相互垂直的主平面，因而每点都有三个主应力 σ_1、σ_2、σ_3（$\sigma_1>\sigma_2>\sigma_3$）。在给定的外力作用下，物体内一点主应力的大小和方向已经确定，而与坐标系的选择无关。在工程中经常会用到一点应力的三个不变量，其表示如下

$$\left.\begin{aligned}
I_1&=\sigma_x+\sigma_y+\sigma_z=\sigma_1+\sigma_2+\sigma_3\\
I_2&=\sigma_x\sigma_y+\sigma_y\sigma_z+\sigma_z\sigma_x-\tau_{xy}^2-\tau_{yz}^2-\tau_{zx}^2=\sigma_1\sigma_2+\sigma_2\sigma_3+\sigma_3\sigma_1\\
I_3&=\sigma_x\sigma_y\sigma_z+2\tau_{xy}\tau_{yz}\tau_{zx}-\sigma_x\tau_{yz}^2-\sigma_y\tau_{zx}^2-\sigma_z\tau_{xy}^2=\sigma_1\sigma_2\sigma_3
\end{aligned}\right\}\tag{5-1}$$

如果存在主应力，则必然存在主应变。在给定的应变状态下，弹性体内任意一点，一定存在着三个相互垂直的应变主轴，三个应变主轴之间的三个直角在变形后仍为直角（切应变为零）。沿三个应变主轴有三个主应变，用 ε_1、ε_2、ε_3（$\varepsilon_1>\varepsilon_2>\varepsilon_3$）表示。将式（5-1）中的 σ 换为 ε，τ 换为$\frac{1}{2}\gamma$，相应可以得到三个应变不变量，即

$$\left.\begin{aligned}
J_1&=\varepsilon_x+\varepsilon_y+\varepsilon_z=\varepsilon_1+\varepsilon_2+\varepsilon_3\\
J_2&=\varepsilon_x\varepsilon_y+\varepsilon_y\varepsilon_z+\varepsilon_z\varepsilon_x-\frac{1}{4}(\gamma_{xy}^2+\gamma_{yz}^2+\gamma_{zx}^2)=\varepsilon_1\varepsilon_2+\varepsilon_2\varepsilon_3+\varepsilon_3\varepsilon_1\\
J_3&=\varepsilon_x\varepsilon_y\varepsilon_z+\frac{1}{4}(\gamma_{xy}+\gamma_{yz}+\gamma_{zx}-\varepsilon_x\gamma_{yz}^2-\varepsilon_y\gamma_{zx}^2-\varepsilon_z\gamma_{xy}^2)=\varepsilon_1\varepsilon_2\varepsilon_3
\end{aligned}\right\}\tag{5-2}$$

J_1、J_2、J_3 不随坐标的改变而改变。三个相互垂直方向的线应变之和是体积应变，以 e 表示，即

$$e=J_1=\varepsilon_x+\varepsilon_y+\varepsilon_z\tag{5-3}$$

对于各向同性的材料，应变主轴和应力主轴重合，当应力超过弹性极限时，应力主轴和应变主轴一般不重合。

5.2.2 弹性力学的基本方程

1. 平衡方程

弹性体 $\boldsymbol{V}$ 域内任一点沿坐标轴 x、y、z 方向的平衡方程为

$$\begin{aligned}
&\frac{\partial\sigma_x}{\partial x}+\frac{\partial\tau_{yx}}{\partial y}+\frac{\partial\tau_{zx}}{\partial z}+X=0\\
&\frac{\partial\tau_{xy}}{\partial x}+\frac{\partial\sigma_y}{\partial y}+\frac{\partial\tau_{zy}}{\partial z}+Y=0\\
&\frac{\partial\tau_{xz}}{\partial x}+\frac{\partial\tau_{yz}}{\partial y}+\frac{\partial\sigma_z}{\partial z}+Z=0
\end{aligned}\tag{5-4}$$

式中，X、Y、Z 分别为单位体积的体积力 $\boldsymbol{F}$ 在 x、y、z 方向的分量。

平衡方程的矩阵形式为

$$\nabla\boldsymbol{\sigma}+\boldsymbol{F}=0\quad（在\ \boldsymbol{V}\ 域内）$$

式中，$\boldsymbol{F}$ 是体积力向量，$\boldsymbol{F}=[X,\ Y,\ Z]^{\mathrm{T}}$；$\nabla$是微分算子：

$$\nabla = \begin{pmatrix} \frac{\partial}{\partial x} & 0 & 0 & \frac{\partial}{\partial y} & 0 & \frac{\partial}{\partial z} \\ 0 & \frac{\partial}{\partial y} & 0 & \frac{\partial}{\partial x} & \frac{\partial}{\partial z} & 0 \\ 0 & 0 & \frac{\partial}{\partial z} & 0 & \frac{\partial}{\partial y} & \frac{\partial}{\partial x} \end{pmatrix} \tag{5-5}$$

2. 几何方程——应力位移关系

在微小位移和微小变形的情况下，略去位移导数的高次幂，则应变向量和位移向量间的几何关系为

$$\left.\begin{aligned} &\varepsilon_x = \frac{\partial u}{\partial x}, \quad \varepsilon_y = \frac{\partial v}{\partial y}, \quad \varepsilon_z = \frac{\partial w}{\partial z} \\ &\gamma_{xy} = \frac{\partial u}{\partial y} + \frac{\partial v}{\partial x} = \gamma_{yx}, \quad \gamma_{yz} = \frac{\partial v}{\partial z} + \frac{\partial w}{\partial y} = \gamma_{zy}, \quad \gamma_{zx} = \frac{\partial w}{\partial x} + \frac{\partial u}{\partial z} = \gamma_{xz} \end{aligned}\right\} \tag{5-6}$$

几何方程的矩阵形式为

$$\boldsymbol{\varepsilon} = \boldsymbol{L}\boldsymbol{u} \quad （在 \boldsymbol{V} 域内） \tag{5-7}$$

式中，$\boldsymbol{L}$ 为微分算子：

$$\boldsymbol{L} = \begin{pmatrix} \frac{\partial}{\partial x} & 0 & 0 \\ 0 & \frac{\partial}{\partial y} & 0 \\ 0 & 0 & \frac{\partial}{\partial z} \\ \frac{\partial}{\partial y} & \frac{\partial}{\partial x} & 0 \\ 0 & \frac{\partial}{\partial z} & \frac{\partial}{\partial y} \\ \frac{\partial}{\partial z} & 0 & \frac{\partial}{\partial x} \end{pmatrix} = \nabla^{\mathrm{T}} \tag{5-8}$$

3. 物理方程——应力应变关系

弹性力学中应力与应变之间的关系称为物理关系。对于各向同性线弹性材料，其矩阵形式表示为

$$\boldsymbol{\sigma} = \boldsymbol{D}\boldsymbol{\varepsilon} \tag{5-9}$$

式中，

$$\boldsymbol{D} = \frac{E(1-\mu)}{(1+\mu)(1-2\mu)} \begin{pmatrix} 1 & \frac{\mu}{1-\mu} & \frac{\mu}{1-\mu} & 0 & 0 & 0 \\ & 1 & \frac{\mu}{1-\mu} & 0 & 0 & 0 \\ & & 1 & 0 & 0 & 0 \\ & 对 & & \frac{1-2\mu}{2(1-\mu)} & 0 & 0 \\ & & 称 & & \frac{1-2\mu}{2(1-\mu)} & 0 \\ & & & & & \frac{1-2\mu}{2(1-\mu)} \end{pmatrix} \tag{5-10}$$

称为弹性矩阵。它完全取决于弹性体材料的弹性模量 E 和泊松比 μ。

4. 边界条件

弹性体 $\boldsymbol{V}$ 的全部边界为 S，在一部分边界上作用着表面力 $\overline{\boldsymbol{F}} = [\overline{X}, \overline{Y}, \overline{Z}]^{\mathrm{T}}$，这部分边界称为给定力的边界，记为 S_{σ}；在另一个边界上弹性体的位移 $\overline{u}$、$\overline{v}$、$\overline{w}$ 已知，这部分边界称为给定位移边界，记为 S_u。这两个部分边界构成弹性体的全部边界，即

$$S_{\sigma} + S_u = S \tag{5-11}$$

弹性体力的边界条件为

$$\left.\begin{aligned} \overline{X} &= \sigma_x l + \tau_{yx} m + \tau_{zx} n \\ \overline{Y} &= \tau_{xy} l + \sigma_y m + \tau_{zy} n \quad (\text{在 } S_{\sigma} \text{ 上}) \\ \overline{Z} &= \tau_{xz} l + \tau_{yz} m + \sigma_z n \end{aligned}\right. \tag{5-12}$$

式中，l、m、n 为弹性体边界外法线与三个坐标轴夹角的方向余弦。

弹性体位移边界条件为

$$u = \overline{u}, \quad v = \overline{v}, \quad w = \overline{w} \quad (\text{在 } S_u \text{ 上}) \tag{5-13}$$

5.2.3 平面应力和平面应变问题

任何构件都具有三维空间，在载荷或温度变化等作用下，物体内产生的应力、应变和位移也必然是三向的。一般说来，在直角坐标系中，应力、应变和位移是三个坐标 x、y、z 的函数，这种问题称为弹性力学的空间问题。但构件形状有某些特点，并且受到特殊的分布外力或温度变化影响，某些空间问题可以简化为弹性力学的平面问题。这些问题中的应力、应变和位移仅为两个坐标（如 x、y）的函数。平面问题进而分为平面应变问题和平面应力问题。

1. 平面应变问题

对于具有以下特征的构件，其应变问题可作为平面应变看待：

1）构件纵向（如 z 轴方向）的尺寸远大于横向（x、y 轴方向）尺寸。

2）与纵向（z 轴）垂直的各横截面的尺寸和形状均相同。

3）所有外力均与纵轴（z 轴）垂直，并且沿纵轴没有变化。

4）物体的约束（支承）条件不随 z 轴变化。

这时，在纵向可以把构件作为无限长看待。远离物体两端的截面将没有纵向（z 轴方向）位移，而沿 x 方向和 y 方向的位移在各截面上都是相同的，与 z 轴无关，即其应变只发生在 xOy 平面内，这种情况称为平面应变。

在工程机械中，许多结构或构件属于这一类情况。如直的堤坝和隧道，圆柱形长管受到水压力的作用（图 5-6a），圆柱形长辊受到垂直于纵轴的均匀压力（图 5-6b）等，均可近似地视为平面应变问题。

通常，只要是长的等直柱体或板，受到垂直于其纵轴而且沿长度方向无变化的载荷作用，其应变问题都可以简化为平面应变问题。下面是这种情况下的应力、应变以及弹性力学的基本方程式。

位移：按平面应变的定义，三个方向的位移函数是

$$u = u(x,y), \quad v = v(x,y), \quad w = 0 \tag{5-14}$$

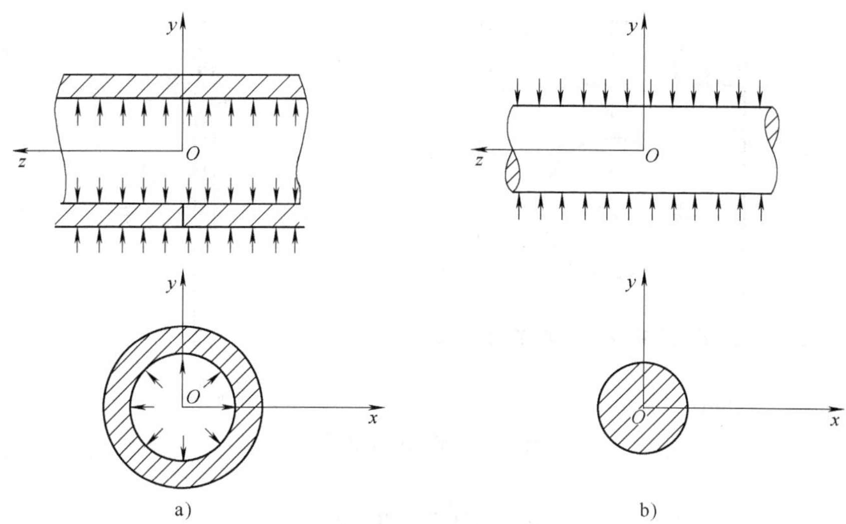

图 5-6　平面应变问题

应变：由几何方程式（5-6）中应力分量和位移函数的关系，得

$$\left.\begin{aligned} \varepsilon_x &= \frac{\partial u}{\partial x} = \varphi_1(x,y), \quad & \gamma_{xy} &= \frac{\partial u}{\partial y} + \frac{\partial v}{\partial x} = \varphi_2(x,y) \\ \varepsilon_y &= \frac{\partial v}{\partial y} = \varphi_3(x,y), \quad & \gamma_{yz} &= \frac{\partial w}{\partial y} + \frac{\partial u}{\partial x} = 0 \\ \varepsilon_z &= \frac{\partial w}{\partial z} = 0, \quad & \gamma_{zx} &= \frac{\partial u}{\partial z} + \frac{\partial w}{\partial x} = 0 \end{aligned}\right\} \tag{5-15}$$

应力：

$$\left.\begin{aligned} \sigma_x &= \frac{E(1-\mu)}{(1+\mu)(1-2\mu)}\left(\varepsilon_x + \frac{\mu}{1-\mu}\varepsilon_y\right) \\ \sigma_y &= \frac{E(1-\mu)}{(1+\mu)(1-2\mu)}\left(\frac{\mu}{1-\mu}\varepsilon_x + \varepsilon_y\right) \\ \tau_{xy} &= \frac{E}{2(1+\mu)}\gamma_{xy} = \frac{E(1-\mu)}{(1+\mu)(1-2\mu)}\,\frac{1-2\mu}{2(1-\mu)}\gamma_{xy} \end{aligned}\right\} \tag{5-16}$$

2. 平面应力问题

对于具有如下特征的构件，其应力问题可作为平面应力问题处理。

1）物体沿一个坐标方向（如沿 z 轴方向）的尺寸远小于沿其他两个方向的尺寸，如图 5-7 所示的等厚度薄板。

2）外力作用在周边上，并与 xOy 面平行，板的侧面没有外力，体积力垂直于 z 轴。

3）由于板的厚度很小，故外载荷面积力和体积力都可看做是沿 z 轴方向均匀分布的，并且为恒量。

在这种情况下，所有应力将只产生在 xOy 平面内，沿 z 轴方向无任何应力，即

$$\sigma_z = 0, \quad \tau_{zy} = 0, \quad \tau_{zx} = 0 \tag{5-17}$$

对于各向同性体，平面应力问题中的应力与应变的关系为

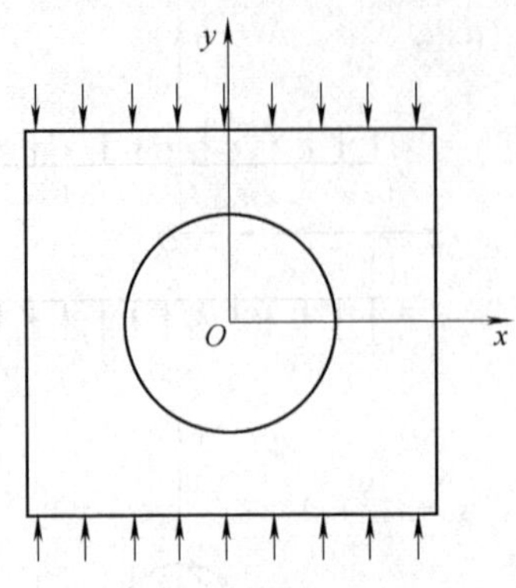

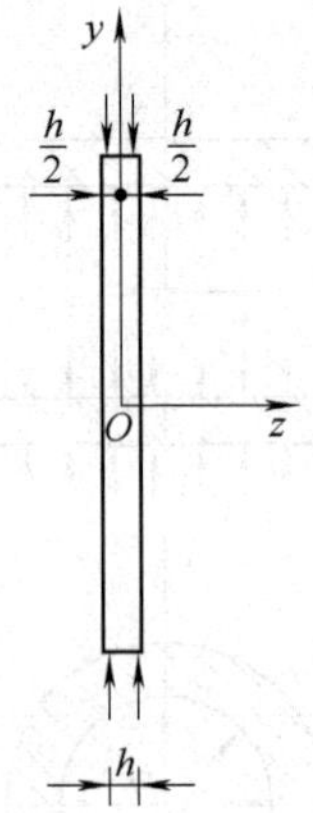

图 5-7　平面应力问题

$$\left.\begin{aligned}\varepsilon_x &= \frac{1}{E}(\sigma_x - \mu\sigma_y)\\ \varepsilon_y &= \frac{1}{E}(\sigma_y - \mu\sigma_x)\\ \gamma_{xy} &= \frac{1}{G}\tau_{xy}\end{aligned}\right\} \tag{5-18}$$

如果用应变分量表示应力分量，则为

$$\left.\begin{aligned}\sigma_x &= \frac{E}{1-\mu^2}(\varepsilon_x + u\varepsilon_y)\\ \sigma_y &= \frac{E}{1-\mu^2}(\mu\varepsilon_x + \varepsilon_y)\\ \tau_{xy} &= G\gamma_{xy} = \frac{E}{2(1+\mu)}\gamma_{xy}\end{aligned}\right\} \tag{5-19}$$

这两种平面问题的物理方程可写成统一的形式，用矩阵方程表示为

$$\boldsymbol{\sigma} = \boldsymbol{D\varepsilon} \tag{5-20}$$

这里，$\boldsymbol{\sigma} = [\sigma_x,\ \sigma_y,\ \tau_{xy}]^{\mathrm{T}}$、$\boldsymbol{\varepsilon} = [\varepsilon_x,\ \varepsilon_y,\ \gamma_{xy}]^{\mathrm{T}}$ 分别为应力列阵、应变列阵。矩阵 $\boldsymbol{D}$ 称为弹性矩阵，对于平面应力问题，弹性矩阵为

$$\boldsymbol{D} = \frac{E}{1-\mu^2}\begin{pmatrix}1 & \text{对} & \\ \mu & 1 & \text{称}\\ 0 & 0 & \frac{1-\mu}{2}\end{pmatrix} \tag{5-21}$$

对于平面应变问题的弹性矩阵，只需在矩阵式（5-21）中，以$\frac{E}{1-\mu^2}$代替 E、$\frac{\mu}{1-\mu}$代替 μ 即可。

弹性力学平面问题有两个平衡方程、三个几何方程和三个物理方程，共有八个方程，其中含有三个应力分量 σ_x、σ_y、τ_{xy}，三个应变分量 ε_x、ε_y、γ_{xy}，两个位移分量 u 和 v，共八个未知量。从数学的观点，方程数等于未知数个数，可以求解出全部未知量。但是这八个未知量不仅满足以上八个方程，而且还应该满足全部（位移和力）边界条件。一般可以采用两种基本方法求解：位移法和应力法。一般以应力作为基本未知量较为方便，因此应力法应用较为广泛。以下简单介绍一下应力法在平面应变问题中的解题过程。

由于采用应力法，因此把两个位移分量 $\sigma_x(x, y)$、$\sigma_y(x, y)$、$\tau_{xy}(x, y)$ 作为基本未知函数。平面问题的平衡微分方程为

$$\left.\begin{aligned}\frac{\partial \sigma_x}{\partial x}+\frac{\partial \tau_{yx}}{\partial y}+X=0\\ \frac{\partial \tau_{xy}}{\partial x}+\frac{\partial \sigma_y}{\partial y}+Y=0\end{aligned}\right\} \tag{5-22}$$

对于应变表示的变形连续方程

$$\frac{\partial^2 \varepsilon_x}{\partial y^2}+\frac{\partial^2 \varepsilon_y}{\partial x^2}=\frac{\partial^2 \gamma_{xy}}{\partial x \partial y} \tag{5-23}$$

可以改写为应力表示

$$\left(\frac{\partial^2}{\partial x^2}+\frac{\partial^2}{\partial y^2}\right)(\sigma_x+\sigma_y) = -\frac{1}{1-\mu}\left(\frac{\partial X}{\partial x}+\frac{\partial Y}{\partial x}\right) \tag{5-24}$$

对于平面应力问题，应力表示的变形连续方程为

$$\left(\frac{\partial^2}{\partial x^2}+\frac{\partial^2}{\partial y^2}\right)(\sigma_x+\sigma_y) = -(1+\mu)\left(\frac{\partial X}{\partial x}+\frac{\partial Y}{\partial x}\right) \tag{5-25}$$

当体积力 X 和 Y 为常数时，只要材料是各向同性的，则平面应变问题和平面应力问题的应力函数均由同一个基本方程式（5-26）确定，两者的不同之处只是当求出应力分量之后确定应变分量时采用的公式不同。

$$\left(\frac{\partial^2}{\partial x^2}+\frac{\partial^2}{\partial y^2}\right)(\sigma_x+\sigma_y)=0 \tag{5-26}$$

将应力表示的变形协调方程与平衡微分方程联立求解，即可得出三个应力分量，同时使它们满足应力边界条件；进一步可由物理方程求应变，再通过几何方程求位移，并使其满足位移边界条件。

5.2.4　弹性力学的基本原理

在弹性力学问题中，要寻求满足弹性力学方程和边界条件的精确解，只有在物体形状和受力较简单的情况下才能获得。如果物体的形状和受力条件稍复杂一点，用解析法寻求其精确解就会遇到数学上的困难，甚至是不可能的。因此，为了避免求解这种微分方程式时遇到的数学上的困难，必须提出近似解法。能量法就可以提供这种有效的近似解法，同时，它又是有限元法的基础。

1. 虚功原理

弹性体的虚功原理可以叙述如下：弹性体中满足平衡的力系在任意满足协调条件的变形状态上做的虚功等于零，即体系外力的虚功与内力的虚功之和等于零。

虚功原理是虚位移原理和虚应力原理的总称。它们都可以认为是与某些控制方程相等效的积分“弱”形式。虚位移原理是平衡方程和力的边界条件的等效积分“弱”形式；虚应力原理则是几何方程和位移边界条件的等效积分“弱”形式。下面仅介绍虚位移原理。

利用虚位移可以推导出位移模式的有限元公式。所谓弹性体的虚位移是指满足变形协调

条件和边界约束条件的任意的无限小位移，可用 δu、δv、δw 来表示。虚位移原理的表达式为

$$\delta U=\delta W \tag{5-27}$$

式中，δU 为内力的虚功；δW 为外力的虚功。

$$\delta U = \iiint_V (\sigma_x\delta\varepsilon_x + \sigma_y\delta\varepsilon_y + \sigma_z\delta\varepsilon_z + \tau_{xy}\delta\gamma_{xy} + \tau_{yz}\delta\gamma_{yz} + \tau_{zx}\delta\gamma_{zx})\mathrm{d}V \tag{5-28}$$

$$\delta W = \iiint_V (X\delta u + Y\delta v + Z\delta w)\mathrm{d}V + \iint_S (\bar{X}\delta u + \bar{Y}\delta v + \bar{Z}\delta w)\mathrm{d}S \tag{5-29}$$

2. 最小势能原理

弹性体在外力的作用下产生内力和变形，储藏在弹性体内的应变能为

$$U = \iiint_V A\mathrm{d}V \tag{5-30}$$

A 为应变能密度函数，可以证明 A 与应力、应变的关系如下

$$\left.\begin{aligned} &\frac{\partial A}{\partial\varepsilon_x} = \sigma_x, \quad \frac{\partial A}{\partial\varepsilon_y}\sigma_y, \quad \frac{\partial A}{\partial\varepsilon_z} = \sigma_z \\ &\frac{\partial A}{\gamma_{xy}} = \tau_{xy}, \quad \frac{\partial A}{\gamma_{yz}} = \tau_{yz}, \quad \frac{\partial A}{\gamma_{zx}} = \tau_{zx} \end{aligned}\right\} \tag{5-31}$$

即

$$\frac{\partial A}{\partial|\varepsilon|} = |\sigma| = \boldsymbol{D\varepsilon} \tag{5-32}$$

对于线弹性体，上式积分得

$$A = \frac{1}{2}\boldsymbol{\varepsilon}^{\mathrm{T}}\boldsymbol{D\varepsilon} \tag{5-33a}$$

如果考虑到有初应力 $\boldsymbol{\sigma}_0$ 和初应变 $\boldsymbol{\varepsilon}_0$，则

$$A = \frac{1}{2}\boldsymbol{\varepsilon}^{\mathrm{T}}\boldsymbol{D\varepsilon} - \boldsymbol{\varepsilon}^{\mathrm{T}}\boldsymbol{D\varepsilon}_0 + \boldsymbol{\varepsilon}^{\mathrm{T}}\boldsymbol{\sigma}_0 \tag{5-33b}$$

故应变能为

$$U = \iiint_V \left(\frac{1}{2}\boldsymbol{\varepsilon}^{\mathrm{T}}\boldsymbol{D\varepsilon} - \boldsymbol{\varepsilon}^{\mathrm{T}}\boldsymbol{D\varepsilon}_0 + \boldsymbol{\varepsilon}^{\mathrm{T}}\boldsymbol{\sigma}_0\right)\mathrm{d}V \tag{5-34}$$

外力的势能为

$$\begin{aligned} W &= -\iiint_V (Xu + Yv + Zw)\mathrm{d}V - \iint_S (\bar{X}u + \bar{Y}v + \bar{Z}w)\mathrm{d}S \\ &= -\iiint_V \boldsymbol{u}^{\mathrm{T}}\boldsymbol{F}\mathrm{d}V - \iint_S \boldsymbol{u}^{\mathrm{T}}\bar{\boldsymbol{F}}\mathrm{d}S \end{aligned} \tag{5-35}$$

弹性体的总势能为变形能和外力势能之和，即

$$\Pi_p = \frac{1}{2}\iiint_V \boldsymbol{\varepsilon}^{\mathrm{T}}\boldsymbol{D\varepsilon}\mathrm{d}V - \iiint_V \boldsymbol{\varepsilon}^{\mathrm{T}}\boldsymbol{D\varepsilon}_0\mathrm{d}V + \iiint_V \boldsymbol{\varepsilon}^{\mathrm{T}}\boldsymbol{\sigma}_0\mathrm{d}V - \iiint_V \boldsymbol{u}^{\mathrm{T}}\boldsymbol{F}\mathrm{d}V - \iint_S \boldsymbol{u}^{\mathrm{T}}\bar{\boldsymbol{F}}\mathrm{d}S \tag{5-36}$$

如果不考虑初应力和初应变，则式（5-36）等号右边第二、三项为零。

对总势能取一阶变分，并根据虚位移原理，得

$$\delta\Pi_p = 0 \tag{5-37}$$

这表明物体在平衡时，系统总势能的一阶变分为零。根据变分法，总势能将取驻值。而

在物理上，总势能取极小值才可能是稳定平衡状态，故最小总势能原理叙述为：在所有给定边界条件和变形协调条件的位移中，只有那些满足平衡条件的位移使总势能取极小值。最小势能原理提供了一个在求解弹性力学问题时的合理的近似的方法。根据最小势能原理，弹性体在外力作用下的位移，可以从满足边界条件和协调条件且使物体总势能取最小值的条件去求得。

5.3　单元的类型及其插值函数

5.3.1　概述

复杂的机械结构可以通过离散化变成由各种单元组集而成的有限元模型，因此，选择适当的单元和插值函数十分关键。一般说来，单元类型和形状依赖于结构或总体求解域的几何形状、方程的类型及求解所希望的精度等因素，而有限元的插值函数则取决于单元的形状、节点的类型和数目等因素。本节将主要以弹性力学的平面问题为例，介绍三角形单元的插值函数。

5.3.2　单元的类型

用有限元法分析计算一个机械结构时，首先应对结构进行离散化。实际中机械结构一般比较复杂，特点也不相同，为了使有限元模型能准确地代表实际结构，必须选择适当的单元类型，常用的单元类型有以下几种：

1. 杆状单元

因为杆状结构的截面尺寸往往远小于其轴向尺寸，故杆状单元属于一维单元，即这类单元的位移分布规律仅是轴向坐标的函数。这类单元主要有杆单元、平面梁单元和空间梁单元，如图 5-8 所示。

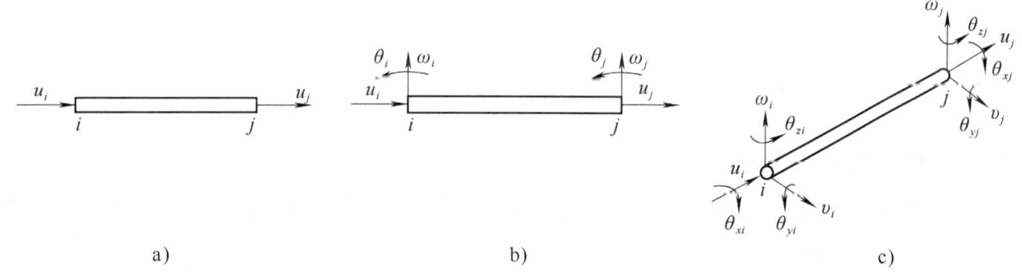

图 5-8　杆状单元

a）杆单元　b）平面梁单元　c）空间梁单元

杆单元有两个节点，每个节点只有一个轴向自由度 u，故只能承受轴向的拉压载荷。这类单元适用于铰接结构的桁架分析和作为用于模拟弹性边界约束的边界单元。

平面梁单元适用于平面刚架问题，即刚架结构每个构件横截面的主惯性轴之一与刚架所受的载荷在同一平面内。平面梁单元的每个节点有三个自由度：一个轴向自由度 u、一个横向自由度 ω（挠度）和一个旋转自由度 θ（转角），主要承受轴向力、弯矩和切向力。机床的主轴、导轨等常用这种单元模型。

空间梁单元是平面梁单元的推广。这种单元每个节点有六个自由度，考虑了单元的弯曲、拉压、扭转变形。

当梁单元的横截面高度小于梁长的1/5时，切应变对梁受横向载荷作用产生的挠度影响很小，可忽略不计；否则应考虑切应变对挠度的影响，特别是对于薄壁截面的梁单元，切应变的影响是很大的，必须对单元刚度矩阵进行修正来考虑切应变。

2. 平面单元

严格来说，实际中弹性结构都是空间结构，处于空间受力状态，是空间问题。但是，对某些特定问题，根据其结构和外力特点，可以简化为平面问题来处理。这种简化为有限元分析提供了方便。弹性力学平面问题分为平面应力和平面应变问题两大类。

平面单元属于二维单元，单元厚度假定为远远小于单元在平面中的尺寸，单元内任意点的应力、应变和位移只与两个坐标方向变量有关。这种单元不能承受弯曲载荷，常用于模拟起重机的大梁、机床的支撑件、箱体、圆柱形管道、板件等的结构。

常用的平面单元有三角形单元和矩形单元，如图5-9所示，单元每个节点有两个位移自由度。三角形单元采用线性位移模式，由其力学性质可知，在整个单元内各点的应变值为常数，所以也称为常应变元或常应力单元，该类型单元计算精度较差，但灵活性较好，适用于复杂不规则形状的结构。矩形单元采用双线性位移模式，单元内的应力是线性变化的。所以，其计算精度比三角形单元高，但不适应斜交边界和曲线边界，也不便于在结构不同的部位采用大小不同的单元。因此，这两类单元在实际应用中受到一定的限制。

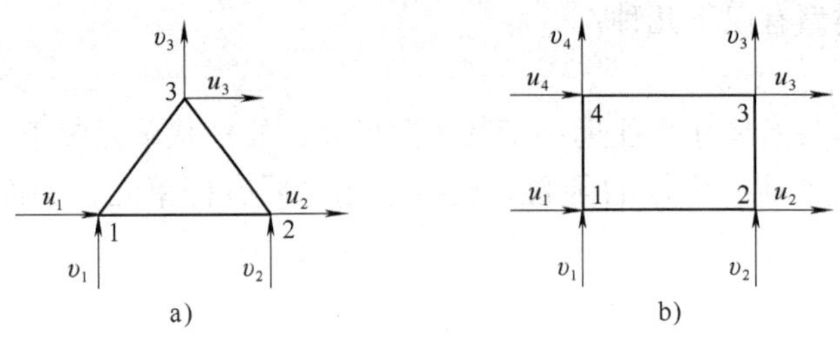

图5-9 平面单元

a）三角形单元 b）矩形单元

3. 薄板弯曲单元和薄板单元

当平面厚度 h 远小于其长度 a 与宽度 b（$h<b/5$）时，称为薄板。很多机械结构是平面薄板、曲面薄板和支承肋条的组合体。

薄板弯曲单元有三角形和矩形两种单元形状，主要承受横向载荷和绕两个水平轴的弯矩。图5-10a所示为矩形薄板弯曲单元，每个单元有三个自由度。

薄板单元相当于平面单元和薄板弯曲单元的总和。图5-10b、c所示分别为三角形和矩形薄板单元。单元每个节点既可以承受平面内的作用力，又可以承受横向载荷和绕 x、y 轴的弯矩，每个节点有五个自由度。采用薄板单元模拟机械结构中的板壳结构，不仅考虑了板壳在平面内的作用力，而且考虑了板壳本身的抗弯能力，计算结果更接近实际情况。与平面单元一样，矩形薄板单元比三角形薄板单元精度更高，三角形薄板单元只推荐使用在不规则的边缘部分。

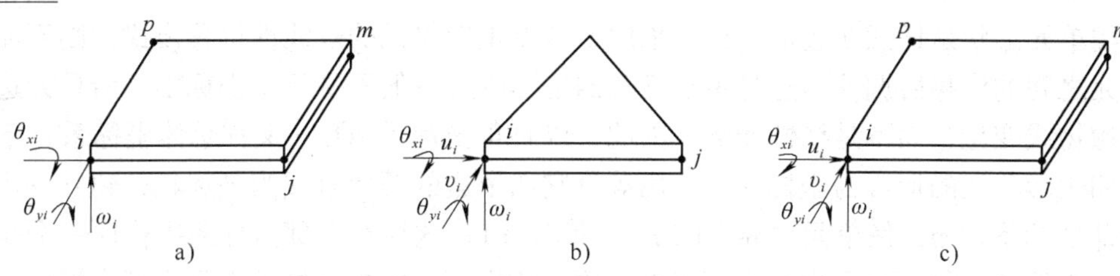

图 5-10　薄板弯曲单元和薄板单元

a）矩形薄板弯曲单元　b）三角形薄板单元　c）矩形薄板单元

在工程中，薄板弯曲单元可以与梁单元组合成板梁组合结构，用于模拟带加强肋的机床大件和化工设备中的各种塔、罐和高压容器等。

4. 多面体单元

多面体单元属于三维单元，即单元的位移分布是空间三维坐标的函数。常用的单元类型有四面体单元、规则六面体单元和不规则六面体单元，如图 5-11 所示，单元的每一个节点有三个位移自由度。此类单元适用于实心结构的有限元分析，如机床的工作台、动力机械的基础等较厚的弹性结构。

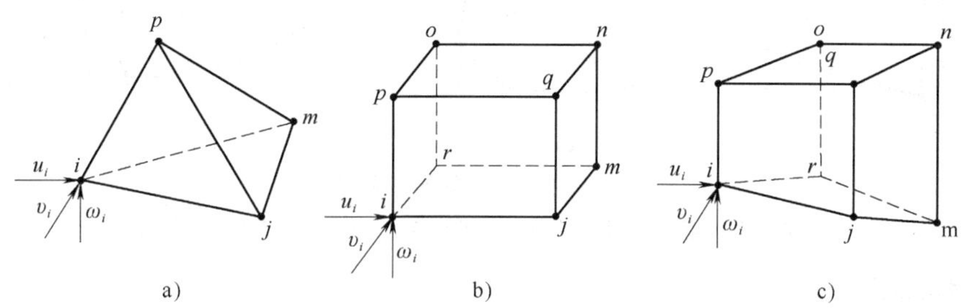

图 5-11　多面体单元

a）四面体单元　b）规则六面体单元　c）不规则六面体单元

5. 等参数单元

对于形状比较复杂的结构，以上几种单元有时难以适应划分单元的要求和精度要求，于是提出了一种等参数单元，也称等参元。图 5-12 所示的四节点任意直边四边形单元是一种最基本的等参元，可以达到矩形平面单元的计算精度。

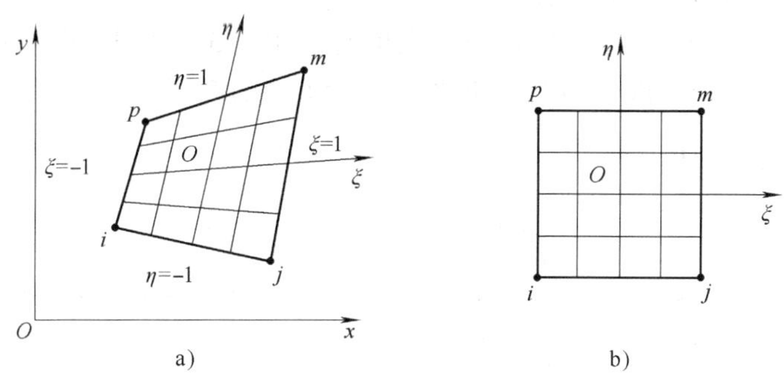

图 5-12　四边形等参元的原理

a）任意四边形单元　b）对应的矩形单元

此类单元形状是任意四边形，如果采用四节点矩形单元的双线性位移模式，则不能保证相邻单元之间的位移协调性，这是由于任意四边形的边一般不平行于坐标轴，沿单元边的位移将按抛物线变化，而不是线性变化。因此，以直角坐标系 xOy（又称总体坐标系）下的任意直边四边形单元的形心为坐标原点，用等分它四个边的两族直线为坐标轴，建立一个非正交的局部坐标系 $\xi O\eta$，使单元边界上的 η、ξ 值是 ±1，这样在局部坐标系中构成一个矩形单元。这个矩形单元的节点和内部任一点都与原总体坐标系中单元的节点和内部点形成一一对应关系，两个坐标系之间的映射关系称为坐标变换。总体坐标系适用于整个结构，局部坐标系只适用于具体某个单元。

对这个单元进行特性分析可以得出，单元内任一点的位移与节点位移之间的关系恰好和该点的坐标与节点坐标之间的关系相同。因此，具有这种性质的单元称为等参数单元或等参元。等参元的类型很多，常用的还有八节点平面等参元、八节点空间等参元、二十节点空间等参元，如图 5 - 13 所示。

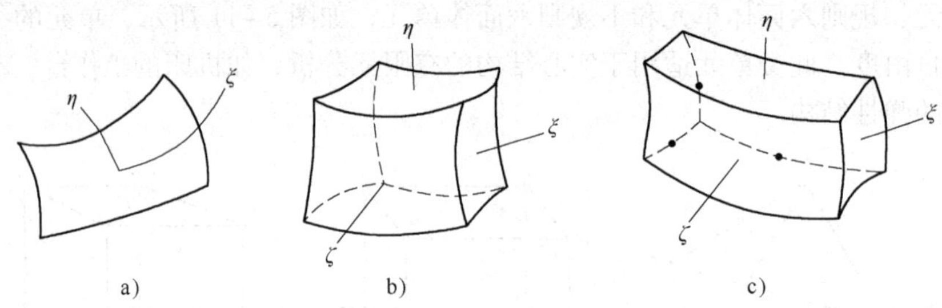

图 5 - 13　其他类型等参元

a）八节点平面等参元　b）八节点空间等参元　c）二十节点空间等参元

6. 轴对称单元

对于几何形状是回转体且所受约束和外力对称于回转轴的机械结构，如飞轮、转轴、活塞、气缸套等，其应力、应变和位移也对称于回转轴线，这类结构的应力、应变分析称为轴对称问题。

进行轴对称问题有限元分析时，一般采用柱面坐标系（轴向 z、径向 r、周向 θ）来描述轴对称结构的应力和变形，单元类型为实心圆环体单元，圆环体横截面可以是三角形，如图 5 - 14a 所示，也可以是矩形，单元之间用圆环形的铰相互连接。此类单元的分析实质上可看做是二维问题，回转体的位移限制在 rOz 平面内。

当回转体为薄壳结构时，采用回转薄壁壳单元，如图 5 - 14b 所示。此类单元有两个节点，每一个节点有三个自由度、两个位移和一个转角自由度。

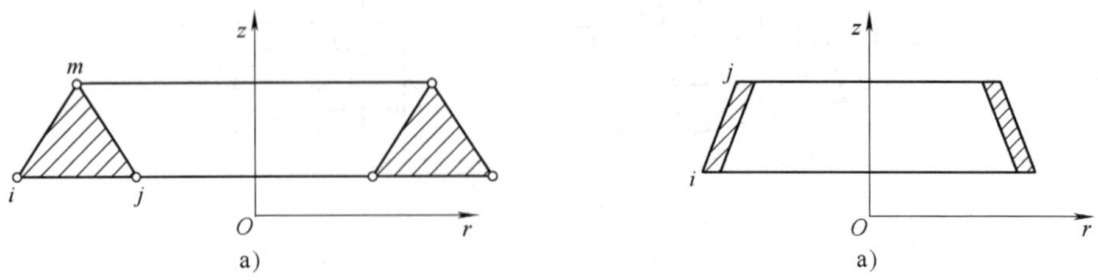

图 5 - 14　轴对称单元

a）三角环形单元　b）回转圆锥薄壳单元

5.3.3　单元的插值函数

从弹性力学平面问题的解析法可知道，如果弹性体内的位移分量已知，则应变分量和应力分量也就确定了。但是如果每个单元只知道几个节点的位移，还不能直接求得应变分量和应力分量。为此，必须首先假定一个恰当的位移函数。由于在整个弹性体内，各点的位移变化情况是很复杂的，在整个区域里很难选取一个恰当的位移函数来表示位移的复杂变化。但是，如果将整个区域分割成许多细小的单元，这样在每个单元的局部范围里就可以采用比较简单的函数来近似地表达单元的真实位移，就像在小区间里用直线来近似代替曲线一样。把各单元的位移函数连接起来，就可以近似表示整个区域的真实的位移函数。

从离散体系中任取一个单元，如图 5 - 15a 所示，三个节点按逆时针方向顺序编号为 i、j、m。节点坐标分别表示为（x_i，y_i）、（x_j，y_j）、（x_m，y_m）。

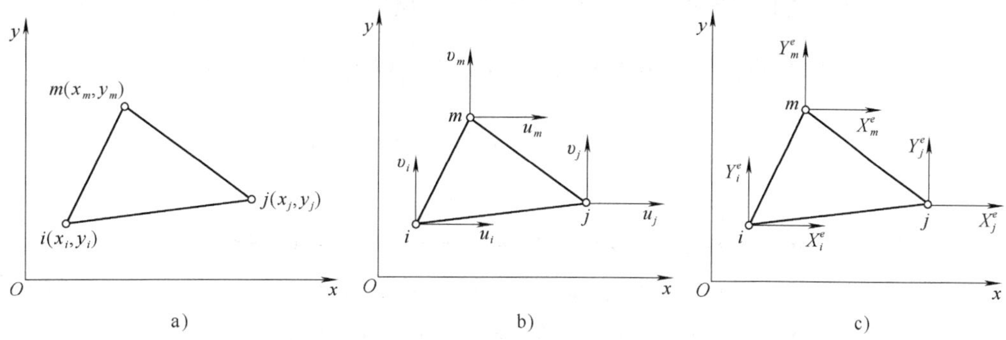

图 5 - 15　三角形单元

a）三角形单元节点坐标　b）三角形单元节点位移　c）三角形单元节点力向量

对于弹性力学平面问题，一个三角形单元上的每个节点应有两个位移分量，则三角形单元共有六个自由度：u_i，v_i；u_j，v_j；u_m，v_m，如图 5 - 15b 所示。各节点位移向量可写成

$$\boldsymbol{\Delta}_i^e = \begin{pmatrix} u_i \\ v_i \end{pmatrix},\quad \boldsymbol{\Delta}_j^e = \begin{pmatrix} u_j \\ v_j \end{pmatrix},\quad \boldsymbol{\Delta}_m^e = \begin{pmatrix} u_m \\ v_m \end{pmatrix} \tag{5-38}$$

那么，三角形单元的单元节点位移向量就应该写成

$$\boldsymbol{\Delta}^e = [u_i,\ v_i,\ u_j,\ v_j,\ u_m,\ v_m]^{\mathrm{T}} \tag{5-39}$$

与节点位移向量相对应的节点力向量是

$$\boldsymbol{F}_i^e = \begin{pmatrix} X_i^e \\ Y_i^e \end{pmatrix},\quad \boldsymbol{F}_j^e = \begin{pmatrix} X_j^e \\ Y_j^e \end{pmatrix},\quad \boldsymbol{F}_m^e = \begin{pmatrix} X_m^e \\ Y_m^e \end{pmatrix} \tag{5-40a}$$

如图 5 - 15c 所示。单元节点力向量是

$$\boldsymbol{F}^e = \left[[\boldsymbol{F}_i^e]^{\mathrm{T}},[\boldsymbol{F}_j^e]^{\mathrm{T}},[\boldsymbol{F}_m^e]^{\mathrm{T}}\right] = [X_i^e,Y_i^e,X_j^e,Y_j^e,X_m^e,Y_m^e]^{\mathrm{T}} \tag{5-40b}$$

在有限单元位移中，取节点位移作为基本未知量。单元分析基本任务是建立单元节点力与节点位移之间的关系，即

$$\boldsymbol{F}^e = \boldsymbol{K}^e\boldsymbol{\Delta}^e \tag{5-41}$$

式中，$\boldsymbol{K}^e$ 为单元刚度矩阵，是 6×6 阶的矩阵，在下节中将作详细介绍。

在选用位移场函数时，最简单的是将单元的位移分量 u、v 取为坐标 x、y 的多项式，并考虑到三角形单元共有六个自由度，且位移场函数 u、v 在三个节点处的数值应该等于这三个节点处的六个位移分量 u_i，…，v_m。据此，采用广义坐标法假设单元位移分量是坐标 x、y 的线性函数，即

$$u(x,y) = a_1 + a_2x + a_3y$$
$$v(x,y) = a_4 + a_5x + a_6y \tag{5-42}$$

在式（5-42）中，含有六个参数 a_1，a_2，…，a_6。恰好由三个节点的六个位移分量完全确定，即在 i、j、m 三点应当有

$$\begin{aligned} u_i &= a_1 + a_2x_i + a_3y_i, \quad v_i = a_4 + a_5x_i + a_6y_i \\ u_j &= a_1 + a_2x_j + a_3y_j, \quad v_j = a_4 + a_5x_j + a_6y_j \\ u_m &= a_1 + a_2x_m + a_3y_m, \quad v_m = a_4 + a_5x_m + a_6y_m \end{aligned} \tag{a}$$

求解以上方程，可以将参数 a_1，a_2，…，a_6 用节点位移表示出来，即

$$\begin{aligned} a_1 &= \frac{1}{2A}(a_iu_i + a_ju_j + a_mu_m), \quad a_4 = \frac{1}{2A}(a_iv_i + a_jv_j + a_mv_m) \\ a_2 &= \frac{1}{2A}(b_iu_i + b_ju_j + b_mu_m), \quad a_5 = \frac{1}{2A}(b_iv_i + b_jv_j + b_mv_m) \\ a_3 &= \frac{1}{2A}(c_iu_i + c_ju_j + c_mu_m), \quad a_6 = \frac{1}{2A}(c_iv_i + c_jv_j + c_mv_m) \end{aligned} \tag{b}$$

其中

$$\begin{aligned} a_i &= (x_jy_m - x_my_j), \quad b_i = y_j - y_m, \quad c_i = x_m - x_j \\ a_j &= (x_my_i - x_iy_m), \quad b_j = y_m - y_i, \quad c_j = x_i - x_m \\ a_m &= (x_iy_j - x_jy_i), \quad b_m = y_i - y_j, \quad c_m = x_j - x_i \end{aligned} \tag{5-43a}$$

$$A = \frac{1}{2}\begin{vmatrix} 1 & x_i & y_i \\ 1 & x_j & y_j \\ 1 & x_m & y_m \end{vmatrix} = \frac{1}{2}(x_jy_m + x_my_i + x_iy_j - x_my_j - x_iy_m - x_jy_i) \tag{5-43b}$$

式中，A 为三角形单元的面积。

将式（b）代入式（5-42），并注意到式（5-43b），得到用单元节点位移表示的单元位移模式，即

$$\begin{aligned} \boldsymbol{u} &= \begin{pmatrix} u(x,y) \\ v(x,y) \end{pmatrix} \\ &= \left(\begin{array}{cc:cc:cc} N_i(x,y) & 0 & N_j(x,y) & 0 & N_m(x,y) & 0 \\ 0 & N_i(x,y) & 0 & N_j(x,y) & 0 & N_m(x,y) \end{array}\right)\boldsymbol{\Delta}^e \end{aligned} \tag{5-44}$$

式中，N_i、N_j、N_m 由下式轮换得出

$$N_i(x,y) = \frac{1}{2A}(a_i + b_ix + c_iy) \quad (i,j,m) \tag{5-45}$$

式（5-44）也可简写成

$$\boldsymbol{u} = [\boldsymbol{I}N_i, \boldsymbol{I}N_j, \boldsymbol{I}N_m]\boldsymbol{\Delta}^e = \boldsymbol{N}\boldsymbol{\Delta}^e \tag{5-46}$$

式中，$\boldsymbol{I}$ 为二阶单位矩阵；N_i、N_j、N_m 是坐标的连续函数，它反映单元内位移分布状态，称为位移的形态函数，简称形函数或插值函数；$\boldsymbol{N}$ 是形函数矩阵或插值函数矩阵。

插值函数具有如下性质：

1）在节点上插值函数的值有

$$N_i(x,y) = \delta_{ij} = \begin{cases} 1 & 当 j = i \\ 0 & 当 j \neq i \end{cases} \quad (i,j,m) \tag{5-47}$$

即有 $N_i(x_i,y_i)=1$，$N_i(x_j,y_j)=0$，$N_i(x_m,y_m)=0$，也就是说在节点 i 上 $N_i=1$，在节点 j、m 上 $N_i=0$。当 $x=x_i$，$y=y_i$ 时，即在节点 i 上，应有 $u=u_i$，因此也必然要求 $N_i=1$，$N_j=N_m=0$。其他两个形函数也具有同样的性质。

2）在单元内任一点各插值函数之和应等于 1，即

$$N_i+N_j+N_m=1$$

因为若单元发生刚体位移，如 x 方向有刚体位移 u_0，则单元内（包括节点上到处）应有位移 u_0，即 $u_i=u_j=u_m=u_0$，由式（5-44）有

$$\boldsymbol{u} = N_iu_i + N_ju_j + N_mu_m = (N_i + N_j + N_m)u_0 = u_0$$

因此，必然要求 $N_i+N_j+N_m=1$。若插值函数不满足此要求，则不能反映单元的刚体位移，用以求解必然得不到正确的结果。

3）对于单元插值函数是线性的，在单元内部及单元的边界上位移也是线性的，可由节点上的惟一位移确定。由于相邻的单元公共节点的节点位移相等，因此，保证了相邻单元在公共边界上位移的连续性。

为了能从有限元法中得到正确解答，单元位移模式必须满足一定的条件，使得当单元划分越来越细、网格越来越密时，所得的解能收敛于问题的精确解。这些条件是：

1）位移模式必须在单元内连续，并且两相邻单元间的公共边界上的位移必须协调。后者意味着单元的变形不能在单元之间裂开或重叠。

2）位移模式必须包括单元的刚体位移。这是因为在弹性体的每一单元的位移总是包括两个部分：一部分是由于单元的变形引起的；另一部分是与单元的变形无关的，也就是刚体位移。选取单元位移函数，必须反映出这些实际状态。

3）位移模式必须包含单元的常应变状态。这点从物理意义上看是显然的。因为当物体被分割成越来越小的单元时，单元中各点的应变相差很小而趋于相等。如果假设将单元取得无限小，单元的应变应逼近于常量，也就是说，单元处于常应变状态。所选取的位移模式同样应该反映单元的这种实际状态。

通常，把满足了上述第一条件的单元称为协调元；满足第二与第三个条件的，称为完备单元。理论和实践都已证明：条件 2）和 3）是有限元法收敛于正确解的必要条件，再加上条件 1）就是充分条件。所选取的线性位移模式是满足这些要求的。

下面进一步讨论位移插值函数的性质，从而引进面积坐标（又称为自然坐标）的概念，以后在三角形域上和在其边界上进行积分运算时，可使计算简化。另外，对某些问题，当采用直角坐标构造单元位移模式时，将会遇到不可克服的困难，改用面积坐标时，将十分有效，并使上述矛盾迎刃而解。

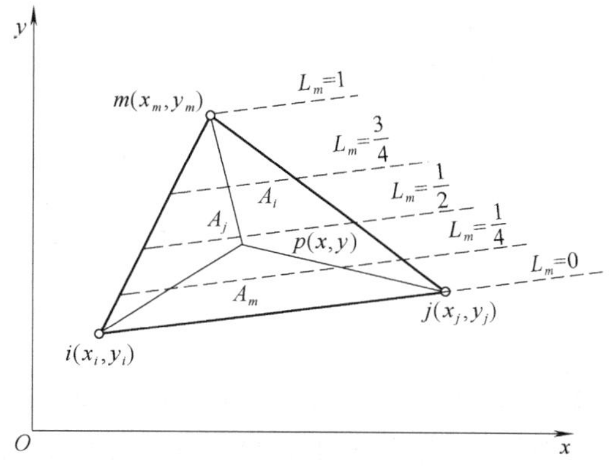

图 5-16　三角形单元的面积坐标

单元插值函数 $N_i(x, y)$、$N_j(x, y)$、$N_m(x, y)$ 有明显的几何意义。如图 5-16 所示，

把三角形元素 i、j、m 内任意一点 $p(x, y)$ 和三顶点作连线，则将三角形的面积 A 分割成三个小三角形。其面积相应地记为 A_i、A_j、A_m，显然有

$$A = A_i + A_j + A_m \tag{5-48}$$

由式（5-45）并利用式（5-43a）容易证明

$$\begin{aligned} N_i &= \frac{1}{2A}(a_i + b_i x + c_i y) \\ &= \frac{1}{2A}[x_j y_m - x_m y_j + (y_j - y_m)x + (x_m - x_j)y] \\ &= \frac{1}{2A}\begin{vmatrix} 1 & x & y \\ 1 & x_m & y_m \\ 1 & x_j & y_j \end{vmatrix} = \frac{A_i}{A} \end{aligned} \tag{5-49a}$$

同理可证

$$N_j(x,y) = \frac{A_j}{A}, \quad N_m(x,y) = \frac{A_m}{A} \tag{5-49b}$$

由式（5-49a）和式（5-49b）可知，如果定义三个量 L_i、L_j、L_m，并使

$$L_i = \frac{A_i}{A}, \quad L_j = \frac{A_j}{A}, \quad L_m = \frac{A_m}{A} \tag{5-50}$$

则 L_i、L_j、L_m 称为点 p（x，y）的面积坐标，就是说当这三个比值确定了，则点 p 的位置也就确定了。显然，

$$L_i + L_j + L_m = 1 \tag{5-51}$$

式（5-49a）和式（5-49b）表明，三角形常应变单元中的形函数 N_i、N_j、N_m 实际上是面积坐标 L_i、L_j、L_m。

根据面积坐标定义，不难从图 5-16 中看出，在平行于 $\overline{ij}$ 边的直线上所有各点都有相同的 L_m 坐标，并且这个坐标就等于该直线至 $\overline{ij}$ 边的距离与节点至 $\overline{ij}$ 边的距离的比值。在图 5-16 中表示出了 L_m 的一些等值直线。由面积坐标的定义可以直接看出，在单元的三个节点处的面积坐标分别为

节点 i：　　$L_i = 1$，$L_j = 0$，$L_m = 0$

节点 j：　　$L_i = 0$，$L_j = 1$，$L_m = 0$

节点 m：　　$L_i = 0$，$L_j = 0$，$L_m = 1$

根据式（5-49a）和式（5-49b），可以直接看出面积坐标和直角坐标有以下关系，即

$$\left.\begin{aligned} L_i &= \frac{A_i}{A} = \frac{1}{2A}(a_i + b_i x + c_i y) \\ L_j &= \frac{A_j}{A} = \frac{1}{2A}(a_j + b_j x + c_j y) \\ L_m &= \frac{A_m}{A} = \frac{1}{2A}(a_m + b_m + c_m y) \end{aligned}\right\} \tag{5-52}$$

同样，也可用面积坐标来表示直角坐标，这只要将式（5-52）中的三式分别乘以 x_i、x_j、x_m，然后相加并注意到式（5-43b）就可以证明

$$x = x_i L_i + x_j L_j + x_m L_m$$

同理还可得

$$y = y_i L_i + y_j L_j + y_m L_m$$

把上两式与式（5-51）合并写在一起，则有

$$\begin{pmatrix} 1 \\ x \\ y \end{pmatrix} = \begin{pmatrix} 1 & 1 & 1 \\ x_i & x_j & x_m \\ y_i & y_j & y_m \end{pmatrix} \begin{pmatrix} L_i \\ L_j \\ L_m \end{pmatrix} \tag{5-53}$$

这就是直角坐标用面积坐标表示的表达式。

在计算面积坐标的幂函数在三角形单元上的积分时，可以应用以下积分公式

$$\iint L_i^a L_j^b L_m^c \mathrm{d}x\mathrm{d}y = \frac{a!b!c!}{(a+b+c+2)!} 2A \tag{5-54}$$

式中，a、b、c 为整数。

计算面积坐标的幂函数沿三角形单元某一边上积分时，可以应用公式

$$\int L_i^a L_j^b \mathrm{d}s = \frac{a!b!}{(a+b+1)!} l \quad (i、j、m) \tag{5-55}$$

式中，s 为沿三角形某边上的积分变量；l 为该边的长度。

前面介绍了两种描述位移函数的方法：其一是用若干个含有待定系数 a_i 的简单多项式表达，这些系数继而变换成为相应的节点位移参数，这种方法称为广义坐标法；其二是利用形函数（插值函数）直接描述位移函数，这种方法称为形函数法。形函数通常是一个插值多项式，对于二维位移场来说，可以写成

$$\left.\begin{aligned} u &= N_1(x,y)u_1 + N_2(x,y)u_2 + \cdots = \sum_{i=1}^{n} N_i(x,y)u_i \\ v &= N_1(x,y)v_1 + N_2(x,y)v_2 + \cdots = \sum_{i=1}^{n} N_i(x,y)v_i \end{aligned}\right\} \tag{5-56}$$

这里 N_i（x，y）根据具体单元和节点而定。位移函数用式（5-56）表达以后，形函数就描述场变量的状态，因此，在分析场变量行为时，只分析形函数或插值函数就可以了。

对于形函数选择的要求，就高阶插值函数的单元而言，除了满足完备和协调条件以外，位移函数的系数应和单元节点自由度数一致，以便由节点值惟一地确定其系数。有限元法中几乎全部采用不同阶次幂函数的多项式作为单元插值函数。这是因为它们具有便于运算和易于满足收敛性要求的优点。一般说来，高阶单元能够得到较高的精度，但是，如果用次数越来越高的多项式，从而导致计算复杂，计算量增加，故一般不高于三次。

对于一个独立变量的多项式，其完整的 n 次多项式可写为

$$P_n(x) = \sum_{i=0}^{T_n^{(1)}-1} a_i x^i \tag{5-57}$$

式中，$T_n^{(1)} = n+1$ 是多项式的项数。

如 $n=1$ 时，$T_1^{(1)}=2$，P_1（x）$=a_0+a_1x$；当 $n=2$ 时，$T_2^{(1)}=3$，P_2（x）$=a_0+a_1x+a_2x^2$；…。

在二维问题中，两个独立变量的完整 n 次多项式可写为

$$P_n(x,y) = \sum_{k=1}^{T_n^{(2)}} a_k x^i y^j, \quad i+j \leqslant n \tag{5-58}$$

式中，$T_n^{(2)}=\frac{(n+1)\ (n+2)}{2}$是多项式的项数。

当$n=1$时，$T_1^{(2)}=3$，$P_1(x,\ y)\ =a_1+a_2x+a_3y$；当$n=2$时，$T_2^{(2)}=6$，$P_2(x,\ y)\ =a_1+a_2x+a_3y+a_4xy+a_5x^2+a_6y^2$；…。确定组合多项式的项数如图5-17所示的帕斯卡三角形。对于三维问题，三维多项式的各项也可以用类似于二维三角形列阵的方法进行排列，在此不再赘述。

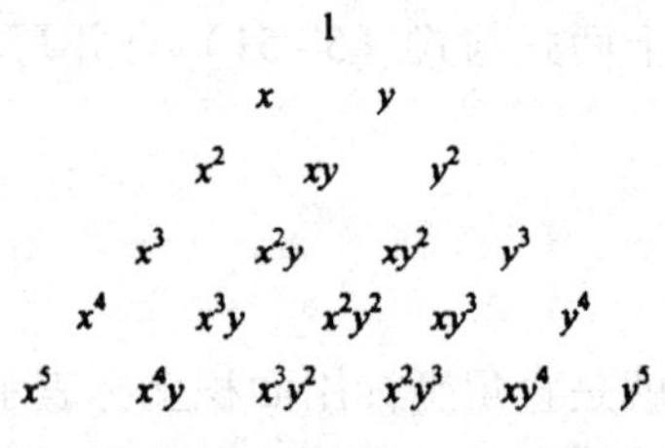

图5-17　帕斯卡三角形

一般利用广义坐标法来构造节点插值函数时，常常需要矩阵求逆运算，即使逆矩阵存在，也需要耗费较多的计算时间。对于许多不同的单元，可以利用自然坐标或经典的插值多项式直接写出节点插值函数。常用来构造单元形函数的两种经典的插值函数分别是：拉格朗日插值函数和埃尔米特多项式组成的插值函数。由于篇幅限制，对于这两种插值函数不作详细介绍。

本节介绍了常用单元的类型和单元的插值函数，详细阐述了各类单元的性质和特点，以三角形单元为例着重讨论了构造单元插值函数的两种方法，它们分别是：广义坐标法和形函数法，两种方法各有特点。无论什么方法所得到的单元插值函数必须满足包含刚体运动和常应变位移模式的要求，同时还要满足单元在交界面上保持位移的协调性，以满足有限元方法求解的收敛性。

5.4　弹性力学中的有限元法

在弹性力学中，利用有限元法可以求解结构件的位移场、应力场分布。在上节中，详细讨论了单元的插值函数（形函数），利用上节中的位移模式，就可以用弹性力学中的几何方程和物理方程导出用单元节点位移表示的应力和应变的关系式，得到单元刚度矩阵，通过相应的载荷移置和总刚矩阵的求解，最终求解出结构的位移场和应力场分布。在本节中，将系统介绍弹性力学中有限元法的解题步骤。

5.4.1　有限元模型的建立

1. 结构件的力学模型简化

利用有限元法求解工程实际问题时，第一步往往是从模型简化开始，由于在实际工程问题中，结构件的几何形状、边界条件、约束条件和外载荷一般比较复杂，需要进行相应的简化。这种简化必须尽可能反映实际情况，而且不会使计算过于复杂。

力学模型的简化必须明确以下几点：

1）判断实际结构是属于哪一种类型，是属于一维问题、二维问题还是三维问题，如果是二维问题，要分清是平面应力问题还是平面应变问题。

2）判断结构是否对称，如果对称，可以利用结构的对称性进行计算简化。

3）简化后的力学模型必须是静定结构或是超静定结构。

2. 结构离散化

将简化后的结构力学模型划分成只在节点连接的有限个单元，这些单元之间互不重叠，也不脱离，用这些单元体的集合代替原结构，把外载荷按静力等效原理移置到相关的节点上，构成节点载荷。这一步骤称为离散化，也称为有限元的前处理。

离散化的网格划分可选用不同类型和数目的单元，单元的类型在上节中已经讨论过。单元划分时，应遵循以下原则：

1）一般说来，单元划分越细，节点越多，有限元计算结果越精确，相应的计算时间也越长，费用随之提高。所以，应根据计算机的性能和工程计算精度要求来确定单元和节点的数目。

2）为减少单元的数目，可以在结构的不同区域采用不同的疏密程度的网格。在边界比较曲折、应力集中或应力变化较大的区域，单元划分应小一些、密一些，以得到较精确的计算结果；在应力变化较平缓、结构规范的区域，单元可以划分得大一些、疏一些，以提高计算效率。

3）单元的各边长度不要相差过大，避免出现过尖或过钝的内角，以免计算误差过大。

4）任意一个单元的节点必须同时是相邻单元的节点，而不能是相邻单元的内点。

5）节点和单元边界应设在几何形状、材料特性和载荷发生突变的地方。

在网格划分完成后，应该对全部节点和单元按一定顺序编号，不能有重复和遗漏。结构的单元划分和编号是一项十分繁重的工作，现有的有限元计算软件都具有网格的自动生成功能，可以对结构自动划分网格，进行单元和节点的编号。

3. 载荷移置

按照有限元法的假设，作用在结构上的必须是节点载荷，而作用在结构上的真实载荷又常常不是作用在节点上，例如体力和面力等。因此，需将它们按静力等效的原则向节点移置，化为等效节点载荷。

假设作用三角形单元上的体力 $\boldsymbol{F}_V=[X,\ Y]^{\mathrm{T}}$，分布面力 $\boldsymbol{F}_A=[\bar{X},\ \bar{Y}]^{\mathrm{T}}$ 和集中力 $\boldsymbol{Q}=[Q_x,\ Q_y]^{\mathrm{T}}$，如图 5-18 所示，向节点移置后得到的等效节点载荷列阵为

$$\boldsymbol{F}^e=\left[[\boldsymbol{F}_i^e]^{\mathrm{T}},[\boldsymbol{F}_j^e]^{\mathrm{T}},[\boldsymbol{F}_m^e]^{\mathrm{T}}\right]^{\mathrm{T}}=[X_i^e,Y_i^e,X_j^e,Y_j^e,X_m^e,Y_m^e]^{\mathrm{T}} \tag{5-59}$$

利用虚位移原理可以得到等效节点载荷移置公式

$$\boldsymbol{F}^e=\boldsymbol{N}_b^{\mathrm{T}}\boldsymbol{Q}+\int_S\boldsymbol{N}^{\mathrm{T}}\boldsymbol{F}_A h\mathrm{d}s+\iint_A\boldsymbol{N}^{\mathrm{T}}\boldsymbol{F}_V h\mathrm{d}x\mathrm{d}y \tag{5-60}$$

式中，h 为单元厚度。

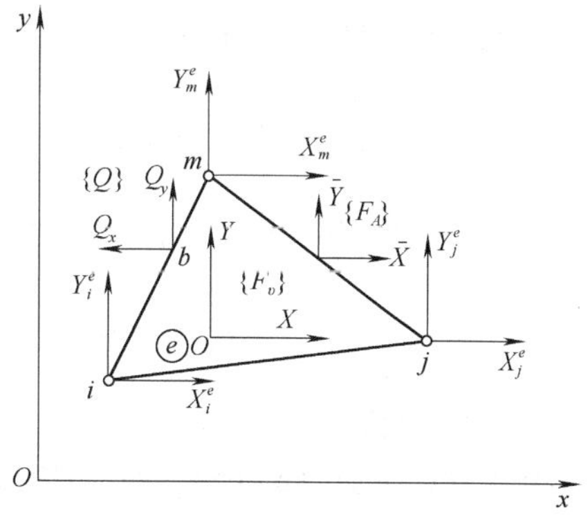

图 5-18　等效节点载荷

显然，等效节点载荷与所选取的单元位移模式有关。针对上节讨论的三角形单元线性位移模式，等效节点载荷分别计算如下：

（1）分布体积力　设单元只作用有单位体积力向量 $\boldsymbol{F}_V=[X\quad Y]^{\mathrm{T}}$，根据式（5-60）得相应的等效节点载荷为

$$\boldsymbol{F}^e=\iint_A\boldsymbol{N}^{\mathrm{T}}\boldsymbol{F}_V h\mathrm{d}x\mathrm{d}y \tag{5-61}$$

式中，积分是对单元面积 A 进行的。当单元划分较小时，可将 $F_v=[X,\ Y]^{\mathrm{T}}$ 看成在整个单元内是均布的，因此，式（5-61）可写成

$$\boldsymbol{F}^e = \iint_A [\boldsymbol{I}N_i, \boldsymbol{I}N_j, \boldsymbol{I}N_m]^{\mathrm{T}} h\mathrm{d}x\mathrm{d}y\boldsymbol{F}_V \tag{5-62}$$

式中，分别对 N_i、N_j、N_m 项利用面积坐标进行积分运算得

$$\iint_A N_i\mathrm{d}x\mathrm{d}y = \iint_A L_i^1 L_j^0 L_m^0 \mathrm{d}x\mathrm{d}y = 2A\frac{1!0!0!}{(1+0+0+2)!} = \frac{A}{3}$$

$$\iint_A N_j\mathrm{d}x\mathrm{d}y = \iint_A L_i^0 L_j^1 L_m^0 \mathrm{d}x\mathrm{d}y = \frac{A}{3}$$

$$\iint_A N_m\mathrm{d}x\mathrm{d}y = \iint_A L_i^0 L_j^0 L_m^1 \mathrm{d}x\mathrm{d}y = \frac{A}{3}$$

将上述计算结果代入式（5-62）得

$$\boldsymbol{F}^e = hA\frac{1}{3}\begin{pmatrix} 1 & 0 & 1 & 0 & 1 & 0 \\ 0 & 1 & 0 & 1 & 0 & 1 \end{pmatrix}^{\mathrm{T}} \begin{pmatrix} X \\ Y \end{pmatrix} \tag{5-63}$$

令 $W_x = h\cdot A\cdot X$，$W_y = h\cdot A\cdot Y$ 为单元总体力 $\{\boldsymbol{W}\}$ 在 x、y 方向的分量，式（5-63）改写为

$$\boldsymbol{F}^e = \left(\frac{1}{3}W_x, \frac{1}{3}W_y, \frac{1}{3}W_x, \frac{1}{3}W_y, \frac{1}{3}W_x, \frac{1}{3}W_y\right)^{\mathrm{T}} \tag{5-64}$$

即与均布体力相对应的等效节点载荷列阵是由单元的总体力按三等分均匀分布到三个节点上形成的。

（2）分布的面力　设在单元上只有边界面 $\overline{ij}$ 上作用分布面力，其单位面积上载荷分量为 $\boldsymbol{F}_A = [\overline{X}, \overline{Y}]^{\mathrm{T}}$，如图 5-19 所示。若 $\boldsymbol{F}_A$ 为均布载荷时，由式（5-60）可得相应的等效节点载荷

$$\boldsymbol{F}^e = h\int_s [\boldsymbol{I}N_i, \boldsymbol{I}H_j, \boldsymbol{I}N_m]^{\mathrm{T}}\mathrm{d}s\cdot\boldsymbol{F}_A \tag{5-65}$$

式中，积分是沿着单元边界线 $\overline{ij}$ 进行的。为简化积分运算，可采用面积坐标计算。注意在该边界上，有 $L_m = 0$。利用式（5-55）进行积分

$$\int_{ij} N_i\mathrm{d}s = \int_{ij} L_m^0 L_i^1 \mathrm{d}s = \frac{0!1!}{(0+1+1)!}l = \frac{1}{2}l$$

$$\int_{ij} N_j\mathrm{d}s = \int_{ij} L_m^0 L_j^1 \mathrm{d}s = \frac{0!1!}{(0+1+1)!}l = \frac{1}{2}l$$

$$\int_{ij} N_m\mathrm{d}s = 0$$

式中，l 为 $\overline{ij}$ 的长度。

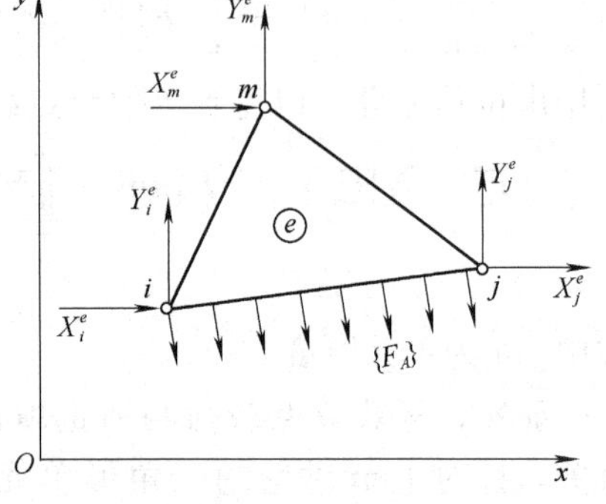

图 5-19　分布面力的等效节点载荷

将上式代入式（5-65），得到相应的等效节点载荷

$$\boldsymbol{F}^e = hl\frac{1}{2}\begin{pmatrix} 0 & 0 & 1 & 0 & 1 & 0 \\ 0 & 0 & 0 & 1 & 0 & 1 \end{pmatrix}^{\mathrm{T}} \begin{pmatrix} \overline{X} \\ \overline{Y} \end{pmatrix} \tag{5-66}$$

令 $\overline{W}_x = h\cdot A\cdot\overline{X}$，$\overline{W}_y = h\cdot A\cdot\overline{Y}$ 为单元总面力 $\overline{W}$ 在 x、y 方向的分量，式（5-63）改写为

$$\boldsymbol{F}^e = \left(\frac{1}{2}\overline{W}_x, \frac{1}{2}\overline{W}_y, \frac{1}{2}\overline{W}_x, \frac{1}{2}\overline{W}_y, 0, 0\right)^{\mathrm{T}}$$

上式表明：由作用在单元边界线上的均布面力可得出等效节点载荷列阵，这是由面载荷总和的一半分配在两端的节点上形成的。

（3）集中力　设在单元边界$\overline{ij}$上的 b 点作用有集中力 $\boldsymbol{Q}=[Q_x, Q_y]^{\mathrm{T}}$，如图 5-20 所示。同样由式（5-60）可以得到

$$\boldsymbol{F}^e = \boldsymbol{N}_b^{\mathrm{T}}\boldsymbol{Q} \tag{5-67}$$

为了计算 $\boldsymbol{N}_b$，首先计算 b 点的面积坐标。由于 b 点在$\overline{ij}$边上，所以 $L_{mb}=0$，再由面积坐标的定义得到

$$L_{ib} = \frac{A_i}{A} = \frac{l_j}{l},\quad L_{jb} = \frac{A_j}{A} = \frac{l_i}{l}$$

于是

$$N_b = [IL_i, IL_j, IL_m] = \left[I\frac{l_j}{l}, I\frac{l_i}{l}, 0\right]$$

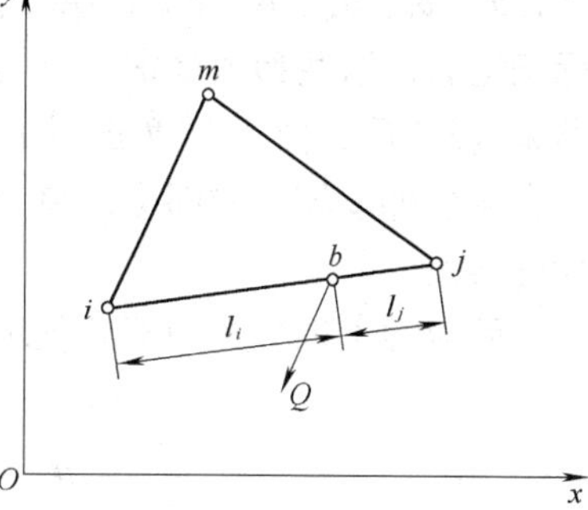

图 5-20　集中力的等效节点载荷

将上式代入式（5-67）得

$$\boldsymbol{F}^e = \left(\frac{l_j}{l}Q_x, \frac{l_j}{l}Q_y, \frac{l_i}{l}Q_x, \frac{l_i}{l}Q_y, 0, 0\right)^{\mathrm{T}} \tag{5-68}$$

上式表明：与作用在单元边界线上的集中力相应的等效节点载荷列阵，是按杠杆原理将力分配到边界线两端节点上。

对集中力的处理，也可以在单元划分时，将节点直接分布于集中力作用处，这样集中力直接作用于节点上，不再需要载荷移置。

在进行载荷移置时，单元往往受到几个载荷的同时作用，因此最终单元的等效节点载荷可能是几个载荷移置后叠加的结果。

5.4.2　单元特性分析

上节中介绍了单元的位移模式和插值函数，在此不再详述。利用单元插值函数确定单元位移后，可以很方便地利用几何方程和物理方程求得单元的应力和应变。在式（5-7）的几何方程中，位移用式（5-46）代入，得到单元应变

$$\begin{aligned}\boldsymbol{\varepsilon} &= \begin{pmatrix}\varepsilon_x\\ \varepsilon_y\\ \gamma_{xy}\end{pmatrix} = \boldsymbol{Lu} = \boldsymbol{LN\Delta}^e = L[N_i, N_j, N_m]^{\mathrm{T}}\boldsymbol{\Delta}^e\\ &= [\boldsymbol{B}_i, \boldsymbol{B}_j, \boldsymbol{B}_m]^{\mathrm{T}}\boldsymbol{\Delta}^e = \boldsymbol{B\Delta}^e\end{aligned} \tag{5-69}$$

式中，$\boldsymbol{B}$ 是应变矩阵；$\boldsymbol{L}$ 是平面问题的微分算子。

应变矩阵 $\boldsymbol{B}$ 的分块子矩阵是

$$\boldsymbol{B}_i = \boldsymbol{LN}_i = \begin{pmatrix}\frac{\partial}{\partial x} & 0\\ 0 & \frac{\partial}{\partial y}\\ \frac{\partial}{\partial y} & \frac{\partial}{\partial x}\end{pmatrix}\begin{pmatrix}N_i & 0\\ 0 & N_i\end{pmatrix} = \begin{pmatrix}\frac{\partial N_i}{\partial x} & 0\\ 0 & \frac{\partial N_i}{\partial y}\\ \frac{\partial N_i}{\partial y} & \frac{\partial N_i}{\partial x}\end{pmatrix}\quad (i,j,m) \tag{5-70}$$

对式（5-45）求导，并代入式（5-70）得三节点单元的应变矩阵

$$\boldsymbol{B}=[B_i,B_j,B_m]=\frac{1}{2A}\begin{pmatrix}b_i & 0 & b_j & 0 & b_m & 0\\ 0 & c_i & 0 & c_j & 0 & c_m\\ c_i & b_i & c_j & c_j & c_m & b_m\end{pmatrix} \tag{5-71}$$

式中，b_i、b_j、b_m、c_i、c_j、c_m 由式（5-43a）确定，它们是单元形状的参数。当单元的节点坐标确定后，这些参数是常量（与坐标变量 x、y 无关），因此 $\boldsymbol{B}$ 是常量阵。当单元的节点位移 $\boldsymbol{\Delta}^e$ 确定后，由 $\boldsymbol{B}$ 转换求得的单元应变都是常量，因此三节点三角形单元称为常应变单元。在应变梯度较大的部位，单元划分应适当密集，否则将不能反映应变的真实变化而导致较大的误差。

单元应力可以根据物理方程求得

$$\boldsymbol{\sigma}=\begin{pmatrix}\sigma_x\\ \sigma_y\\ \tau_{xy}\end{pmatrix}=\boldsymbol{D\varepsilon}=\boldsymbol{DB\Delta}^e=\boldsymbol{S\Delta}^e \tag{5-72}$$

式中，$\boldsymbol{S}$ 为应力矩阵。

$$\boldsymbol{S}=\boldsymbol{DB}=\boldsymbol{D}[B_i,B_j,B_m]^{\mathrm{T}}=[S_i,S_j,S_m]^{\mathrm{T}}$$

对于平面应力问题，$\boldsymbol{S}$ 的分块矩阵为

$$\boldsymbol{S}_i=\boldsymbol{DB}_i=\frac{E}{2(1-\mu^2)A}\begin{pmatrix}b_i & \mu c_i\\ \mu b_i & c_i\\ \frac{1-\mu}{2}c_i & \frac{1-\mu}{2}b_i\end{pmatrix}\quad(i,j,m) \tag{5-73}$$

对于平面应变问题，利用$\frac{E}{1-\mu^2}$替代 E、$\frac{\mu}{1-\mu}$替代 μ 即可得到平面应变问题的应力矩阵。

针对平面问题，利用虚功原理，可以推导出单元节点力和节点位移间的关系，即

$$\boldsymbol{F}^e=\left(\iint_A \boldsymbol{B}^{\mathrm{T}}\boldsymbol{DB}\mathrm{d}x\mathrm{d}yh\right)\boldsymbol{\Delta}^e \tag{5-74}$$

令 $\boldsymbol{K}^e=\iint_A \boldsymbol{B}^{\mathrm{T}}\boldsymbol{DB}\mathrm{d}x\mathrm{d}yh$，简化上式得

$$\boldsymbol{F}^e=\boldsymbol{K}^e\boldsymbol{\Delta}^e \tag{5-75}$$

上节介绍过此关系式，它描述的是单元节点力与节点位移之间的关系，称为单元刚度方程式。矩阵 $\boldsymbol{K}^e$ 称为单元刚度矩阵。对于三角形三节点常应变单元，矩阵 $\boldsymbol{B}$ 和 $\boldsymbol{D}$ 均是常数矩阵，因此有

$$\boldsymbol{K}^e=\iint_A \boldsymbol{B}^{\mathrm{T}}\boldsymbol{DB}\mathrm{d}x\mathrm{d}yh=\boldsymbol{B}^{\mathrm{T}}\boldsymbol{DB}hA=\begin{pmatrix}\boldsymbol{K}_{ii} & \boldsymbol{K}_{ij} & \boldsymbol{K}_{im}\\ \boldsymbol{K}_{ji} & \boldsymbol{K}_{jj} & \boldsymbol{K}_{jm}\\ \boldsymbol{K}_{mi} & \boldsymbol{K}_{mj} & \boldsymbol{K}_{mm}\end{pmatrix} \tag{5-76}$$

式中，A 为单元面积；h 为单元厚度。对于平面应力问题，将弹性矩阵 $\boldsymbol{D}$ 和应变矩阵 $\boldsymbol{B}$ 代入上式，它的任意分块矩阵可表示为

$$\boldsymbol{K}_{rs}=\begin{pmatrix}K_{rs}^{11} & K_{rs}^{12}\\ K_{rs}^{21} & K_{rs}^{22}\end{pmatrix}=\frac{Eh}{4(1-\mu^2)A}\begin{pmatrix}b_rb_s+\frac{1-\mu}{2}c_rc_s & \mu b_rc_s+\frac{1-\mu}{2}c_rb_s\\ \mu c_rb_s+\frac{1-\mu}{2}b_rb_s & c_rc_s+\frac{1-\mu}{2}b_rb_s\end{pmatrix}$$

$$(r = i,j,m;\quad s = i,j,m) \tag{5-77}$$

对于平面应变问题，只需将上式中 E 换成$\dfrac{E}{1-\mu^2}$、μ 换成$\dfrac{\mu}{1-\mu}$，即可得到平面应变问题的单元刚度阵。

将式（5-77）代入式（5-75），并将节点力、节点位移用其分量表示，得

$$\begin{pmatrix} X_i^e \\ Y_i^e \\ \hdashline X_j^e \\ Y_j^e \\ \hdashline X_m^e \\ Y_m^e \end{pmatrix} = \begin{pmatrix} K_{ii}^{11} & K_{ii}^{12} & K_{ij}^{11} & K_{ij}^{12} & K_{im}^{11} & K_{im}^{12} \\ K_{ii}^{21} & K_{ii}^{22} & K_{ij}^{21} & K_{ij}^{22} & K_{im}^{21} & K_{im}^{22} \\ K_{ji}^{11} & K_{ji}^{12} & K_{jj}^{11} & K_{jj}^{12} & K_{jm}^{11} & K_{jm}^{12} \\ K_{ji}^{21} & K_{ji}^{22} & K_{jj}^{21} & K_{jj}^{22} & K_{jm}^{21} & K_{jm}^{22} \\ K_{mi}^{11} & K_{mi}^{12} & K_{mj}^{11} & K_{mj}^{12} & K_{mm}^{11} & K_{mm}^{12} \\ K_{mi}^{21} & K_{mi}^{22} & K_{mj}^{21} & K_{mj}^{22} & K_{mm}^{21} & K_{mm}^{22} \end{pmatrix} \times \begin{pmatrix} u_i \\ v_i \\ \hdashline u_j \\ v_j \\ \hdashline u_m \\ v_m \end{pmatrix} \tag{5-78}$$

单元刚度矩阵中任意元素 K_{ij}的物理意义为：当单元的第 j 个节点位移为单位位移而其他节点位移为零时，需在单元第 i 个节点位移方向上施加的节点力的大小。单元刚性越大，则使节点产生单位位移所需施加的节点力就越大。

单元刚度矩阵有以下性质：

1）单元刚度矩阵只与单元的几何形状、大小及材料的性质有关，它特别与所选取的单元位移模式有关，不同的位移模式，不同形状和大小的单元，其单元刚度矩阵不同，计算精度也不同。

2）具有对称性。

3）单元刚度矩阵是奇异矩阵，不存在逆矩阵，矩阵的秩是 3。这一特性的物理解释为：单元处于平衡时，节点力相互不是独立的，它们必须满足三个平衡方程，因此它们是线性相关的。另外，即使给定满足平衡的单元节点力，也不能确定单元的节点位移，因为单元还可以有任意的刚体位移。

4）单元刚度矩阵的主元恒为正。即

$$K_{ii} > 0$$

K_{ii}恒为正的物理意义是要使节点 i 上产生单位位移，则施加在该节点上的节点力必须与位移方向同向。

5.4.3　整体分析

利用最小位能原理建立有限元的求解方程，即

$$\boldsymbol{Ku} = \boldsymbol{F} \tag{5-79}$$

式中，$\boldsymbol{u}$ 为结构的节点位移；$\boldsymbol{K} = \sum_e \boldsymbol{G}^{\mathrm{T}}\boldsymbol{K}^e\boldsymbol{G}$ 为结构刚度矩阵，或称总刚矩阵；$\boldsymbol{F} = \sum_e \boldsymbol{G}^{\mathrm{T}}\boldsymbol{F}^e$ 为结构节点载荷列阵，$\boldsymbol{G}$ 是单元节点变换矩阵，利用它可将单元节点位移 $\boldsymbol{\Delta}^e$ 用结构节点位移表示，即

$$\boldsymbol{\Delta}^e = \boldsymbol{Gu} \tag{5-80}$$

式中，$\boldsymbol{u} = [u_1,\ v_1,\ u_2,\ v_2,\ \cdots,\ u_i,\ v_i,\ \cdots,\ u_n,\ v_n]^{\mathrm{T}}$，$n$ 为节点数。

$$
\begin{array}{c} \\ G_{6\times 2n} = \end{array}
\begin{array}{c}
\begin{array}{cccccccccccc} 1 & 2 & \cdots & 2i-1 & 2i & \cdots & 2m-1 & 2m & \cdots & 2j-1 & 2j & \cdots & 2n \end{array} \\
\begin{pmatrix}
0 & 0 & \cdots & 1 & 0 & \cdots & 0 & 0 & \cdots & 0 & 0 & \cdots & 0 \\
0 & 0 & \cdots & 0 & 1 & \cdots & 0 & 0 & \cdots & 0 & 0 & \cdots & 0 \\
0 & 0 & \cdots & 0 & 0 & \cdots & 0 & 0 & \cdots & 1 & 0 & \cdots & 0 \\
0 & 0 & \cdots & 0 & 0 & \cdots & 0 & 0 & \cdots & 0 & 1 & \cdots & 0 \\
0 & 0 & \cdots & 0 & 0 & \cdots & 1 & 0 & \cdots & 0 & 0 & \cdots & 0 \\
0 & 0 & \cdots & 0 & 0 & \cdots & 0 & 1 & \cdots & 0 & 0 & \cdots & 0
\end{pmatrix}
\end{array}
\tag{5-81}
$$

对于单元刚度矩阵进行以下转换

$$
\boldsymbol{G}^{\mathrm{T}}\boldsymbol{K}^{e}\boldsymbol{G} =
\begin{array}{c} 1 \\ \vdots \\ i \\ \vdots \\ \vdots \\ j \\ \vdots \\ m \\ \vdots \\ n \end{array}
\begin{pmatrix}
0 & 0 & 0 \\
0 & \vdots & \vdots \\
\boldsymbol{I} & \vdots & \vdots \\
0 & 0 & \vdots \\
\vdots & \vdots & \vdots \\
\vdots & \boldsymbol{I} & \vdots \\
\vdots & 0 & 0 \\
\vdots & \vdots & \boldsymbol{I} \\
\vdots & \vdots & 0 \\
0 & 0 & \vdots
\end{pmatrix}
\begin{pmatrix}
\boldsymbol{K}_{ii} & \boldsymbol{K}_{ij} & \boldsymbol{K}_{im} \\
\boldsymbol{K}_{ji} & \boldsymbol{K}_{jj} & \boldsymbol{K}_{jm} \\
\boldsymbol{K}_{mi} & \boldsymbol{K}_{mj} & \boldsymbol{K}_{mm}
\end{pmatrix}
\begin{array}{c}
\begin{array}{cccccccccc} 1 & \cdots & i & \cdots & \cdots & j & \cdots & m & \cdots & n \end{array} \\
\begin{pmatrix}
0 & 0 & \boldsymbol{I} & 0 & \cdots & \cdots & \cdots & \cdots & \cdots & 0 \\
0 & \cdots & \cdots & \cdots & 0 & \boldsymbol{I} & 0 & \cdots & \cdots & 0 \\
0 & \cdots & \cdots & \cdots & \cdots & \cdots & 0 & \boldsymbol{I} & 0 & 0
\end{pmatrix}
\end{array}
$$

$$
= \begin{array}{c} 0 \\ 1 \\ \vdots \\ i \\ \vdots \\ j \\ \vdots \\ m \\ \vdots \\ n \end{array}
\begin{array}{c}
\begin{array}{ccccccccc} 1 & \cdots & i & \cdots & j & \cdots & m & \cdots & n \end{array} \\
\begin{pmatrix}
0 & \cdots & 0 & \cdots & 0 & \cdots & 0 & \cdots & 0 \\
\vdots & & \vdots & & \vdots & & \vdots & & \vdots \\
0 & \cdots & \boldsymbol{K}_{ii} & \cdots & \boldsymbol{K}_{ij} & \cdots & \boldsymbol{K}_{im} & \cdots & 0 \\
\vdots & & \vdots & & \vdots & & \vdots & & \vdots \\
0 & \cdots & \boldsymbol{K}_{ji} & \cdots & \boldsymbol{K}_{jj} & \cdots & \boldsymbol{K}_{jm} & \cdots & 0 \\
\vdots & & \vdots & & \vdots & & \vdots & & \vdots \\
0 & \cdots & \boldsymbol{K}_{mi} & \cdots & \boldsymbol{K}_{mj} & \cdots & \boldsymbol{K}_{mm} & \cdots & 0 \\
\vdots & & \vdots & & \vdots & & \vdots & & \vdots \\
0 & \cdots & 0 & \cdots & 0 & \cdots & 0 & \cdots & 0
\end{pmatrix}
\end{array}
\tag{5-82}
$$

以上变换使得单元刚度矩阵扩大到与结构刚度矩阵同阶，以便进行矩阵相加；且将单元刚度矩阵的各子块按照单元节点的实际编码安放在扩大的矩阵中，其物理意义是该单元对结构刚度矩阵 $\boldsymbol{K}$ 的那些刚度系数有贡献。

对单元等效节点载荷进行以下变换

$$
\boldsymbol{G}^{\mathrm{T}}\boldsymbol{F}^{e} =
\begin{array}{c} 1 \\ \vdots \\ i \\ \vdots \\ \vdots \\ j \\ \vdots \\ m \\ \vdots \\ n \end{array}
\begin{pmatrix}
0 & 0 & 0 \\
0 & \vdots & \vdots \\
\boldsymbol{I} & \vdots & \vdots \\
0 & 0 & \vdots \\
\vdots & \vdots & \vdots \\
\vdots & \boldsymbol{I} & \vdots \\
\vdots & 0 & 0 \\
\vdots & \vdots & \boldsymbol{I} \\
\vdots & \vdots & 0 \\
0 & 0 & \vdots
\end{pmatrix}
\begin{pmatrix}
\boldsymbol{F}_{i}^{e} \\ \boldsymbol{F}_{j}^{e} \\ \boldsymbol{F}_{m}^{e}
\end{pmatrix}
=
\begin{array}{c} 1 \\ \vdots \\ i \\ \vdots \\ \vdots \\ j \\ \vdots \\ m \\ \vdots \\ n \end{array}
\begin{pmatrix}
0 \\ 0 \\ \boldsymbol{F}_{i}^{e} \\ 0 \\ \vdots \\ \boldsymbol{F}_{j}^{e} \\ 0 \\ \boldsymbol{F}_{m}^{e} \\ 0 \\ \vdots
\end{pmatrix}
\tag{5-83}
$$

单元等效节点载荷列阵的转换是将单元节点载荷的阶数扩大到与结构节点载荷列阵同阶，并将单元节点载荷按节点自由度顺序入位。它的物理意义是该单元的等效节点载荷对整个节点载荷列阵 $\boldsymbol{F}$ 的贡献。

利用结构刚度矩阵的定义

$$\boldsymbol{K} = \sum_{e} \boldsymbol{G}^{\mathrm{T}} \boldsymbol{K}^{e} \boldsymbol{G} \tag{5-84}$$

将每个扩大的单元矩阵逐项叠加，即可得到结构刚度矩阵。

利用结构载荷列阵的定义

$$\boldsymbol{F} = \sum_{e} \boldsymbol{G}^{\mathrm{T}} \boldsymbol{F}^{e} \tag{5-85}$$

将每个扩大的单元等效节点载荷列阵逐项叠加，即可得到结构等效节点载荷列阵。

下面将举例说明集成过程。设有单元 e，它的单元刚度矩阵和等效节点载荷列阵分别为

$$\boldsymbol{K}^{e} = \begin{pmatrix} \boldsymbol{K}_{ii} & \boldsymbol{K}_{ij} & \boldsymbol{K}_{im} \\ \boldsymbol{K}_{ji} & \boldsymbol{K}_{jj} & \boldsymbol{K}_{jm} \\ \boldsymbol{K}_{mi} & \boldsymbol{K}_{mj} & \boldsymbol{K}_{mm} \end{pmatrix}, \quad \boldsymbol{F}^{e} = \begin{pmatrix} \boldsymbol{F}_{i}^{e} \\ \boldsymbol{F}_{j}^{e} \\ \boldsymbol{F}_{m}^{e} \end{pmatrix} \tag{5-86}$$

该单元的节点 i、j、m 在整个结构中的节点号为 2、5、3。扩大后的单元刚度矩阵和节点载荷列阵分别为

$$\boldsymbol{G}^{\mathrm{T}} \boldsymbol{K}^{e} \boldsymbol{G} = \begin{array}{c} \\ 1 \\ 2 \\ 3 \\ 4 \\ 5 \\ \vdots \\ \vdots \\ n \end{array} \begin{array}{c} \begin{array}{cccccccc} 1 & 2 & 3 & 4 & 5 & \cdots & \cdots & n \end{array} \\ \begin{pmatrix} 0 & \cdots & \cdots & \cdots & \cdots & \cdots & \cdots & 0 \\ \vdots & \boldsymbol{K}_{ii}^{e} & \boldsymbol{K}_{im}^{e} & & \boldsymbol{K}_{ij}^{e} & & & \vdots \\ \vdots & \boldsymbol{K}_{mi}^{e} & \boldsymbol{K}_{mm}^{e} & & \boldsymbol{K}_{mj}^{e} & & & \vdots \\ \vdots & 0 & 0 & & 0 & & & \vdots \\ \vdots & \boldsymbol{K}_{ji}^{e} & \boldsymbol{K}_{jm}^{e} & & \boldsymbol{K}_{jj}^{e} & & & \vdots \\ \vdots & 0 & 0 & & 0 & & & \vdots \\ \vdots & & & & & & & \vdots \\ 0 & \cdots & \cdots & \cdots & \cdots & \cdots & \cdots & 0 \end{pmatrix} \end{array}, \quad \boldsymbol{G}^{\mathrm{T}} \boldsymbol{F}^{e} = \begin{array}{c} 1 \\ 2 \\ 3 \\ 4 \\ 55 \\ \vdots \\ \vdots \\ n \end{array} \begin{pmatrix} 0 \\ \boldsymbol{F}_{i}^{e} \\ \boldsymbol{F}_{m}^{e} \\ 0 \\ \boldsymbol{F}_{j}^{e} \\ 0 \\ \vdots \\ 0 \end{pmatrix} \tag{5-87}$$

进行结构刚度矩阵的集成，将计算好的单元矩阵元素直接对号入座地叠加到结构刚度矩阵和结构载荷列阵即可。

$$\boldsymbol{K} = \begin{array}{c} \\ 1 \\ 2 \\ 3 \\ 4 \\ 5 \\ \vdots \\ \vdots \\ \boldsymbol{n} \end{array} \begin{array}{c} \begin{array}{cccccccc} 1 & 2 & 3 & 4 & 5 & \cdots & \cdots & n \end{array} \\ \begin{pmatrix} \boldsymbol{K}_{11} & \boldsymbol{K}_{12} & \cdots & \cdots & \cdots & \cdots & \cdots & \boldsymbol{K}_{1\boldsymbol{n}} \\ \boldsymbol{K}_{21} & \boldsymbol{K}_{22} + \boldsymbol{K}_{ii}^{e} & \boldsymbol{K}_{23} + \boldsymbol{K}_{im}^{e} & & \boldsymbol{K}_{25} + \boldsymbol{K}_{ij}^{e} & & & \vdots \\ \vdots & \boldsymbol{K}_{32} + \boldsymbol{K}_{mi}^{e} & \boldsymbol{K}_{33} + \boldsymbol{K}_{mm}^{e} & & \boldsymbol{K}_{34} + \boldsymbol{K}_{mj}^{e} & & & \vdots \\ \vdots & 0 & 0 & & 0 & & & \vdots \\ \boldsymbol{K}_{51} & \boldsymbol{K}_{52} + \boldsymbol{K}_{ji}^{e} & \boldsymbol{K}_{53} + \boldsymbol{K}_{jm}^{e} & & \boldsymbol{K}_{55} + \boldsymbol{K}_{jj}^{e} & & & \vdots \\ \vdots & 0 & 0 & & 0 & & & \vdots \\ \vdots & & & & & & & \vdots \\ \boldsymbol{K}_{n1} & \cdots & \cdots & \cdots & \cdots & \cdots & \cdots & \boldsymbol{K}_{nn} \end{pmatrix} \end{array}$$

$$
\boldsymbol{F}=\begin{matrix}1\\2\\3\\4\\5\\\vdots\\\vdots\\n\end{matrix}\begin{pmatrix}\boldsymbol{F}_1\\\boldsymbol{F}_2+F_i^e\\\boldsymbol{F}_3+F_m^e\\\boldsymbol{F}_4\\\boldsymbol{F}_5+F_j^e\\\vdots\\\vdots\\\boldsymbol{F}_n\end{pmatrix} \tag{5-88}
$$

在实际编程计算的过程中，这个集成过程不是采用上述的矩阵相乘法进行的，在计算得到 K^e、F^e 的各元素后，只需按照单元的节点自由度编码，“对号入座” 地叠加到结构刚度矩阵和结构载荷列阵的相应位置上即可实现。

结构刚度矩阵有以下特点：

1）结构刚度矩阵各个元素都集中分布于对角线附近，形成“带状”。这是因为一个节点的平衡方程除与本身的节点位移有关外，还与那些和它直接相联系的单元的节点位移有关，而不在同一单元上的两个节点之间相互没有影响。

2）由于结构刚度矩阵 $\boldsymbol{K}$ 是由各单元刚度矩阵集成而得的，单元刚度矩阵具有对称性，结构刚度矩阵必具有对称性。

3）由于单元刚度矩阵具有奇异性，因此，结构刚度矩阵也具有奇异性。故在求解有限元方程时，需要根据约束条件，修正结构刚度矩阵，消除其奇异性，从而将方程求解出来。

5.4.4 边界约束条件的处理

在有限元法中，位移边界条件就是在若干节点上指定位移函数的值，该位移可以是零值或非零值，即

$$u_i=\bar{u}$$

由于结构刚度矩阵为奇异矩阵，为求出惟一的解，必须先利用给定的边界节点约束条件对结构刚度矩阵进行处理，消除 $\boldsymbol{K}$ 的奇异性，然后求解。

可以用以下方法引入指定边界条件：

1. 划行划列法

当给定位移值为零时，例如 $u_j=0$，在结构刚度矩阵中，将第 j 行和第 j 列元素从结构刚度矩阵中划去，第 j 行载荷列阵和位移列阵的元素也相应划掉。当然，方程组的阶数也随之降低。这对于结构划分的单元少，且采用手算的情况比较适合，但不便于编程实现。

2. 对角线元素置 1 法

当给定位移值为零时，可以在系数矩阵 K 中将与零节点位移相对应的行列中，将主对角线元素改为 1，其他元素改为 0；在载荷列阵中将与零节点位移相对应的元素改为 0 即可。例如 $u_j=0$，则对方程系数矩阵 $\boldsymbol{K}$ 的第 j 行、j 列及载荷阵第 j 个元素作如下修改，即

$$
\begin{array}{c}
 \\ 1 \\ 2 \\ \vdots \\ \vdots \\ j \\ \vdots \\ \vdots \\ n
\end{array}
\begin{array}{c}
\begin{array}{cccccccc} 1 & 2 & \cdots & j & \cdots & \cdots & \cdots & n \end{array} \\
\begin{pmatrix}
\boldsymbol{K}_{11} & \boldsymbol{K}_{12} & \cdots & 0 & \cdots & \cdots & \cdots & \boldsymbol{K}_{1n} \\
\boldsymbol{K}_{21} & \boldsymbol{K}_{22} & \cdots & 0 & & & & \vdots \\
\vdots & \vdots & & \vdots & & & & \vdots \\
\vdots & \vdots & & 0 & & & & \vdots \\
0 & 0 & 0 & 1 & 0 & 0 & 0 & 0 \\
\vdots & \vdots & & 0 & & & & \vdots \\
\vdots & \vdots & & \vdots & & & & \vdots \\
\boldsymbol{K}_{n1} & \boldsymbol{K}_{n2} & \cdots & 0 & \cdots & \cdots & \cdots & \boldsymbol{K}_{nn}
\end{pmatrix}
\end{array}
\begin{pmatrix} u_1 \\ u_2 \\ \vdots \\ \vdots \\ u_j \\ \vdots \\ \vdots \\ u_n \end{pmatrix}
=
\begin{pmatrix} F_1 \\ F_2 \\ \vdots \\ \vdots \\ 0 \\ \vdots \\ \vdots \\ F_n \end{pmatrix}
\tag{5-89}
$$

这样修正后，解方程时则可得 $u_j=0$，对于多个给定零位移则依次修正，全部修正完毕后再求解。用这种方法引入强制边界条件比较简单，不改变原来方程的阶数和节点未知量的顺序编号。但这种方法只能用于指定零位移。

3. 对角线元素乘大数法

当有节点位移为给定值 $u_j=\overline{u}$ 时，第 j 个方程作如下修改：对角线元素 $\boldsymbol{K}_{jj}$ 乘以大数 a（a 可取 10^{10} 左右数量级），并将 F_j 用 $a\boldsymbol{K}_{jj}u_j$ 取代，即

$$
\begin{array}{c}
 \\ 1 \\ 2 \\ \vdots \\ \vdots \\ j \\ \vdots \\ \vdots \\ n
\end{array}
\begin{array}{c}
\begin{array}{cccccccc} 1 & 2 & \cdots & j & \cdots & \cdots & \cdots & n \end{array} \\
\begin{pmatrix}
\boldsymbol{K}_{11} & \boldsymbol{K}_{12} & \cdots & 0 & \cdots & \cdots & \cdots & \boldsymbol{K}_{1n} \\
\boldsymbol{K}_{21} & \boldsymbol{K}_{22} & & 0 & & & & \vdots \\
\vdots & \vdots & & \vdots & & & & \vdots \\
\vdots & \vdots & & 0 & & & & \vdots \\
\boldsymbol{K}_{j1} & \boldsymbol{K}_{j2} & \cdots & a\boldsymbol{K}_{jj} & \cdots & \cdots & \cdots & \boldsymbol{K}_{jn} \\
\vdots & \vdots & & 0 & & & & \vdots \\
\vdots & \vdots & & \vdots & & & & \vdots \\
\boldsymbol{K}_{n1} & \boldsymbol{K}_{n2} & \cdots & 0 & \cdots & \cdots & \cdots & \boldsymbol{K}_{nn}
\end{pmatrix}
\end{array}
\begin{pmatrix} u_1 \\ u_2 \\ \vdots \\ \vdots \\ \overline{u} \\ \vdots \\ \vdots \\ u_n \end{pmatrix}
=
\begin{pmatrix} F_1 \\ F_2 \\ \vdots \\ \vdots \\ a\boldsymbol{K}_{jj}u_j \\ \vdots \\ \vdots \\ F_n \end{pmatrix}
\tag{5-90}
$$

经过修正的第 j 个方程为

$$\boldsymbol{K}_{j1}u_1+\boldsymbol{K}_{j2}u_2+\cdots+a\boldsymbol{K}_{jj}\overline{u}+\cdots+\boldsymbol{K}_{jn}u_n=a\boldsymbol{K}_{jj}u_j \tag{5-91}$$

由于 $a\boldsymbol{K}_{jj}\gg\boldsymbol{K}_{ji}$（$i\neq j$），式（5-91）左端的 $a\boldsymbol{K}_{jj}\overline{u}$ 较其他项要大得多，因此近似得到

$$a\boldsymbol{K}_{jj}\overline{u}\approx a\boldsymbol{K}_{jj}u_j \tag{5-92}$$

则有

$$u_j=\overline{u}$$

对于多个给定位移时，按顺序将每个给定位移作上述修正，得到全部进行修正后的 $\boldsymbol{K}$ 和 $\boldsymbol{F}$，然后解方程则可得到包括给定位移在内的全部节点位移值。这种方法使用简单，对于任何指定位移条件都适用，编制程序十分方便，因此在有限元法中经常采用。

5.4.5　求解、计算结果的整理和有限元后处理

求解经过处理后得到结构总位移列阵，然后根据单元位移列阵，计算出各单元应力矩阵，最后求出各单元的应力分量。计算出的结果，主要是节点位移和各单元应力，它们需要整理表示出来，才能较好地说明结构的受力状态。

在位移方面，算出的节点位移就是结构上各离散点的位移值，据此可画出结构的位移分

布图，结构边界上的节点位移值的连线就是结构外形的改变曲线。

在应力方面，情况较为复杂。由于应变矩阵是插值函数对坐标进行求导后得到的矩阵，求导一次，多项式的次数降低一次，所以通过求导运算得到的应变和应力精度较位移降低了。但在单元内存在最佳应力点，因此对求出的应力近似解要进行一些处理，以改善应力解的精度。

最简单的处理应力结果的方法是取相邻单元应力的平均值。这种方法最常用于3节点三角形单元中。在这种单元中，应力是常量，而不是某一个点的应力值。因此通常把它看成三角形单元形心处的应力。由于应力近似解总是在真正解上下震荡，可以取相邻单元应力的平均值作为这两个单元合成的较大四边形单元形心处的应力。这样处理十分逼近真正解。

在图5-21中表示了用①、②单元的应力平均值作为1点的应力值，用③、④单元的应力平均值作为2点的应力值，在边界上0点的应力，可由内节点1、2、3处的应力用二次插值公式插值得到。

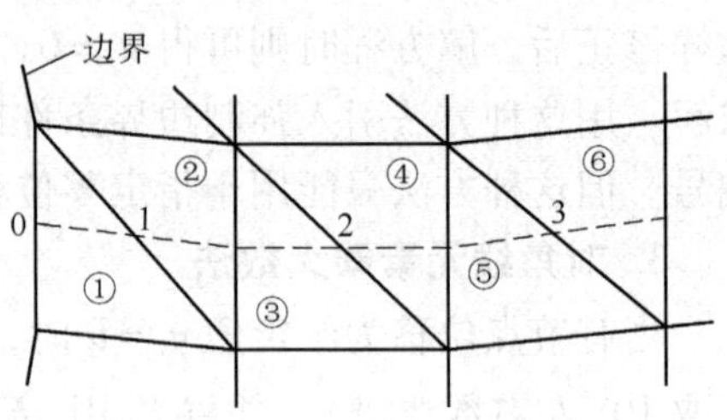

图5-21　应力值的处理

实际上，为了克服应力不连续和精度低等缺点，最好的办法是在整个区域用最小二乘法修匀，但是这样做的工作量太大，因此比较实用的办法是在每个单元内用最小二乘方法修匀，然后在节点上取有关单元应力的平均值。

后处理的主要目的是通过对结果的分析和处理，通常可以获得响应量关键点的数值，包括最大值、最小值等；显示和输出响应量的分布情况；按照规范和标准，校核强度、刚度和稳定性等安全指标是否满足要求，并将校核过程和结果输出。

通常有限元后处理的显示和输出结果的方式主要有：列表输出；图形输出，如等值线、彩色云图等输出响应量的分布规律，分布规律不仅应包含物体表面的分布，还应包含典型的内部切面上的分布；计算机动画模拟结构的动态特性和时变响应。计算机可视化技术为有限元分析的后处理提供了非常有效的工具。很多有限元分析软件配有图形及专业后处理模块，用户应了解其功能和特点，充分加以利用。

5.4.6　算例

设有图5-22a所示的正方形薄板，在沿其对角线顶点上作用有压力，载荷沿厚度均匀分布且为2kN/m，板厚$h=1\text{m}$。试计算板的应力值。

解　由于两个对角线均为该板的对称轴（实际为对称面），所以只需取薄板的1/4作为计算对象（5-22b）。根据板的受力情况，应按平面应力问题处理。

1）将所讨论的对象划分成四个三角形单元，它们彼此只在节点处用铰链连接。由于在对称轴上的节点不存在与对称轴垂直的位移分量，故在对称轴上的节点处应设置支座连杆。在目前划分单元的情况下，所有荷载都已作用在节点上。结构计算简图为图5-22b，各单元及节点的编号都已示于图中。根据计算简图，约束条件应为

$$u_1=u_2=u_4=v_4=v_5=v_6=0 \tag{a}$$

2）选取对称轴作为坐标轴，计算各单元的节点坐标值，见表5-1。

3）计算各单元的系数b、c及单元面积。分别计算如下：

单元①（$i=1$，$j=2$，$m=3$），单元②（$i=2$，$j=4$，$m=5$），单元④（$i=3$，$j=5$，$m=6$），三个单元（图 5-22c）的系数 b、c 与单元面积 A 完全相同，即

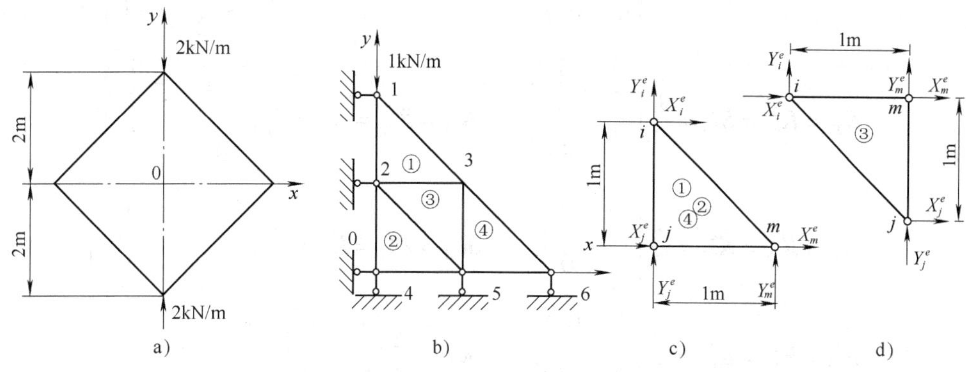

图 5-22　正方形薄板的有限元分析

$$b_i=y_j-y_m=0,\quad b_j=y_m-y_i=-1.0\text{m},\quad b_m=y_i-y_j=1.0\text{m}$$
$$c_i=x_m-x_j=1.0\text{m},\quad c_j=x_i-x_m=-1.0\text{m},\quad c_m=x_j-x_i=0$$
$$A=\frac{1}{2}(x_jy_m+x_my_i+x_iy_j-x_my_j-x_iy_m-x_jy_j)=\frac{1}{2}\text{m}^2$$

表　5-1

坐标 \ 节点	1	2	3	4	5	6
x	0.00	0.00	1.00	0.00	1.00	2.00
y	2.00	1.00	1.00	0.00	0.00	0.00

而图 5-22d 所示的单元③（$i=2$，$j=5$，$m=3$）的相应值为

$$b_i=-1.0\text{m},\quad b_j=0,\quad b_m=1.0\text{m};\quad c_i=0,\quad c_j=-1.0\text{m},\quad c_m=1.0\text{m},\quad A=\frac{1}{2}\text{m}^2$$

4）各单元刚度矩阵的各元素（子矩阵）计算。为使计算简便起见，取 $\mu=0$，则 $\dfrac{Eh}{4(1-\mu^2)A}=\dfrac{E}{2}$。于是单元①、②、③、④的刚度矩阵可计算出来，分别为

$$\boldsymbol{K}^1=\begin{pmatrix}\boldsymbol{K}_{11}^1 & \boldsymbol{K}_{12}^1 & \boldsymbol{K}_{13}^1\\ \boldsymbol{K}_{21}^1 & \boldsymbol{K}_{22}^1 & \boldsymbol{K}_{23}^1\\ \boldsymbol{K}_{31}^1 & \boldsymbol{K}_{32}^1 & \boldsymbol{K}_{33}^1\end{pmatrix},\quad \boldsymbol{K}^2=\begin{pmatrix}\boldsymbol{K}_{22}^2 & \boldsymbol{K}_{24}^2 & \boldsymbol{K}_{25}^2\\ \boldsymbol{K}_{42}^2 & \boldsymbol{K}_{44}^2 & \boldsymbol{K}_{45}^2\\ \boldsymbol{K}_{52}^2 & \boldsymbol{K}_{54}^2 & \boldsymbol{K}_{55}^2\end{pmatrix}$$

$$\boldsymbol{K}^4=\begin{pmatrix}\boldsymbol{K}_{33}^4 & \boldsymbol{K}_{35}^4 & \boldsymbol{K}_{36}^4\\ \boldsymbol{K}_{53}^4 & \boldsymbol{K}_{55}^4 & \boldsymbol{K}_{56}^4\\ \boldsymbol{K}_{63}^4 & \boldsymbol{K}_{65}^4 & \boldsymbol{K}_{66}^4\end{pmatrix},\quad \boldsymbol{K}^3=\begin{pmatrix}\boldsymbol{K}_{22}^3 & \boldsymbol{K}_{25}^3 & \boldsymbol{K}_{23}^3\\ \boldsymbol{K}_{52}^3 & \boldsymbol{K}_{55}^3 & \boldsymbol{K}_{53}^3\\ \boldsymbol{K}_{32}^3 & \boldsymbol{K}_{35}^3 & \boldsymbol{K}_{33}^3\end{pmatrix}$$

其中的子矩阵是

$$\boldsymbol{K}_{11}^1=\boldsymbol{K}_{22}^2=\boldsymbol{K}_{33}^4=\frac{E}{2}\begin{pmatrix}\frac{1}{2} & 0\\ 0 & 1\end{pmatrix},\qquad \boldsymbol{K}_{12}^1=\boldsymbol{K}_{24}^2=\boldsymbol{K}_{35}^4=\frac{E}{2}\begin{pmatrix}-\frac{1}{2} & -\frac{1}{2}\\ 0 & -1\end{pmatrix}$$

$$
\boldsymbol{K}_{13}^{1}=\boldsymbol{K}_{25}^{2}=\boldsymbol{K}_{36}^{4}=\frac{E}{2}\begin{pmatrix}0 & \frac{1}{2}\\ 0 & 0\end{pmatrix},\quad
\boldsymbol{K}_{21}^{1}=\boldsymbol{K}_{42}^{2}=\boldsymbol{K}_{53}^{4}=\frac{E}{2}\begin{pmatrix}-\frac{1}{2} & 0\\ -\frac{1}{2} & -1\end{pmatrix}
$$

$$
\boldsymbol{K}_{22}^{1}=\boldsymbol{K}_{44}^{2}=\boldsymbol{K}_{55}^{4}=\frac{E}{2}\begin{pmatrix}\frac{3}{2} & \frac{1}{2}\\ \frac{1}{2} & \frac{3}{2}\end{pmatrix},\quad
\boldsymbol{K}_{23}^{1}=\boldsymbol{K}_{45}^{2}=\boldsymbol{K}_{55}^{4}=\frac{E}{2}\begin{pmatrix}-1 & -\frac{1}{2}\\ 0 & -\frac{1}{2}\end{pmatrix}
$$

$$
\boldsymbol{K}_{31}^{1}=\boldsymbol{K}_{52}^{2}=\boldsymbol{K}_{63}^{4}=\frac{E}{2}\begin{pmatrix}0 & 0\\ \frac{1}{2} & 0\end{pmatrix},\quad
\boldsymbol{K}_{32}^{1}=\boldsymbol{K}_{54}^{2}=\boldsymbol{K}_{65}^{4}=\frac{E}{2}\begin{pmatrix}-1 & 0\\ -\frac{1}{2} & -\frac{1}{2}\end{pmatrix}
$$

$$
\boldsymbol{K}_{33}^{1}=\boldsymbol{K}_{56}^{2}=\boldsymbol{K}_{66}^{4}=\frac{E}{2}\begin{pmatrix}1 & 0\\ 0 & \frac{1}{2}\end{pmatrix},\quad
\boldsymbol{K}_{22}^{3}=\frac{E}{2}\begin{pmatrix}1 & 0\\ 0 & \frac{1}{2}\end{pmatrix}
$$

$$
\boldsymbol{K}_{53}^{3}=\frac{E}{2}\begin{pmatrix}-\frac{1}{2} & -\frac{1}{2}\\ 0 & -1\end{pmatrix},\quad
\boldsymbol{K}_{25}^{3}=\frac{E}{2}\begin{pmatrix}0 & 0\\ \frac{1}{2} & 0\end{pmatrix}
$$

$$
\boldsymbol{K}_{22}^{3}=\frac{E}{2}\begin{pmatrix}-1 & 0\\ -\frac{1}{2} & -\frac{1}{2}\end{pmatrix},\quad
\boldsymbol{K}_{55}^{3}=\frac{E}{2}\begin{pmatrix}\frac{1}{2} & 0\\ 0 & 1\end{pmatrix}
\tag{b}
$$

$$
\boldsymbol{K}_{33}^{3}=\frac{E}{2}\begin{pmatrix}\frac{3}{2} & \frac{1}{2}\\ \frac{1}{2} & \frac{3}{2}\end{pmatrix},\quad
\boldsymbol{K}_{52}^{3}=\frac{E}{2}\begin{pmatrix}0 & \frac{1}{2}\\ 0 & 0\end{pmatrix}
$$

$$
\boldsymbol{K}_{32}^{3}=\frac{E}{2}\begin{pmatrix}-1 & -\frac{1}{2}\\ 0 & -\frac{1}{2}\end{pmatrix},\quad
\boldsymbol{K}_{35}^{3}=\frac{E}{2}\begin{pmatrix}-\frac{1}{2} & 0\\ -\frac{1}{2} & -1\end{pmatrix}
$$

5）集合结构刚度矩阵，形成结构刚度方程。由各单元刚度矩阵，形成结构刚度矩阵，由各单元的等效节点荷载组集结构载荷列阵，从而得到结构刚度方程为

$$
\left(\begin{array}{c:c:c:c:c:c}
[\boldsymbol{K}_{11}^{1}] & [\boldsymbol{K}_{12}^{1}] & [\boldsymbol{K}_{13}^{1}] & & & \\
[\boldsymbol{K}_{21}^{1}] & [\boldsymbol{K}_{22}^{1}]+[\boldsymbol{K}_{22}^{2}]+[\boldsymbol{K}_{22}^{3}] & [\boldsymbol{K}_{23}^{1}]+[\boldsymbol{K}_{23}^{3}] & [\boldsymbol{K}_{24}^{2}] & [\boldsymbol{K}_{25}^{3}]+[\boldsymbol{K}_{25}^{2}] & \\
[\boldsymbol{K}_{31}^{1}] & [\boldsymbol{K}_{32}^{1}]+[\boldsymbol{K}_{32}^{3}] & [\boldsymbol{K}_{33}^{1}]+[\boldsymbol{K}_{33}^{3}]+[\boldsymbol{K}_{33}^{4}] & & [\boldsymbol{K}_{35}^{3}]+[\boldsymbol{K}_{35}^{4}] & [\boldsymbol{K}_{36}^{4}] \\
 & [\boldsymbol{K}_{42}^{2}] & & [\boldsymbol{K}_{44}^{2}] & [\boldsymbol{K}_{45}^{2}] & \\
 & [\boldsymbol{K}_{52}^{2}]+[\boldsymbol{K}_{52}^{3}] & [\boldsymbol{K}_{53}^{3}]+[\boldsymbol{K}_{53}^{4}] & [\boldsymbol{K}_{54}^{2}] & [\boldsymbol{K}_{55}^{2}]+[\boldsymbol{K}_{55}^{3}]+[\boldsymbol{K}_{55}^{4}] & [\boldsymbol{K}_{56}^{4}] \\
 & & [\boldsymbol{K}_{63}^{4}] & & [\boldsymbol{K}_{65}^{4}] & [\boldsymbol{K}_{66}^{4}]
\end{array}\right)
\begin{pmatrix}\Delta_1\\ \Delta_2\\ \Delta_3\\ \Delta_4\\ \Delta_5\\ \Delta_6\end{pmatrix}
=\begin{pmatrix}\begin{pmatrix}0\\ -1\end{pmatrix}\\ 0\\ 0\\ 0\\ 0\\ 0\end{pmatrix}
\tag{c}
$$

将各单元刚度矩阵的各子矩阵式（b）代入式（c）中，整理后得方程组为

$$
\begin{pmatrix}
0.25 & 0 & -0.25 & -0.25 & 0 & 0.25 & 0 & 0 & 0 & 0 & 0 & 0 \\
0 & 0.5 & 0 & -0.5 & 0 & 0 & 0 & 0 & 0 & 0 & 0 & 0 \\
-0.25 & 0 & 1.5 & 0.25 & -1.0 & -0.25 & -0.25 & -0.25 & 0 & 0.25 & 0 & 0 \\
-0.25 & -0.50 & 0.25 & 1.50 & -0.25 & 0.5 & 0 & -0.50 & 0.25 & 0 & 0 & 0 \\
0 & 0 & -1.0 & -0.25 & 1.50 & 0.25 & 0 & 0 & -0.50 & -0.25 & 0 & 0.25 \\
0.5 & 0 & -0.25 & -0.5 & 0.25 & 1.50 & 0 & 0 & -0.25 & -1.0 & 0 & 0 \\
0 & 0 & -0.25 & 0 & 0 & 0 & 0.75 & 0.25 & -0.50 & -0.25 & 0 & 0 \\
0 & 0 & -0.25 & -0.5 & 0 & 0 & 0.25 & 0.75 & 0 & -0.25 & 0 & 0 \\
0 & 0 & 0 & 0.25 & -0.5 & -0.25 & -0.50 & 0 & 1.50 & 0.25 & -0.50 & -0.25 \\
0 & 0 & 0.25 & 0 & -0.25 & -1.0 & -0.25 & -0.25 & 0.25 & 1.50 & 0 & -0.25 \\
0 & 0 & 0 & 0 & 0 & 0 & 0 & 0 & -0.50 & 0 & 0.50 & 0 \\
0 & 0 & 0 & 0 & 0.25 & 0 & 0 & 0 & -0.25 & -0.25 & 0 & 0.25
\end{pmatrix}
\begin{pmatrix} u_1 \\ v_1 \\ u_2 \\ v_2 \\ u_3 \\ v_3 \\ u_4 \\ v_4 \\ u_5 \\ v_5 \\ u_6 \\ v_6 \end{pmatrix}
=
\begin{pmatrix} 0 \\ -1 \\ 0 \\ 0 \\ 0 \\ 0 \\ 0 \\ 0 \\ 0 \\ 0 \\ 0 \\ 0 \end{pmatrix}
\tag{d}
$$

6）引入约束条件，修改平衡方程组（d）并求解。根据约束条件式（a），应将方程组（d）划去与零位移相对应的 1、3、7、8、10、12 行和列，重新排列后，方程组（d）就简化为

$$
\begin{pmatrix}
0.5 & -0.5 & 0 & 0 & 0 & 0 \\
-0.5 & 1.50 & -0.25 & -0.5 & 0.25 & 0 \\
0 & -0.25 & 1.50 & 0.25 & -0.5 & 0 \\
0 & -0.5 & 0.25 & 1.50 & -0.25 & 0 \\
0 & 0.25 & -0.5 & -0.25 & 1.5 & -0.5 \\
0 & 0 & 0 & 0 & -0.5 & 0.50
\end{pmatrix}
\begin{pmatrix} v_1 \\ v_2 \\ u_3 \\ v_3 \\ u_5 \\ u_6 \end{pmatrix}
=
\begin{pmatrix} -1 \\ 0 \\ 0 \\ 0 \\ 0 \\ 0 \end{pmatrix}
\tag{e}
$$

解方程组（e），得节点位移如下

$$\begin{pmatrix} v_1 \\ v_2 \\ u_3 \\ v_3 \\ u_5 \\ u_6 \end{pmatrix} = \frac{1}{E}\begin{pmatrix} -3.252 \\ -1.252 \\ -0.088 \\ -0.372 \\ 0.176 \\ 0.176 \end{pmatrix}$$

7）计算应力矩阵，求出各单元应力。根据 $\mu=0$ 以及已计算出的 A 值和在第三步所算得节点坐标差 b、c 值，算出单元应力矩阵 $\boldsymbol{S}$ 为

对于单元①、②、④

$$\boldsymbol{S} = E\begin{pmatrix} 0 & 0 & -1 & 0 & 1 & 0 \\ 0 & 1 & 0 & -1 & 0 & 0 \\ 0.5 & 0 & -0.5 & -0.5 & 0 & 0.5 \end{pmatrix}$$

对于单元③

$$\boldsymbol{S} = E\begin{pmatrix} -1 & 0 & 0 & 0 & 1 & 0 \\ 0 & 0 & 0 & -1 & 0 & 1 \\ 0 & -0.5 & -0.5 & 0 & 0.5 & 0.5 \end{pmatrix}$$

再根据式（5-72）算得各单元应力分量为

$$\begin{pmatrix} \sigma_x \\ \sigma_y \\ \tau_{xy} \end{pmatrix}^{(1)} = E\begin{pmatrix} 0 & 0 & -1 & 0 & 1 & 0 \\ 0 & 1 & 0 & -1 & 0 & 0 \\ 0.5 & 0 & -0.5 & -0.5 & 0 & 0.5 \end{pmatrix}\begin{pmatrix} 0 \\ v_1 \\ 0 \\ v_2 \\ u_3 \\ v_3 \end{pmatrix} = \begin{pmatrix} -0.088 \\ -2.00 \\ 0.440 \end{pmatrix}\mathrm{kN/m^2}$$

$$\begin{pmatrix} \sigma_x \\ \sigma_y \\ \tau_{xy} \end{pmatrix}^{(2)} = E\begin{pmatrix} 0 & 0 & -1 & 0 & 1 & 0 \\ 0 & 1 & 0 & -1 & 0 & 0 \\ 0.5 & 0 & -0.5 & -0.5 & 0 & 0.5 \end{pmatrix}\begin{pmatrix} 0 \\ v_2 \\ 0 \\ 0 \\ u_5 \\ 0 \end{pmatrix} = \begin{pmatrix} 0.176 \\ -1.252 \\ 0 \end{pmatrix}\mathrm{kN/m^2}$$

$$\begin{pmatrix} \sigma_x \\ \sigma_y \\ \tau_{xy} \end{pmatrix}^{(3)} = E\begin{pmatrix} -1 & 0 & 0 & 0 & 1 & 0 \\ 0 & 0 & 0 & -1 & 0 & 1 \\ 0 & -0.5 & -0.5 & 0 & 0.5 & 0.5 \end{pmatrix}\begin{pmatrix} 0 \\ v_2 \\ u_5 \\ 0 \\ u_3 \\ v_3 \end{pmatrix} = \begin{pmatrix} -0.088 \\ -0.372 \\ 0.308 \end{pmatrix}\mathrm{kN/m^2}$$

$$\begin{pmatrix}\sigma_x\\ \sigma_y\\ \tau_{xy}\end{pmatrix}^{(4)} = E\begin{pmatrix}0 & 0 & -1 & 0 & 1 & 0\\ 0 & 1 & 0 & -1 & 0 & 0\\ 0.5 & 0 & -0.5 & -0.5 & 0 & 0.5\end{pmatrix}\begin{pmatrix}u_3\\ v_3\\ u_5\\ 0\\ u_6\\ 0\end{pmatrix} = \begin{pmatrix}0\\ -0.372\\ -0.132\end{pmatrix}\text{kN/m}^2$$

由于采用了线性位移模式的常应变三角形单元，所以单元内应力处处相等。通常把它看做是三角形单元中心处的应力。

5.5　等参元和数值积分

在讨论二维问题中，已详细介绍了三角形常应变单元，但这种单元精度是受到限制的。为了提高精度，可以采用高阶插值函数，或采用矩形高阶插值单元。另外，在一些具有曲线边界的问题中，如果采用直线边界单元，就会产生用折线代替曲线所带来的误差，而这种误差又不能单纯地由提高单元内插值函数阶次来补偿。因此希望构造出一些曲线的高精度单元，以便在给定精度下用数目较少的单元来解决问题。首先在局部坐标系中对简单几何形状的单元（母单元）按较高阶插值多项式来构造形函数，形成局部坐标的单元位移函数。然后通过坐标变换，将简单几何形状的母单元在总体坐标系中映射成实际网格划分的曲线和曲面单元，称为子单元。虽然变换后的总体坐标单元位移函数比较复杂，但可以采用数值积分计算单元刚度矩阵和单元载荷向量。如果在位移模式和坐标变换式中采用相同的插值函数，这种单元称为等参元。由于等参元的计算精度比较高，又能适应复杂几何形状的网格划分，在通用有限元程序中得到广泛应用。

5.5.1　等参变换和单元矩阵的变换

为将局部坐标（ξ，η）中几何形状规则的单元转换成总体坐标（x，y）下有曲线或曲面组成的单元，需要建立一个坐标变换，即

$$\left.\begin{aligned} x &= \sum_{i=1}^{m} N'_i(\xi,\eta,\zeta)x_i \\ y &= \sum_{i=1}^{m} N'_i(\xi,\eta,\zeta)y_i \\ z &= \sum_{i=1}^{m} N'_i(\xi,\eta,\zeta)z_i \end{aligned}\right\} \tag{5-93}$$

式中，m 是用以进行坐标变换的单元节点数；x_i、y_i、z_i 是这些节点在总体坐标系下的坐标值；$N'_i(\xi,\eta,\zeta)$ 是用局部坐标（自然坐标）表示的插值函数。

通过上式建立起两个坐标系之间的变换，从而将局部坐标内的形状规则的单元（母单元）变换为总体坐标系内形状扭曲的单元，如图 5-23 所示。

如果坐标变换和插值函数采用相同的节点，并且采用相同的插值函数，即 $m=n$，$N_i=N'_i$，则这种变换为等参变换。如果坐标变换节点数多于函数插值的节点数，即 $m>n$ 则称为超参变换；反之，$m<n$，则为次参变换。

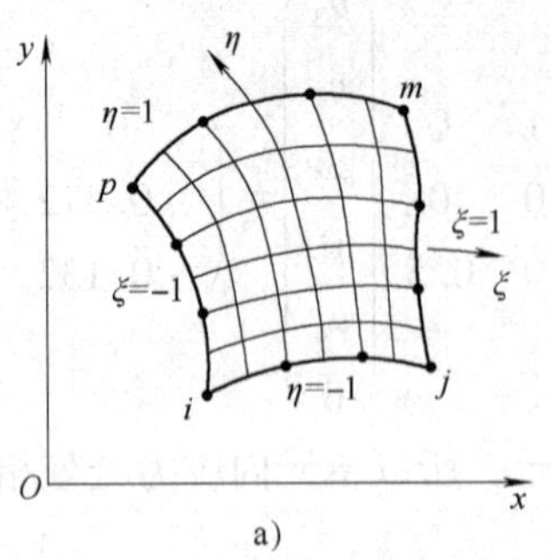

a)

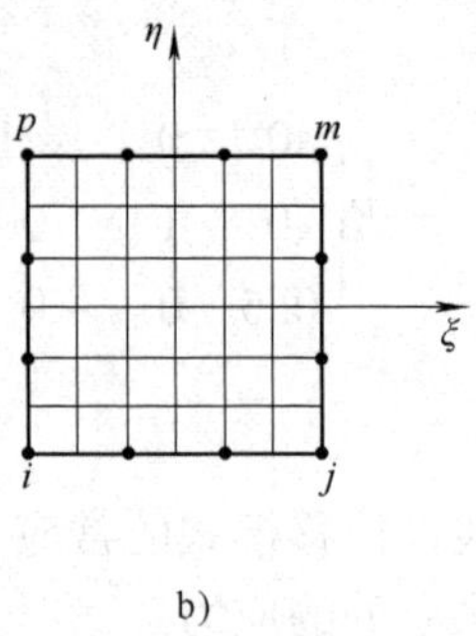

b)

图 5-23　二维单元的变换

a）任意四边形单元　b）对应的矩形单元

在有限元分析中，需要进行各个单元体积内和面积内的积分，它们的一般形式为

$$\int_{V_e} G\mathrm{d}V = \iiint_{V_e} G(x,y,z)\,\mathrm{d}x\mathrm{d}y\mathrm{d}z \tag{5-94}$$

$$\int_{S_e} g\mathrm{d}S = \iint_{S_e} g(x,y,z)\,\mathrm{d}S \tag{5-95}$$

式中，G 和 g 中还包含着场函数对总体坐标 x、y、z 的导数。

由于形函数是用局部坐标（自然坐标）给出的，且在局部坐标下单元的形状和边界比较规范，一般在自然坐标内可按规格化的数值积分方法进行上述积分。为此需要建立两个坐标系内导数、体积微元和面积微元之间的变换关系。

$$\begin{pmatrix} \dfrac{\partial N_i}{\partial \xi} \\ \dfrac{\partial N_i}{\partial \eta} \\ \dfrac{\partial N_i}{\partial \zeta} \end{pmatrix} = \begin{pmatrix} \dfrac{\partial x}{\partial \xi} & \dfrac{\partial y}{\partial \xi} & \dfrac{\partial z}{\partial \xi} \\ \dfrac{\partial x}{\partial \eta} & \dfrac{\partial y}{\partial \eta} & \dfrac{\partial z}{\partial \eta} \\ \dfrac{\partial x}{\partial \zeta} & \dfrac{\partial y}{\partial \zeta} & \dfrac{\partial z}{\partial \zeta} \end{pmatrix} = \begin{pmatrix} \dfrac{\partial N_i}{\partial x} \\ \dfrac{\partial N_i}{\partial y} \\ \dfrac{\partial N_i}{\partial z} \end{pmatrix} = \boldsymbol{J} \begin{pmatrix} \dfrac{\partial N_i}{\partial x} \\ \dfrac{\partial N_i}{\partial y} \\ \dfrac{\partial N_i}{\partial z} \end{pmatrix} \tag{5-96}$$

式中，$\boldsymbol{J}$ 为雅可比矩阵，其可表示为局部坐标的函数，即

$$\boldsymbol{J} = \frac{\partial(x,y,z)}{\partial(\xi,\eta,\zeta)} = \begin{pmatrix} \sum\limits_{i=1}^{m} \dfrac{\partial N_i}{\partial \xi} x_i & \sum\limits_{i=1}^{m} \dfrac{\partial N_i}{\partial \xi} y_i & \sum\limits_{i=1}^{m} \dfrac{\partial N_i}{\partial \xi} z_i \\ \sum\limits_{i=1}^{m} \dfrac{\partial N_i}{\partial \eta} x_i & \sum\limits_{i=1}^{m} \dfrac{\partial N_i}{\partial \eta} y_i & \sum\limits_{i=1}^{m} \dfrac{\partial N_i}{\partial \eta} z_i \\ \sum\limits_{i=1}^{m} \dfrac{\partial N_i}{\partial \zeta} x_i & \sum\limits_{i=1}^{m} \dfrac{\partial N_i}{\partial \zeta} y_i & \sum\limits_{i=1}^{m} \dfrac{\partial N_i}{\partial \zeta} z_i \end{pmatrix}$$

$$= \begin{pmatrix} \dfrac{\partial N_1}{\partial \xi} & \dfrac{\partial N_2}{\partial \xi} & \cdots & \dfrac{\partial N_m}{\partial \xi} \\ \dfrac{\partial N_1}{\partial \eta} & \dfrac{\partial N_2}{\partial \eta} & \cdots & \dfrac{\partial N_m}{\partial \eta} \\ \dfrac{\partial N_1}{\partial \zeta} & \dfrac{\partial N_2}{\partial \zeta} & \cdots & \dfrac{\partial N_m}{\partial \zeta} \end{pmatrix} \begin{pmatrix} x_1 & y_1 & z_1 \\ x_2 & y_2 & z_2 \\ \vdots & \vdots & \vdots \\ x_m & y_m & z_m \end{pmatrix} \tag{5-97}$$

由式（5-97）可得 N_i 对于 x、y、z 的偏导数，用局部坐标表示为

$$\begin{pmatrix} \frac{\partial N_i}{\partial x} \\ \frac{\partial N_i}{\partial y} \\ \frac{\partial N_i}{\partial z} \end{pmatrix} = \boldsymbol{J}^{-1} \begin{pmatrix} \frac{\partial N_i}{\partial \xi} \\ \frac{\partial N_i}{\partial \eta} \\ \frac{\partial N_i}{\partial \zeta} \end{pmatrix}$$

$\boldsymbol{J}^{-1}$是 $\boldsymbol{J}$ 的逆阵。

利用雅可比矩阵可以推导出体积微元、面积微元的变换。它们的表达式如下

$$\mathrm{d}V = |\boldsymbol{J}|\mathrm{d}\xi\mathrm{d}\eta\mathrm{d}\zeta \tag{5-98}$$

对于面积微元，假设在 ξ = 常数（c）的面上，即

$$\mathrm{d}A = A\mathrm{d}\eta\mathrm{d}\zeta \tag{5-99}$$

其他面上的 $\mathrm{d}A$ 可以通过轮换 ξ、η、ζ 得到。

由前面讨论可知，为了求得雅可比矩阵的逆阵，要求变换行列式在整个单元内均不等同于零，即

$$|\boldsymbol{J}| \neq 0 \tag{5-100}$$

这是确保等参变换的必要条件。对于四边形等参元，为了保证这一条件，即确保等参变换的进行，在总体坐标下所划分的任意四边形单元必须是凸四边形，而不能有一内角大于或等于 π，即不能太歪斜，这一结论可以推广到一般情况。

5.5.2　四节点四边形等参元

首先介绍一下四节点等参元的形式。

四节点等参元的标准单元为边长为2的正方形，局部坐标与总体坐标之间的变换为

$$\left.\begin{aligned} x &= \sum_{i=1}^{4} N_i(\xi,\eta)x_i \\ y &= \sum_{i=1}^{4} N_i(\xi,\eta)y_i \end{aligned}\right\} \tag{5-101}$$

式中，形函数 $N_i = \frac{1}{4}(1+\xi_i\xi)(1+\eta_i\eta)$，$i=1, 2, 3, 4$；$\xi_i$、$\eta_i$ 为 ξ、η 在 i 点的值。

将形函数代入式（5-101）得

$$\left.\begin{aligned} x &= \frac{x_1}{4}(1+\xi)(1+\eta) + \frac{x_2}{4}(1-\xi)(1+\eta) + \frac{x_3}{4}(1-\xi)(1-\eta) + \frac{x_4}{4}(1+\xi)(1-\eta) \\ y &= \frac{y_1}{4}(1+\xi)(1+\eta) + \frac{y_2}{4}(1-\xi)(1+\eta) + \frac{y_3}{4}(1-\xi)(1-\eta) + \frac{y_4}{4}(1+\xi)(1-\eta) \end{aligned}\right\} \tag{5-102}$$

图5-24a中的正方形通过这个变换后，在 Oxy 中映射成为一个任意四边形。由形函数可以看出，每一条边都是一条直线，它完全可以由边上两个节点的坐标惟一地确定。另外，形函数 N_i（ξ，η）及相应的节点 n 不局限于是线性的，也可以是二次或是更高次的。如果是二次的，则单元在局部坐标中矩形直边变换到总体坐标下则为曲线形状，正好适应曲线单元的要求，例如八节点曲线四边形等参元。

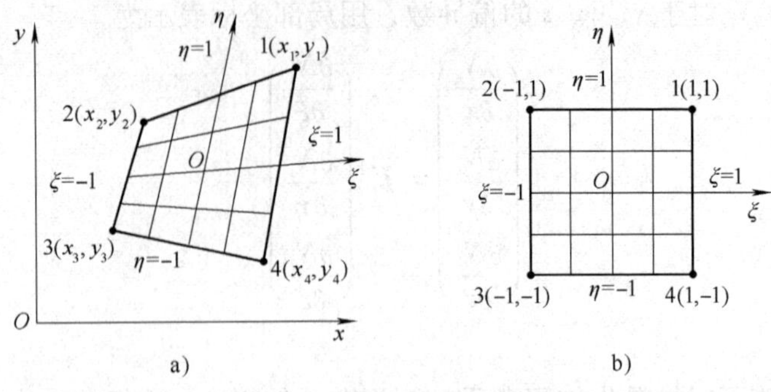

图 5-24　四节点四边形等参元

对于四节点四边形等参元，可得雅可比矩阵为

$$
\boldsymbol{J}=\begin{pmatrix}\dfrac{\partial x}{\partial \xi} & \dfrac{\partial y}{\partial \xi}\\ \dfrac{\partial x}{\partial \eta} & \dfrac{\partial y}{\partial \eta}\end{pmatrix}=\begin{pmatrix}\sum\limits_{i=1}^{4}\dfrac{\partial N_i(\xi,\eta)}{\partial \xi}x_i & \sum\limits_{i=1}^{4}\dfrac{\partial N_i(\xi,\eta)}{\partial \xi}y_i\\ \sum\limits_{i=1}^{4}\dfrac{\partial N_i(\xi,\eta)}{\partial \eta}x_i & \sum\limits_{i=1}^{4}\dfrac{\partial N_i(\xi,\eta)}{\partial \eta}y_i\end{pmatrix}
$$

$$
=\frac{1}{4}\begin{pmatrix}(1+\eta) & (-1-\eta) & (-1+\eta) & (1-\eta)\\ (1+\xi) & (1-\xi) & (-1+\xi) & (-1-\xi)\end{pmatrix}\begin{pmatrix}x_1 & y_1\\ x_2 & y_2\\ x_3 & y_3\\ x_4 & y_4\end{pmatrix} \tag{5-103}
$$

单元位移函数为

$$
\left.\begin{aligned}u&=\sum_{i=1}^{4}N_i(\xi,\eta)u_i\\ v&=\sum_{i=1}^{4}N_i(\xi,\eta)v_i\end{aligned}\right\} \tag{5-104}
$$

或

$$
\boldsymbol{u}=\begin{pmatrix}u\\ v\end{pmatrix}=\begin{pmatrix}N_1 & 0 & N_2 & 0 & N_3 & 0 & N_4 & 0\\ 0 & N_1 & 0 & N_2 & 0 & N_3 & 0 & N_4\end{pmatrix}\begin{pmatrix}u_1\\ v_1\\ u_2\\ v_2\\ u_3\\ v_3\\ u_4\\ v_4\end{pmatrix}=\boldsymbol{N\Delta}^e \tag{5-105}
$$

形函数 N_i（ξ, η）是用局部坐标给出的，根据前面推导雅可比矩阵可得

$$
\begin{pmatrix}\dfrac{\partial N_i}{\partial \xi}\\ \dfrac{\partial N_i}{\partial \eta}\end{pmatrix}=\begin{pmatrix}\dfrac{\partial x}{\partial \xi} & \dfrac{\partial y}{\partial \xi}\\ \dfrac{\partial x}{\partial \eta} & \dfrac{\partial y}{\partial \eta}\end{pmatrix}\begin{pmatrix}\dfrac{\partial N_i}{\partial x}\\ \dfrac{\partial N_i}{\partial y}\end{pmatrix}=\boldsymbol{J}\begin{pmatrix}\dfrac{\partial N_i}{\partial x}\\ \dfrac{\partial N_i}{\partial y}\end{pmatrix}\quad(i=1,\ 2,\ 3,\ 4) \tag{5-106}
$$

$$\begin{pmatrix} \dfrac{\partial N_i}{\partial x} \\ \dfrac{\partial N_i}{\partial y} \end{pmatrix} = \boldsymbol{J}^{-1} \begin{pmatrix} \dfrac{\partial N_i}{\partial \xi} \\ \dfrac{\partial N_i}{\partial \eta} \end{pmatrix} \tag{5-107}$$

将式（5-106）代入式（5-69）、式（5-70），即可求出单元应变。

$$\boldsymbol{J} = \begin{pmatrix} \dfrac{\partial x}{\partial \xi} & \dfrac{\partial y}{\partial \xi} \\ \dfrac{\partial x}{\partial \eta} & \dfrac{\partial y}{\partial \eta} \end{pmatrix} = \begin{pmatrix} \dfrac{\partial N_1}{\partial \xi} & \dfrac{\partial N_2}{\partial \xi} & \dfrac{\partial N_3}{\partial \xi} & \dfrac{\partial N_4}{\partial \xi} \\ \dfrac{\partial N_1}{\partial \eta} & \dfrac{\partial N_2}{\partial \eta} & \dfrac{\partial N_3}{\partial \eta} & \dfrac{\partial N_4}{\partial \eta} \end{pmatrix} \begin{pmatrix} x_1 & y_1 \\ x_2 & y_2 \\ x_3 & y_3 \\ x_4 & y_4 \end{pmatrix} = \boldsymbol{D}_L \boldsymbol{C}_N \tag{5-108}$$

其中
$$\boldsymbol{D}_L = \begin{pmatrix} \dfrac{\partial N_1}{\partial \xi} & \dfrac{\partial N_2}{\partial \xi} & \dfrac{\partial N_3}{\partial \xi} & \dfrac{\partial N_4}{\partial \xi} \\ \dfrac{\partial N_1}{\partial \eta} & \dfrac{\partial N_2}{\partial \eta} & \dfrac{\partial N_3}{\partial \eta} & \dfrac{\partial N_4}{\partial \eta} \end{pmatrix}, \quad \boldsymbol{C}_N = \begin{pmatrix} x_1 & y_1 \\ x_2 & y_2 \\ x_3 & y_3 \\ x_4 & y_4 \end{pmatrix}$$

根据普遍公式，平面单元的单元刚度矩阵为

$$\boldsymbol{K}^e = \iint_A \boldsymbol{B}^{\mathrm{T}} \boldsymbol{D} \boldsymbol{B} h \mathrm{d}x \mathrm{d}y \tag{5-109}$$

式（5-109）中的积分是在总体坐标（x，y）中进行的。由积分变换可得

$$\boldsymbol{K}^e = h \int_{-1}^{1} \int_{-1}^{1} \boldsymbol{B}^{\mathrm{T}} \boldsymbol{D} \boldsymbol{B} \, |\boldsymbol{J}| \mathrm{d}\xi \mathrm{d}\eta = h \int_{-1}^{1} \int_{-1}^{1} \boldsymbol{G}_{rs}(\xi, \eta) \mathrm{d}\xi \mathrm{d}\eta \tag{5-110}$$

式中，$\boldsymbol{G}_{rs}$（ξ，η）$=\boldsymbol{B}^{\mathrm{T}}\boldsymbol{D}\boldsymbol{B}\,|\boldsymbol{J}|$；右边的积分是在母单元中进行的，因此积分的上下限很简单。在一般情况下，子单元的形状比较复杂，难以用显式表达 $\boldsymbol{G}_{rs}$（ξ，η），必须依靠数值积分求出 $\boldsymbol{K}^e$ 的值。

由普遍公式得到体力 $\boldsymbol{F}_V=$［X，Y］^{T} 产生的等效节点载荷为

$$\boldsymbol{F}^e = \iint_A \boldsymbol{N}^{\mathrm{T}} \boldsymbol{F}_v h \mathrm{d}x \mathrm{d}y = h \int_{-1}^{1} \int_{-1}^{1} \boldsymbol{N}^{\mathrm{T}} \boldsymbol{F}_v \, |J| \mathrm{d}\xi \mathrm{d}\eta \tag{5-111}$$

作用于单元边界 L 上的分布力 $\boldsymbol{F}_A=$［$\overline{X}$，$\overline{Y}$］^{T} 产生的等效节点载荷为

$$\boldsymbol{F}^e = \int_{L^e} \boldsymbol{N}^{\mathrm{T}} \boldsymbol{F}_A h \mathrm{d}S \tag{5-112}$$

以上介绍了四边形四节点等参元的基本有限元计算公式，其他二维或三维的等参元公式都可利用等参变换的基本公式推导得到，在此不逐一论述。然而，由于子单元形状复杂多变，因此在通常情况下 $\boldsymbol{J}$ 和 $|\boldsymbol{J}|$ 都比较复杂，一般都不能进行显式积分而需求助于数值积分。计算单元特性矩阵一般采用高斯数值积分，例如单元刚度矩阵的数值积分形式可以表示为

$$\boldsymbol{K}^e \approx \widetilde{\boldsymbol{K}}_e = \sum_{i=1}^{n} H_i \boldsymbol{B}_i^{\mathrm{T}} \boldsymbol{D} \boldsymbol{B}_i \, |\boldsymbol{J}_i| \tag{5-113}$$

式中，H_i 是权系数；n 是高斯积分点的点数；$\boldsymbol{B}_i$、$|\boldsymbol{J}_i|$ 是 $\boldsymbol{B}$、$|\boldsymbol{J}|$ 在高斯积分点的取值。

5.5.3　数值积分

数值积分有两类方法：一类方法的积分点是等间距的，例如辛普生方法；另一类方法的

积分点是不等间距的，例如高斯方法。在有限元法中，一般采用高斯求积方法，因为它可以用较少的积分点达到较高的积分精度，从而节省计算时间。

1. 一维高斯求积公式

在区间［-1，1］求下列积分值，如图 5-25 所示。

$$I = \int_{-1}^{1} f(\xi)\mathrm{d}\xi \tag{5-114}$$

选定积分点为 ξ_1，ξ_2，…，ξ_n，然后由下式计算积分值

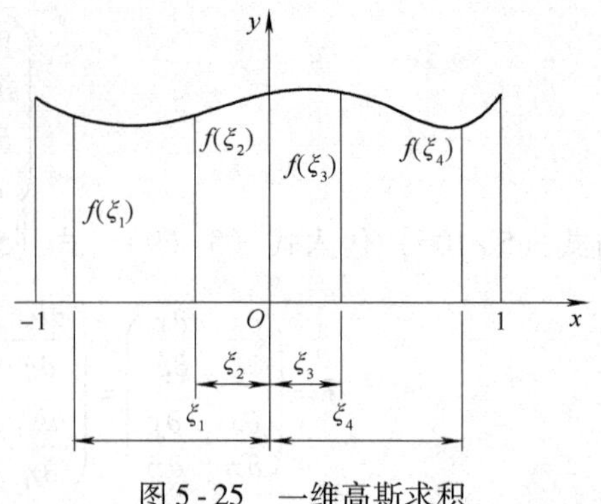

图 5-25　一维高斯求积

$$I = \int_{-1}^{1} f(\xi)\mathrm{d}\xi = H_1 f(\xi_1) + H_2 f(\xi_2) + \cdots + H_n f(\xi_n) \tag{5-115}$$

式中，H_i 是权系数，H_i 和 ξ_i 是根据计算精度而选定的。

为了便于计算，在表 5-2 中列出了积分点坐标 ξ_i 和权系数 H_i 的数值。对于 n 个积分点的情况，高斯求积公式对任意不高于 $2n-1$ 次的多项式 $f(\xi)$ 都可以给出准确的结果。

表 5-2　高斯积分的积分点坐标和权系数

积分点数 n	积分点坐标 ξ_i	积分权系数 H_i
1	0.00000 00000 00000	2.00000 00000 00000
2	±0.57735 02691 89626	1.00000 00000 00000
3	±0.77459 66692 41483 0.00000 00000 00000	0.55555 55555 55555 0.88888 88888 88889
4	±0.86113 63115 94053 ±0.33998 10435 84856	0.34785 48451 37454 0.65214 51548 62546
5	±0.90617 98459 38664 ±0.53846 93101 05683 0.00000 00000 00000	0.23692 68850 56189 0.47862 86704 99366 0.56888 88888 88889

例如，根据图 5-25 所示，取 $n=4$，由表 5-2 可查得 $\xi_1=-0.86113$，$\xi_2=-0.33998$，$\xi_3=0.33998$，$\xi_4=0.86113$，$H_1=0.34785$，$H_2=0.65214$，$H_3=0.65214$，$H_4=0.34785$，代入式（5-115），可得 $I=0.34785f(-0.86113)+0.65214f(-0.33998)+0.65214f(0.33998)+0.34785f(0.86113)$。

2. 二维高斯求积公式

为了计算下列二重积分

$$I = \int_{-1}^{1}\int_{-1}^{1} f(\xi,\eta)\mathrm{d}\xi\mathrm{d}\eta \tag{5-116}$$

可将积分式转换为以下形式

$$I = \int_{-1}^{1}\int_{-1}^{1} f(\xi,\eta)\mathrm{d}\xi\mathrm{d}\eta = \sum_{i=1}^{n}\sum_{j=1}^{n} H_i H_j f(\xi_i,\eta_j)$$

对于三重积分有

$$I = \int_{-1}^{1}\int_{-1}^{1}\int_{-1}^{1} f(\xi,\eta,\zeta)\,\mathrm{d}\xi\mathrm{d}\eta\mathrm{d}\zeta = \sum_{i=1}^{n}\sum_{j=1}^{n}\sum_{m=1}^{n} H_i H_j H_m f(\xi_i,\eta_j,\zeta_m) \tag{5-117}$$

在上述公式中，每个方向均采用了相同数目的积分点，这并非必要的，有时在不同方向可以采用不同个数的积分点。积分点的数目直接影响到计算量。对于平面问题，计算量约正比于 n^2；对于空间问题，计算量约正比于 n^3。因此，根据经验，在保证收敛的前提下，积分数目 n 一般取少一点为宜。

5.6　轴对称问题和空间问题的有限元分析

5.6.1　轴对称问题的有限元分析

工程问题中经常会遇到一些实际结构，它们的几何形状、约束条件以及作用的载荷都对称于某一个固定轴，在载荷作用下产生的位移、应变和应力也对称于此轴，这种问题称为轴对称问题。

在轴对称问题中，采用圆柱坐标（r，θ，z）较为方便。以对称轴作为 z 轴，所有的应力应变和位移都与 θ 方向无关，只是 r 和 z 的函数，任一点的位移只有两个方向的分量，即沿 r 方向的径向位移 u 和沿 z 方向的轴向位移 w。由于轴对称，θ 方向的位移 v 等于零。因此，轴对称问题是二维问题。

在轴对称问题中，通常采用环形单元，将连续体离散成由有限个圆环组成的体系。环和 Orz 面正交的截面可以有不同的形状，例如三角形（图 5-26）或矩形等。单元之间用环形铰链连接。作用在单元上的载荷，必须按照一定的原则移置到环形铰链上。另外，对轴对称问题进行计算时，只需取出一个截面进行网格划分，但应注意到单元是圆环状的，所有的节点载荷都应理解为作用在单元节点所在的圆周上。

由于 3 节点三角形环形单元计算适应性好，计算简单，应用较广，因此在本节中以此单元为例进行讨论，所采用的有限元格式可以推广到其他单元类型。

1. 位移函数和应力应变矩阵

取出一环形单元的截面 ijm，如图 5-27 所示。单元的节点位移为

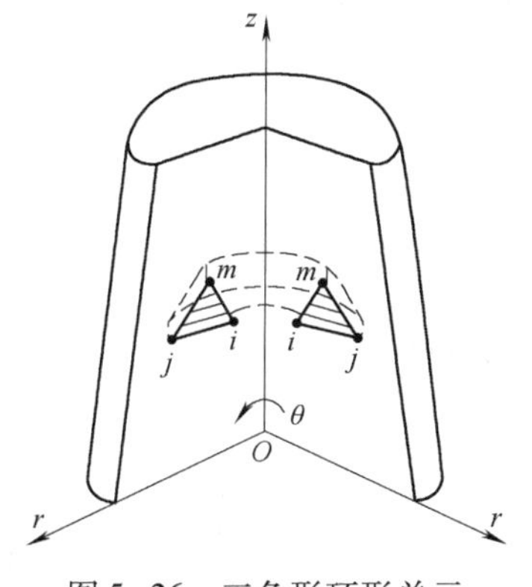

图 5-26　三角形环形单元

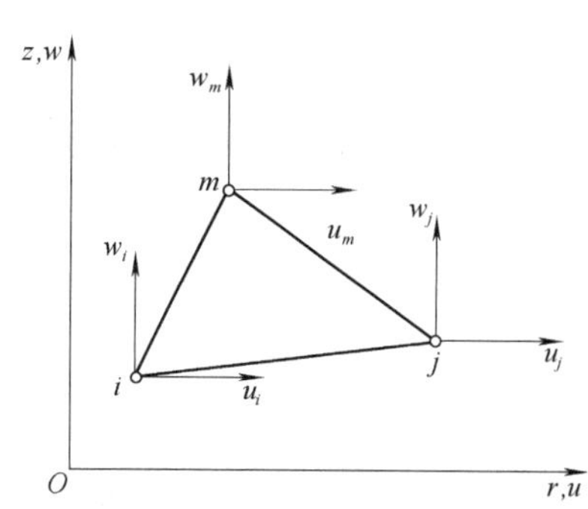

图 5-27　3 节点三角形环状单元的 rOz 截面

$$\boldsymbol{\Delta}^e = \begin{pmatrix} \boldsymbol{\Delta}_i^e \\ \boldsymbol{\Delta}_j^e \\ \boldsymbol{\Delta}_m^e \end{pmatrix} = \begin{pmatrix} u_i \\ w_i \\ u_j \\ w_j \\ u_m \\ w_m \end{pmatrix} \tag{5-118}$$

仿照平面问题，采用线性位移函数如下

$$\left.\begin{aligned} u &= \beta_1 + \beta_2 r + \beta_3 z \\ w &= \beta_4 + \beta_5 r + \beta_6 z \end{aligned}\right\} \tag{5-119}$$

利用 6 个节点坐标表示广义坐标 $\beta_1 \sim \beta_6$，利用插值函数 $N_i \sim N_m$ 表示位移函数，即

$$\left.\begin{aligned} u &= N_i u_i + N_j u_j + N_m u_m \\ w &= N_i w_i + N_j w_j + N_m w_m \end{aligned}\right\} \tag{5-120}$$

其中 $N_i = (a_i + b_i r + c_i z)\dfrac{1}{2A}$ (i, j, m)，$2A = \begin{vmatrix} 1 & r_i & z_i \\ 1 & r_j & z_j \\ 1 & r_m & z_m \end{vmatrix}$，$a_i = r_j z_m - r_m z_j$，$b_i = z_j - z_m$，$c_i = -r_j + r_m$

式（5-120）可改写为矩阵形式

$$\boldsymbol{u} = \begin{pmatrix} u \\ w \end{pmatrix} = \boldsymbol{N}\boldsymbol{\Delta}^e = \begin{pmatrix} N_i & 0 & N_j & 0 & N_m & 0 \\ 0 & N_i & 0 & N_j & 0 & N_m \end{pmatrix}\boldsymbol{\Delta}^e \tag{5-121}$$

轴对称应力问题，每一点具有 4 个应变分量，如图 5-28 所示，沿 r 方向的正应变 ε_r，称为径向正应变；沿 θ 方向的正应变 ε_θ，称为环向正应变；沿 z 方向的正应变 ε_z，称为轴向正应变；在 rOz 平面中的切应变为 γ_{rz}。根据几何关系，可推知应变与位移之间符合下列关系，即

$$\boldsymbol{\varepsilon} = \begin{pmatrix} \varepsilon_r \\ \varepsilon_\theta \\ \varepsilon_z \\ \gamma_{rz} \end{pmatrix} = \begin{pmatrix} \dfrac{\partial u}{\partial r} \\ \dfrac{u}{r} \\ \dfrac{\partial w}{\partial z} \\ \dfrac{\partial w}{\partial r} + \dfrac{\partial u}{\partial z} \end{pmatrix} = \boldsymbol{B}\boldsymbol{\Delta}^e = [\boldsymbol{B}_i, \boldsymbol{B}_j, \boldsymbol{B}_m]\boldsymbol{\Delta}^e \tag{5-122}$$

$$B_i = \frac{1}{2A}\begin{pmatrix} b_i & 0 \\ h_i & 0 \\ 0 & c_i \\ c_i & b_i \end{pmatrix} \quad (i, j, m) \tag{5-123}$$

$$h_i = \frac{a_i}{r} + b_i + c_i \frac{z}{r} \tag{5-124}$$

从以上各式可以看出，单元应变分量 ε_z、ε_r、γ_{rz}都是常量，环形应变 ε_θ 不是常量，其中包

含了坐标 r、z。

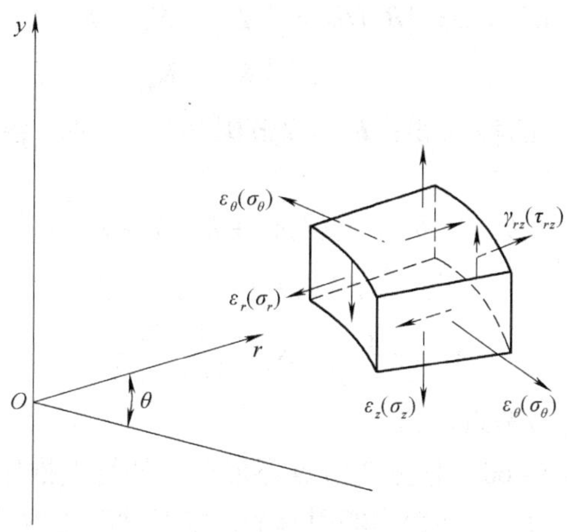

图 5-28　轴对称弹性体的应力与应变

对于各向同性体的轴对称问题，与应变相对应，任意一点具有 4 个应力分量。应力应变关系可用矩阵表示为

$$\boldsymbol{\sigma} = \begin{pmatrix} \sigma_r \\ \sigma_\theta \\ \sigma_z \\ \tau_{rz} \end{pmatrix} = \boldsymbol{D\varepsilon} = \boldsymbol{DB\Delta}^e \tag{5-125}$$

$$\boldsymbol{D} = \frac{E(1-\mu)}{(1+\mu)(1-2\mu)} \begin{pmatrix} 1 & \frac{\mu}{1-\mu} & \frac{\mu}{1-\mu} & 0 \\ & 1 & \frac{\mu}{1-\mu} & 0 \\ \text{对} & & 1 & 0 \\ & \text{称} & & \frac{1-2\mu}{2(1-\mu)} \end{pmatrix}$$

2.3 节点环状单元的单元刚度矩阵

单元刚度矩阵可由普遍公式（5-74）推导得到。沿着整个圆环求体积分，可得

$$\boldsymbol{K}^e = 2\pi \iint_A \boldsymbol{B}^{\mathrm{T}} \boldsymbol{DB} r \mathrm{d}x \mathrm{d}y \tag{5-126}$$

由于被积函数中包含了坐标 r、z，上式右边的积分不能简单地求出。为了避免复杂的积分运算，并消除对称轴上 $r=0$ 所引起的麻烦，可用单元的形心处坐标来近似替代单元中的 r、z，取为

$$\left.\begin{aligned} r \approx \bar{r} = \frac{1}{3}(r_i + r_j + r_m) \\ z \approx \bar{z} = \frac{1}{3}(z_i + z_j + z_m) \end{aligned}\right\} \tag{5-127}$$

作了这样的近似，应变矩阵和应力矩阵都成了常量阵。由式（5-126）可得

$$K^e = 2\pi\bar{r}AB^{\mathrm{T}}DB = \begin{pmatrix} K_{ii} & K_{ij} & K_{im} \\ K_{ji} & K_{jj} & K_{jm} \\ K_{mi} & K_{mj} & K_{mm} \end{pmatrix} \tag{5-128}$$

式中，A 为三角形环形单元的截面积；$K_{rs} = 2\pi\bar{r}B_r^{\mathrm{T}}DB_S A$，对于各向同性体，将 B 和 D 代入，得

$$K_{rs} = \frac{\pi E(1-\mu)\bar{r}}{2A(1+\mu)(1-2\mu)}\begin{pmatrix} b_r b_s + h_r h_s + A_1(b_r h_s + h_r b_s) + A_2 c_r c_s & A_1(b_r c_s + h_r c_s) + A_2 c_r b_s \\ A_1(c_r b_s + c_r h_s) + A_2 b_r c_s & c_r c_s + A_2 b_r b_s \end{pmatrix}$$

其中

$$A_1 = \frac{\mu}{1-\mu},\quad A_2 = \frac{1-2\mu}{2(1-\mu)}$$

3.3 节点环状单元的等效节点载荷

等效节点载荷可由式（5-60）根据3节点环形单元的特点推导得到。如果等效节点力是由作用在环形单元上的体积力、分布面力等引起的，轴对称问题的等效节点载荷公式表示为

$$F^e = 2\pi\iint_{\Omega^e} N^{\mathrm{T}} F_V r\mathrm{d}r\mathrm{d}z + 2\pi\int_{S^e} N^{\mathrm{T}} F_A r\mathrm{d}s + 2\pi Q \tag{5-129}$$

$$Q = \begin{pmatrix} r_1 Q_1 \\ r_2 Q_2 \\ \vdots \\ r_i Q_i \\ \vdots \\ r_n Q_n \end{pmatrix},\quad Q_i = \begin{pmatrix} Q_{ir} \\ Q_{iz} \end{pmatrix} \quad (i=1,\ 2,\ \cdots,\ n)$$

式（5-129）中等式右端为体积力、面积力、集中力的等效节点载荷之和。集中力应该是作用在一圈节点上集中力的总量。

下面简要推导旋转离心力的等效节点载荷。设旋转机械绕 z 轴旋转的角速度为 ω，则离心力载荷为

$$F_V = \begin{pmatrix} f_r \\ f_z \end{pmatrix} = \begin{pmatrix} \frac{\rho}{g}\omega^2 r \\ 0 \end{pmatrix},\quad F_i^e = \begin{pmatrix} F_{ir} \\ F_{iz} \end{pmatrix}^e = 2\pi\iint_{\Omega^e} N_i \begin{pmatrix} \frac{\rho}{g}\omega^2 r \\ 0 \end{pmatrix} r\mathrm{d}r\mathrm{d}z \tag{5-130}$$

通过积分得

$$F_i^e = \begin{pmatrix} F_{ir} \\ F_{iz} \end{pmatrix}^e = \begin{pmatrix} \frac{\pi\rho\omega^2 A}{15g}(9\bar{r}^2 + 2r_i^2 - r_j r_m) \\ 0 \end{pmatrix} \quad (i,\ j,\ m) \tag{5-131}$$

式中，r_i 是节点 i 的 r 坐标，F_{ir} 和 F_{iz} 是作用在节点 i 圆周单位长度上的集中载荷在 r 和 z 方向的分量。

根据式（5-129）可以类似地计算出重力、均布侧压力等的等效节点载荷。

如果弹性体的几何形状是轴对称的，但是载荷不是轴对称的，可以将载荷在 θ 方向展成傅里叶级数，利用物体在几何上的轴对称，把一个三维问题转换为一组二维问题进行求解。在此不详细论述，有兴趣的读者可参看相关书籍。

5.6.2 空间问题的有限元分析

在实际工程问题中，有些结构由于形状比较复杂，很难简化为平面问题或轴对称问题，

必须按照空间问题求解。经典弹性力学对于这类问题往往束手无策。但利用有限元法可以对这类问题进行求解。空间单元的种类很多，例如，常应变四面体单元、高次四面体单元、六面体单元、20 节点六面体等参元等，由于篇幅有限，以下只对常应变四面体单元进行介绍。

1. 常应变四面体单元的位移函数

图 5-29 所示为一个常应变四面体单元，点 i、j、m、p 为单元的四个节点，每个节点有 3 个位移分量 $\boldsymbol{\Delta}_i^e = [u_i, v_i, w_i]^{\mathrm{T}}$，每个单元共有 12 个位移分量，可表示为一个向量 $\boldsymbol{\Delta}^e = [\boldsymbol{\Delta}_i^e, \boldsymbol{\Delta}_j^e, \boldsymbol{\Delta}_m^e, \boldsymbol{\Delta}_p^e]^{\mathrm{T}}$。则利用广义坐标给出的位移函数表示如下

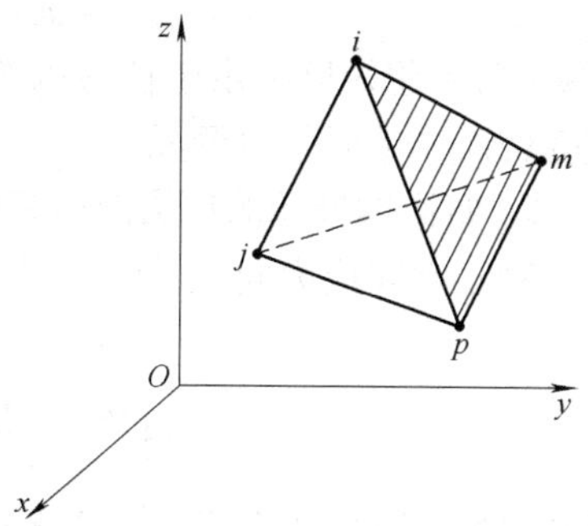

图 5-29　常应变四面体单元

$$u = \boldsymbol{\Phi\beta} = \begin{pmatrix} \boldsymbol{\Phi} & 0 & 0 \\ 0 & \boldsymbol{\Phi} & 0 \\ 0 & 0 & \boldsymbol{\Phi} \end{pmatrix} \boldsymbol{\beta} \tag{5-132}$$

其中 $\boldsymbol{\Phi} = [1, x, y, z]^{\mathrm{T}}$，$\boldsymbol{\beta} = [\beta_1, \beta_2, \cdots, \beta_{12}]^{\mathrm{T}}$

将 4 个节点坐标代入式（5-132），将广义坐标求出，并回代到位移模式中，得到

$$\left.\begin{aligned} u &= N_i u_i + N_j u_j + N_m u_m + N_p u_p \\ v &= N_i v_i + N_j v_j + N_m v_m + N_p v_p \\ w &= N_i w_i + N_j w_j + N_m w_m + N_p w_p \end{aligned}\right\} \tag{5-133}$$

其中

$$\left.\begin{aligned} N_i &= \frac{(a_i + b_i x + c_i y + d_i z)}{6V} \\ N_j &= \frac{(a_j + b_j x + c_j y + d_j z)}{6V} \\ N_m &= \frac{(a_m + b_m x + c_m y + d_m z)}{6V} \\ N_p &= \frac{(a_p + b_p x + c_p y + d_p z)}{6V} \end{aligned}\right\} \tag{5-134}$$

$$V = \frac{1}{6}\begin{vmatrix} 1 & x_i & y_i & z_i \\ 1 & x_j & y_j & z_j \\ 1 & x_m & y_m & z_m \\ 1 & x_p & y_p & z_p \end{vmatrix} \tag{5-135}$$

$$\left.\begin{aligned} a_i &= \begin{vmatrix} x_j & y_j & z_j \\ x_m & y_m & z_m \\ x_p & y_p & z_p \end{vmatrix}, \quad b_i = -\begin{vmatrix} 1 & y_j & z_j \\ 1 & y_m & z_m \\ 1 & y_p & z_p \end{vmatrix} \\ c_i &= \begin{vmatrix} x_j & 1 & z_j \\ x_m & 1 & z_m \\ x_p & 1 & z_p \end{vmatrix}, \quad d_i = -\begin{vmatrix} x_j & y_j & 1 \\ x_m & y_m & 1 \\ x_p & y_p & 1 \end{vmatrix} \end{aligned}\right\} (i, j, m, p) \tag{5-136}$$

V 是四面体的体积。为了保证四面体的体积 V 不为负值，单元的节点编号必须遵守一定的顺

序。在右手坐标系中，当按照 $i \to j \to m$ 的方向转动时，右手螺旋应向 p 的方向前进。

由式（5-133），单元位移的矩阵表示为

$$\boldsymbol{u}=\begin{pmatrix}u\\v\\w\end{pmatrix}=\boldsymbol{N\Delta}^e=[\boldsymbol{I}N_i,\ \boldsymbol{I}N_j,\ \boldsymbol{I}N_m,\ \boldsymbol{I}N_p]^{\mathrm{T}}\boldsymbol{\Delta}^e \tag{5-137}$$

$\boldsymbol{I}$ 为三阶单位矩阵。由于位移函数是线性的，在相邻单元交界面上的位移是连续的，因此常应变四面体单元是协调元。

2. 四面体单元的应力应变矩阵常应变

对于空间应力问题，每点具有 6 个应变分量。应变矩阵定义为

$$\begin{aligned}\boldsymbol{\varepsilon}&=[\varepsilon_x,\ \varepsilon_y,\ \varepsilon_z,\ \gamma_{xy},\ \gamma_{yz},\ \gamma_{zx}]^{\mathrm{T}}\\&=\left[\frac{\partial u}{\partial x},\ \frac{\partial v}{\partial y},\ \frac{\partial w}{\partial z},\ \frac{\partial u}{\partial y}+\frac{\partial v}{\partial x},\ \frac{\partial v}{\partial z}+\frac{\partial w}{\partial y},\ \frac{\partial w}{\partial x}+\frac{\partial u}{\partial z}\right]^{\mathrm{T}}\end{aligned} \tag{5-138}$$

将式（5-134）代入式（5-138）得到

$$\boldsymbol{\varepsilon}=\boldsymbol{B\Delta}^e=[\boldsymbol{B}_i,\ -\boldsymbol{B}_j,\ \boldsymbol{B}_m,\ -\boldsymbol{B}_p]^{\mathrm{T}}\boldsymbol{\Delta}^e \tag{5-139}$$

应变矩阵 $\boldsymbol{B}$ 每个分块子矩阵表示为

$$\boldsymbol{B}_i=\frac{1}{6V}\begin{pmatrix}b_r&0&0\\0&c_r&0\\0&0&d_r\\c_r&b_r&0\\0&d_r&c_r\\d_r&0&b_r\end{pmatrix}\quad(i,j,m,p) \tag{5-140}$$

由于应变矩阵中都是常量，因此单元应变分量都是常量，相应的应力分量也是常量。对于各向同性体，根据应力应变关系可得到

$$\boldsymbol{\sigma}=\begin{pmatrix}\sigma_x\\\sigma_y\\\sigma_z\\\tau_{xy}\\\tau_{yz}\\\tau_{zx}\end{pmatrix}=\boldsymbol{D\varepsilon}=\boldsymbol{DB\Delta}^e \tag{5-141}$$

$$\boldsymbol{D}=\frac{E(1-\mu)}{(1+\mu)(1-2\mu)}\begin{pmatrix}1&\frac{\mu}{1-\mu}&\frac{\mu}{1-\mu}&0&0&0\\&1&\frac{\mu}{1-\mu}&0&0&0\\&&1&0&0&0\\&\text{对}&&\frac{1-2\mu}{2(1-\mu)}&0&0\\&&\text{称}&&\frac{1-2\mu}{2(1-\mu)}&0\\&&&&&\frac{1-2\mu}{2(1-\mu)}\end{pmatrix} \tag{5-142}$$

3. 常应变四面体单元的单元刚度矩阵

将矩阵应变矩阵 $\boldsymbol{B}$ 和弹性矩阵 $\boldsymbol{D}$ 代入式（5-74），可求得单元刚度矩阵，有

$$\boldsymbol{K}^e = \int_{V^e} \boldsymbol{B}^{\mathrm{T}}\boldsymbol{D}\boldsymbol{B}\mathrm{d}V = \boldsymbol{B}^{\mathrm{T}}\boldsymbol{D}\boldsymbol{B}V \tag{5-143}$$

把单元刚度矩阵表示成分块矩阵形式

$$\boldsymbol{K}^e = \begin{pmatrix} \boldsymbol{K}_{ii} & -\boldsymbol{K}_{ij} & \boldsymbol{K}_{im} & -\boldsymbol{K}_{ip} \\ -\boldsymbol{K}_{ji} & \boldsymbol{K}_{jj} & -\boldsymbol{K}_{jm} & \boldsymbol{K}_{jp} \\ \boldsymbol{K}_{mi} & -\boldsymbol{K}_{mj} & \boldsymbol{K}_{mm} & -\boldsymbol{K}_{mp} \\ -\boldsymbol{K}_{pi} & \boldsymbol{K}_{pj} & -\boldsymbol{K}_{pm} & \boldsymbol{K}_{pp} \end{pmatrix} \tag{5-144}$$

分块子矩阵 $\boldsymbol{K}_{rs}$ 可由下式计算

$$\boldsymbol{K}_{rs} = \boldsymbol{B}_r^{\mathrm{T}}\boldsymbol{D}\boldsymbol{B}_s V = \begin{pmatrix} b_r b_s + A_2(c_r c_s + d_r d_s) & A_1 b_r c_s + A_2 c_r b_s & A_1 b_r d_s + A_2 d_r b_s \\ A_1 c_r b_s + A_2 c_s b_r & c_r c_s + A_2(b_r b_s + d_r d_s) & A_1 c_r d_s + A_2 d_r c_s \\ A_1 d_r b_s + A_2 b_r d_s & A_1 d_r c_s + A_2 c_r d_s & d_r d_s + A_2(b_r b_s + c_r c_s) \end{pmatrix}$$

$$(r,s = i,j,m,p) \tag{5-145}$$

其中

$$A_1 = \frac{\mu}{1-\mu},\quad A_2 = \frac{1-2\mu}{2(1-\mu)}$$

4. 常应变四面体单元载荷移置

当单元上受到非节点载荷作用时，则同样应将它们用等效节点载荷代替。由式（5-60）可以建立单元等效节点载荷的普遍公式。单元等效节点载荷列阵表示为

$$F^e = [F_{xi}^e,\ F_{yi}^e,\ F_{zi}^e,\ F_{ji}^e,\ F_{yj}^e,\ F_{zj}^e,\ F_{xm}^e,\ F_{ym}^e,\ F_{zm}^e,\ F_{xp}^e,\ F_{yp}^e,\ F_{zp}^e]^{\mathrm{T}}$$

则有

$$\boldsymbol{F}^e = \boldsymbol{N}_b^{\mathrm{T}}\boldsymbol{Q} + \int_V \boldsymbol{N}^{\mathrm{T}}\boldsymbol{F}_V \mathrm{d}V + \int_A \boldsymbol{N}^{\mathrm{T}}\boldsymbol{F}_A \mathrm{d}A$$

式中，$\boldsymbol{Q} = [Q_x,\ Q_y,\ Q_z]^{\mathrm{T}}$，为作用于点 $b(x_b,\ y_b,\ z_b)$ 的集中力向量；$\boldsymbol{F}_V$ 为作用于单元的分布体力向量；$\boldsymbol{F}_A$ 为作用于单元某一边界面上的分布面力。

对于轴对称问题和空间问题，利用求得的各单元刚度矩阵，集合成结构刚度矩阵；形成载荷列阵，建立总刚度方程。这些都与前述完全相同，不再赘述。

5.6.3　体积坐标

在求解空间问题时，常常利用体积坐标来简化计算。在此简略介绍一下体积坐标。体积坐标实际上是面积坐标在三维问题中的扩展。如图 5-30 所示，在四面体单元 1234 中，任意一点 P 的位置可用下列比值确定，即

$$L_1 = \frac{V_1}{V},\quad L_2 = \frac{V_2}{V},\quad L_3 = \frac{V_3}{V},\quad L_4 = \frac{V_4}{V} \tag{5-146}$$

$$V = \frac{1}{6}\begin{vmatrix} 1 & 1 & 1 & 1 \\ x_1 & x_2 & x_3 & x_4 \\ y_1 & y_2 & y_3 & y_4 \\ z_1 & z_2 & z_3 & z_4 \end{vmatrix} \tag{5-147}$$

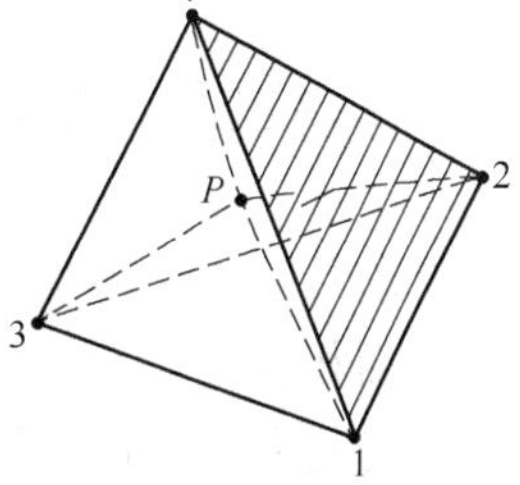

图 5-30　体积坐标

式中，V 是四面体1234的体积；V_1、V_2、V_3、V_4 分别是四面体的 $P234$、$P412$、$P341$、$P124$ 的体积；L_1、L_2、L_3、L_4 为 P 点的体积坐标。

注意，L_1、L_2、L_3、L_4 并非独立的四个变量，它们之间满足下式

$$L_1 + L_2 + L_3 + L_4 = 1 \tag{5-148}$$

直角坐标与体积坐标之间符合下列关系

$$\begin{pmatrix} 1 \\ x \\ y \\ z \end{pmatrix} = \begin{pmatrix} 1 & 1 & 1 & 1 \\ x_1 & x_2 & x_3 & x_4 \\ y_1 & y_2 & y_3 & y_4 \\ z_1 & z_2 & z_3 & z_4 \end{pmatrix} \begin{pmatrix} L_1 \\ L_2 \\ L_3 \\ L_4 \end{pmatrix} \tag{5-149}$$

对上式求逆，可用直角坐标表示体积坐标

$$\begin{pmatrix} L_1 \\ L_2 \\ L_3 \\ L_4 \end{pmatrix} = \frac{1}{6V} \begin{pmatrix} V_1 & a_1 & b_1 & c_1 \\ V_2 & a_2 & b_2 & c_2 \\ V_3 & a_3 & b_3 & c_3 \\ V_4 & a_4 & b_4 & c_4 \end{pmatrix} \begin{pmatrix} 1 \\ x \\ y \\ z \end{pmatrix} \tag{5-150}$$

式中，a_i、b_i、c_i 分别是表面 i（角点 i 对面的表面）在 x、y、z 平面上的投影面积，其数值为式（5-149）中矩阵的相应于坐标 x_i、y_i、z_i 的余子式，例如

$$a_3 = -\begin{vmatrix} 1 & 1 & 1 \\ y_1 & y_2 & y_4 \\ z_1 & z_2 & z_4 \end{vmatrix}$$

求体积坐标的幂函数在四面体单元上的积分时，可应用公式

$$\iiint_V L_1^a L_2^b L_3^c L_4^d \mathrm{d}x\mathrm{d}y\mathrm{d}z = 6V \frac{a!b!c!d!}{(a+b+c+d+3)!} \tag{5-151}$$

当体积坐标的幂函数对直角坐标求导时，可利用公式

$$\left.\begin{aligned} \frac{\partial}{\partial x} &= \sum \frac{\partial L_i}{\partial x}\frac{\partial}{\partial L_i} = \frac{1}{6V}\left(a_1\frac{\partial}{\partial L_1} + a_2\frac{\partial}{\partial L_2} + a_3\frac{\partial}{\partial L_3} + a_4\frac{\partial}{\partial L_4}\right) \\ \frac{\partial}{\partial y} &= \sum \frac{\partial L_i}{\partial y}\frac{\partial}{\partial L_i} = \frac{1}{6V}\left(b_1\frac{\partial}{\partial L_1} + b_2\frac{\partial}{\partial L_2} + b_3\frac{\partial}{\partial L_3} + b_4\frac{\partial}{\partial L_4}\right) \\ \frac{\partial}{\partial z} &= \sum \frac{\partial L_i}{\partial z}\frac{\partial}{\partial L_i} = \frac{1}{6V}\left(c_1\frac{\partial}{\partial L_1} + c_2\frac{\partial}{\partial L_2} + c_3\frac{\partial}{\partial L_3} + c_4\frac{\partial}{\partial L_4}\right) \end{aligned}\right\} \tag{5-152}$$

对于常应变四面体单元，所采用的形函数也可用体积坐标表示，即

$$N_1 = L_1, \quad N_2 = L_2, \quad N_3 = L_3, \quad N_4 = L_4 \tag{5-153}$$

5.7 结构动力学的有限元分析

在前几节讨论结构的应力分析问题中，作用在弹性体上的载荷都是与时间无关的静载荷，因而相应的位移、应变和应力也都与时间无关。然而，在某些问题中，作用在物体上的载荷是与时间有关的，即所谓的动载荷，这时，弹性体引起的位移、应变和应力也都与时间 t 有关。在这种情况下，应用有限元分析弹性结构时，必须考虑动载荷对弹性体的影响。在

本节中，将阐述如何应用有限元法进行动力学分析。

5.7.1　弹性动力学问题的基本方程和动力学有限元法的基本步骤

由于在动力学问题中，载荷与时间有关，动载荷产生的位移、应力和应变均与时间有关，因此弹性动力学的基本方程与弹性静力学基本方程是不同的。三维弹性动力学的基本方程表示如下：

平衡方程　$\sigma_{ij,j}+f_i=\rho u_{i,tt}+cu_{i,t}$　（在 V 域内）　(5-154)

几何方程　$\varepsilon_{ij}=\frac{1}{2}(u_{i,j}+u_{j,i})$　（在 V 域内）　(5-155)

物理方程　$\sigma_{ij}=D_{ijkl}\varepsilon_{kl}$　（在 V 域内）　(5-156)

边界条件　$u_i=\bar{u}_i$　（在 S_u 边界上）　(5-157)

$\sigma_{ij}n_j=\bar{T}_i$　（在 S_σ 边界上）　(5-158)

初始条件

$$\left.\begin{aligned}u_i(x,y,z,0)&=u_i(x,y,z)\\u_{i,t}(x,y,z,0)&=u_{i,t}(x,y,z)\end{aligned}\right\}\qquad(5-159)$$

在基本方程中，ρ 是质量密度；c 是阻尼系数；$u_{i,tt}$和 $u_{i,t}$分别是 u_i 对 t 的二次导数和一次导数，即分别表示 i 方向的加速度和速度。$\rho u_{i,tt}$和 $cu_{i,t}$分别代表惯性力和阻尼力（取负值）。平衡方程中出现惯性力和阻尼力这是弹性动力学和静力学相区别的基本特点之一。另外，由于动载荷是与时间有关的，因此动力学问题的定解条件中还需包括初始条件。

下面以三维实体为例，介绍动力学有限元法的基本步骤。

1. 连续区域的离散化

虽然动力学分析引入了时间坐标，但是对连续区域的离散化只对空间域进行离散，因此这一步骤和静力分析时的相同，均是将连续体划分为有限个单元。

2. 构造插值函数

单元内位移的插值函数表示为

$$\left.\begin{aligned}u(x,y,z,t)&=\sum_{i=1}^{n}N_i(x,y,z)u_i(t)\\v(x,y,z,t)&=\sum_{i=1}^{n}N_i(x,y,z)v_i(t)\\w(x,y,z,t)&=\sum_{i=1}^{n}N_i(x,y,z)w_i(t)\end{aligned}\right\}\qquad(5-160)$$

改写为矩阵形式　$\boldsymbol{u}=\boldsymbol{N\Delta}^e$　(5-161)

其中

$$\boldsymbol{u}=\begin{pmatrix}u(x,y,z,t)\\v(x,y,z,t)\\w(x,y,z,t)\end{pmatrix},\quad \boldsymbol{N}=[\boldsymbol{I}N_1,\boldsymbol{I}N_2,\cdots,\boldsymbol{I}N_n]^{\mathrm{T}}$$

式中，$\boldsymbol{I}$ 为 3×3 单位矩阵。

$$\boldsymbol{\Delta}^e=\begin{pmatrix}\boldsymbol{\Delta}_1\\\boldsymbol{\Delta}_2\\\vdots\\\boldsymbol{\Delta}_n\end{pmatrix},\quad \boldsymbol{\Delta}_i=\begin{pmatrix}u_i(t)\\v_i(t)\\w_i(t)\end{pmatrix}\quad(i=1,2,\cdots,n)$$

与静力学分析的不同之处在于，节点参数 $\boldsymbol{\Delta}^e$ 是时间的函数。

3. 建立系统的求解方程

由弹性动力学的基本方程可以推导出系统的求解方程，通常又称为运动方程，表示为

$$\boldsymbol{M}\ddot{\boldsymbol{u}}(t)+\boldsymbol{C}\dot{\boldsymbol{u}}(t)+\boldsymbol{K}\boldsymbol{u}(t)=\boldsymbol{F}(t) \tag{5-162}$$

式中，$\ddot{\boldsymbol{u}}(t)$ 和 $\dot{\boldsymbol{u}}(t)$ 分别是系统的节点加速度向量和节点速度向量；$\boldsymbol{M}$、$\boldsymbol{C}$、$\boldsymbol{K}$ 和 $\boldsymbol{F}(t)$ 分别是系统的质量矩阵、阻尼矩阵、刚度矩阵和节点等效载荷向量，它们分别由各自的单元矩阵和向量集成而得。

$$\boldsymbol{M}^e=\sum_e \boldsymbol{M}^e,\quad \boldsymbol{K}=\sum \boldsymbol{K}^e,\quad \boldsymbol{C}=\sum \boldsymbol{C}^e,\quad \boldsymbol{F}=\sum \boldsymbol{F}^e \tag{5-163}$$

$$\boldsymbol{M}^e=\int_{V^e}\boldsymbol{\rho}\boldsymbol{N}^{\mathrm{T}}\boldsymbol{N}\mathrm{d}V,\quad \boldsymbol{K}^e=\int_{V^e}\boldsymbol{B}^{\mathrm{T}}\boldsymbol{D}\boldsymbol{B}\mathrm{d}V,\quad \boldsymbol{C}^e=\int_{V^e}\mu\boldsymbol{N}^{\mathrm{T}}\boldsymbol{N}\mathrm{d}V \tag{5-164}$$

$$\boldsymbol{F}^e=\int_{V^e}\boldsymbol{N}^{\mathrm{T}}\boldsymbol{F}_V\mathrm{d}V+\int_{S_\sigma^e}\boldsymbol{N}^{\mathrm{T}}\boldsymbol{F}_A\mathrm{d}S \tag{5-165}$$

式中，$\boldsymbol{F}^e$ 是单元载荷向量。

从式（5-164）、式（5-165）可看出，用有限元进行动力分析的有利之处在于：各单元的材料特性常数可以任意变化，在求出各单元的刚度矩阵、质量矩阵和阻尼矩阵以后，只要进行简单的叠加，即可得到整体的刚度矩阵、质量矩阵和阻尼矩阵；所获得的刚度矩阵、质量矩阵和阻尼矩阵是高度稀疏的，易于排列成带状矩阵，便于计算。

4. 求解运动方程

运动方程式（5-162）是一个二阶微分方程组，其中出现了位移对时间的二次微商，必须找到求解这种大型二阶微分方程组的有效方法。这一步骤是求解动力学问题的关键步骤，因此运动方程的求解将在后面章节详细介绍。

5. 计算结构的应变和应力

当利用运动方程求解出节点的位移向量 $\boldsymbol{u}^e$，便可利用式（5-155）和式（5-156）计算所需要的应变 $\varepsilon(t)$ 和应力 $\sigma(t)$。

由以上步骤可以看出，用有限元进行结构动力学计算，必须解决如下问题：要建立结构的质量矩阵、阻尼矩阵和刚度矩阵，要寻找求解大型二阶微分方程组的有效方法。

5.7.2 结构自振频率和振型

在式（5-162）中令 $\boldsymbol{F}(t)=0$，得到自由振动方程。当阻尼对自振频率和振型影响很小时，进一步忽略阻尼力，得到无阻尼自由振动的运动方程

$$\boldsymbol{M}\ddot{\boldsymbol{u}}(t)+\boldsymbol{k}\boldsymbol{u}(t)=0 \tag{5-166}$$

设结构作如下简谐运动

$$\boldsymbol{u}(t)=\varphi\cos\omega t \tag{5-167}$$

然后将上式代入式（5-166），得齐次方程

$$\boldsymbol{K}\boldsymbol{\varphi}=\omega^2\boldsymbol{M}\boldsymbol{\varphi} \tag{5-168}$$

最后得到结构自振频率方程，即

$$\left|\boldsymbol{K}-\omega^2\boldsymbol{M}\right|=0 \tag{5-169}$$

结构的刚度矩阵 $\boldsymbol{K}$ 和质量矩阵 $\boldsymbol{M}$ 都是 n 阶方阵，其中 n 是节点自由度的数目，所以上

式是关于 ω^2 的 n 次代数方程，由此可求出结构的 n 个自振频率（或称固有频率）如下

$$\omega_1 \leqslant \omega_2 \leqslant \omega_3 \cdots \leqslant \omega_n$$

式中，ω_1、ω_2、…、ω_n 分别是第 1、第 2、…、第 n 阶的固有频率。

每一阶自振频率相对应的特征向量 $\boldsymbol{\varphi}_1$、$\boldsymbol{\varphi}_2$、…、$\boldsymbol{\varphi}_n$ 称为第 1、第 2、第 n 阶固有振型或结构振型。

由于在每个振型中，各节点的振幅是相对的，其绝对值可以是任意的，在实际工作中，常用以下两种方法来决定振型的具体数值。

（1）规准化振型　取 $\boldsymbol{\varphi}_i$ 的某一项，例如取第 n 项为 1，即 $\varphi_{in}=1$，则

$$\boldsymbol{\varphi}_i = [\boldsymbol{\varphi}_{i1}, \boldsymbol{\varphi}_{i2}, \cdots, 1]^{\mathrm{T}} \tag{5-170}$$

（2）正则化振型　选取 φ_{ij}的数值，使得

$$\boldsymbol{\varphi}_i^{\mathrm{T}} \boldsymbol{M} \boldsymbol{\varphi}_i = 1 \tag{5-171}$$

振型的另一个重要特征是正交性。在自由振动中，对于同一结构的任意两个振型之间对于质量矩阵 $\boldsymbol{M}$ 和刚度矩阵 $\boldsymbol{K}$ 为权正交，其表达式为

$$\boldsymbol{\varphi}_i^{\mathrm{T}} \boldsymbol{M} \boldsymbol{\varphi}_j = \begin{cases} 0 & (i \neq j) \\ 1 & (i = j) \end{cases} \tag{5-172}$$

$$\boldsymbol{\varphi}_i^{\mathrm{T}} \boldsymbol{K} \boldsymbol{\varphi}_j = \begin{cases} 0 & (i \neq j) \\ 1 & (i = j) \end{cases} \tag{5-173}$$

求解自振频率和振型的方法有很多，例如，向量迭代法、瑞利法、里茨法和子空间迭代法等，在此不作介绍，有兴趣的读者可参看相关的文献。

5.7.3　质量矩阵和阻尼矩阵

1. 质量矩阵

当求出单元质量矩阵后进行适当地组合即可得到整体质量矩阵，组合方法与由单元刚度矩阵求整体刚度矩阵的方法类似。

在动力分析中可采用两种质量矩阵，即协调质量矩阵和集中质量矩阵。

利用式（5-164）求解出的质量矩阵称为协调质量矩阵。

$$\boldsymbol{M}^e = \int_{V^e} \rho \boldsymbol{N}^{\mathrm{T}} \boldsymbol{N} \mathrm{d}\boldsymbol{V} \tag{5-174}$$

如此计算的单元质量矩阵，单元的动能和位能是相互协调的，因此称为协调质量矩阵，且质量分布也是按照实际分布情况考虑的。

集中质量矩阵是假定单元的质量集中在它的节点上，质量的平移和转动可同样处理，这样得到的质量矩阵是对角线矩阵。其定义如下

$$\boldsymbol{M}^e = \int_{V^e} \rho \boldsymbol{\varphi}^{\mathrm{T}} \boldsymbol{\varphi} \mathrm{d}\boldsymbol{V} \tag{5-175}$$

式中，$\boldsymbol{\varphi}$ 为函数 φ_i 的矩阵，φ_i 在分配给节点 i 的区域内取 1，在域外取 0。

下面给出几种典型单元的质量矩阵。

（1）梁单元　采用 5.3.2 节中介绍的二节点梁单元。

集中质量矩阵：每个节点分配 1/2 的质量，并略去转动项，得到

$$
\boldsymbol{M}^e = \frac{W}{2}\begin{pmatrix} 1 & 0 & 0 & 0 \\ 0 & 0 & 0 & 0 \\ 0 & 0 & 1 & 0 \\ 0 & 0 & 0 & 0 \end{pmatrix} \tag{5-176}
$$

式中，W 是单元的质量。$W=\rho lA$，A 是截面积，l 是单元长度，ρ 是单元的密度。

协调质量矩阵：采用三次插值位移函数

$$
\boldsymbol{N} = [N_1, N_2, N_3, N_4]^{\mathrm{T}}
$$

其中
$$
N_1 = 1 - \frac{3}{l^2}x^2 + \frac{2}{l^3}x^3,\quad N_2 = x - \frac{2}{l}x^2 + \frac{1}{l^2}x^3
$$

$$
N_3 = \frac{3}{l^2}x^2 - \frac{2}{l^3}x^3,\quad N_2 = -\frac{1}{l}x^2 + \frac{1}{l^2}x^3
$$

利用式（5-174）计算出单元的协调质量矩阵

$$
\boldsymbol{M}^e = \frac{W}{420}\begin{pmatrix} 156 & -22l & 54 & 13l \\ & 4l^2 & -13l & -3l^2 \\ \text{对} & & 156 & 22l \\ & \text{称} & & 4l^2 \end{pmatrix} \tag{5-177}
$$

（2）平面常应变三角形单元

集中质量矩阵：设单元质量为 $W=\rho tA$，t 是单元的厚度，将单元分为 3 等份，分配给每一个节点，得到单元质量矩阵

$$
\boldsymbol{M}^e = \frac{W}{3}\begin{pmatrix} 1 & 0 & 0 & 0 & 0 & 0 \\ 0 & 1 & 0 & 0 & 0 & 0 \\ 0 & 0 & 1 & 0 & 0 & 0 \\ 0 & 0 & 0 & 1 & 0 & 0 \\ 0 & 0 & 0 & 0 & 1 & 0 \\ 0 & 0 & 0 & 0 & 0 & 1 \end{pmatrix} \tag{5-178}
$$

协调质量矩阵：采用位移插值函数为

$$
\boldsymbol{N} = [\boldsymbol{I}N_1, \boldsymbol{I}N_2, \boldsymbol{I}N_3]
$$

式中，$\boldsymbol{I}$ 为 2×2 单位矩阵，$N_i=(a_i+b_ix+c_iy)/2A$，$(i=1,\ 2,\ 3)$，形函数的定义如上所述。

根据式（5-174）可以计算得到单元的协调质量矩阵

$$
\boldsymbol{M}^e = \frac{W}{3}\begin{pmatrix} \frac{1}{2} & 0 & \frac{1}{4} & 0 & \frac{1}{4} & 0 \\ 0 & \frac{1}{2} & 0 & \frac{1}{4} & 0 & \frac{1}{4} \\ \frac{1}{4} & 0 & \frac{1}{2} & 0 & \frac{1}{4} & 0 \\ 0 & \frac{1}{4} & 0 & \frac{1}{2} & 0 & \frac{1}{4} \\ \frac{1}{4} & 0 & \frac{1}{4} & 0 & \frac{1}{2} & 0 \\ 0 & \frac{1}{4} & 0 & \frac{1}{4} & 0 & \frac{1}{2} \end{pmatrix} \tag{5-179}
$$

下面分析一下这两种质量矩阵的特点。

计算经验表明，在单元数目相同的条件下，两种质量矩阵给出的计算精度是相差不多的。集中质量矩阵不但易于计算，而且由于它是对角线矩阵，可使动力计算大大简化。对于某些问题，如梁、板、壳等，由于可省去转动惯性项，运动方程的自由度可以显著减少。

如将小而重的物体放置在一个轻型结构的节点上，集中质量矩阵能给出非常精确的结果。如果在动载荷作用下的实际变形形状已包含在形函数中，则协调质量矩阵会给出很好的结果。

利用集中质量矩阵通常给出的固有频率有降低的趋势，而在协调元的网格中，单元刚度矩阵产生的“过刚”现象，又会使固有频率有升高的趋势，因而两种趋势相互抵消，常常给出较好的结果。在波动传播问题中，必须采用集中质量矩阵才能求出可信的结果。因此在实际计算中，从计算精度和计算效率的最佳配合来看，采用集中质量矩阵者较多。但是，在采用高次单元时，推导集中质量矩阵是困难的，这是由于采用高次单元，在将质量分配到每个节点时，可能有很多选择，不易把握。另外如果单元位移是协调的，同时单元刚度矩阵的积分也是精确的，则由协调质量矩阵算出的频率代表结构真实自振频率的上限，这一点是非常有意义的。

2. 阻尼矩阵

如前介绍的单元阻尼矩阵可由下式求解

$$\boldsymbol{C}^e = \int_{V^e} c\boldsymbol{N}^{\mathrm{T}}\boldsymbol{N}\mathrm{d}V \tag{5-180}$$

利用这种方法求出的单元阻尼矩阵称为协调阻尼矩阵。它是假定阻尼力正比于质点运动速度的结果，通常将介质阻尼简化为这种情况。这时单元阻尼矩阵比例于单元质量矩阵。

另外，还有比例于应变速度的阻尼，例如由于材料内摩擦引起的结构阻尼通常可以简化为这种情况，这时阻尼力可以表示成 $c\boldsymbol{D}\dot{\boldsymbol{\varepsilon}}$，这样一来，可以得到单元阻尼矩阵

$$\boldsymbol{C}^e = c\int_{V^e} \boldsymbol{B}^{\mathrm{T}}\boldsymbol{D}\boldsymbol{B}\mathrm{d}V \tag{5-181}$$

此单元阻尼矩阵比例于单元刚度矩阵。

由于系统的固有振型对于 $\boldsymbol{M}$ 和 $\boldsymbol{K}$ 是具有正交性的，因此固有振型对于比例于 $\boldsymbol{M}$ 和 $\boldsymbol{K}$ 的阻尼矩阵 $\boldsymbol{C}$ 也是具有正交性的，所以这种阻尼矩阵称为比例阻尼或振型阻尼。但是，在式（5-180）和式（5-181）中，比例系数是依赖于频率的。因此在实际分析中，要精确地决定阻尼矩阵是相当困难的，一般不计算单元阻尼矩阵，而是直接计算结构的整体阻尼矩阵 $\boldsymbol{C}$。通常允许将实际结构的阻尼矩阵简化为 $\boldsymbol{M}$ 和 $\boldsymbol{K}$ 的线性组合，即

$$C = \alpha\boldsymbol{M} + \beta\boldsymbol{K} \tag{5-182}$$

式中，α、β 是不依赖于频率的常数，根据实测资料决定。这种振型阻尼称为瑞利（Rayleigh）阻尼。

5.7.4　动力响应的求解

系统的运动方程为

$$\boldsymbol{M}\ddot{\boldsymbol{u}}(t) + \boldsymbol{C}\dot{\boldsymbol{u}}(t) + \boldsymbol{K}\boldsymbol{u}(t) = \boldsymbol{F}(t)$$

式中，位移向量 $\boldsymbol{u}(t)$ 是时间 t 的函数；速度向量 $\dot{\boldsymbol{u}}(t)$ 和加速度向量 $\ddot{\boldsymbol{u}}(t)$ 分别是位移向量

对时间 t 的一阶和二阶导数，载荷向量 $\boldsymbol{F}(t)$ 为时间 t 的已知函数。

根据方程的初始条件，即在开始时刻 $t=0$ 时，结构的位移向量和速度向量为已知，求解二阶常微分方程组，得到位移向量、速度向量和加速度向量，这就是求解动力响应问题。

求解动响应问题有两种方法：一种方法是振型叠加法，它把求解问题变换成一组独立的微分方程，即每个自由度有一个方程，解出这些方程之后，把这些结果叠加而得到运动方程的解；另一种方法是直接积分法，它是在一系列的时间步长 Δt 上对上述方程进行数值积分，在每一步长上计算位移、速度和加速度。两种方法各有优缺点。下面将简要介绍振型叠加法的求解过程。

若对运动方程所对应的无阻尼自由振动方程求出了 n 个固有频率和振型后，将特征向量写成

$$\boldsymbol{\Phi} = [\varphi_1, \varphi_2, \cdots, \varphi_n]^{\mathrm{T}} \tag{5-183}$$

式中，φ_i 是第 i 阶特征向量（结构振型）。

于是式（5-162）的解 $\boldsymbol{u}(t)$ 可以写成

$$\boldsymbol{u}(t) = \boldsymbol{\Phi}[\boldsymbol{x}(t)] \tag{5-184}$$

式中，$[\boldsymbol{x}(t)]$是组合系数矩阵，是时间 t 的函数。由于已经求得了 $\boldsymbol{\Phi}$，所以只要确定$[\boldsymbol{x}(t)]$，就可以由上式算出位移，进一步求得动态应力。

将式（5-184）代入式（5-162），得

$$\boldsymbol{M\Phi}[\ddot{\boldsymbol{x}}(t)] + \boldsymbol{C\Phi}[\dot{\boldsymbol{x}}(t)] + \boldsymbol{K\Phi}[\boldsymbol{x}(t)] = \boldsymbol{F}(t) \tag{5-185}$$

式（5-185）两端同乘以 $\boldsymbol{\Phi}^{\mathrm{T}}$，且令

$$\left.\begin{aligned} \overline{\boldsymbol{K}} &= \boldsymbol{\Phi}^{\mathrm{T}}\boldsymbol{K\Phi}, \overline{\boldsymbol{M}} = \boldsymbol{\Phi}^{\mathrm{T}}\boldsymbol{M\Phi} \\ \overline{\boldsymbol{C}} &= \boldsymbol{\Phi}^{\mathrm{T}}\boldsymbol{C\Phi}, \boldsymbol{F} = \boldsymbol{\Phi}^{\mathrm{T}}\boldsymbol{F} \end{aligned}\right\} \tag{5-186}$$

式（5-185）改写为

$$\overline{\boldsymbol{M}}[\ddot{\boldsymbol{x}}(t)] + \overline{\boldsymbol{C}}[\dot{\boldsymbol{x}}(t)] + \overline{\boldsymbol{K}}[\boldsymbol{x}(t)] = \overline{\boldsymbol{F}} \tag{5-187}$$

由于 $\boldsymbol{\Phi}$ 对 $\overline{\boldsymbol{M}}$、$\overline{\boldsymbol{K}}$ 和 $\overline{\boldsymbol{C}}$ 是正交的，因此式（5-187）中的 $\overline{\boldsymbol{M}}$、$\overline{\boldsymbol{K}}$ 和 $\overline{\boldsymbol{C}}$ 都是 n 阶的对角线矩阵，式（5-187）可分解为 n 个独立的单自由度强迫振动方程，即

$$\overline{\boldsymbol{M}}_i\ddot{\boldsymbol{x}}_i(t) + \overline{\boldsymbol{C}}_i\dot{\boldsymbol{x}}_i(t) + \overline{\boldsymbol{K}}_i\boldsymbol{x}_i(t) = \overline{\boldsymbol{F}}_i \quad (i = 1,2,\cdots,n) \tag{5-188}$$

式中，$\overline{M}_i$、$\overline{K}_i$ 和 $\overline{C}_i$ 分别为 $\overline{\boldsymbol{M}}$、$\overline{\boldsymbol{K}}$ 和 $\overline{\boldsymbol{C}}$ 中的第 i 个对角线元素；$\overline{F}_i$ 为 $\overline{\boldsymbol{F}}$ 中第 i 项载荷。

用 $\overline{M}_i$ 去除式（5-188）的每一项，得到方程

$$\ddot{\boldsymbol{x}}_i(t) + \frac{\overline{C}_i}{\overline{M}_i}\dot{\boldsymbol{x}}_i(t) + \frac{\overline{K}_i}{\overline{M}_i}x_i(t) = \frac{\overline{F}_i}{\overline{M}_i} \quad (i = 1,2,\cdots,n) \tag{5-189}$$

由$\dfrac{\overline{K}_i}{\overline{M}_i}=\omega_i^2$，并令$\dfrac{\overline{C}_i}{2\omega_i M_i}=\xi_i$，$\dfrac{\overline{F}_i}{\overline{M}_i}=\overline{P}_i$，$\xi_i$ 是第 i 阶振型阻尼比。于是式（5-189）可以写为

$$\ddot{\boldsymbol{x}}_i(t) + 2\xi_i\omega_i\dot{\boldsymbol{x}}_i(t) + \omega_i^2\boldsymbol{x}_i(t) = \overline{\boldsymbol{P}}_i \quad (i = 1,2,\cdots,n) \tag{5-190}$$

这是一个二阶非齐次常系数线性微分方程组。其初始条件是

$$\left.\begin{aligned} \dot{x}_i\big|_{t=0} &= \dot{x}_i(0) \\ x_i\big|_{t=0} &= x_i(0) \end{aligned}\right\} \quad (i = 1,2,\cdots,n) \tag{5-191}$$

这个方程组中的每一个方程的解，均可由杜哈梅尔（Duhamel）积分表示为

$$x_i = \frac{l}{\omega_i'}\int_0^t \overline{P}_i(\tau)\mathrm{e}^{-\xi_i\omega(t-\tau)}\sin\omega_i'(t-\tau)\mathrm{d}\tau + \mathrm{e}^{-\xi_i\omega_i t}(\alpha_i\sin\omega_i' t + \beta_i\cos\omega_i' t) \tag{5-192}$$

式中，α_i 和 β_i 由初始条件给定，$\omega'_i=\omega_i\sqrt{1-\xi_i^2}$。上述积分一般由数值方法计算。

在求得 x_i（$i=1, 2, \cdots, n$）后，忽略高阶振型的响应，利用式（5-184）将 1 ~ n 阶振型的响应叠加，便得系统的响应为

$$\boldsymbol{u}(t) = \sum_{i=1}^{n} \boldsymbol{\Phi}_i x_i(t) \tag{5-193}$$

直接积分法是根据动力学方程由 t 时刻的状态向量 $\boldsymbol{u}(t)$、$\dot{\boldsymbol{u}}(t)$ 和 $\ddot{\boldsymbol{u}}(t)$ 计算 $t+\Delta t$ 时刻的状态向量 $\boldsymbol{u}(t+\Delta t)$、$\dot{\boldsymbol{u}}(t+\Delta t)$ 和 $\ddot{\boldsymbol{u}}(t+\Delta t)$。它不仅适用于以原始坐标表示的方程式（5-162），也适用于以主振型表示的非耦合方程式（5-190）。这种方法的基本思想是将本来要在任何时刻 t 都满足的运动方程的位移向量，代之以只要在时间离散点上满足运动方程，而在一个时间间隔内，对位移、速度和加速度的关系则采用某种假设。由于所取的假设不同而有不同的直接积分方法。在有限元动力学分析中最常用的有有限差分法、纽马克（Newmark）法、威尔逊 θ 法。这些方法的详细论述可参见有关文献。

振型叠加法有效地适用于利用少量的低频振型就可描述响应的情况，如载荷变化不快的情况。但是由于它必须求解特征值问题，当自由度数目较多时，求解特征值问题是不容易的，且工作量很大。此外，振型叠加法只适用于线性问题。直接积分法适用于激发许多振型的短时间载荷作用下的结构，且适用于非线性问题，故应用较为广泛。其缺点是直接积分容易产生误差且有时数值不稳定，如果时间步长取得太小则运算时间太长。

5.8　有限元设计分析中的若干问题

前面几节已对有限元法的基本原理、表达格式以及常用的单元形式等作了基本介绍，为有限元应用在实际问题中的分析，特别是最常见的连续实体结构的线弹性分析提供了必要的准备。在应用有限元解决实际问题时，会遇到建立合理的计算模型、选择适当的单元类型和计算方法、网格自动生成和误差估计等问题。在本节中，将对这几个方面进行讨论。

5.8.1　有限元计算模型的建立

在 5.4.1 节中，介绍了结构件力学模型的简化和建立及网格的划分。下面将介绍有限元建模的准则、边界条件和连接条件的处理。

1. 有限元建模的准则

有限元建模的准则是根据工程分析精度要求，建立合适的能模拟实际结构的有限元模型。在连续体离散化及用有限个参数表征无限个形态自由度过程中不可避免地引入了近似。为使分析结果有足够的精度，所建立的有限元模型必须在能量上与原连续系统等价。具体应满足下述准则：

1）有限元模型应满足平衡条件，即结构的整体和任一单元在节点上都必须保持静力平衡。

2）变形协调条件。交汇于一点上的各元素在外力作用下，引起元素变形后必须仍保持交汇于一个节点。整个结构上的各个节点，也都应同时满足变形协调条件。若用协调元，元素边界上也满足相应的位移协调条件。

3）必须满足边界条件（包括整个结构边界条件及单元间的边界条件）和材料的本构关系。

4）刚度等价原则。有限元模型的抗弯、抗扭及抗剪刚度应尽可能等价。

5）认真选取单元，使之能很好地反映结构构件的传力特点，尤其是对主要受力构件，应做到尽可能地不失真。在单元内部所采用的应力和位移函数必须是当单元大小递减时有限元解趋于连续系统的精确解。对于非收敛元，应避免使用。

6）应根据结构特点、应力分布情况、单元的性质、精度要求及计算量大小等仔细划分计算网格。

7）在几何上要尽可能地逼近真实的结构体，其中特别要注意曲线与曲面的逼近问题。

8）仔细处理载荷模型，正确生成节点力，同时载荷的简化不应跨越主要受力构件。

9）质量的堆积应满足质量质心、质心矩及惯性矩等效要求。

10）超单元的划分尽可能单级化并使剩余结构最小。

2. 边界条件的处理

对于基于位移模式的有限元法，在结构的边界上必须严格满足已知的位移约束条件。例如，某些边界上的位移、转角等于零或已知值，计算模型必须让它能实现这一点。对于自由边的条件可不予考虑。

当边界与另一个弹性体紧密相连，构成弹性边界条件时，可分两种情况来处理。当弹性体对边界点的支撑刚度已知时，则可将它的作用简化为弹簧，在此节点上加一边界弹簧元，如图 5 - 31a 所示；当弹性体对边界节点的支撑刚度不清楚时则可将此弹性体的一部分划分出来和结构连在一起进行分析，所划分区域的大小视其有影响的区域大小而定，如图 5 - 31b 所示。

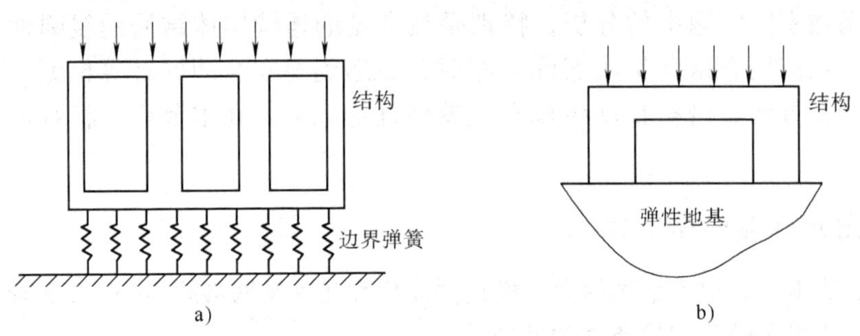

图 5 - 31　两种弹性边界条件

当整个结构存在刚体运动的可能性和局部几何可变机构时，就无法进行静力、动力分析。为此，必须根据结构的实际边界位移约束情况，对模型的某些节点施加约束，消除刚体运动和局部几何可变机构的可能性。平面问题中应消去两个刚体平移运动和一个刚体转动；在三维问题中须消去三个刚体平移运动和三个刚体转动。

如果这些消除模型刚体位移的约束加得恰当，则在约束处不会出现不正常的支反力；如果不恰当，会改变结构原来的受力状态和边界条件，从而将得到错误的结果。例如，图 5 - 32a所示的轴对称受力模型，必须在 A 点（或 B 点）加一个约束支座以消除刚体位移（见图 5 - 32b）。但它不能同时在 A 点和 B 点施加约束支座（图 5 - 32c），否则将出现多余的约束，从而改变原结构的力学形态。

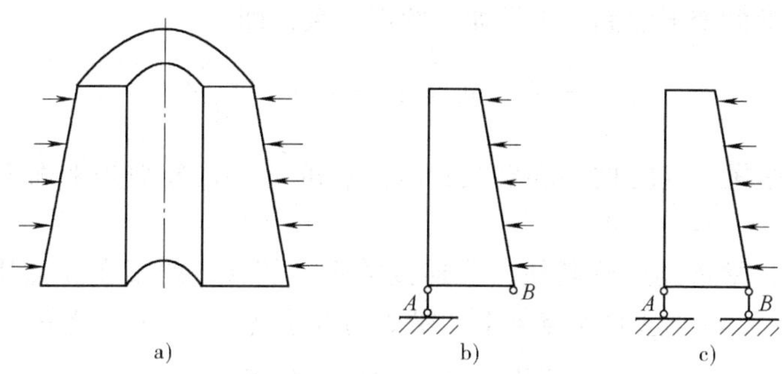

图 5-32　轴对称受力模型

受自相平衡力系的三维刚架结构，为消除刚体位移，可以有多种施加约束支座的方案，如图 5-33a ~ c 所示。这几种消除刚体位移的方案在支座上不会出现支反力。对刚架内部点的变形和内力没有影响，只是彼此所得的位移值差一个常数（相当于位移的零点选的不同），所以这几种消除刚体位移的方案都是正确的。但是若在所加的这些约束之外，在刚架上添加新的支座，如图 5-33d 所示，则可能在支座上出现支反力，并完全改变刚架原来的力学特性。

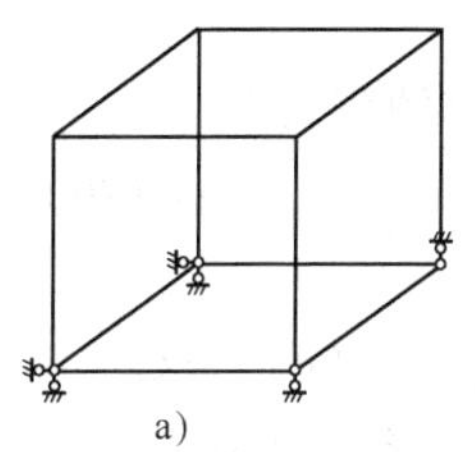
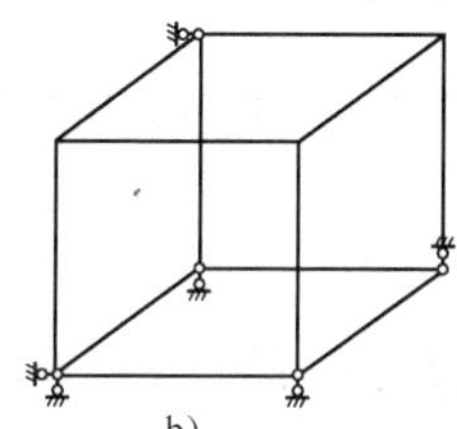
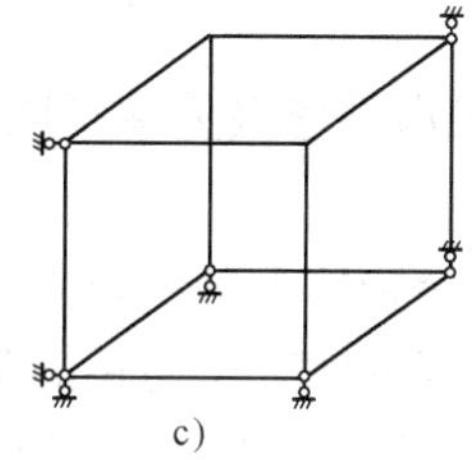
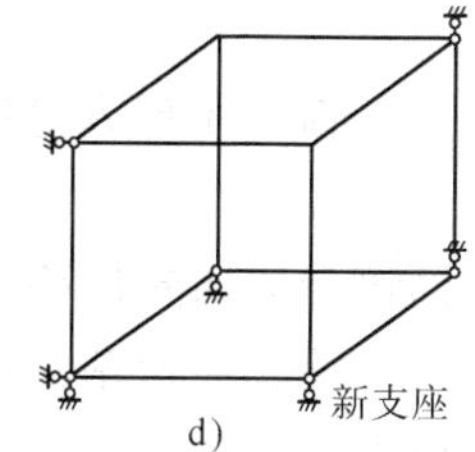

图 5-33　三维刚架的约束支座

3. 连接条件的处理

一个复杂结构常常是由杆、梁、板、壳、二维体、三维体等多种形式的构件组成的。由于梁、板、壳、二维体、三维体之间的自由度数不匹配，因此在梁和二维体、板壳与三维体的交接处，必须妥善加以处理，否则模型会失真，得不到正确的计算结果。

例如，平面梁的每个节点有 u、v、θ 三个自由度，而平面膜只有 $\bar{u}$、$\bar{v}$ 两个自由度，当这两种构件连接在一起时（图 5-34），交点 i 处的自由度不协调，如果只使 $u_i=\bar{u}_i$，$v_i=\bar{v}_i$，而不管转角 θ，显然与原结构不符合。

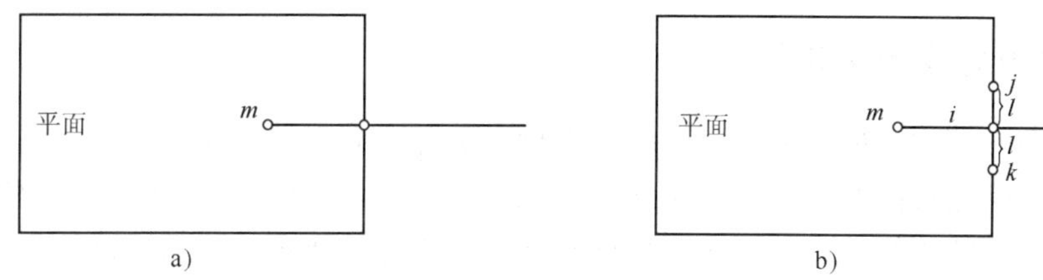

图 5-34　平面与梁连接的两种处理

为此可以采用两种办法来处理。一种是人为地将梁往平面中延伸一段，使 m、i 两点处梁和平面的位移一致，从而满足两种构件的连接条件（图 5-34a）。另一种（图 5-34b）是

在连接处使梁与平面的变形之间，满足如下约束关系，即

$$u_i = \bar{u}_i, \quad v_i = \bar{v}_i, \quad \theta = \frac{\bar{u}_j - \bar{u}_k}{2l} \tag{5-194}$$

式中，u_i、v_i 和 θ_i 是梁 i 点的位移和转角；$\bar{u}_i$、$\bar{v}_i$ 和 $\bar{u}_j$、$\bar{u}_k$ 分别是平面上 i 点和 j、k 点的位移。

在复杂结构中，常常还遇到其他一些连接关系。例如，两梁在 A 点用铰链连接在一起形成交叉梁（图 5-35a），这时 A 点梁 1 和梁 2 的位移（u，v，w）之间应有下列关系

$$u_1 = u_2, \quad v_1 = v_2, \quad w_1 = w_2 \tag{5-195}$$

这样，两根梁的转角在 A 点可以不一样。

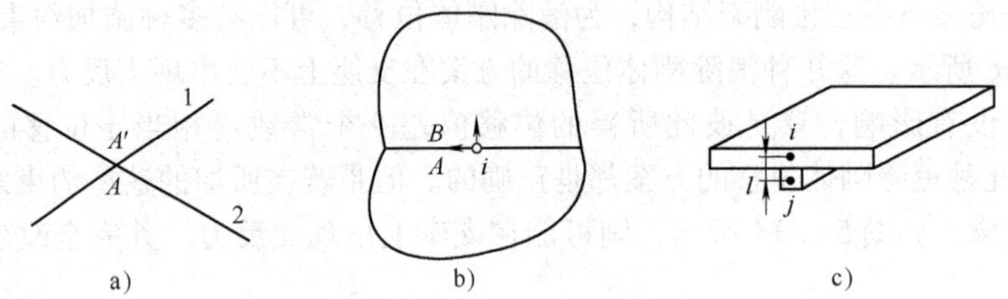

图 5-35　几种连接条件

物体 A 与 B 之间若满足滑动连接关系（图 5-35b），则在 i 点存在位移约束关系

$$v_A = v_B \tag{5-196}$$

而该点的切向位移 u，在两个物体上可不相同。

梁和板紧贴在一起，而梁的节点 i 与板的节点 j 之间有一段距离 l（图 5-35c），这时可以把节点 i、j 之间看成存在刚体连接关系。于是两点的位移之间有如下的关系式成立，即

$$\left.\begin{aligned} u_i &= u_j - \theta_j^y l, \quad \theta_i^x = \theta_j^x \\ v_i &= v_j - \theta_j^x l, \quad \theta_i^y = \theta_j^y \\ w_i &= w_j, \quad \theta_i^z = \theta_j^z \end{aligned}\right\} \tag{5-197}$$

在复杂结构中，还能遇到各种各样其他的连接关系，只要将这些连接关系彻底弄清，就能写出相应的位移约束关系式，这些关系式称为构件间复杂的连接条件，同时在计算中使程序严格满足这些条件。

应当指出，在不少实用结构分析有限元程序中，已为用户提供输入连接条件的接口，用户只需严格遵守用户使用规定，程序将自动处理自由度之间的用户所规定的位移约束条件。

5.8.2　减小解题规模的常用措施

对于大型复杂的结构，如果直接对全结构进行离散并建立求解方程，无疑方程的规模很大，造成对计算机存储过高的要求，而且计算量也可能过大。因此，在有限元工程实际应用中，要减少计算规模的未知数，从而达到降低对计算机资源的要求并提高计算效率。

1. 对称性和反对称性

对称性和反对称性常用来缩减有限元分析的工作量。所谓对称性，是指几何形状、物理性质、载荷分布、边界条件和初始条件都满足对称性。反对称性是指问题的几何形状、物理性质、边界条件和初始条件都满足对称性，而载荷分布满足反对称性。如果某分析问题对一

个坐标轴对称或反对称，则只需计算原问题的 1/2；如果同时对两个坐标轴对称或反对称，则只需计算原问题的 1/4；如同时对三个坐标轴对称或反对称，则只需计算原问题的 1/8。为使结构与原来的问题性质相同，则应在对称面上附加相应的对称性或反对称性约束条件。

1）对称性约束条件。在对称面上，垂直于对称面的位移分量为零，切应力为零。对于刚架结构，对称面上的剪力为零，垂直于对称面的位移为零，转角为零。例如，在图 5-36a 中的平面问题，利用对称性条件，可简化为原问题的 1/4，但必须在 *CA* 和 *DB* 边上加上相应的位移对称约束条件。

2）反对称性约束条件。在对称面上，平行于对称面的位移分量为零，正应力为零。对于刚架结构，对称面上的弯矩为零，平行于对称面的位移为零。例如，在图 5-36b 中的平面问题，对 x 轴对称，对 y 轴反对称，利用反对称性条件，可简化为原问题的 1/4，同样必须在 *OA* 和 *OB* 边上加上相应的位移对称约束条件。

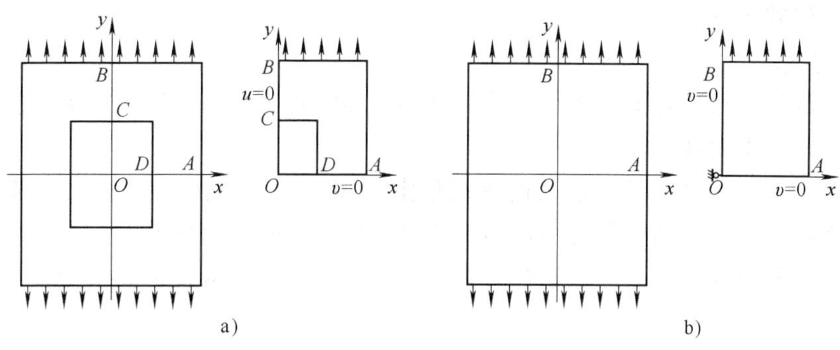

图 5-36　利用对称性和反对称性条件简化模型

a）利用对称性　b）利用反对称性

3）如果一个结构在几何上具有对称性，仅载荷不对称，仍可利用对称性将问题的规模缩小。即可以将载荷分解成对称与反对称两部分之和，于是原问题化为求解一个对称问题和反对称问题。如图 5-37 所示，三通管头上受非对称扭矩，可以将其转化为对称与反对称两部分之和。

2. 周期性条件

机械上有许多旋转零部件，像发电机转子、空气压缩机叶轮、飞轮等，其结构形式和所受的载荷呈现周期性变化的特点。对这种结构如果按整体进行分析，计算工作量较大；如果利用这些结构上的特点，只切出其中一个周期来分析，计算工作量就减为原来的 $1/n$（n 为周期数）。为了反映切取部分对于下部分结构的影响，在切开处必须使它满足周期性约束条件，也就是说，在切开处对应位置的相应量相等。

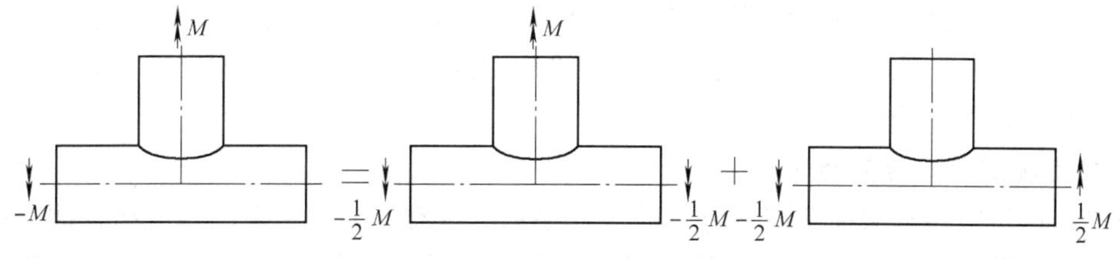

图 5-37　反对称载荷分解

3. 降维处理和几何简化

对于一个复杂结构或待分析的工程构件，可根据它们在几何上、力学上、传热学上的特点，进行降维处理，即一个三维物体，如果可以忽略某些几何上的细节或次要因素，就近似地按照二维问题来处理。一个二维问题若能近似地看成一维问题，就尽可能地按照一维问题进行计算。维数降低一维，计算量就降低几倍、几十倍，甚至更多。

例如，像连杆、球轴承、飞轮等许多机械零件，都可近似当成平面问题来处理。

在复杂结构的计算中，应尽可能减少其按三维问题来处理的部分。事实上，现代机械设计中进行工程计算的真正目的，往往是求出结构最大承载能力和最薄弱的区域，这种处理方法虽然会带来误差，但一般都能满足工程上的设计要求，而计算成本却能大大降低。如果对个别细节部分分析后仍不满意，则可将这一小块挖出来，作为三维问题来处理。

许多机械零件上经常设计有一些小圆孔、圆角、倒角、凸台、退刀槽等几何细节，只要这些几何细节不是位于应力峰值区域分析的要害部位，根据 Saint - Venant（圣维南）原理，在分析时可以将其忽略。

4. 子结构技术

对于大型结构，特别是带有多个相同部件的大型结构，目前广泛采用多重静力子结构和多重动力子结构的求解技术。

子结构技术是将一个大型复杂结构看成是由许多一级子结构（超单元）和一些单元拼装而成的，而这些一级子结构又是由许多二级子结构和一些单元拼成的，二级子结构又是由三级子结构和单元拼成的，……，这样一直分下去，分成若干级，最高级子结构则完全由单元组成。

每一级子结构设置出口节点（边界节点），子结构的拼装就是通过各出口节点连接完成的。子结构内部节点的自由度由出口节点自由度和子结构内部所受的载荷确定。通过子结构内部刚度矩阵的集合，建立出口节点自由度和节点反力之间的关系（子结构刚度矩阵）。

求解从高级子结构开始，并且不分析重复的子结构，然后逐级把贡献提供给低一级子结构，最后到主结构求解。解出主结构的未知量后，再逐级解高一级子结构的未知量。在每一级求解中，由于只包含本级所用到的单元的节点和高一级子结构的边界节点（内部点已消去，其影响已转化到这些边界点上），所以求解的规模都不大。

这种方法实质上是对一个大型结构利用结构在构造和几何上的特点，将它分解为若干子结构，在子结构的基础上进行离散和自由度缩减，集成的结构总体的求解方程的自由度可以大大减少，且在有相同形状子结构的情况下还可以进一步省去形成相同形状子结构矩阵的计算工作量。

5. 线性近似化

工程上对于一些呈微弱非线性的问题，常作为线性问题处理，所得到的结果既能满足要求，成本又不高。例如，许多混凝土结构（水坝、高层建筑、冷却塔、桥梁等）实际上都是非线性结构，其非线性现象较弱，初步分析时可以将其看做线性结构处理。只有当分析其破坏形态时，才按非线性考虑。

6. 多工况载荷的合并处理

当对结构进行多种载荷工况的分析时，如果每一种都作为一个新问题分析一次，则每次都需要方程系数矩阵的三角分解，计算量很大。一个较好的处理方法是将每一个载荷向量

$\boldsymbol{R}_i$ 合并成载荷矩阵 $\boldsymbol{R}$ 一起进行求解。这样，方程系数矩阵只需进行一次三角分解，于是计算量就大大降低了。

对于线性问题还可以将作用载荷分解成标准载荷模式。每一种载荷工况由这些标准的载荷模式组合而成。这时，先解出标准载荷模式作用下的解。例如，在载荷模式 $\boldsymbol{R}_a$、$\boldsymbol{R}_b$、$\boldsymbol{R}_c$ 之下的解为 $\boldsymbol{u}_a$、$\boldsymbol{u}_b$、$\boldsymbol{u}_c$。若第 I 种工况的载荷为

$$\boldsymbol{R} = a\boldsymbol{R}_a + b\boldsymbol{R}_b + c\boldsymbol{R}_c \tag{5-198}$$

则它对应的解为

$$\boldsymbol{u} = a\boldsymbol{u}_a + b\boldsymbol{u}_b + c\boldsymbol{u}_c \tag{5-199}$$

式中，a、b、c 为线性组合系数。

当载荷工况很多时，这种采用标准模式线性组合的方法，也可以节省许多求解时间。

7. 节点编号的优化

有限元法所得到的方程的系数具有大型稀疏矩阵的性质。在系数矩阵中第一个非零元素到主对角元素的长度称为半带宽 m。有限元法中乘法运算的次数与未知数个数 n 和半带宽 m 的平方的乘积成正比。因此，减少计算工作量的途径，除了设法降低方程规模外，还可以从减小半带宽上着手。由于第一个非零元素到主对角元素之间，往往存在大量零元素，因此压缩 m 的可能性存在。

m 的大小取决于每一单元节点编号的最大差值。因此，在节点编号时，注意减少编号最大差值，就可以达到降低 m 的目的，在数学上这是一个优化问题。有些通用结构分析有限元软件已设置节点编号优化的功能，用户使用时应充分利用。

5.8.3　网格自动生成和误差估计

1. 网格自动生成

实际工程结构比较复杂，用人工的方法划分网格并输入节点坐标和载荷，是十分烦琐的。因此需要发展一套自动生成计算网格的方法，即把工程结构先划分为几个大的子域，并输入相应的数据，然后由计算机自动生成比较细致的计算网格，并自动计算节点坐标、载荷等数值。

自动生成计算网格的方法有很多。下面将简要介绍两种。

（1）等参数变换法　对于平面问题，图 5-38a 所示的为实际区域，如用八节点等参单元进行坐标变换，即

$$x = \sum N_i(\xi,\eta)x_i, \quad y = \sum N_i(\xi,\eta)y_i \tag{5-200}$$

在母单元中划分等间距（或非等间距）网格，在子单元中就可以得到计算网格，如图5-38c 所示。

对于比较复杂的几何形状，可先划分一个粗网格，分成几个大的子域，并输入相应的数据。然后，对每一个子域作等参数变换，自动形成较细致的计算网格。

等参数变换法也适用于空间问题，坐标变换公式为

$$x = \sum N_i(\xi,\eta,\zeta)x_i, \quad y = \sum N_i(\xi,\eta,\zeta)y_i, \quad z = \sum N_i(\xi,\eta,\zeta)z_i \tag{5-201}$$

（2）合成函数法　利用合成函数，只要用一个单元就可以表示任何复杂的几何图形。

下面构造合成函数。考虑方形区域 $-1 \leqslant \xi \leqslant 1$，$-1 \leqslant \eta \leqslant 1$，对它的四边上给出函数

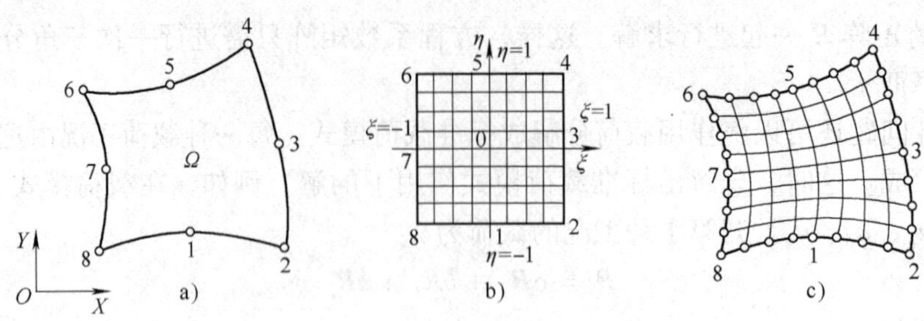

图 5-38 等参数变换法自动生成计算网格

ϕ，即

$$\phi(-1,\eta),\quad \phi(1,\eta),\quad \phi(\xi,-1),\quad \phi(\xi,1) \tag{5-202}$$

要设法构造一个函数 ϕ（ξ，η），它在方形区域内形成一光滑曲面，并在边界上给定的数值如式（5-202）。取线性插值函数，即

$$\left.\begin{aligned} N_1(\xi) &= (1-\xi)/2,\quad N_2(\xi) = (1+\xi)/2 \\ N_3(\xi) &= (1-\eta)/2,\quad N_4(\xi) = (1+\eta)/2 \end{aligned}\right\} \tag{5-203}$$

令

$$\left.\begin{aligned} P_1 &= N_2(\eta)\phi(\xi,1) + N_1(\eta)\phi(\xi,-1) \\ P_2 &= N_2(\xi)\phi(1,\eta) + N_1(\xi)\phi(-1,\eta) \\ P_3 &= N_2(\xi)N_2(\eta)\phi(1,1) + N_2(\xi)N_1(\eta)\phi(1,-1) + \\ &\quad N_1(\xi)N_2(\eta)\phi(-1,1) + N_1(\xi)N_1(\eta)\phi(-1,-1) \end{aligned}\right\}$$

再取

$$\phi = P_1 + P_2 + P_3 \tag{5-204}$$

显然，函数 ϕ（ξ，η）在方形区域内形成一光滑曲面，并在边界上取预定数值如式（5-202）。如图 5-39 所示，P_1 在 η 方向作线性插值，而 P_2 在 ξ 方向作线性插值。

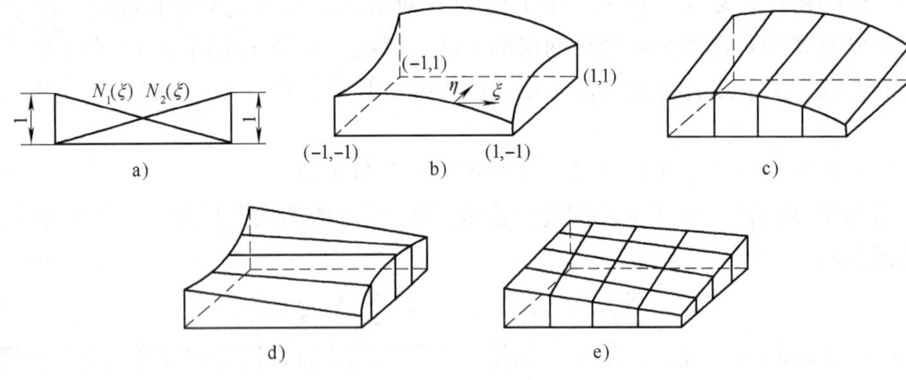

图 5-39 合成函数法自动生成计算网格（b = c + d + e）

利用函数 ϕ（ξ，η），可以把实际的任意几何形状映射到方形域 R：$-1\leqslant\xi\leqslant1$，$-1\leqslant\eta\leqslant1$ 中，在方形域 R 上划分网格，利用映射关系，可以得到实际几何图形上的计算网格。图 5-40 中表示了 1/4 带圆孔的方板，其中图 5-38a 是划分了两个子域，利用等参数变换法可自动生成计算网格；对图 5-38b

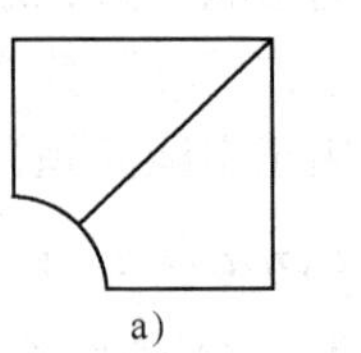

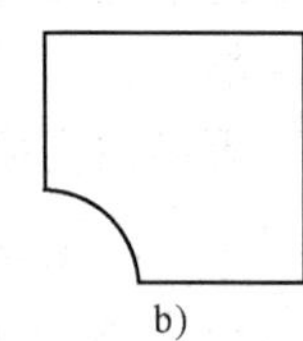

图 5-40 1/4 带圆孔的方板

不再划分子域，直接利用合成函数自动生成计算网格。

2. 误差估计

有限元法给出的是近似解，它与精确解的差值即为误差。例如，位移误差为

$$e_u = u - \hat{u} \tag{5-205}$$

式中，u 为位移的精确解；$\hat{u}$ 为位移近似解。

应力误差为

$$e_\sigma = \sigma - \hat{\sigma} \tag{5-206}$$

式中，σ 为应力的精确解；$\hat{\sigma}$ 为应力近似值。

实际工程结构中往往有应力集中现象，在应力集中处，用式（5-205）、式（5-206）计算误差，将得到无限大值。例如，在集中力作用点，用式（5-205）、式（5-206）计算的误差可能是无限大，但作为整体，近似解还是可以接受的。在结构的凹角处，也存在着应力集中问题，由于这个原因，通常不用式（5-205）、式（5-206）直接计算点的误差，而是在一定区域内计算误差的模。

方法一：计算能量模

$$\begin{aligned}\| e \| &= \left[\int_\Omega (\varepsilon - \hat{\varepsilon})^{\mathrm{T}} D (\varepsilon - \hat{\varepsilon}) \mathrm{d}\Omega\right]^{1/2} = \left[\int_\Omega (\varepsilon - \hat{\varepsilon})^{\mathrm{T}} (\sigma - \hat{\sigma}) \mathrm{d}\Omega\right]^{1/2} \\ &= \left[\int_\Omega (\sigma - \hat{\sigma})^{\mathrm{T}} D^{-1} (\sigma - \hat{\sigma}) \mathrm{d}\Omega\right]^{1/2}\end{aligned} \tag{5-207}$$

式中，$\boldsymbol{\varepsilon} = \boldsymbol{B}\boldsymbol{u}$；$\hat{\boldsymbol{\varepsilon}} = \boldsymbol{B}\hat{\boldsymbol{u}}$；$\Omega$ 为积分区域。

方法二：计算位移误差模 $\| e_u \|_L$ 和应力误差模 $\| e_\sigma \|_L$

$$\| e_u \|_L = \left[\int_\Omega (u - \hat{u})^{\mathrm{T}} (u - \hat{u}) \mathrm{d}\Omega\right]^{1/2} \tag{5-208}$$

$$\| e_\sigma \|_L = \left[\int_\Omega (\sigma - \hat{\sigma})^{\mathrm{T}} (\sigma - \hat{\sigma}) \mathrm{d}\Omega\right]^{1/2} \tag{5-209}$$

还可以计算均方差，例如，应力误差的均方差为

$$|\Delta\sigma| = \left[\frac{\| e_u \|_L^2}{\Omega}\right]^{1/2} \tag{5-210}$$

通过有限元计算，可以得到近似解 $\hat{u}$、$\hat{\sigma}$。问题是如何得到精确解 u 和 σ。对于一些简单问题，已有理论解。但是实际工程问题，绝大多数情况下是没有理论解的。因此，需要有一个对精确解进行估计的实用方法。

按 5.4.5 节中提到的应力修匀方法，修匀后的节点应力为 $\tilde{\sigma}_i$，$i = 1 \sim p$，单元内部任一点的应力为

$$\tilde{\sigma} = \sum_{i=1}^{p} N_i \tilde{\sigma}_i \tag{5-211}$$

修匀后的应力 $\tilde{\sigma}$ 在相邻单元边界上是连续的。经验表明，修匀后应力 $\tilde{\sigma}$ 的精度是比较好的，因此，不妨用它代表精确应力以近似地计算应力误差，即

$$e_\sigma = \tilde{\sigma} - \hat{\sigma} \tag{5-212}$$

把式（5-212）分别代入式（5-208）~式（5-210），可以计算出各种误差的模。

设上述近似方法计算的误差模为 $\| e_u \|_{近似}$，而 $\| e_u \|_{精确}$ 为准确的误差模，由下式可计算误差估计的有效系数

$$\theta = \frac{\| e_u \|_{近似}}{\| e_u \|_{精确}} \tag{5-213}$$

根据计算经验，把近似计算的误差乘以修正系数 k 以后，与准确计算的误差模更加接近。对于弹性力学问题，修正系数 k 的数值如下：

双线性四边形单元 $k = 1.1$

线性三角形单元 $k = 1.3$

双二次九节点单元 $k = 1.6$

二次三角形单元 $k = 1.4$

采用修正系数后，误差估计的有效系数可以计算如下

$$\theta^* = \frac{k\| e_u \|_{近似}}{\| e_u \|_{精确}} \tag{5-214}$$

5.9 有限元分析软件

5.9.1 国外有限元分析软件的概况

有限元分析是设计人员在计算机上经调用有限元分析程序完成的。目前有很多国外大型有限元分析软件，这些软件的前处理器使用了先进的计算机视窗和图形技术以及交互式操作等，用户界面友好，建模效率较高；它们的方程求解器求解工程问题的效率较高，特别是非线性问题的求解能力有显著提高；通过使用后处理器，用户更容易获得和处理数值计算结果，并利用图形图像功能进行深层次的再加工。

有限元分析软件产品可以分为三类：

1）通用有限元分析软件。例如，ANSYS、NASTRAN、ABAQUS、MARC、ADINA 等软件。

2）专用有限元分析软件。例如，ADAMS、DADS、MSC/FATIGUE、MSC/DYTRAN 等软件。

3）嵌套在 CAD/CAE/CAM 系统中的有限元分析模块。之所以称为模块，是因为它们与设计软件集成在一起，在这种集成环境中，有限元分析在工程师所熟悉的设计环境下进行。有限元分析是 CAE 的主要支撑，IDEAS、Pro/Engineer、Unigraphics 等 CAD/CAE/CAM 系统中的有限元分析模块的功能没有通用或专用的有限元分析软件那么强大全面，但是它们解决一般工程问题的能力也是很强的，其中 IDEAS 很有代表性。

许多有限元分析软件支持工业数据/几何模型交换标准，它们与 CAD 设计系统或 CAD/CAE/CAM 集成系统互留单向或双向接口。有限元分析软件一般有多种操作系统版本。如 UNIX、Windows/NT 操作系统等，同时支持多种硬件平台。

由上介绍可知，国际上流行的有限元分析软件很多，下面仅对在国内应用比较广的 ANSYS 软件进行介绍。

5.9.2　ANSYS 有限元分析软件介绍

ANSYS 软件是融结构、流体、电场、磁场、声场分析于一体的大型通用有限元分析软件。由世界上最大的有限元分析软件公司之一的美国 ANSYS 公司开发，它能与多数 CAD 软件接口，实现数据的共享和交换，如 Pro/Engineer、NASTRAN、Alogor、IDEAS、AutoCAD 等，是现代产品设计中的高级 CAD 工具之一。

1. 软件功能简介

软件主要包括三个部分：前处理模块、分析计算模块和后处理模块。前处理模块提供了一个强大的实体建模及网格划分工具，用户可以方便地构造有限元模型；分析计算模块包括结构分析（可进行线性分析、非线性分析和高度非线性分析）、流体动力学分析、电磁场分析、声场分析、压电分析以及多物理场的耦合分析，可模拟多种物理介质的相互作用，具有灵敏度分析及优化分析能力；后处理模块可将计算结果以彩色等值线显示、梯度显示、向量显示、粒子流迹显示、立体切片显示、透明及半透明显示（可看到结构内部）等图形方式显示出来，也可将计算结果以图表、曲线形式显示或输出。软件提供了 100 种以上的单元类型，用来模拟工程中的各种结构和材料。该软件有多种不同版本，可以运行在从个人机到大型机的多种计算机设备上，如 PC、SGI、HP、SUN、DEC、IBM、CRAY 等。

启动 ANSYS，进入欢迎画面以后，程序停留在开始平台。从开始平台（主菜单）可以进入各处理模块：PREP7（前处理模块）、SOLUTION（求解模块）、POST1（后处理模块）、POST26（时间历程后处理模块）。ANSYS 用户手册的全部内容都可以联机查阅。用户的指令可以通过鼠标单击菜单项选取和执行，也可以在命令输入窗口通过键盘输入。命令一经执行，该命令就会在 .LOG 文件中列出，打开输出窗口可以看到 .LOG 文件的内容。如果软件运行过程中出现问题，查看 .LOG 文件中的命令流及其错误提示，将有助于快速发现问题的根源。.LOG 文件的内容可以略作修改存到一个批处理文件中，在以后进行同样工作时，由 ANSYS 自动读入并执行，这是 ANSYS 软件的第三种命令输入方式。这种命令方式在进行某些重复性较高的工作时，能有效地提高工作速度。

2. 前处理模块 PREP7

双击实用菜单中的“Preprocessor”选项，进入 ANSYS 的前处理模块。这个模块主要有两部分内容：实体建模和网格划分。

（1）实体建模　ANSYS 程序提供了两种实体建模方法：自顶向下与自底向上。

1）自顶向下进行实体建模时，用户定义一个模型的最高级图元，如球、棱柱，称为基元，程序则自动定义相关的面、线及关键点。用户利用这些高级图元直接构造几何模型，如二维的圆和矩形以及三维的块、球、锥和柱。无论使用自顶向下还是自底向上的方法建模，用户均能使用布尔运算来组合数据集，从而“雕塑出”一个实体模型。ANSYS 程序提供了完整的布尔运算，诸如相加、相减、相交、分割、粘结和重叠。在创建复杂实体模型时，对线、面、体、基元的布尔操作能减少相当可观的建模工作量。ANSYS 程序还提供了拖拉、延伸、旋转、移动、延伸和复制实体模型图元的功能。附加的功能还包括圆弧构造、切线构造、通过拖拉与旋转生成面和体、线与面的自动相交运算、自动倒角生成、用于网格划分的硬点的建立、移动、复制和删除。

2）自底向上进行实体建模时，用户从最低级的图元向上构造模型，即用户首先定义关键点，然后依次是相关的线、面、体。

（2）网格划分　ANSYS 程序提供了使用便捷、高质量的对 CAD 模型进行网格划分的功能，包括四种网格划分方法：延伸划分、映像划分、自由划分和自适应划分。延伸网格划分可将一个二维网格延伸成一个三维网格。映像网格划分允许用户将几何模型分解成简单的几部分，然后选择合适的单元属性和网格控制，生成映像网格。ANSYS 程序的自由网格划分器功能是十分强大的，可对复杂模型直接划分，避免了用户对各个部分分别划分然后进行组装时各部分网格不匹配带来的麻烦。自适应网格划分是在生成了具有边界条件的实体模型以后，用户指示程序自动地生成有限元网格，分析、估计网格的离散误差，然后重新定义网格大小，再次分析计算、估计网格的离散误差，直至误差低于用户定义的值或达到用户定义的求解次数。

3. 求解模块 SOLUTION

前处理阶段完成建模以后，用户可以在求解阶段获得分析结果。

单击快捷工具区的 SAVE_DB，将前处理模块生成的模型存盘，退出 Preprocessor；单击实用菜单项中的“Solution”选项，进入求解模块。在该阶段，用户可以定义分析类型、分析选项、载荷数据和载荷步选项，然后开始有限元求解。

ANSYS 软件提供的分析类型如下：

（1）结构静力分析　用来求解外载荷引起的位移、应力和力。静力分析很适合求解惯性和阻尼对结构的影响并不显著的问题。ANSYS 程序中的静力分析不仅可以进行线性分析，而且也可以进行非线性分析，如塑性、蠕变、膨胀、大变形、大应变及接触分析。

（2）结构动力学分析　结构动力学分析用来求解随时间变化的载荷对结构或部件的影响。与静力分析不同，动力分析要考虑随时间变化的力以及力对阻尼和惯性的影响。ANSYS 可进行的结构动力学分析的类型包括：瞬态动力学分析、模态分析、谐波响应分析及随机振动响应分析。

（3）结构非线性分析　结构非线性导致结构或部件的响应随外载荷不成比例变化。ANSYS 程序可求解静态和瞬态非线性问题，包括材料非线性、几何非线性和单元非线性三种。

（4）动力学分析　ANSYS 程序可以分析大型三维柔体运动。当运动的积累影响起主要作用时，可使用这些功能分析复杂结构在空间中的运动特性，并确定结构中由此产生的应力、应变和变形。

（5）热分析　程序可处理热传递的三种基本类型：传导、对流和辐射。热传递的三种类型均可进行稳态和瞬态、线性和非线性分析。热分析还具有可以模拟材料固化和熔解过程的相变分析能力以及模拟热与结构应力之间的热 - 结构耦合分析能力。

（6）电磁场分析　主要用于电磁场问题的分析，如电感、电容、磁通量密度、涡流、电场分布、磁力线分布、力、运动效应、电路和能量损失等。还可用于螺线管、调节器、发电机、变换器、磁体、加速器、电解槽及无损检测装置等的设计和分析领域。

（7）流体动力学分析　ANSYS 流体单元能进行流体动力学分析，分析类型可以为瞬态或稳态。分析结果可以是每个节点的压力和通过每个单元的流率。并且可以利用后处理功能产生压力、流率和温度分布的图形显示。另外，还可以使用三维表面效应单元和热 - 流管单元模拟结构的流体绕流并包括对流换热效应。

（8）声场分析　程序的声学功能用来研究在含有流体的介质中声波的传播，或分析浸在流体中的固体结构的动态特性。这些功能可用来确定音响的频率响应，研究音乐大厅的声场强度分布，或预测水对振动船体的阻尼效应。

（9）压电分析　用于分析二维或三维结构对 AC（交流）、DC（直流）或任意随时间变化的电流或机械载荷的响应。这种分析类型可用于换热器、振荡器、谐振器、传声器等部件及其他电子设备的结构动态性能分析。可进行四种类型的分析：静态分析、模态分析、谐波响应分析和瞬态响应分析。

4. 后处理模块 POST1 和 POST26

ANSYS 软件的后处理过程包括两个部分：通用后处理模块 POST1 和时间历程后处理模块 POST26。通过友好的用户界面，可以很容易获得求解过程的计算结果并对其进行显示。这些结果可能包括位移、温度、应力、应变、速度及热流等，输出形式可以有图形显示和数据列表两种。

（1）通用后处理模块 POST1　单击实用菜单项中的“General Postproc”选项即可进入通用后处理模块。这个模块对前面的分析结果能以图形形式显示和输出。例如，计算结果（如应力）在模型上的变化情况可用等值线图表示，不同的等值线颜色代表了不同的值（如应力值）。浓淡图用不同的颜色则代表不同的数值区（如应力范围），清晰地反映了计算结果的区域分布情况。

（2）时间历程后处理模块 POST26　单击实用菜单项中的“Time Hist Postpro”选项即可进入时间历程后处理模块。这个模块用于检查在一个时间段或子步历程中的结果，如节点位移、应力或支反力。这些结果能通过绘制曲线或列表查看。绘制一个或多个变量随频率或其他量变化的曲线，有助于形象化地表示分析结果。另外，POST26 还可以进行曲线的代数运算。

5. 使用 ANSYS 的 GUI

图形用户界面（Graphical User Interface，GUI）是使用 ANSYS 软件最容易的一种方法。它在用户与软件之间提供一个界面，每个 GUI 功能最终会产生一个或多个由软件执行的 ANSYS 命令，并且这些命令将作为输入历史记录在日志文件（Jobname. LOG）中。

GUI 的布局如图 5 - 41 所示，有 6 个主要部分，即 Utility 菜单、命令输入栏、Main 菜单、输出窗口、工具栏和图形窗口。

Utility 菜单中包含着 ANSYS 软件的有效功能，如文件控制、选择、图形控制和参数化等。用户在 ANSYS 软件的任何时刻都可以执行 Utility 菜单中的大多数功能。Utility 菜单中共列出了 10 个下拉子菜单，其中包含：File（文件）、Select（选择）、List（列表）、Plot（显示）、Plotctrls（显示控制）、WorkPlane（工作平面）、Parameters（参数化）、Macro（宏）、MenuCtrls（菜单控制）、Help（帮助）。

Main 菜单中包含了 ANSYS 的主要功能如前处理、求解和后处理等。Main 菜单中的所有功能之间已经程序化，即用户必须在先完成一个功能后才能完成下一个功能。例如，用户正在生成一个关键点，就不能同时生成线或网格。Main 菜单中的每一个菜单项，大多数都有子菜单项。主菜单由 12 个菜单项组成，它们是 Preferences（优先设置）、Preprocess（前处理器）、Solution（求解器）、General Postproc（通用后处理器）、TimeHist Postpro（时间历程后处理）、Design Opt（设计优化）、Radiation Opt（辐射优化）、Run - Time Stats（运行时间估计）、Finish（停止）等。

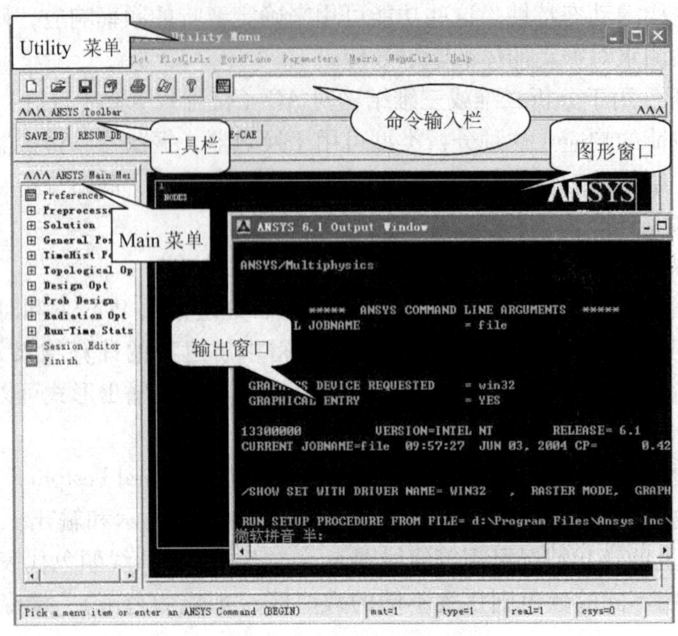

图 5-41 GUI 的布局

工具栏是由一组执行 ANSYS 通用命令的按钮组成。某些按钮在启动 ANSYS 软件前已预定义了，但用户能够定义所有其他的按钮，最多可定义 100 个按钮。

图 5-41 中所示的命令输入栏中，用户可以直接在该栏中输入命令，同时涉及图形拾取时，它也显示拾取功能相关的提示信息。

图形输出窗口：用户可以在该窗口显示所用的图形和完成所有的图形拾取操作。它也是一个最大的 GUI 窗口，当用户想要改变窗口的大小时，最好是将长宽比保持在 4∶3。在图形窗口的标题上显示出最近显示的内容，这将有助于用户能够识别命令的执行状态。

信息输出窗口所输出的信息主要包括命令的执行情况、注解信息、警告、错误和其他信息，它常出现在 ANSYS 图形窗口的后面，当用户需要时，只要在该窗口的任何地方单击，就可将其调入到最前面。

5.9.3 ANSYS 软件分析实例

下面通过介绍一个 ANSYS 软件的结构线性静力分析实例，来说明 ANSYS 软件对实际工程问题的分析过程，采用的软件版本是 ANSYS6.1。

1. 问题的描述

图 5-42 所示为一个承受双向拉伸的无限大平板，在其中心位置有一个小圆孔，相关的结构尺寸如图 5-42a 所示。

材料的属性为：弹性模量 $E=3\times10^{11}$Pa，泊松比 $\mu=0.3$。

拉伸载荷 $q=1000$Pa。

平板的厚度 $t=1$cm。

根据平板的物理性质，该问题属于平面应力问题，再根据平板结构和载荷的对称性，只要分析其中 1/4（图 5-42b）即可。

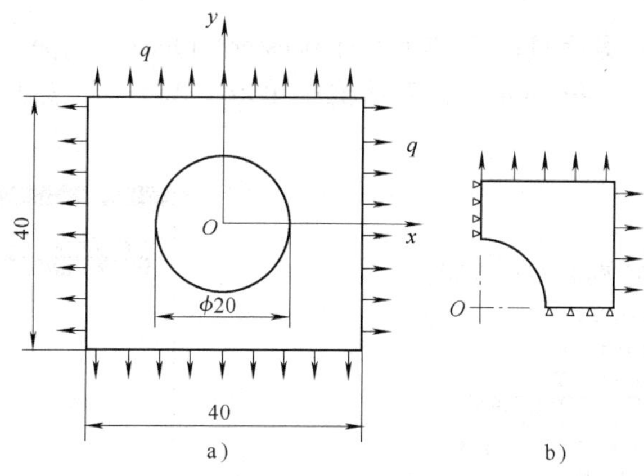

图 5-42　无限大平板的结构图

2. GUI 操作方式

（1）定义工作文件名和工作标题

1）定义工作文件名：运行 Utility Menu > File > Change Jobname，在出现的对话框中输入“Plate”，并将“New log and error files”复选框选为“yes”，单击“OK”按钮。

2）定义工作标题：运行 Utility Menu > File > Change Jobname，在出现的对话框中输入“The Analysis of Plate stress with small Circle”，单击“OK”按钮。

3）重新显示：运行 Utility Menu > Plot > Replot。

（2）显示工作平面和实体移动等

1）显示工作平面：运行 Utility Menu > Display Working Plane，显示工作平面命令，如图 5-43 所示，在图形窗口中显示出 XY 工作平面，如图 5-44 所示。

2）显示实体移动、缩放、旋转工具条：运行 Utility Menu > PlotCtrls > Pan，Zoom，Rotate，在图形窗口的右面会出现一个“Pan - Zoom - Rotate”工具条，即实体移动、缩放、旋转工具条，如图 5-45 所示。

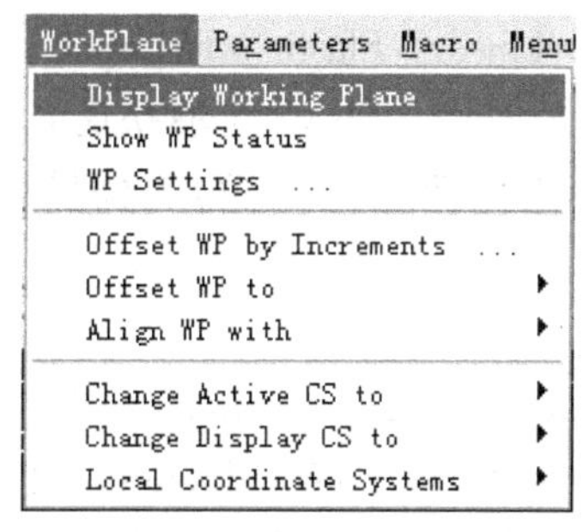

图 5-43　显示工作平面命令

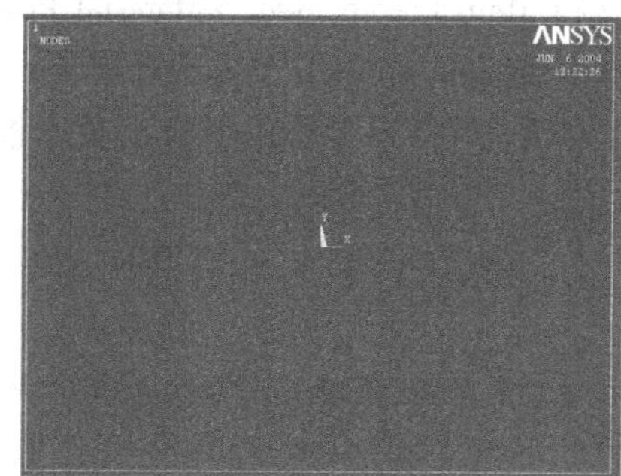

图 5-44　XY 工作平面

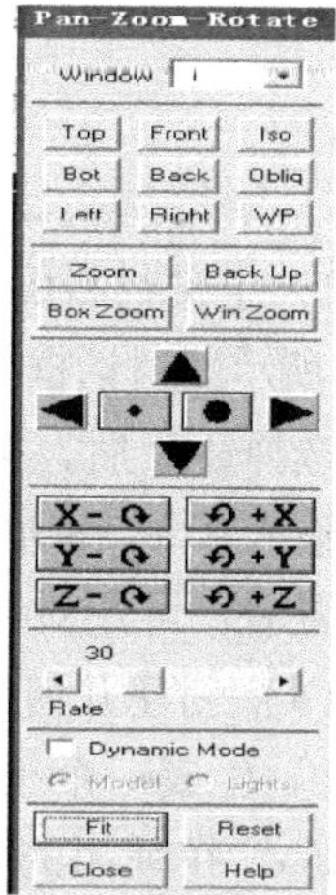

图 5-45　工具条

（3）定义单元属性

1）新建单元类型：运行 Main 菜单下 Preprocessor > Element Type > Add/Edit/Delete 命令，如图 5-46 所示。在对话框中单击“Add…”按钮新建单元类型，如图 5-47所示。

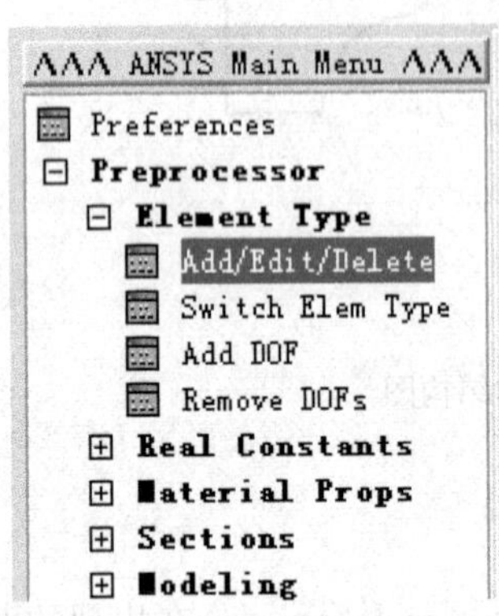

图 5-46　新建单元类型菜单

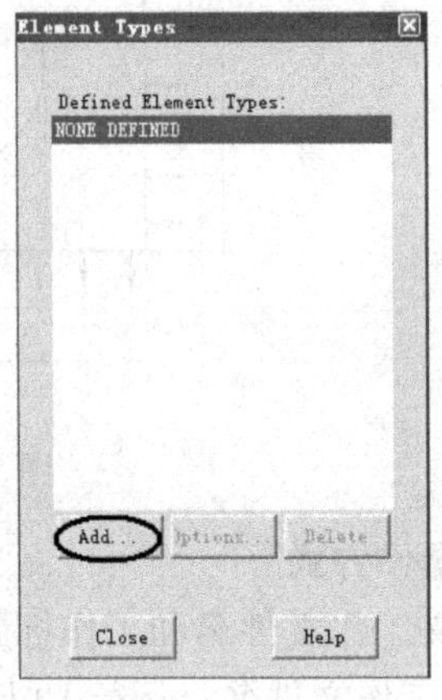

图 5-47　单元类型对话框

2）定义板单元类型：当弹出一个如图 5-48 所示的对话框时，在选择框中分别选择“Structural Solid”和“Quad 8node 82”，单击“OK”按钮，再单击图 5-47 中的“CLOSE”按钮，则完成单元类型的选择。

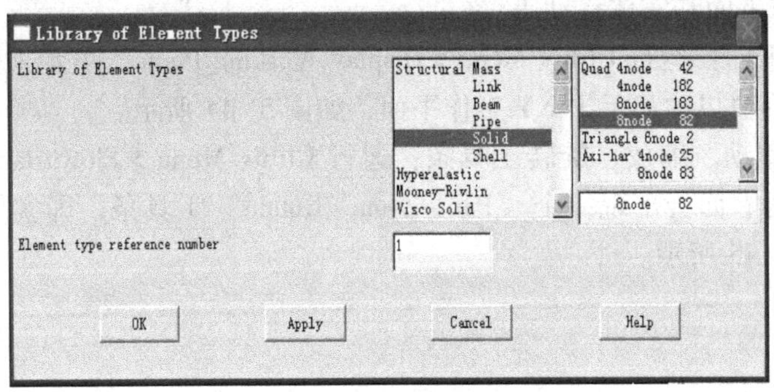

图 5-48　单元类型选择对话框

3）定义材料属性：运行 Main Preprocessor > Material Props > Material Model，弹出一个如图 5-49 所示的对话框，在该对话框的右侧一次选择两下 Structural > Linear > Elastic > Isotropic，在完成选择命令后，接着在对话框中 EX（弹性模量）文本框输入 3e11，PRXY（泊松比）文本框输入 0.3，在输入数值后，单击“OK”按钮完成设置，如图 5-50 所示。完成材料属性的设置后，可用对话框右上方的关闭按钮，关闭该对话框。

（4）创建几何模型

1）生成一个正方形：运行 Main Menu > Preprocessor > Create > Area - Rectangles > By Dimension，在弹出的对话框中输入“X - coordinates”变化值为 0 ~ 20，“Y - coordinates”变化值为 0 ~ 20，如图 5-51 所示，单击“OK”按钮，将在图形输出窗口显示一个正方形，如图 5-52 所示。

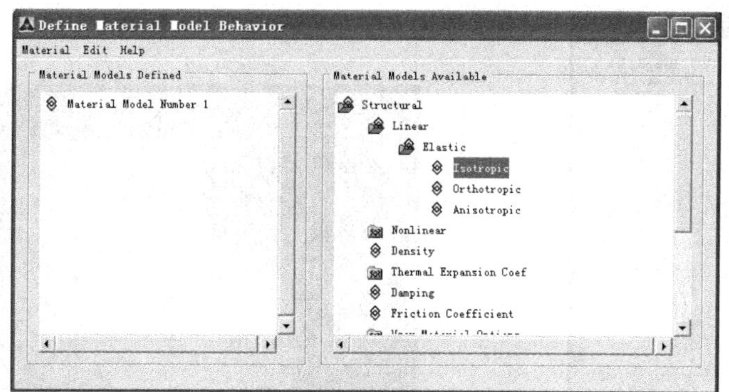

图 5-49　定义材料属性对话框

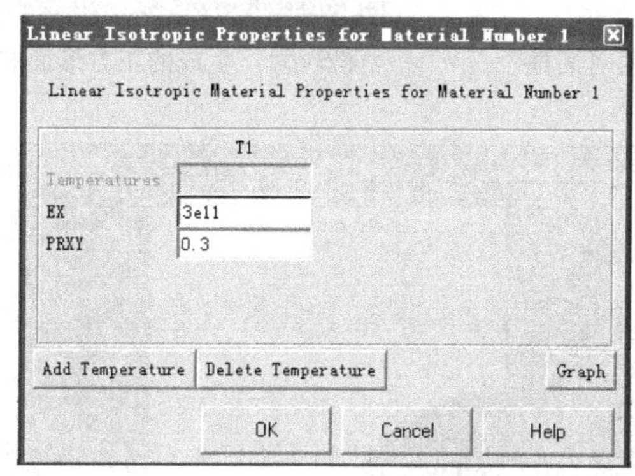

图 5-50　输入材料属性对话框

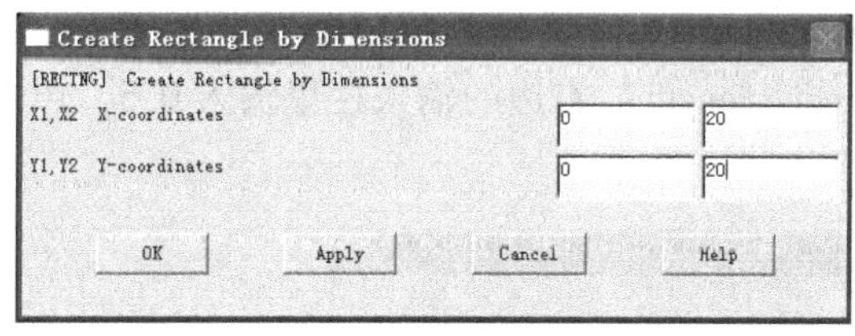

图 5-51　生成正方形面的对话框

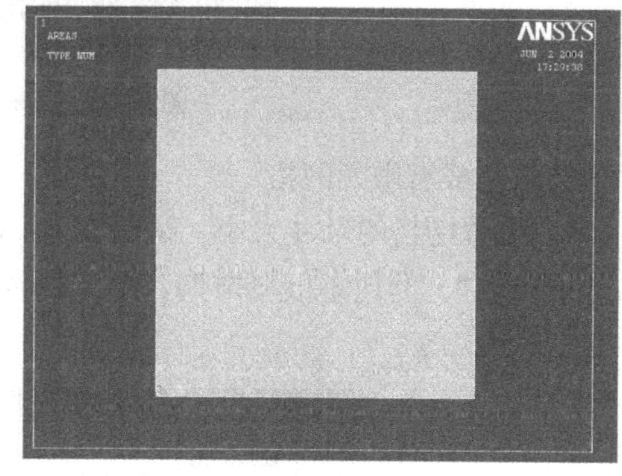

图 5-52　生成的正方形框

2）生成小圆孔：运行 Main Menu > Preprocessor > Create > Area - Circle > Solid Circle，在弹出的对话框中，“WP X” 处输入 0，“WP Y” 处输入 0，“Radius” 处输入 10，如图 5-53 所示，单击 “OK” 按钮，其生成结果如图 5-54 所示。

3）进行面相减：运行 Main Menu > Preprocessor > Operate > Booleans > Substract > Area，出现一个拾取框，用鼠标在图形窗口拾取编号为 “A1”（即矩形面），单击拾取框上的 “OK” 按钮，又出现第二个拾取框，用鼠标在图形窗口拾取编号为 “A2”（即圆面），单击拾取框上的 “OK” 按钮，生成的结果如图 5-55 所示。

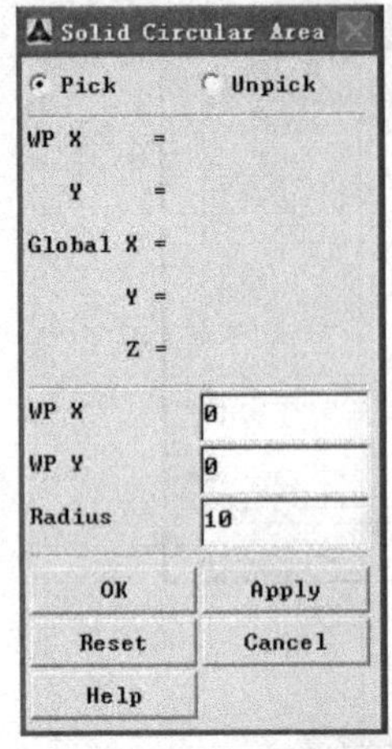

图 5-53　生成圆面的对话框

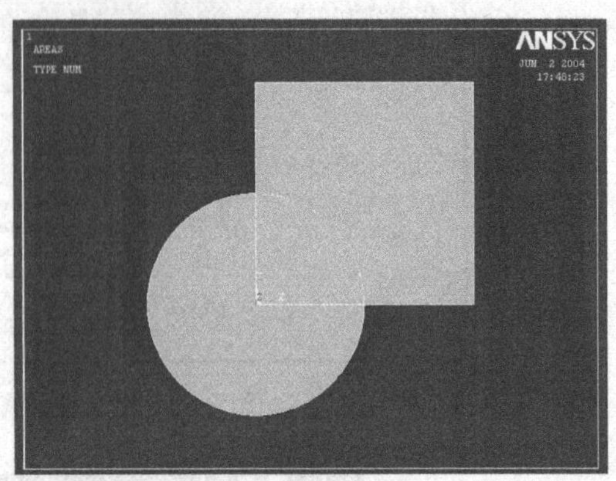

图 5-54　生成的正方形面和圆面的结果显示

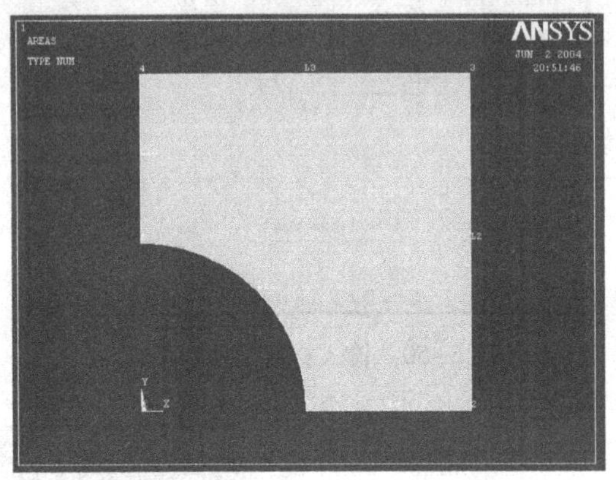

图 5-55　面相减操作后的结果显示

（5）生成有限元网格

1）设置网格的尺寸大小：运行 Main Menu > Preprocessor > Size Cntrls > Global - Size，弹出一个如图 5-56 所示的对话框，在“Element edge length”右边的输入栏里输入 0.5，单击“OK”按钮。

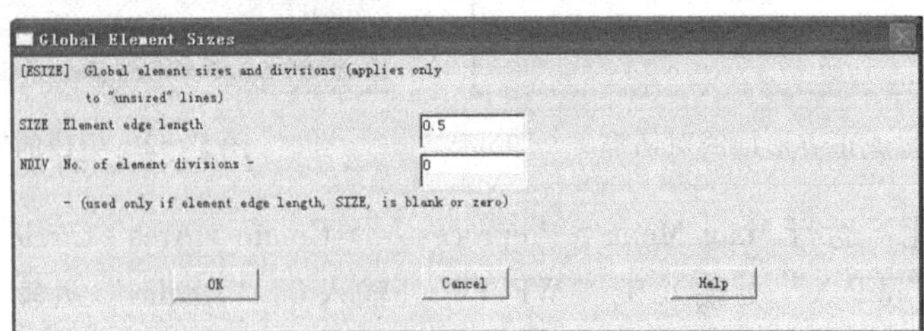

图 5-56　指定单元尺寸大小对话框

2）采用映射网格划分单元：运行 Main Menu > Preprocessor > Mesh > Areas - Mapped > by Corners，出现一个拾取框，用鼠标在图形窗口上拾取标号为“A1”的面，单击“OK”按钮，又出现第二个拾取框，在图形窗口上按下列顺序依次拾取编号为“5，2，4，6”（参考

图 5-55）的 4 个关键点，单击拾取框的“OK”按钮，生成的网格如图 5-57 所示。

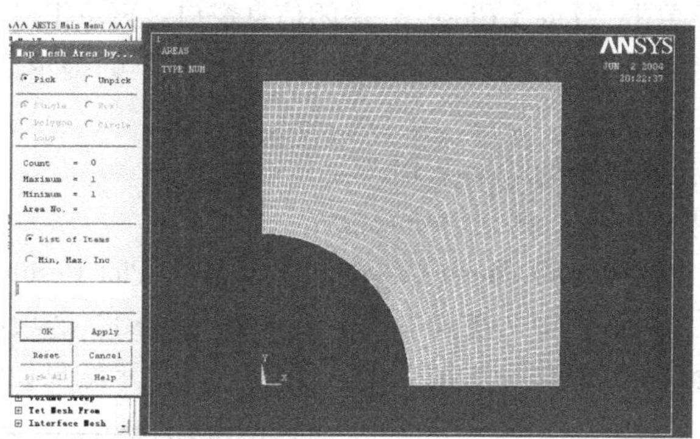

图 5-57　生成网格的结果显示

3）保存结果：单击工具栏上“SAVE DB”。

（6）施加载荷

1）施加约束条件：运行 Main Menu > Solution > Load - Apply > Structural - Displacement > On Lines，出现一个拾取框，用鼠标选中“L9”（参考图 5-55）的线，单击拾取框上的“Apply”按钮，系统将会弹出一个如图 5-58 所示的对话框，在“DOFs to be constrained”项右边框里，用鼠标选中“UY”项，单击对话框下方的“Apply”按钮；又回到拾取框，用鼠标选中编号为“L10”的线，单击拾取框上的“OK”按钮，然后在对话框中的“DOFs to be constrained”项右面的框里用鼠标选中“UX”项，单击对话框下方的“OK”按钮。

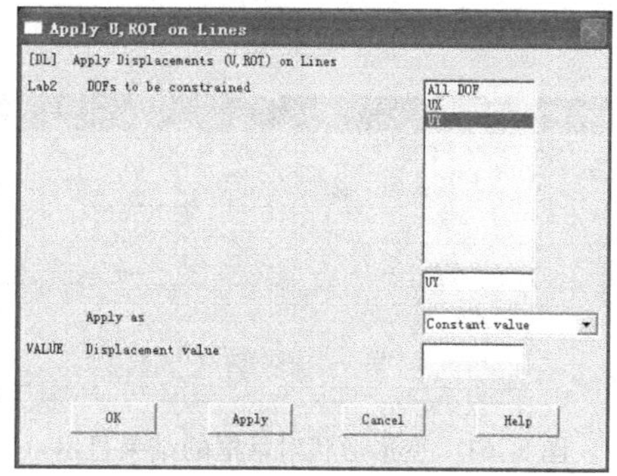

图 5-58　施加边界条件的对话框

2）施加载荷：运行 Main Menu > Solution > Load - Apply > Structural - Pressure > On Lines，出现一个拾取框，用鼠标选中编号为“L2、L3”的线段，单击拾取框上的“OK”按钮，将会弹出如图 5-59 所示的对话框，在“Load PRES value”右边的输入栏里输入 -1000，单击对话框下方的“OK”按钮，生成的结果如图 5-60 所示。

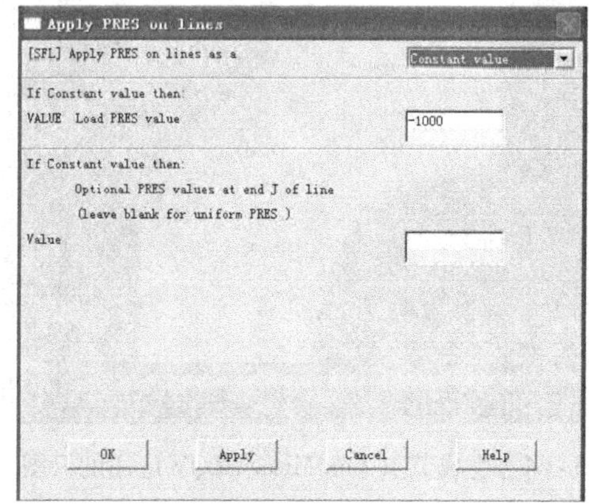

图 5-59　施加面载荷的对话框

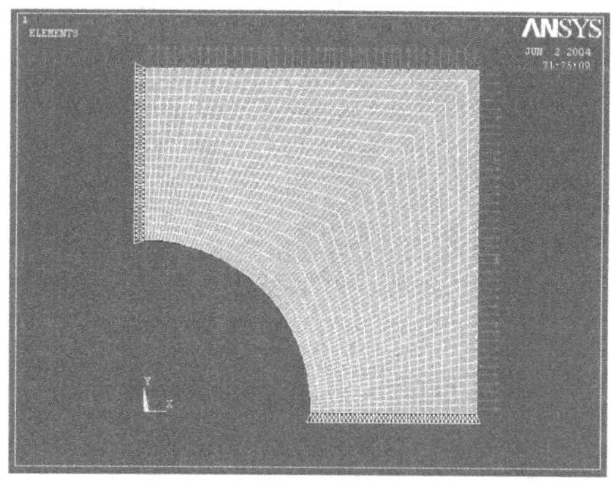

图 5-60　施加载荷的结果显示

3）求解：运行 Main Menu > Solution > Solve - Current LS，弹出一个检查信息窗口，浏览完信息并确认无误后，单击“File > Close”，关闭信息窗口，再单击“OK”按钮，系统将开始分析计算，当在显示器左上角出现一个“Solution is done”的提示后，表示计算结束，单击“Close”按钮，关闭对话框。

4）保存结果，按工具栏上的“Save DB”。

（7）浏览计算结果

1）显示变形形状：运行 Main Menu > General Postproc > Plot Result > Deformed Shape，弹出一个如图 5-61 所示的对话框中，在其中“Items to be plotted”选项中，选择“Def + undeformed”单选按钮，再单击对话框下方的“OK”按钮，其显示结果如图 5-62 所示。

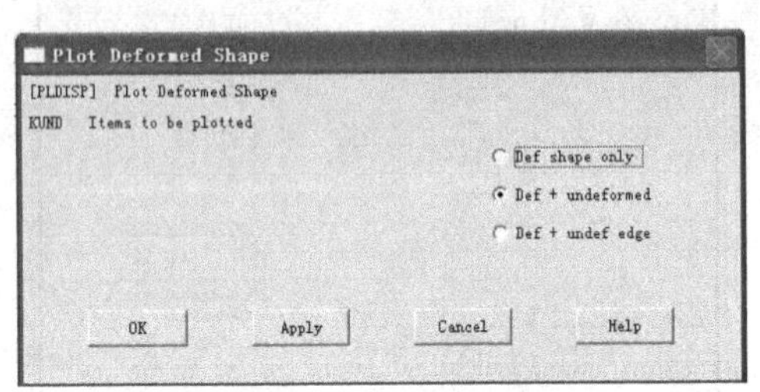

图 5-61　变形形状对话框的结果显示

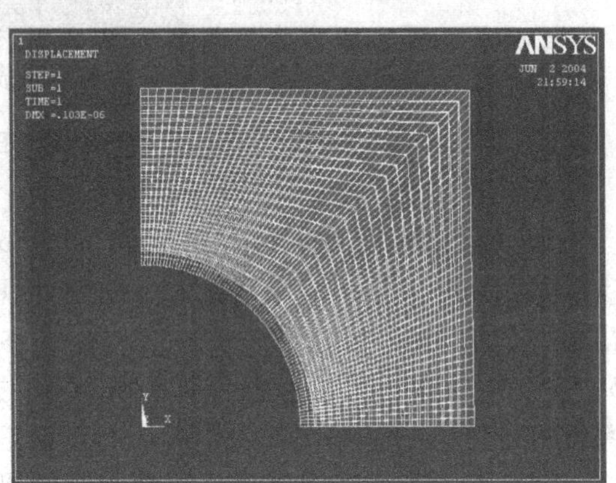

图 5-62　变形形状的结果显示

2）显示节点上的 Von Mises 应力值：运行 Main Menu > General Postproc > Plot Result > Contour Plot - Nodal Solu，弹出如图 5-63 所示的“Contour Nodal Solution Data”对话框，在“Item to be contoured”栏中选择“Stress”，在其右面的栏中，向下移动滑动条，选择“Von Mises SEQV”后，再单击“OK”按钮，这时在图形输出窗口中显示出“Von Mises SEQV”应用的云图如图 5-64 所示。

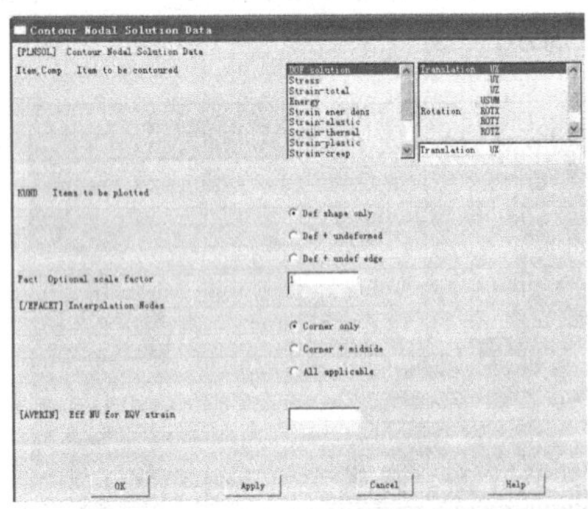

图 5-63　设置节点应力的选项

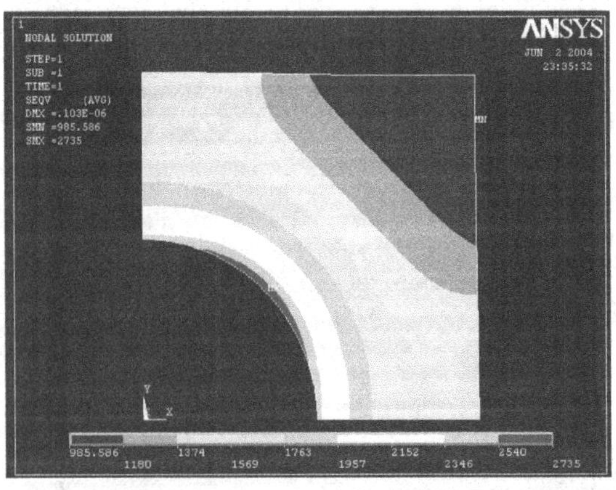

图 5-64　生成节点 Von Mises SEQV 应用的云图

3）列表节点的结果：运行 Main Menu > General Postproc > List Results > Nodal Solution，

弹出如图 5 - 65 所示的“List Nodal Solution”对话框，在“Item to be listed”栏中选择“Stress”，在其右边的栏中选择“Component SCOMP”，再单击“OK”按钮，这时每个单元角节点的六个应力分量将以列表的方式显示出来，如图 5 - 66 所示。单击列表窗口上的 File > Save as 命令，用户可将它作为一个文本文件保存。

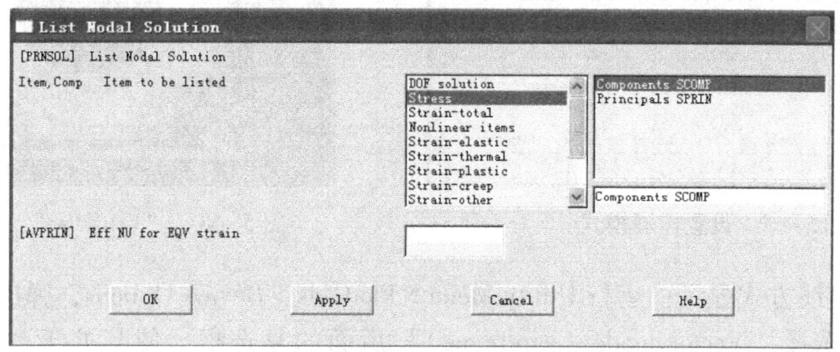

图 5 - 65　“List Nodal Solution”对话框

PRNSOL　Command

File

THE FOLLOWING X,Y,Z VALUES ARE IN GLOBAL COORDINATES

NODE	SX	SY	SZ	SXY	SYZ	SXZ
1	1000.4	2017.3	0.0000	-0.69517E-03	0.0000	0.0000
2	0.66095	2412.8	0.0000	0.40049E-02	0.0000	0.0000
4	997.67	1968.4	0.0000	-0.30252E-02	0.0000	0.0000
6	989.75	1929.7	0.0000	-0.46698E-02	0.0000	0.0000
8	977.19	1900.2	0.0000	-0.59218E-02	0.0000	0.0000
10	960.31	1878.9	0.0000	-0.65997E-02	0.0000	0.0000
12	939.35	1865.2	0.0000	-0.69885E-02	0.0000	0.0000
14	914.40	1858.6	0.0000	-0.71463E-02	0.0000	0.0000
16	885.50	1858.5	0.0000	-0.71555E-02	0.0000	0.0000
18	852.56	1864.8	0.0000	-0.70569E-02	0.0000	0.0000
20	815.43	1877.1	0.0000	-0.68788E-02	0.0000	0.0000
22	773.86	1895.5	0.0000	-0.66348E-02	0.0000	0.0000
24	727.53	1919.7	0.0000	-0.63283E-02	0.0000	0.0000
26	676.00	1950.0	0.0000	-0.59540E-02	0.0000	0.0000
28	618.76	1986.4	0.0000	-0.54984E-02	0.0000	0.0000
30	555.20	2027.0	0.0000	-0.49426E-02	0.0000	0.0000

图 5 - 66　单元角节点的六个应力分量的结果显示

（8）以扩展方式显示计算结果

1）设置扩展模式：运行 Utility Menu > PlotCtrls > Style > Symmetry Expansion > Periodic/Cyclic Symmetry Expansion，弹出如图 5 - 67 所示的对话框，单击“OK”按钮，接受其默认设置。

2）显示节点的 Mises 应力：运行 Main Menu > General Postproc > Plot Results > Contour Plot - Nodal Solu，弹出“Contour Nodal Solution Data”对话框，在“Item to be Contoured”栏中选择“Stress”，在其右面的栏中，向下移动滑动条，选择“Von Mises SEQV”后，再单击“OK”按钮，这时在图形输出窗口中显示出“Von Mise”应力的云图，如图 5 - 68 所示。

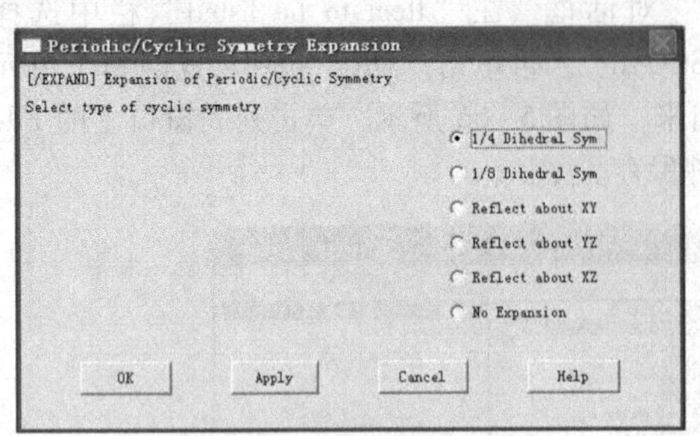

图 5-67　设置扩展模式

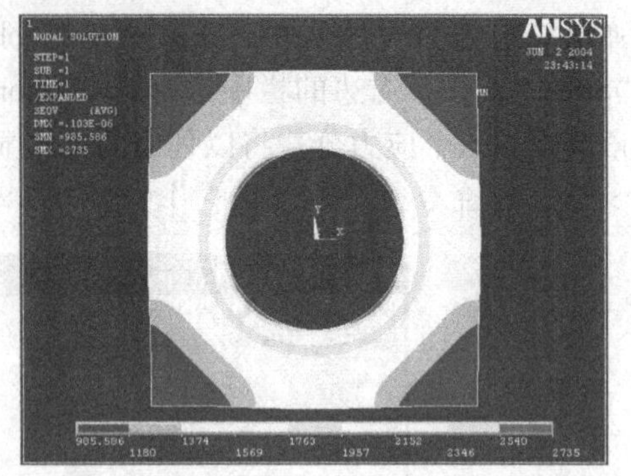

图 5-68　“Von Mise”应力的云图

3）以等值线方式显示：运行 Utility Menu > PlotCtrls > Device Options，弹出如图 5-69 所示的对话框，选择“Vector mode（wireframe）”后面的复选框，使其处于“On”，再单击“OK”按钮，则生成的结果如图 5-70 所示。

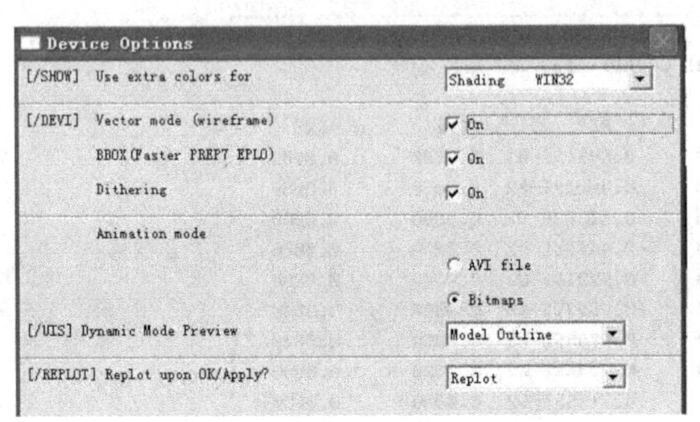

图 5-69　选择等值线显示对话框

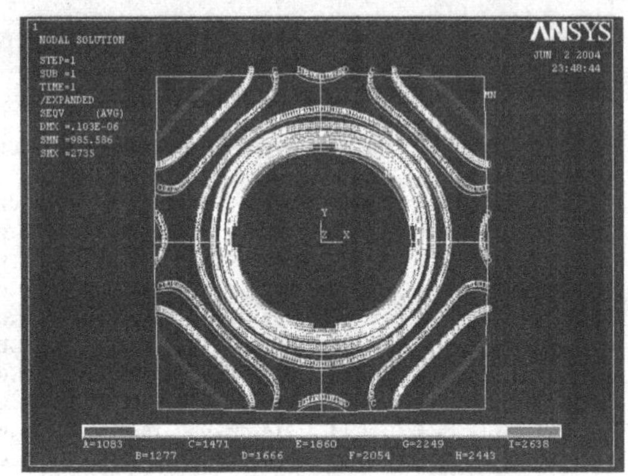

图 5-70　Mises 应力等值线的结果显示

（9）退出 ANSYS　单击工具栏上的“QUIT”命令，随后在出现如图 5-71 所示的对话框中，选择“Quit-No Save!”单选按钮，单击“OK”按钮，系统退出 AYSYS。

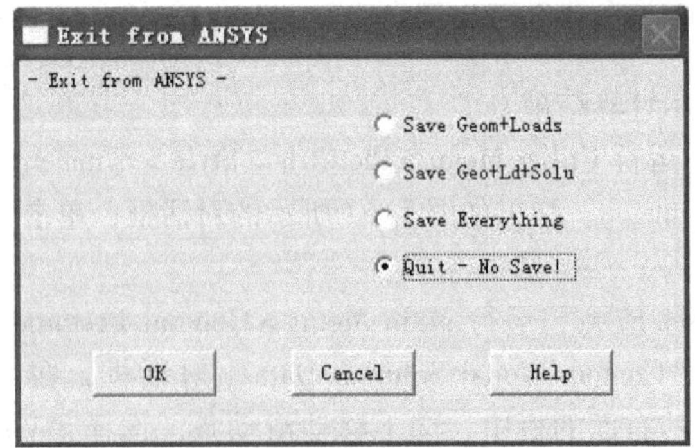

图 5-71　ANSYS 退出对话框

通过上面的实例介绍，可以看出 ANSYS 进行静力分析可以分为三个步骤，如图 5-72 所示。

图 5-72　ANSYS 静力分析步骤

值得一提的是：第一个步骤中的建模过程，可以不用在 ANSYS 中完成。利用其他的 CAD 软件（例如 SolidWork、SolideEdge、Pro/ENGINEER、UNIGRAPHICS、CATIA、IDEAS 等）的造型功能得到 CAD 实体模型，ANSYS 软件可以将 CAD 软件生成模型的数据文件导入，从而在 ANSYS 中完成有限元分析。一般 ANSYS 导入的文件格式有：IGES、CATIA、UG、SAT、PARA、IDEAS 等，只要 CAD 软件存储的文件格式是上述文件格式的其中一种，ANSYS 均可读入模型数据。

习　　题

5-1　构造单元位移函数应遵循哪些原则?

5-2　采用有限元法分析弹性体应力和应变问题有哪些特点和主要问题?

5-3　使用虚功原理推导表面力及非节点集中力向三角形节点等效移置的计算公式。

5-4　试编写采用三角形单元计算弹性体平面应力问题的有限元计算程序。

5-5　平面应力与平面应变各适用于什么情形?

5-6　有限元法基本解题步骤是什么?

5-7　消除总刚度矩阵奇异性的方法是什么? 各种方法是如何实现的?

5-8　试求平面三角形三节点单元插值函数广义坐标法表示式 $u=a_1+a_2x+a_3y$，$v=a_4+a_5x+a_6y$ 中的系数 $a_1\sim a_6$，并根据广义坐标法表示式推出该单元插值函数形函数表示式。

5-9　已知平面应力问题中某一三角形三节点单元刚度子矩阵为

$$\boldsymbol{K}_{11}^{e}=\frac{E}{4(1-\mu^2)}\begin{pmatrix}5-3\mu & 6+2\mu\\ 5+2\mu & 10-4\mu\end{pmatrix}$$

试根据两类平面问题的转化关系写出该子阵对应平面应变问题的刚度子矩阵。

5-10　如图 5-73a 所示，有一悬壁梁，载荷 P 均匀分布在自由端截面上，采用图 5-73b 所示的简单网格，求各节点的位移，设 $\mu=0.3$，梁厚度为 t。

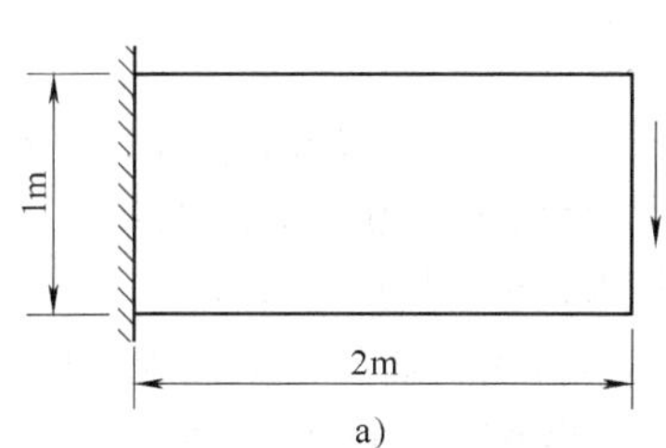

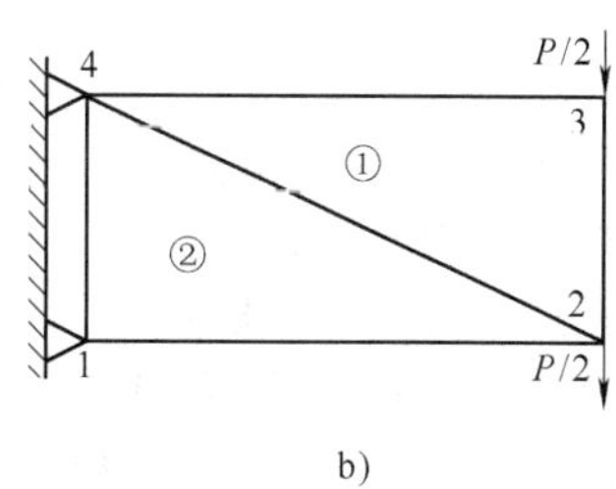

图 5-73　题 5-10 图

5-11　图 5-74 所示为一根工字梁，在力 P 的作用下利用 ANSYS 软件求该梁 A 点的挠度。已知：工字钢的型号为 32a，作用力 $P=20000\text{N}$，弹性模量 $E=2\times10^{11}\text{Pa}$，泊松比 $\mu=0.3$，长度 $L=3\text{m}$。

（提示：对于标准型材料这样的细长类型零件，在有限分析过程中，可以根据分析问题的性质将其进行简化）

5-12　L 形角架结构尺寸如图 5-75 所示，该角架在上方的栓孔处固定，右下方有一孔，其上承受均布

力 $q=400\text{Pa}$，利用 ANSYS 软件进行静力分析。已知：材料弹性模量 $E=2\times10^{11}\text{Pa}$，泊松比 $\mu=0.3$。

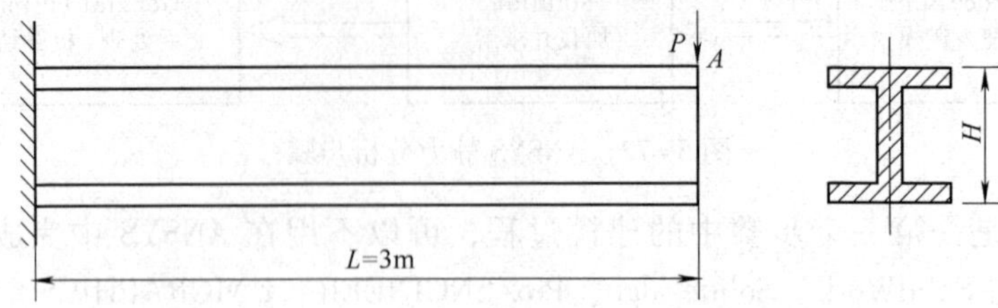

图 5-74　工字梁的受力情况

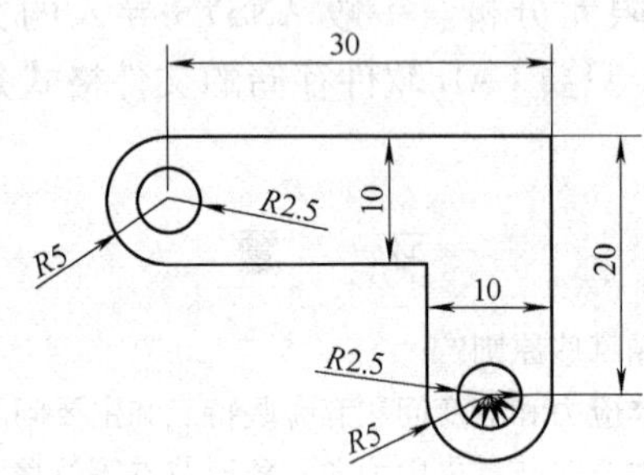

图 5-75　L 形角架受力情况和结构尺寸

参考文献

[1] 张铜生，张富德．简明有限元法及其应用［M］．北京：地震出版社，1990.

[2] 王国强．实用工程数值模拟技术及其在 ANSYS 上的实践［M］．西安：西北工业大学出版社，1999.

[3] 张振华．弹性力学与有限单元法［M］．武汉：华中理工大学出版社，1998.

[4] 黄义主．弹性力学基础及有限单元法［M］．北京：冶金工业出版社，1983.

[5] 王勖成，邵敏．有限单元法基本原理和数值方法［M］．北京：清华大学出版社，2003.

[6] 饶寿期．有限元法和边界元法基础［M］．北京：北京航空航天大学出版社，1996.

[7] 王生洪，等．有限元法基础及应用［M］．北京：国防科技大学出版社，1990.

[8] 龙驭球．有限元法概论［M］．北京：人民教育出版社，1978.

[9] 李人宪．有限元法基础［M］．北京：国防工业出版社，2002.

[10] 张鄂．现代设计方法［M］．西安：西安交通大学出版社，1999.

[11] 高德平．机械工程中的有限元法基础［M］．西安：西北工业大学出版社，1993.

[12] 朱伯芳．有限单元法原理与应用［M］．北京：中国水利电力出版社，1998.

[13] 博嘉科技．有限元分析软件［M］．北京：中国水利水电出版社，2002.

[14] Saeed Moaveni. 有限元分析［M］．欧阳宇，王崧，等译．北京：电子工业出版社，2003.

[15] 龚曙光．ANSYS 工程应用实例解析［M］．北京：机械工业出版社，2003.

[16] 洪庆章，等．ANSYS 教学范例［M］．北京：中国铁道出版社，2002.

[17] 嘉木工作室．ANSYS 5.7 有限元实例分析教程［M］．北京：机械工业出版社，2002.

[18] 电机工程手册编辑委员会．机械工程手册：机械设计基础卷［M］．2 版．北京：机械工业出版社，1996.

[19] 中国机械设计大典编委会．中国机械设计大典：第 1 卷［M］．南昌：江西科学技术出版社，2002.

第 6 章　稳健设计

6.1　稳健设计的基本概念

稳健设计（Robust Design），也叫鲁棒设计，是近年来迅速发展的、面向产品质量和成本的一种工程设计方法。在产品或工艺系统的设计中，正确地应用稳健设计的基本理论和方法，可以使产品无论在制造或使用中当结构参数发生微小的变差，或是在规定寿命内当结构材料发生老化或变质、工作环境发生微小的变化时，都能保持产品质量的稳定性。

6.1.1　产品的质量问题

在一般工业产品中，产品的质量常通过对特定的功能特性的测定和测量所得的数值来评定，这一数值称为质量特性值。由于产品在制造和使用中诸多因素的影响，使得实际的质量特性值与所规定的目标值存在一定的偏差。例如，零件不可能按规定的名义尺寸精确地加工出来，发动机也不可能按规定的名义输出功率进行工作，钢也不可能按规定的强度极限值生产出来，这就是说，任何一种产品，它的质量特性值都是围绕名义值波动的。这种波动越小，产品质量越好。设产品质量特性 y 对统计均值 $\bar{y}$ 的偏差为 δ_y，则 $y=\bar{y}+\delta_y$ 为一随机量。

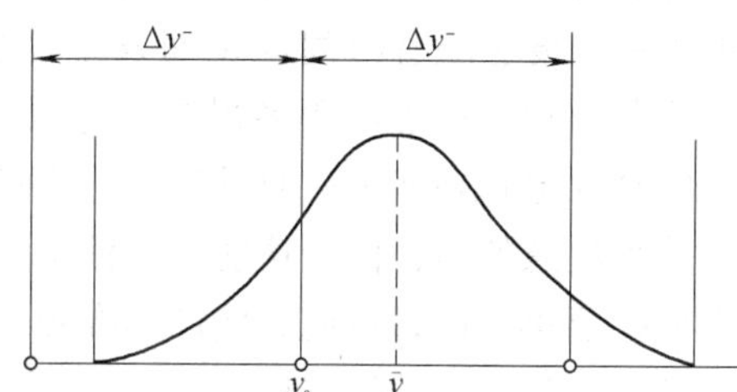

图 6-1　质量特性的目标值及其容差

考虑到产品质量特性的这类波动性，为了保证产品能够发挥正常的功能，在工业生产中一般都规定出了它的允许波动范围，如图 6-1 所示。

$$R_y = [y_0 + \Delta y^-, y_0 + \Delta y^+] \tag{6-1}$$

式中，y_0 是目标值；Δy^- 和 Δy^+ 是质量特性的容差。

在一般的工业产品中，若规定 $|y - y_0| > \Delta y$ 为不合格品（或废品），则 $|y - y_0| \leqslant \Delta y$ 为合格品（或正品）。有时又将合格品划分为 x 个等级，如 A、B、C、…或优、良、中、……，第 i 级品质量特性值的允许偏差为

$$(i-1)\Delta y/n < |y - y_0| \leqslant i\Delta y/n \quad i = 1,2,\cdots,n \tag{6-2}$$

如果某一种产品的质量特性服从正态分布，且 $\mu_y \approx y_0$，按正态分布的“3σ”原则，其质量容差可取 $\Delta y = 3\sigma_y$，则可以取

$\lvert y - y_0\rvert \leqslant \Delta y/3$	产品为 A 级优质品	占 68.3%
$\Delta y/3 < \lvert y - y_0\rvert \leqslant 2\Delta y/3$	产品为 B 级良品	占 27.2%
$2\Delta y/3 < \lvert y - y_0\rvert \leqslant \Delta y$	产品为 C 级合格品	占 4.2%
$\lvert y - y_0\rvert > \Delta y$	产品为 D 级不合格品	占 0.3%

为了进一步说明问题，下面介绍一个例子，索尼牌电视机有两个产地：日本与美国，两地工厂生产的索尼电视机使用同一设计方案和相同的生产线，按设计方案规定，电视机的彩色浓度 y 在 $[y_0-5, y_0+5]$ 范围内，判定该机的彩色浓度合格，否则判定为不合格，两地工厂都是这样检验产品的，但到20世纪70年代后期，美国消费者购买日产索尼电视机的热情高于购买本国产的索尼电视机，这是什么原因呢？如图6-2所示，日产的彩色浓度 y 近似正态分布，其平均值接近 y_0，标准差是5/3，而美产的彩度浓度 y 在 $y_0 \pm 5$ 内为近似均匀分布，其均值也接近 y_0，标准差是 $10/\sqrt{12}$。日产电视机大约有0.3%的彩色浓度超出容差范围，而美产电视机基本上无不合格的电视机出厂。所以，顾客的喜爱差异是无法用产品的不合格率来解释的。但若把彩色浓度非常靠近 y_0 的电视机认定为A级，则偏离 y_0 越远性能越差，可认定为B级和C级，于是可见，日产彩电中A级品比美产彩电A级品多得多，而C级品却比美产彩电少得多，这说明买到优质彩电的概率大，这是原因之一；原因之二是在使用一段时间之后，电视机的彩色浓度会随着时间延长而发生退化，美产彩电发生退化后，彩色浓度不合格的（D级）数量就比日产彩电要多得多，造成这个现象的原因在于，美产彩电生产只注意控制偏差，符合规定容差即可；而日产彩电生产则致力于减小与目标值的差异外，还要减少方差。

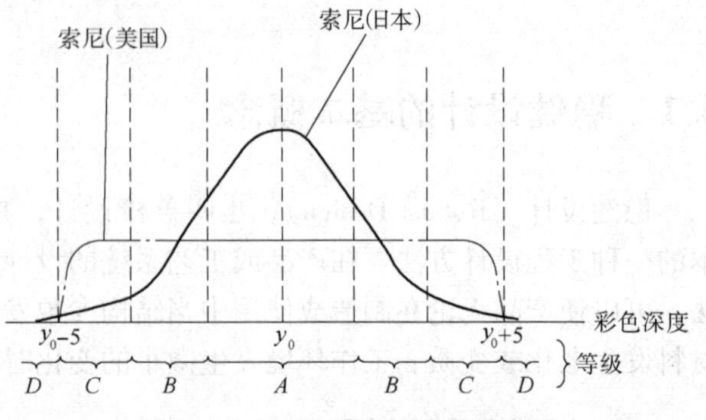

图6-2　电视机彩色浓度的分布图

值得注意的是，由于功能特性波动而造成产品质量问题，不仅应该使产品在销售前功能特性变差要小，而且也应该使产品在投入使用一段时间后，功能特性的变差也很小，这样才能保证该产品质量的稳定性。

6.1.2　产品的质量特性与评价指标

对于一种产品，选用什么样的特性来度量产品的质量，是个专业性很强的问题。但根据产品设计中对质量特性所要达到的要求，一般可以分为望目特性、望小特性和望大特性三类。

当产品的质量特性存在理想的目标值 $y_0(y_0 \neq 0)$ 时，则希望产品的输出特性 y 能围绕目标值 y_0 波动，且波动越小越好，这种特性称为望目特性，如图6-3a所示。当要求质量特性在允许的上限值内取越小值越好时称它为望小特性，如图6-3b所示。而在允许的下限值内取越大值越好时称它为望大特性，如图6-3c所示。

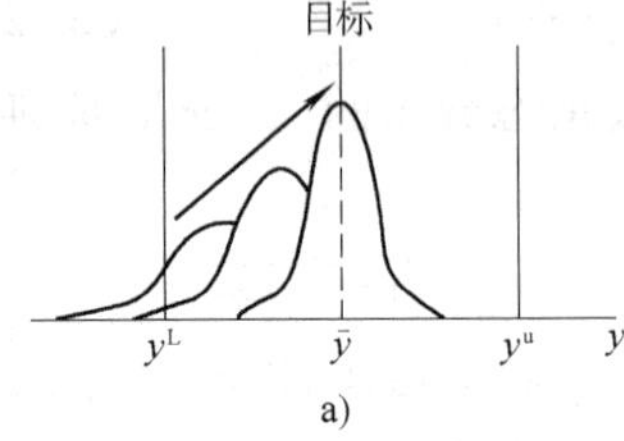

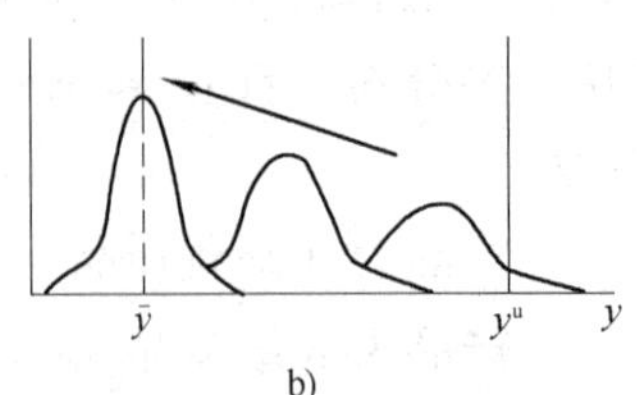

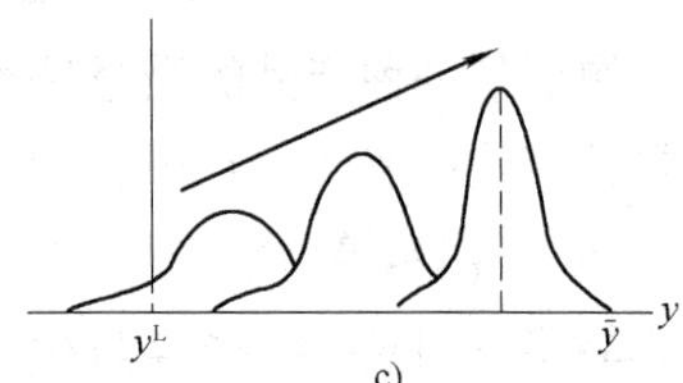

图6-3　产品的质量特性

a）望目特性　b）望小特性　c）望大特性

利用质量特性评定产品质量的好坏必须从两个方面看：一是看质量特性 y 是否在允许的容差空间内；二是看功能特性的均值 $\bar{y}$ 与目标值 y_0 偏差的大小。

1. 质量损失函数

质量特性的波动性，以及当产品使用一段时间后，由于磨损和精度下降等都会使输出特性达不到目标值，这些都会给用户带来损失，要确定这类质量损失的确切数值是很困难的，在这里引入质量损失函数（Quality Loss Function）的概念。

设目标值为 y_0，实际值为 y，若 $y \neq y_0$，则造成质量损失 L，其损失函数记为 $L(y)$，且 $(y - y_0)$ 值越大，$L(y)$ 也越大，则可定义质量损失函数为

$$L(y) = K(y - y_0)^2 \tag{6-3}$$

式中，K 是不依赖于 y 的常数，称为质量损失系数。

由于 y 的随机性，所以取其期望值可得平均损失，即

$$\bar{L}(y) = E\{L(y)\} = E\{K(y - y_0)^2\} = K[(\bar{y} - y_0)^2 + \sigma_y^2] \tag{6-4}$$

式中，$\bar{y}$ 和 σ_y 分别可用统计均值和标准差代替，即

$$\bar{y} = \frac{1}{N}\sum_{j=1}^{N} y_j \text{ 和 } S_y = \left[\frac{1}{N-1}\sum_{j=1}^{N}(y_j - \bar{y})^2\right]^{1/2} \tag{6-5}$$

由此可见，平均质量损失由方差 σ_y^2 和统计均值对目标值的偏差平方 $(\bar{y} - y_0)^2$ 这两部分组成。若质量特性值 y 为正态分布时，则质量损失函数为对目标值 y_0 对称分布的二次型质量损失函数，是最常见的一种类型，其他的几种形式可见表 6-1。

表 6-1　二次型质量损失函数的几种派生形式

名　称	图　形	计算公式
非对称二次型质量损失函数	$L(y)$；$y_0'-\Delta_0'$，y_0，$y_0'+\Delta_0'$，y	$L(y) = \begin{cases} K_1(y - y_0)^2, & y > y_0 \\ K_2(y - y_0)^2, & y \leq y_0 \end{cases}$
单边增二次型质量损失函数	$L(y)$；O，Δ_0，y	$L(y) = Ky^2, \quad y \geq 0$
单边减二次型质量损失函数	$L(y)$；O，Δ_0，y	$L(y) = K\left(\frac{1}{y^2}\right), \quad y > 0$

2. 质量信息熵函数

当质量特性不服从正态分布时，就很难用平均质量损失来评定所设计产品的功能特性的满意程度，为此可用质量信息和质量信息量的大小来评定设计的好坏。

信息就是客观事物存在方式和运动状态的反映，并通过一定的物质或能量的形式表现出来。若把产品质量特性满足规定要求的概率 p 作为人们所感觉到的一种质量信息，并认为满

足的概率越大，信息量就越小，则可定义如下的质量信息熵函数

$$I = \sum_{j=1}^{m} \ln p_j \tag{6-6}$$

$$p_j = P\{|y_j - y_{0j}| \leqslant \Delta y_j\} \quad (j = 1,2,\cdots,m) \tag{6-7}$$

式中，m 为需考察质量特性的个数；p_j 是功能特性满足规定要求的概率，如图 6-4 所示。

对于动态质量特性，考虑到它含有时间因素，设 $y(t)$ 和 $y_0(t), t \in T$，其中 T 为规定的使用寿命期，或所规定的工作时间，为了便于计算，可将 t 离散化，对于每个指定时刻 $t_i \in T$ 功能特性 $y(t_i)$ 和目标值 $y_0(t_i)$ 都是随机变量，这样便可以把 $y(t)$ 和 $y_0(t)$ 看做是一个随机变量序列 $y(t_1)$ 和 $y_0(t_1)$、$y(t_2)$ 和 $y_0(t_2)$、…、$y(t_N)$ 和 $y_0(t_N)$ 的组合，于是可计算出有限寿命内的满意概率，即

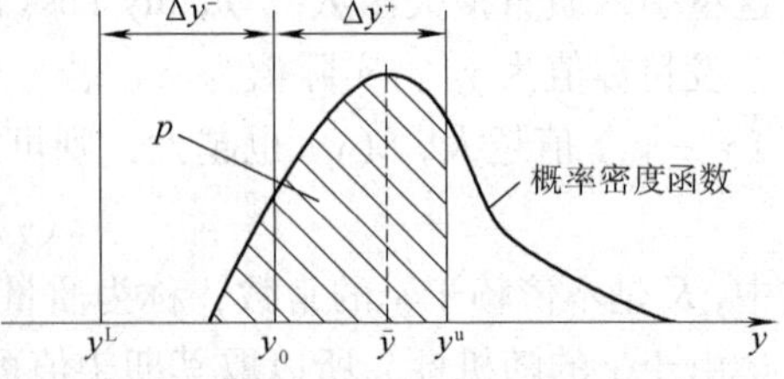

图 6-4　非正态分布时的满意概率计算模型

$$p = P\left\{\bigcap_{t_i \in T} |y(t_i) - y_0(t_i)| \leqslant \Delta y\right\} \tag{6-8}$$

由式（6-6）可以看出，当各个 y_j 都满足质量特性的容差时，即 $p_j = 1 (j = 1,2,\cdots,m)$，于是可得 $I = 0$，质量信息熵函数最小；反之，当 $p_j \to 0$（实际中这种设计是不应该出现的）时，质量信息熵函数将趋近于无穷大。由此可见，一个好的设计是质量信息熵函数最小的设计。

6.1.3　产品质量的稳健性与稳健设计

1. 产品质量的稳健性与稳健性产品

一般，质量特性的波动受许多因素的影响，当这些因素变化时，产品的性能也随之变化。如果因素的变化对产品质量特性波动的影响不大，或者说产品性能的变化相对于因素的变化是很小的，就可认为产品质量特性对因素的变化是不敏感的，称它是稳健的，或者说产品质量对影响因素的变化具有稳健性。比如，产品质量对原材料性能的改变影响很小，就能在很多情况下使用价廉的、低等级的原材料；产品质量对制造中的偏差不灵敏，就可以降低对制造精度的要求，减少制造费用；产品质量对使用环境的变化不灵敏，就能提高产品使用的可靠性，并减少操作费用等。因此，稳健性产品是这样的一种产品，即它对制造与装配工艺、环境与使用条件和材质上的差异，以及材料老化、零部件的磨损和腐蚀（在一定范围内）等的影响是不十分敏感的。一种具有稳健性的产品，一般就可以放宽对制造、使用条件的要求，可采用较低等级的原材料，从而可以在保证产品质量的前提下降低产品的成本。

2. 产品质量设计模型

产品质量设计模型的基本要素包括：信号因子（输入）y_0、设计变量 $\boldsymbol{x}$、噪声因素 z 和质量特性（输出因素）y，如图 6-5 所示。

信号因子是指产品质量特性所需要达到的目标值或规定的技术条件 y_0 及其所限定的容差 $[\Delta y^-, \Delta y^+]$。例如，异步电动机的额定功率和转速就是信号因子；压力容器所能承受的名义压力也是信号因子；对汽车操纵特性来说，由于所需的转弯半径通过方向盘的转角大小

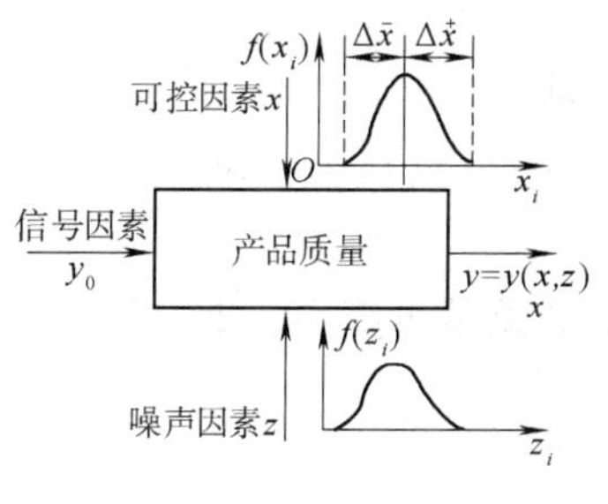

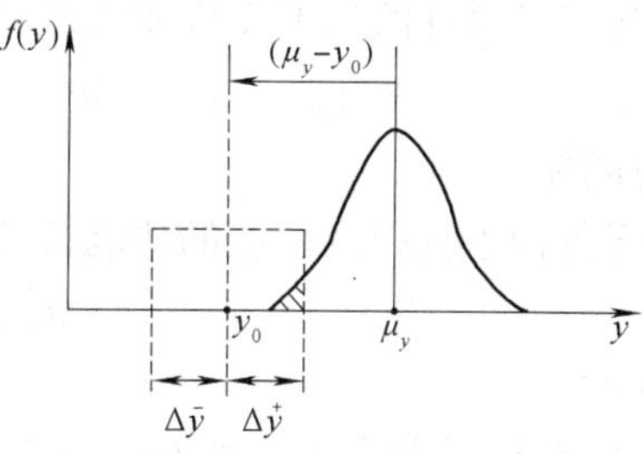

图6-5 产品质量设计图解模型

来实现，转角可看做是信号因子（但它是一种动态的信号因子）。信号因子的质量一般要求易于控制、检测、校正和调整，且与产品的质量特性的关系最理想为呈线性关系。

设计变量 $\boldsymbol{x}$ 是产品设计中一些可控因素的集合。可控因素是指在设计、制造和使用中可以控制的一些设计参数，如传动参数、构件的几何尺寸、装配的间隙、所用材料的强度极限等，一般表示为

$$\boldsymbol{x}^{\mathrm{T}} = (x_1, x_2, \cdots, x_n)$$

在设计时要求确定出它的名义值及其容差

$$\bar{\boldsymbol{x}}^{\mathrm{T}} = (\bar{x}_1, \bar{x}_2, \cdots, \bar{x}_n), \quad \Delta\boldsymbol{x}^{\mathrm{T}} = (\Delta x_1, \Delta x_2, \cdots, \Delta x_n)$$

在多数情况下，还要知道变差在容差范围内的概率分布类型和分布参数。

对产品质量产生影响的另一因素是不可控因素，或称噪声因素，根据对产品质量特性产生波动的原因，又分为：

（1）外噪声　是指产品在使用或运行中，由于环境和使用条件的差异或变化而影响产品质量特性稳定性的因素，如机床加工精度随温度变化的变化，时钟的快慢随温度、湿度的变化而发生变化等。

（2）内噪声　是指产品在存放和使用过程中，随时间的迁移而直接影响产品质量特性的因素。如材料老化、失效或磨损、腐蚀、蠕变等。

（3）物间噪声　是指产品由于在生产中人、机、料等的差异而使产品质量特性发生波动的因素。如制造参数、材料性能的波动、工具的磨损和变换，加工方法、操作人员和加工环境的改变等。制造误差通常虽可通过缩小制造参数的容差来控制，然而这样做会增加成本。

噪声因素 $\boldsymbol{z}$ 是不可控因素的集合，一般表示为

$$\boldsymbol{z}^{\mathrm{T}} = (z_1, z_2, \cdots, z_k)$$

多数是属于概率空间（Ω, T, P）内的一些随机变量。

质量特性（输出）y 是设计结果的输出，由于它受到变量 $\boldsymbol{x}$ 和噪声因素 $\boldsymbol{z}$ 的影响，所以 y 是 $\boldsymbol{x}$ 和 $\boldsymbol{z}$ 的线性、非线性、显式或隐式的随机函数 $y = y(\boldsymbol{x}, \boldsymbol{z})$。

3. 稳健性的特征量

度量产品质量特性稳健性的各种量统称为稳健性特征量。

根据图6-5所示的产品质量设计图解模型，稳健性的特征量必须包含两个含义，即要使质量指标的实际值尽可能接近目标值，其次还要使它的随机“钟形”分布变得“瘦小”些，以保证产品的实际质量指标的波动限制在规定的容差内。因此，一般说来，稳健设计要

求达到：

1）使产品质量特性的均值尽可能达到目标值，即

$$\delta_y = |\bar{y} - y_0| \to \min \quad 或\ \delta_y^2 = (\bar{y} - y_0)^2 \to \min \tag{6-9}$$

称为灵敏度稳健性。

2）使由于各种干扰因素引起的功能特性波动的方差尽可能小，即

$$\sigma_y^2 \to \min \tag{6-10}$$

称为方差稳健性。

这两个方面都是很重要的，对于一个产品的输出，不管均值多么理想，过大的方差会导致低劣质量产品的增多；同样，不管方差多么小，不合适的均值也会严重影响产品的使用功能。

人们对均值的重要性已经有了很深的认识，但对方差的重视还不够。传统的设计大多数也只重视均值，而对方差考虑得较少，或者只是在设计完成后才对方差的大小稍加考虑。

若 y 服从正态分布 $N(\mu_y, \sigma_y^2)$，则在概率论中以离差系数

$$\delta = \frac{\sigma_y}{\mu_y}$$

作为这类特性欠佳性的度量，而若以 $1/\delta = \mu_y/\sigma_y$ 作为优良性的度量，则也可取

$$\eta = \frac{\mu_y^2}{\sigma_y^2} \tag{6-11}$$

作为这类特性稳健性的一种度量，并称它为信噪比（Signal Noise Ratio）。σ_y^2 越小，即 η 越大，表示产品的质量水平越高。

4. 稳健设计

稳健设计是要使所设计的产品（或工艺系统）无论在制造或使用中，当结构参数发生变差，或是在规定寿命内材质发生老化或变质（在一定范围内），或是使用条件和环境发生微小变化时都能保证产品质量特性的稳健性，或者换一种说法，若作出的设计即使在经受各种因素的干扰下产品质量是稳定的或者用廉价的零部件能组装出质量上乘、性能稳定的产品，则认为该产品的设计是稳健的。

通常，要想达到稳健设计的第一个目的，主要方法是：

1）通过产品的方案设计（概念设计），改变输入输出之间的关系，使其功能特性的均值尽可能接近目标值。

2）通过参数设计调整设计变量的名义值，使输出均值达到目标值。

要想达到稳健设计的第二个目的，主要方法是：

1）通过减小参数名义值的偏差，从而缩小输出特性的方差。但是减小参数的容差需要采用高性能的材料或者高精度的加工方法，这就意味着要提高产品的成本。

2）利用非线性效应，通过合理地选择参数在非线性曲线上的工作点或中心值，可以使质量特性值的波动缩小。这是一种使波动传递衰减的非线性技术，如图6-6所示。

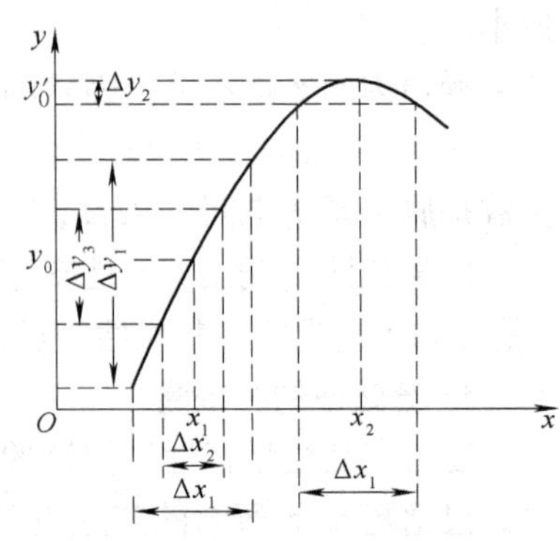

图6-6　非线性效应一般原理

稳健设计的一般步骤主要是：

1）确定产品的质量指标体系，建立可控与不可控因素对产品质量影响的质量设计模型，该模型应能充分显示出各个功能因素的变差对产品质量特性的影响。

2）对稳健设计模型进行试验设计和数值计算，获取质量特性的可靠分析数据。

3）寻找稳健设计的解或最优解，获得稳健产品的设计方案。

图 6-7 所示为稳健设计的一般流程图。

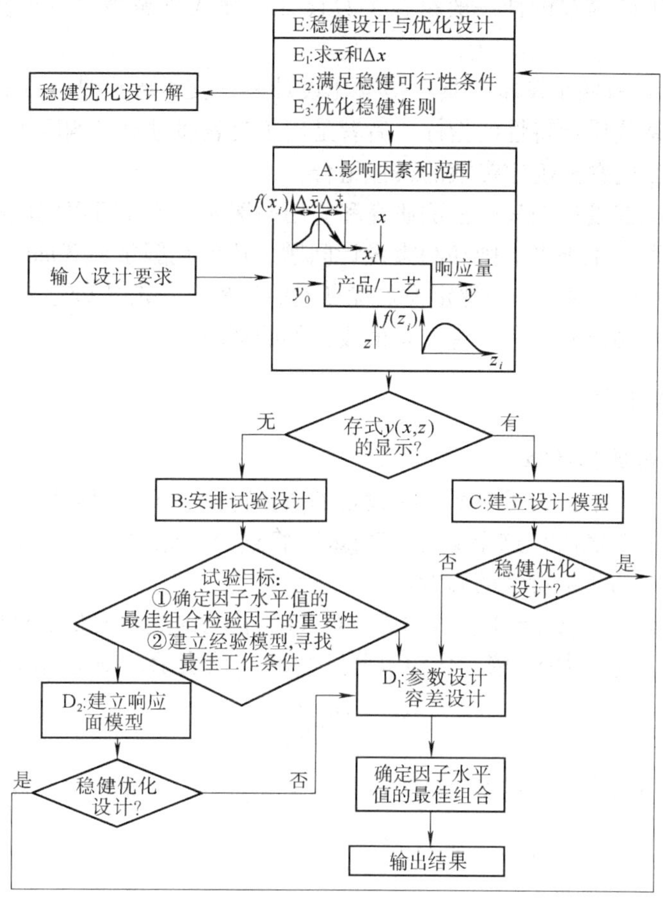

图 6-7　稳健设计的一般流程图

6.2　损失模型法

6.2.1　概述

损失模型法就是基于损失模型的稳健设计方法，在一般技术文献中也有称它为 Taguchi 稳健设计，源于此方法是由日本学者 G. Taguchi（田口玄一）博士于 20 世纪 70 年代所创立的以试验设计为基础的一种面向产品质量的工程设计方法，在国内也有称它为三次设计[5]。

Taguchi 稳健设计的基本内容：

（1）参数设计　这是 Taguchi 稳健设计的核心内容，也有称它为 Taguchi 参数设计，在系统设计之后进行。参数设计是采用正交试验方法确定能使质量特性波动最小的可控因子水平值的最佳组合的一种方法。参数设计是一种线性和非线性设计，它主要利用线性或非线性效应来减小产品质量特性的波动，减小质量损失。

（2）容差设计　这是用于调整产品质量与成本关系的一种重要方法，是产品质量设计的最后一个阶段。在参数设计时一般都是选用廉价的元器件和材料，就是说元器件或材料的参数都有较大的容差。如果在参数设计后能够达到了减小产品质量特性的波动，则一般就不再进行容差设计。因此容差设计一般是在参数设计后确认还需要进一步提高产品质量时才进行。

Taguchi 稳健设计有两个基本工具：信噪比设计和正交试验设计。前者是将损失模型转化为信噪比并作为衡量质量特性的指标；后者是用正交表通过对影响因子及其水平的安排和试验以通过试验所得的数据确定参数的最佳组合。

目前，随着对稳健设计损失模型法研究和应用的深入，不仅可以解决静态和动态的参数设计问题，而且也可以用于多准则和约束设计问题，这就克服了原 Taguchi 方法的不足。但须指出，在 Taguchi 方法中，作为评定质量优良性的信噪比一般比较适合用于正态分布和近似正态分布的质量特性指标且其方差与均值成比例的情况，否则会给出不合理的结果。

6.2.2　两个基本工具

1. 质量特性信噪比的计算

在通信和电气工程中，为了对所选择设备的质量特征给予量度采用了“信噪比”（即输入信号强度与噪声强度之比）这个概念。Taguchi 将这个概念引入到正交试验设计中，用它来模拟噪声因素对产品质量特性的影响。

对于望目特性 $y \sim N(\mu_y, \sigma_y^2)$，若由式（6-11）作为这类特性优良性的度量，并在实际计算中取常用对数，再扩大 10 倍，化为以分贝（dB）值表示，则得信噪比的计算公式为

$$SN = 10\lg\left(\frac{\mu_y^2}{\sigma_y^2}\right) \tag{6-12}$$

在试验设计中其 μ_y 和 σ_y^2 分别用望目特性的无偏估计 $\widehat{\mu}^2$ 和 $\widehat{\sigma}^2$ 来代替，即

$$\widehat{\sigma}_y^2 = S_y^2 = \sum_{i=1}^{N}(y_i - \bar{y})^2/(N-1) \tag{6-13}$$

式中，$\bar{y}$ 为统计均值。

但是 μ_y^2 的无偏估计不是 $(\bar{y})^2$，而是

$$\hat{\mu}_y^2 = (\bar{y})^2 - \frac{S_y^2}{N} = \frac{1}{N}(S_m - S_y^2) \tag{6-14}$$

其中

$$S_m = N(\bar{y})^2 - \frac{1}{N}\left(\sum_{i=1}^{N} y_i\right)^2 \tag{6-15}$$

将式（6-13）和式（6-14）代入式（6-12）可得

$$SN = 10\lg\frac{(S_m - S_y^2)/N}{S_y^2} \tag{6-16}$$

或

$$SN = 10\lg\frac{\bar{y}^2 - S_y^2/N}{S_y^2} \tag{6-17}$$

由于 N 是个足够大的数，故 S_y^2/N 可以忽略不计，于是望目特性的信噪比可简化为

$$SN = 10\lg \frac{\bar{y}^2}{S_y^2} = 20\lg \frac{\bar{y}}{S_y} \tag{6-18}$$

在表 6-2 中给出了望目特性、望小特性和望大特性的平均质量损失和信噪比的计算公式。

表 6-2 平均质量损失和信噪比的计算公式

特性的类型	平均质量损失	信噪比	
		按信噪比计算	按平均质量损失计算
望目特性	$K\left[\frac{1}{N}\sum_{i=1}^{N}(y_i - y_0)^2\right]$	$10\lg \frac{(S_m - S_y^2)/N}{S_y^2} \approx 20\lg \frac{\bar{y}}{S_y}$	$-10\lg\left[\frac{1}{N}\sum_{i=1}^{N}(y_i - y_0)^2\right]$
望小特性	$K\left(\frac{1}{N}\sum_{i=1}^{N}y_i^2\right)$	$-10\lg(\bar{y}^2 + S_y^2)$	$-10\lg\left(\frac{1}{N}\sum_{i=1}^{N}y_i^2\right)$
望大特性	$K\left(\frac{1}{N}\sum_{i=1}^{N}\frac{1}{y_i^2}\right)$	$-10\lg\left[\frac{1}{\bar{y}^2}\left(1 + 3\frac{S_y^2}{\bar{y}^2}\right)\right]$	$-10\lg\left(\frac{1}{N}\sum_{i=1}^{N}\frac{1}{y_i^2}\right)$

2. 正交试验设计

在考察可控因素和不可控因素对产品质量的影响时，可以通过试验的方法来获得必要的数据。在 Taguchi 稳健设计方法中，作者提出了一套可用于试验安排的正交表。图 6-8 所示为 2 水平正交表 $L_4(2^3)$、$L_8(2^7)$ 和 3 水平正交表 $L_9(3^4)$、$L_{18}(3^7)$ 等的示例，其他可见参考文献［5，7］。

例如，$L_8(2^7)$ 为一张水平相等的 2 水平正交表：L 表示正交表；8 为表的行数，即试验号；2 为水平数，用“1”和“2”表示；7 为列数。用此表来安排试验，最多只能安排 7 个 2 水平的试验因子，共做 8 次不同的试验。

又如 $L_9(3^4)$ 为一张 3 水平正交表。3 个水平用数码“1”、“2”和“3”表示，此表有 9 行 4 列，可用于 3 因子 3 水平的正交试验。

正交表具有一个共同的特点，即正交性：

1）每一列数码出现的重复次数相同，在 $L_8(2^7)$ 中“1”和“2”均出现 4 次。

2）任意两列间同一横向形成的数码与搭配方式重复出现次数相同，如在 $L_8(2^7)$ 中，恰好（1，1）、（1，2）、（2，1）、（2，2）各出现 2 次。

每张正交表都有它的自由度，对于水平数相等的正交表，有

每一列自由度 = 水平数 − 1

总自由度 = 因子个数 × 每一列自由度 = 试验号数 − 1

两因子交互作用自由度等于两因子的自由度的乘积，即 $f_{A\times B} = f_A \times f_B$。

由于正交表的正交性，才使得正交表安排的试验具有均衡分散性、整齐可比性。也就是说，对于 3 因子 3 水平的试验，若全部作共需 $3^3 = 27$ 次，而用正交表进行的试验只需 9 次，这 9 次在全体 27 次试验中是均衡分散的，具有很强的代表性。

$L_4(2^3)$

试验号＼列号	1	2	3
1	1	1	1
2	1	2	2
3	2	1	2
4	2	2	1

$L_8(2^7)$

试验号＼列号	1	2	3	4	5	6	7
1	1	1	1	1	1	1	1
2	1	1	1	2	2	2	2
3	1	2	2	1	1	2	2
4	1	2	2	2	2	1	1
5	2	1	2	1	2	1	2
6	2	1	2	2	1	2	1
7	2	2	1	1	2	2	1
8	2	2	1	2	1	1	2

$L_8(2^7)$

试验号＼列号	1	2	3	4	5	6	7
(1)	(1)	3	2	5	4	7	6
(2)		(2)	1	6	7	4	5
(3)			(3)	7	6	5	4
(4)				(4)	1	2	3
(5)					(5)	3	2
(6)						(6)	1
(7)							(7)

$L_9(3^4)$

试验号＼列号	1	2	3	4
1	1	1	1	1
2	1	2	2	2
3	1	3	3	3
4	2	1	3	3
5	2	2	2	1
6	2	3	1	2
7	3	1	3	2
8	3	2	1	3
9	3	3	2	1

$L_8(2^7)$表头设计

试验号＼列号	1	2	3	4	5	6	7
3	A	B	$A\times B$	C	$A\times B$	$B\times C$	
4	A	B	$A\times B$ $C\times D$	C	$A\times C$ $B\times D$	$B\times C$ $A\times D$	D
4	A	B $C\times D$	$A\times B$	C $B\times D$	$A\times C$	D $B\times C$	$A\times D$
5	A $D\times E$	B $C\times D$	$A\times B$ $C\times E$	C $B\times D$	$A\times C$ $B\times E$	D $A\times E$ $B\times C$	E $A\times E$

$L_8(3^7)$

试验号＼列号	1	2	3	4	5	6	7
1	1	1	1	1	1	1	1
2	1	2	2	2	2	2	2
3	1	3	3	3	3	3	3
4	2	1	1	2	2	3	3
5	2	2	2	3	3	1	1
6	2	3	3	1	1	2	2
7	3	1	2	1	3	2	3
8	3	2	3	2	1	3	1
9	3	3	1	3	2	1	2
10	1	1	3	3	2	2	1
11	1	2	1	1	3	3	2
12	1	3	2	2	1	1	3
13	2	1	2	3	1	3	2
14	2	2	3	1	2	1	3
15	2	3	1	2	3	2	1
16	3	1	3	2	3	1	2
17	3	2	1	3	1	2	3
18	3	3	2	1	2	3	1

图 6-8　正交表示例

试验步骤：

S.1　确定试验因子的个数及每个因子变化的水平数。

S.2　分析各因子间是否存在交互作用，哪些必须考虑，哪些可以忽略。

S.3　确定可能进行的大概试验次数（主要根据人力、物力、时间和费用）。

S.4　选用合适的正交表，安排试验。

安排方法：

1）在不考虑因子间的交互作用时，可把试验因子逐个安排在正交表的各列上。例如，有4个试验因子，每个因子为3水平，如果不考虑因子间的交互作用，可选用正交表 $L_9(3^4)$。

2）需要考虑交互作用时，因子就不能任意安排，可利用相应的表头设计来安排试验。此时，在选用正交表时必须考虑有足够的自由度，即要求表的列数大于试验因子数。例如，安排4个试验因子 A、B、C、D 的2水平试验，当必须考虑交互作用 $A\times B$、$A\times C$（其他交互作用忽略不计）时，可采用正交表 $L_8(2^7)$，把4个因子 A、B、C、D 分别安排在第1、2、4、7列上，第3、5列分别为 $A\times B$ 和 $A\times C$，第6列空着，这可以见图6-8中的 $L_8(2^7)$ 表头设计。

例如，有一塑料零件，它的质量指标是抗拉强度，并受温度、压力、时间和添加剂多少的影响。在表6-3中列出了4个因子所取的2水平值。

表6-3　抗拉强度试验因子的水平

水平（数码）	试验因子			
	A 温度/℃	B 压力/MPa	C 时间/s	D 添加剂（%）
1	200	5000	30	3
2	220	7000	40	5

对于4个因子，有6种可能的2个因子间的交叉，但其中 $A\times B$ 对抗拉强度影响最大。这样4个因子加1个交叉只需要有5列的正交表就够用，故选用图6-8中的 $L_8(2^7)$ 表头设计作出安排，于是表中的 $a\times c$ 和 $b\times c$ 为空列，见表6-4。空列可用以分析试验误差。

表6-4　抗拉强度影响因子的正交试验设计

试验号	列号							试验因子水平的组合			
	1	2	3	4	5	6	7				
1	1	1	1	1	1	1	1	A_1	B_1	C_1	D_1
2	1	1	1	2	2	2	2	A_1	B_1	C_2	D_2
3	1	2	2	1	1	2	2	A_1	B_2	C_1	D_2
4	1	2	2	2	2	1	1	A_1	B_2	C_2	D_1
5	2	1	2	1	2	1	2	A_2	B_1	C_1	D_2
6	2	1	2	2	1	2	1	A_2	B_1	C_2	D_1
7	2	2	1	1	2	2	1	A_2	B_2	C_1	D_1
8	2	2	1	2	1	1	2	A_2	B_2	C_2	D_2
成　分	a	b	$A\times B$	C	$a\times c$	$b\times c$	abc				
因子安排	A	B	$A\times B$	C	e(空)	e(空)	D				

最后还须指出，在设计试验时，每个因子水平数的选择主要是根据试验的目的。如果试验是要详细考察各因子的影响，则每个因子应取多几个水平，如3水平或以上；如果试验仅是考察因子影响的趋势，则水平数就可以取少一些。对于每个试验因子 x_i 在 $[x_i^U, x_i^L]$ 内水平值的划分，一般可以采用等距和等比的方法。

3. 正交试验结果的直观分析和方差分析

通过对正交试验结果的直观分析或方差分析，便可以了解每个因子对试验结果影响的程度，并可以确定出设计参数值的最佳组合。

(1) 正交表的直观分析　以4因子3水平的正交试验为例（用正交表 $L_9(3^4)$，其直观分析表见表6-5。

表6-5　直观分析

试验号		试验因子				
		1(*A*)	2(*B*)	3(*C*)	4(*D*)	试验结果
1		1	1	1	1	y_1
2		1	2	2	2	y_2
3		1	3	3	3	y_3
4		2	1	2	3	y_4
5		2	2	3	1	y_5
6		2	3	1	2	y_6
7		3	1	3	2	y_7
8		3	2	1	3	y_8
9		3	3	2	1	y_9
直观分析表	水平和 T_1	T_{1A}	T_{1B}	T_{1C}	T_{1D}	
	T_2	T_{2A}	T_{2B}	T_{2C}	T_{2D}	
	T_3	T_{3A}	T_{3B}	T_{3C}	T_{3D}	
	水平均值 R_1	R_{1A}	R_{1B}	R_{1C}	R_{1D}	
	R_2	R_{2A}	R_{2B}	R_{2C}	R_{2D}	
	R_3	R_{3A}	R_{3B}	R_{3C}	R_{3D}	
	极　差 R	R_A	R_B	R_C	R_D	

S.1　先计算出试验结果 $y_1, y_2, \cdots, y_9$ 的水平和值及水平均值，水平和即为每个因子同一水平的试验结果和，如

$$T_{1A} = y_1 + y_2 + y_3 \qquad T_{2B} = y_2 + y_5 + y_8 \qquad T_{3C} = y_3 + y_5 + y_7$$

水平均值即为同一水平的试验结果和的平均值，如

$$R_{1A} = T_{1A}/3 \qquad R_{1B} = T_{1B}/3 \qquad R_{3D} = T_{3D}/3$$

极差

$$R_A = \max\{R_{1A}, R_{2A}, R_{3A}\} - \min\{R_{1A}, R_{2A}, R_{3A}\}$$

S.2　评定试验因子的重要性顺序，依照极差的大小排序，极差越大说明该因子对试验结果 y 值影响越大，该因子越重要。

S.3　画出各因子与试验结果的关系图，以每个因子的水平值为横坐标，该因子的水平和均值为纵坐标，即可以看出各因子水平值对试验结果的影响趋势。

S.4　确定最佳参数组合。当不考虑因子间的交互作用时，只需根据试验目的便可从每个因子的关系图中寻找出最佳点（最高点或最低点）的水平，将各因子的最佳值组合起来即为参数的最佳组合。当需要考虑因子间的交互作用时，经过分析已知某两个因子交互作用对试验结果影响很大，这时根据试验结果，把对应于该两因子所有不同水平组合的试验结果进行比较，选出该两因子的最佳水平组合，最后再综合考虑其他因子确定最佳参数组合。

（2）正交表的方差分析　设试验因子数为 n，试验次数为 N。

S.1　计算总平方和 S_T 及其自由度 f_T。

$$S_T = \sum_{i=1}^{N}(y_i - \bar{y})^2 = \sum_{i=1}^{N} y_i^2 - \frac{1}{N}\left(\sum_{i=1}^{N} y_i\right)^2$$

$$f_T = N - 1$$

S.2　计算每个因子的平方和 S_A 及其自由度 f_A，及其 S_B、f_B 与 S_C、f_C、…，如

$$S_A = \frac{1}{3}\sum_{i=1}^{3} T_{iA}^2 - \frac{1}{N}\left(\sum_{i=1}^{N} y_i\right)^2$$

$$f_A = \text{水平数} - 1$$

S.3　计算误差平方和 S_e 及其自由度 f_e。

$$S_e = S_T - (S_A + S_B + \cdots) - (S_{A\times B} + S_{A\times C} + \cdots) = \sum S_{\text{空列}}$$

$$f_e = f_T - (f_A + f_B + \cdots) - (f_{A\times B} + f_{A\times C} + \cdots) = \sum f_{\text{空列}}$$

S.4　作出正交试验的方差分析表，见表 6-6。

表 6-6　正交表的方差分析表

来源	平方和	自由度	均　方	统计量	贡献率(%)	统计推断
A	S_A	f_A	$V_A = S_A/f_A$	$F_A = V_A/V_e$	$\rho_A = (S_A - f_A V_e)/S_T$	当 $F_A > F_\alpha(f_A, f_e)$ 时认为 A 因子影响显著；当 $F_A < F_\alpha(f_A, f_e)$ 时影响不显著。其余因子统计推断依此类推
B	S_B	f_B	$V_B = S_B/f_B$	$F_B = V_B/V_e$	$\rho_B = (S_B - f_B V_e)/S_T$	
$A\times B$	$S_{A\times B}$	$f_{A\times B} = f_A \times f_B$	$V_{A\times B} = S_{A\times B}/f_{A\times B}$	$F_{A\times B} = V_{A\times B}/V_e$	$\rho_{A\times B} = (S_{A\times B} - f_{A\times B}V_e)/S_T$	
⋮	⋮	⋮	⋮	⋮	⋮	
e	S_e	f_e	$V_e = S_e/f_e$			
$(\tilde{e})$	$S_{\tilde{e}}$	$f_{\tilde{e}}$	$V_{\tilde{e}}$			
总平方和	S_T	f_T			100	

注：表中对不显著因子的平方和和误差平方和若进行合并，即 $S_{\tilde{e}}$ = 不显著因子的平方和；$f_{\tilde{e}}$ = 不显著因子的自由度和；$V_{\tilde{e}} = S_{\tilde{e}}/f_{\tilde{e}}$。

根据正交表方差分析的计算结果，就可以定量地给出因子的主次关系，此时参数的最佳组合就只要考虑重要因子及其相应的水平值；对那些次要的因子，便可以根据其他条件确定。

6.2.3　Taguchi 稳健设计

参数设计的工作步骤可按图 6-9 所示的流程图进行。

下面需说明两个比较关键的问题：

1）首先应把影响产品质量的因子划分为可控因子和噪声因子，如图 6-10 所示，若可

控因子和噪声因子都是随机变量，当已知它的中心值和标准差并认为其实际值围绕其中心值按标准波动时，则可按如下方法取试验因子的水平值。

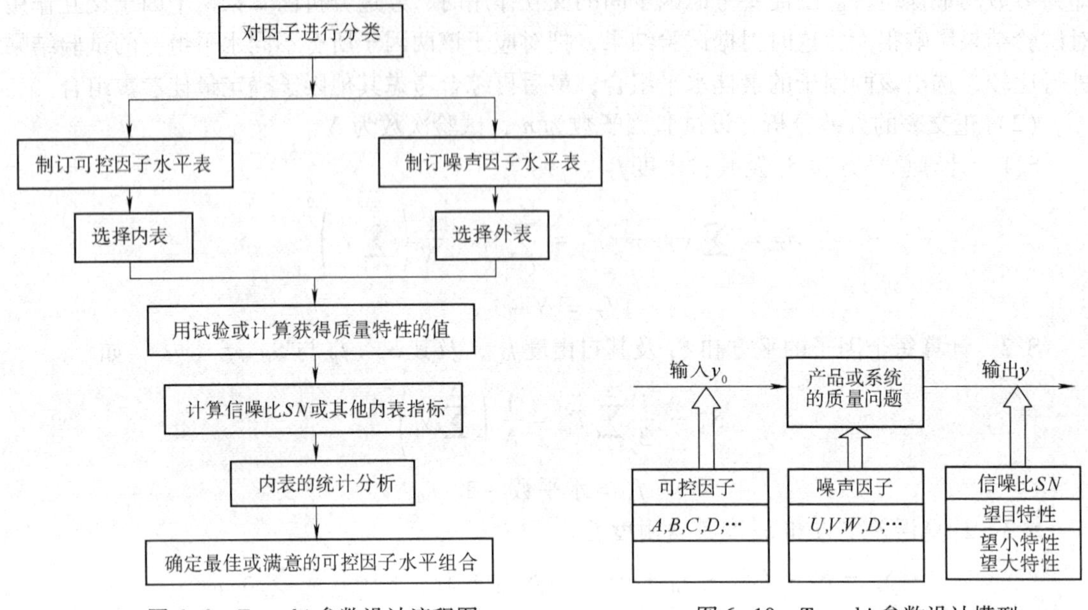

图 6-9　Taguchi 参数设计流程图　　图 6-10　Taguchi 参数设计模型

对于 2 水平因子

$$\begin{Bmatrix}\text{第 1 水平} = \text{中心值} - \text{标准差} \\ \text{第 2 水平} = \text{中心值} + \text{标准差}\end{Bmatrix}$$

对于 3 水平因子

$$\begin{Bmatrix}\text{第 1 水平} = \text{中心值} - \sqrt{3/2}\ \text{标准差} \\ \text{第 2 水平} = \text{中心值} \\ \text{第 3 水平} = \text{中心值} + \sqrt{3/2}\ \text{标准差}\end{Bmatrix}$$

2）在参数设计时一般都需要用到两个正交表，即用于安排可控因子的正交表，称为“内表”或“设计变量矩阵”；用于安排噪声因子的正交表称为“外表”或“不可控因子矩阵”。表 6-7 给出了参数设计的基本结构，对 5 个可控因子 A、B、C、D、F 的内表采用正交表 L_8（2^7）；对 3 个噪声因子 U、V 和 W 的外表采用正交表 L_4（2^3）（该表横置）。由于用两个正交表，故其观察值（或计算值）共 8×4=32 个，即 y_{11}、y_{12}、…、y_{21}、y_{22}、…、y_{84}。例如 y_{22} 是可控因子试验方案 A_1、B_1、C_1、D_2 和 F_2 与噪声因子试验方案 U_1、V_2 和 W_2 这组试验的观测值。

由于质量特性的类型不同，参数设计的具体做法分为两类：

1）望小特性和望大特性的参数设计。

S.1　将待试验的问题画出它的参数设计模型（图 6-10）。

S.2　选择适合于内表和外表的正交表，作出表头设计。

S.3　进行试验，获得 y 的观测数据，计算出每一行的信噪比。

S.4　找出对信噪比有重要影响的可控因子，确定重要可控因子水平值的最佳组合。

S.5　对于那些不很重要的可控因子，可以根据其他条件，如经济性、可操作性和容易性来确定它的最佳水平值。

S.6　对试验信息进行计算、方差分析和检验。

表 6-7　因子正交试验设计的基本结构

正交表类型	内表 $L_8(2^7)$							外表 $L_4(2^3)$					信噪比 SN
试验因子	可控因子安排和行数							噪声因子安排和行数					
								试验号				噪声因子安排	
								1	2	3	4		
列号 / 试验号	1	2	3	4	5	6	7	1	1	2	2	U	
								1	2	1	2	V	
	A	B	C	D	F	e	e	1	2	2	1	W	
1	1	1	1	1	1	1	1	y_{11}	y_{12}	y_{13}	y_{14}		SN_1
2	1	1	1	2	2	2	2	y_{21}	y_{22}	y_{23}	y_{24}		SN_3
3	1	2	2	1	1	2	2	y_{31}	y_{32}	y_{33}	y_{34}		SN_3
4	1	2	2	2	2	1	1	⋮	⋮	⋮	⋮		⋮
5	2	1	2	1	2	1	2	⋮	⋮	⋮	⋮		⋮
6	2	1	2	2	1	2	1	⋮	⋮	⋮	⋮		⋮
7	2	2	1	1	2	2	1	⋮	⋮	⋮	⋮		⋮
8	2	2	1	2	1	1	2	y_{81}	y_{82}	y_{83}	y_{84}		SN_8

2）望目特性的参数设计。

S.1～S.2　同 1）的 S.1～S.2。

S.3　进行试验，获得输出 y 的观测值。计算每一行的信噪比和灵敏度。

S.4　分别找出对信噪比和灵敏度有重要影响的可控因子，并将可控因子分为三类：即对 SN 有重要影响的、对灵敏度有重要影响的和其他的因子。

S.5　确定最佳组合条件。

对第一类因子：它的水平值组合可得 SN 极大化。

对第二类因子：它的水平值组合可得输出最接近目标值。

对第三类因子：根据其他条件来选择水平值，如经济性、可操作性、简易性等。

S.6　同 1）的 S.6。

在产品设计中，任何一个参数或质量特性都可看做由两部分组成：名义值（或均值）和偏差。容差是设计中所规定的最大容许偏差。很显然，规定的容差越小，该尺寸的可制造性就越差，制造费用或成本也就越高。为此，在参数设计阶段，出于经济的考虑，一般总是先选用较大容差的零部件尺寸，若经参数设计后，该产品能达到质量特性的要求，则一般也就不再进行容差设计，否则就要重新调整各个参数的容差，进行容差设计，以谋求在最经济的条件下达到产品质量特性的设计要求。

例 6-1　下面以气动换向装置为例说明 Taguchi 稳健设计的计算过程。图 6-11 所示为气动换向装置示意图，要求它满足如下要求：

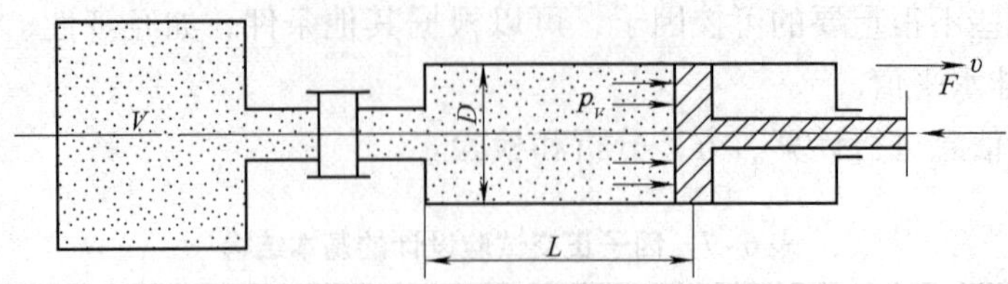

图 6-11　气动换向装置示意图

1）带动一定的负载在一定阻力作用下完成 6 个转换动作，且动作可靠。

2）在 1s 内完成最长距离的换向动作。

3）在一定的压缩空气作用下，气耗量尽可能少。

在 6 个转换动作中，最长的转换动作是关键，为此，以最长转换动作的基本结构来建立力学模型。

运动方程式为

$$y = \sqrt{\left(\frac{\pi}{2}D^2 p_V - 2F\right)Lg/G} \tag{a}$$

$$\Delta p = p_V\left[1 - \frac{(4W)^\kappa}{(4W + \pi D^2 L)^\kappa}\right] \tag{b}$$

式中，y 为换向末速度（输出特性），是一望目特性，其目标值为 $y_0 = 960\text{mm/s}$；$F = (750 \pm 20)\text{N}$ 为换向阻力；$G = (900 \pm 50)\text{N}$ 为系统重力；$V = 1.8\text{ L}$ 为气瓶容积，$\kappa = 1.35$ 为等熵指数；$g = 9800\text{mm/s}^2$ 为重力加速度。

解　可控因子（设计变量）为换向活塞直径 D、气缸内气压 p_V 和换向行程 L，分别设为因子 A、B、C。换气压降是一参数特性，不是独立变量。

表 6-8 给出了可控因子水平表，不考虑因子间的交互作用，因此可以用正交表 $L_9(3^4)$ 为内表进行设计，见表 6-9。

表 6-8　气动换向装置可控因子水平

水　平	因　　子		
	D/mm，$D=A$	p_V/MPa，$p_V=B$	L/mm，$L=C$
1	22	2.2	52
2	24	2.6	56
3	26	3.0	60

表 6-9　内表及 SN 数据

试验号	$D=A$	$p_V=B$	$L=C$	(e)	SN/dB
	1	2	3	4	
1	1	1	1	1	5.57
2	1	2	2	2	16.64
3	1	3	3	3	21.25
4	2	1	2	3	15.51
5	2	2	3	1	20.39
6	2	3	1	2	23.18

（续）

试验号	$D=A$	$p_V=B$	$L=C$	(e)	SN/dB
	1	2	3	4	
7	3	1	3	2	18.89
8	3	2	1	3	22.32
9	3	3	2	1	24.51
T_1	43.46	39.97	51.07	50.47	$T=168.26$
T_2	59.08	59.35	56.66	58.71	$CT=3145.7142$
T_3	65.72	68.94	60.53	59.08	$S_T=263.14$
S	87.06	145.20	15.08	15.80	

在参数设计中需要确定的是换向活塞直径、气缸内气压、换向行程的名义值（或公称值），但由于它们均有制造误差，故也应将其看做噪声因子以考察它们对输出特性波动的影响。当考虑误差因子时，分别记为 A'、B'、C' 并取 $A'=D\pm0.1$，$B'=p_w\pm0.2$，$C'=L\pm0.2$。另外，换向阻力和系统重力也是噪声因子，分别记为 F' 和 G'。由于这两个噪声因子的名义值的偏差是固定的，因此称为纯误差因子。相应的误差因子水平表见表6-10。用正交表 $L_{18}(2^1\times3^7)$ 安排误差因子，其外表设计见表6-11。

表6-10　误差因子水平

水　平	因　子				
	$D=A'$ D/mm	$p_V=B'$ p_V/pa	$L=C'$ L/mm	F'/N	G'/N
1	21.9	2.0	51.8	730	850
2	22.0	2.2	52.0	750	900
3	22.1	2.4	52.2	770	950

表6-11　外表及输出特性值

试验号	1	A' 2	B' 3	C' 4	F' 5	N' 6	(e) 7	(e) 8	y/（mm/s）	$y-960$（mm/s）
1	1	1	1	1	1	1	1	1	167	-793
2	1	1	2	2	2	2	2	2	299	-661
3	1	1	3	3	3	3	3	3	380	-580
4	1	2	1	1	2	2	3	3	108	-852
5	1	2	2	2	3	3	1	1	267	-693
6	1	2	3	3	1	1	2	2	414	-546
7	1	3	1	2	1	3	2	3	200	-760
8	1	3	2	3	2	1	3	1	336	-624
9	1	3	3	1	3	2	1	2	412	-548

（续）

试验号	1	A′ 2	B′ 3	C′ 4	F′ 5	N′ 6	(e) 7	(e) 8	y/（mm/s）	y - 960（mm/s）
10	2	1	1	3	3	2	2	1	0	-960
11	2	1	2	1	1	3	3	2	382	-578
12	2	1	3	2	2	1	1	3	430	-530
13	2	2	1	2	3	1	3	2	0	-960
14	2	2	2	3	1	2	1	3	348	-612
15	2	2	3	1	2	3	2	1	416	-544
16	2	3	1	3	2	3	1	2	136	-824
17	2	3	2	1	3	1	2	3	297	-663
18	2	3	3	2	1	2	3	1	465	-495

对每张外表，按运动方程式（a）计算各试验条件下的输出特性。以表中的第一次试验条件为例，从表6-10和表6-11中查出相应值为

$$A' = 21.9,\quad B' = 2.0,\quad C' = 51.8,\quad F' = 730,\quad G' = 850$$

代入式（a）得

$$y = \sqrt{\left(\frac{\pi}{2}\times 21.9^2 \times 2.0 - 2\times 730\right)\times 51.8 \times 9\,800/850}\,\text{mm/s}$$

$$= 167\text{mm/s}$$

同样，可以算出其他各次试验的 y 值，计算结果填入表6-11中。表中的最后一列为 y 与目标值 $y_0 = 960\text{mm/s}$ 的偏差。表中的第10次、13次试验，计算 y 值时，根号内出现负值，失去意义，故设定 $y = 0$。

由于气动换向装置的输出特性是望目特性，故根据式（6-16），即

$$SN = 10\lg\frac{(S_m - S_y^2)/N}{S_y^2}$$

式中

$$N = 18$$

$$S_m = \frac{1}{n}\left(\sum_{i=1}^{n} y_i\right)^2 = \frac{1}{18}(167 + 299 + \cdots + 465)^2 = 1420736.1$$

$$S_y^2 = \frac{1}{n-1}\sum_{i=1}^{n}(y_1 - \bar{y})^2 = 21520.997$$

$$SN = 10\lg\frac{\frac{1}{18}(1420736.1 - 21520.997)}{21520.997}\text{dB} = 5.57\text{dB}$$

同样，可以计算其他各次试验的 SN，其结果见表6-12。

表 6-12 内表中各次试验输出特性值及 *SN*

试验号	输出特性值/（mm/s）																		SN /dB
	y_1	y_2	y_3	y_4	y_5	y_6	y_7	y_8	y_9	y_{10}	y_{11}	y_{12}	y_{13}	y_{14}	y_{15}	y_{16}	y_{17}	y_{18}	
1	167	299	380	108	267	414	200	336	412	0	382	430	0	348	416	136	297	465	5.57
2	473	529	594	444	502	658	469	566	608	405	536	627	429	572	601	445	541	648	16.64
3	669	705	735	640	677	822	653	746	772	611	703	794	638	734	759	634	724	775	21.25
4	464	538	596	434	510	679	459	573	628	395	544	650	417	570	622	434	548	667	15.51
5	692	738	777	661	710	863	672	855	813	634	734	759	661	765	798	654	757	823	20.39
6	792	821	847	763	794	929	766	863	882	743	811	907	772	844	863	754	846	909	23.18
7	668	731	784	637	702	869	649	770	818	610	728	844	635	758	804	630	749	851	18.89
8	798	838	871	769	809	954	771	878	906	750	830	932	778	860	887	758	861	933	22.32
9	979	1006	1031	946	975	1121	942	1063	1070	929	990	1099	962	1028	1045	931	1037	1094	24.51

将表 6-12 中的 SN 数据填入内表 6-10 中，并进行如下分析计算（$N=9$）：

总和 T 与修正项 CT 为

$$T=\sum_{i=1}^{19} SN_i=(5.57+16.64+\cdots+24.51)=168.26$$

$$CT=\frac{T^2}{N}=\frac{168.26^2}{9}=3145.7142$$

SN 的总波动平方和 S_T 与自由度 f_T 为

$$S_T=\sum_{i=1}^{N} SN_i^2-CT=(5.57^2+16.64^2+\cdots+24.51^2)-3145.7142$$
$$=263.14$$
$$f_T=N-1=8$$

各列同水平的 SN 部分和 T_1、T_2、T_3（以第一列为例）为

$$T_1=SN_1+SN_2+SN_3=5.57+16.64+21.25=43.46$$
$$T_2=SN_4+SN_5+SN_6=15.51+20.39+23.18=59.08$$
$$T_3=SN_7+SN_8+SN_9=18.89+22.32+24.51=65.72$$

各项 SN 的波动平方和 S_j 和自由度 f_j 为

$$S_j=\frac{1}{3}(T_{1j}^2+T_{2j}^2+T_{2j}^3)-CT$$

仍以第 1 列为例

$$S_1=S_A=\frac{1}{3}(43.46^2+59.08^2+65.72^2)-3145.7142$$
$$=87.06$$
$$f_1=f_A=3-1=2$$

同样，可算得其他各列的波动平方和。$L_9(3^4)$ 为完全正交表，应有如下分解公式，即

$$S_T=\sum_{j=1}^{4} S_j$$

事实上

$$S_1 + S_2 + S_3 + S_4 = 87.06 + 145.20 + 15.08 + 15.80 = 263.14 = S_T$$

将上述计算结果作出方差分析表，见表6-13。

表6-13 SN的方差分析

误差来源	S	f	V	F	贡献率ρ（%）
A	87.06	2	43.53	5.64	27.2
B	145.20	2	72.60	9.40	49.3
C	15.08Δ	2Δ	—	—	
e	15.80Δ	2Δ	—	—	
$\tilde{e}$	(30.88)	(4)	(7.72)		23.5
T	263.14	8			100

注：$F_{0.05}$（2，4）=6.94，$F_{0.01}$（2，4）=18.00。

方差分析表明，由于因子B的统计量$F_B > F_{0.05}(2,4)$，故因子B对SN的影响（即对输出特性波动的影响）是显著的，因子A次之，而因子C的影响可忽略不计。由于SN以大为好，对照表6-9可以看出，影响大的因子有

$$A = A_3 = 26\text{mm}, \quad B = B_3 = 3.0\text{MPa}$$

而影响小的因子C的水平原则上可以任选，为使输出特性接近目标值，下面计算C的不同水平相应的y值，见表6-14。

表6-14 C_1、C_2、C_3条件下的y值

方　案	参 数 值	y/(mm/s)
$A_3B_3C_1$	A=26，B=3.0，C=52	977
$A_3B_3C_2$	A=26，B=3.0，C=56	1014
$A_3B_3C_3$	A=26，B=3.0，C=60	1049

由表中数据可见，待选参数应取$A_3B_3C_1$，即

$$D = A = 26\text{mm}, \quad p_V = B = 3.0\text{MPa}, \quad L = C = 52\text{mm}$$

至此，完成了参数设计。

在确定了产品（或系统）的最佳参数以后，下一步当需考虑各参数的变差对输出特性的影响时，还应进行容差设计。从经济性角度考虑，在保证产品质量的前提下，对影响大的参数原则应取用较大的容差。

容差设计所用的方法与参数设计一样。例如，仍以上述实例为例，在选出最佳参数后以它为名义值，并仍按原误差因子的波动范围确定的误差因子水平作正交试验，然后进行容差设计，详见参考文献［5］，最后的结果是

$$A = (26.0 \pm 0.1)\text{mm}, \quad B = (2.93 \pm 0.10)\text{MPa}, \quad C = (52 \pm 0.2)\text{mm}$$

由于缩小B'的容差所增加的费用小于质量损失降低的费用，故缩小B'的容差是可行的。

6.3 响应面模型法

6.3.1 概述

响应面模型法或响应面法（Response Surface Methodology, RSM）是以试验设计为基础的用于处理多变量问题建模和分析的一套统计处理方法。

由于对大部分设计问题其响应量和自变量之间的关系是未知的，因此，响应面法的一个中心问题是在因子试验基础上求出它的近似函数 $y(x_1, x_2, \cdots, x_n)$，即在自变量的某个范围内用线性函数（一阶模型）或平方函数（二阶模型）来逼近质量特性 $y(x,z)$ 的实际分布。

在稳健设计中采用响应面法具有如下特点：

1）显示出（函数形式或图形）一个或几个独立设计变量在给定范围内与响应量（输出）的函数关系。

2）通过二阶响应面模型可以分析与确定设计变量能满足产品质量特性规定要求的变动范围。

3）寻找最佳的稳健设计解，即获得质量特性稳健性的最佳工作条件（设计变量值的组合）。

6.3.2 响应面模型的试验设计

为了能计算出一阶或二阶响应面模型的系数，必须对所研究的问题进行因子试验，以获得足够的响应量的观测值。从得到试验点最少的试验方案考虑，其试验点的个数原则上应等于拟合模型中系数的个数（但这并不意味试验次数也等于系数的个数，因为在一些试验点上还可重复作几次试验）。例如，对于一阶响应面模型，若采用 $L_8(2^7)$ 安排 7 个因子试验，则其剩余自由度均为1，这样用于试验由于自由度太少而称它为饱和试验计划。不过一般情况下都是采用有剩余自由度的因子试验，即试验次数 N 大于待求系数个数。

在响应面法中，应用最好的是中心组合设计和等径设计两种试验设计方法。

（1）编码变换　问题中诸变量的变化范围可能各不相同，甚至有的自变量的范围差别极其悬殊。为处理的方便，将试验问题中的自变量都作一线性变换（又称编码变换），使因子区域转化为中心在原点的“立方体”，解决量纲和量级不同时给设计与分析带来的麻烦。编码变换的方法如下：

设第 i 个变量 ξ_i 的实际变化范围是 $[\xi_{1i}, \xi_{2i}]$，$i = 1,2,\cdots,n$。记区间的中点为 $\xi_{0i} = 0.5(\xi_{1i} + \xi_{2i})$，区间的半长为 $\Delta_i = 0.5(\xi_{2i} - \xi_{1i}), i = 1,2,\cdots,n$。作如下 n 个线性变换，即

$$x_i = \frac{\xi_i - \xi_{0i}}{\Delta_i}, \quad i = 1,2,\cdots,n$$

经此变换后，将变量 ξ_i 的实际变化范围 $[\xi_{1i}, \xi_{2i}]$ 转化成新变量 x_i 的变化范围 $[-1, +1]$。这样，就将形如“长方体”的因子区域变换成中心在原点的“立方体”区域，此“立方体”的边长为2。后面还会看到，有时需要用相仿的线性变换将原因子区域变换成边长大于或小于2的中心在原点的“立方体”区域。

（2）中心组合设计　由2水平的因子设计（2^n 点）加上 2^n 个轴点和 n_c 个中心点组成。

在图 6-12 中给出了 $n=2$ 和 $n=3$ 具有 2 个中心点的中心组合设计。在中心组合设计时，设计点也用编码符号 ±1 表示，对轴点采用设计者选定的 α 值，这样，对于 $n=2$ 和 $n=3$ 的试验设计矩阵可以表示为

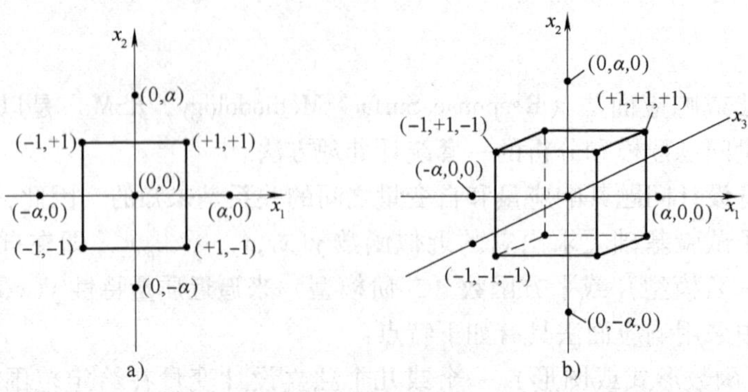

图 6-12　中心组合设计

a）$n=2$　b）$n=3$

$$D=\begin{pmatrix} x_1 & x_2 \\ -1 & -1 \\ -1 & 1 \\ 1 & -1 \\ 1 & 1 \\ 0 & 0 \\ 0 & 0 \\ -\alpha & 0 \\ \alpha & 0 \\ 0 & -\alpha \\ 0 & \alpha \end{pmatrix}\begin{matrix} \left.\right\} 2^2 \text{ 因子设计点} \\ \left.\right\} 2 \text{ 中心点} \\ \left.\right\} 2\times 2 \text{ 轴点} \end{matrix}$$

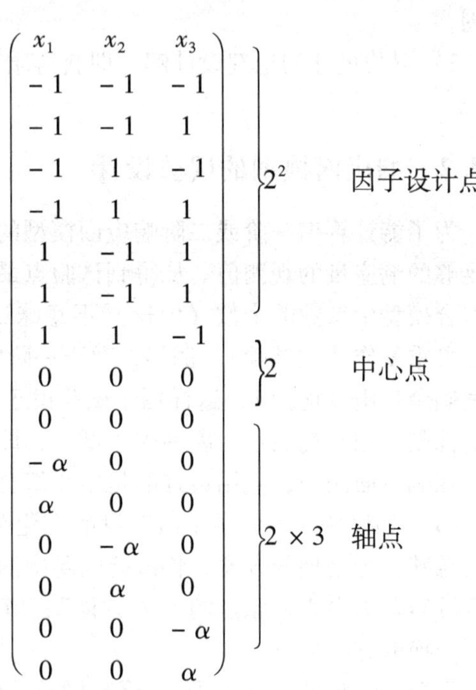

$$D=\begin{pmatrix} x_1 & x_2 & x_3 \\ -1 & -1 & -1 \\ -1 & -1 & 1 \\ -1 & 1 & -1 \\ -1 & 1 & 1 \\ 1 & -1 & 1 \\ 1 & -1 & 1 \\ 1 & 1 & -1 \\ 0 & 0 & 0 \\ 0 & 0 & 0 \\ -\alpha & 0 & 0 \\ \alpha & 0 & 0 \\ 0 & -\alpha & 0 \\ 0 & \alpha & 0 \\ 0 & 0 & -\alpha \\ 0 & 0 & \alpha \end{pmatrix}\begin{matrix} \left.\right\} 2^2 \text{ 因子设计点} \\ \left.\right\} 2 \text{ 中心点} \\ \left.\right\} 2\times 3 \text{ 轴点} \end{matrix}$$

（3）等径设计　等径设计由均匀分布在圆（$n=2$）、球（$n=3$）或超球体（$n>3$）上的设计点组成，并形成一种规则的正多边形或多面体，如 $n=2$ 时的五边形、六边形、八边形等。在图 6-13 中给出了 $n=2$ 时的两种等径设计：五边形和六边形。对于 $n=3$，正十二面体和正二十面体都是等径设计。

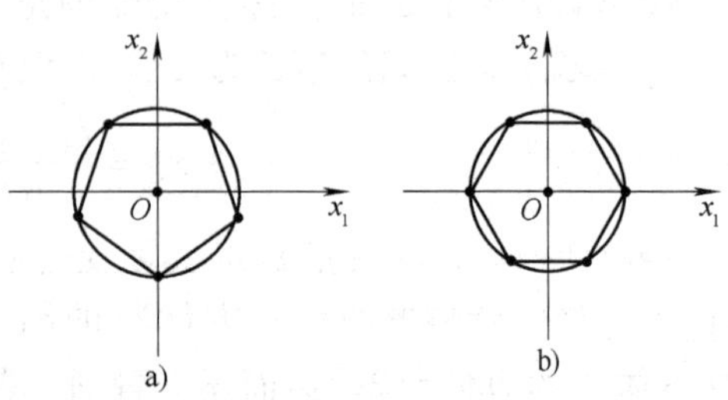

图 6-13　$n=2$ 的两种等径设计

a）五边形　b）六边形

试验设计一般根据试验目的而定。若试验的

目的是检验因子的重要性（对产品功能质量的影响）和为了找出因子的最佳水平值，则多数采用因子正交试验；若试验的目的是为了建立二阶响应面模型和寻找因子间的最佳组合，则采用等径设计或中心组合设计，或者采用混合设计。

对于建立二阶响应面模型的试验设计，每个因素必须有 3 个水平，这样才能有效地估计出模型参数。实际上应用最为广泛的因子设计是中心组合设计和等径设计，因为这类设计的最大特点是具有旋转性，且通过中心点 n_c 的选择可以控制中心组合设计的正交性和等精确性。表 6 - 15 给出了具有正交和等精确旋转特点的中心组合设计矩阵的参数。

表 6 - 15　正交及等精确旋转中心组合设计矩阵的参数

试验点数 \ N	2	3	4	5	$5\frac{1}{2}$重复	6	$6\frac{1}{2}$重复	$7\frac{1}{2}$重复
因子设计点 $\boldsymbol{n}_f$	4	8	16	32	16	64	32	64
轴点 $\boldsymbol{n}_a$	4	6	8	10	10	12	12	14
中心点 $\boldsymbol{n}_c$（等精确）	5	6	7	10	6	15	9	14
中心点 $\boldsymbol{n}_c$（正交）	8	9	12	17	10	24	15	22
总数 N（等精确）	13	20	31	52	32	91	53	92
总数 N（正交）	16	23	36	59	36	100	59	100
α	1. 414	1. 682	2. 000	2. 378	2. 000	2. 828	2. 378	2. 828

例如，响应量是包装材料的密封强度 y，受密封温度 ξ_1、冷却温度 ξ_2 和聚乙烯添加剂的含量 ξ_3(%) 三个因素的影响。采用表 6 - 15 的等精确旋转中心组合设计的参数选择，其试验点的坐标值见表 6 - 16。

表 6 - 16　中心组合设计参考取值示例

编 码 变 量	设 计 变 量		
	ξ_1	ξ_2	ξ_3
$-\alpha = -1.682$	204. 5	39. 9	0. 09
−1	225	46	0. 5
0	255	55	1. 1
+1	285	64	1. 7
$+\alpha = +1.682$	305. 5	70. 1	2. 11

6. 3. 3　响应面模型的建立

1. 一阶响应面模型的回归

响应面模型是指在试验所获得的数据基础上所建立的设计变量与响应量的函数关系。

设有 n 个独立的试验因子 x_i，它与响应量 y 间的线性函数关系为

$$y = \beta_0 + \beta_1 x_1 + \cdots + \beta_n x_n + \varepsilon_y \tag{6-19}$$

式中，$\beta_0, \beta_1, \cdots, \beta_n$ 是待定系数；ε_y 是拟合误差，是随机独立的噪声因素，且服从正态分布 $N(0, \sigma_{yj}^2)$。

未知系数 $\beta_0, \beta_1, \cdots, \beta_n$ 可由已观测到的试验数据（k 组）$(x_{11}, x_{21}, \cdots, x_{n1}, y_1)$，$(x_{12}, x_{22}, \cdots, x_{n2}, y_2)$，$\cdots$，$(x_{1k}, x_{2k}, \cdots, x_{nk}, y_k)$ 用最小二乘法估计出（$i = 1,2,\cdots,n$；$j = 1,2,\cdots,k$）。

$$\hat{\beta} = \begin{pmatrix} \hat{\beta}_0 \\ \hat{\beta}_1 \\ \hat{\beta}_2 \\ \vdots \\ \hat{\beta}_n \end{pmatrix} = (x^{\mathrm{T}}, x)^{-1} x^{\mathrm{T}} y = \begin{pmatrix} \dfrac{1}{k}\sum_j y_j & \dfrac{\sum_j x_{1j} y_j}{\sum_j x_{1j}^2} & \cdots & \dfrac{\sum_j x_{nj} y_j}{\sum_j x_{nj}^2} \end{pmatrix}^{\mathrm{T}} \tag{6-20}$$

式中

$$x = \begin{pmatrix} 1 & x_{11} & x_{21} & \cdots & x_{n1} \\ 1 & x_{12} & x_{22} & \cdots & x_{n2} \\ \vdots & \vdots & \vdots & & \vdots \\ 1 & x_{1k} & x_{2k} & \cdots & x_{nk} \end{pmatrix}, \quad y = \begin{pmatrix} y_1 \\ y_2 \\ \vdots \\ y_k \end{pmatrix}$$

于是得一阶响应面模型为

$$\hat{y} = \hat{\beta}_0 + \hat{\beta}_1 x_1 + \cdots + \hat{\beta}_n x_n \tag{6-21}$$

用最小二乘法求得的一阶模型，是否真正反映响应量 $\boldsymbol{y}$ 与试验因子 $\boldsymbol{x}$ 间的统计规律性，或是否可以作为有意义的一阶近似模型，还需通过方差分析和 $\boldsymbol{F}$ 检验才能确定，见表6-17。

表6-17　拟合模型方差分析表

来　源	波动平方和 S	自由度 f	方　差	统计量	备　注
拟合	$S_r = \sum_{j=1}^{k} (\hat{y}_j - \bar{y})^2$	$f_r = n$	$V_r = S_r/f_k$	$F = S_r/S_e$	查出 $F_\alpha(f_r, f_e)$，若 $F > F_\alpha(f_r, f_e)$，则认为在 α 水平下响应面模型是有意义的
残差	$S_e = \sum_{j=1}^{k} (y_j - \hat{y}_j)^2$	$f_e = k - n - 1$	$V_e = S_e/f_R$		
总和	$S_T = S_e + S_r$	$f_T = k - 1$			

2. 二阶响应面模型的回归

图6-14所示为二阶响应面的图解模型，是在 3^2 因子设计进行试验获得不同 x_i 的水平值组合下的 y_j 值，通过对这些数据的处理，用二次多项式模型作为实际函数 y（$\boldsymbol{x}$）的近似。设二阶多项式函数为

$$y = \beta_0 + \sum_{i=1}^{n} \beta_i x_i + \sum_{i=1}^{n} \beta_{ii} x_i^2 + \sum_{p<i}^{n} \sum^{n} \beta_{pi} x_p x_i + \varepsilon_y \tag{6-22}$$

若 $\varepsilon_y \sim N(0, \sigma_y)$，则可以通过变换，令 $x_{1i} = x_i$、$x_{2i} = x_i^2$ 和 $x_{3i} = x_i x_j$，可将式（6-22）变为多元线性响应面模型

$$y = \beta_0 + \sum \beta_i x_{1i} + \sum \beta_{ii} x_{2i} + \sum \beta_{ij} x_{3i} + \varepsilon_y \tag{6-23}$$

然后便可按多元线性模型的方法处理。

对于二阶响应面的回归系数的计算，与一阶的情况完全类似，它的计算公式是

$$\left.\begin{aligned}\hat{\beta}_0 &= \frac{1}{k}\sum_j y_j = \bar{y}\\ \hat{\beta}_i &= \frac{\sum_j x_{ij}y_j}{\sum_j x_{ij}^2}\\ \hat{\beta}_{ii} &= \frac{\sum_j x_{ij}^2 y_j}{\sum_j (x_{ij}^2)^2}\\ \hat{\beta}_{pi} &= \frac{\sum_j x_{pj}y_{ij}y_j}{\sum_j (x_{pj}x_{ij})^2}\end{aligned}\right\} \tag{6-24}$$

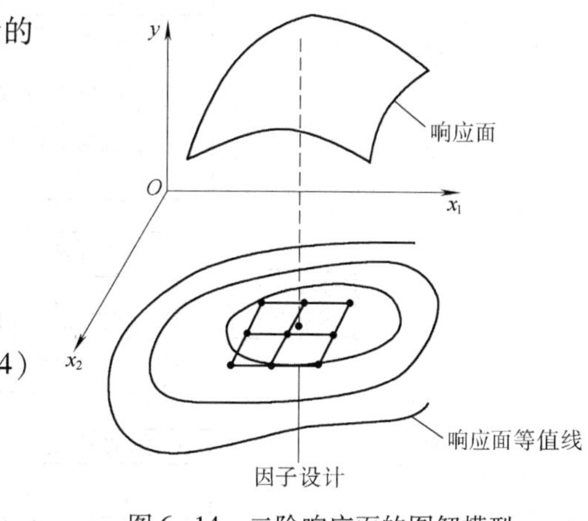

图6-14　二阶响应面的图解模型

若用系数矩阵表示，参照式（6-20），则为

$$\hat{\boldsymbol{\beta}} = [\boldsymbol{x}^{\mathrm{T}},\boldsymbol{x}]^{-1}\boldsymbol{x}^{\mathrm{T}}\boldsymbol{y} \tag{6-25}$$

并且 $E\{(\hat{\boldsymbol{\beta}}-\boldsymbol{\beta})\}=0$ 和 $Var\{\hat{\boldsymbol{\beta}}\}=[\boldsymbol{x}^{\mathrm{T}},\boldsymbol{x}]^{-1}\sigma^2$。其中 $k\times 1$ 阶向量 $\boldsymbol{y}$ 为试验观测值向量，$\boldsymbol{x}$ 为相应该观测值时的设计矩阵值。于是在 $\boldsymbol{x}^{\mathrm{T}}=[x_1 \quad x_2 \quad \cdots \quad x_n]$ 点预测的响应量可以表示为

$$\hat{y}(\boldsymbol{x}) = [\varphi(\boldsymbol{x})]^{\mathrm{T}}\hat{\boldsymbol{\beta}} \tag{6-26}$$

式中，$[\varphi(\boldsymbol{x})]^{\mathrm{T}}$ 为矩阵 $\boldsymbol{x}$ 中的一行，例如，对于式（6-22）的预测响应量为

$$\hat{y}(\boldsymbol{x}) = \hat{\beta}_0 + \sum_{i=1}^{n}\hat{\beta}_i x_i + \sum_{i=1}^{n}\beta_{ii}x_i^2 + \sum_{p<i}^{n}\sum^{n}\hat{\beta}_{pi}x_p x_i = [\varphi(\boldsymbol{x})^{\mathrm{T}}]\hat{\boldsymbol{\beta}}$$

式中，$[\varphi(\boldsymbol{x})]^{\mathrm{T}}=[1,x_1,x_2,\cdots,x_n,x_1^2,x_2^2,\cdots,x_n^2,x_1x_2,\cdots,x_{n-1}x_n]$。与 $\hat{y}(\boldsymbol{x})$ 有关的另一个重要表达是它的预测方差

$$Var\{\hat{y}(\boldsymbol{x})\} = [\varphi(\boldsymbol{x})]^{\mathrm{T}}[\boldsymbol{x}^{\mathrm{T}},\boldsymbol{x}]^{-1}\varphi(\boldsymbol{x})\sigma^2 \tag{6-27}$$

如果通过适当的试验设计获得响应的 $y_j(j=1,2,\cdots,k)$，则按式（6-24）就可以有效地计算出响应面模型中的参数 $\hat{\boldsymbol{\beta}}$。

二阶响应面模型的方差分析和检验与一阶响应面的完全类似，这里不再重复。

6.3.4　基于响应面模型的稳健设计

用响应面法解决稳健设计问题的一般流程图如图6-15所示，由5个部分组成。其中最核心的是C（模拟器），实际上它是一个数值处理器，它输入设计变量 $\boldsymbol{x}$、噪声 $\boldsymbol{z}$ 和一些常数，产生和输出的是质量特性函数值（所要求的），当然也可以包括模型分析的一些数据，如均值、方差等。

在定义问题时必须注意以下三个方面：

1）选择要测的响应量 $y_j(j=1,2,\cdots,q)$，该量必须易于测定并能保证测量的精度。

2）选定试验因子（独立的设计变量）$x_i(i=1,2,\cdots,n)$，为了简化也可选择其中对响应量影响较大的几个独立设计变量。

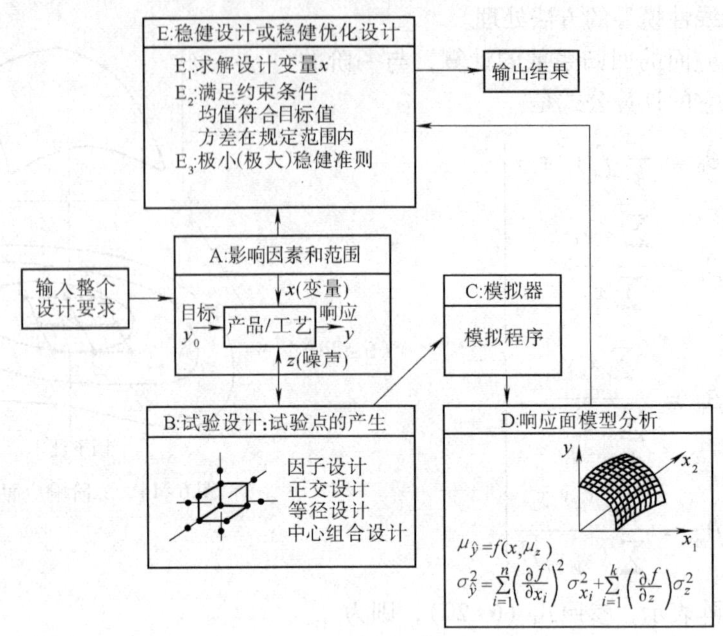

图 6-15　响应面法用于稳健设计的一般流程图

3）确定试验因子的变动范围 $x_i^L \leqslant x_i \leqslant x_i^u(i=1,2,\cdots,n)$，并在此范围内确定合适的 2~5 个水平值。

在建立响应面模型时，考虑到对所研究的问题并不清楚它的最佳点所在的范围，因此需要通过一系列的因子试验与所建立的线性模型找出最佳点各变量所在的区间。一般采用最速上升方向来找，如图 6-16 所示。

由于一阶模型的等高线是一系列平行线，最速上升方向是 $\hat{y}$ 值增加最迅速的方向，所以这个方向是与等值线相垂直的方向。

利用最速上升方向寻找最优点区域一般需要若干次才能达到，其步骤如下：

S.1　在变量 $x_1,x_2,\cdots,x_n$ 的某个区域内，通过试验设计，拟合线性响应面模型。

S.2　对此线性响应面模型确定最速上升方向。

S.3　沿最速上升方向进行一系列试验和建立一阶模型，直到响应量的观察值不再明显地增大时转 S.4，否则继续。

S.4　在此点附近的小区域重复 S.1~S.3。

S.5　当检验线性响应面模型不再显著时，则表明实际曲面有明显的弯曲，改用二阶响应面模型拟合。

例 6-2　为了提高树脂零件的抗冲击能力，经过深入研究和分析确认它主要取决于生产该零件挤压过程的螺栓转速 n（r/min）和工艺温度 t(℃）两个关键因素，正常的值是 $n=250$r/min，$t=240$℃。根据以往的生产经验，提高转速和温度都有利于改善产品的质量。

解　采用以 $n=270$r/min 和 $t=250$℃为中心的八边形的等径因子设计的试验计划，如图 6-17 和表 6-18 所示，考虑到树脂的流动性也是一个重要的技术指标，因此也把它列为一个观测值。试验顺序是随机的。

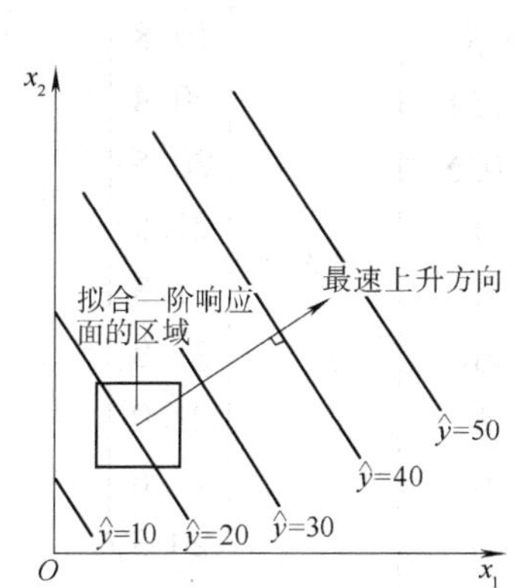

图 6-16　一阶响应面的最速上升方向

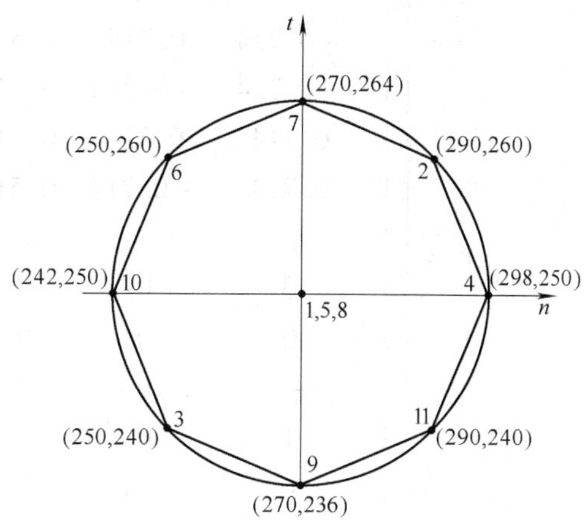

图 6-17　$n=2$ 时的八边形等径设计

因子试验的取值范围为：242r/min≤n≤298r/min；236℃≤t≤264℃。

表 6-18　八边形等径设计和试验结果

试验序号	试验组合		编码变量		试验结果	
	转速 n/（r/min）	温度 t/℃	x_1	x_2	抗冲击力（y_1）	流动性（y_2）
6	250	260	-0.714	0.714	20.0	52.5
3	250	240	-0.714	-0.714	19.8	50.8
2	290	260	0.714	0.714	20.8	52.8
11	290	240	0.714	-0.714	20.5	50.9
5	270	250	0	0	21.5	52.2
1	270	250	0	0	21.3	52.0
8	270	250	0	0	21.8	51.9
10	242	250	-1	0	19.6	51.5
4	298	250	1	0	21.0	51.3
9	270	236	0	-1	19.6	50.2
7	270	264	0	1	20.3	53.0

并通过下式的编码变量的计算

$$x_1 = \frac{n-270}{28}, \quad x_2 = \frac{t-250}{14}$$

其试验结果 y_1 和 y_2 列于表 6-18 中。

1. 关于抗冲击力的计算

采用二阶响应面模型，其中 $\boldsymbol{x}$ 和 $\boldsymbol{y}$ 值由表 6-18 中的数据已知，即

$$\boldsymbol{x} = \begin{pmatrix} & x_1 & x_2 & x_1^2 & x_2^2 & x_1x_2 \\ 1 & -0.714 & 0.714 & 0.51 & 0.51 & -0.51 \\ 1 & -0.714 & -0.714 & 0.51 & 0.51 & 0.51 \\ 1 & 0.714 & 0.714 & 0.51 & 0.51 & 0.51 \\ 1 & 0.714 & -0.714 & 0.51 & 0.51 & -0.51 \\ 1 & 0 & 0 & 0 & 0 & 0 \\ 1 & 0 & 0 & 0 & 0 & 0 \\ 1 & 0 & 0 & 0 & 0 & 0 \\ 1 & -1 & 0 & 1 & 0 & 0 \\ 1 & 1 & 0 & 1 & 0 & 0 \\ 1 & 0 & -1 & 0 & 1 & 0 \\ 1 & 0 & 1 & 0 & 1 & 0 \end{pmatrix} \quad \boldsymbol{y} = \begin{pmatrix} 20.0 \\ 19.8 \\ 20.8 \\ 20.5 \\ 21.5 \\ 21.3 \\ 21.8 \\ 21.0 \\ 19.6 \\ 20.3 \end{pmatrix}$$

由此可计算出拟合系数

$$\hat{\beta} = \begin{pmatrix} \hat{\beta}_0 \\ \hat{\beta}_1 \\ \hat{\beta}_2 \\ \hat{\beta}_{11} \\ \hat{\beta}_{22} \\ \hat{\beta}_{12} \end{pmatrix} = [\boldsymbol{x}^{\mathrm{T}}, \boldsymbol{x}]^{-1}\boldsymbol{x}^{\mathrm{T}}\boldsymbol{y} = \begin{pmatrix} 21.531 \\ 0.612 \\ 0.262 \\ -1.142 \\ -1.492 \\ 0.049 \end{pmatrix}$$

冲击力的二阶响应面模型为

$$\hat{y}_1 = 21.531 + 0.612x_1 + 0.262x_2 - 1.142x_1^2 - 1.492x_2^2 + 0.049x_1x_2$$

该方程在 $R = \{x: -1 \leqslant x_i \leqslant 1, i = 1,2,\}$ 区域上的等值线如图 6 - 18 所示。

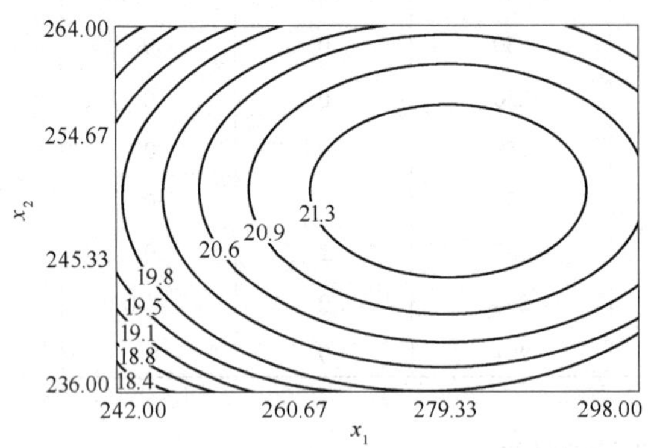

图 6 - 18　抗冲击力 y_1 的等值线

由图可以看出，抗冲击力响应面的最大值大致在中间位置，为了得出极大值点可求稳定点

$$\boldsymbol{x}_0 = -\frac{1}{2}B^{-1}b = -\frac{1}{2}\begin{pmatrix} -1.142 & 0.0245 \\ 0.0245 & -1.492 \end{pmatrix}^{-1}\begin{pmatrix} 0.612 \\ 0.262 \end{pmatrix} = \begin{pmatrix} 0.270 \\ 0.092 \end{pmatrix}$$

由于两个特征值都是负的，故可知稳定点 $\boldsymbol{x}_0 = [0.270, 0.092]^{\mathrm{T}}$ 为极大值点。最后，再将它

转化为原变量值：$\boldsymbol{x}^* = [x_1, x_2]^T = [n, t]^T = [278, 251]$。

2. 关于树脂流动性的计算

同理，根据表 6-18 中的数据，可以按同样的方法拟合出树脂流动性 y_2 的二阶响应面模型为

$$\hat{y}_2 = 52.030 + 0.021x_1 + 1.329x_2 - 0.500x_1^2 - 0.300x_2^2 + 0.098x_1x_2$$

响应面的等值线如图 6-19 所示。

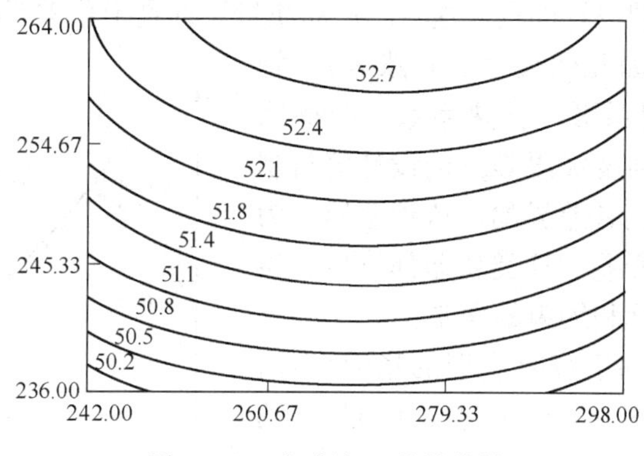

图 6-19　流动性 y_2 的等值线

3. 响应面分析

设计者希望能找到满足

$$\hat{y}_1 \geqslant 21.3, \quad \hat{y}_2 \geqslant 52.4$$

条件的点 (x_1, x_2)，将图 6-18 和图 6-19 叠加在一起可得满足上述条件的一个区域，如图 6-20中阴影区域所示。

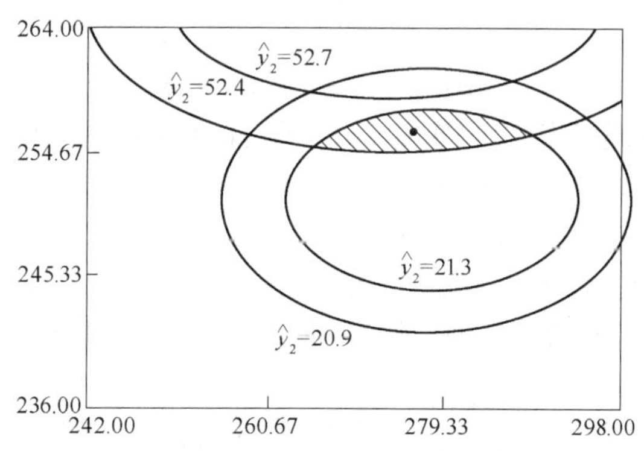

图 6-20　两个响应面等值线的图形叠加

由图 6-20 可以看出，该最优点所在区域的粗略估计为

$$n = 267.2 \sim 286.8\text{r/min} \quad (x_1 = -0.1 \sim 0.6)$$

$$t = 255.6 \sim 258.4°\text{C} \quad (x_2 = 0.4 \sim 0.6)$$

若选择 $n = 277\text{r/min}$（267.2 和 286.8 的中点）和 $t = 257℃$（255.6 和 258.4 的中点）作为最优点，则可以通过相邻的 4 个检验点证实该点确是树脂制品的最佳工艺条件。当然对于较为复杂的问题，还可以用满意函数通过优化设计来确定其最优点。

6.4 容差模型法

6.4.1 概述

利用工程模型进行稳健设计是最近几年新发展起来的一种稳健设计方法，它的重要特点是易于处理有约束的稳健设计问题，这对于产品质量设计是十分重要的。

产品的结构参数（如几何尺寸、间隙等）、物理和力学参数（如阻尼系数、传热系数、摩擦因数、材料的弹性模量和强度极限等）的设计值与制造后和使用中的实际值是有差异的，这种差异称为设计变量和噪声因素的变差。这类变差都将传递给设计函数，引起质量指标和约束的变差。

图6-21中给出了基于容差模型的稳健设计，由设计变量和噪声因素的变差而引起设计函数（约束条件）的变差（Δg），在设计空间内形成了稳健设计的新可行域，它的解即为所求的稳健设计解。

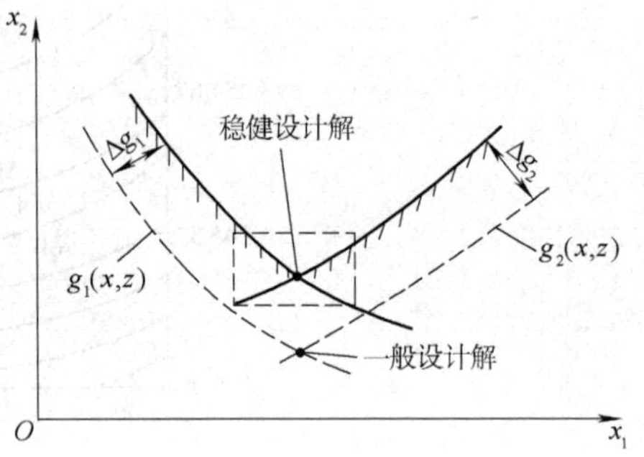

图6-21 基于容差模型的稳健设计

6.4.2 容差分析

一般，对于机械产品来说，当已知一组设计变量的名义值 $\bar{x}_i(i=1,2,\cdots,n)$ 时，由于制造上的原因或使用上的条件不同，而使设计变量值发生变差（δx_i），因此又规定出对名义值的允许最大变动范围，即容差带，规定了设计变量的最大允许变动范围

$$\bar{x}_i \pm \delta x_i \in [\bar{x}_i - \Delta x_i, \bar{x}_i + \Delta x_i] \tag{6-28}$$

如果已知设计变量和噪声因素的变差（$\delta \boldsymbol{x}$）和（$\delta \boldsymbol{z}$）在容差范围内的概率分布，例如对于正态分布 $N(\bar{x}_i, \sigma_{xi}^2)$，则其容差带可取

$$2\Delta x_i = 6\sigma_{xi}, \quad i=1,2,\cdots,n \tag{6-29}$$

如果已知 $\boldsymbol{x}$、$\boldsymbol{z}$ 的最大的允许变动范围——容差时，只要 $\Delta x_i/\bar{x}_i$ 和 $\Delta z_i/\bar{z}_i$ 比值不超过3%、y（$\boldsymbol{x}$，$\boldsymbol{z}$）为线性和低次非线性函数时，则可用下式来计算设计函数的容差

$$\Delta y = \sum_{i=1}^{n}\left(\frac{\partial y}{\partial x_i}\bigg|_{\bar{x},\bar{z}}\right)\Delta x_i + \sum_{i=1}^{n}\left(\frac{\partial y}{\partial z_i}\bigg|_{\bar{x},\bar{z}}\right)\Delta z_i \tag{6-30}$$

若不考虑 $\frac{\partial y}{\partial x_i}$、$\frac{\partial y}{\partial z_i}$、$\Delta x_i$、$\Delta z_i$ 正负号的影响，取绝对值计算，则可得最坏情况容差（可能的最大值）。

$$\Delta y = \sum_{i=1}^{n}\left|\left(\frac{\partial y}{\partial x_i}\bigg|_{\bar{x},\bar{z}}\right)\Delta x_i\right| + \sum_{i=1}^{n}\left|\left(\frac{\partial y}{\partial z_i}\bigg|_{\bar{x},\bar{z}}\right)\Delta z\right|_i \tag{6-31}$$

当设计函数 $y=y(\boldsymbol{x},\boldsymbol{z})$ 为高阶非线性函数，且可控与不可控因素的容差 Δx_i 和 Δz_i 较大时，为了减小用式（6-31）计算的误差，可采用二阶项作二次近似，若设

$$\boldsymbol{b}^{\mathrm{T}} = (\boldsymbol{x},\boldsymbol{z}) \in R^{n+k} \tag{6-32}$$

则设计函数的最坏情况容差计算公式为

$$\Delta y = \sum_{i=1}^{n+k} \left| \frac{\partial y}{\partial b_i} \Delta b_i \right| + \frac{1}{2} \sum_{i=1}^{n+k} \sum_{j=1}^{n+k} \left| \frac{\partial^2 y}{\partial b_i \partial b_j} \Delta b_i \Delta b_j \right| \tag{6-33}$$

用上式进行非线性设计函数的容差计算时，由于各项取绝对值之和，使得按最坏情况所计算出的设计参数容差偏大，因为平方项 $\frac{\partial^2 y}{\partial b_i^2} \Delta b_i^2$ 中的 Δb_i^2 始终为正，若二阶系数为负，则应从线性项中减去一部分。但对交叉积项 $\frac{\partial^2 y}{\partial b_i \partial b_j} \Delta b_i \Delta b_j$ $(i \neq j)$ 却是不易于处理，因为它的符号是各项 Δb_i 的组合。只有当各项均为正时，交叉积项才为正，但一般这是不大可能的，要想使容差 Δy 变为负项，这不仅与线性项的大小，而且还与非线性项的容差大小和符号有关。由此看来，式（6-33）在容差带内设计函数变差 Δy 将可能是单调函数或非单调函数。若是单调函数其最大值应在容差带的左和右的极限位置上；若是非单调函数其最大值应在两个极限位置间的某个位置上，要找到它就必须用优化方法去解一个在容差带内的函数最大值问题。

若已知设计函数变差的二阶展开式在容差带内为单调函数，用下面方法则可以精确地估计出最坏情况变差。对于每个变量（因素）先考察梯度向量中相应偏导数项的符号。若符号为正，则该变量应向正容差极限摄动，即 $\bar{x}_i + \Delta x_i$ ；若为负，则 $\bar{x}_i - \Delta x_i$ ，然后在这种摄动值下依此计算出各偏导数值和最坏情况的变差值。

6.4.3　容差模型

从一般优化设计理论中获知，约束问题的设计最优解一般都位于一个或几个起约束作用的边界上，这时倘若由于制造和使用上的原因引起可控与不可控因素的变差，将会导致该设计解违反约束条件，成为不可行。为此就必须考虑由可控与不可控因素变差引起的约束变差 Δg。由此，当考虑利用最坏情况容差来建立约束条件时，其稳健可行性条件为

$$g_j(\bar{\boldsymbol{x}}, \bar{z}) + \Delta g_j \leqslant 0 \quad (j = 1, 2, \cdots, m) \tag{6-34}$$

式中，$\bar{x}$、$\bar{z}$ 是设计变量和噪声因子的均值。

若约束函数的形式为

$$g_j(\boldsymbol{x}, z) \leqslant b_j (j = 1, 2, \cdots, m)$$

式中，b_j 是一个不可控因素，但已知其容差 Δb_j ，则按最坏情况考虑，有

$$g_j(\bar{\boldsymbol{x}}, \bar{z}) + \Delta g_j \leqslant b_j - \Delta b_j$$

或

$$g_j(\bar{\boldsymbol{x}}, \bar{z}) + \Delta_j \leqslant b_j \tag{6-35}$$

其中

$$\Delta_j = \Delta g_j + \Delta b_j \tag{6-36}$$

称为第 j 个约束的最坏情况的总变差。

由上述分析可知，在考虑约束的变差 Δg 后，实际上是缩小设计的可行域。

在 Taguchi 稳健设计中，通常采用信噪比作为产品质量设计的准则，但信噪比适合用于质量指标的均值与方差成比例变化的情况，在容差模型法中，为了保证设计结果的稳健性，对于望小特性稳健设计的准则函数取

$$\phi(\bar{x}) = w_1\bar{y} + w_2\Delta y^2 \rightarrow \min \tag{6-37}$$

式中，$\bar{y} = f(\bar{x},\bar{z})$ ；$\bar{x}$ 为取设计变量的名义值；$\bar{z}$ 为噪声因素的名义值。当取不同的加权因子 w_1 和 w_2 时，便可以调整 $\bar{y}$ 与 Δy 两者间的关系。

容差设计模型就是当设计函数考虑容差后在稳健可行性条件下求出问题的稳健设计解 $\bar{x}^*$，其模型的一般表达式为

$$\left.\begin{aligned} &\min \quad \phi(\bar{x}) = w_1\bar{y} + w_2\Delta y^2 \qquad \bar{x} \in R^n \\ &\text{s.t.} \quad g_u(\bar{x},\bar{z}) + \Delta g_u \leqslant 0 \qquad u = 1,2,\cdots,m \\ &\qquad \Delta y \leqslant [\Delta y] \\ &\qquad \bar{x}^L \leqslant \bar{x} \leqslant \bar{x}^U \end{aligned}\right\} \tag{6-38}$$

式中，$[\Delta y]$ 为允许的质量特性最大容差值。

解上述模型可用一般的优化方法。

6.4.4 基于容差模型的稳健设计

解决基于容差模型稳健设计问题时，由于设计点 $\bar{x}$ 在计算过程中不断变化，所以就要不断计算设计函数（约束函数和准则函数）的一阶或二阶导数，不断修正容差模型，才能保证获得正确的结果，但这样做计算量会相当大。为了简化计算，在这里推荐一种近似求解的二步法：

S.1 先找出设计问题的一般最优解 $\bar{x}^{\circ}$（非稳健设计解）。

S.2 在获得 $\bar{x}^{\circ}$ 点后计算出这点的约束函数和准则函数的变差 Δg 、Δy ，并在稳健可行性条件下求问题的稳健设计最优解 $\bar{x}^*$ 。

显然，这一方法的重要前提是认为一般设计解在某个或几个约束的边界上，且稳健设计解与它是十分接近的。

当采用两步法求解稳健设计解时，最好是选用能容纳不可行初始点的一类算法，如外点惩罚函数法、序列简约梯度法和离散组合型算法等。

6.5 随机模型法

6.5.1 概述

当稳健设计问题的可控因素 $\boldsymbol{x}$ 和不可控因素（噪声因子）z 为一些随机变量时，采用随机变量优化方法进行稳健设计或稳健优化设计是十分有效的。

1. 可控因素的随机性

可控因素在设计中由于需要通过调整它的均值与控制其容差来减小产品质量指标对目标值的偏差及其波动量 ε_y 的大小，所以在稳健设计中，可控因素又称为设计变量 $\boldsymbol{x}^{\mathrm{T}} = (x_1, x_2, \cdots, x_n)$。随机设计变量 x_i 可表示为名义值 $\bar{x}_i$ 与制造误差 t_i 的和，即

$$x_i = \bar{x}_i + t_i, \quad i = 1,2,\cdots,n \tag{6-39}$$

考虑到各设计变量是随机独立的，且假定误差 t_i 服从正态分布，因此它的均值、方差和协方差分别为

$$E(t_i) = 0,\quad Var(t_i) = \sigma_{xi}^2 = (\delta_i \bar{x}_i)^2,\quad Cov(t_i, t_j) = 0,\quad j \neq i \tag{6-40}$$

式中，δ_i 是随机变量的离差系数。

考虑到 $|t_i| \leqslant \Delta x_i$，因此在一般情况下，对每一个设计变量 x_i 在设计中还应该规定出它的容差 Δx_i，即制造误差 t_i 的允许最大范围，这样在稳健设计中也可以把 Δx_i 列为设计变量。

在处理稳健设计中的可控因素时，是把设计变量 x_i 看做在容差 $[\Delta x_i^-, \Delta x_i^+]$ 范围内是随机变化的。当 x_i 服从正态分布时，其“名义值”可取均值μ，而容差可取 $\pm k\sigma$，$k=1$，2，3。

当容差未知时，也可以通过调整随机设计变量的均值 μ_i 与控制离差系数 δ_i（因为容差 $\Delta x_i = 3\mu_i\delta_i$）来寻求问题的最优解。

2. 不可控因素的随机性

不论内、外和物件间的噪声因子，都具有不确定性——随机性。如工作载荷，材料的物理和力学性能，风力和下雨量等的随机性。

在设计中，对那些已知其分布类型和分布参数（或特征值）的而对产品质量特性有影响的噪声因素称为随机参数 $\boldsymbol{z}^{\mathrm{T}} = (z_1, z_2, \cdots, z_k)$。

在处理实际问题时，一般比较简便的是先找出随机参数 z_i 的概率密度函数，因为它最能直接反应随机变量的概率统计性质，然后用随机模拟方法产生它的随机样本。

3. 设计函数的随机性及约束类型

在设计问题中，当一些质量特性或技术指标为随机设计变量 $\boldsymbol{x}$ 和随机参数 $\boldsymbol{z}$ 的因变量函数时，这种质量特性称为随机设计函数。由于在模型中经常用随机设计函数来建立目标函数和约束函数。所以，由这类随机设计函数建立的目标函数或约束函数也是随机的，见表6-19。

表6-19　设计函数的随机计算和约束类型

		均　值	方　差	概　率
设计函数	$y = y(\boldsymbol{x}, \boldsymbol{z})$	$\mu_y = E\{y(\boldsymbol{x}, \boldsymbol{z})\}$	$\sigma_y^2 = Var\{y(\boldsymbol{x}, \boldsymbol{z})\}$	$P\{\mid y(\boldsymbol{x}, \boldsymbol{z}) - y_0 \mid \leqslant \Delta y\}$
设计约束	$g = y - y_0 \leqslant 0$	$E\{y - y_0\} \leqslant 0$		$P\{y - y_0 \leqslant 0\}$

6.5.2　稳健设计的随机模型

基于随机模型和随机优化的稳健设计方法与其他方法不同的是，在考虑可控与不可控因素的随机性下，通过调整设计变量的名义值与同时控制其容差（允许的最大偏差）的方法来获得稳健设计问题的最优解。

1. 产品质量设计准则

众所周知，用户一般都是根据产品的技术性能选用的。但由于影响因素的随机性，使得产品的输出技术特性值很不稳定，甚至偏离了目标值 y_0。

设产品的质量特性 y_j，考虑到产品的技术特性很难等于目标值，因而在设计中对目标值 y_{0j} 按技术标准又规定出合理的容差 Δy_j^- 和 Δy_j^+（允许的产品功能界限）来控制所生产的产品的质量，并定义 $|y_j - y_{0j}| > |\Delta y_j|$ 为不合格产品（或废品），否则为合格品。这样不论输出技术特性服从何种概率分布，都可按 y_j 值超出 $[y_{0j} + \Delta y_j^-, y_{0j} + \Delta y_j^+]$ 范围的概率大小来评

定该设计产品质量指标的稳定性。因而，产品的第一个质量设计准则可取

$$P\left\{\bigcap_{j=1}^{q}(y_{0j}+\Delta y_j^- > y_j \cup y_j > y_{0j}+\Delta y_j^+)\right\} \to \min \tag{6-41}$$

式中，q 是应满足功能指标的个数。

第二个质量设计准则是考虑产品的优质性要求，即希望每一项技术特性的统计均值与目标值的离差和方差为最小，即

$$LQ = \sum_{j=1}^{q} \boldsymbol{w}_j \left[\boldsymbol{w}_{1j}(\bar{y}_j - y_{0j})^2 + \boldsymbol{w}_{2j}\sigma_{yj}^2\right] \to \min \tag{6-42}$$

式中，$\boldsymbol{w}_j$ 为各项质量指标间的加权系数；$\boldsymbol{w}_{1j}$ 和 $\boldsymbol{w}_{2j}$ 为平衡方差和离差间关系的加权系数。

第三个质量设计准则是稳健可行性准则，就是说在产品设计中除对一些主要性能指标要求达到规定的值外，还必须满足对其他方面的一些限制（如制造和原材料供应条件、使用条件等），才能保证产品正常发挥功能，而这类限制在设计中可以用一些不等式约束 $g(\boldsymbol{x},\boldsymbol{z}) \leqslant 0$ 来表示，由于它是随机性约束，因而对于一般情况，当约束随机相关和非正态分布时，均可用下式来计算，即

$$P\left\{\bigcap_{j=1}^{m} g_j(x,z) \leqslant 0\right\} \geqslant \alpha_0 \tag{6-43}$$

式中，α_0 是预先规定的应满足的概率值，$\alpha_0 \in (0,1)$，其值越大，稳健可行性越好。

2. 稳健优化设计建模

稳健优化设计的基本问题是使质量特性的均值与目标值的差异为最小，并找出可控因素（设计变量）的均值$\bar{\boldsymbol{x}}$及其容差 $\Delta\boldsymbol{x}^-$ 和 $\Delta\boldsymbol{x}^+$。

设计解的稳健性一般包含两个意义：一是产品的主要质量技术特性对干扰因素影响的不灵敏性，即当 $\boldsymbol{x}$、$\boldsymbol{z}$ 发生变差时，其输出技术特性的实际值对目标值的偏差要小，这可以通过质量设计的第二准则来实现，即使 $LQ \to \min$；二是最优点的稳健可行性，即当 $\boldsymbol{x}$、$\boldsymbol{z}$ 发生变差时，其最优点仍是可行。这可以通过约束条件来保证，即

$$D_{\alpha_0} = \bar{\boldsymbol{x}} + t \left| \begin{array}{l} P\left\{\bigcap_{j=1}^{q} |y_j - y_{0j}| - \Delta y_j \leqslant 0\right\} \geqslant \alpha_{01} \\ P\left\{\bigcap_{j=1}^{m} g_j(\boldsymbol{x},\boldsymbol{z}) \leqslant 0\right\} \geqslant \alpha_{02} \end{array} \right. \tag{6-44}$$

如图 6-22 所示，$\alpha_0 \in (0,1)$ 值越大，最优解的稳健可行性越好。特别是若几个约束正相关，则它对可行域 $D_{\alpha 0}$ 的影响将是一致的，即同时缩小（或扩大）可行域；若负相关，则影响相反，一个扩大可行域，另一个缩小可行域。

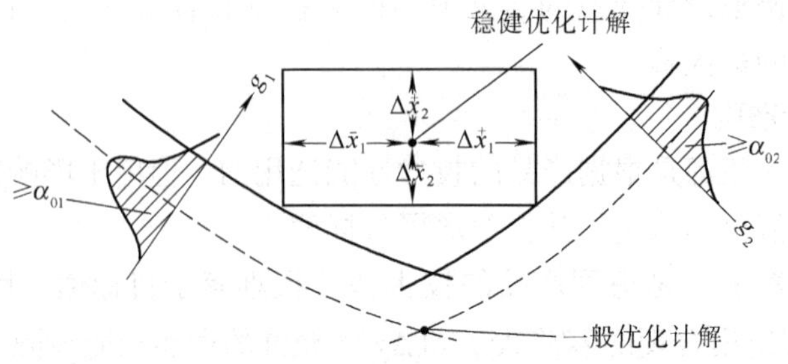

图 6-22　工程稳健设计最优解

基于随机模型稳健优化设计模型的几种形式见表6-20。

表6-20　稳健优化设计模型的几种形式

名　称	模型形式	说　明
变容差设计	$\min\limits_{x,\Delta x^-,\Delta x^+} LQ(\boldsymbol{x},\Delta\boldsymbol{x}^-,\Delta\boldsymbol{x}^+)$ s. t. $\left.\begin{array}{l}\bar{\boldsymbol{x}}+t\in D_{\alpha 0}\\ \Delta_x^L\leqslant\Delta\boldsymbol{x}\leqslant\Delta_x^u,\bar{\boldsymbol{x}}^L\leqslant\bar{\boldsymbol{x}}\leqslant\bar{\boldsymbol{x}}^U\\ \boldsymbol{x},z\in(\Omega,T,P)\in R^{n+k}\end{array}\right\}$	此模型为 $3n$ 维，$x(=\bar{x}+t)$ 为在 $[\bar{x}+\Delta x^-,\bar{x}+\Delta x^+]$ 内服从某种概率分布的随机变量
变离差设计	$\min\limits_{\bar{x},\delta} LQ(\bar{\boldsymbol{x}},\delta)$ s. t. $\left.\begin{array}{l}\bar{\boldsymbol{x}}+\boldsymbol{t}\in D_{\alpha 0}\\ \delta^L\leqslant\delta\leqslant\delta^U,\bar{\boldsymbol{x}}^L\leqslant\bar{\boldsymbol{x}}\leqslant\bar{\boldsymbol{x}}^U\\ \boldsymbol{x},z\in(\Omega,T,P)\in R^{n+k}\end{array}\right\}$	此模型为 $2n$ 维，其中 $\delta_i=\Delta x_i/\bar{x}_i$ 为容差系数
定容差设计	$\min\limits_{\bar{x}} LQ(\bar{x})$ s. t. $\left.\begin{array}{l}\bar{\boldsymbol{x}}+\boldsymbol{t}\in D_{\alpha 0}\\ \bar{\boldsymbol{x}}^L\leqslant\bar{\boldsymbol{x}}\leqslant\bar{\boldsymbol{x}}^U\\ \boldsymbol{x},z\in(\Omega,T,P)\in R^{n+k}\end{array}\right\}$	此模型为 n 维，其中假定 $\delta_1,\delta_2,\cdots,\delta_n$ 为已知值，如0.02，0.01，…

6.5.3　随机模型的计算方法

1. 计算方法

如前所述，为了保证设计解的稳健性，要求设计点必须满足 $\bar{\boldsymbol{x}}+\boldsymbol{t}\in D_{\alpha_0}$ 的稳健可行性条件。由式（6-44）可知，D_{α_0} 的计算主要是随机函数的概率计算。当质量特性 $y_j(\boldsymbol{x},\boldsymbol{z})$ 和约束 $g_j(\boldsymbol{x},\boldsymbol{z})$ 均为随机独立时，其概率为各个质量特性和约束条件概率的连乘积，即

$$p=p_1p_2\cdots p_q \quad 和\ p=p_1p_2\cdots p_m$$

关于概率的计算，在工程计算中通常可采用如下几种方法：

1）随机模拟方法。该方法不受随机设计函数是否是相关性的影响在设计中都可采用，方法较简单，也能保证所需的精度，是一种最常用的方法。

2）数值计算方法。其中有数值积分法和自变量网格法。

3）概率约束的计算方法。其中有一次二阶矩法、概率约束等价转换的逐次逼近法等。

2. 稳健设计优化算法

求解稳健优化设计模型较为理想的方法是，采用一种以离散变量为基础的随机模拟搜索算法SMOD，该方法可以避免随机约束函数相关性给计算带来的困难。

随机模拟搜索算法是一种比较通用而且十分简便的方法，它是离散变量优化方法与模拟方法的结合，其算法步骤如下：

S. 1　给定输入：设计变量和随机参数的分布类型、分布参数和数量、算法操作参数、模拟试验次数等。

S.2　提供计算准则函数、约束函数和概率密度函数子程序，抽样计算子程序。

S.3　确定设计变量均值和容差的初值。

S.4　调用优化方法子程序，按设计变量和准则函数的概率统计值沿某种搜索策略逐步找出最优点。

S.5　对每次模拟试验按 k 循环到 S.10。

S.6　对每个设计变量和参数取一个样本值。

S.7　调用函数子程序，求出准则函数和约束函数的每个函数值。

S.8　求得各个函数的累计值并计算出其统计均值和方差。

S.9　检验各个约束是否满足，若是，则计不失效一次，求出不失效的累计总数。

S.10　若 k 小于样本容量，则转向 S.6。

S.11　计算出当前点准则函数的均值、方差和各个约束满足的概率值。

S.12　检验是否找到稳健最优点，若是，转向 S.13；否则返回优化子程序。

S.13　对稳健最优点作详细的概率分析计算。

S.14　输出稳健最优解的结果，计算结束。

对于已经将随机模型转化为确定性模型的计算，一般采用离散变量优化方法计算要比采用连续变量优化方法合理，因为随机变量的名义值（统计均值）是按加工、测量所需的离散值取的。

例 6-3　气动换向装置（图 6-23）的稳健设计在 6.2 节中已介绍了用损失模型法求得此问题的解。下面介绍用随机模型法解此问题，并对结果作出比较。

解　（1）稳健优化设计模型

设计变量：按设计要求，需确定活塞直径 D 、行程 L 和缸内压力 p_V ，且用 $\overline{D}$ 、$\overline{L}$ 、$\overline{p}_V$ 表示名义值，ΔD 、ΔL 和 Δp_V 表示各特定参数的最大偏差，且设其容差为 $\pm\Delta D$ 、$\pm\Delta L$ 、$\pm\Delta p_V$ ，其中耗气压降 Δp_V 不是独立参数，它可由下式计算，即

$$\Delta p_V = p_V\left[1 - \frac{(4v)^k}{(4v + \pi D^2 L)^k}\right]$$

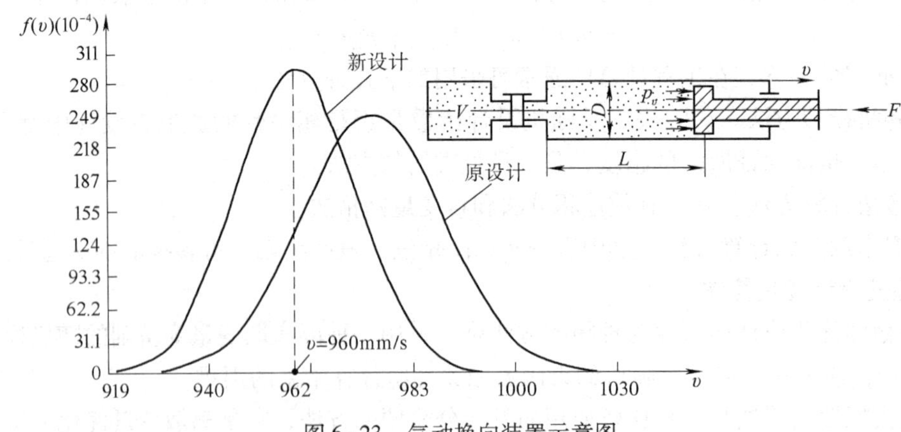

图 6-23　气动换向装置示意图

因此，取设计变量为

$$\overline{\boldsymbol{x}}^{\mathrm{T}} = [\overline{x}_1 \quad \overline{x}_2 \quad \overline{x}_3 \quad \overline{x}_4 \quad \overline{x}_5] = [D \quad L \quad p_m \quad \Delta D \quad \Delta L]$$

且认为都是确定量，但活塞直径的实际值在 $D \pm \Delta D$ 内和行程的实际值在 $L \pm \Delta L$ 内是随机的，考虑到制造工艺条件，它服从正态分布。

随机参数： 随机参数有 3 个，即换向阻力 F（N）、系统重力 G（N）和等熵指数 κ，它们的值分别为 $F \sim N(750,7.1)$； $G \sim N(900,17)$； $\kappa \sim N(1.35,0.12)$；此外，已知参数有气瓶容积 $V = 1.8 \times 10^6 \text{mm}^3$，标准大气压 $p_a = 0.1013\text{MPa}$，重力加速度 $g = 9800\text{mm/s}^2$。

设计准则： 为使设计保证产品的质量，要求换向末速度的统计均值 $\bar{v}$ 接近目标值 v_0，且方差 S_v^2 要小，对此可以取平均质量损失函数极小化作为设计准则

$$L(v) = w_1(\bar{v} - v_0)^2 + w_2 S_v^2 \to \min$$

另外要求耗气量最小和耗气压降在规定的容差 $\Delta p_V = 0.1 p_V$ 内。这两项指标可作为设计的参考特性，列入约束条件中考虑。

约束条件： 根据系统设计的要求，由几个参考特性可建立如下几个约束：

$$g_1(\boldsymbol{x},\boldsymbol{z}) = |\Delta p_w| - 0.1 p_V \leqslant 0$$

$$g_2(\boldsymbol{x},\boldsymbol{z}) = Q - Q_0 \leqslant 0$$

式中，Q_0 是允许最大耗气量，取 $Q_0 = 1.1 \times 10^6 \text{mm}^3$。所以系统的不失效模式为

$$P\{g_1(\boldsymbol{x},\boldsymbol{z}) \leqslant 0 \cap g_2(\boldsymbol{x},\boldsymbol{z}) \leqslant 0\} \geqslant 0.99$$

计算结果： 表 6-21 中给出了原设计和采用本方法新设计的结果。计算过程的模拟次数取 1000 次，计算收敛后取 10000 次。

表 6-21　原设计和新设计的结果

	设 计 变 量					输出特性的统计值				
	$\bar{D}$	$\bar{L}$	$\bar{p}_V$	$\pm\Delta D$	$\pm\Delta L$	$\pm\Delta p_V$	$\bar{v}$	S_v^2	$v_{\max}$	$v_{\min}$
原设计	26	52	2.93	0.1	0.2	0.1	976.934	15.934	1 026.044	920.419
新设计	26.28	55.07	2.8	0.026	0.181	0.051	960.221	12.617	1 002.030	918.720

在图 6-23 中给出了原设计和新设计的质量特性——末端速度的概率密度曲线，它们都不服从正态分布，是用最大熵分布拟合出来的。

习　　题

6-1　何谓稳健设计？此方法可以解决产品质量设计的什么样的问题？

6-2　何谓产品的质量特性？它的波动是由何原因引起的？

6-3　某零件的规格为 200mm ±5μm，当超出规格时，即作为次品，在这种情况下应如何划分该零件的质量等级？

6-4　某零件厚度标准为 760mm ±20μm，质量损失系数 $K=3$，现测得 10 个零件的厚度与目标值 760 的偏差为 5，1，−2，−3，4，−8，5，−4，3，−6，试求这 10 个零件的平均损失。

6-5　Taguchi 稳健设计的核心是什么？

6-6　什么是信噪比和正交表的正交性？

6-7　轴承圈退火的工艺常常使产品的硬度偏高，每炉约有 15% 左右需回炉，现通过正交试验来探索最佳退火工艺，以提高硬度的合格率。影响退火的因素为上升温度［800，820］(℃)、保温时间［6，8］(h) 和出炉温度［400，500］(℃)，试用 2 水平安排其正交试验。

6-8 已知某半成品在生产过程中的废品率 y 与它的一种化学成分 x 有关，现已测得 8 对数据如下

x（0.01%）	34	36	38	40	42	44	46	48
y（%）	1.30	1.00	0.90	0.60	0.30	0.40	0.50	0.60

试做出一阶响应面模型并做出显著性检验。

6-9 有一双杆支架，如图 6-24 所示，支承载荷为 $F=(293\pm13.3)$kN，支座水平距离 $2B=(152.4\pm2.54)$cm，若已选定钢管为支杆，其壁厚 $t=(0.254\pm0.025)$cm，屈服强度 $\sigma_s=(689.4\pm3.44)$MPa，弹性模量 $E=(2.07\times10^5\pm0.103\times10^5)$MPa，密度 $\rho=8300\text{kg/m}^3$，允许变形 $\delta_f=0.635$，要求在满足强度、压杆稳定性和变形的约束条件下确定支架高 H 和钢管直径 d，并使支架结构最轻，以此要求建立它的容差设计模型。

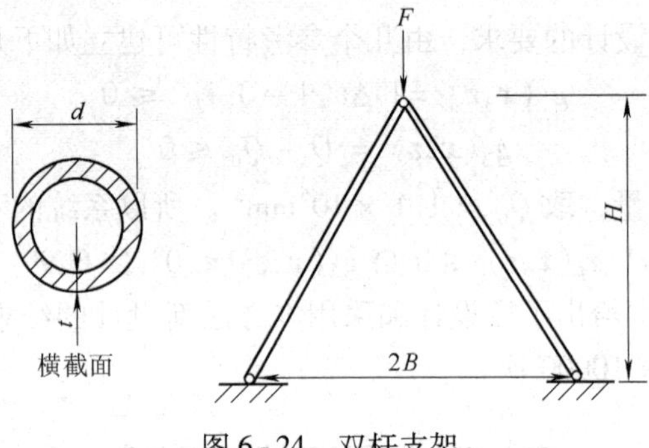

图 6-24 双杆支架

6-10 试将上题改用随机模型来建立它的稳健设计模型，假设 $\sigma_x=\Delta x/3$，$\sigma_z=\Delta z/3$。

参考文献

[1] Phadke M S. Quality Engineering Using Robust Design [M]. New Jersey: Prentic – Hall International Inc., 1989.

[2] Sung H Park. Robust Design and Analysis for Quality Engineering [M]. London: Chapman & Hall, 1996.

[3] Khattree R. Robust Parameter Design: A Response Surpace Approach [J]. Journal of Quality Technology, 1996, 28 (2): 187–198.

[4] 田口玄一. 质量工程学概论 [M]. 魏锡禄，王和福，译. 北京：中国对外翻译出版公司，1985.

[5] 韩之俊. 三次设计 [M]. 北京：机械工业出版社，1992.

[6] 刘明辉. 试验设计和分析 [M]. 北京：气象出版社，1998.

[7] 陈立周. 稳健设计 [M]. 北京：机械工业出版社，2000.

第 7 章　优化设计

7.1　引言

优化设计（Optimal Design）是建立在最优化数学方法和计算机及其计算技术基础上的，可以实现产品的性能、质量和成本等设计指标最佳化的一种现代工程设计方法。

优化设计也和创新设计一样，可以把它看做是完成设计过程各个阶段的一种手段。这就是说，优化设计的思想、原理、方法和技术可以贯彻在设计的全过程中，但是在各个阶段所采用的优化方法会有所不同。

7.1.1　最优化在机械产品设计中的作用

最优化（Optimization）通常是指在解决设计问题时，使其结果达到某种意义上的无可争议的完善化。目前，最优化“opt”在科学和技术领域内如同使用最大“max”和最小“min”一样具有普遍性，并且已成为人们在解决科学和技术问题时的一个原则。

作为设计决策的一种方法——优化设计，它对于提高产品的设计质量，特别是在解决多因素的复杂问题中，将会起到重要的作用。

例如，图 7 - 1 所示为带运输机齿轮滚筒用二级外 - 内啮合的传动形式。当带运行速度 $v=2.7\text{m/s}$、输入转速 $n=906\text{r/min}$ 和滚筒直径 $D=500\text{mm}$ 时，要求在滚筒内的有限空间中，合理选择齿轮传动的啮合参数，使二级传动齿轮达到等强度，且使其所传递的功率达到最大；要求确定第Ⅰ级和第Ⅱ级传动齿轮的模数 m_1 和 m_2，变位系数 x_{12} 和 x_{34}，齿数 z_1、z_2、z_3 和 z_4，齿宽 b_1 和 b_2，共 10 个参数；同时要求满足齿轮啮合的强度条件、啮合干涉条件、加工工艺和结构限制条件等 29 个不等式约束。按现行的设计，只能通过反复的试凑计算，取得一个较为合理的传动方案，即中心矩 $A^{\circ}=134\text{mm}$，第Ⅰ级的承载能力为 7.5kW，第Ⅱ级为 37kW。显然它不是一种参数的最佳组合，因为承载能力两者约相差 4.9 倍。若采用优化设计，其结果是中心矩 $A^{*}=122.5\text{mm}$，其允许传递的功率第Ⅰ级为 19.7kW，第Ⅱ级为 19.6kW。两者仅相差 0.5%，取得了最优设计方案，找到了这种传动方案（当 $D=500\text{mm}$ 时）的最佳中心矩 A^{*}，从而使整体的承载能力由 7.5kW 提高到 19.6kW，大大改进了产品的设计性能，保证了产品的设计质量。

又如图 7 - 2 所示，当二级圆柱齿轮减速器的总传动比从 7.1 ~ 28（13 种）、中心距为 620 ~ 1650mm、输入功率为 302 ~ 1170kW 和输入转速为 1500r/min 时，按质量最轻进行优化设计所得的二级齿轮传动等强度条件下传动比的最佳比例 $(i_2/i_1)_{\text{opt}}$。在图 7 - 3 中给出按常规设计和优化设计的制造成本和质量方面发生变化的关系，制造成本降低 5% ~ 20%，质量平均减轻 12%。显然，对于成批生产的产品，采用优化设计方法所取得的经济效益是相当显著的。

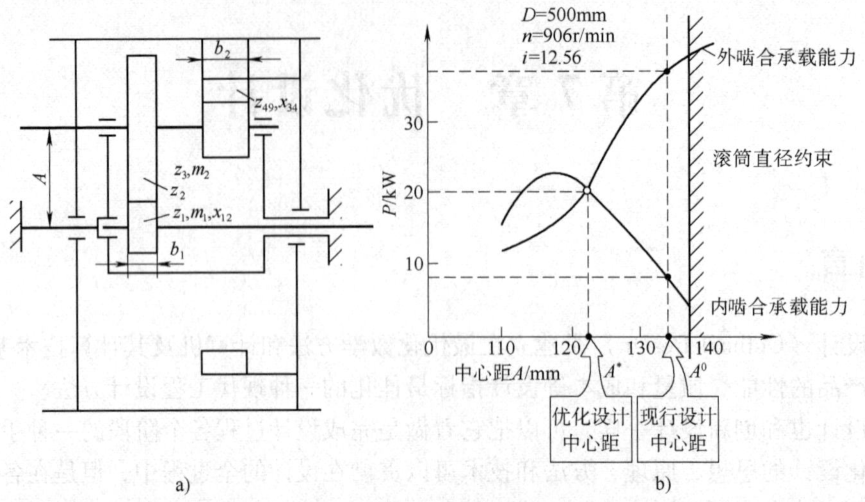

图 7-1　齿轮滚筒用二级外-内啮合的传动形式

a）结构方案　b）优化设计与现行设计的结果

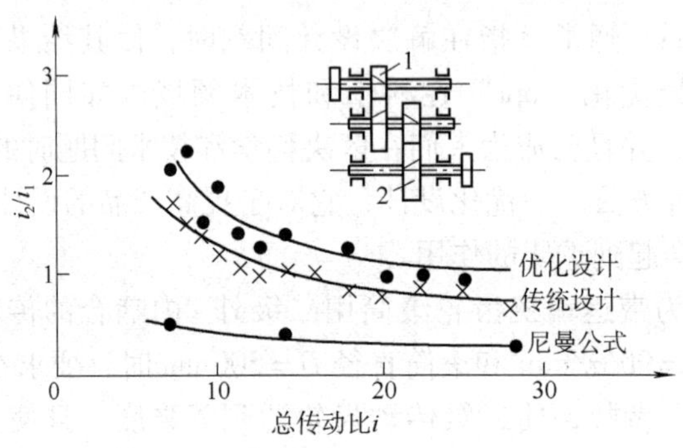

图 7-2　二级齿轮传动比最佳比值与总传动比的变化关系

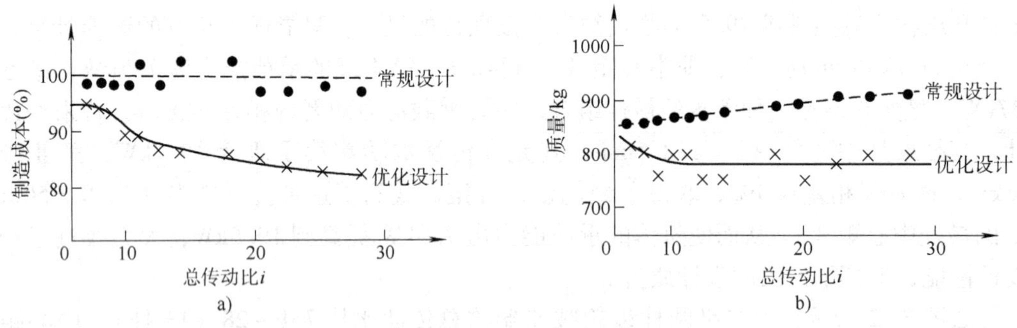

图 7-3　二级圆柱齿轮减速器系列采用优化设计和常规设计的结果比较

a）制造成本　b）质量

7.1.2　优化设计的分类

在机械设计中，优化可以涉及很广的领域，问题的种类和性质也很多。但从它所要解决问题的特点来看，归纳起来，可分为函数优化问题和组合优化问题两大类。

函数优化问题通常可描述为：令 $\boldsymbol{X}$ 为 R^n 上连续变量 $\boldsymbol{x}$ 的一个有界子集，$f(\boldsymbol{x}): \boldsymbol{x} \to R^n$ 为 n 维实值函数，所谓函数 $f(\boldsymbol{x})$ 在 $\boldsymbol{X}$ 域上的全域最优点就是所求的点 $\boldsymbol{x}^* \in \boldsymbol{X}$ 使 $f(\boldsymbol{x}^*)$ 在 $\boldsymbol{X}$ 域上的全域最小值，即 $\forall \boldsymbol{x} \in \boldsymbol{X}$，$f(\boldsymbol{x}^*) \leqslant f(\boldsymbol{x})$。如机械参数优化设计，结构、形状优化设计等。

组合优化问题通常可描述为：令 $\Omega = \{s_1, s_2, \cdots, s_n\}$ 为所有离散状态构成的分解空间，$C(s_i)$ 为状态 s_i 对应的准则（或目标）函数值，要求寻求最优解 s^*，使得 $\forall s_i \in \Omega$，有 $C(s^*) = \min C(s_i)$，组合优化在计算上是一类比较特殊的问题，它往往涉及排序、分类和筛选等一些问题。在机械设计中属于这类问题的有生产（或工序）调度问题、原材料的下料和内腔的布局问题、送货或原材料采购的最短路径问题等。

由于篇幅的限制，这里仅讨论函数优化问题中的参数优化设计问题，这是一类比较普遍和重要的问题。

7.1.3　优化设计的一般工作方法

目前，对于某项工程或产品进行优化设计，还很难处理概念设计、全系统和全性能的优化设计问题，一般只能在某个已确定设计方案的前提下，寻求使该方案达到最佳品质和性能或使其达到预定目标的结构参数（设计参数）的最优组合，因而有时又称它为参数优化设计。

优化设计的全过程一般可概括为：

1）根据设计要求和目的定义优化设计问题。

2）建立优化设计问题的数学模型。

3）选用合适的优化计算方法。

4）确定必要的数据和设计初始点。

5）编写包括数学模型和优化算法的计算机程序，通过计算机的求解计算获取最优结构参数。

6）对结果数据和设计方案进行合理性和适用性分析。

其中，最关键的是两个方面的工作：先是将优化设计问题抽象成优化设计数学模型，通常简称它为优化建模；然后是选用优化计算方法及其程序在计算机上求出这个模型的最优解，通常简称它为优化计算。

优化设计数学模型是用数学的形式表示设计问题的特征和追求的目标，它反映了设计指标与各个主要影响因素（设计参数）间的一种依赖关系，它是获得正确优化结果的前提。

由于优化计算方法很多，因而它的选用是一个比较棘手的问题，在选用时一般都遵循这样两个原则：一是选用那种适合于模型计算的方法；二是选用那种已有计算机程序，且使用简单和计算稳定的方法。

图 7-4 所示为参数优化设计工作的一般流程图。

7.1.4　优化设计的发展与趋势

在机械设计领域中，追求最优的设计方案一直是工程设计人员不懈努力、奋斗不止的目标，并且在长期的设计实践中产生了诸如进化优化、直觉优化、试验探索优化等一些优化策略与方法，并在“设计——评价——再设计”的过程中，自觉或不自觉地利用经验、知识、图解分析、黄金分割和分析数学等一些经典的优化方法进行优化设计，解决了一些简单的单变量的优化设计问题。在此阶段，没有形成完整的优化设计的理论体系，因而可称它为古典优化设计。

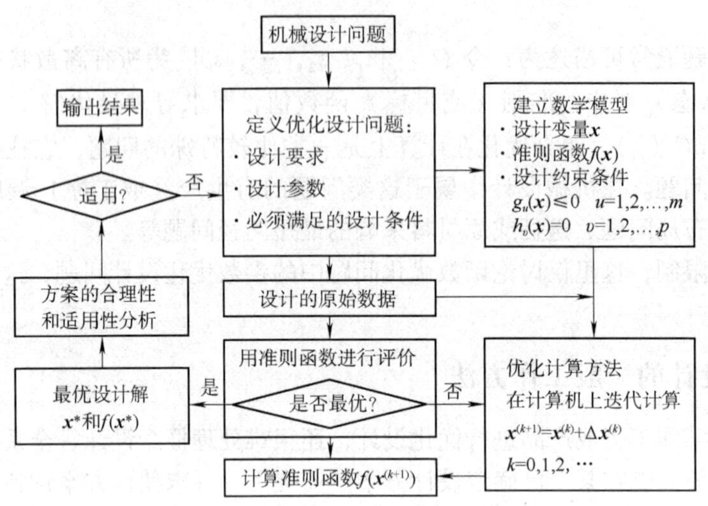

图 7-4　参数优化设计工作的一般流程图

随着近代数学分支——数学规划论的创立，特别是近 50 年来，计算机及其计算技术的迅速发展，使得对工程设计中较复杂的一些优化问题的计算有了重要的工具，并在航空航天、汽车和船舶等重要工业部门及其一些重大工程设计的应用中取得了较好的技术和经济效果，同时也促进了工程优化设计理论和方法的发展，如开发出了优化设计程序库、机构与零部件优化设计程序库和结构优化设计程序库等一些大型的工程优化设计应用软件，并结合工程优化设计的特点，在多目标优化、混合离散变量优化、随机变量优化、模糊优化以及人工智能、神经网络及遗传算法应用于优化设计等方面都获得了一些显著的成果，逐步形成了以计算机和优化技术为基础的近代优化设计。它与古典优化设计的本质区别是有其完整的理论和设计体系，即：① 需要建立一个便于计算机计算和处理的优化设计数学模型；② 需要有一种与之相应的求解该模型的算法和程序；③ 需要对优化计算结果进行分析和评价。在这三个方面中，优化计算算法及程序经过科研工作者和设计人员多年的努力，已经做出了相当出色的工作，但是在优化设计建模，特别是适合于 CAD 技术的自动建模和优化计算结果的分析与评价方面的研究却比较落后，以致阻碍了优化设计在 CAD/CAM 中的应用。

从产品设计的全局来看，目前的优化设计多数还仅仅停留在确定设计方案后的参数优化计算方面，因而有时也称它为参数优化设计，或“狭义”的优化设计。面向产品设计的过程，应将优化设计拓宽到产品的全系统、全性能和全寿命周期的优化，这项技术总称它为“广义”优化设计，是适应产品设计、CAD 技术发展需求和现代科学技术支持下的优化设计技术的新发展，其中迫切需要解决的几个问题是：

1）关于面向产品设计的优化建模理论和技术，利用多学科优化建模将是近期的一个研究热点。

2）为解决数学与非数学模型的计算与处理，应发展能模仿人类大脑拓扑结构和思维方式的，具有智能性、结构性、并行性、容错性、自组织和自学习等许多优良特性的一种协同算法，这类计算的发展将依赖于 21 世纪计算智能的三大关键技术——模糊理论、神经网络和进化计算。

3）发展与完善产品设计各阶段的分析、评价与决策系统。

4）开发与完善面向产品多学科协同优化设计的软件、软硬件支撑系统和系统的运行方案。这种“广义”优化设计按学科性质上说是多学科协同优化设计，但它是面向复杂的机械产品（或系统），利用近代协同设计思想和集成技术，将多学科的模型分析方法、有效的多学科算法以及数据分析、管理等集成在一起来进行相互作用与耦合多子系统组成的系统优化设计技术，这是当前优化设计发展中需要迫切解决的问题。

7.2　优化设计建模

7.2.1　概述

优化设计是一种格式化的设计方法。对于各式各样的设计问题，都必须先将它按照规定的格式要求建立优化计算的数学模型，简称建模；然后再在计算机上用优化计算方法解出它的最优解。

对于任一个设计问题，若能回答如下几个问题，则从严格意义说都可以确立它的优化设计问题：

1）用哪些参数可以描述设计方案？

2）什么是“最优设计方案”的判据？

3）在什么样的条件下才能获得适用意义上的设计方案？

例如，有一个螺旋压缩弹簧，已知载荷为 F，弹簧材料的切变模量为 G，许用切应力为 $[\tau]$，弹簧的非工作圈数为 n_2，轴向变形量为 λ。试设计这个弹簧并使其体积最小。

如图 7-5 所示，这个弹簧需要确定的结构参数有：弹簧钢丝直径 d、弹簧的中径 $D=(D_1+D_2)/2$ 和弹簧的工作圈数 n_1。这 3 个参数确定后，所设计的弹簧方案也就定了。

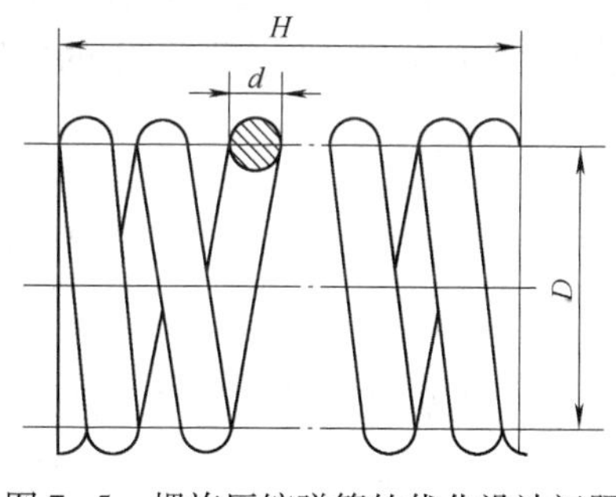

图 7-5　螺旋压缩弹簧的优化设计问题

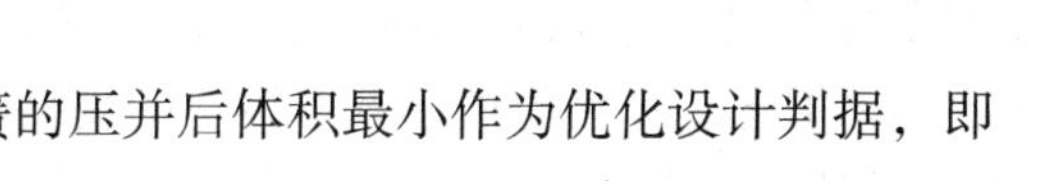

取弹簧的压并后体积最小作为优化设计判据，即

$$V=\frac{1}{4}\pi D^2(n_1+n_2)d\rightarrow\min$$

必须满足如下的一些设计条件才可达到实用性的目的：

（1）强度条件　弹簧在极限载荷作用下其切应力不得超过许用值。极限载荷为 $F_{\max}=1.25F$，该条件为

$$\tau=\frac{8KF_{\max}D}{\pi d^3}\leqslant[\tau]$$

式中，K 为弹簧的曲度系数，取 $K=1.6/(D_2/d)^{0.14}$。

（2）变形条件　弹簧在载荷作用下其产生的变形量 δ 要求为 $[\delta]$，即

$$\delta=\frac{8FD^3n_1}{Gd^4}=[\delta]$$

（3）稳定性条件　压缩弹簧的稳定性条件为高径比 b 不得超过允许值 $[b]$（当弹簧为两端固定时 $[b]=5.3$），即

$$b=\frac{H}{D}\leqslant[b]$$

式中，H 为弹簧的自由高度，其值为 $H=(n_1+n_2)d+1.1\lambda$。

此问题可叙述为如下优化设计问题，即选择弹簧的结构参数 d、D、n_1，使设计指标

$$V=\frac{1}{4}\pi D^2(n_1+n_2)d\rightarrow\min$$

且满足设计条件 $\tau\leqslant[\tau]$，$b\leqslant[b]$ 和 $\delta=[\delta]$。

7.2.2　优化设计的基本术语

（1）设计变量　在工程设计中，通常可用一组设计参数值来表示一个设计方案，而这组设计参数可以是表示构件形状、尺寸、大小和位置的几何量，也可以是表示构件质量、速度、加速度、力、力矩等的物理量。在构成一项设计方案的全部参数中，可能有一部分参数根据实际情况预先确定它的数值，它们在优化设计过程中始终保持不变，这样的参数称为给定参数（或预定参数）或常数。另一部分参数则是需要优选的参数，它们的数值在优化设计过程中是变化的，这类参数称为设计变量，它相当于数学上的独立自变量。如上例中弹簧钢丝直径 d、弹簧中径 D 和工作圈数 n_1 即为设计变量，而切变模量 G 和许用切应力 $[\tau]$ 为常数。

一个优化设计问题如果有 n 个设计变量，而每个设计变量用 x_i（$i=1,2,\cdots n$）表示，则可以把 n 个设计变量按一定的次序排列起来组成一个列阵或行阵的转置，即写成

$$\boldsymbol{x}=\begin{pmatrix}x_1\\x_2\\\vdots\\x_n\end{pmatrix}=[x_1,x_2,\cdots,x_n]^{\mathrm{T}}\tag{7-1}$$

式中，T 为矩阵的转置符号；把设计变量 x_1、x_2、…、x_n 称为向量 $\boldsymbol{x}$ 的 n 个分量；把以 n 个设计变量 x_1、x_2、…、x_n 为坐标轴展成的多维空间称为 n 维欧氏空间，用 $\boldsymbol{R}^n$ 表示。

在机械设计中有些参数只能选用规定的离散值，如齿轮的模数、钢材的规格尺寸等，以这样的参数作为设计变量的称为离散设计变量。在不加特殊说明的情况下，都将设计变量 x_1、x_2、…、x_n 视为连续变量，并且是个有界的变量，即

$$a_i\leqslant x_i\leqslant b_i\qquad(i=1,2,\cdots,n)\tag{7-2}$$

式中，a_i、b_i 分别是设计变量 x_i 的下界值和上界值。

通常，把满足某些特定条件的设计点的总和称为设计空间，记为

$$\boldsymbol{X}=\{\boldsymbol{x}=[x_1,x_2,\cdots,x_n]^{\mathrm{T}}\mid a_i\leqslant x_i\leqslant b_i,\ i=1,2,\cdots,n\}\tag{7-3}$$

这就是说，$\boldsymbol{X}$ 是所有满足 $a_i\leqslant x_i\leqslant b_i$（$i=1,2,\cdots,n$）条件点 $\boldsymbol{x}$ 的集合，式中的垂线把记号分为两部分，左边是 n 维的设计点，右边是规定的限制条件。

集合 $\boldsymbol{X}$ 中的成分有时又称为元素，若 $\boldsymbol{x}$ 是集合 $\boldsymbol{X}$ 中的一个元素，则记为 $\boldsymbol{x} \in \boldsymbol{X}$，读为 $\boldsymbol{x}$ 属于 $\boldsymbol{X}$。

如果一个集合是另一个集合的成分，则可称为子集。特别是设计空间 $\boldsymbol{X}$ 是欧氏空间 $\boldsymbol{R}^n$ 的一个子集，于是可记为 $\boldsymbol{X} \subset \boldsymbol{R}^n$，读为 $\boldsymbol{X}$ 包含于 $\boldsymbol{R}^n$。当然，在 n 维欧氏空间 $\boldsymbol{R}^n$ 内可以有许多满足不同限制条件的设计空间。设计空间包含了该项设计所有可能的设计方案，且每一个设计方案就对应着设计空间上的一个设计向量或者说一个设计点 $\boldsymbol{x}$。如图 7-6 所示，上标 (k) 表示第 k 次计算所得的设计方案，且设定设计变量只允许取正值。

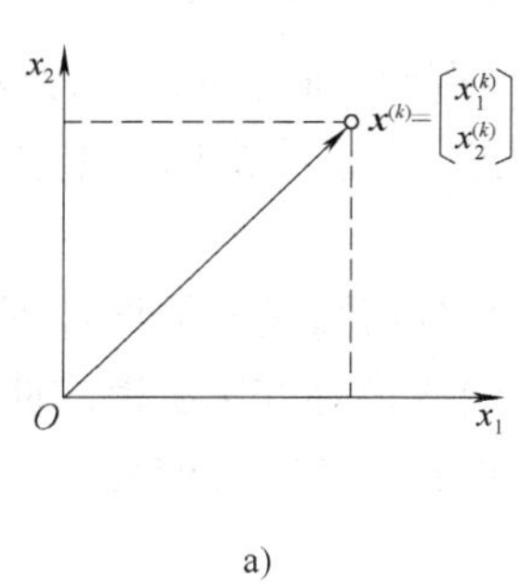

a)

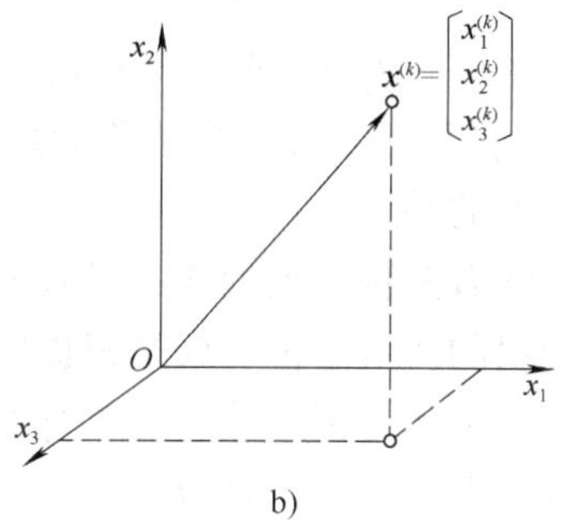

b)

图 7-6　设计空间（变量只取正值）

a）二维设计空间　b）三维设计空间

这样，对于弹簧的优化设计问题（图 7-5），设计变量可取 $x_1 = D$，$x_2 = d$，$x_3 = n_1$；以此类推。

设计变量的数目越多，其设计空间的维数越高，能够组成的设计方案的数量也就越多，因而设计的自由度也就越大，从而也就增加问题的复杂程度。一般来说，优化设计过程的计算量是随设计变量数目的增多而增加的。因此，对于一个优化设计问题来说，应该恰当地确定设计变量的数目。并且原则上讲，应尽量减少设计变量的数目，即尽可能把那些对设计指标影响不大的参数取做给定参数，只保留那些对设计指标影响显著的参数作为设计变量，这样便可以使优化设计的数学模型得到简化。

（2）目标函数　目标函数是优化设计中所追求的目标并以设计变量表示的多元函数（如前面例中的使弹簧的体积最小），当给定一组设计变量值时就可计算出相应的目标函数值，即它是个标量函数。因此，在优化设计中，是用目标函数值的大小来衡量设计方案的优劣的，故有时也称它为优化设计的评价函数和准则函数。它的一般表示式为

$$f(\boldsymbol{x}) = f(x_1, x_2, \cdots, x_n)$$

优化设计目的就是要求合理选择设计变量使目标函数值达最佳值，即 $f(\boldsymbol{x}) \rightarrow \mathrm{opt}$。由于是用目标函数值的大小来衡量设计方案优劣的，故所谓最佳值就是指最大值或最小值。由于求目标函数 $f(\boldsymbol{x})$ 的极大化等价于求目标函数 $\{-f(\boldsymbol{x})\}$ 的极小化，因此，在本书中为了算法和程序的统一，最优化就是指极小化，即

$$\min f(\boldsymbol{x}) \quad \text{或} \min f(x_1, x_2, \cdots, x_n) \tag{7-4}$$

在工程设计问题中，设计所追求的目标是各式各样的。当只要求一项设计指标达到最优化时，称它为单目标优化设计问题，有时要求两项或多项指标同时达到最优化时，这就是所谓多目标优化设计问题，即

$$\min f(\boldsymbol{x}) \quad 或 \min[f(\boldsymbol{x}),f(\boldsymbol{x}),\cdots,f_q(\boldsymbol{x})]^{\mathrm{T}} \tag{7-5}$$

单目标优化设计问题，由于指标单一，易于衡量设计方案的优劣，求解过程比较简单明确。而多目标问题则比较复杂，因为如果具有两个以上的目标函数，假设它们并不是依赖完全不同的设计变量，又不存在各自独立的约束条件，那么，要求这两个目标函数同时达到极小值有时是比较困难的。目前处理这种多目标设计问题的常用方法是将它们组成一个复合的目标函数，例如采用线性加权和的形式，即

$$f(\boldsymbol{x}) = \boldsymbol{w}_1 f_1(\boldsymbol{x}) + \boldsymbol{w}_2 f_2(\boldsymbol{x}) + \cdots + \boldsymbol{w}_q f_q(\boldsymbol{x}) = \sum_{j=1}^{q} \boldsymbol{w}_j f_j(\boldsymbol{x}) \tag{7-6}$$

式中，$f_1(\boldsymbol{x}),f_2(\boldsymbol{x}),\cdots,f_q(\boldsymbol{x})$分别代表1，2⋯，$q$个设计指标；$\boldsymbol{w}_1$，$\boldsymbol{w}_2$，⋯，$\boldsymbol{w}_q$是各项指标的加权系数（即叫加权因子），是非负的数，它的作用是标志该项指标的重要程度以及平衡各项指标在量级上的差别。

目标函数通常有两种表现形式：显式和隐式。显式目标函数是根据设计理论或公式、科学定理的关系导出的代数方程，或是根据实验数据采用曲线拟合方法所得的曲线方程；隐式目标函数是利用有限元分析方法、人工神经网络方法或仿真模拟方法的程序计算所得，它没有明确的函数式，但可以给出函数值。

由于目标函数是设计变量的函数，故给定一组设计变量值就对应地有一个函数值。这样，在设计空间的每一个设计点，都有一个函数值与之相对应。具有相同函数值的点集在设计空间内形成一个曲面或曲线，称为目标函数的等值面或等值线。在具有n个设计变量的目标函数中，相同目标函数值的点集在n维设计空间是个等值超曲面。对于两个设计变量的二元目标函数则是一些等值线（平面曲线或直线），如图7-7所示，在求极小化的目标函数时，其内圈等值线的函数值要比外圈的小。

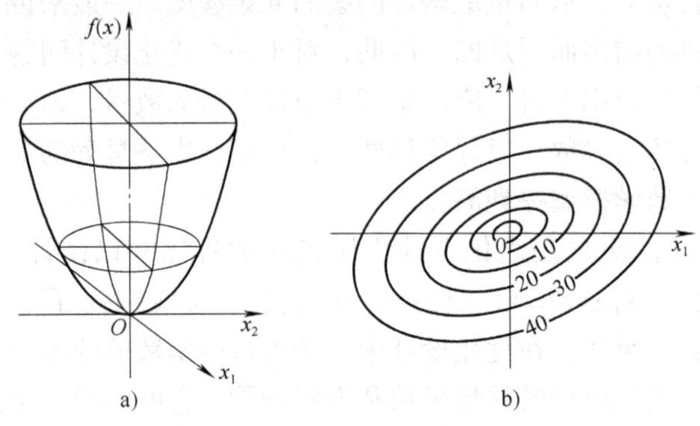

图7-7　目标函数的等值线

a）椭圆抛物面　b）等值线

（3）约束条件　为了使优化设计结果达到适用性，除要使目标函数达到最优值外，还必须满足一些附加的设计条件，这些附加的设计条件都对设计变量取值的相互关系及其大小加以限制，在优化设计中称为约束条件或设计约束。它的表现形式有两种，一种是不等式约束，即

$$g(x_1, x_2, \cdots, x_n) \leqslant 0 \quad 或 g(x_1, x_2, \cdots, x_n) \geqslant 0 \tag{7-7}$$

另一种是等式约束，即

$$h(x_1, x_2, \cdots, x_n) = 0 \tag{7-8}$$

可简记为 $g(\boldsymbol{x})$ 和 $h(\boldsymbol{x})$，是 n 维变量函数。

如果有 m 个约束函数，$g_u(\boldsymbol{x})$　$(u=1, 2, \cdots, m)$，则也可以写成约束向量，即

$$\boldsymbol{g}(\boldsymbol{x}) = [g_1(\boldsymbol{x}), g_2(\boldsymbol{x}), \cdots, g_m(\boldsymbol{x})]^{\mathrm{T}} \tag{7-9}$$

设计约束的形式必要时也可以实现某些形式上的变换。如 $g(\boldsymbol{x}) \leqslant 0$ 可以变成 $-g(\boldsymbol{x}) \geqslant 0$。$h(\boldsymbol{x})=0$ 也可以用 $h(\boldsymbol{x}) \leqslant 0$ 和 $-h(\boldsymbol{x}) \geqslant 0$ 两个不等式约束条件代替。

边界约束是直接限定设计变量的取值范围，对于 $a_i \leqslant x_i \leqslant b_i$ 可以写成两个不等式约束，即

$$g_1(\boldsymbol{x}) = a_i - x_i \leqslant 0 \quad 和 \quad g_2(\boldsymbol{x}) = x_i - b_i \leqslant 0$$

性能约束是由设计特性必须满足规定要求推导出来的约束条件。例如由强度条件 $\sigma \leqslant [\sigma]$，可以导出其不等式约束为

$$g(\boldsymbol{x}) = \sigma - [\sigma] \leqslant 0$$

此外，还可以由其他性能条件，如刚度条件、效率、磨损度、散热条件等建立相应的设计约束条件。

约束条件的归一化即是把上述不等式约束条件转化为

$$g(\boldsymbol{x}) = \frac{\sigma}{[\sigma]} - 1 \leqslant 0$$

这样，$g(\boldsymbol{x})$ 值将在 0 ~ 1 之间变化。

不等式约束及其有关概念，在优化设计中是相当重要的，如图 7-8 所示，每一个不等式约束 [如 $g(\boldsymbol{x}) \leqslant 0$] 都把设计空间划分成两部分，一部分是满足该不等式约束条件的，即 $g(\boldsymbol{x}) < 0$，另一部分则不满足，即 $g(\boldsymbol{x}) > 0$。两部分的分界面称为约束面，即由 $g(\boldsymbol{x})=0$ 的点集构成。在二维设计空间内，约束面是一条曲线或直线，在高维的设计空间中则是一个超曲面。

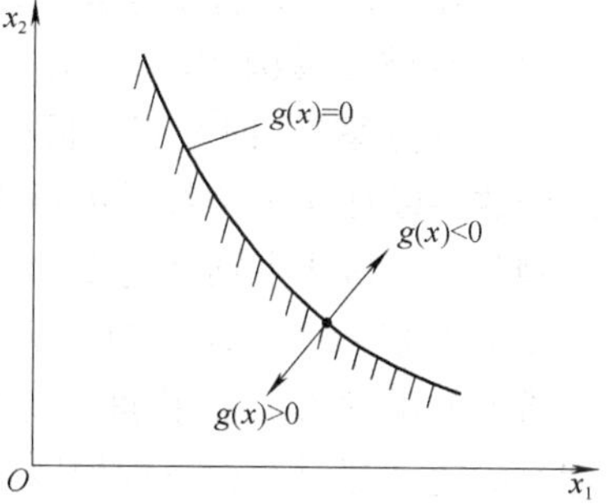

图 7-8　二维问题的约束面

7.2.3　优化设计数学模型的格式

数学模型是对实际问题的特征或本质的抽象，是反映各主要因素之间内在联系的一种数学形态。优化设计的数学模型在形式上要求规范化，即要求把优化设计问题描述成为一个数学规划问题，通常可归纳为：在满足一定的约束条件下，选取设计变量，使目标函数值达到最小（或最大），其数学表达式一般为

$$\left.\begin{array}{lll} \min & f(\boldsymbol{x}) & \boldsymbol{x} \in \boldsymbol{X} \subset R^n \\ \text{s. t.} & g_u(\boldsymbol{x}) \leqslant 0 & u=1, 2, \cdots, m \\ & h_v(\boldsymbol{x}) = 0 & v=1, 2, \cdots, p<n \end{array}\right\} \tag{7-10}$$

式中，$\boldsymbol{x}$ 是设计变量，是 n 维列向量，即 $\boldsymbol{x} = [x_1, x_2, \cdots, x_n]^{\mathrm{T}}$；$\boldsymbol{X}$ 是符合一定条件的设计变量集合，如 $x_i \geqslant 0$ $(i=1, 2, \cdots, n)$，即设计空间；R^n 是 n 维欧氏实空间；m、p 分别是不等式约束和等式约束的个数；s. t. 是英文“subject to”的字头，意思是“受约束于”。

对于求 max $F(\boldsymbol{x})$ 的问题，均可以把它转化为 min $\{-F(x)\}$ 或 min $\{1/F(x)\}$ 的问

题，因此下面只讨论 $\min f(\boldsymbol{x})$ 这种形式。当不等式约束条件要求 $G_u(\boldsymbol{x}) \geqslant 0$ 时，可以把它乘以 -1 将它变换为 $g_u(\boldsymbol{x}) = -G_u(\boldsymbol{x}) \leqslant 0$ 的形式。因此，将式（7-10）称为优化设计数学模型的标准格式。

通常，把式（7-10）称为有约束优化设计模型。当式中的 $m=p=0$，即不存在等式和不等式约束条件时，称它为无约束优化设计模型，其一般的表达形式为

$$\min f(\boldsymbol{x}), \quad \boldsymbol{x} \in \boldsymbol{X} \subset R^n \tag{7-11}$$

无约束优化问题虽然在工程中很少碰到，但有关它的解法却是有约束优化问题一类解法的基础，因此它在优化设计中也占有重要意义。

在优化设计建模时，值得注意的一些问题是：

1）$f(\boldsymbol{x})$、$g(\boldsymbol{x})$ 和 $h(\boldsymbol{x})$ 应是某几个或全部设计变量的线性或非线性函数，如果一个函数与任何一个设计变量无关，则完全可以将它删掉。

2）在建模时，其等式约束的个数 p 必须小于设计变量的维数 n，因为从理论上讲，存在一个等式约束就可以消去一个设计变量（因为它不是独立的变量）。所以，当 $p=n$ 时，即可由 p 个等式方程组中解得惟一的一组 $x_1, x_2, \cdots, x_n$ 值，不可能优化，只有当 $p<n$ 时才有可能求出它的最优解，特别是当 $p>n$ 时，在模型中将存在一个超定方程组，这时不是存在冗余等式约束，就是建模是矛盾的，甚至是不合理的。

3）当目标函数乘以一个正的常数 c，如 $\min f(x)$ 变为 $\min\{cf(x)\}$，其优化结果不变（指设计方案），但改变了目标函数值（增大 c 倍）。同理，对于不等式约束函数和等式约束函数乘以任何正常数，也不会改变可行域及其最优解。

例 7-1 机床主轴优化设计的建模。

图 7-9 所示为机床主轴变形计算简图。在设计时，有两个重要因素需要考虑，即主轴的自重和伸出端 C 点的挠度。因此，机床主轴优化设计可以取主轴自重最轻为目标函数，外伸端的挠度通过约束条件加以限制。

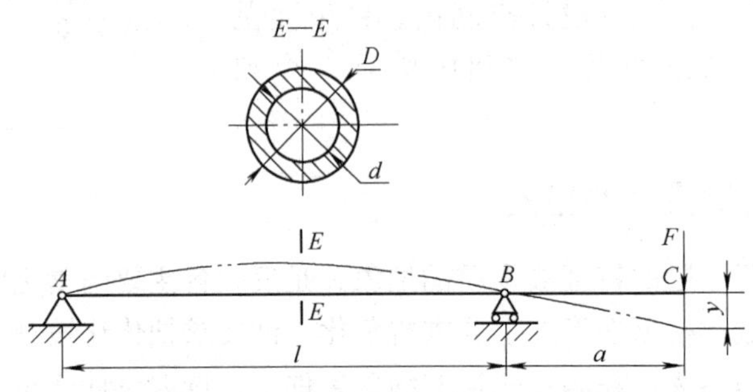

图 7-9 机床主轴变形计算简图

当主轴的材料选定时，在内孔径 d、外径 D、跨距 l 及外伸端长度 a 几个参数中，由于机床主轴内孔常用于通过待加工的棒料，其大小由机床型号决定，不能作为设计变量，故设计变量取为

$$\boldsymbol{x} = [x_1, x_2, x_3]^{\mathrm{T}} = [l, D, a]^{\mathrm{T}}$$

目标函数为

$$f(\boldsymbol{x}) = \frac{1}{4}\pi\rho(l+a)(D^2-d^2)$$

式中，ρ 为材料的密度。

主轴的刚度是一个重要性能指标，其外伸端的挠度 y 不得超过规定值 y_0，在外力 F 给定的情况下，其挠度可按下式计算

$$y=\frac{Fa^2(l+a)}{3EI}$$

其中，$I=\frac{\pi}{64}(D^4-d^4)$；$E$ 为材料的弹性模量。

由此建立的约束条件为

$$g(\boldsymbol{x})=\frac{64Fx_3^2(l+a)}{3\pi E(D^4-d^4)}-y_0\leqslant 0$$

此外，通常还应考虑主轴内最大应力不得超过许用应力。由于机床主轴对刚度要求比较高，当满足刚度要求时，强度尚有较大的富裕，因此应力约束条件为无效约束可不考虑。边界约束条件为设计变量的取值范围，即

$$l_{\min}\leqslant l\leqslant l_{\max}$$
$$D_{\min}\leqslant D\leqslant D_{\max}$$
$$a_{\min}\leqslant a\leqslant a_{\max}$$

综上所述，将所有约束函数规范化，主轴优化设计的数学模型可表示为

$$\boldsymbol{x}=[x_1,x_2,x_3]^{\mathrm{T}}=[l\quad D\quad a]^{\mathrm{T}}\in R^3$$

$$\min\quad f(\boldsymbol{x})=\frac{1}{4}\pi\rho(x_1+x_3)(x_2^2-d^2)$$

$$\text{s. t.}\quad g_1(\boldsymbol{x})=\frac{\dfrac{64Fx_3^2(x_1+x_3)}{3\pi E(x_2^4-d^4)}}{y_0}-1\leqslant 0$$

$$g_2(\boldsymbol{x})=\frac{1-x_1}{l_{\min}}\leqslant 0$$

$$g_3(\boldsymbol{x})=\frac{1-x_2}{D_{\min}}\leqslant 0$$

$$g_4(\boldsymbol{x})=\frac{x_2}{D_{\max}}-1\leqslant 0$$

$$g_5(\boldsymbol{x})=\frac{1-x_3}{a_{\min}}\leqslant 0$$

这里未考虑两个边界约束：$l\leqslant l_{\max}$ 和 $a\leqslant a_{\max}$，这是因为无论从减小伸出端挠度上看，还是从减少主轴质量上看，都要求主轴跨距、伸出端长度往小处变化，所以对其上限可以不作限制。这样可以减少一些不必要的约束，有利于优化计算。

7.3　优化设计模型的基本概念

7.3.1　函数的梯度

函数（目标函数或约束函数）的等值线（或面）仅从几何图形方面定性地表示了函数

值的变化规律，虽然比较直观但不能定量表示，且多数只用于二维函数。在一般情况下，对于任意维函数要画出它的超等值面是不可能的。为了能够定量地表明函数值在某一点的变化性态，需要引出函数的梯度这一概念。

从多元函数的微分学得知，对于一个连续可微函数 $f(\boldsymbol{x})$ 在某一点 $\boldsymbol{x}^{(k)}$ 的一阶偏导数为

$$\frac{\partial f(\boldsymbol{x}^{(k)})}{\partial x_1},\ \frac{\partial f(\boldsymbol{x}^{(k)})}{\partial x_2},\ \cdots,\ \frac{\partial f(\boldsymbol{x}^{(k)})}{\partial x_n}$$

它表示函数 $f(\boldsymbol{x})$ 值在 $\boldsymbol{x}^{(k)}$ 点沿各坐标轴方向的变化率。定义下面的列向量

$$\nabla f(\boldsymbol{x}^{(k)}) = \left(\frac{\partial f(\boldsymbol{x}^{(k)})}{\partial x_1} \quad \frac{\partial f(\boldsymbol{x}^{(k)})}{\partial x_2} \quad \cdots \quad \frac{\partial f(\boldsymbol{x}^{(k)})}{\partial x_n}\right)^{\mathrm{T}} \tag{7-12}$$

为函数 $f(\boldsymbol{x})$ 在 $\boldsymbol{x}^{(k)}$ 点的梯度，简记为 ∇f，有时也记作 $\mathbf{grad}\, f(\boldsymbol{x}^{(k)})$。

设任一单位向量 $\boldsymbol{s} = [\cos\alpha_1 \quad \cos\alpha_2 \quad \cdots \quad \cos\alpha_n]^{\mathrm{T}}$，这样可将函数沿 $\boldsymbol{s}$ 方向的方向导数表示为

$$\frac{\partial f}{\partial \boldsymbol{s}} = \sum_{i=1}^{n} \frac{\partial f}{\partial x_i}\cos\alpha_i = \nabla f^{\mathrm{T}}\boldsymbol{s} = \|\nabla f\| \, \|\boldsymbol{s}\| \cos < \nabla f, \boldsymbol{s} > \tag{7-13}$$

式中，$\|\nabla f\|$ 和 $\|\boldsymbol{s}\|$ 分别是梯度向量和 $\boldsymbol{s}$ 向量的模；$< \nabla f, \boldsymbol{s} >$ 是向量 ∇f 和 $\boldsymbol{s}$ 之间的夹角。

由式（7-13）可以看出，由于 $-1 \leqslant \cos < \nabla f, \boldsymbol{s} > \leqslant 1$，所以当 $\boldsymbol{s}$ 方向与梯度向量方向一致时，其方向导数 $\partial f(\boldsymbol{x})/\partial \boldsymbol{s}$ 为最大值，也就是说，目标函数的梯度向量是函数值增长最快的方向，而且函数最大的增长率就等于 $\|\nabla f\|$。显然，负梯度向量是函数值下降最快的方向，但这都是对某一设计点而言，是函数的一种局部性质。图 7-10 表示了在 $\boldsymbol{x}^{(k)}$ 点的梯度向量 $\nabla f(\boldsymbol{x}^{(k)})$ 与该点等值线（或等值面）的切线 $t-t$ 是正交的。

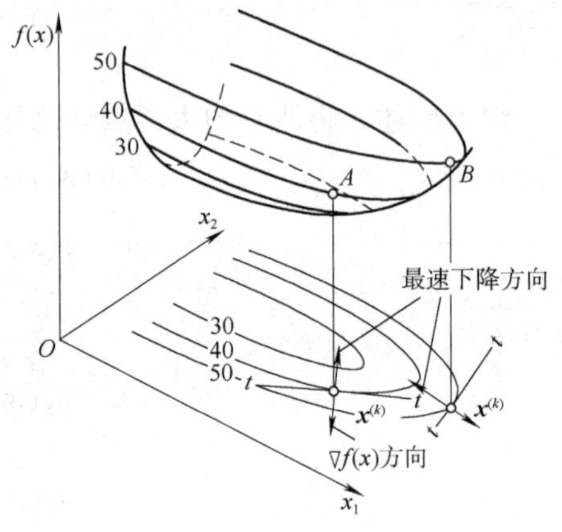

图 7-10　梯度向量方向的几何意义

7.3.2　局部近似函数

设 n 维函数 $f(\boldsymbol{x})$（或 $g(\boldsymbol{x})$）至少是二次可微且连续的函数，则称下列 $n \times n$ 阶实矩阵

$$H(\boldsymbol{x}^{(k)}) = \begin{pmatrix} \dfrac{\partial^2 f(\boldsymbol{x}^{(k)})}{\partial x_1^2} & \dfrac{\partial^2 f(\boldsymbol{x}^{(k)})}{\partial x_1 \partial x_2} & \cdots & \dfrac{\partial^2 f(\boldsymbol{x}^{(k)})}{\partial x_1 \partial x_n} \\ \dfrac{\partial^2 f(\boldsymbol{x}^{(k)})}{\partial x_2 \partial x_1} & \dfrac{\partial^2 f(\boldsymbol{x}^{(k)})}{\partial x_2^2} & \cdots & \dfrac{\partial^2 f(\boldsymbol{x}^{(k)})}{\partial x_2 \partial x_n} \\ \vdots & \vdots & & \vdots \\ \dfrac{\partial^2 f(\boldsymbol{x}^{(k)})}{\partial x_n \partial x_1} & \dfrac{\partial^2 f(\boldsymbol{x}^{(k)})}{\partial x_n \partial x_2} & \cdots & \dfrac{\partial^2 f(\boldsymbol{x}^{(k)})}{\partial x_n^2} \end{pmatrix} \tag{7-14}$$

为函数 $f(\boldsymbol{x})$ 在点 $\boldsymbol{x}^{(k)}$ 处的 Hessian（海赛）矩阵。由于函数的二阶偏导数值与对变量偏导的次序无关，所以是一个实对称矩阵，有时又记作 $\nabla^2 f(\boldsymbol{x}^{(k)})$。

在讨论函数的局部性质及研究算法时，经常需要用到多元函数的线性近似和平方近似的概念，实际上就是在某一点按 Taylor 展开式取一次项或二次项来逼近该点的函数性态。设目

标函数$f(\boldsymbol{x})$在$\boldsymbol{x}^{(k)}$点至少存在有二阶偏导数，则在这一点的 Taylor 二次近似函数为

$$f(\boldsymbol{x}) \approx f(\boldsymbol{x}^{(k)}) + \sum_{i=1}^{n} \frac{\partial f(\boldsymbol{x}^{(k)})}{\partial x_i}(x_i - x^{(k)}) + \frac{1}{2}\sum_{i,j=1}^{n} \frac{\partial^2 f(\boldsymbol{x}^{(k)})}{\partial x_i \partial x_j}(x_i - x_i^{(k)})(x_j - x_j^{(k)}) \tag{7-15}$$

上式也可写成向量矩阵形式，即

$$f(\boldsymbol{x}) \approx f(\boldsymbol{x}^{(k)}) + [\nabla f(\boldsymbol{x}^{(k)})]^{\mathrm{T}}[\boldsymbol{x} - \boldsymbol{x}^{(k)}] + \frac{1}{2}[\boldsymbol{x} - \boldsymbol{x}^{(k)}]^{\mathrm{T}} H(\boldsymbol{x}^{(k)})[\boldsymbol{x} - \boldsymbol{x}^{(k)}] \tag{7-16}$$

如果只取到 Taylor 展开式的一次项，则可得到函数$f(\boldsymbol{x})$在$\boldsymbol{x}^{(k)}$点的 Taylor 一次近似函数为

$$f(\boldsymbol{x}) \approx f(\boldsymbol{x}^{(k)}) + [\nabla f(\boldsymbol{x}^{(k)})]^{\mathrm{T}}[\boldsymbol{x} - \boldsymbol{x}^{(k)}] \tag{7-17}$$

此式也可称为线性展开式或函数的线性化。

7.3.3 凸集和凸函数

优化设计一般总期望能获得函数的全域最优解，但在什么情况下可以获得全域最优解，这与函数的凸性有密切关系。众所周知，对于一维函数来说，若$f(x)$在$a \leqslant x \leqslant b$区间内是下凸的，且为单峰，则它在$[a, b]$区间内必有惟一的极小点。因此，称这种函数为具有凸性的函数。

为考虑多元函数的凸性，并对凸函数进行定义，首先应该建立凸集的概念。设D为n维欧氏空间中设计点的一个集合，若其中任意两点$\boldsymbol{x}^{(1)}$和$\boldsymbol{x}^{(2)}$的连线上的点都属于集合D，则称D为n维欧氏空间中的一个凸集。二维函数的情况如图 7-11 所示，其中图 7-11a 所示为凸集，图 7-11b 所示则是非凸集。

凸函数的定义如下：设$f(\boldsymbol{x})$为定义在n维欧氏空间中凸集D上的函数，若对任何实数域中任意两点$\boldsymbol{x}^{(1)}$和$\boldsymbol{x}^{(2)}$存在如下不等式

$$f[\xi \boldsymbol{x}^{(1)} + (1-\xi)\boldsymbol{x}^{(2)}] \leqslant \xi f(\boldsymbol{x}^{(1)}) + (1-\xi) f(\boldsymbol{x}^{(2)}) \tag{7-18}$$

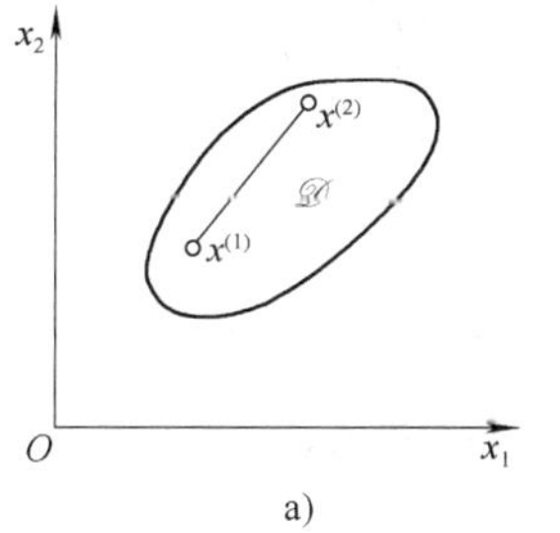

a)

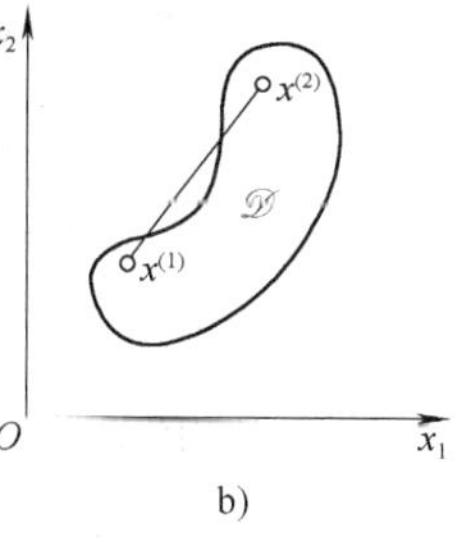

b)

图 7-11 凸集的概念

a) 凸集 b) 非凸集

则称函数$f(\boldsymbol{x})$是凸集D上的一个凸函数。这一概念可以用图 7-12 所示的单变量函数来说明。在凸集（x轴）上取$x^{(1)}$和$x^{(2)}$两点，连接该函数曲线上的两相应点成直线，若在$x^{(1)}$和$x^{(2)}$之间的$f(x)$为凸函数，则其连线上任一点$\boldsymbol{x}^{(k)}$的值$\xi f(\boldsymbol{x}^{(1)}) + (1-\xi) f(\boldsymbol{x}^{(2)})$恒大于该点的函数值$f[\xi \boldsymbol{x}^{(1)} + (1-\xi)\boldsymbol{x}^{(2)}]$。

若将式（7-18）中的符号“≤”改为“<”，此时的$f(\boldsymbol{x})$称为严格凸函数。

为了判断一个函数是否为凸函数，可以用下列函数的凸性条件来判别（证明从略）：

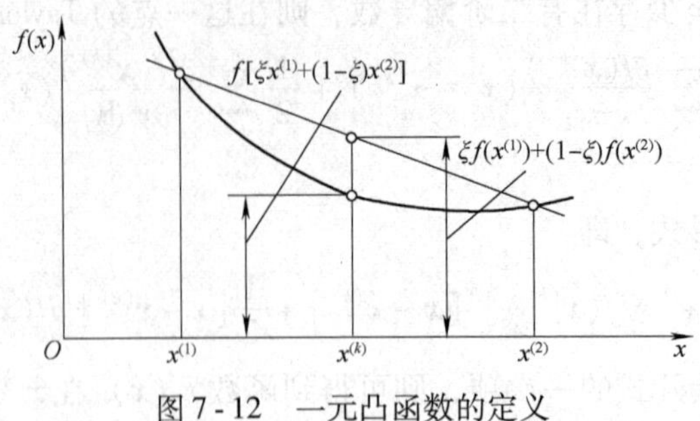

图 7-12　一元凸函数的定义

设 $f(\boldsymbol{x})$ 为定义在凸集 D 上的函数，且存在连续二阶导数，则 $f(\boldsymbol{x})$ 在 D 上为凸函数的充要条件为：$f(\boldsymbol{x})$ 的 Hessian 矩阵处处是正定或半正定的。

若 Hessian 矩阵 $H(\boldsymbol{x})$ 对一切 $\boldsymbol{x}\in D$ 都是正定的，则 $f(\boldsymbol{x})$ 在 D 上为严格凸函数，反之则不然。

7.3.4　约束可行域

在机械优化设计中一般都存在约束条件，每一个不等式约束条件 $g(\boldsymbol{x})\leqslant 0$ 都把设计空间分成两部分，如图 7-13 所示，满足所有约束条件的一切点的集合称为约束可行域，简称可行域，记为

$$\mathscr{D}=\left\{\boldsymbol{x}\left|\begin{array}{ll} g_u(\boldsymbol{x})\leqslant 0 & u=1,2,\cdots,m \\ h_v(\boldsymbol{x})=0 & v=1,2,\cdots,p<n \end{array}\right.\right\} \tag{7-19}$$

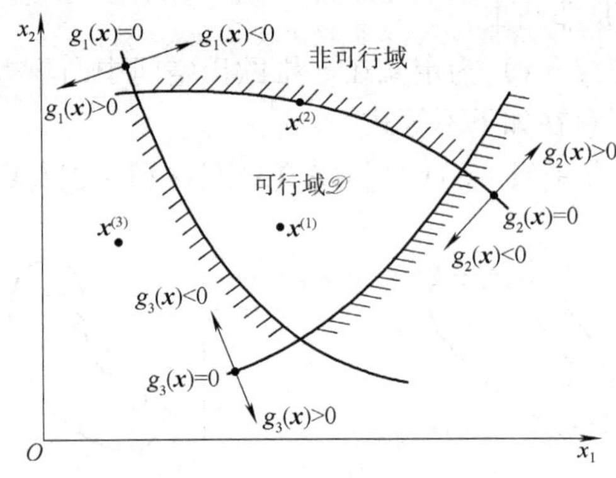

图 7-13　设计可行域与非可行域

除去可行域外的其余设计空间部分为非允许设计区域或简称非可行域。在可行域内的任一点，由于它满足所有约束条件，因此是一个可行的设计点（不一定是最优的），这样的点称为约束内点，如 $\boldsymbol{x}^{(1)}$ 点；在约束边界上的点为极限设计点或边界点，如 $\boldsymbol{x}^{(2)}$ 点；$\boldsymbol{x}^{(3)}$ 点由于不满足所有的约束条件称为外点，即非可行点。

关于约束交集或是可行域 $\mathscr{D}$ 是否为一个凸集，在凸规划理论中证明了：若各个不等约束函数 $g_u(\boldsymbol{x})$ $(u=1,2,\cdots,m)$ 是凸函数和等式约束 $h_v(\boldsymbol{x})$ $(v=1,2,\cdots,p)$ 是线性函数，则 $\mathscr{D}$ 是凸集。但是只要等式约束是非线性的，那么集合 $\mathscr{D}$ 一定是个非凸集。

起作用约束和松弛约束对于一个不等式约束 $g(\boldsymbol{x})\leqslant 0$ 来说，如果所讨论的设计点 $\boldsymbol{x}^{(k)}$

使该约束 $g(\boldsymbol{x}^{(k)})=0$，则称这个约束是 $\boldsymbol{x}^{(k)}$ 点的一个起作用约束或紧约束，如图 7-13 中的 $\boldsymbol{x}^{(2)}$ 点和约束 $g_2(\boldsymbol{x}^{(2)})=0$。而其他满足 $g(\boldsymbol{x}^{(k)})<0$ 的约束称为松弛约束。

例 7-2　有一矩形横截面 $b\times h$、承受弯矩 $M=40\text{kN}\cdot\text{m}$ 和最大剪力 $Q=150\text{kN}$ 的梁，其许用弯曲应力为 10MPa，许用切应力为 2MPa，其高 h 不超过宽 b 的 2 倍，试作出它的设计可行域并找出最优解的解域。

由于

$$\sigma=\frac{6M}{bh^2}=\frac{6\times40\times1000\times1000}{bh^2}$$

$$\tau=\frac{3Q}{2bh}=\frac{3\times150\times1000}{2bh}$$

所以，可建立约束条件为

$$g_1(b,h)=\sigma-[\sigma]=\frac{2.4\times10^8}{bh^2}-10\leqslant0$$

$$g_2(b,h)=\tau-[\tau]=\frac{2.25\times10^5}{bh}-2\leqslant0$$

$$g_3(b,h)=h-2b\leqslant0$$

$$g_4(b,h)=-b\leqslant0$$

$$g_5(b,h)=-h\leqslant0$$

由不等式约束条件作出的可行域 $\mathscr{D}$ 如图 7-14 所示。如果此项设计是确定 b 和 h 值，使其质量为最轻，即 $\min f(b,h)=b\times h$。由于此函数与约束 $g_2(b,h)$ 具有同样的形式，即 $b\times h=$常数，因此曲线 AB 上的任一点都代表此问题的最优解，设计者可以从中任选一点，要是选择 B 点，即 $(b,h)^{\mathrm{T}}=(237,474)^{\mathrm{T}}$mm；选择 A 点，即 $(b,h)^{\mathrm{T}}=(527,213.3)^{\mathrm{T}}$mm。而其他解即在此之间。

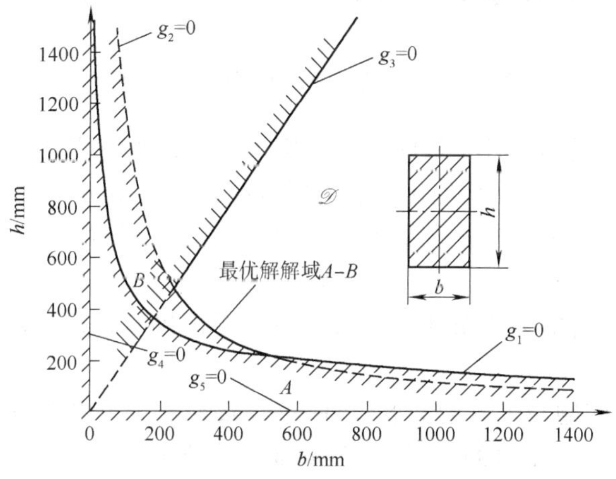

图 7-14　矩形梁设计问题最小截面积的图解

7.3.5　约束最优解

优化设计的约束最优点是指在满足约束条件下使目标函数达到最小值的设计点 $\boldsymbol{x}^*=$

$[\boldsymbol{x}_1^*, \boldsymbol{x}_2^*, \cdots, \boldsymbol{x}_n^*]^{\mathrm{T}}$，相应的函数值 $f(\boldsymbol{x}^*)$ 称为最优值。最优点 $\boldsymbol{x}^*$ 和最优值 $f(\boldsymbol{x}^*)$ 即构成了一个约束最优解。值得注意的是，对于多数工程优化设计问题，其约束最优点一般都处于一个或几个约束的约束面上。

如果一组设计变量 $x_1, x_2, \cdots, x_n$ 在不受任何约束条件的限制下，使目标函数取最小值，则为无约束最优解 $\boldsymbol{x}^*$ 和 $f(\boldsymbol{x}^*)$。

例 7-3 求下面模型的最优解。

$$\boldsymbol{x} \in R^2$$

$$\min \quad f(\boldsymbol{x}) = 60 - 10x_1 - 4x_2 + x_1^2 + x_2^2 - x_1x_2$$

$$\text{s.t.} \quad g_1(\boldsymbol{x}) = x_1^2 + x_2^2 - 25 \leqslant 0$$

$$g_2(\boldsymbol{x}) = -x_1 \leqslant 0$$

$$g_3(\boldsymbol{x}) = -x_2 \leqslant 0$$

如图 7-15 所示，阴影线（设计可行域）内的目标函数值最小的点是 $\boldsymbol{x}^* = [4, 3]^{\mathrm{T}}$，其最优值 $f(\boldsymbol{x}^*) = 21$，它是约束最优解；而 $\boldsymbol{x}^* = [8, 6]^{\mathrm{T}}$ 和 $f(\boldsymbol{x}^*) = 8$ 是目标函数的无约束最优解，即目标函数的极小点。

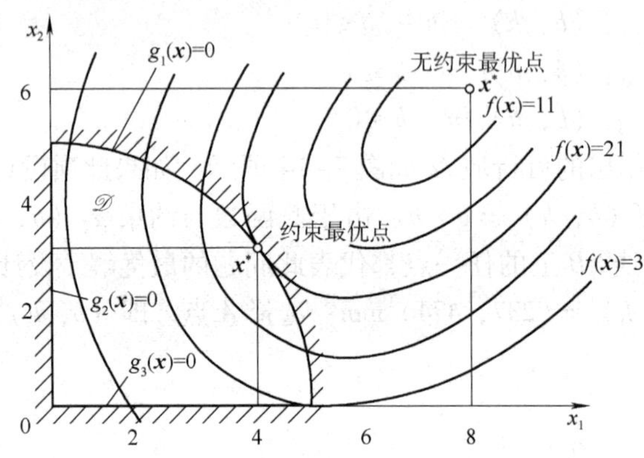

图 7-15 无约束最优解和约束最优解

（1）无约束局部最优解的必要条件 由上例可知，无约束优化设计问题最优解的极值条件可以参照一元函数的极值条件给出：若目标函数 $f(\boldsymbol{x})$ 处处存在一阶导数，则 $\boldsymbol{x}^*$ 为其极值点的必要条件是该点的一阶偏导数等于零，也就是该点的梯度等于零向量，即

$$\nabla f(\boldsymbol{x}^*) = 0 \tag{7-20}$$

（2）约束局部最优解的必要条件 是指在满足等式和不等式约束条件下，其目标函数最小值点的存在条件。

1）等式约束极值问题最优解的必要条件——Lagrange（拉格朗日）法则。对于等式约束条件极值问题，若在式（7-10）中引入 Lagrange 乘子 $\lambda_1, \lambda_2, \cdots, \lambda_p$，构造 Lagrange 函数 $L(x, \lambda)$，则等式约束极值问题转化为无约束极值问题，即

$$\min L(\boldsymbol{x}, \boldsymbol{\lambda}) = f(\boldsymbol{x}) + \sum_{i=1}^{p} \lambda_i h_i(\boldsymbol{x}) \tag{7-21}$$

若 $\boldsymbol{x}^*$ 为极值点，则 Lagrange 法则可以表达为

$$\left.\begin{aligned}\nabla_x L &= \nabla f(\boldsymbol{x}^*) + \sum_{i=1}^{p}\lambda_i \nabla h_i(\boldsymbol{x}^*) = 0\\ \nabla_\lambda L &= h_i(\boldsymbol{x}^*) = 0 \qquad i=1,\cdots,p\end{aligned}\right\} \tag{7-22}$$

2）不等式约束极值问题最优解的必要条件——K-T（Kuhn-Tucker，库恩-塔克）条件。对于不等式约束极值问题，式（7-10）中若 $\boldsymbol{x}^*$ 是约束极小点，且约束条件一阶导数向量 ∇g_i（$\boldsymbol{x}$）互相之间是线性无关的，则 K-T 条件为

$$\left.\begin{aligned}&\nabla f(\boldsymbol{x}^*) + \sum_{i=1}^{m}\lambda_i \nabla g_i(\boldsymbol{x}^*) = 0\\ &\lambda_i \geqslant 0 \qquad i=1,\ 2,\ \cdots,\ m\\ &\lambda_i g_i(\boldsymbol{x}^*) = 0 \qquad i=1,\ 2,\ \cdots,\ m\\ &g_i(\boldsymbol{x}^*) \leqslant 0 \qquad i=1,\ 2,\ \cdots,\ m\end{aligned}\right\} \tag{7-23}$$

这是不等式约束极值问题最优解 $\boldsymbol{x}^*$ 的一阶必要条件。式（7-23）中最后一式是保证 $\boldsymbol{x}^*$ 为可行解的必要条件。如果 $\boldsymbol{x}^*$ 是约束最优解，则必须满足式（7-23），并对应于起作用约束条件的 Lagrange 乘子 λ_i 必须大于零（第二个式子）。不起作用的约束条件 g_i 对应的 Lagrange乘子 λ_i 为零（第三个式子），这就保证了第一个式和第二个式涉及的仅是起作用的约束条件。

K-T 条件的几何意义可以用图 7-16 说明，$-\nabla g_1$（$\boldsymbol{x}$）和 $-\nabla g_2$（$\boldsymbol{x}$）是两个线性无关的约束梯度向量，若 $\boldsymbol{x}^*$ 是约束极小点，则其目标函数的梯度向量 ∇f（$\boldsymbol{x}$）应在 $-\nabla g_1$（$\boldsymbol{x}$）和 $-\nabla g_2$（$\boldsymbol{x}$）两向量构成的扇形平面内，如图 7-16a 所示，如果存在多个起作用的约束时，则目标函数的梯度向量应在起作用约束条件的负梯度向量构成的凸锥内，如图 7-16b 所示。

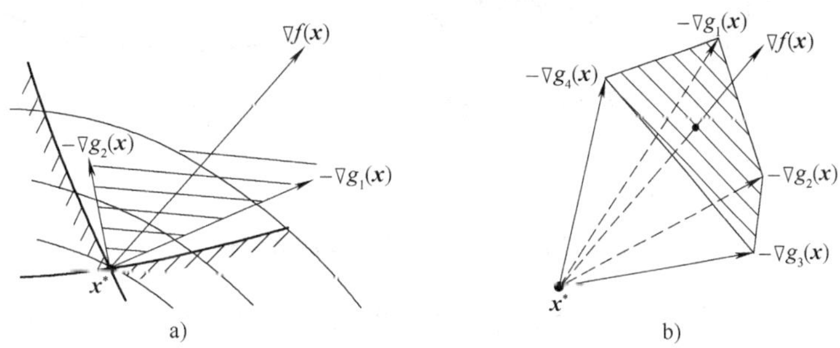

图 7-16　K-T 条件的几何意义

例 7-4　有一优化设计模型为

$$\begin{aligned}\min\quad & f(x_1,x_2) = (x_1-2)^2 + x_2^2\\ \text{s.t.}\quad & g_1(x_1,x_2) = -x_1 \leqslant 0\\ & g_2(x_1,x_2) = -x_2 \leqslant 0\\ & g_3(x_1,x_2) = -1 + x_1^2 + x_2 \leqslant 0\end{aligned}$$

在图 7-17 中画出了问题的可行域 $\mathscr{D}$ 和目标函数的一些等值线。显然，极小点在 $\boldsymbol{x}^* = [1,\ 0]^{\mathrm{T}}$，起作用约束为 g_2（$\boldsymbol{x}$）和 g_3（$\boldsymbol{x}$）。目标函数、起作用约束条件的梯度向量分别为

$$\nabla f(\boldsymbol{x}^*) = [-2, 0]^{\mathrm{T}}$$

$$\nabla g_2(\boldsymbol{x}^*) = [0, -1]^{\mathrm{T}} \qquad \nabla g_3(\boldsymbol{x}^*) = [+2, +1]^{\mathrm{T}}$$

代入式（7-23）得

$$\begin{pmatrix}2\\0\end{pmatrix}=\lambda_2\begin{pmatrix}0\\-1\end{pmatrix}+\lambda_3\begin{pmatrix}+2\\+1\end{pmatrix}$$

解得 $\lambda_2=1$，$\lambda_3=1$ 为非负乘子，满足 K-T 条件，表明此点是约束最优点。

由于在 $\boldsymbol{x}^*$ 点起作用约束为 $g_2(\boldsymbol{x}^*)=g_3(\boldsymbol{x}^*)=0$，而 $\lambda_2=\lambda_3=1$，对不起作用约束 $g_1(\boldsymbol{x}^*)<0$，而 $\lambda_1=0$，所以也满足式（7-23）中的

$$\lambda_i g_i(\boldsymbol{x}^*)=0 \qquad i=1,2,3$$

对于一个优化设计问题，当目标函数是非凸函数或约束集合是非凸集时，则有可能存在多个最优解，这些最优解都称为局部最优解。只有当目标函数是单峰函数和约束集合是凸集的，才可以断定所得的最优解就是问题的全域最优解，如图 7-18 所示。

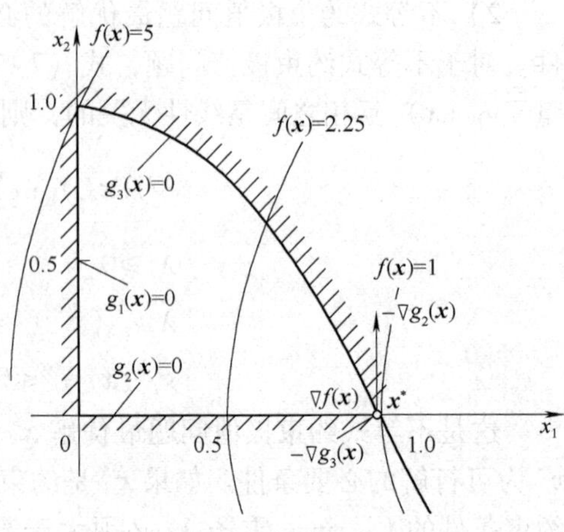

图 7-17　K-T 条件是约束极小点的必要条件

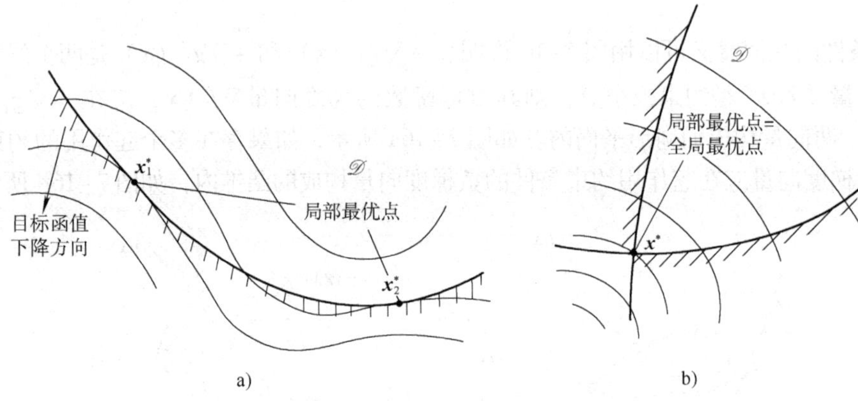

图 7-18　全局最优解与局部最优解

关于约束和无约束最优解的充分条件，在这里就不作介绍了，有兴趣的读者可参考相应的参考文献［7］。

7.4　优化计算方法

7.4.1　概述

用于求解优化设计数学模型的方法或寻优方法称为优化计算方法或简称为优化方法或优化算法。自计算机及其计算技术发展以来，优化算法都是通过计算机编程（软件）来实现的，这类计算机软件称为优化算法程序，而把许多不同算法程序组合一起，并赋予统一的输入要求和输出格式的大型软件系统称为优化方法程序包或库。

目前，在一些技术文献中常见的工程优化计算方法见表 7-1，其中主要有两类方法：一

类是以数学规划为背景的具有局部搜索特性的数值迭代计算方法，也称为数学规划优化方法，这类计算法属于确定型算法，如连续变量优化方法，离散和随机变量优化方法等；另一类是启发式优化方法，如模拟退火方法（Simulated Annealing）、遗传算法（Genetic Algorithms）、神经网络优化方法（Neural Networks Optimization）、禁忌搜索算法（Tabu Search）、进化算法（Evolutionary Programming）、协同优化算法（Hybrid Optimization）、混沌优化算法（Chaotic Optimization）等。这类算法的一个共同特点是通过揭示和模拟自然现象和过程，并综合利用数学、物理学、生物进化、人工智能、神经科学和统计学等所构造的算法，又称为构造型算法，也称它为现代启发式算法（Meta-heuristic Algorithms）或智能优化算法（Intelligent Optimization Algorithms）。这类算法是20世纪80年代初期发展起来的，由于它在求解高非线性、多约束和多极值的问题中显示出了有效性，所以获得了迅速的发展，并已成为目前解决工程优化问题的一种有力工具。

表7-1　常见的工程优化计算方法

方法分类		基本原理与特点
古典优化方法	解析法： 微分法 变分法	微分法是一种古典的寻优方法，可用于求少变量函数的无约束极值（极小值或极大值），它要求函数对设计变量是一阶和二阶可微且是连续的。对于具有等式约束问题，常用Lagrange乘子法，但它可能导致需求解一组难解的非线性联立方程组。变分法可用于求解连续变化的优化问题，即求确定型泛函数的极值
	参数分析法： 图解法 参数分析法 网格法	参数分析法的基本原理是通过每个变量（或参数）对函数影响的分析来确定其最佳方案，以往多数采用图解法和图解分析法，广泛使用计算机后，采用降维分析法和网格法
数学规划优化方法	数值计算方法： 蒙特卡洛法 确定型优化方法： 连续变量优化方法 离散变量优化方法 不确定型优化方法： 随机优化方法 模糊优化方法	数值计算法是按规定格式迭代计算的一类方法。在工程优化设计中多数借用一些数学规划的方法，如无约束优化方法、约束优化方法、线性规划方法、几何规划方法、二次规划方法等。但在近十多年来，由于工程设计问题中变量和参数性质的特殊性，开始重视与发展离散变量优化方法、随机变量优化方法和模糊优化方法。这些方法虽不完全依赖于数学规划论中的方法，但从算法原理上也继承了数值计算的一些寻优策略思想。至于求解多目标、分段和分解以及动态规划问题，主要是采用不同的解题策略思想，所采用的方法还是一些数学规划方法
启发式优化方法	进化计算方法： 遗传算法 进化算法 演化策略方法	这是基于自然界生物"物竞天择，适者生存"的进化思想构造的一类算法，算法将保持一个竞争的解群体，经过杂交和/或变异等遗传操作而更新换代，从而使待求的解逐步优化，最终找到问题的最优解或次优解
	模拟退火方法	是依据固体退火的物理过程和统计性质而构造的一种优化算法
	神经网络优化方法： 神经网络离散优化方法 神经网络结构优化方法	是模仿人类大脑拓扑结构和智能思维方式而构造的一类算法，当网络从某个初始状态出发最终到达稳定吸引子的运动轨迹时，则实现从初始解到最优解的寻优过程，这类算法具有结构化、并行性、容错性、自组织自学习等许多优良特性，但也存在初始点选择盲目、容易陷入局部最优解和计算效率低的缺陷
	协同计算方法： 基于人工智能的二次规划方法 神经网络-模拟退火优化方法 神经网络-遗传优化方法	将人工神经网络方法的优点与其他一些稳健性、自适应性和全局优化性好的算法结合起来，充分发挥各自的长处，克服目前优化方法存在的单一技术的不足，是目前算法研究的一个重要方向

（续）

方法分类		基本原理与特点
其他优化方法	价值分析方法 试验设计方法 直觉优化方法	这是一些依据价值工程、试验技术和设计者经验所形成的优化方法

数值计算方法的优化策略思想有淘汰法和爬山法。前者是将“好的”留下，“次的”淘汰，直至留下“最好”的，如蒙特卡络法和复合形法等。后者顾名思义就是将寻优比喻为向山的顶峰攀登的过程，因此需要不断确定攀登的前进方向以及沿此方向前进的距离，好比“步步登高”直至到山的“最高”点，这就是数值迭代计算的寻优基本思想。数值计算方法是目前在工程计算中研究与应用都比较成熟和有效的一类方法。

根据“爬山法”思想所构造的优化计算方法的基本规则是搜索、迭代和逼近。搜索就是在每一迭代点 $\boldsymbol{x}^{(k)}$ 上利用函数在该点邻近局部性质的信息，按一定的原则确定一个搜索方向 $\boldsymbol{s}^{(k+1)}$ 和搜索步长 α，迭代就是求新的迭代点 $\boldsymbol{x}^{(k+1)}$，即

$$\boldsymbol{x}^{(k+1)}=\boldsymbol{x}^{(k)}+\alpha\boldsymbol{s}^{(k)} \qquad k=0,\ 1,\ 2,\ \cdots \tag{7-24}$$

且使 $f\left(\boldsymbol{x}^{(k+1)}\right)<f\left(\boldsymbol{x}^{(k)}\right)$，这样反复不断用改进了的新设计点替代旧点，直到 $\boldsymbol{x}^{(k+1)}$ 满足一定的收敛条件而逼近最优点 $\boldsymbol{x}^{(k)}$ 为止。图 7 - 19a 描述了一个无约束极值问题求解的迭代和逼近过程。对于一个有约束的问题，它的迭代过程需要考虑约束条件的影响，如图 7 - 19b 所示。

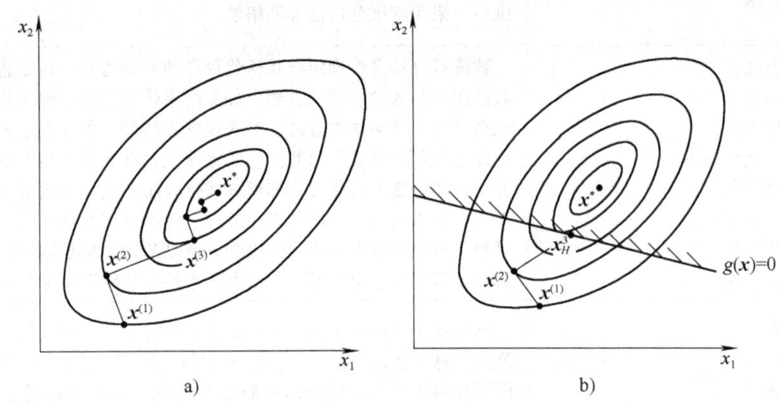

图 7 - 19 迭代过程示意图

各种优化计算方法的区别主要在于，迭代过程中确定搜索方向 $\boldsymbol{s}^{(k)}$ 和步长的不同。若是下降（上升）算法则需确定目标函数值的下降（上升）搜索方向，且在每次搜索的方向确定以后，接着就需要确定沿此方向所前进的步长，这一步骤通常称为一维搜索计算方法。

（1）数值迭代计算的终止条件　从理论上说，每一种优化计算方法都可以产生设计点的无穷序列 $\{\boldsymbol{x}^{(k)},\ k=0,\ 1,\ 2,\ \cdots\}$，若当 $k\to\infty$ 时，$\boldsymbol{x}^{(k)}\to\boldsymbol{x}^*$，则认为该算法是收敛的。然而在实际计算中，完全没有必要进行无限次的计算，而只要达到一定计算精度就可以终止计算，认为已逼近到了问题的最优点。通常采用下面三种终止条件：

1）当迭代点的目标函数梯度向量的模已达到充分小时，即

$$\| \nabla f(\boldsymbol{x}^{(k)}) \| \leqslant \varepsilon_1 \tag{7-25}$$

2）当相邻两点的步长向量的模已达到充分小时，设 $\| \boldsymbol{x}^{(k)} \| \neq 0$，即

$$\left\| \frac{\boldsymbol{x}^{(k)} - \boldsymbol{x}^{(k+1)}}{\boldsymbol{x}^{(k)}} \right\| = \frac{\| \alpha^{(k)} \boldsymbol{s}^{(k)} \|}{\| \boldsymbol{x}^{(k)} \|} \leqslant \varepsilon_2 \tag{7-26}$$

式中，$\| \cdot \|$ 是向量的模，例如，若已知 $\nabla f\ (\boldsymbol{x}^{(k)}) = \left(\frac{\partial f}{\partial x_1} \quad \frac{\partial f}{\partial x_2} \quad \cdots \quad \frac{\partial f}{\partial x_n} \right)^{\mathrm{T}}_{x^{(k)}}$，则

$$\| \nabla f(\boldsymbol{x}^{(k)}) \| = \sqrt{\sum_{i=1}^{n} \left(\frac{\partial f(\boldsymbol{x}^{(k)})}{\partial x_i} \right)^2}$$

3）当相邻两点的函数值下降量的绝对值充分小时，设 $f(\boldsymbol{x}^{(k)}) \neq 0$，即

$$\left| \frac{f(\boldsymbol{x}^{(k+1)}) - f(\boldsymbol{x}^{(k)})}{f(\boldsymbol{x}^{(k)})} \right| \leqslant \varepsilon_3 \tag{7-27}$$

以上各式中，ε_1，ε_2，ε_3 是预先给定的计算精度。

在迭代计算中，若满足终止条件，则认为新点 $\boldsymbol{x}^{(k)}$ 已逼近最优点 $\boldsymbol{x}^*$，因此取 $\boldsymbol{x}^* \approx \boldsymbol{x}^{(k)}$。

（2）优化计算方法的评价标准　从工程应用的观点来看，优化计算方法的优劣一般可由下面三条标准来评定：

1）收敛性。

2）收敛速度。

3）稳定性。

对于已经编制好的优化计算方法的程序，还要求使用简单、准备工作量少、计算稳定可靠、有良好的界面等。

7.4.2　约束优化计算方法

1. 方法的分类

在工程实践中，绝大多数的优化设计问题都包含有约束条件，求解这类问题的方法称为约束优化计算方法。其基本优化策略思想分为两种：一种是直接在约束可行域内寻求约束最优点；另一种是将约束优化问题转化为一序列易于处理的无约束子问题，并通过这一序列子问题的解去逼近原问题的解。

对于连续设计变量，根据求解方式的不同，约束优化计算方法的分类可见表 7-2。

表 7-2　约束优化计算方法的分类

分　类		特　点	
直接解法	随机试验法	在满足不等式约束的可行设计区域内直接求出问题的约束最优解 $f(\boldsymbol{x}^*)$ 和 $\boldsymbol{x}^*$，不易处理含有等式约束的问题	由于直接法的求解过程在约束可行域内进行，故可以保证最优点是可行的，方法比较直观易懂，但一般计算效率较低
	随机方向搜索法		
	复合形法		
	伸缩保差法		
	梯度投影法		
	可行方向法		

（续）

<table>
<tr><th colspan="3">分 类</th><th colspan="2">特 点</th></tr>
<tr><td rowspan="7">间接解法</td><td rowspan="3">惩罚函数法</td><td>内点法</td><td rowspan="7">将约束优化问题转化为一序列无约束优化问题来求解，可处理同时具有不等式约束和等式约束的问题，应用广泛</td><td rowspan="3">构造无约束极值子问题的解法，计算效率较低，方法比较简单</td></tr>
<tr><td>外点法</td></tr>
<tr><td>混合法</td></tr>
<tr><td colspan="2">增广乘子法</td><td rowspan="2">计算效率较高，程序比较复杂</td></tr>
<tr><td colspan="2">约束变尺度法</td></tr>
<tr><td colspan="2">序列二次规划法</td><td>构造线性规划子问题的解法</td></tr>
<tr><td colspan="2">广义简约梯度法</td><td>构造二次规划子问题的解法</td></tr>
</table>

2. 复合形法

（1）基本原理　复合形法是1965年Box把求解无约束优化问题的单纯形法推广到求解如下的约束优化设计问题的一种方法：

$$\begin{aligned} &\min \quad f(\boldsymbol{x}) \quad \boldsymbol{x}\in R^n \\ &\text{s. t.} \quad g_u(\boldsymbol{x}) \leqslant 0 \qquad u=1,\ 2,\ \cdots,\ n \\ &\qquad\quad a_i \leqslant x_i \leqslant b_i \qquad i=1,\ 2,\ \cdots,\ n \end{aligned}$$

所谓复合形是指在 n 维设计空间的可行域 $\mathscr{D}$ 内由 k（$=n+1\sim 2n$）个顶点所构成的多面体。通过对此多面体各顶点目标函数值的比较，不断地去掉最坏点，代之以既能使目标函数值下降又满足所有约束条件的新点，这样通过顶点的不断更迭而使复合形发生形变和移动，逐渐逼向最优点。由于对复合形不必保持规则图形，顶点数较多，因此可以求解非线性的约束问题，而且计算稳定可靠，但不适用于解含有等式约束的问题。

（2）初始复合形的构成　由于复合形法是一种可行域内直接的求优方法，所以要求第一个复合形的 k 个顶点都必须是可行的。图7-20所示为二维问题的复合形。对复合形的顶点数一般推荐取 $k=2n$，当 n 较大（如 $n>5$）时，可取 $k=n+1$。如果复合形顶点数少了，一旦出现丢失顶点现象就可能出现降维搜索而找不到真正的最优点。

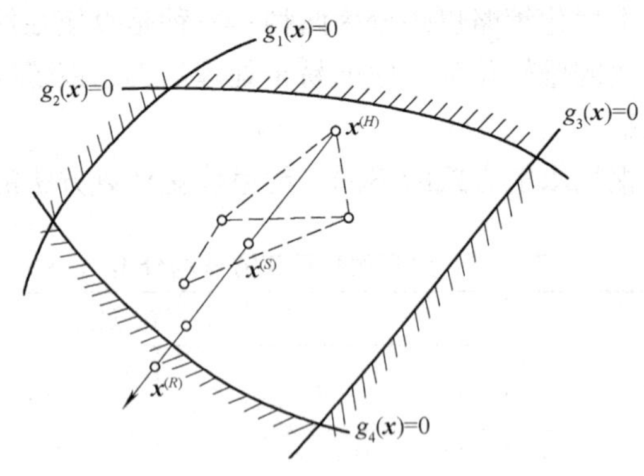

图7-20　二维问题的复合形

初始复合形的构造方法如下：人为给定 k 个可行初始点，随机产生 k 个可行初始点和上述两者的结合，即给定一个可行初始点，再随机产生其他的（$k-1$）个可行初始点。用随机法产生初始点的计算公式为

$$x_i^{(j)}=a_i+r_i^{(j)}(b_i-a_i)\quad i=1,2,\cdots,n;\quad j=2,3,\cdots,k \tag{7-28}$$

式中，a_i、b_i 是各设计变量 x_i 的上、下界值，一般可取约束边界值；$r_i^{(j)}$ 是 [0，1] 区间内服从均匀分布的伪随机数。

这样随机产生的 $k-1$ 个顶点，虽然可以满足边界约束条件，但不一定能满足性能约束条件，还必须逐个进行检查，把不满足约束条件的顶点移到可行域内。

(3) 复合形法的基本运算　先计算出 k 个顶点的目标函数值，并按由小到大排列，取出其中的函数值最大的点定为最坏点 $\boldsymbol{x}^{(H)}$，其次次坏点为 $\boldsymbol{x}^{(G)}$，函数值最小值的点为最好点 $\boldsymbol{x}^{(L)}$。然后计算出除最坏点 $\boldsymbol{x}^{(H)}$ 外的 $k-1$ 个顶点的几何中心点 $\boldsymbol{x}^{(S)}$，即

$$x_i^{(S)}=\frac{1}{k-1}\sum_{j=1}^{k}x_i^{(j)},\quad j\neq H \tag{7-29}$$

这一点应该在可行域内，否则需要对复合形重新处理（如重构或各点向最好点靠拢）。

复合形的基本运算是用映射、扩展、收缩和复合形重构四种运算来完成寻优的。

映射就是沿最坏点 $\boldsymbol{x}^{(H)}$ 和去掉最坏点后所有点的几何中心点 $\boldsymbol{x}^{(S)}$ 的连线方向取映射点 $\boldsymbol{x}^{(R)}$，即

$$\boldsymbol{x}^{(R)}=\boldsymbol{x}^{(S)}+\alpha(\boldsymbol{x}^{(S)}-\boldsymbol{x}^{(H)}) \tag{7-30}$$

式中，α 是映射系数，一般 $\alpha>1$，例如可取 $\alpha=1.3$。

如果 $\boldsymbol{x}^{(R)}$ 满足所有约束条件，且 $f(\boldsymbol{x}^{(R)})<f(\boldsymbol{x}^{(H)})$，即可用 $\boldsymbol{x}^{(R)}$ 代替 $\boldsymbol{x}^{(H)}$ 组成新复合形，完成一次迭代。如果 $\boldsymbol{x}^{(R)}$ 不满足约束条件，或不满足 $f(\boldsymbol{x}^{(R)})<f(\boldsymbol{x}^{(H)})$，则将映射系数 α 减半重新计算 $\boldsymbol{x}^{(R)}$，若仍不满足要求，可继续将 α 减半，直到 α 减到很小（例如小于 10^{-5}）还不满足要求时，那就只能放弃这一方向，改用由次坏点 $\boldsymbol{x}^{(G)}$ 来产生映射点。

若初次确定的映射点 $\boldsymbol{x}^{(R)}$，其目标函数值比最好点 $\boldsymbol{x}^{(L)}$ 的还小，即 $f(\boldsymbol{x}^{(R)})<f(\boldsymbol{x}^{(L)})$ 时，说明沿此方向映射的效果显著，有进一步扩展的必要，以探求更好的点。按下式计算新点，即

$$\boldsymbol{x}^{(E)}=\boldsymbol{x}^{(S)}+\beta(\boldsymbol{x}^{(R)}-\boldsymbol{x}^{(S)}) \tag{7-31}$$

式中，β 是扩展系数，一般 $\beta>1$。

如果 $f(\boldsymbol{x}^{(E)})<f(\boldsymbol{x}^{(R)})$，则说明扩展成功，取 $\boldsymbol{x}^{(E)}$ 替换 $\boldsymbol{x}^{(H)}$ 组成新复合形，完成本次迭代。如果 $f(\boldsymbol{x}^{(E)})>f(\boldsymbol{x}^{(R)})$，则扩展失败，仍取原映射点 $\boldsymbol{x}^{(R)}$ 替换 $\boldsymbol{x}^{(H)}$ 组成新复合形。

若在中心点 $\boldsymbol{x}^{(S)}$ 以外已找不到好的映射点，还可以到中心点 $\boldsymbol{x}^{(S)}$ 以内寻找，即向 $\boldsymbol{x}^{(S)}$ 以内收缩，按下式计算收缩点 $\boldsymbol{x}^{(K)}$，即

$$\boldsymbol{x}^{(K)}=\boldsymbol{x}^{(S)}-\gamma(\boldsymbol{x}^{(S)}-\boldsymbol{x}^{(H)}) \tag{7-32}$$

式中，γ 是收缩系数，一般 $0<\gamma<1$。

与扩展同样，如果 $f(\boldsymbol{x}^{(K)})<f(\boldsymbol{x}^{(R)})<f(\boldsymbol{x}^{(H)})$ 则收缩成功，取 $\boldsymbol{x}^{(K)}$ 替换 $\boldsymbol{x}^{(H)}$，否则失败。

若采取上述措施均无效，还可以采取向最好点 $\boldsymbol{x}^{(L)}$ 靠拢，即

$$\boldsymbol{x}^{(G)}=\boldsymbol{x}^{(L)}-0.5(\boldsymbol{x}^{(L)}-\boldsymbol{x}^{(G)}) \tag{7-33}$$

$$\boldsymbol{x}^{(H)}=\boldsymbol{x}^{(L)}-0.5(\boldsymbol{x}^{(L)}-\boldsymbol{x}^{(H)}) \tag{7-34}$$

各顶点向最好点靠拢后再重新寻求新顶点，即通过重构复合形来寻优。

(4) 复合形寻优的终止条件　反复执行复合形的基本运算过程，其复合形逐渐变小且向最优点逼近，直到满足

$$\left\{\frac{1}{k}\sum_{j=1}^{k}[f(x^{(j)})-f(x^{(c)})]^2\right\}^{1/2}\leqslant\varepsilon$$

时寻求过程可以结束，其中$\boldsymbol{x}^{(c)}$为复合形各顶点的几何中心。此时把复合形中目标函数最小值的点定为最优点，即$x^*\approx x^{(L)}$。

(5) 复合形的算法步骤　具体计算步骤如下：

S.1　构造初始复合形，其顶点数取$k=n+1\sim 2n$个，每个顶点必须保证是可行点。

S.2　计算复合形k个顶点的目标函数值，选出其中函数值最大者为最坏点$\boldsymbol{x}^{(H)}$，次大者为次坏点$\boldsymbol{x}^{(G)}$和最小者为最好点$\boldsymbol{x}^{(L)}$，如图7-20所示。

S.3　计算除最坏点$\boldsymbol{x}^{(H)}$外的$k-1$个顶点的中心点$\boldsymbol{x}^{(S)}$，检验中心点$\boldsymbol{x}^{(S)}$是否在可行域内。如果在可行域内则继续执行下一步，否则转到S.5。

S.4　若$\boldsymbol{x}^{(S)}$点在可行域内，则在$\boldsymbol{x}^{(H)}$和$\boldsymbol{x}^{(S)}$的连线方向上取映射点；若$\boldsymbol{x}^{(R)}$点不在可行域内，则将映射系数α减半，重新计算$\boldsymbol{x}^{(R)}$，转到S.6。

S.5　若$\boldsymbol{x}^{(S)}$点不在可行域内，则利用中心点$\boldsymbol{x}^{(S)}$和最好点$\boldsymbol{x}^{(L)}$重新确定一个区间，在此区间内重新随机产生k个顶点构成复合形，转到S.2。

S.6　计算映射点$\boldsymbol{x}^{(R)}$的目标函数值$f(\boldsymbol{x}^{(R)})$。若$f(\boldsymbol{x}^{(R)})<f(\boldsymbol{x}^{(H)})$，则用映射点$\boldsymbol{x}^{(R)}$代替最坏点，构成新的复合形，完成一次迭代计算，转向S.8。否则继续下一步。

S.7　若$f(\boldsymbol{x}^{(R)})>f(\boldsymbol{x}^{(H)})$，则将映射系数$\alpha$减半，重新计算映射点。如果新的映射点$\boldsymbol{x}^{(R)}$既为可行点，又满足$f(\boldsymbol{x}^{(R)})<f(\boldsymbol{x}^{(H)})$，即代替$\boldsymbol{x}^{(H)}$，完成本次迭代，继续下一步。否则继续将$\alpha$减半，直到当$\alpha$值减到小于预先给定的一个很小的正数$\xi$（例如$\xi=10^{-5}$）。若目标函数仍无改进，则转向S.2，但此时是改用次坏点$\boldsymbol{x}^{(G)}$来代替前次的$\boldsymbol{x}^{(H)}$进行映射。

S.8　若满足收敛精度则迭代计算结束，此时复合形中目标函数值最小的顶点即为最优解，否则转到S.2。

3. 惩罚函数法

惩罚函数法又称序列无约束极小化技术（Sequential Unconstrained Minimization Technique，SUMT），简称SUMT方法。

求一般约束优化设计问题

$$\left.\begin{array}{lll}\min & f(\boldsymbol{x}) & \boldsymbol{x}\in R\\ \text{s.t.} & g_u(\boldsymbol{x})\leqslant 0 & u=1,2,\cdots,m\\ & h_v(\boldsymbol{x})=0 & v=1,2,\cdots,p<n\end{array}\right\}\tag{7-35}$$

先将它转化为无约束问题，为此引入一个新的目标函数

$$\min\phi(\boldsymbol{x},r_1,r_2)=\min\{f(\boldsymbol{x})+r_1\sum_{u=1}^{m}G[g_u(\boldsymbol{x})]+r_2\sum_{v=1}^{p}H[h_v(\boldsymbol{x})]\}\tag{7-36}$$

式中，$\phi(\boldsymbol{x},r_1,r_2)$，是约束问题转化后的新目标函数；$r_1$、$r_2$是两个不同的惩罚因子；$G[g_u(\boldsymbol{x})]$、$H[h_v(\boldsymbol{x})]$分别是由约束函数$g_u(\boldsymbol{x})$、$h_v(\boldsymbol{x})$所定义的某种形式的泛函数。

例如，对于不等式约束$g_u(\boldsymbol{x})\leqslant 0$，当按内点法计算时可取

$$\left.\begin{array}{l}G[g_u(\boldsymbol{x})]=-\dfrac{1}{g_u(\boldsymbol{x})}\\ \text{或}\quad G[g_u(\boldsymbol{x})]=-\ln[-g_u(\boldsymbol{x})]\end{array}\right\}\tag{7-37}$$

当按外点法计算时，可取

$$\left.\begin{aligned}G[g_u(\boldsymbol{x})] &= \max\{g_u(\boldsymbol{x}),0\}^z\\ H[h_v(\boldsymbol{x})] &= [h_v(\boldsymbol{x})]^z\end{aligned}\right\}\tag{7-38}$$

式中，max｛·，·｝应取两个数的大者；z 是指数，一般取 $z=2$。

在求解时，需要不断调整惩罚因子 $r_1^{(k)}$ 和 $r_2^{(k)}$（$k=0,1,2,\cdots$），使其新目标函数 $\phi(\boldsymbol{x},r_1^{(k)},r_2^{(k)})$ 极小点的序列 $\boldsymbol{x}(r_1^{(k)},r_2^{(k)})$（$k=0,1,2,\cdots$）逐渐收敛到原目标函数 $f(\boldsymbol{x})$ 的约束最优点 $\boldsymbol{x}^*$。

当设计点 $\boldsymbol{x}$ 不满足约束条件时，使 $r_1^{(k)}\sum\limits_{\mu=1}^{m}G[g_u(\boldsymbol{x})]$ 项和 $r_2^{(k)}\sum\limits_{v=1}^{p}H[h_v(\boldsymbol{x})]$ 项的函数值增大，这样就对函数 $\phi(\boldsymbol{x},r_1^{(k)},r_2^{(k)})$ 给予“惩罚”，因此称 $r_1^{(k)}\sum\limits_{u=1}^{m}G[g_u(\boldsymbol{x})]$ 和 $r_2^{(k)}\sum\limits_{v=1}^{p}H[h_v(\boldsymbol{x})]$ 为惩罚项，$r_1^{(k)}$ 和 $r_2^{(k)}$ 为不等式约束与等式约束的惩罚因子。

根据惩罚函数在优化计算过程中迭代点是否为可行点，分为内点法、外点法和混合法。

（1）内点法　内点法是将新目标函数 $\phi(\boldsymbol{x},r)$ 定义在可行域内，因而要求它的初始点必须严格可行，且其产生的迭代点序列也都在可行域内，而且不论原约束问题的最优解在可行域内还是在可行域边界上，其整个搜索过程都在约束区域内进行。所以只有当惩罚因子 r_1 趋于零时，才能求得约束边界上的约束最优点。内点法的具体算法如下：

S.1　选取初始点 $\boldsymbol{x}^{(0)}$，此点应满足 $g_u(\boldsymbol{x}^{(0)})<0$（$u=1,2,\cdots,m$）条件，但不应是边界上的点。

S.2　选取适当的惩罚因子初始值 $r^{(0)}$ 及其降低系数 c（$c<1$，如 0.7，0.5，0.2 等），计算精度 ε_1 和 ε_2，并令 $k=0$。

S.3　构造惩罚函数，$\phi(\boldsymbol{x},r)=f(\boldsymbol{x})-r\sum\limits_{u=1}^{m}\dfrac{1}{g_u(\boldsymbol{x})}$

或

$$\phi(\boldsymbol{x},r)=f(\boldsymbol{x})-r\sum_{u=1}^{m}\ln[-g_u(\boldsymbol{x})]$$

设计点离约束面越近，惩罚项值越大，就好像在约束可行域的边界上设置了一个很高的障碍，从而保证了迭代点在可行域内。

调用无约束优化方法，求 $\min\phi(\boldsymbol{x},r^{(k)})$，得最优点 $\boldsymbol{x}^*(r^{(k)})$。

S.4　检验收敛精度，若不等式

$$\|\boldsymbol{x}^*(r^{(k-1)})-\boldsymbol{x}^*(r^{(k)})\|\leqslant\varepsilon_1\quad 和\quad\left|\frac{\phi(\boldsymbol{x}^*(r^{(k)}))-\phi(\boldsymbol{x}^*(r^{(k-1)}))}{\phi(\boldsymbol{x}^*(r^{(k-1)}))}\right|\leqslant\varepsilon_2$$

成立，则认为已求得最优点 $\boldsymbol{x}^*\approx\boldsymbol{x}^*(r^{(k)})$；若不成立，则转到下一步。

S.5　计算 $r^{(k+1)}=cr^{(k)}$，并令 $\boldsymbol{x}^{(0)}=\boldsymbol{x}^*(r^{(k)})$，$k=k+1$，转到 S.3。

内点法的一个优点是计算过程的任一个点都是可行的，因此也都可取为一个可接受的设计解，它的缺点是不适用于含有等式约束条件的设计问题。

（2）外点法　外点法是将新目标函数 $\phi(x,r)$ 定义在可行域的外部，初始点可以是内点也可以是外点，所产生的迭代点序列必定是在可行域外，整个搜索过程将由可行域外向约束边界靠近，由于在实际计算中难以实现惩罚项为零，因此其计算终止点一般都在约束边界的外侧，在不可行域内。外点法的算法如下：

S.1　选取一个适当的初始点 $\boldsymbol{x}^{(0)}$、惩罚因子初值 $r^{(0)}$ 和增大系数 α（$\alpha>1$，如10，10^2，10^3，…），规定收敛精度为 ε_1 和 ε_2，令 $k=0$。

S.2　求惩罚函数的无约束极值点 $\boldsymbol{x}^*(r^{(k)})$，即

$$\min\phi(\boldsymbol{x}, r^{(k)}) = f(\boldsymbol{x}) + r^{(k)}\sum_{u=1}^{m}\{\max[g_u(\boldsymbol{x}), 0]\}^2$$

当 $g_u(\boldsymbol{x})\leqslant 0$ 时，设计点在可行域内，这个函数对新目标函数的惩罚为零，当 $g_u(\boldsymbol{x})>0$ 时，设计点违反了约束，在新目标函数中加入 $r^{(k)}[g_u(\boldsymbol{x})]^2$ 项，约束违反越多，惩罚越重，并在极小化中，使该项值减小，即设计点向约束边界移动。

S.3　计算 $\boldsymbol{x}^*(r^{(k)})$ 点违反约束的情况。

$$Q=\max_{u\in I_1}\{g_u[\boldsymbol{x}^*(r^{(k)})]\}，当 g_u(\boldsymbol{x})\leqslant 0 时$$

式中，I_1 是违反约束条件的约束下标的集合，即

$$I_1=\{u\mid g_u(\boldsymbol{x})>0\quad u=1, 2, \cdots, m\}$$

S.4　若 $Q\leqslant\delta_0$，则 $\boldsymbol{x}^*(r^{(k)})$ 点已接近约束边界，停止迭代。否则，转向下一步。

S.5　若 $\|\boldsymbol{x}^*(r^{(k-1)})-\boldsymbol{x}^*(r^{(k)})\|\leqslant\varepsilon_1$ 和 $\left|\dfrac{\phi(\boldsymbol{x}^*(r^{(k)}))-\phi(\boldsymbol{x}^*(r^{(k-1)}))}{\phi(\boldsymbol{x}^*(r^{(k-1)}))}\right|\leqslant\varepsilon_2$ 不等式成立，则停止迭代；否则，取 $r^{(k+1)}=\alpha r^{(k)}$；$\boldsymbol{x}^{(0)}=\boldsymbol{x}^*(r^{(k)})$，$k=k+1$，转向 S.2。

外点法的一个优点是容易处理含等式约束的优化设计问题，但其最优解一般是靠近约束面的具有微量违反约束的不可行解。

（3）混合法　将外点法和内点法混合使用构成混合惩罚函数法，是一种可以同时处理等式和不等式约束的惩罚函数法。定义惩罚函数为

$$\phi(\boldsymbol{x}, r^{(k)}) = f(\boldsymbol{x}) - r^{(k)}\sum_{u=1}^{m}\frac{1}{g_u(\boldsymbol{x})} + \frac{1}{r^{(k)}}\sum_{v=1}^{p}[h_v(\boldsymbol{x})]^2 \tag{7-39}$$

式中，$r^{(0)}>r^{(1)}>r^{(2)}>\cdots>r^{(k)}$，$\lim\limits_{k\to\infty}r^{(k)}=0$。

其计算步骤与内点法相同。

4. 其他方法

（1）广义简约梯度法　先考虑约束条件均为线性而目标函数为非线性的问题，如仅考虑起作用约束条件集合情形，则其数学模型可等价表示为等式约束优化问题，即

$$\begin{aligned}&\min f(\boldsymbol{x}) && \boldsymbol{x}\in\boldsymbol{R}^n\\ &\text{s.t.}\quad h_v(\boldsymbol{x})=0 && v=1, 2, \cdots, q<n\end{aligned}$$

将 n 维设计变量分为两组，即 $\boldsymbol{x}=[\boldsymbol{y}, \boldsymbol{z}]^{\mathrm{T}}$，其中一组是状态变量 $\boldsymbol{y}=[y_1, y_2, \cdots, y_q]^{\mathrm{T}}$，对应于 q 个起作用约束条件；另一组为决策变量 $\boldsymbol{z}=[z_1, z_2, \cdots, z_s]^{\mathrm{T}}$，对应着其余的 $s=n-q$ 个设计变量。定义 $\nabla f(\boldsymbol{z})$ 和 $\nabla f(\boldsymbol{y})$ 分别表示目标函数对于 $\boldsymbol{z}$ 和 $\boldsymbol{y}$ 的梯度向量，$\left(\dfrac{\partial h(x)}{\partial z}\right)$ 和 $\left(\dfrac{\partial h(x)}{\partial y}\right)$ 分别为起作用约束集合对于 $\boldsymbol{z}$ 和 $\boldsymbol{y}$ 的梯度矩阵，则目标函数 $f(\boldsymbol{x})$ 的简约梯度为

$$\nabla_r f(\boldsymbol{z}) = \nabla f(\boldsymbol{z}) - \nabla^{\mathrm{T}} f(\boldsymbol{y})\left(\frac{\partial h(\boldsymbol{x})}{\partial \boldsymbol{y}}\right)^{-1}\left(\frac{\partial h(\boldsymbol{x})}{\partial \boldsymbol{z}}\right) \tag{7-40}$$

简约梯度的几何意义是：原问题目标函数的梯度（n 维）投影到 q 个起作用约束边界交

集上的梯度分向量。

简约后的设计空间为 $s=n-q$ 维，称为简约设计空间。

在简约设计空间中，沿搜索方向 $\boldsymbol{s}^{(k)}=-\nabla_r f\left(\boldsymbol{z}^{(k)}\right)$ 进行一维搜索得到

$$\left.\begin{aligned}\boldsymbol{z}^{(k+1)}&=\boldsymbol{z}^{(k)}+\alpha\boldsymbol{s}^{(k)}\\ \boldsymbol{y}^{(k+1)}&=\boldsymbol{y}^{(k)}-\left(\frac{\partial h(\boldsymbol{x})}{\partial\boldsymbol{y}}\right)^{-1}\left(\frac{\partial h(\boldsymbol{x})}{\partial z}\right)(\alpha\boldsymbol{s}^{(k)})\\ \boldsymbol{x}^{(k+1)}&=\left[\boldsymbol{y}^{(k+1)},\boldsymbol{z}^{(k+1)}\right]^{\mathrm{T}}\end{aligned}\right\}\tag{7-41}$$

将简约梯度的概念和方法推广到非线性约束条件的情况，称为广义简约梯度法。在非线性约束的情况下，搜索不再严格沿着起作用约束条件的交集进行，只沿其近似边界的切线方向进行。因而，每前进一步就会离开可行域，这时，必须应用某种解非线性方程组的方法（如牛顿法）迫使设计点回到起作用约束条件的交集上。其具体做法是将 $n-q$ 个决策变量固定下来，解 q 个起作用约束的非线性方程组 $g(\boldsymbol{y})=0$，求得 q 个状态变量 $\boldsymbol{y}$，以满足起作用约束条件 $g(\boldsymbol{y})=0$。

（2）序列二次规划法　基本思想是将原问题转化为一个序列二次规划子问题，以求这一序列子问题的极小点来逐步逼近原问题的极小点。

在迭代点 $\boldsymbol{x}^{(k)}$ 构造二次规划子问题，即

$$\left.\begin{aligned}&\min\quad \nabla^{\mathrm{T}}f\left(\boldsymbol{x}^{(k)}\right)\boldsymbol{s}+\frac{1}{2}\boldsymbol{s}^{\mathrm{T}}H\left(\boldsymbol{x}^{(k)}\right)\boldsymbol{s}\qquad \boldsymbol{s}\in R^n\\ &\mathrm{s.t.}\quad g_u\left(\boldsymbol{x}^{(k)}\right)+\nabla^{\mathrm{T}}g_u\left(\boldsymbol{x}^{(k)}\right)\boldsymbol{s}\leqslant 0\qquad u=1,\cdots,m\\ &\qquad\ h_v\left(\boldsymbol{x}^{(k)}\right)+\nabla^{\mathrm{T}}h_v\left(\boldsymbol{x}^{(k)}\right)\boldsymbol{s}=0\qquad v=1,\cdots,p<n\end{aligned}\right\}\tag{7-42}$$

式中，$\nabla f\left(\boldsymbol{x}^{(k)}\right)$、$\nabla g_u\left(\boldsymbol{x}^{(k)}\right)$ 和 $\nabla h_v\left(\boldsymbol{x}^{(k)}\right)$ 是目标函数和约束函数在 $\boldsymbol{x}^{(k)}$ 点的一阶导数向量；$\boldsymbol{H}\left(\boldsymbol{x}^{(k)}\right)$ 是该问题 Lagrange 函数在 $\boldsymbol{x}^{(k)}$ 点的二阶导数矩阵，即

$$\boldsymbol{H}(\boldsymbol{x}^{(k)})=\nabla^2 f(\boldsymbol{x}^{(k)})+\sum_{u=1}^{m}\lambda_u^{(k)}\cdot\nabla^2 g_u(\boldsymbol{x}^{(k)})+\sum_{v=1}^{p}\mu_v^{(k)}\cdot\nabla^2 h_v(\boldsymbol{x}^{(k)})\tag{7-43}$$

此问题的设计变量是 $\boldsymbol{s}$。解式（7-42），可以得到本次迭代的搜索方向 $\boldsymbol{s}$。沿 $\boldsymbol{s}$ 进行一维搜索得到新的设计点 $\boldsymbol{x}^{(k+1)}$。

（3）约束变尺度法　在解序列二次规划问题中，构造 $\boldsymbol{H}(\boldsymbol{x}^{(k)})$ 是其关键技术，但用式（7-43）计算 $\boldsymbol{H}(\boldsymbol{x}^{(k)})$ 比较困难，因而提出利用变尺度矩阵 $\boldsymbol{A}^{(k)}$ 代替求 $\boldsymbol{H}(\boldsymbol{x}^{(k)})$，此种序列二次规划法称为约束变尺度法。BFGS 约束变尺度的计算公式为

$$\boldsymbol{A}^{(k+1)}+\boldsymbol{A}^{(k)}+\Delta\boldsymbol{A}^{(k)}\tag{7-44}$$

式中，$\boldsymbol{A}^{(k)}$ 和 $\boldsymbol{A}^{(k+1)}$ 是序列构造的对称正定矩阵；$\Delta\boldsymbol{A}^{(k)}$ 是第 k 次迭代的修正矩阵，其值为

$$\boldsymbol{A}^{(k)}=\frac{\boldsymbol{A}^{(k)}\boldsymbol{\delta}\boldsymbol{\delta}^{\mathrm{T}}\boldsymbol{A}^{(k)}}{\boldsymbol{\delta}^{\mathrm{T}}\boldsymbol{A}^{(k)}\boldsymbol{\delta}}+\frac{\boldsymbol{\gamma}\boldsymbol{\gamma}^{\mathrm{T}}}{\boldsymbol{\delta}^{\mathrm{T}}\gamma}\tag{7-45}$$

式中

$$\delta=\boldsymbol{x}^{(k+1)}-\boldsymbol{x}^{(k)}$$

$$\gamma=\nabla L\left(\boldsymbol{x}^{(k+1)}\right)-\nabla L\left(\boldsymbol{x}^{(k)}\right)$$

$$\nabla L(\boldsymbol{x}^{(k)})=\nabla f(\boldsymbol{x}^{(k)})+\sum_{u=1}^{m}\lambda_u^{(k)}\nabla g_u(\boldsymbol{x}^{(k)})+\sum_{v=1}^{p}\mu_u^{(k)}\nabla h_v(\boldsymbol{x}^{(k)})$$

7.4.3 无约束优化计算方法

1. 方法的分类

无约束多维优化计算方法可以分为两大类，见表 7-3。

表 7-3 无约束多维优化计算方法分类

优化计算方法		定 义	特 点
不用导数信息的方法	坐标轮换法	在迭代过程中，只需计算目标函数值，不必对函数进行导数计算	计算稳定，可靠性好，编程容易；收敛速度缓慢
	Hooke - Jeeves 模式搜索法		
	随机搜索法		
	Rosenbrock 旋转坐标法		
	单纯形法		
	Powell 共轭方向法		
使用导数信息的方法	梯度法	需要计算目标函数的一阶和二阶导数，即需要对函数进行导数分析和计算	利用多元函数的极值理论，寻求合理的搜索方向，使迭代次数减少；当用差分法求近似的导数值时，存在误差干扰，计算的可靠性和稳定性较差
	共轭梯度法		
	牛顿法和拟牛顿法		
	变尺度法		

2. 不用导数信息的方法

在许多工程优化问题中，其数学模型难以求出函数的导数，故需采用不用导数信息的优化计算方法，也称为直接搜索方法。Powell 共轭方向法是其中最有效的一种算法，其二维问题的计算原理图如图 7-21 所示。

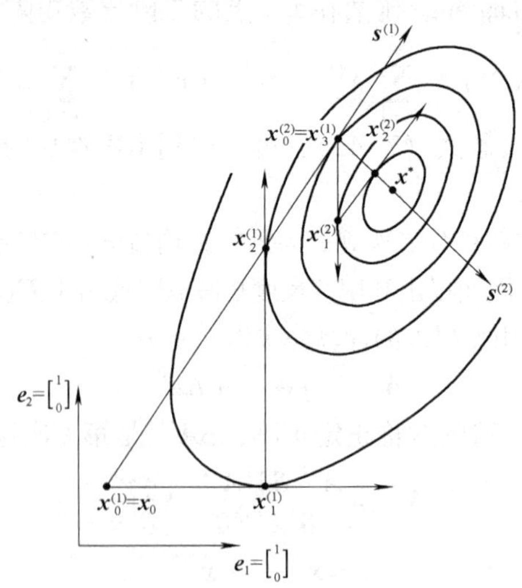

图 7-21 Powell 共轭方向法计算原理图

Powell 共轭方向法的计算步骤是：

S.1 给定开始点 $\boldsymbol{x}_0$ 和计算精度 ε，逐次沿 n 个线性无关的方向进行一维搜索。

$$\boldsymbol{x}_i^{(k)}=\boldsymbol{x}_{i-1}^{(k)}+\alpha_i^{(k)}\boldsymbol{s}_i^{(k)} \qquad i=1,\ 2,\ \cdots,\ n$$

式中，$\boldsymbol{s}_i^{(k)}$ 是搜索方向，当 $k=1$ 时，令 $\boldsymbol{x}_{i-1}^{(1)}=\boldsymbol{x}_0$ 和

$$\boldsymbol{s}_i^{(1)}=\boldsymbol{e}_i=\begin{pmatrix}0\\ \vdots\\ 1\\ \vdots\\ 0\end{pmatrix},\text{（第 } i \text{ 个坐标方向取为 1，其余为零）}$$

$a_i^{(k)}$ 是优化步长。

S.2　计算 k 轮中相邻两点目标函数值的下降量，并找出下降量最大者及相应的方向。

$$\Delta_m^{(k)}=\max\{\Delta_i^{(k)}\}=\max_{i=1,\cdots,n}\{f(\boldsymbol{x}_{i-1}^{(k)})-f(\boldsymbol{x}_i^{(k)})\}$$

$$\boldsymbol{s}_m^{(k)}=\boldsymbol{x}_m^{(k)}-\boldsymbol{x}_{m-1}^{(k)}$$

S.3　沿共轭方向 $\boldsymbol{s}^{(k)}=\boldsymbol{x}_n^{(k)}-\boldsymbol{x}_0^{(k)}$ 计算映射点。

$$\boldsymbol{x}_{n+1}^{(k)}=2\boldsymbol{x}_n^{(k)}-\boldsymbol{x}_0^{(k)}$$

令
$$f_1=f\ (\boldsymbol{x}_0^{(k)}),\quad f_2=f\ (\boldsymbol{x}_n^{(k)}),\quad f_3=f\ (\boldsymbol{x}_{n+1}^{(k)})$$

式中，$\boldsymbol{x}_0^{(k)}$ 是第 k 轮搜索的开始点；$\boldsymbol{x}_n^{(k)}$ 是第 k 轮搜索的结束点；f_1 是第 k 轮搜索开始点的函数值；f_2 是第 k 轮搜索的结束点的函数值；f_3 是映射点的函数值。

若同时满足

$$f_3<f_1$$

$$(f_1-2f_2+f_3)(f_1-f_2-\Delta_m^{(k)})^2<0.5\Delta_m^{(k)}(f_1-f_3)^2$$

则由 $\boldsymbol{x}_n^{(k)}$ 出发沿 $\boldsymbol{s}^{(k)}$ 方向进行一维搜索，求出该方向的极小点 $\boldsymbol{x}^*$，并以 $\boldsymbol{x}^*$ 作为 $k+1$ 轮的开始点，即令 $\boldsymbol{x}_0^{(k+1)}=\boldsymbol{x}^*$；然后进行第 $k+1$ 轮搜索，其搜索方向去掉 $\boldsymbol{s}_m^{(k)}$，并令 $\boldsymbol{s}_n^{(k+1)}=\boldsymbol{s}^{(k)}$，即 n 个搜索方向为 $[\boldsymbol{s}_1^{(k+1)},\boldsymbol{s}_2^{(k+1)},\cdots,\boldsymbol{s}_n^{(k+1)}]=[\boldsymbol{s}_1^{(k+1)},\cdots,\boldsymbol{s}_{m-1}^{(k)},\boldsymbol{s}_{m+1}^{(k)},\cdots,\boldsymbol{s}_n^{(k)},\boldsymbol{s}^{(k)}]$。

S.4　若上述替换条件不满足，则进入第 $k+1$ 轮搜索，其 n 个方向全部用第 k 轮的搜索方向，而初始点则取 $\boldsymbol{x}_n^{(k)}$ 和 $\boldsymbol{x}_{n+1}^{(k)}$ 中函数值较小的点。

S.5　每轮迭代结束时，都应该检验收敛条件。若满足

$$\|\boldsymbol{x}_0^{(k+1)}-\boldsymbol{x}_0^{(k)}\|\leqslant\varepsilon_1 \text{ 或} \left|((f(\boldsymbol{x}_0^{(k+1)})-f(\boldsymbol{x}_0^{(k)}))/f(\boldsymbol{x}_0^{(k+1)})\right|\leqslant\varepsilon_2$$

则迭代计算结束。否则进行下一轮迭代，令 $k=k+1$，转 S.1。

例 7-5　用 Powell 共轭方向法求函数

$$f\ (\boldsymbol{x})\ =60-10x_1-4x_2+x_1^2+x_2^2-x_1x_2$$

的最优点 $\boldsymbol{x}^*=[x_1^*,\ x_2^*]^{\mathrm{T}}$。计算精度要求 $\varepsilon=0.0001$。

解　取开始点为 $\boldsymbol{x}_0^{(1)}=\boldsymbol{x}^{(0)}=[0,\ 0]^{\mathrm{T}}$，$f_1=f\ (\boldsymbol{x}^{(0)})\ =60$。第一轮迭代的搜索方向取两个坐标的单位向量

$$\boldsymbol{s}_1^{(1)}=\boldsymbol{e}_1=\begin{pmatrix}1\\0\end{pmatrix}$$

$$\boldsymbol{s}_2^{(1)}=\boldsymbol{e}_2=\begin{pmatrix}0\\1\end{pmatrix}$$

从 $\boldsymbol{x}_0^{(1)}$ 出发，先从 $\boldsymbol{s}_1^{(1)}$ 方向进行一维最优搜索，此时最优步长为 $\alpha_1^{(1)}=5$（由公式 $\alpha^{(k)}=-\dfrac{[\nabla f\ (\boldsymbol{x}^{(k)})]^{\mathrm{T}}\boldsymbol{s}^{(k)}}{[\boldsymbol{s}^{(k)}]^{\mathrm{T}}\boldsymbol{H}\ (\boldsymbol{x}^{(k)})\ \boldsymbol{s}^{(k)}}$ 计算得到），由此得最优点

$$\boldsymbol{x}_1^{(1)}=\begin{pmatrix}0\\0\end{pmatrix}+5\begin{pmatrix}1\\0\end{pmatrix}=\begin{pmatrix}5\\0\end{pmatrix}$$

同理，沿 $\boldsymbol{s}_2^{(1)}$ 方向进行一维搜索得最优点

$$\boldsymbol{x}_2^{(1)}=\begin{pmatrix}5\\0\end{pmatrix}+4.5\begin{pmatrix}0\\1\end{pmatrix}=\begin{pmatrix}5\\4.5\end{pmatrix}$$

计算第 $n+1$ 个方向（共轭方向）

$$\boldsymbol{s}_3^{(1)}=\boldsymbol{x}_2^{(1)}-\boldsymbol{x}_0^{(1)}=\begin{pmatrix}5\\4.5\end{pmatrix}-\begin{pmatrix}0\\0\end{pmatrix}=\begin{pmatrix}5\\4.5\end{pmatrix}$$

计算 $\boldsymbol{s}_3^{(1)}$ 方向上的映射点 $\boldsymbol{x}_3$

$$\boldsymbol{x}_3^{(1)}=2\boldsymbol{x}_2^{(1)}-\boldsymbol{x}_0^{(1)}=\begin{pmatrix}10\\9\end{pmatrix}$$

计算相邻两点函数值的下降量

$$f(\boldsymbol{x}_0^{(1)})=60,\ f(\boldsymbol{x}_1^{(1)})=35,\ f(\boldsymbol{x}_2^{(1)})=14.75$$

$$\Delta_1^{(1)}=f(\boldsymbol{x}_0^{(1)})-f(\boldsymbol{x}_1^{(1)})=25,\ \Delta_2^{(1)}=f(\boldsymbol{x}_1^{(1)})-f(\boldsymbol{x}_2^{(1)})=20.25$$

即有 $\Delta_m^{(1)}=\max\{\Delta_1^{(1)},\ \Delta_2^{(1)}\}=\Delta_1^{(1)}=25,\ \boldsymbol{s}_m^{(1)}=\boldsymbol{s}_1^{(1)}=\boldsymbol{e}_1$

检验判别条件

$$f_1=f(\boldsymbol{x}_0^{(1)})=60,\ f_2=f(\boldsymbol{x}_2^{(1)})=14.75,\ f_3=f(\boldsymbol{x}_3^{(1)})=15$$

$$f_3<f_1,\ (15<60)$$

$$(f_1-2f_2+f_3)(f_1-f_2-\Delta_m^{(1)})^2<0.5\Delta_m^{(1)}(f_1-f_3)^2,\ (18657.8<25312.5)$$

成立，故应以 $\boldsymbol{s}_3^{(1)}$ 替换 $\boldsymbol{s}_m^{(1)}$，并求 $\boldsymbol{s}_3^{(1)}$ 方向上的极小点。

优化步长 α_3 为

$$\alpha_3=-\frac{[\nabla f(\boldsymbol{x}_2^{(1)})]^{\mathrm{T}}\boldsymbol{s}_3^{(1)}}{[\boldsymbol{s}_3^{(1)}]^{\mathrm{T}}\boldsymbol{H}\boldsymbol{s}_3^{(1)}}=-\frac{[4.5,0]\begin{pmatrix}5\\4.5\end{pmatrix}}{[5,4.5]\begin{pmatrix}2&-1\\-1&2\end{pmatrix}\begin{pmatrix}5\\4.5\end{pmatrix}}=0.4945$$

$$\boldsymbol{x}^*=\boldsymbol{x}_2^{(1)}+\alpha_3\boldsymbol{s}_3^{(1)}=\begin{pmatrix}5\\4.5\end{pmatrix}+0.4945\begin{pmatrix}5\\4.5\end{pmatrix}=\begin{pmatrix}7.4725\\6.7253\end{pmatrix}$$

当 $k=2$ 为

$$\boldsymbol{x}_0^{(2)}=\boldsymbol{x}^*=\begin{pmatrix}7.4725\\6.7253\end{pmatrix}$$

$$\boldsymbol{s}_1^{(2)}=\boldsymbol{s}_2^{(1)}=\boldsymbol{e}_2=\begin{pmatrix}0\\1\end{pmatrix},\boldsymbol{s}_2^{(2)}=\boldsymbol{s}_3^{(1)}=\begin{pmatrix}5\\4.5\end{pmatrix}$$

$$\boldsymbol{x}_1^{(2)}=\boldsymbol{x}_0^{(2)}+\alpha_1^{(2)}\boldsymbol{s}_1^{(2)}=\begin{pmatrix}7.4725\\6.7253\end{pmatrix}+(-0.9891)\begin{pmatrix}0\\1\end{pmatrix}=\begin{pmatrix}7.4725\\5.7362\end{pmatrix}$$

$$\boldsymbol{x}_2^{(2)}=\boldsymbol{x}_1^{(2)}+\alpha_2^{(2)}\boldsymbol{s}_2^{(2)}=\begin{pmatrix}7.4725\\5.7362\end{pmatrix}+0.08695\begin{pmatrix}5\\4.5\end{pmatrix}=\begin{pmatrix}7.9073\\6.1275\end{pmatrix}$$

其中，$\alpha_1^{(2)}=\dfrac{[\nabla f(\boldsymbol{x}_0^{(2)})]^{\mathrm{T}}\boldsymbol{s}_1^{(2)}}{[\boldsymbol{s}_1^{(2)}]^{\mathrm{T}}\boldsymbol{H}\boldsymbol{s}_1^{(1)}}=-0.9891$，$\alpha_2^{(2)}=\dfrac{[\nabla f(\boldsymbol{x}_1^{(2)})]^{\mathrm{T}}\boldsymbol{s}_2^{(2)}}{[\boldsymbol{s}_2^{(2)}]^{\mathrm{T}}\boldsymbol{H}\boldsymbol{s}_2^{(2)}}=0.08695$

$$\boldsymbol{s}_3^{(2)}=\boldsymbol{x}_2^{(2)}-\boldsymbol{x}_0^{(2)}=\begin{pmatrix}7.9073\\6.1275\end{pmatrix}-\begin{pmatrix}7.4725\\6.7253\end{pmatrix}=\begin{pmatrix}0.4348\\-0.5978\end{pmatrix}$$

$$\boldsymbol{x}_3^{(2)}=2\boldsymbol{x}_2^{(2)}-\boldsymbol{x}_0^{(2)}=\begin{pmatrix}8.3421\\5.5297\end{pmatrix}$$

$$f(\boldsymbol{x}_0^{(2)})=9.1869,\ f(\boldsymbol{x}_1^{(2)})=8.2087,\ f(\boldsymbol{x}_2^{(2)})=8.0367,\ f(\boldsymbol{x}_3^{(2)})=8.4991$$

$$\Delta_1^{(2)}=f(\boldsymbol{x}_0^{(2)})-f(\boldsymbol{x}_1^{(2)})=0.9782,\ \Delta_2^{(2)}=f(\boldsymbol{x}_1^{(2)})-f(\boldsymbol{x}_2^{(2)})=0.1720$$

$$\Delta_m^{(2)}=\Delta_1^{(2)}=0.9782$$

$$f_1=f(\boldsymbol{x}_0^{(2)})=9.1869,\ f_2=f(\boldsymbol{x}_2^{(2)})=8.0367,\ f_3=f(\boldsymbol{x}_3^{(2)})=8.4991$$

判别条件

$$f_3<f_1,\ (f_1-2f_2+f_3)(f_1-f_2-\Delta_m^{(1)})^2<0.5\Delta_m^{(1)}(f_1-f_3)^2,\ (0.0477<0.2313)$$

成立，故沿 $\boldsymbol{s}_3^{(2)}$ 一维搜索

$$\boldsymbol{x}^*=\boldsymbol{x}_2^{(2)}+\alpha_3^{(2)}\boldsymbol{s}_3^{(2)}=\begin{pmatrix}7.9073\\6.1275\end{pmatrix}+0.213\times\begin{pmatrix}0.4348\\-0.5978\end{pmatrix}=\begin{pmatrix}7.9999\\6.0001\end{pmatrix}$$

其中　$\alpha_3^{(2)}=-\dfrac{[\nabla f(\boldsymbol{x}_2^{(2)})]^{\mathrm{T}}\boldsymbol{s}_2^{(2)}}{[\boldsymbol{s}_3^{(2)}]^{\mathrm{T}}\boldsymbol{H}\boldsymbol{s}_3^{(2)}}=0.213$

精确解 $\boldsymbol{x}^*=\begin{pmatrix}8\\6\end{pmatrix}$，误差已小于0.0001，故停止运算。总共进行6次一维搜索。

3. 利用导数信息的方法

在无约束优化计算方法中，利用导数信息所构造的一类优化算法，其迭代格式相同，即

$$\boldsymbol{x}^{(k+1)}=\boldsymbol{x}^{(k)}+\alpha^{(k)}\boldsymbol{s}^{(k)}\quad k=0,1,2,\cdots$$

由于在每轮迭代计算中所构造的方向 $\boldsymbol{s}^{(k)}$ 不同，从而形成了不同的算法。

（1）梯度法　搜索方向是目标函数在 $\boldsymbol{x}^{(k)}$ 点的负梯度方向。

$$\boldsymbol{s}^{(k)}=-\nabla f(\boldsymbol{x}^{(k)})\quad 或\ \boldsymbol{s}^{(k)}=-\nabla f(\boldsymbol{x}^{(k)})/\|\nabla f(\boldsymbol{x}^{(k)})\| \tag{7-46}$$

梯度法的优点是迭代计算过程简单，对开始点要求不高；缺点是计算效率较低，收敛慢。

（2）共轭梯度法　搜索方向是由相邻两个负梯度方向 $-\nabla f(\boldsymbol{x}^{(k)})$ 和 $-\nabla f(\boldsymbol{x}^{(k-1)})$ 所构造的共轭梯度方向。

$$\boldsymbol{s}^{(k)}=-\nabla f(\boldsymbol{x}^{(k)})+\beta\nabla f(\boldsymbol{x}^{(k-1)}) \tag{7-47}$$

式中，β 是由共轭性条件推导出的系数，即

$$\beta=\frac{\|\nabla f(\boldsymbol{x}^{(k)})\|^2}{\|\nabla f(\boldsymbol{x}^{(k-1)})\|^2} \tag{7-48}$$

共轭梯度法的优点是所用公式结构简单，收敛速度较快，计算中所需存储的信息量少；缺点是对高次非线性函数收敛较慢，计算稳定性较差。

（3）牛顿法　搜索方向是牛顿方向。

$$\boldsymbol{s}^{(k)}=-[H(\boldsymbol{x}^{(k)})]^{-1}\nabla f(\boldsymbol{x}^{(k)}) \tag{7-49}$$

式中，$\boldsymbol{H}(\boldsymbol{x}^{(k)})$ 是目标函数在 $\boldsymbol{x}^{(k)}$ 点的二阶偏导数矩阵。

牛顿法的优点是收敛速度快；缺点是对开始点 $\boldsymbol{x}^{(0)}$ 要求高，逆阵的计算量大，计算不稳定。

（4）变尺度法　搜索方向是变尺度（拟牛顿）方向。

$$\boldsymbol{s}^{(k)} = -\boldsymbol{A}^{(k)} \nabla f(\boldsymbol{x}^{(k)}) \tag{7-50}$$

式中，$\boldsymbol{A}^{(k)}$是序列构造的对称正定矩阵，开始令$\boldsymbol{A}^{(0)}=\boldsymbol{I}$，然后

$$\boldsymbol{A}^{(k+1)} = \boldsymbol{A}^{(k)} + \Delta\boldsymbol{A}^{(k)} \quad k=0,\ 1,\ 2,\ \cdots \tag{7-51}$$

式中，$\Delta\boldsymbol{A}^{(k)}$是产生$k$次迭代方向的修正矩阵。

由于采用了不同的修正矩阵，故形成了几种不同的变尺度法，其中最为广泛应用的是 DFP 和 BFGS 算法，而且 BFGS 算法的数值计算稳定性更好。BFGS 算法的迭代修正矩阵为

$$\Delta\boldsymbol{A} = \left(1 + \frac{\boldsymbol{\gamma}^{\mathrm{T}}\boldsymbol{A}^{(k)}\boldsymbol{\gamma}}{\boldsymbol{\delta}^{\mathrm{T}}\boldsymbol{\gamma}}\right)\frac{\boldsymbol{\delta}\boldsymbol{\delta}^{\mathrm{T}}}{\boldsymbol{\delta}^{\mathrm{T}}\boldsymbol{\gamma}} - \frac{\boldsymbol{\delta}\boldsymbol{\gamma}^{\mathrm{T}}\boldsymbol{A}^{(k)} - \boldsymbol{A}^{(k)}\boldsymbol{\gamma}\boldsymbol{\delta}^{\mathrm{T}}}{\boldsymbol{\delta}^{\mathrm{T}}\boldsymbol{\gamma}} \tag{7-52}$$

其中　$\boldsymbol{\delta} = \boldsymbol{x}^{(k)} - \boldsymbol{x}^{(k-1)} \qquad \boldsymbol{\gamma} = \nabla f(\boldsymbol{x}^{(k)}) - \nabla f(\boldsymbol{x}^{(k-1)})$

变尺度法的收敛速度比梯度法和共轭梯度法快得多，而且计算量比牛顿法少且比较稳定，是目前最有效的一种无约束优化计算方法。

利用导数信息无约束优化方法计算流程图如图 7-22 所示。

4. 一维搜索计算方法

一维搜索计算方法很多，可分为两大类：一类称为区间削减法，如两分法、分数法（Fibonacci 法）、黄金分割法（0.618 法）等；另一类称为插值法或函数逼近法，如二次插值法（不需要导数）、牛顿法（切线法）、三次插值法（需要导数）等。这些方法各有特点，目前使用比较广泛的是黄金分割法和二次插值法。

一维搜索计算一般分两步。如图 7-23 所示，第一步是确定函数最小点所在区间$[\alpha_1, \alpha_3]$，即通过$\alpha_1<\alpha_2<\alpha_3$三点找出一个单峰区间，且满足$f(\alpha_1)>f(\alpha_2)<f(\alpha_3)$条件；第二步是求出该区间内的最优步长因子$\alpha^*$值。

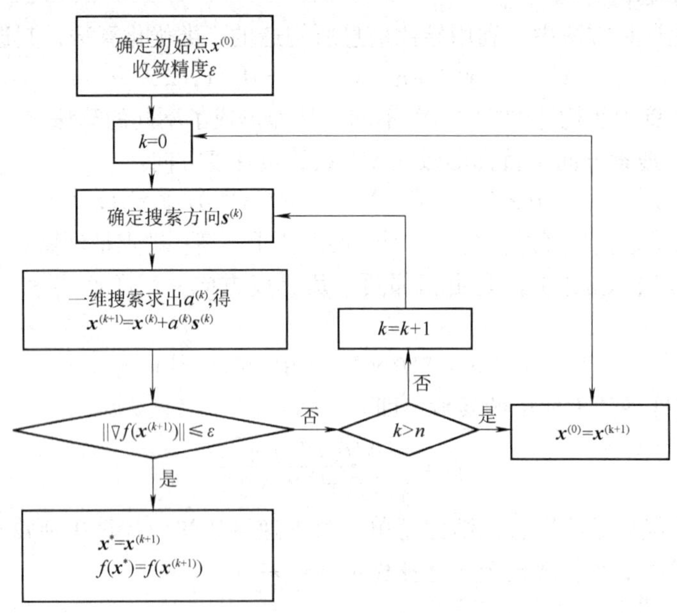

图 7-22　利用导数信息无约束优化方法计算流程图

（1）确定搜索区间的进退算法　确定搜索区间最简单的是进退算法。如图 7-24 所示，可先将初始迭代点$\boldsymbol{x}^{(k)}$和$f(\boldsymbol{x}^{(k)})$定为搜索区间的左端点$\alpha_1=t_1$（此时取$t_1=0$）和函数值

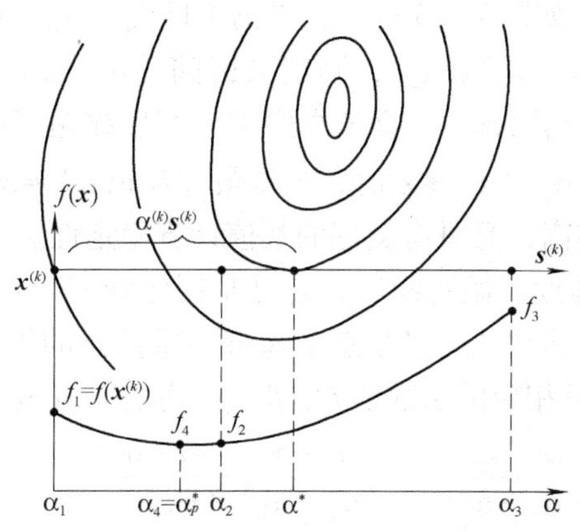

图 7-23　一维搜索的原理图

$f(t_1)=f(\alpha_1)=f(\boldsymbol{x}^{(k)})$。然后用一个试探步长 t_0（一般取 $t_0=0.01$）沿 $\boldsymbol{s}$ 方向移动一步 $t_2=\alpha_1+t_0$，并计算该点的函数值 $f(t_2)=f(\boldsymbol{x}^{(k)}+t_2\boldsymbol{s}^{(k)})$，若 $f(\alpha_1)>f(t_2)$ 则继续增大步长 $t_0=2t_0$，再计算其函数值 $f(t_2)$，然后再与前一个点的函数值进行比较，直到相邻两点的函数值满足 $f(t_{i-1})<f(t_i)$ 条件时为止，即形成了高—低—高的一维函数曲线。最后一点就定为右端点 $\alpha_3=\alpha_1+t_i$，其函数值为 $f(\alpha_3)=f(t_i)=f(\boldsymbol{x}^{(k)}+t_i\boldsymbol{s}^{(k)})$；前一点定为中间点，即 $\alpha_2=\alpha_1+t_{i-1}$，其值为 $f(\alpha_2)=f(t_{i-1})=f(\boldsymbol{x}^{(k)}+t_{i-1}\boldsymbol{s}^{(k)})$，满足 $\alpha_1<\alpha_2<\alpha_3$ 和 $f(\alpha_1)>f(\alpha_2)<f(\alpha_3)$。反之，若 $f(\alpha_1)<f(t_2)$，则将步长值 t_0 改为 $-t_0$，即取移动步长 $t_2=\alpha_1-t_0$，继续计算，直到 $f(t_{i-1})<f(t_i)$ 为止，也可得到高—低—高的一维函数曲线。此时将左端点值定为终止点 $\alpha_3=\alpha_1+t_i$，而右端点值定为开始点 α_1，中间点定为 $\alpha_2=\alpha_1+t_{i-1}$，也满足 $\alpha_1>\alpha_2>\alpha_3$ 和 $f(\alpha_1)>f(\alpha_2)<f(\alpha_3)$。

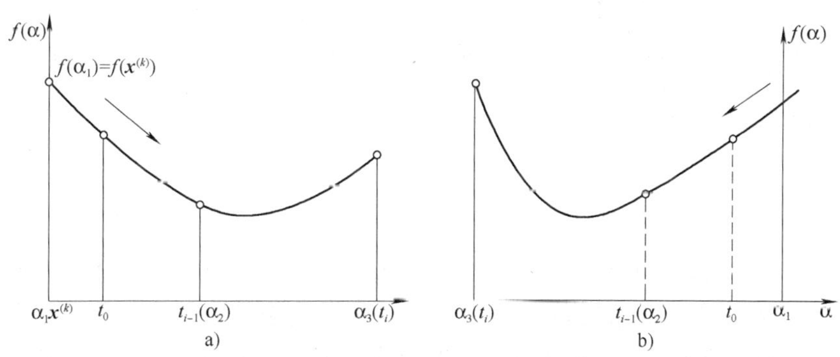

图 7-24　搜索区间的确定

a）正向搜索　b）反向搜索

（2）黄金分割法　这是一种用等比例缩短区间的长度来确定一维搜索最优点的方法，由于等比例系数 $\lambda=0.618$，因此又称它为 0.618 法。

如图 7-25 所示，在已确定的区间 $[\alpha_1,\ \alpha_3]$ 内取两点 α_{11} 和 α_{12}，并令

$$\left.\begin{aligned}\alpha_{11}&=\alpha_1+(1-\lambda)(\alpha_3-\alpha_1)\\\alpha_{12}&=\alpha_1+\lambda(\alpha_3-\alpha_1)\end{aligned}\right\}\tag{7-53}$$

若$f(\alpha_{11})<f(\alpha_{12})$，如图7-25所示，则消去区间$[\alpha_{12},\alpha_3]$，将$\alpha_{12}$作为$\alpha_3$，$\alpha_{11}$作为$\alpha_{12}$，再求$\alpha_{11}$；若$f(\alpha_{11})>f(\alpha_{12})$，则消去区间$[\alpha_1,\alpha_{11}]$，将$\alpha_{11}$作为$\alpha_1$，$\alpha_{12}$作为$\alpha_{11}$，再求$\alpha_{12}$；若$f(\alpha_{11})=f(\alpha_{12})$，则消去两端，产生缩短了的新区间$[\alpha_1,\alpha_3]$。如此反复消去区间，直至$|(\alpha_1-\alpha_3)/\alpha_1|\leqslant\varepsilon$时，求得最优步长$\alpha^*\approx\alpha_1$。

黄金分割法计算效率较高，且具有良好的数值计算稳定性。

（3）二次插值法　又称近似抛物线法，它是利用已知三个点的函数值来构造二次插值函数，并用一序列二次插值多项式的极小点来逼近一维搜索的极小点，它的原理如图7-26所示，由三点α_1、α_2、α_3及相应的函数值f_1、f_2、f_3构造Lagrange二次插值多项式，即

$$P(\alpha)=\frac{(\alpha-\alpha_2)(\alpha-\alpha_3)}{(\alpha_1-\alpha_2)(\alpha_1-\alpha_3)}f_1+\frac{(\alpha-\alpha_1)(\alpha-\alpha_3)}{(\alpha_2-\alpha_1)(\alpha_2-\alpha_1)}f_2+\frac{(\alpha-\alpha_1)(\alpha-\alpha_2)}{(\alpha_3-\alpha_1)(\alpha_3-\alpha_2)}f_3$$

若令$P(\alpha)=0$，则可求出多项式$P(\alpha)$的极小点

$$\alpha_P^*=\frac{(\alpha_3^2-\alpha_2^2)f_1+(\alpha_1^2-\alpha_3^2)f_2+(\alpha_2^2-\alpha_1^2)f_3}{2[(\alpha_3-\alpha_2)f_1+(\alpha_1-\alpha_3)f_2+(\alpha_2-\alpha_1)f_3]}\tag{7-54}$$

如果$f(\alpha)$是二次函数，则上式求得的α_P^*应就是一维搜索的极小点α^*。当$f(\alpha)$为非二次函数时，得到的是一次近似值，还需要进行下一次迭代。此时，需要从四个点α_1，α_2，α_3，$\alpha_4=\alpha_P^*$中选择新的三点，由于$f_3>f_4$，且$f_2<f_4$，故应由$\alpha_1=\alpha_1$、$\alpha_2=\alpha_2$、$\alpha_3=\alpha_4$来进行下一次的二次插值，得出新的极小点α_P^*，如此重复，甚至$|(f_2-f_4)/f_2|\leqslant\varepsilon$收敛为止。

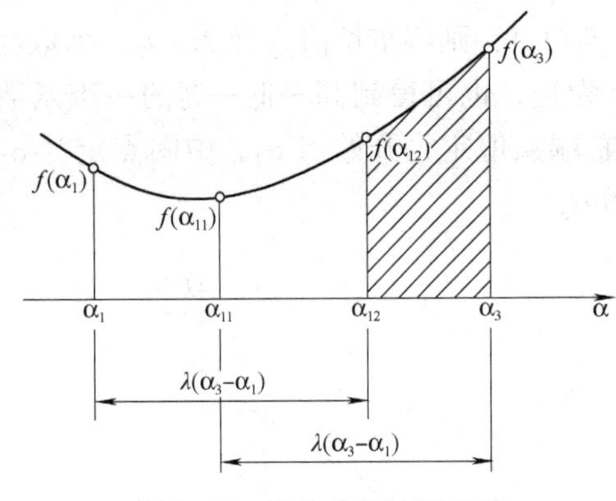

图7-25　黄金分割法原理图

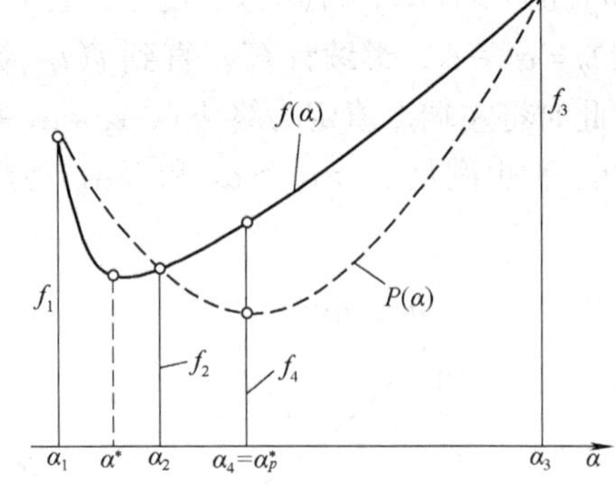

图7-26　二次插值法原理图

当目标函数具有较好的解析性质时，二次插值法的计算效果比黄金分割法要好。

（4）其他方法　除了常用的黄金分割法和二次插值法外，分数法和黄金分割法一样，也是按某种给定的规律来确定区间内插入点的位置，该点位置的确定仅仅按照区间缩短如何加快，而不顾及函数值的分布关系。牛顿法和二次插值法相似，是根据一点的函数值和一阶导数值来构造一个插值函数来逼近原来的函数，用插值函数的极小点作为区间的极小点。

牛顿法的最大优点是收敛速度快，但在每一点处都要计算函数的二阶导数，因而增加了每次迭代的计算量。另外，它要求开始点选得比较好，也就是说离极小点不太远，否则有可能使极小化序列发散或收敛到非极小点。

7.4.4　遗传优化计算方法

近年来，人们对在解决科学与工程技术的优化问题所遇到的困难，试图寻求一种适合于

求解大规模和复杂问题并具有自适应、自组织和随机优化性质的算法成为一个研究的热点。J. Holland 于 1975 年受生物进化论的启发提出了遗传算法（简称 GA）的原型。该算法不同于传统的确定性优化算法，是一种具有隐含并行搜索特性和全域随机搜索特性等特点的算法。由于它在解决复杂问题中显示出的有效性，而受到工程技术界的重视，应用日益广泛。但是，该算法的某些理论和技术也还在不断地发展与完善中。

1. 基本思想

图 7-27 所示为生物进化的基本循环图。遗传算法正是依据生物进化中的“适者生存”规律的基本思想设计的，它把问题的求解过程模拟为群体的适者生存过程，通过群体一代代地不断进化（包括竞争、繁殖和变异等）出现新群体，相当于找出问题的新解，最终收敛到“最适应环境”的个体（解），从而求得问题的最优解或满意解。

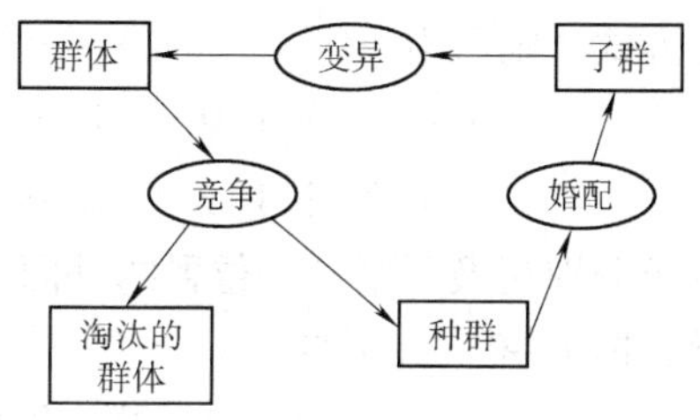

图 7-27　生物进化的基本循环图

遗传算法在求解优化问题时，都是将实际问题的求解空间按一定的编码方式表现出来，即对解空间中的各个解进行编码。所谓解的编码就是把各个解用一定数目的字符串（例如用 0，1 的字符串）来表示，如图 7-28 所示。字符串中的每一位数称为遗传基因，每一个字符串（即一个解的编码）称为一个染色体或个体。个体的集合称为群体。遗传算法的寻优过程就是通过染色体的结合，即通过双亲的基因遗传、变异和交配等，使解的编码发生变化，从而可根据“适者生存”的规律，最终找出最好的解。在表 7-4 中列出了生物遗传的基本概念在遗传算法中的体现。

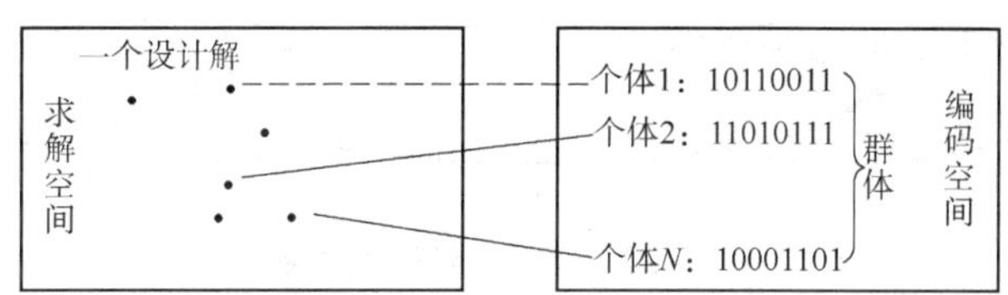

图 7-28　遗传算法中的求解空间与编码空间的映射关系

表 7-4　生物遗传与求解优化问题的对应关系

生物遗传的基本概念	遗传算法中的应用
个体和群体	解和解空间
染色体和基因	解的编码和编码字符串中的元素
适者生存	具有最好适应函数值的解将有最大可能生存
种群	根据适应函数选定的一组解
交配和变异	一种遗传算子，产生新解的方法

例如，用遗传算法求 $\min f(x_1, x_2) = x_1 + x_2$，当 x_1 和 x_2 为整数时的整数解，且 $0 \leqslant x_1$ 和 $x_2 \leqslant 15$。

若用 4 位二进制编码（即 0，1 字符串）表示一个设计变量 x_i，则 (x_1, x_2) 一个解需要 8 位二进制编码表示，例

一个解的编码（个体的基因型）　　　适应函数的值（个体的表现型）

N_1：$\underbrace{1\ 0\ 1\ 1}_{x_1=11}$　$\underbrace{0\ 0\ 1\ 1}_{x_2=3}$　　　$f(x_1, x_2)=14$

N_2：1 1 0 1　0 1 1 1　　　=20

N_3：1 0 0 0　1 1 0 1　　　=21

N_4：0 1 1 0　0 1 0 1　　　=11

若以这 4 个个体为群体，则按求解的要求，适应函数值小的染色体的生存概率自然较大。若以它为种群，则能竞争上的是 N_1、N_2 和 N_4 点，若它们的结合，采用如下简单的交配方式，则可得

$$\left.\begin{array}{l} N_4: 0\ 1\ \vdots\ 1\ 0\quad 0\ 1\ \vdots\ 0\ 1 \\ N_1: 1\ 0\ \vdots\ 1\ 1\quad 0\ 0\ \vdots\ 1\ 1 \end{array}\right\} \xrightarrow{\text{交配}} \left\{\begin{array}{l} N_1': 0\ 1\ 1\ 1\quad 0\ 1\ 1\ 1\quad =14 \\ N_2': 1\ 0\ 1\ 0\quad 0\ 0\ 0\ 1\quad =11 \end{array}\right.$$

由于分别交换了第二个位置的基因，所以得到新的个体 N_1'、N_2'，若再把 N_2' 的第一个基因变异，即 1→0，又可得

$$N_2'': 0\ 0\ 1\ 0\quad 0\ 0\ 0\ 1\quad (=3)$$

通过这个例子可知，遗传算法一般由 4 个部分组成：编码与解码、适应函数、遗传算子和控制参数。

1）由设计空间向遗传算法编码空间的映射称为编码，而由编码空间向设计空间的映射称为解码。图 7-29 所示为编码和解码的关系。用遗传算法求解优化问题时，必须先建立设计变量与染色体之间的对应关系，即确定编码与解码的规则。这样在遗传算法中，其优化问题求解的一切过程都通过设计解的编码与解码来进行。

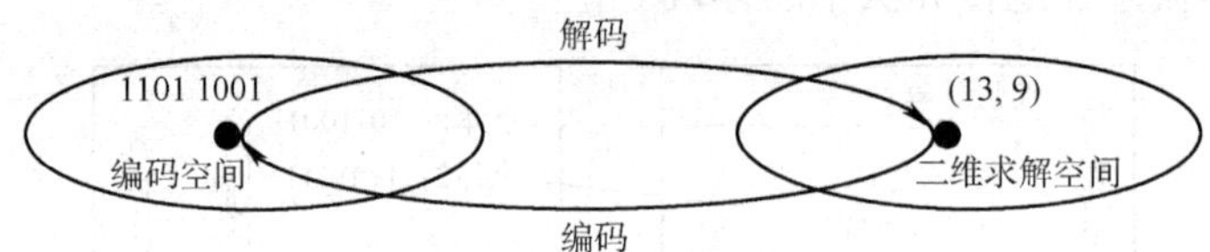

图 7-29　编码与解码的关系

2）适应函数是用以描述个体适应环境的程度，也是生物进化中决定哪些染色体可以产生优良后代（适者生存）的依据。一般是，个体的适应函数值越大，则个体性能越好，生存可能性越大，反之，若个体的适应函数值越小，则个体的性能越差，越有可能被淘汰。

3）遗传算子包括复制（或选择）算子、交配算子和变异算子。复制算子是根据个体的优劣程度决定在下一代是被淘汰还是被复制（即个体继续存在，同时子代保持父代的基因）。交配是指两个相互配对的染色体按某种方式相互交换其部分基因而生成两个新的个体。变异是将个体染色体编码字符中的某些基因用其他等位基因来替换，从而生成一个新的染色体。这 3 个算子在遗传算法中一般都按一定的概率（种群复制概率、交配概率和变异概率）随机地进行，造成遗传中的子代和父代的不同或差异。

4）算法的控制参数包括种群的规模 N、交配概率 P_c 和变异概率 P_m。

迄今为止，有关遗传算法的理论研究还相当不完善，特别是有关遗传算法的收敛性研究，以及如何提高算法的收敛速度和计算的稳定性等，这些都是目前具有重要研究价值的问题。

2. 遗传算法的基本步骤

遗传算法是一类随机优化算法，但不同于简单的随机比较搜索算法。标准遗传算法（SGA）的主要步骤如下：

S. 1　选择优化问题求解的一种编码。

S. 2　随机产生 N 个染色体的初始群体 $\{pop(k), k=0\}$。

S. 3　对群体中的每个染色体 $pop_i(k)$ 计算适应函数。

$$f_i = \text{fitness}(pop_i(k))$$

S. 4　若满足终止规则，则转到 S. 9，否则计算概率。

$$P_i = \frac{f_i}{\sum_{i=1}^{N} f_i}, i = 1,2,\cdots,N \tag{7-55}$$

S. 5　从概率分布 P_i 从 $pop(k)$ 中随机选一些染色体构成一个新群体［其中可以重复选 $pop(k)$ 中的元素］

$$newpop(k+1) = \{pop_i(k) \mid i=1, 2, \cdots, N\} \tag{7-56}$$

S. 6　通过交配，按交配概率 P_c 得到一个有 N 个染色体的交配群体 $crosspop(k+1)$。

S. 7　以一个较小的变异概率，使得一个染色体的一个基因发生变异，形成变异群体 $mutpop(k+1)$。

S. 8　令 $k=k+1$ 和 $pop(k+1) = mutpop(k+1)$，返回 S. 3。

S. 9　终止计算，输出最优结果。

遗传算法不同于传统的优化算法，它是利用生物进化和遗传的思想实现优化过程的，因此它具有如下几个优点：

1）遗传算法是通过对优化问题的变量（或参数）编码成“染色体”后进行操作的，而不是对变量本身进行的，因此这个方法不受变量性质（如连续、离散等）的限制，而且对多变量、多目标的优化问题也是一种很适用的方法，遗传算法也是一种随机搜索的数值求解方法，由于在求解过程中记录下一个群体，因而可提供多个解，而且在求解过程中无需提供如导数等这一类信息。

2）遗传算法的求解是从一个群体开始的，并在求解过程中记录下一个群体。因此具有隐含并行搜索的特性，从而大大减小了陷入局部最优解的可能性。

3）遗传算法对优化问题的设计变量编码后，其计算过程比较简单，且可以较快地得到一个满意解。由于算法本身与其他启发式算法具有较强的兼容性，所以可以用其他算法产生初始群体，也可以对每一群体用其他算法产生下一代新群体。

遗传算法还存在一些不足或是需要进一步深入研究的问题，如编码不规范以及编码存在表示的不准确性、编码不能全面地表示出约束以及能否保证收敛到最优解等。

3. 算法实现的几个技术问题

实现遗传算法的几个最关键技术是求解优化问题的编码方案，适应函数 $\text{fitness}(pop_i(k))$ 的确定，遗传算子的设计，算法参数（包括种群数 N、交配和变异概率 P_c、P_m、进化代的数）等的选择，以及终止条件的设置等。

（1）编码　编码是遗传算法中的基本工作之一，由于算法的优化操作是在一定的编码机制对应空间上进行的，因此编码的选择是影响算法性能和效率的重要因素。

在函数优化中，一般可用二进制编码或十进制编码将问题的解用二进制串或十进制串表示出来。而编码的长度将影响算法的精度和算法所占的存储量。例如，对于给定［a，b］区间的连续变量 x，若采用二进制编码策略，长度为 l，则任何一个变量

$$x = a + a_1 \frac{b-a}{2} + a_2 \frac{b-a}{2^2} + \cdots + a_n \frac{b-a}{2^l} \tag{7-57}$$

对应着一个二进制码 a_1，a_2，…，a_n。二进制码与实际变量的最大误差为$\frac{b-a}{2^l}$。

例如，求 $\max f(x) = 1 - x^2$，$x \in [0, 1]$。假设对解的误差要求是1/16，则可以采用4个二进制编码（$l=4$），其对应关系为

$$(a_1\ a_2\ a_3\ a_4) \leftrightarrow \frac{a_1}{2} + \frac{a_2}{4} + \frac{a_3}{8} + \frac{a_4}{16}$$

若作进一步计算，则

$$(0001) \leftrightarrow \frac{1}{16},\quad (0100) \leftrightarrow \frac{1}{4},\quad (0011) \leftrightarrow \frac{3}{16},\quad (1110) \leftrightarrow \frac{7}{8}$$

其中的4个字符串（$a_1\ a_2\ a_3\ a_4$）称为染色体，每个字符（分量）称为基因，每个基因有0或1两种状态。

目前，在编码方式中除采用二进制编码外，还采用实数编码、符号编码、序列编码等，见表7-5。

表7-5 几种常见的编码方式

编码方法	示　例	说　明
二进制编码	1 1 0 0 0 0 1 1	染色体中的基因值只能是二值符号集｛0.1｝中的一个
实数编码	5.80 6.70 2.18 3.56 4.00	染色体的基因值是设计变量的真实值
符号编码	A B C D E F	每一位基因只有代码含义，无数值含义
序列编码	1 3 5 7 9 2 4 6 8	例如在旅行商问题中，此编码表示按照顺序“1→3→5→7→9→2→4→6→8→1”依次访问各个城市

（2）适应函数　适应函数fitness（$\boldsymbol{x}$）用于对个体进行评价，即反映个体对问题环境适应能力的强弱，是个体竞争的测度，控制着个体生存的机会，所以它是优化进程发展的依据。

对于函数优化问题，必须将优化问题的目标函数$f(\boldsymbol{x})$与个体的适应函数fitness（$\boldsymbol{x}$）建立一定的映射关系，且需遵循两个基本原则：①适应函数的值必须大于等于零；②优化过程中目标函数变化方向（如求min或max）应与群体进化过程中适应函数的变化方向相一致。

对于求极大化的目标函数［即$\max f(\boldsymbol{x})$］，可通过下面转换建立与fitness（$\boldsymbol{x}$）的映射关系

$$\text{fitness}(\boldsymbol{x}) = \begin{cases} f(\boldsymbol{x}) + C_{\min} & \text{当} f(\boldsymbol{x}) + C_{\min} > 0 \\ 0 & \text{当} f(\boldsymbol{x}) + C_{\min} \leqslant 0 \end{cases}$$

对于求极小化的目标函数［即$\min f(\boldsymbol{x})$］

$$\text{fitness}(\boldsymbol{x})=\begin{cases}C_{\max}-f(\boldsymbol{x}) & \text{当} f(\boldsymbol{x})<C_{\min}\\ 0 & \text{当} f(\boldsymbol{x})\geqslant C_{\max}\end{cases}$$

式中，$C_{\min}$和 $C_{\max}$为可调参数，所取的值应使适应函数$f(\boldsymbol{x})$恒大于0。

(3) 算法参数　在算法参数中，最主要的是群体规模、交配概率和变异概率。

1）群体规模是影响算法性能和效率的因素之一。规模太小则不能提供足够多的采样点，以致算法性能很差，甚至得不到优化问题的解；规模太大时，无疑会增加计算量，从而使收敛时间过长。经常采用的方法之一，是将群体的染色体数 N 取 n（每个染色体的编码长度）和 $2n$ 之间的一个确定数。也有靠经验从 20 ~ 100 范围内取值。

2）交配概率用于控制交配操作的频率。概率太大时，种群中的字符串更新很快，进而会使一些高适应函数值的个体很快被破坏掉；概率太小时，交配操作很少进行，从而会使搜索停滞不前。交配概率 P_c 的取值范围一般为 0.4 ~ 0.9。

3）变异概率是加大种群多样性的重要因素。通常取一个较小的变异概率，便可以使整个群体中的任一位置的基因都发生变化。若概率过小，则不会产生新个体；概率太大，则使遗传算法退化为随机搜索算法。变异概率 P_m 的取值范围一般为 0.1 ~ 0.3。

一般说来，合理确定算法参数是一个极其复杂的问题，要从理论上解决这个问题也是十分困难的。

(4) 遗传算子　优胜劣汰是遗传算法的基本思想，在算法中体现这一思想的是复制（选择）、交配（交叉）、变异等的一些遗传算子。

复制体现了“适者生存”的自然法则。一般都采用与适应度成比例的概率方法，使高性能的个体得以更大的概率生存，从而提高全局收敛性和计算效率。具体地说，个体的选择概率为 $p_i=f_i/\sum f_i$，选择的目标是从群体中选出繁殖后代的双亲。

交配是重要的遗传算子。首先对选择的双亲以交配概率 P_c 判定是否交叉，对发生交叉的双亲（A 和 B），随机选择交叉位置 i（$1\leqslant i\leqslant n$），彼此交换交叉位置 i 右边的基因，产生两个新个体。

交叉的目的在于产生新的基因组合，如采用一点交叉，以二进制串为例

$$\text{双亲}\begin{matrix}A & 100:100\\ B & 010:010\end{matrix}\xrightarrow{\text{交叉}}\text{后代}\begin{matrix}A & 100:010\\ B & 010:100\end{matrix}$$

又如多点交叉（2 和 5 位置）

$$\text{双亲}\begin{matrix}A & 10\vdots110\vdots01\\ B & 00\vdots101\vdots10\end{matrix}\xrightarrow{\text{交叉}}\text{后代}\begin{matrix}A & 10\vdots101\vdots01\\ B & 00\vdots110\vdots10\end{matrix}$$

对于十进制的实数编码可以采用算术交叉，即

$$x_1'=\alpha x_1+(1-\alpha)x_2$$
$$x_2'=\alpha x_2+(1-\alpha)x_1$$

式中，x_1、x_2 为双亲；x_1' 和 x_2' 为后代；$\alpha\in(0,1)$为随机数。

交叉遗传操作的目的在于产生新的基因组合，形成新的个体，它既继承了双亲的个体特性，也产生了新的个体特性，以体现在搜索空间内向新区搜索。

变异是交叉算子后作用的算子。变异是按位进行的，即以变异概率 P_m 改变字串上的某一位基因，以二进制为例

$$0101\hat{0}10 \xrightarrow{\text{变异}} 0101\hat{1}10$$

变异是一种微妙的遗传操作，起到恢复丢失或生成遗传信息的作用，从而保持群体中个体的多样性，有效地防止算法早熟收敛，但过分的变异，会使算法退化为随机搜索。

（5）算法终止准则　遗传算法的理论已证明了算法具有以概率 1 收敛的极限性质，然而实际操作是不允许让它无限制地发展下去的，而且通常问题的最优解也未必知道。因此需要一种终止算法过程的条件，通常采用的是：

1）事先规定出一个最大进化步数，以达到此步数时终止。

2）当前最好解的函数值已连续若干步没有变化。

3）算法已找到了一个可接受的最好解时终止。

也可以是采用以上条件的组合，如 1）和 2）或 1）和 3）。

4. 遗传算法的改进

遗传算法最根本的是设法产生或有助于产生优良的个体“成员”，且这些“成员”充分体现出求解空间中的好解，从而提高算法效率和避免出现过早收敛。因此现今努力的方向都是针对基因操作、种群的宏观操作等方面，并在算法方法出现免疫遗传算法、并行遗传算法等。

对于有约束问题的求解，目前的处理方法主要有：

1）采用惩罚函数的方法处理约束问题。

2）在算法的运行过程中通过检查解的可行性来决定解的保留和使用。

3）把问题的约束条件在染色体的表现形式中体现出来，设计专门的遗传算子，使染色体所表示的解在算法运行中保持可行性，这种方法实施起来难度也较大。

到目前为止，采用遗传算法求解高维、多约束和多目标的优化问题仍是一个没有很好解决的问题，它的进展将会推动遗传算法在工程领域中的应用。

7.4.5　优化计算方法程序

用计算机求解工程优化设计问题，需要编制计算机能接受的优化计算程序。这个程序一般应由三大部分组成：预处理程序、优化计算方法程序和后处理程序。

预处理程序的主要任务是信息输入，它包括数学模型程序和相关数据的输入。

后处理是输出各种计算结果，并对结果进行必要的分析的程序。

优化计算一般建议采用通用的优化计算方法程序，这是由于这类软件具有以下特点：

1）软件运行比较可靠，解释功能强，具有一定的容错性。

2）易于使用，界面较友好。

3）采用模块式结构，具有很大的灵活性。

在工程优化设计方面，目前内容比较丰富的优化方法库是 OPB-2，它可用于求解优化设计中的连续变量和离散变量的问题，其总体结构如图 7-30 所示。

在 OPB-2 中包含有 14 种算法程序和 4 个专用程序。各个程序各有特点和所长，可以根据优化问题的性质和特点选用。

OPB-2 中只提供优化方法的子程序，其优化计算的主程序和模型的函数子程序需要由用户提供。

OPB-2 有 C 和 FORTRAN 两种语言版本，可以在各种类型计算机、工作站和微机上运行。

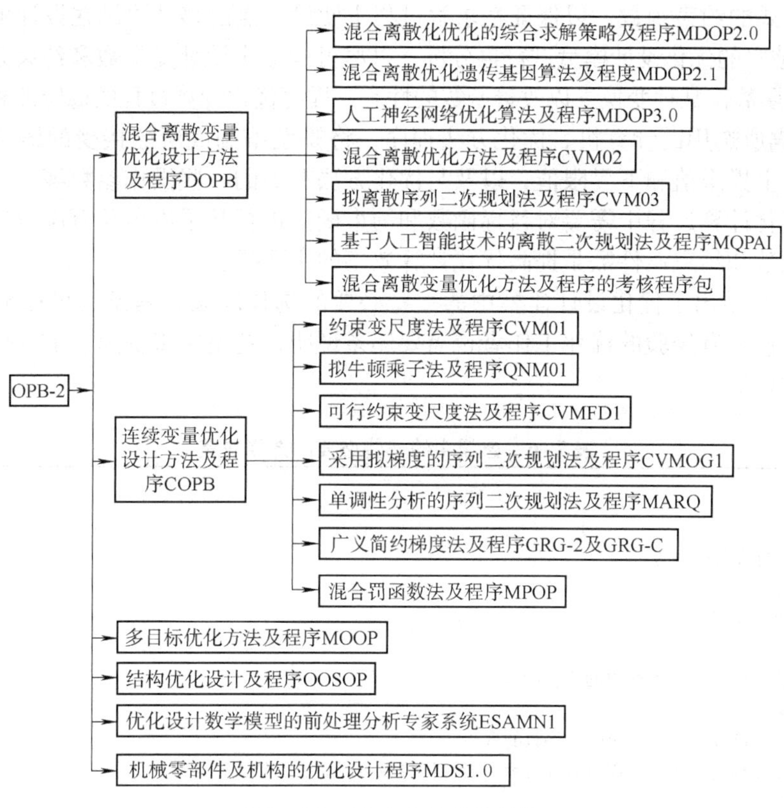

图 7-30　OPB-2 的总体结构

在确定所选用的优化方法子程序、优化计算主程序和模型函数子程序后，就可构成优化计算程序，即

优化计算程序 = 主程序 + 优化方法子程序 + 模型函数子程序

在机器经过编辑、连接无误后，即可进行优化计算的试运行和计算。

7.5　优化设计的实施与实例

7.5.1　优化设计的建模步骤

建立优化设计的数学模型，或简称建模，与其说是一门技术，还不如说是一项艺术。因此，从这个意义上说，对优化设计的建模难以给出一定的模式，主要靠借鉴、实践、观察与思索。在具体实施中，一般可按如下步骤进行：

S. 1　根据已选定的设计方案，按以往的产品或经验收集与确定参数的类型、初值及其可变动的范围等。

S. 2　确定独立的设计变量，即规定出哪些参数是需要通过求解模型才能确定的参数。

S. 3　确定目标函数或准则函数，并写出它的数学表达式。当要求多项设计指标达到尽可能好的值时，须按多目标优化设计来建立目标函数。

S. 4　按以往的产品设计方法确定或预测可能发生破坏或失效的形式，并将其表示为等式或不等式形式的约束函数，以保证在求解过程中使设计点的移动限制在设计可行域内。

S.5　对建立的优化设计模型进行再分析，以尽可能减少设计变量数和约束条件数，有时还需对变量、函数作某种变换，以改善函数的性态，提高优化计算过程的稳定性和计算效率。

S.6　根据所选用的计算机、优化方法程序，将模型编制成所能接受的语言程序，选定变量的初值、上界限值和下界限值，以及与优化方法有关的一些操作参数等。

由于在优化计算过程中需要对目标函数和约束函数进行几千以至几万次数值计算，所以减少模型的维数和约束条件数是提高优化计算效率的主要措施之一。

在表 7-6 中给出了优化设计建模中的一些必要的选择决策，其条目可根据问题的性质作些变动，即使是有经验的优化工作者也需要逐条说明，这是实现快速、准确优化设计的一种有效的具体办法。

表 7-6　建模中的一些必要的选择决策

- **总体**
  - 问题分解
    - 设计目标和可分离性
    - 子问题
    - 多级模型
    - 变量联系
  - 问题形式的识别（属哪类性质的优化问题）
  - 问题的规模
    - 参数和变量数的多少、约束条件数的多少
    - 复杂性分析（是否需要用有限元分析、神经网络拟合或建模、仿真模拟等）
- **目标函数**
  - 单目标函数
  - 多目标函数（确定多目标问题的求解方法）
- **约束条件**
  - 性能约束条件的选择
  - 参数边界约束的选择
  - 约束条件的相容性分析
  - 约束可行域的非空集合
- **设计变量**
  - 选择
  - 连续或是离散、随机
  - 每个变量的取值范围、离散变量的取值最大个数、变量的初始值（初始设计）
- **设计参数**
  - 选择
  - 当前所使用的值
  - 参数允许的取值范围
  - 参数的性质：确定性、随机或模糊的
- **模型标度（变换）**
  - 设计变量
  - 目标函数
  - 不等式约束的归一化
- **与模型有关的程序参数**
  - 计算精度
  - 模型参数（设计变量数、目标函数数、等式和不等式约束数、离散设计变量的离散值和最多个数等）
  - 程序操作参数
  - 有限差分的选择

7.5.2　优化计算方法的选择

到目前为止，针对一个机械优化设计的数学模型，究竟选用哪一种优化算法比较合适，还没有一种明确的选用指南，多数是依赖于经验。但在选用优化算法时，一般需考虑以下几个因素：

1）数学模型的类型，如有约束或无约束，是连续变量或是含有离散变量，函数是非线性还是全为线性的等。

2）数学模型的规模，即设计变量维数和约束条件数的多少。

3）模型中函数的性质，如是否连续、一阶和二阶导数是否存在等。

4）优化算法是否有现成的计算机程序，所用的语言类型、编程质量、所适用的机器类型等。

5）对该算法的基本结构、解题的可靠性、计算稳定性等一些性能的了解。

6）程序的界面，包括使用的简易性及输入、输出解释的清楚程度等。

对于$f(\boldsymbol{x})$和$g(\boldsymbol{x})$都是非线性的显式函数，且变量数较少或中等的问题，用复合形法或惩罚函数法（其中尤其是内点惩罚函数法）求解效果一般都比较理想，且前者求得全域最优解的可能性较大。外点惩罚函数法建议当找不到一个可行的开始点和含有等式约束时才用它。若优化模型的规模较大且含有大量的线性约束函数，则建议用直接搜索法中的梯度投影法。如果$f(\boldsymbol{x})$和$g(\boldsymbol{x})$虽不可能给出它们的解析导数，但可用有限差分方法求得，当规模较大时，则用可行方向法要比惩罚函数法更有效。当优化问题的维数很多且要求解题精度不很高时，用随机方向搜索方法是较快的，因为这种算法的计算量将不随维数的增多而显著地增加。

在用惩罚函数法解优化问题时，必须选用一种合适的无约束优化方法。如果目标函数的一阶和二阶偏导数易于计算（用解析法）且设计变量不是很多（如$n\leqslant20$）时，建议用拟牛顿法；若$n>20$，且每一步的 Hesse 矩阵计算变得很费时时，则选用变尺度法较好。若目标函数的导数计算困难（用解析法），或者不存在连续的一阶偏导数，则用 Powell 共轭方向法效果是最好的。对于一般工程设计问题，由于维数都不高（$n<50$），且函数的求导计算都存在不同程度的困难，因此用内点惩罚函数法调用 Powell 无约束优化方法求序列极小化，实践证明，这种组合从计算的稳定性方面来看是好的。至于无约束优化方法中的一维搜索方法，本书中推荐的 0.618 法和二次插值法都是比较有效的方法。

经验表明，当有若干种优化方法程序（如用优化方法软件包或库）可使用时，前后用几种方法求解同一问题，而不拘泥于一种方法，常常有利于问题的正确解决。求解问题过程的计算效率和运行的稳定性，有不少算法在很大程度上取决于“可调参数”的值，如开始点、步长、惩罚因子和收敛精度等。这类参数的数值一般只能通过对程序试运行的结果进行试算，以便根据最终的输出结果来判断是否正常结束，是局部最优解还是全域最优解。

近年来，国内外开始在优化方法软件系统中引入人工智能技术，试图通过几个专家系统的集成，研究一种智能型的优化方法软件包（或库），它不仅可以对模型进行诊断、识别，而且可以针对模型的类型和函数的性质自动推荐所选用的优化方法及其优化实施中所必需的“可调参数”的推荐值，并对结果作出判断和提出下一步的决策等。这样的优化方法软件系统将具有良好的人机界面性，它可以帮助用户克服面对许多优化方法、可调参数值的选择所造成的困惑。

7.5.3 收敛精度的选择

在优化计算中，根据实际的要求来拟定合理的收敛精度值是很有必要的。因为收敛精度规定过高，不仅对解决问题帮助不大，而且还会消耗过多的机时，造成浪费。对于直接解法和内点惩罚函数法来说，由于设计点的序列 $\{x^{(k)}, k=0, 1, 2, \cdots\}$ 都是可行的设计点，所以任意截断计算过程所取得的最优点都是可行的。基于这一点，可根据实际情况来确定收敛精度。

（1）关于一维搜索收敛精度　对于二次插值法，可取当前点（$x^{(k)}+\alpha_4 s^{(k)}$）与中间点（$x^{(k)}+\alpha_2 s^{(k)}$）的向量模平方小于 10^{-6}；对于0.618法，可取缩减区间的绝对长度 $|\alpha_2-\alpha_1| \leqslant 10^{-5}$（当 $\alpha_2=0$ 时）或相对变化量 $\left|\dfrac{\alpha_2-\alpha_1}{\alpha_2}\right| \leqslant 10^{-6}$。

（2）关于算法的收敛精度　当用目标函数的相对值时，可取收敛精度 $\varepsilon=10^{-5} \sim 10^{-6}$，当用绝对差值时 $[f(x^{(k)}) \approx 0]$ 时，取 $\varepsilon=10^{-5} \sim 10^{-4}$；当用设计变量的相对变化量作为收敛准则时，可取 $\varepsilon=10^{-5}$，用绝对变化量（当 $x_i \approx 0$）时，可取 $\varepsilon=10^{-3}$。

（3）关于等式约束和不等式约束条件　若约束函数是归一化的，当 $|g(x)| \leqslant 10^{-3}$ 和 $h(x) \leqslant 10^{-5}$ 时，都认为 x 点已处于约束面上。

7.5.4 优化计算结果的分析

对于工程优化设计问题，建立正确的数学模型，选用一种有效的优化方法，固然是取得正确设计结果的先决条件，但是在若干情况下仅仅依赖于这一点是不够的，还必须依据计算中所提供的数据进行仔细地分析，以便查明优化计算过程是否正常结束及其最终结果是否合理。在这些数据中，最重要的是原始设计方案和最终设计方案的变量值、目标函数值、约束函数值以及其他的一些性能指标值。

一般要求计算所提供的数据如下：

1）在开始点和结束点的设计变量值、目标函数和约束函数值。

2）设计变量的上、下界限值，最终点离该上、下界限值的距离。

3）开始点和最终点的约束违反量；起作用约束的下标集合。

4）在最优点时对各个约束（包括起始作用约束）的 Lagrange 乘子。

5）收敛精度、迭代次数和运行时间等。

6）有关算法需要的一些操作参数值，如对于惩罚函数的 r、c、k 等。

对于一个约束非线性优化设计问题，判断设计变量值的合理性和可行性是非常重要的。倘若是由于模型而造成的错误，只要对数据进行认真分析，就可以发现问题，而且也不难解决。但是由于约束函数和目标函数的严重非线性而造成的不合理的优化设计方案，多数可能是由多约束极值或者约束条件设置不合理所造成的。遇到这种情况，可用改变开始点或增加约束条件的办法通过几次试算来解决。

目标函数值虽然有时不一定有明确的工程实际意义，但这项数据始终是判断优化计算结果正确与否和检查迭代过程是否正常的重要信息。约束函数的值是判断设计点所停留位置的一个很重要的信息。因为对大多数实际问题来说，约束最优点一般停留在一个或几个不等式约束条件的约束面附近，与此对应的约束函数值将接近于零。对于一些重要的性能约束，应通过对初始和最终方案的函数值的分析比较来判断设计结果的可靠性。

判断一个优化设计结果是否合理或正确，一个有经验的设计人员绝不会单纯只看计算结果的数据，而是凭经验来判断设计变量、目标函数、约束函数的终值是否合理。例如，有一项单级直齿圆柱齿轮传动体积最小的优化设计，设计变量为 z、m、B，共有 6 个不等式约束函数 $[g(\boldsymbol{x}) \leqslant 0]$，用惩罚函数法计算取得的数据，见表 7-7。

表 7-7　单级直齿圆柱齿轮传动体积最小的优化计算结果

设计方案	设计变量			目标函数 $f(\boldsymbol{x})$	约束函数					
	$x_1=z$	$x_2=m$	$x_3=B$		$g_1(\boldsymbol{x})$	$g_2(\boldsymbol{x})$	$g_3(\boldsymbol{x})$	$g_4(\boldsymbol{x})$	$g_5(\boldsymbol{x})$	$g_6(\boldsymbol{x})$
初始设计方案 $\boldsymbol{x}^{(0)}$	17.0000	8.0000	50.0000	5507.4800	-0.7142	-0.3750	-0.5750	-0.1661	-0.3854	-0.4094
最终设计方案 $\boldsymbol{x}^*$	23.7221	6.5744	105.1910	4736.4326	-0.5428	-0.0005	-0.2202	-0.0004	-0.1173	-0.0011

计算过程是正常结束的，设计变量值合理，目标函数值减小，约束函数有 3 个接近于零（起作用约束），其中 $g_2(\boldsymbol{x})$ 为齿宽系数下界约束；$g_4(\boldsymbol{x})$ 为齿面接触强度约束；$g_5(\boldsymbol{x})$ 为小齿轮轮齿抗弯强度约束，这些都与常规设计的经验相符合，因而可认为，该设计结果是正确的。

如果对优化计算结果是否正确还存在疑虑，则还可以用以下办法来检验：

1）在不变动优化设计数学模型的前提下，改变开始点或可调参数（如对 SUMT 方法改变 $r^{(0)}$ 和 C 值等），若取得相近的结果，则证明计算结果是正确的。

2）改用另一种优化方法计算，若取得相近的结果，则也证明结果是正确的。

如何判断所得的是全局最优解还是局部最优解，这是一个比较困难的问题。倘若已经清楚地知道目标函数是凸函数、约束可行域是凸集，则最优解就是全域最优解。对于其他情况，由于前述的任何一种优化方法都只能解得局部最优解，所以所得的最优解都是局部的，要想找到其他更好的局部最优解，只能通过改变开始点的办法去试算，若获得不同的计算结果，则证明存在多个局部最优解。

优化计算结果的分析还应包括对设计方案的各种性能指标，如运动特性、动态特性、各种容差值等的详细计算，以便能为工程设计提供更多的数据和更充分的科学证据。

例 7-6　图 7-31 所示为转向梯形机构的计算简图。设 $M/L=0.5$（相当于 212 型汽车，$M=148\text{cm}$，$L=296\text{cm}$），当车辆转弯时，为了保证所有车轮都处于纯滚动，要求两转向轮的外角 α 和内角 β 符合

$$\cot\alpha-\cot\beta=\frac{M}{L} \tag{a}$$

函数关系。若假定 α 为已知函数式（a）的自变量（角），则其因变量（角）为

$$\beta_E=f(\alpha)=\arctan\left[\frac{\tan\alpha}{1-0.5\tan\alpha}\right] \tag{b}$$

现在要求确定转向梯形机构的运动学尺寸，使其外角 α 和内角 β 的函数关系最佳逼近函数关系式（b）。

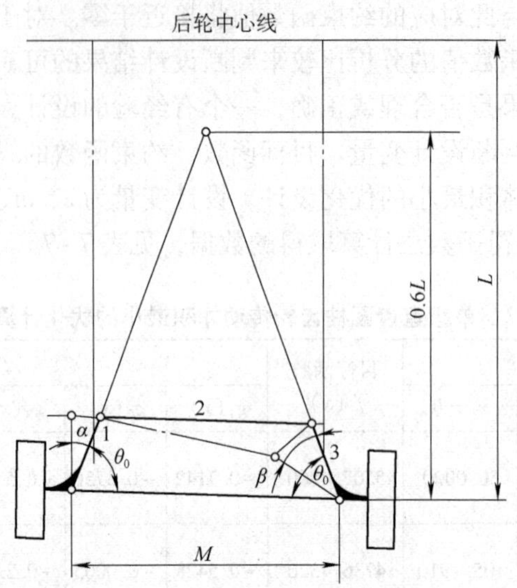

图 7-31　转向梯形机构的计算简图

解　1）数学模型的建立。设梯形机构转向臂 1、3 的长度为 $l_1=l_3$，梯形初始位置解为 θ_0，机架长度 $M=148\text{cm}$，连杆 2 长度 $l_2=148-2l_1\cos\theta_0$，显然 l_2 不是一个独立的参数，而是 l_1 和 θ_0 的函数。于是，梯形机构优化设计只有两个设计变量，即

$$\boldsymbol{x}=\begin{pmatrix}x_1\\x_2\end{pmatrix}=\begin{pmatrix}l_1\\\theta_0\end{pmatrix} \tag{c}$$

设机构的输入角（由机架 M 逆时针计算）为 $\theta_1=\theta_0+\alpha$，输出角 $\theta_3=180°-\theta_0+\beta$，根据机构运动分析可知其输出角为

$$\theta_3=2\arctan\frac{A+\sqrt{A^2+B^2-C^2}}{B+C} \tag{d}$$

式中

$$\left.\begin{aligned}A&=2l_1^2\sin\theta_1=2x_1^2\sin(x_2+\alpha)\\B&=2l_1^2\cos\theta_1-2Ml_1=2x_1^2\cos(x_2+\alpha)-296x_1\\C&=2l_1^2-4l_1^2\cos^2\theta_0+4Ml_1\cos\theta_0-2Ml_1\cos\theta_1\\&=2x_1^2-4x_1^2\cos^2x_2+592x_1\cos x_2-296x_1\cos(x_2+\alpha)\end{aligned}\right\} \tag{e}$$

由此求得梯形机构的因变角 β 为

$$\beta=\theta_0+\theta_3-180°=f(\alpha,\ x_1,\ x_2) \tag{f}$$

当 α 角在 $[-30°,\ 30°]$ 范围内变化时，若将它分成 20 等份，根据均方根误差最小来建立目标函数，并用梯形近似公式计算，即得

$$f(\boldsymbol{x})=\sum_{i=2}^{19}\left[(\beta_i-\beta_{Ei})^2(\alpha_i-\alpha_{i-1})\right]+\frac{1}{2}\left[(\beta_1-\beta_{E1})^2(\alpha_1-\alpha_0)+(\beta_{20}-\beta_{E20})^2(\alpha_{20}-\alpha_{19})\right] \tag{g}$$

式中，β_i 为相应于 $\alpha=\alpha_i$ 时按式（f）计算的梯形机构因变角（实际内角）值；β_{Ei}为相应于 $\alpha=\alpha_i$ 时按式（b）计算的因变量（期望内角）值。

在汽车、拖拉机一类的机动车辆中，对转向机构的设计，要求其转向臂不宜过短，通常取 $l_1 \geqslant 0.1M$，但考虑到空间的布置，转向臂也不能过长，即 $l_1 \leqslant 0.4M$。同时，对于后置式转向机构，其梯形臂延长线的交点应在离前轴 0.6L 以外。因此，梯形机构的初始角应满足

$$\theta_0 \geqslant 90° - \arctan(M/1.2L) \tag{h}$$

由此，可写出梯形机构设计的约束条件为

$$g_1(\boldsymbol{x}) = 14.8 - x_1 \leqslant 0$$
$$g_2(\boldsymbol{x}) = x_1 - 59.2 \leqslant 0$$
$$g_3(\boldsymbol{x}) = x_2 - 1.57 \leqslant 0$$
$$g_4(\boldsymbol{x}) = 1.176 - x_2 \leqslant 0$$

综上所述，梯形转向机构的优化设计问题，是二维 4 个不等式约束的非线性规划问题。

2）求解结果和分析。按上述数学模型，可以在设计空间（x_1，x_2）内画出可行域，如图 7-32 所示，是一个凸集。取设计变量最优解的估计上限和下限为

$$a_1 = 14.8\text{cm},\ b_1 = 59.1\text{cm}$$
$$a_2 = 1.16\text{rad},\ b_2 = 1.36\text{rad}$$

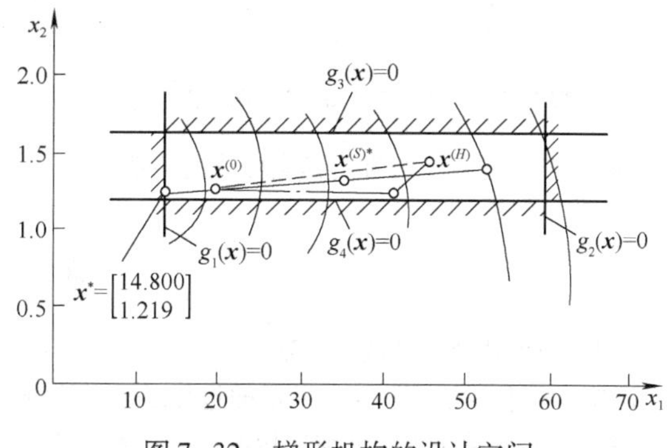

图 7-32 梯形机构的设计空间

采用复合形方法求解，目标函数值的收敛精度 $\varepsilon_1 = 10^{-6}$，收缩最小正数 $\zeta = 10^{-4}$。顶点数 $k = 2n = 4$，给定一个开始点

$$\boldsymbol{x}^{(1)} = \begin{pmatrix} x_1^{(1)} \\ x_2^{(1)} \end{pmatrix} = \begin{pmatrix} 20.00 \\ 1.25 \end{pmatrix}$$

目标函数值 $f(\boldsymbol{x}) = 34.6404 \times 10^{-4}$。其余顶点随机产生，即

$$\begin{pmatrix} 51.95 \\ 1.329 \end{pmatrix},\quad \begin{pmatrix} 41.95 \\ 1.160 \end{pmatrix},\quad \begin{pmatrix} 45.08 \\ 1.351 \end{pmatrix}$$

第一次迭代复合形的最好点的坐标为

$$\boldsymbol{x}^{(L)} = [15.6747,\ 1.1799]^{\mathrm{T}},\quad f(\boldsymbol{x}^{(L)}) = 29.6408 \times 10^{-4}$$

经过 40 次迭代，取得最优设计方案

$$\boldsymbol{x}^* = \begin{pmatrix} x_1^* \\ x_2^* \end{pmatrix} = \begin{pmatrix} l_1 \\ \theta_0 \end{pmatrix} = \begin{pmatrix} 14.800000 \\ 1.219372 \end{pmatrix}$$

$$f = (\boldsymbol{x}^*) = 27.02987 \times 10^{-4}$$

在图 7-33 中给出了迭代次数和目标函数值下降的关系。可见，只要降低收敛的精度，就可以减少迭代次数和计算时间，当然要以取得适用的方案为前提。

在图 7-34 中列出了梯形机构最优方案的实际内角 β 与期望内角 β_E 的函数曲线关系及其误差曲线。

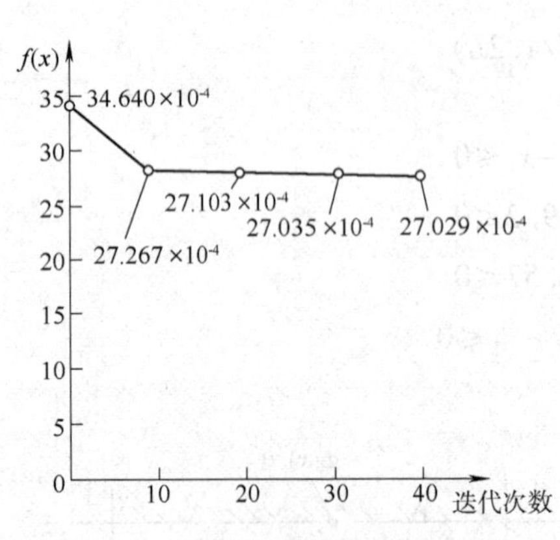

图 7-33　迭代次数和目标函数值的关系

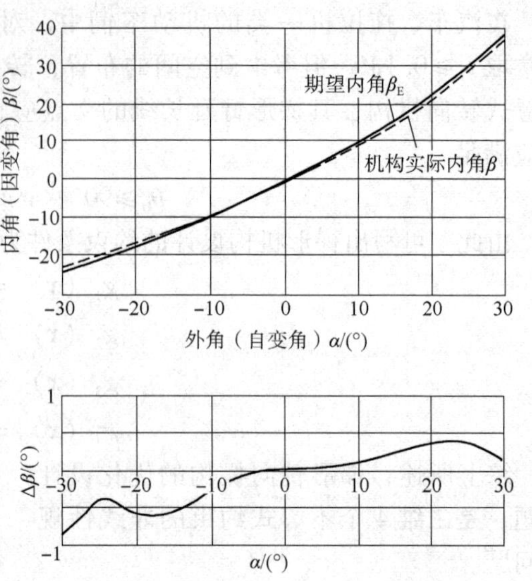

图 7-34　梯形机构最优方案的函数特性

习　　题

7-1　何谓优化设计的三要素？

7-2　欲制一批如图 7-35 所示的包装纸箱，其顶和底由四边延伸的折板组成。要求纸箱的容积为 2m^3，问如何确定 a、b 和 c 的尺寸使所用的纸板最省。试写出该优化问题的数学模型。

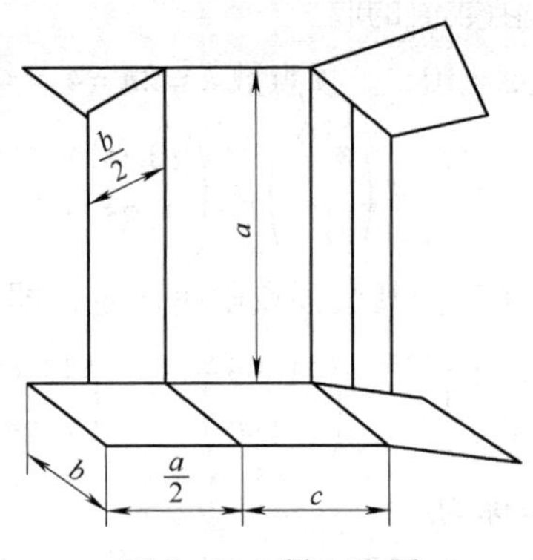

图 7-35　题 7-2 图

7-3　如图 7-36 所示，已知跨距为 l，截面为矩形的简支梁，其材料密度为 ρ，许用弯曲应力为 $[\sigma_W]$，允许挠度为 $[f]$，在梁的中点作用一集中载荷 F，梁的截面宽度 b 不得小于 $b_{\min}$，现要求设计此梁，使其重量最轻，试写出其优化设计的数学模型。

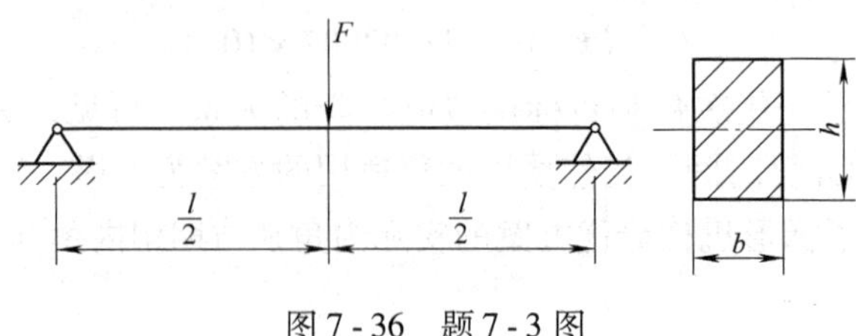

图 7-36　题 7-3 图

7-4　试用作图法求出下面优化设计模型

$$\min \quad f(\boldsymbol{x}) = (x_1-3)^2 + (x_2-3)^2$$
$$\text{s. t.} \quad 2x_1 - x_2 \leqslant 0;\ x_1,\ x_2 > 0$$

的最优点。

7-5　设计图 7-37 所示的薄壁圆柱形容器，要求容积不小于 25.0m^3，容器内压力 p 为 3.5MPa，切向应力 σ_c 不超过 210MPa，应变量不超过 0.001。试按质量最轻的原则选择平均半径 R 和壁厚 t。要求：

1）建立优化设计的数学模型。

2）用图解法求出最优解。

提示：

$$\sigma_c = \frac{pR}{t}, \qquad \varepsilon_c = \frac{pR(2-\gamma)}{2Et}$$
$$\rho = 7850\text{kg/m}^3, \qquad E = 210\text{GPa}, \qquad \gamma = 0.3$$

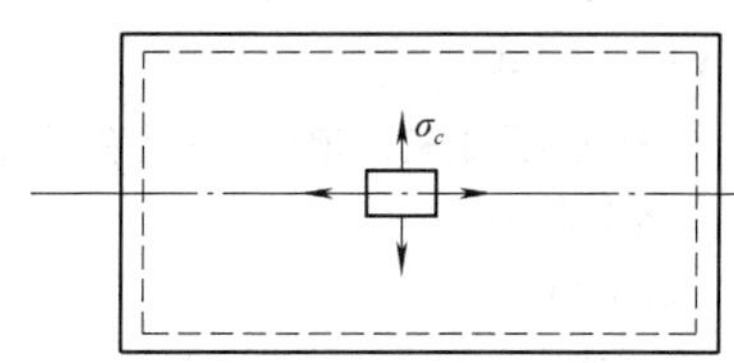

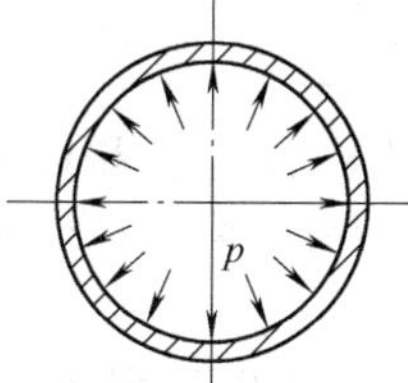

图 7-37　题 7-5 图

7-6　试将优化问题

$$\min \quad f(\boldsymbol{x}) = x_1^2 + x_2^2 - 4x_2 + 4$$
$$\text{s. t.} \quad g_1(\boldsymbol{x}) = x_1 - x_2^2 - 1 \geqslant 0$$
$$g_2(\boldsymbol{x}) = 3 - x_1 \geqslant 0$$
$$g_3(\boldsymbol{x}) = x_2 \geqslant 0$$

的目标函数等值线和约束边界曲线勾画出来，并回答下列问题：

1）$\boldsymbol{x}^{(1)} = [1,\ 1]^{\mathrm{T}}$ 是否为可行点？

2）$\boldsymbol{x}^{(2)} = \left(\frac{5}{2},\ \frac{1}{2}\right)^{\mathrm{T}}$ 是否为内点？

3）可行域是否为凸集？用阴影描绘出可行域的范围。

7-7　试求下列目标函数的无约束极值点。

1）$f(\boldsymbol{x}) = \frac{3}{2}x_1^2 + \frac{1}{2}x_2^2 - x_1x_2 - 2x_1$。

2）$f(\boldsymbol{x}) = x_1^2 + x_1x_2 + 2x_2^2 - 4x_1 + 6x_2 + 10$。

7-8　现已获得优化问题

$$\min \quad f(\boldsymbol{x}) = 4x_1 - x_1^2 - 12$$
$$\text{s. t.} \quad g_1(\boldsymbol{x}) = 25 - x_1^2 - x_2^2 \geqslant 0$$
$$g_2(\boldsymbol{x}) = 10x_1 - x_1^2 + 10x_2 - x_2^2 - 34 \geqslant 0$$
$$g_3(\boldsymbol{x}) = (x_2-3)^2 + (x_2-1)^2 \geqslant 0$$
$$g_4(\boldsymbol{x}) = x_1 \geqslant 0$$
$$g_5(\boldsymbol{x}) = x_2 \geqslant 0$$

的一个数值解 $\boldsymbol{x} = [1.000,\ 4.900]^{\mathrm{T}}$，试判定该解是否上述问题的优化解。

7-9　用内点法求下面问题的最优解。

$$\min \quad f(\boldsymbol{x}) = x_1^2 + x_2^2 - 2x_1 + 1$$
$$\text{s.t.} \quad g(\boldsymbol{x}) = 3 - x_2 \leqslant 0$$

7-10　用内点法求下面问题的最优解。

$$\min \quad f(\boldsymbol{x}) = x_1 + x_2$$
$$\text{s.t.} \quad g_1(\boldsymbol{x}) = -x_1^2 + x_2 \geqslant 0$$
$$g_2(\boldsymbol{x}) = x_1 \geqslant 0$$

（提示：可构造惩罚函数 $\phi(x,r) = f(x) - r\sum_{u=1}^{2} \ln [g_u(x)]$，用解析法求解）

7-11　试绘出复合形优化计算程序框图。

7-12　已知约束优化问题

$$\min \quad f(\boldsymbol{x}) = 4x_1 - x_2^2 - 12$$
$$\text{s.t.} \quad g_1(\boldsymbol{x}) = 25 - x_1^2 - x_2^2 \geqslant 0$$
$$g_2(\boldsymbol{x}) = x_1 \geqslant 0$$
$$g_3(\boldsymbol{x}) = x_2 \geqslant 0$$

试以 $\boldsymbol{x}_1^{(0)} = [2, 1]^{\mathrm{T}}$，$\boldsymbol{x}_2^{(0)} = [4, 1]^{\mathrm{T}}$ 和 $\boldsymbol{x}_3^{(0)} = [3, 3]^{\mathrm{T}}$ 为复合形的初始顶点，用复合形法进行两次迭代计算。

7-13　现已知汽车行驶速度与每公里耗油量的函数关系为

$$f(x) = x + 20/x$$

试用 0.618 法确定当速度 x 在 0.2～1km/min 时的最经济速度 x^*。

7-14　设目标函数

$$f(\boldsymbol{x}) = 10(x_1 + x_2 - 5)^2 + (x_1 - x_2)^2$$

取开始点 $\boldsymbol{x}^{(0)} = \begin{pmatrix} 0 \\ 0 \end{pmatrix}$，用 Powell 法求其最优点，计算前 4 次迭代。

7-15　试用梯度法求解

$$f(\boldsymbol{x}) = x_1^2 + 2x_2^2$$

的极小点，设开始点为 $\boldsymbol{x}^{(0)} = [4, 4]^{\mathrm{T}}$，迭代 3 次，并验证相邻两次迭代的搜索方向为互相垂直。

7-16　试用共轭梯度法求

$$f(\boldsymbol{x}) = x_1^2 + x_1x_2 + x_2^2 + 2x_1 - 4x_2$$

的极小点，取开始点为 $\boldsymbol{x}^{(0)} = [2, 2]^{\mathrm{T}}$。

7-17　用牛顿法求下列函数的极小点。

$$f(\boldsymbol{x}) = x_1^2 + 4x_2^2 + 9x_3^2 - 2x_1 + 18x_3$$

7-18　试画出遗传优化算法的计算流程图。

参考文献

[1] Papalambros P Y, Wilde DJ. Principles of Optimal Design:(Modeling and computation) [M]. 2nd ed. London: Cambridge University Press, 2000.

[2] Arora JS. Introduction to Optimal Design [M]. New York: McGraw-Hill, 1989.

[3] Mitsuo Gen, Runwei Cheng. Gentic Algorithms and Engineering Optimization [M]. New York: John Wiley & Sons, Inc., 2000.

[4] 余俊，周济．优化方法程序库 OPB-2（原理及应用）[M]．武汉：华中科技大学出版社，1997.

[5] 王凌．智能优化算法及其应用 [M]．北京：清华大学出版社，2001.

[6] 邢文训，谢金星．现代优化计算方法 [M]．北京：清华大学出版社，1999.

[7] 陈立周．机械优化设计方法 [M]．北京：冶金工业出版社，2004.

第 8 章　可靠性设计

8.1　可靠性基本概念

市场经济的激烈竞争，对产品不仅要求物美价廉，而且要求产品具有高可靠性和安全性。因为一个产品往往会由于一个部件或零件的失效而带来整机失效，甚至会导致人员伤亡事故。目前，一些名牌汽车、家用电器等产品能够占领市场，主要原因就是这些产品的可靠性高人一筹。例如，一些名牌工程机械的平均无故障工作时间为 500 ~ 1000h，而有些工程机械的平均无故障工作时间仅为 300h，个别厂家的产品甚至更低；一些名牌柴油机大修期达到了 12000h，而有些柴油机不过 1000h，有的甚至几十小时、几百小时就出现故障。由此可见，企业要想在竞争中立于不败之地，就要狠抓产品质量，特别是产品的可靠性，没有可靠性就没有质量，企业就无法在激烈的竞争中生存和发展。

8.1.1　可靠性定义

可靠性是产品在规定的使用条件下、在规定的时间内保持其规定功能的能力。它是产品的重要质量特性，表示一个产品的耐用程度。

可靠性不同于一般的质量概念，可靠性是一种与使用时间 t 有关的质量指标。一般来说，只要产品完成生产，产品的性能、功能参数（如功率、转速、油耗等）就可以在出厂检验中得到评定，因而称为 $t=0$（即使用开始）时的质量。而可靠性涉及产品保持规定功能的时间，可靠性的评定只有在用户使用后或模拟试验后才能进行，所以又称为 $t>0$ 时的质量。

可靠性的定义包含对象、规定条件、规定时间、规定功能和能力五个要素。描述可靠性时，应当明确这五个要素，否则所描述的可靠性就不全面，缺乏对比性。

1）“对象”是指产品的整机、系统、总成或零件，也包括人的使用和操作等因素在内，描述可靠性一定要说明具体的对象。

2）“规定条件”是指对象所处的使用条件、环境条件、维修条件和操作技术等，对产品的可靠性有着直接的影响，例如不同配套使用条件下的柴油机具有不同的可靠性。

3）“规定时间”是根据用户要求或设计目标确定的，规定时间表示了产品发挥规定功能的有效时间，可以用行驶距离、运行时间或循环次数等来表示。

4）“规定功能”是指产品的功能指标保持在规定的范围内或没有零部件损坏。不能完成规定功能，通常认为是故障。有的产品虽能工作（运转），但已不能完成规定的功能；有时出现局部故障，但尚能完成一定的功能，因此，在具体进行可靠性分析研究时，应合理地给出“故障判据”。

5）“能力”是产品实现具体功能的水平。

上述可靠性定义都以产品发生故障与否作为判据来描述可靠性定义，这种可靠性称为狭义可靠性，是针对发生故障就失效的不可修复产品而言的，例如滚动轴承、弹簧、链条等零件。实际上，许多机械产品发生故障后可以修复继续维持预定的功能，属于可修复产品，例如机床、柴油机等产品。涉及维修性问题的可靠性称为广义可靠性，它除了包含产品无故障的狭义可靠性之外，还应考虑发生故障后修理的难易程度，即维修性。

8.1.2 可靠性特征量

表示产品可靠性水平高低的各种可靠性数量指标称为可靠性特征量，它是度量可靠性的尺度。常用的可靠性特征量有可靠度、失效率、平均寿命、维修度、有效度等。有了可靠性特征量，产品在可靠性方面就具有了明确而又统一的指标。这样，在设计和生产产品时，就可以定量计算和预测它们的可靠性，在产品生产出来之后，也可用一定的试验方法来评定其可靠性。

1. 可靠度

可靠度是零件或产品在规定条件下和预期时间内实现其预期功能的概率，记为 R。可靠度也可以理解为在规定条件下和预期时间内，零部件、机器、系统不发生故障的概率。更通俗一点说，可靠度就是使用者想使用时，产品或系统能按使用者的期望发挥功能的概率。例如，人们买电视机的目的在于欣赏节目，如果在 1000h 内接收 100 次，100 次都欣赏到清晰的图像、悦耳的声音，则该电视机的可靠度就等于 100%；如果在 100 次收看中有 5 次发生故障，则可靠度就等于 95%。

可靠度是用概率来衡量产品可靠程度的一个数值。从统计学的意义上来说，概率是一种特定形式的事件发生的可能性大小。要有一定数量的统计数据，才能得出计算结果，通常用百分数来表示。一般在测量产品性能时，重复测量的数据都不会完全一样，而是有一定随机性的变化量，它们的分布称为概率分布。通常以变量的一个样本（或一组实验、观测数据）的频率分布来确定概率分布。例如在 n 次试验中，产生 r 次某种结果，则出现这种结果的频率为 r/n，显然 $0 \leqslant r/n \leqslant 1$。

以时间表示产品可靠度的变化称为可靠度函数，记为 $R(t)$。$R(t)$ 可以用截至时间 t 时，残存的产品数（即已投入使用过程，在时间 t 仍具备预定功能的产品数）$N(t)$ 与产品总数 $N(0)$ 之比值来近似表示，即

$$R(t) = \frac{N(t)}{N(0)} \tag{8-1}$$

式（8-1）表示投入使用的产品，经过时间 t 还未发生故障而工作的概率，也称为残存率。例如，设有 1000 只轴承，使用到 2000h 后，有 80 只发生故障，尚残存（1000 − 80）只 = 920 只仍在使用，则 t = 2000h 的可靠度为

$$R(2000) = \frac{920}{1000} = 0.92 = 92\%$$

与可靠度相反的是不可靠度，不可靠度反映产品的不可靠程度，表示产品故障所占的比例，记为 $F(t)$，可靠度与不可靠度之间存在以下关系

$$R(t) + F(t) = 1 \tag{8-2}$$

2. 故障率

故障率是产品或系统发生故障的概率。定量描述故障率通常采用概率密度函数、失效概率函数，以及瞬时故障率和平均故障率。

概率密度函数是产品在某一时间区间内的故障发生数与初始时间拥有的产品总数之比值，记为 $f(t)$。

失效概率函数是某一时间为止的故障累计数与初始时间拥有的产品总数的比值，记为 $F(t)$。

瞬时故障率是到某一时刻之前，已处于使用的产品在连续单位时间内发生故障的概率。它也是时间 t 的函数，记为 $\lambda(t)$。在只提及故障率时，大都指瞬时故障率。

平均故障率是指产品在某一期间内的故障总数与工作总时间的比值。

故障率一般用时间的单位表示，常用每千小时的百分比或百万小时的失效数等。除用时间的单位外，也有用与时间相当的工作次数、距离为失效率的单位。

例 8-1　设某厂生产 100 个减速器齿轮，运行 5 年时失效 6 个，运行 6 年时失效 10 个，那么以年为单位，求 $t=5$ 年的故障率。

解　因为计算故障率的起始时刻为 5 年，此时已经失效 6 个齿轮，由此到 10 年之间的失效齿轮数为 $10-6=4$，而残存产品数为 $100-6=94$，所以 1 年时间的平均故障率为

$$\lambda=\frac{10-6}{(100-6)\times 1}/\text{年}=4.25\times 10^{-2}/\text{年}$$

如果以 h 为单位，则 1 年等于 8.76×10^3h，那么故障率为

$$\lambda=\frac{10-6}{(100-6)\times 8.76\times 10^3}/\text{h}=4.86\times 10^{-6}/\text{h}$$

产品的故障率在该产品使用过程中是变化的，一般用故障率曲线来反映产品整个服役期故障率的变化情况。

3. 平均寿命（MTTF 和 MTBF）

平均寿命是产品寿命的平均值。对于不可修复产品，平均寿命是发生故障前的平均工作时间，一般记为 MTTF。对于可修复产品，平均寿命是故障之间的平均工作时间，一般记为 MTBF，它是指可修产品在相邻两次故障之间的平均工作时间，也称为平均故障间隔时间。

例如，经过统计得到某矿山机械的无故障连续工作时间为：30h、45h、65h、95h、165h、265h、410h、520h、675h、925h、1250h，那么此设备的平均故障间隔时间为

$$\text{MTBF}=\frac{30+45+65+95+165+265+410+520+675+925+1250}{11}\text{h}=404\text{h}$$

当掌握了某产品的平均故障间隔时间（MTBF）之后，就能够预知该产品可以无故障地使用多长时间，以便及时把握产品维修的时机。例如，某国产汽车的 MTBF 约为行驶 50000km，那么就需要在汽车里程接近 50000km 时，进行检查和修理。

4. 可靠寿命

可靠寿命是给定一个可靠度所对应的产品使用时间，一般记为 $t(R)$，它表示产品能够保证一定可靠度的工作寿命。

一般情况下，产品可靠度随工作时间 t 的增大而下降，对给定的不同可靠度 R，则有不同的可靠寿命 $t(R)$，如图 8-1 所示。根据纵坐标的给定可靠度，从可靠度曲线就可以找出对应的横坐标上的可靠寿命。显然，给定可靠度越高，对应的可靠寿命越短。

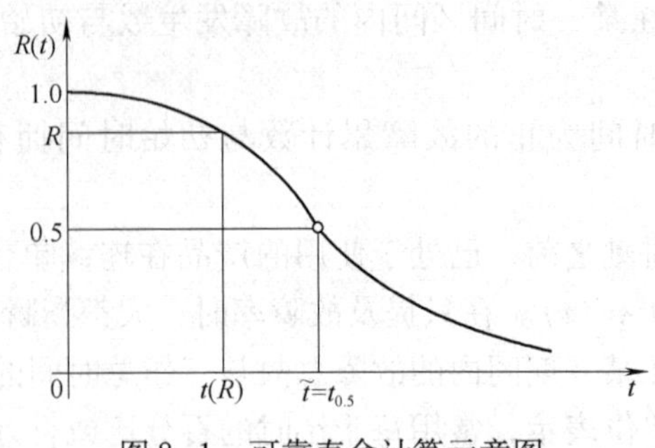

图 8-1　可靠寿命计算示意图

8.2　可靠性设计方法

8.2.1　可靠性设计

如果把传统的机械强度、刚度设计称为常规设计法，那么在常规设计中，产品的设计者主要从满足产品使用要求及保证机械产品性能要求出发进行产品的设计。这种使用要求包括：功能合理，操作方便，保证安全，易于维修等。性能要求包括动力性能（功率、效率、载荷等）、运动性能（速度、起动性、加速性、制动性、运动平稳性等）、力学性能（强度、刚度、耐磨、耐蚀、热稳定、振动等）和其他方面性能（重量、精度、噪声等）。对于一个具体的机械设备，这些使用要求及性能要求在其设计任务书中都有规定。对此，设计者在设计过程中应认真对待，设法给以保证。满足使用要求及性能要求，这是常规设计中设计者应重点考虑的问题，同时应兼顾产品的制造成本。但是，在常规设计中，人们对产品的可靠性的考虑还处于初步定性阶段，而且对可靠性的理解是模糊的，人们不能够确切地回答出其所设计产品的可靠性特征量大小，诸如产品的可靠度、失效率、故障平均时间（MTTF）、平均故障间隔时间（MTBF）、维修度、有效度等。可以这样说，常规设计对产品可靠性增长处于自然的状态，这种状态使产品可靠性增长速度慢，远远满足不了现代市场竞争及产品更新换代周期加快的要求。因此，在现代设计方法中，采用可靠性设计是保证和提高产品质量和可靠性水平的一个重要方面。

可靠性设计是应用可靠性理论、技术和设计参数的统计数据，在给定的可靠性指标下，设计零部件、设备或系统。也就是说，把产品的使用要求、性能要求及可靠性要求同时考虑和保证，使设计出的产品既能满足使用要求和性能要求，又能满足一定的可靠性指标要求，而且产品的综合经济性又好。

可靠性设计的目的在于提高产品的质量，包括提高产品的性能指标及可靠性指标。在设计中，通过采用可靠性理论及技术，使所设计的产品在一定约束条件下（如成本、重量、体积或某个性能参数及能耗等）使产品的可靠性最高，或者是在保证给定的可靠性指标前提下，使某些约束值达到最小。概括地讲，就是使产品在规定的使用条件、使用时间下及完成规定功能时，其失效率最小，维修性好，有效度高。

机械可靠性设计分为定性可靠性设计和定量可靠性设计。定性可靠性设计是在进行故障模式影响及危害性分析的基础上，有针对性地应用成功的设计经验使所设计的产品达到可靠的目的。定量可靠性设计是在充分掌握所设计零件的强度分布和应力分布参数的基础上，通过建立模型关系而设计出满足规定可靠性要求的产品。

机械可靠性设计由于产品的不同和构成的差异，可以采用的可靠性设计方法有：

1. 预防故障设计

机械产品一般属于串联系统。要提高整机可靠性，首先应从零部件的严格选用和控制做起。例如，优先选用标准件和通用件；选用经过使用分析验证的可靠的零部件；严格控制外购件的质量；充分运用故障分析的成果，采用成熟的经验或经分析试验验证后的方案。

2. 简化设计

在满足预定功能的情况下，越简单越可靠是可靠性设计的一个基本原则，是减少故障提高可靠性的最有效方法，因此机械设计应力求简单，零部件的数量尽可能减少。但是，不能因为减少零部件而使其他零部件执行超常功能或在高应力的条件下工作。否则，简化设计将达不到提高可靠性的目的。

3. 降额设计和安全设计

降额设计是使零部件的使用应力低于其额定应力的一种设计方法。降额设计可以通过降低零部件承受的应力或提高零部件的强度的办法来实现。工程经验证明，大多数机械零部件在低于额定承载应力条件下工作时，其故障率较低，可靠性较高。为了找到最佳降额值，需作大量的试验研究。当机械零部件的载荷应力以及承受这些应力的具体零部件的强度在某一范围内呈不确定分布时，可以采用提高平均强度（如通过加大安全系数实现），降低平均应力，减少应力变化（如通过对使用条件的限制实现）和减少强度变化（如合理选择工艺方法，严格控制整个加工过程，或通过检验或试验剔除不合格的零部件）等方法来提高可靠性。对于涉及安全的重要零部件，还可以采用极限设计方法，以保证其在最恶劣的极限状态下也不会发生故障。

4. 余度设计

余度设计是针对完成规定功能而设置重复的结构、备件等的设计，以备局部发生失效时，整机或系统仍不丧失其规定功能。当机械系统的某部件要求很高的可靠性，但目前的技术水平尚达不到这个要求时，余度技术就是较好的一种设计方法。但应该注意，余度设计往往使整机的体积、重量、费用均相应增加。余度设计提高了机械系统的任务可靠度，但基本可靠性相应降低了，因此采用余度设计时要慎重。

5. 耐环境设计

耐环境设计是在设计时就考虑产品在整个寿命周期内可能遇到的各种环境影响，例如装配、运输时的冲击、振动等影响，贮存时的温度、湿度、霉菌等影响，使用时的气候、沙尘振动等影响。因此，应慎重选择设计方案，采取必要的保护措施，减少或消除有害环境的影响。具体地讲，可以从认识环境、控制环境和适应环境三方面加以考虑。

认识环境指的是：不应只注意产品的工作环境和维修环境，还应了解产品的安装、贮存、运输的环境。在设计和试验过程中必须同时考虑单一环境和组合环境两种环境条件；不应只关心产品所处的自然环境，还要考虑使用过程所诱发出的环境。

控制环境指的是：在条件允许时，应在小范围内为所设计的零部件创造一个良好的工作环境条件，或人为地改变对产品可靠性不利的环境因素。

适应环境指的是：在无法对所有环境条件进行人为控制时，在设计方案、材料选择、表面处理、涂层防护等方面采取措施，以提高机械零部件本身耐环境的能力。

6. 人机工程设计

人机工程设计的目的是为减少使用中人的差错，发挥人和机器各自的特点以提高机械产品的可靠性。因此，人机工程设计是要保证系统向人传达的可靠性。具体讲，一是指示系统不仅要显示器可靠，而且显示方式、显示器配置等都使人易于无误地接受；二是控制、操纵系统可靠，不仅仪器及机械有满意的精度，而且适于人的使用习惯，便于识别操作，不易出错，与安全有关的装置应有防误操作设计；三是设计的操作环境尽量适合于人的工作需要，减少引起疲劳、干扰操作的因素（如温度、湿度、气压、光线、色彩、噪声、振动、沙尘和空间等）。

7. 概率设计

概率设计是指以应力与强度的干涉理论为基础而进行的零部件强度设计。后面将详细介绍有关内容。

8. 权衡设计

权衡设计是指在可靠性、维修性、安全性以及功能以及重量、体积、成本等之间进行综合权衡，以求得最佳的结果。

8.2.2　机械零部件可靠性设计

零部件可靠性设计是利用概率统计理论对零部件强度或其他性能进行设计，使其达到预定的可靠性指标，又称为概率设计，它是一种能够更客观、更准确地评判机械零部件强度储备或失效概率的一种设计方法。

传统的机械零部件的设计方法有类比法、静强度设计法和疲劳强度设计法，这些常规设计方法的强度计算准则为

$$\sigma \leqslant \frac{\sigma_{\lim}}{n} \tag{8-3}$$

式中，σ 为机械零部件的工作应力；$\sigma_{\lim}$为材料的极限应力；n 是取用的安全系数。

式（8-3）表达的设计准则都是基于各参数是确定量而进行计算的，未顾及由于各种条件的变化而导致这些参数的随机变化。例如，零部件材料在冶炼、铸造、锻造、焊接及热处理等工艺过程中的差异，以及取样位置、试验加载方法、试验环境、试样尺寸等因素都会导致材料力学性能数据的离散性；机械运行时的载荷、流量和受力等都呈现一定的统计特征，服从某种概率分布规律。在这种情况下的常规设计方法忽略了机械零部件的强度和载荷的这些随机性质，就难以准确计算零部件的安全储备。

一方面，常规设计方法中选择的安全系数是一个经验数据，往往因人而异，带有一定主观性；另一方面，由于对设计参数的统计规律缺乏了解，在选用安全系数时，出于零部件安全可靠的考虑，安全系数值往往偏大。因而设计出来的零部件尺寸偏大，致使材料消耗、能源消耗和生产成本增大。

与常规设计方法相比，机械零部件可靠性设计具有如下特点：

1）在可靠性设计中，认为作用于零部件上的载荷（工作应力）和材料的强度都不是确定值，而是随机变量，数据具有离散性。因此，零部件设计计算时须用概率分布函数来描

述，用概率统计的方法求解。

2）在可靠性设计中，认为所设计的零部件存在一定的失效可能性，但失效概率应控制在允许范围内，不得超过允许值。因此，可靠性设计可以定量地按预定的失效概率或可靠度设计机械零件。

1. 应力 - 强度干涉关系

一般而言，施加于机械设备零部件上的应力、压力、温度、湿度和冲击等物理量统称为零部件承受的应力，换言之，凡是引起机械零部件失效的因素一概可称为应力，用 σ_s 表示。机械零部件能够承受应力的程度统称为强度，也可说凡是阻止机械零部件失效的因素一概可以称为强度，用 σ_r 表示。例如，对承受动载荷而发生断裂失效的轴零件，进行疲劳强度可靠性设计时，应力是轴所承受的交变应力，强度是疲劳极限；进行断裂可靠性设计时，应力是轴零件中裂纹的应力强度因子，强度则是材料的断裂韧性；进行零部件的抗磨可靠性设计时，应力是摩擦副的磨损 PV 值，而强度则是零部件失效的极限磨损所对应的负荷。所以说，同样的零部件在不同环境下可能导致了不同的失效形式，其可靠性计算中的应力和强度的物理含义也有差别，应根据具体情况分别对待。

机械零部件因受到载荷作用产生的应力和材料强度之间的对比关系称为应力 - 强度干涉关系，它是可靠性设计的基本理论。假设应力和强度服从于某一概率分布，并用 $f(\sigma_s)$ 和 $f(\sigma_r)$ 分别表示应力和强度的概率密度函数。将 $f(\sigma_s)$、$f(\sigma_r)$ 画在同一坐标系中，如图 8 - 2 所示，可能出现两种应力和强度的对比关系情况。图 8 - 2a 所示的两个分布密度函数曲线无重叠，此时可能出现的最大工作应力都小于可能出现的最小强度，属于强度一定大于应力的必然事件，即零部件不失效或可靠的概率是 100%。具有这类应力强度关系的零部件肯定是安全的，一定不会发生强度不足而破坏失效的情况。

图 8 - 2b 所示的两分布密度函数有部分重叠，这种重叠称为干涉，这是工程中大量出现的实际情况，也是可靠性设计着重研究的情况。此时工作应力的均值 $\overline{\sigma}_s$ 远小于强度均值 $\overline{\sigma}_r$，但由于出现 σ_s、σ_r 之间的干涉，故不能保证 σ_s 在任何情况下都小于 σ_r，一旦出现 $\sigma_s > \sigma_r$的情况，就会发生零部件失效，因而失效事件出现的概率取决于两分布密度函数的干涉程度。

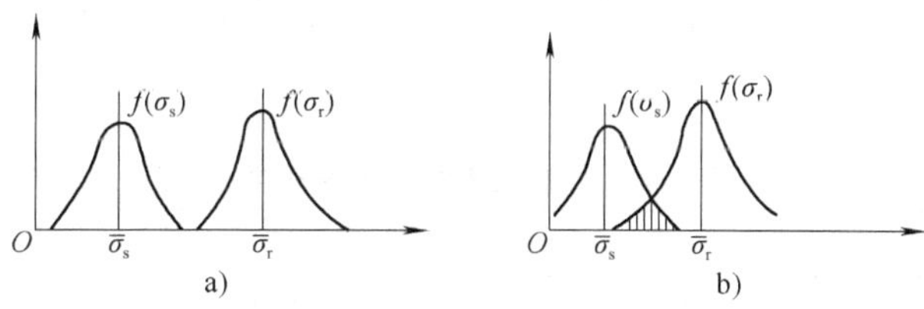

图 8 - 2　零部件应力 - 强度干涉关系

a）无重叠　b）有部分重叠

定义机械零部件的可靠度为零部件强度大于应力的概率，即 $R = P(\sigma_r > \sigma_s)$，而不可靠度为 $F = P(\sigma_r < \sigma_s)$，显然存在 $R + F = 1$。对于图 8 - 2a 表示的状态，有 $R = 1$；而对于图 8 - 2b 表达的状态，失效率 F 与图中阴影部分的干涉面积有关。因此，如果已知应力和强度的分布，就能计算它们的干涉面积，即得到失效概率 F，从而求得相应的可靠度 $R = 1 - F$。

2. 正态分布函数的零部件可靠性设计

(1) 可靠性联结方程　机械零部件许多参数的随机变化规律都可以表示为正态分布函数，例如零部件的尺寸、一般场合的工作载荷和材料的机械强度等都近似服从于正态分布。对于正态分布函数，零部件强度大于应力的可靠度为（本书只将最后推导结果列于此，详细过程可参阅专门的可靠性著作）

$$R=\int_{-\infty}^{\beta}\frac{1}{\sqrt{2\pi}}e^{-\frac{Z^2}{2}}dZ=\Phi(\beta) \tag{8-4}$$

式中，$\Phi(\beta)$ 是标准正态分布函数，在一般概率统计或可靠性著作中都列有 $\Phi(\beta)$ 与 β 对应关系的数据表，表 8-1 给出了一些可靠性系数 β 与可靠度之间的对应关系，可供简单可靠性设计参考使用；β 是可靠性系数，它是表示应力与强度差距的一个参数，计算如下

$$\beta=\frac{\overline{\sigma}_r-\overline{\sigma}_s}{\sqrt{\hat{\sigma}_r^2+\hat{\sigma}_s^2}} \tag{8-5}$$

式中，$\overline{\sigma}_r$、$\hat{\sigma}_r$ 分别是材料强度的均值和标准差；$\overline{\sigma}_s$、$\hat{\sigma}_s$ 分别是零部件工作应力的均值和标准差。

根据应力和强度的概率分布参数计算出可靠性系数之后，从标准正态分布函数表查得相应的数值，由式（8-4）即可求出可靠度。式（8-5）称为可靠性联结方程，它将材料强度、零部件应力分布函数特征值与可靠度三个参数的关系联结在一起，是一个反映应力、强度和可靠度之间关系的重要方程式。

表 8-1　可靠度与可靠性系数的对应值

β	0	1.288	1.645	2.326	2.576	3.091	3.719	4.265
R	0.5	0.9	0.95	0.99	0.995	0.999	0.9999	0.99999

在机械零部件可靠性设计时，确定可靠性系数要根据任务要求、现有技术水平以及经济性等综合考虑，并可参考现有类似产品的可靠性水平。重要零部件所需的可靠性应满足系统可靠性分配的要求，一般零部件所需可靠度的大小主要取决于其重要程度。在一般机械系统中可将零部件的可靠度划分为六级，见表 8-2。0 级用于不重要的零部件，1～2 级用于可靠性要求较高的零部件，3～4 级用于可靠性要求很高的零部件，5 级用于可靠性要求极高的零部件。

表 8-2　可靠性等级与可靠度要求

可靠性等级	0	1	2	3	4	5
可靠度允许值	<0.9	≥0.9	≥0.99	≥0.999	≥0.9999	≥0.99999

例 8-2　某螺栓中所受的应力为正态分布的随机变量，其均值（数学期望）$\overline{\sigma}_s=35\text{kN/cm}^2$，标准差 $\hat{\sigma}_s=2.8\text{kN/cm}^2$。螺栓材料的疲劳极限也为正态分布的随机变量，其均值（数学期望）$\overline{\sigma}_r=42\text{kN/cm}^2$，标准差 $\hat{\sigma}_r=2.8\text{kN/cm}^2$。试求该螺栓的破坏概率及强度可靠度。

解　应用应力-强度干涉理论，按式（8-5）计算，得

$$\beta=\frac{42-35}{\sqrt{2.8^2+2.8^2}}=1.77$$

查标准正态分布函数表，得知 $\beta=1.77$ 所对应的函数值为 0.9616，即该螺栓的可靠度 $R=0.9616$，破坏概率为 3.84%。

如果加强螺栓材料质量控制，降低螺栓的疲劳强度差异，例如使其标准差降为 $\bar{\sigma}_r=2.0\text{kN/cm}^2$，则其可靠性系数就是

$$\beta=\frac{42-35}{\sqrt{2.0^2+2.8^2}}=2.034$$

查得相应得可靠度 $R=0.9792$。

由此例可见，在同样的承载条件下，由于螺栓强度的一致性有所提高，标准差减小，使螺栓可靠性明显提高。若用常规设计方法的安全系数评判该螺栓的安全性，因为平均安全系数 $n=\mu_r/\mu_s$，而上例中两种情况的 μ_r 和 μ_s 都相等，所以得出的结论是两种情况的螺栓安全性相同。然而，可靠性计算的结果并非如此，这正说明了可靠性设计与常规设计的差别之处。

例 8-3　某制动器的连杆机构在工作时连杆受拉力，其均值 $\bar{F}=120000\text{N}$，标准差 $\hat{F}=12000\text{N}$，连杆钢材的抗拉强度均值 $\bar{\sigma}_r=238\text{N/mm}^2$，变异系数 $c=0.08$；已知应力、强度服从正态分布，连杆剖面为矩形，若要求连杆具有 0.9999 的可靠度，试设计连杆的剖面尺寸。

解　设连杆的剖面积均值为 $\bar{A}$（mm^2），其截面积标准差为 $0.001\bar{A}$，则连杆的拉应力均值和标准差分别为

$$\bar{\sigma}_s=\frac{\bar{F}}{\bar{A}}=\frac{12\times10^4}{\bar{A}}$$

$$\hat{\sigma}_s\approx\frac{1}{\bar{A}^2}\sqrt{\bar{F}^2\ (0.001\bar{A})^2+\bar{A}^2\bar{F}^2}=\frac{12000}{\bar{A}}$$

变异系数的定义是标准差/均值，因此材料强度的标准差为 $0.08\times238=19.04\text{N/mm}^2$。设计要求达到的可靠度为 0.9999，查出相应的可靠性系数为 $\beta=3.719$。于是，根据式（8-5）得

$$\beta=\frac{\bar{\sigma}_r-\bar{\sigma}_s}{\sqrt{\hat{\sigma}_r^2+\hat{\sigma}_s^2}}=\frac{238-\dfrac{12\times10^4}{\bar{A}}}{\left[(19.04)^2+\left(\dfrac{12000}{A}\right)^2\right]^{\frac{1}{2}}}=3.719$$

整理后，可得方程

$$A^2-1106A+240333=0$$

求解得 $A=809\text{mm}^2$，因此对制动器连杆的可靠性设计，所取的剖面面积为 810mm^2。

在机械零部件可靠性设计中，经常会遇到应力和强度的分布与参数确定问题。只有获得准确的分布参数，才能借助于应力 - 强度干涉关系完成可靠性设计任务。

（2）应力的概率分布与参数确定　零部件的工作应力受载荷和几何尺寸影响，它可以用应力函数，即零部件在截面上的工作应力随载荷与截面形状和尺寸的变化关系来表达。例如，直径为 d 的圆形轴，受拉力 F 作用，则应力函数 σ_F 为

$$\sigma_F=\frac{4F}{\pi d^2}$$

可见，由于载荷和截面特性都是随机变量，因此应力函数就是随机变量的函数。当知道应力函数中每个变量的分布参数之后，就可以按随机变量函数的简化运算来间接求得应力的

分布参数。当然，在少数条件具备时，也可以直接测得应力值，然后统计推断其分布类型与参数，这种直接方法可减少中间环节产生的误差。

零部件承受的载荷应根据零部件工作时的实际受载工况确定，也就是应采集和编制载荷谱。在缺乏详细资料时，可按正态分布处理，静强度的均值计算按危险截面上最大载荷取值，疲劳强度的均值计算按等效载荷取值。其标准差可由试验确定或根据经验估计，通常取为均值的2% ~9% 。

零部件的几何尺寸一般服从正态分布，经大批实测数据的统计处理可求出其均值的标准差。若条件不允许时，在仅给出名义尺寸公差的情况下，可用 $\delta=\Delta/3$ 的近似关系进行估计。例如，直径 $d=50\text{mm}\pm0.5\text{mm}$，则均值取为50mm，标准差约为0.5mm/3 =0.167mm。

（3）强度的概率分布与参数确定　材料的静强度可通过有关手册给出的金属材料静强度的均值和标准差获得。试验证明，材料静强度一般服从正态分布，其分布参数可用下面方法估算

$$\left.\begin{aligned}\bar{\sigma}_{\mathrm{r}}&=\frac{\varepsilon_1}{\varepsilon_2}\sigma_0\\ \hat{\sigma}_{\mathrm{r}}&=\frac{\varepsilon_1}{\varepsilon_2}\hat{\sigma}_0\end{aligned}\right\}\tag{8-6}$$

式中，σ_0 为材料的拉伸力学性能（塑性材料为屈服强度 σ_{s}，脆性材料为强度极限 σ_{b}）；$\hat{\sigma}_0$ 为拉伸力学性能的标准差，常取为（0.1 ~0.15）σ_0；ε_1 为特性转换系数，按拉伸获得的力学性能转为弯曲或扭转时应考虑此转换系数，参考表8-3选取；ε_2 是零部件材料制造方法影响系数，考虑材料制造中存在的不均匀性及内部缺陷，对于锻件 $\varepsilon_2=1.1$，铸件 $\varepsilon_2=1.3$。

材料疲劳强度的分布参数确定比较复杂，因为疲劳强度受载荷性质、加载方式、加载次序、环境和材料特性等因素影响。试验结果表明，材料疲劳强度一般服从威布尔或对数正态分布，仅在变异系数小于0.3时，取正态分布才是可以被接受的。可靠性设计时，疲劳强度的分布参数要查阅相关资料而获取。

表8-3　特性转换系数参考数值

载荷特性	零件截面形状与材料	ε_1
弯曲	圆形和矩形截面的碳钢	1.2
	非圆形和矩形截面的碳钢，各种截面的合金钢	1.0
扭转	圆截面碳钢和合金钢	0.6

3. 安全系数与可靠度的关系

在机械产品的常规设计中，安全系数定义为材料的强度与载荷产生的应力之比。一般情况下，用材料的平均强度与零件危险截面的平均应力之比表示，称其为平均安全系数，即

$$n_{\mathrm{c}}=\frac{\bar{\sigma}_{\mathrm{r}}}{\bar{\sigma}_{\mathrm{s}}}\tag{8-7}$$

对于许多机械产品，安全系数 n_{c} 有多年取用经验。但是，在许多情况下，凭经验确定安全系数值具有一定的盲目性。按照式（8-7）表达的平均安全系数定义，将联结方程变换形式，得到

$$\beta=\frac{\bar{\sigma}_r-\bar{\sigma}_s}{\sqrt{\hat{\sigma}_r^2+\hat{\sigma}_s^2}}=\frac{\frac{\bar{\sigma}_r}{\bar{\sigma}_s}-1}{\sqrt{\left(\frac{\bar{\sigma}_r}{\bar{\sigma}_s}\right)^2 c_r^2+c_s^2}}=\frac{n_c-1}{\sqrt{n_c^2c_r^2+c_s^2}} \tag{8-8}$$

式中，c_r 是材料强度的变差系数，c_s 是零部件应力的变差系数。

从式（8-8）中解出安全系数 n_c，则有

$$n_c=\frac{1+\beta\sqrt{c_r^2+c_s^2-\beta^2c_r^2c_s^2}}{1-\beta^2c_r^2} \tag{8-9}$$

显然，式（8-9）表达的安全系数与材料强度、零部件应力的离散性（体现在 c_r、c_s）和零部件可靠度（体现在 β）联系在一起，赋予了平均安全系数新的含义。

8.2.3　系统可靠性设计

1. 产品可靠性指标确定

从系统论的角度看，任何机械都是由若干个装置和零部件组成的一个特定的系统，是一个由确定的质量、刚度和阻尼的物体组成并能完成特定功能的系统。但从实现系统功能的角度看，机械系统主要包括这样一些子系统：动力系统、传动系统、执行系统、操作及控制系统，每个子系统又可根据需要继续分解为更小的若干个子系统。在机械系统的设计阶段，应首先对系统中的元件进行设计，然后再将元件组合成系统。显然，在系统没有形成之前，先要把系统要求的可靠度分配到子系统或单元，各单元的可靠度分配关系决定了系统的可靠度水平。

系统可靠性设计的任务是在规定条件下合理确定系统中各单元的可靠度，以满足预定的系统可靠度，这也称为可靠性分配。显然，可靠性分配是把整机或系统的可靠性目标值合理地分配到组成整机或系统的各个子系统或零部件中，从而确定组成整机或系统最小单元的可靠性目标值。

进行可靠度分配时，需要注意以下几条原则：

1）系统要求的可靠度提高，分配到单元的可靠度也相应增大。

2）单元在系统中越重要，所分配的可靠度就越高。

3）对具有相同重要性、工作周期的单元，应分配相同的可靠度。此外，还应考虑单元结构的复杂程度、故障时的维修性、环境条件以及投资和技术难易等。

产品可靠性指标的确定是可靠性分配与可靠性设计工作的基础。产品可靠性指标的确定要考虑的因素很多，如国内外同类产品的可靠性指标、市场需求状况、市场竞争要求以及所需投入的费用等；同时，还必须考虑经济效益。

一般说来，确定合理的产品可靠性指标应考虑以下因素：

1）调查和分析国内外市场上最受欢迎的同类产品可靠性指标、准备开拓的产品可靠性状况及国家同类产品的质量标准等，并以此作为确定新产品可靠性指标的基本依据。

2）考虑产品的年利用率，即一年内用户可接受的故障次数。年利用率也是一个综合指标，反映了产品在一定时间内故障次数的多少及故障修复的难易程度。高的年利用率应该是故障率低，维修度好。

3）考虑产品结构的复杂程度和技术要求，以及工厂现有的制造条件（工艺及设备的先

进程度)，参考现生产产品的可靠性指标，在一定的经济条件下可能达到的最高可靠性水平。

4）考虑达到确定的可靠性指标所需时间及条件的限制，应当从用户需要和市场要求出发，不能简单地说可靠性越高越好，因为过高的可靠性指标意味着增加新产品开发成本，延长开发周期，增加制造成本和提高销售价格。

5）在确定产品可靠性指标的同时还应制定详细的可靠性大纲，并且对产品设计、制造、试验及使用各阶段进行合理的可靠性预测，掌握产品可靠性的发展状况，采取相应的措施来保证其可靠性指标的实现。

6）在产品可靠性指标确定及其分配后的设计和制造阶段，应制定严格的可靠性管理制度和采取相应的管理措施来确保产品可靠性指标的实现。

2. 系统可靠性分配

确定了机械系统的可靠性目标值之后，就要将目标值合理地分配到各单元上，下面介绍三种常用的可靠性分配方法。

（1）等分配法　这是最简单的一种分配方法，它对系统中所有单元都分配相等的可靠度，出发点在于机械系统的任何零部件失效都会引起系统失效，即系统的失效取决于系统中的最弱单元。

设系统由 n 个单元组成，给定的系统可靠度为 R，如果单元失效是独立的，则系统的可靠度等于所有单元可靠度的乘积，如果每个单元都分配相同的可靠度，于是单元分配的可靠度为

$$R_i = R^{\frac{1}{n}} \tag{8-10}$$

例 8-4　某机械由三个部件构成系统，若系统要求的可靠度为 $R=0.84$，按等分配法求每个单元的可靠度。由式（8-10），可得 $R_i=(0.84)^{1/3}=0.9436$。等分配法计算比较简单，它的主要缺点是没有考虑单元的重要性和各单元现有的可靠度水平。

（2）按比例因子分配法　比例因子分配法的基本原则是每个元件所分配的故障率（容许故障率）与预测的故障率（现有可靠度水平）成正比。换言之，预测故障率越高的元件，分配给它的故障率也要求越高。

如果已知系统的故障率为 λ_s，而设计要求系统达到的故障率为 $[\lambda_s]$，若出现 $\lambda_s > [\lambda_s]$，则在可靠性指标再分配时，可将各元件容许的失效率按比例缩小，即

$$[\lambda_i] = \frac{[\lambda_s]}{\lambda_s}\lambda_i \tag{8-11}$$

各元件分配到的可靠度为

$$[R_i] = 1 - [F_i] \tag{8-12}$$

例 8-5　已掌握某空气压缩机的 2000h 故障率预测结果为：气阀组件 $F_1=0.045$，气缸活塞组件 $F_2=0.024$，运动机构 $F_3=0.028$，级间设备 $F_4=0.0195$，空气压缩机整机 $F_s=0.1165$；以上各组件构成串联系统。现规定空气压缩机容许的可靠度 $[R_s]=0.92$，试进行可靠性指标分配。

因为 $R(t)=1-F(t)\approx 1-\lambda t$，故可以认为 $F(t)=\lambda t$，因此，当各单元工作时间与系统工作时间一致时，有

$$\frac{[\lambda_s]}{\lambda_s}=\frac{[F_s]}{F_s}=\frac{1-[R_s]}{F_s}=\frac{1-0.92}{0.1165}=0.6867$$

求得各单元的分配故障率为

$$[F_1]=0.6867\times 0.045=0.0309$$
$$[F_2]=0.6867\times 0.024=0.0165$$
$$[F_3]=0.6867\times 0.028=0.0192$$
$$[F_4]=0.6867\times 0.0195=0.0134$$

得到的各单元的可靠度分配值为

$$[R_1]=1-0.0309=0.9691$$
$$[R_2]=1-0.0165=0.09835$$
$$[R_3]=1-0.0192=0.9808$$
$$[R_4]=1-0.0134=0.9866$$

于是，系统的可靠度为

$$[R_s]=[R_1][R_2][R_3][R_4]=0.9231>0.92$$

（3）按相对失效率和重要度分配　每个单元在系统中的可靠性重要程度不同，重要单元应该分配较高可靠度，而次要单元可以分配较低可靠度，从相对失效率和重要度角度考虑可靠度分配问题就可以顾及各单元在系统中的重要性。

设系统由 n 个单元组成，系统工作时间与单元工作时间相同，要求分配后的系统可靠度高于或等于规定的可靠度，即

$$[R_1][R_2][R_3]\cdots[R_n]\geqslant[R_s] \tag{8-13}$$

定义相对失效率 ω_i 是第 i 个元件故障率与系统故障率之比，即

$$\omega_i=\frac{\lambda_i}{\lambda_s}=\frac{\lambda_i}{\sum_{i=1}^{n}\lambda_i} \tag{8-14}$$

元件的重要度 E_i 表达为

$$E_i=\frac{\text{由元件 } i \text{ 的故障引起系的故障数}}{\text{元件 } i \text{ 的故障数}}$$

因此，按相对失效率和重要度分配给各单元的故障率为

$$[\lambda_i]\leqslant\frac{\omega_i}{E_i}[\lambda_s] \tag{8-15}$$

对于串联系统，通常 $E_i=1$，则有

$$[\lambda_i]\leqslant\omega_i[\lambda_s] \tag{8-16}$$

或

$$[R_i]\geqslant[R_s]^{\omega_i} \tag{8-17}$$

例 8-6　汽车起重机属于一个复杂的多部件（系统）组成的串联系统，据以往的经验及试验可知，各系统（部件）的可靠性失效规律服从故障率为常数的指数分布，且各系统（部件）之间可视为相互独立，故在给定整机可靠性指标目标值后，即可进行整机可靠性分配以确定各子系统（零部件）的可靠性指标值。设起重机整机要求平均故障间隔时间，即平均无故障工作时间 MTBF = 150h 时的可靠度为 $R_s=0.80$，按相对失效率分配各部件的可

靠度见表 8-4。

表 8-4　汽车起重机的可靠性分配

子系统	故障频次/次	相对失效率 ω_i	可靠度 R_i
底盘	476	0.292	0.937
吊臂	8	0.005	0.998
底架与支腿	50	0.031	0.993
伸缩机构	19	0.012	0.997
起升机构	134	0.082	0.982
电气系统与仪表	546	0.334	0.928
液压系统	219	0.134	0.971
回转机构	90	0.055	0.988
变幅机构	26	0.016	0.997
转台	65	0.039	0.991
合计	1633	1.00	

8.2.4　系统冗余技术

1. 冗余设计

设由 k 个单元构成一个可靠性并联系统，只要其中一个单元能正常工作，系统就能正常工作。所以当有一个单元在正常工作时，其他单元的工作就是多余的，那些单元称为冗余单元。冗余设计是指对系统增加一些元件或手段，以实现预定功能的一种系统可靠性设计。

冗余方式分为备用冗余、并联冗余和表决冗余。备用冗余指冗余元部件通常处于备用状态，当原有的元部件发生故障时才投入使用。并联冗余指附加的冗余部件与原有的元部件同时工作。表决冗余又可称为 n 中取 k 冗余，当 n 个相同的元部件中有 k 个正常时，就能保证正常工作。实践中，应根据具体情况，采用不同的冗余方式，不同的冗余方式，其效果是不一样的，应用对象也会有所不同。

（1）备用冗余　出于提高系统可靠性的目的，除多安装一些单元外，还可以旁联一些单元，以便当工作单元失效时，立即能由旁联单元接替工作，这种系统称为旁联系统，也称为后备冗余系统，其逻辑框图如图 8-3 所示。旁联系统与并联系统的差别在于，前者待机工作，后者同机工作。

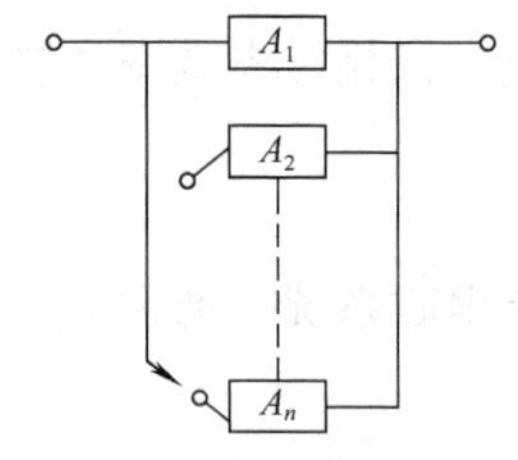

图 8-3　旁联系统逻辑框图

（2）并联冗余　并联冗余实质上是一个并联可靠性系统。在该系统中，如果当一个单元工作时，其他单元也工作，这称为工作冗余，也称为热储备系统。如果当一个单元工作时，其他单元不工作，当工作单元出故障时，由其他单元依次递补，这称为非工作冗余，也称为冷储备。备用冗余是冷储备，例如重要的计算机中心采用备用电源保证供电就是一种并联冗余系统。

并联冗余系统是系统所有单元都处于工作状态的冗余设计系统，它能有效提高系统的可靠性。例如，若系统中 1 台设备的可靠度只有 0.81，那么这台设备的故障率是 0.19；如果采用 2 个单元的单冗余系统，那么 2 台设备都发生故障的概率为 0.19 ×0.19 =0.036，可靠度就提高为 1 -0.036 =0.964，这远大于单台设备的可靠度 0.81。同理，3 个单元设备的双冗余系统，其可靠度将达到 0.993。通过以上分析可知，增加备用冗余系统，可靠性大大提高，系统的故障率明显减少。

并联冗余系统也可以应用于降低系统的危险度。例如，对某厂冲压机经常发生冲断手指的事故，采用了增加并联冗余控制件的方法，减少了断指事故率。原冲压机断指事故的故障树分析如图 8-4a 所示，分析表明除了电磁阀故障外，控制开关的闭合是事故发生的主要因素。因此，增加了控制开关的并联冗余系统，如图 8-4b 所示，这样只有 S_1 和 S_2 两个开关都闭合的情况才使冲模下落，从而大大减少了事故率。

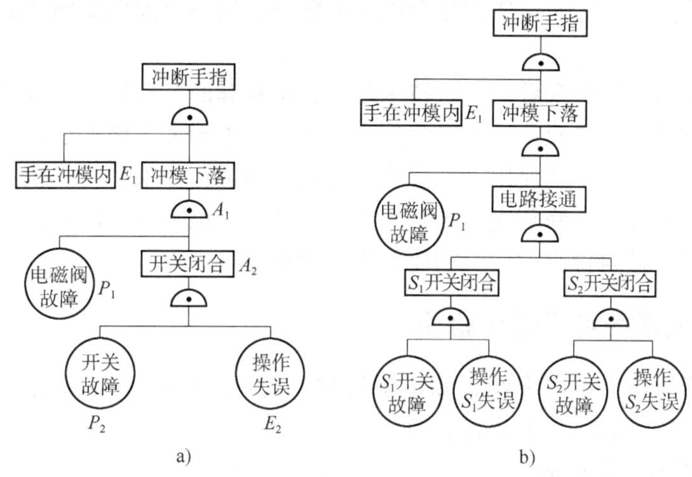

图 8-4　冲压机断指事故故障树分析

a）冲压机断指故障树　b）采用冗余设计后的故障树

（3）表决冗余　按照表决可靠性模型构成的冗余系统属于表决冗余系统。设某产品由三个单元构成一个表决系统，其中只要两个单元正常工作，该系统就能正常工作。

2. 冗余技术的应用

在机械及机电设备中，很多设计使用冗余技术。通过下面介绍的实例，可以了解冗余技术对保证产品可靠性的作用，使设计者开阔思路，在设计中灵活应用冗余技术。

（1）车辆设计方面　在车辆设计中，让发动机可以分别带动前轮、后轮的驱动机构，这样即使前轮或后轮的驱动机构之一出故障，车辆还能行驶。用两个轮胎代替一个轮胎，当其中一个漏气时，另一个仍可以承受载荷。有的轮胎采用双内胎设计，即内胎内还有一个内胎，这样在外内胎漏气时，内内胎还可完成任务。制动装置是重要的安全装置，应该采用多重制动装置，其中一个就可起制动作用。化油器应有备用的进气源，防止由于结冰或污染物堵住原气源时化油器失灵。

（2）飞机设计方面　飞机不能停供燃料，它的供油系统应采取冗余技术，当一个供油系统出故障时即可由另一个供油系统供油。有的飞机有多个发动机及多个燃料箱，但不设计成对号入座方式（即规定那个燃料箱向那个发动机提供燃料），而是设计成任一个燃料箱都可以向所有发动机提供燃料。起落架是飞机的可靠性薄弱环节，如有可能，设计时加强飞机机腹的强度，使得起落架出故障时可以用机腹迫降，为此燃料箱不放在机腹部位。机中很多控制都已自动化，例如起落架的收放、舱盖的开闭、导航系统等，仍应保留必要时可用人工操纵的控制设备。

(3) 船舶设计方面　为了防止船体因故进水使船舶沉没，船体内应分成若干个密封舱室，其中少数几个进水不至于使船舶沉没。船舶上一般设有舱底泵，用以排除进入船舱的水，这是重要的安全装置，泵的数量应有足够的余量，即使一部分泵出故障也能完成排水任务。每个泵都应有自己的动力源，不要用统一的供电线作为泵的动力源（因为一旦供电线被破坏，所有泵就都不能工作）。船上如果失火，一般不能依靠外来的灭火力量，所以船上的灭火系统必须安排足够的冗余。

(4) 电子设计方面　对可靠性达不到指标要求的电路采取多重冗余，准备备用电源使设备能不间断工作。无线电通信使用两个以上的频率，当一个频率受到干扰时可使用另一个频率通信。

从可靠性与成本的权衡来看，冗余技术是有利也有弊的。例如，三重冗余确实大大提高了产品的任务可靠性，但单元从一个变为三个，单元成本却大大增加了。如果采用的是工作冗余，三个单元一起工作，则使用、维修成本都需要增加；如果采用非工作冗余，则维护成本还是增加不少，但使用、修理成本则基本上不增加。所以采不采用冗余，采用什么样的冗余，就要以取得的效益与付出的代价相比是否值得来定。

8.2.5　提高机械系统可靠性的措施

通过上面对系统可靠性的介绍，知道了机械系统可靠性的影响因素，据此采取一些措施，对提高机械系统可靠性是十分有益的。

1. 缩短传动链减少元件数

在机械系统设计中，除应提高各元件的可靠性外，还应尽可能地缩短传动链，减少元件数，这是提高机械系统可靠性的一个重要途径。减少机械系统元件数可以从以下两个方面着手。一是在其他条件相同时，传动系统中输入轴和输出轴的速度差别越小，即传动链的总速比越小，则该系统所包含的链环越少。所以在选择驱动电动机时，应使其转速符合传动链总速比最小的要求，以便缩短传动系统的传动链的长度。二是当机械系统根据工艺参数的变化而要求能够有级调速时，为了缩短传动系统链环数，简化甚至取消机械的变速机构，可以选择合适的多速电动机。要求无级变化时，可以采用交、直流调速电动机或变频调速电动机。

另外，随着机械自动化程度越来越高，各种机械系统的传动子系统和工作机构本身的运动比较复杂，为了简化传动系统和缩短运动链，人们多采用多电动机单传动方式的传动，将各种具有复杂运动的机械系统分成若干单独的子系统，分别由单独的电动机驱动。这样大大缩短传动链，从而提高机械系统的可靠性。由于变频调速技术的发展，在很多机械传动子系统中应用，这样使得传动链大大缩短。

2. 必要时增设备用元件或系统

并联系统的元件越多，并联系统的可靠度就越高，为此，对于一些重要的机械系统，必要时可增加备用元件或系统。如飞机起落的操作系统，除了有一套基本的气动和液压装置外，还有一套手动操纵装备。又如重要的液体动力润滑滑动轴承备有两套供油系统，采用双列滚动轴承等。再如汽车的两套制动装置，越野吉普车带有备用轮胎等都是。这样，当基本元件（或装置）万一失灵，可以启用与其平行的第二套元件。

3. 简化结构，提高标准化程度

结构简单的零部件往往工艺性能好，制造和装配的质量易得到保证，故障的潜在因素易得到控制。标准化也是提高可靠性的一项重要措施，标准件的结构工艺性和可靠性一般都比较好。

4. 增加过载保护装置和自动停机装置

在机械系统中，为保护一些重要的元件和装置，可以增设一些过载保护装置和自动停机装置，起到保护作用。如水泥厂的球磨机中的联轴器，采用了安全销，起到过载安全保护作用。

5. 设置监控系统，以便及时报警故障

在机械系统中，对重要的零部件，可以设置监控系统，以便及时报警故障。如温度控制、微裂纹监测等。

6. 合理规定维修期

随着使用时间的增加，机械系统中的零部件因磨损、疲劳和老化等原因，故障率显著上升，可靠性下降。如润滑油变质、配合间隙过大等，都会使机械系统的可靠性下降。因此，合理规定维修期可以保证系统的可靠性。

8.3　产品可靠性评估

8.3.1　可靠性模型

如果把一个产品看成是一个系统，那么可靠性模型就是表示系统可靠性的结构模型及数学模型，它是从可靠性角度表示系统各单元、元件之间的逻辑关系的。在工程设计中，可将可靠性模型分为基本可靠性和任务可靠性。

基本可靠性是产品在规定条件下无故障的工作时间或概率，其模型用于估计产品及其组成单元所需要的维修及保障要求。由于系统中任一单元发生故障，都需要维修或更换，故基本可靠性可视为度量使用费用的一种模型，是全串联模型。

任务可靠性是产品在规定任务内完成规定功能的能力，其模型用于估计产品在执行任务过程中完成规定功能的概率，描述完成任务过程中产品各单元的预定作用，是一种度量工作有效性的模型。

如何在基本可靠性和任务可靠性之间进行权衡是可靠性设计的关键，它需要根据具体任务要求，对产品进行深入、细致的分析，包括分析系统电路的工作原理、环境条件；分析各单元、元器件失效对产品的影响；分析产品各组成部分的功能与可靠性之间的依存关系等，从而得出可靠性逻辑框图，建立数学模型，进而进行可靠性预测、分配和定量的估计。由此可见，可靠性模型是对系统可靠性进行分析设计的重要基础。

1. 串联模型

如果一个系统由 k 个单元组成，其中任一个单元出故障都会使系统出故障，只有所有 k 个单元都不出故障时系统才不出故障，则这个系统称为 k 个单元构成的可靠性串联系统，它的可靠性模型如图 8-5 所示。串联系统的可靠性模型类似于电工学中的串联电路。

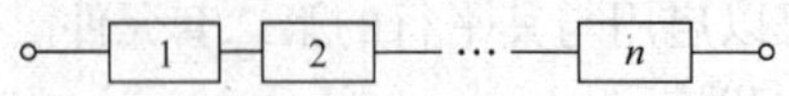

图 8-5　串联系统的可靠性模型

例如，一个燃料箱由五个部分组成，即箱体、顶盖、底部、管道和阀门，其中任一部分出故障都会使燃料箱出故障，则燃料箱的可靠性模型就是由五个部分组成的串联系统。

2. 并联模型

如果一个系统由 k 个单元组成，其中任一个单元不出故障就可以使系统不出故障，只有所有单元都出故障时才使系统出故障，则这个系统称为 k 个单元构成的可靠性并联系统，它的可靠性模型如图 8-6 所示。并联可靠性系统的模型类似于电工学中的并联电路。

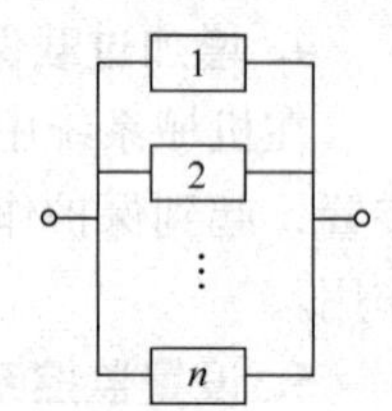

图 8-6　并联系统的可靠性模型

例如，电梯轿箱由多根钢丝绳悬挂，这些钢丝绳就构成了承载并联系统，当其中一根钢丝绳断裂时，其他钢丝绳仍然能够保持悬挂功能，而不会发生轿箱坠落事故。

3. 混联模型

串联和并联共存的单元构成混联模型，它分为串并联模型和并串联模型。

串并联系统是由串联子系统和并联子系统组合而成的，即先并后串，这种系统又称附加单元系统，其可靠性模型如图 8-7 所示。

并串联系统是由并联子系统和串联子系统组合而成的，即先串后并，这种系统又称加通路系统，其可靠性模型如图 8-8 所示。

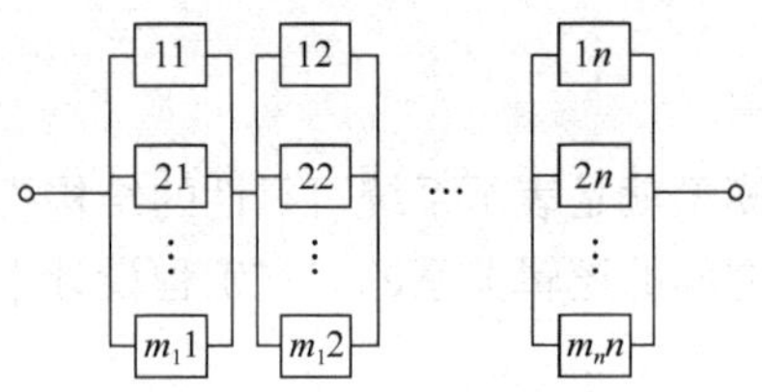

图 8-7　串并联系统的可靠性模型

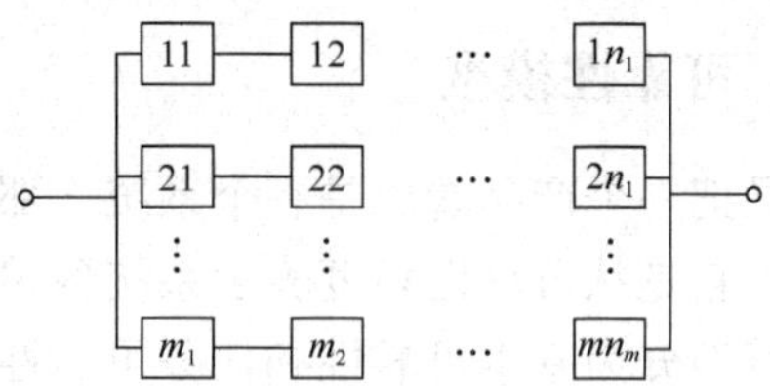

图 8-8　并串联系统的可靠性模型

4. 表决模型

如果组成系统中的 n 个单元，只要保证其中 k 个单元（$1 \leqslant k \leqslant n$）不失效，则系统就不会失效，这种系统称为 n 中取 k 个的表决系统，记为 k/n，其可靠性模型如图 8-9 所示。

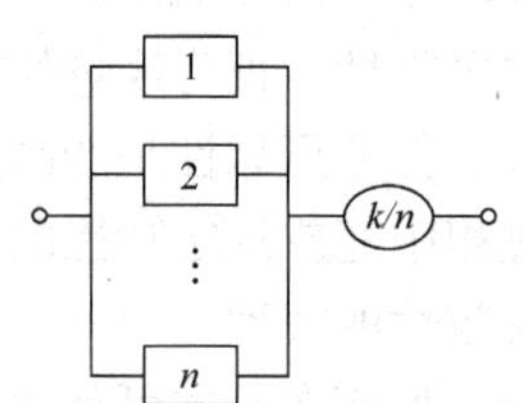

图 8-9　表决系统的可靠性模型

8.3.2　系统可靠性评估

可靠性评估是根据产品的可靠性结构（即系统与单元间的可靠性关系）、寿命模型及试验信息，利用概率统计方法给出产品可靠性的点估计与区间估计值，如可靠性下限。系统可靠性评估是在单元评估得到可靠性数据的基础上，根据系统的组成、功能结构等得到在给定条件下的系统可靠性。

系统可靠性评估的常用方法之一是模型法，用该方法评估系统可靠性的基础是前面介绍的可靠性模型，它是对系统进行简化之后的计算方法，具有简单实用的优点，但是对于比较复杂的可靠性系统，模型法估计的系统可靠性存在一定偏差。

1. 串联系统可靠性

假定串联系统中各单元是独立的，则该系统可靠度是所有单元的可靠度乘积，即

$$R_s = R_1 R_2 \cdots R_i \cdots R_n \tag{8-18}$$

式中，R_s 是系统可靠度，$R_i(i=1,2,3,\cdots,n)$ 是第 i 单元可靠度。

例如，某液压系统由电动机、齿轮泵、溢流阀、压力阀、换向阀、单向阀六个单元串联组成系统，如果它们的单元可靠度都能够达到 0.95，那么该液压系统的可靠度只有 0.774。如果采用集成阀块，将该系统简化为电动机、齿轮泵、集成阀三单元串联系统，在单元可靠度同样为 0.95 时，系统可靠度为 0.857。由此例可以看出，串联系统的可靠度随着单元可靠度的减小或单元数的增多而下降，串联系统可靠度低于其中任一单元可靠度。因此，为了提高串联系统的可靠性，要注意减少单元数量，而且尤其重视改善最薄弱单元的可靠性。

2. 并联系统可靠性

并联系统是所有单元都失效时系统才失效的系统，因此该系统故障率是所有单元故障率的乘积，其可靠度计算式为

$$R_s = 1-(1-R_1)(1-R_2)\cdots(1-R_i)\cdots(1-R_n) \tag{8-19}$$

例如，某设备控制电路中采用电容并联系统来避免电容失效引起的系统故障，每个电容的可靠度为 0.8，采用二单元并联构成系统的可靠度为 $1-0.2\times0.2=0.96$，如果采用三单元并联系统，其可靠度进一步提高到 $1-0.2\times0.2\times0.2=0.992$。由此可见，并联系统对提高系统的可靠度具有显著的效果，并联的单元数量越多或单元可靠度越高，系统的可靠度越高。并联系统的可靠度高于其构成的任一单元可靠度。但是，机械系统采用并联时，尺寸、重量、价格都随并联数 n 成倍地增加，因此，不如电子、通信设备中用得广泛。

3. 混联系统可靠性

混联系统是由串联和并联混合组成的系统。如果每个单元的可靠度都为 R，则由 n 个单元串联、m 个单元并联构成的串并联系统的可靠度为

$$R_s = [1-(1-R)^m]^n \tag{8-20}$$

而并串联系统的可靠度为

$$R_s = 1-(1-R^n)^m \tag{8-21}$$

对于单元相同的情况，串并联系统的可靠度高于并串联系统的可靠度。

4. 表决系统可靠性

表决系统的可靠性模型如图 8-9 所示。通常该系统的 n 个单元的可靠度相同，均为 R，则表决系统的可靠度为

$$R_s = \sum_{i=k}^{n} \binom{n}{i} R^i (1-R)^{n-1} \qquad k \leqslant n \tag{8-22}$$

其中

$$\binom{n}{i} = \frac{n!}{i!\,(n-i)!}$$

这是一个更一般的可靠性模型，如果 $k=1$，即为 n 个相同单元的并联系统；如果 $k=n$，即为 n 个相同单元的串联系统。

8.3.3 可靠性试验

1. 可靠性试验目的

为了评价或验证、提高产品的可靠性和研究产品使用中发生的故障及其影响后果所进行的各种试验统称为可靠性试验。广义来说，任何与产品失效（故障）效应有关的试验都可以认为是可靠性试验。狭义的可靠性试验往往是指寿命试验。

可靠性试验的目的是：

1）通过试验获得可靠性基础数据，求得产品的可靠性指标数值，如可靠度、失效率和平均寿命等，从而对产品的可靠性进行评估和考核。

2）对批量产品进行可靠性筛选、验收，为判定产品是否达到规定的可靠性指标提供依据。

3）通过试验来暴露产品在设计、制造、使用、维护和管理等方面的薄弱环节，找出失效原因，提出改进措施，为不断提高产品的可靠性水平提供参考。

2. 可靠性试验分类

可靠性试验的种类很多，下面介绍主要的几种分类方法。

（1）按试验场所分类

1）现场试验。它是指在现场使用条件下进行的可靠性检测和验证试验，能客观真实地评价产品在实际使用中的可靠性和维修性问题。但由于试验场所的范围广，使用情况复杂且不确定因素多，为了保证试验数据的可靠性，必须事先有完善的采集计划，最好有使用单位协助进行。

2）试验室试验。它是指在对现场条件进行综合或单项模拟情况下，由人工控制而进行的试验。与现场试验相比，室内试验条件易于控制，故障现象和故障时间易于检测，可以按故障判据严格区分故障类型，因此能够得到高质量的数据。但由于不可能完全模拟现场条件，试验结果有不同程度的失真，而且试验成本较高。

（2）按试样破坏情况分类

1）破坏性试验。它是指试验样品最终被破坏或失效的试验，包括破坏性寿命试验和破坏性极限条件试验。寿命试验是为确定产品寿命和可靠性特征值而进行的试验；破坏性极限条件试验是在超负荷或严酷环境条件（如高温、低温、腐蚀等）下的破坏性试验，它评价产品抵抗失效的极限能力。

寿命试验对不可能修复产品（如材料、零件等）是破坏性的。对于可修复的产品（例如部件、设备等），经过更换备件后可以继续使用，就不完全是破坏性试验。如产品的故障是递减型的，经过试验之后，相当于起了排除早期故障的作用。

2）非破坏性试验。它是指不破坏产品而获得可靠性数据的可靠性试验，也包括用非破坏性方法查明产品的潜在缺陷，例如，利用射线、超声波等各种无损检测手段检测产品的缺陷，排除故障源，主要用于制造阶段的材料、零件和产品的筛选。

（3）按试验目的分类

1）可靠性研制试验。它是指在新产品的研制过程中，在不断进行可靠性试验的同时，不断改进产品可靠性的试验。它使产品的可靠性逐渐增加直到满足设计要求为止，也称为可靠性增长试验。

2）可靠性鉴定试验。它是指鉴定新产品或改进设计后的产品是否达到预定的可靠性指标的试验，试验的结果可以作为产品定型的依据之一。

3）可靠性验收试验。它是指为确定稳定生产的产品可靠性指标是否达到要求的试验。一般在厂方和用户商定的方式方法下进行，它和可靠性鉴定试验同属于可靠性验证试验。

（4）按试验应力分类

1）常规可靠性试验。它是指产品在类似或接近实际使用条件下进行的试验。这种试验结果反映实际情况，但试验周期长。

2）加速可靠性试验。它是指在不改变失效机理的条件下，增大应力大小和加载频率，从而使故障率增大或寿命缩短的试验。这种试验可以在较短的时间内获得可靠性评定数据和暴露使用中可能出现的故障，它采用的应力包括广泛的内容，除了冲击、振动、负荷等机械应力之外，还包括温度、湿度、腐蚀等环境应力，以及电流、电压、功率等电应力等。

（5）按试验样本分类

1）全数试验。它是指对全部产品进行的可靠性试验。这样的试验虽然所得数据精确，可靠性指标的置信水平高，但对于破坏性试验或大批量等情况全数试验是不可能的。

2）抽样试验。它是指从批量产品中抽取部分样品进行的可靠性试验。它以试验结果计算整批量产品的可靠性特征量，并以此为根据判断整批量是否合格，对批量产品进行可靠性鉴定和验收试验时采取抽样试验。

在可靠性寿命试验中，为了缩短试验时间，抽样试验多为截尾试验，即参加试验的样品并没有达到全部失效就停止了试验。截尾试验又分为定时截尾试验（到规定的时间即停止试验）和定数截尾试验（到规定的失效数即停止试验）。

3. 可靠性试验计划

在实施一个产品的可靠性试验之前，作好试验准备，要仔细考虑以下问题：

（1）明确试验对象　试验对象不同，可靠性试验的规模和方法也不相同。对于价廉通用的重要零件，可抽取较多的样品进行试验；对价格昂贵的关键部件，只能抽取较少的样品进行试验；对于复杂的整机和设备，由于样品数量的限制，主要进行性能试验、极限条件试验、调试和维修性检测等，而以大量零部件的试验数据及市场资料为基础，进行系统的可靠性预测或分析验证工作。

（2）选择可靠性试验的信息　为了从可靠性试验中获得需要的信息，必须明确下面的问题：要求的信息是定性的还是定量的，需要得到什么样的特征值，用什么尺度来表示，需投入多少样品，需要多长时间完成试验，采用什么样的测量方法，测量时间和测量次数怎样确定。为了避免混入无价值的信息或漏掉重要的信息，测量参数要尽可能少，要选择易于测量、意义明确的参数。

（3）选择试验应力　确定施加于产品上的应力种类和应力水平。在试验前确定试验条件时，必须提供这样的信息：产品发生什么样的失效才能导致整机系统不能正常工作，在实际使用状态下，怎样的环境条件和施加什么样的应力才能诱发这样的失效。这就是应力、环境类型的初步预测。

（4）定义产品失效　明确失效模式的分类、失效判据、测量人员的技术水平和试验数据的处理方法等。

在进行可靠性试验之前，应充分研究以往的数据和技术情报。必要时，还应多花一些时间和费用作一些预备试验。

将以上内容归纳，制订出可靠性试验计划，它应包括如下内容：

1）试验目的和要求。

2）试验项目和试验方法。

3）试验的失效标准，确定测量参数、测量方法、测量次数和时间。

4）试验的应力类型和应力水平，样本大小和取样方法。

5）试验设备的型号及说明，精度及校正方法等。

6）试验数据的统计处理方法，试验的记录表格，试验报告的格式及内容。

7）试验时间、人员及经费等。

8）试验进度。

8.4 产品故障分析技术

8.4.1 故障模式与分析

在机械产品中，凡不能完成其规定功能，或其性能指标恶化至规定范围以外的现象，均称为故障，对不可修复产品则称为失效。减速器的磨损超限、密封不良和焊缝开裂属于不能完成规定功能的故障；发动机起动困难、功率下降和油耗上升等现象属于性能指标恶化的故障；齿轮断齿、传动带断裂等均为不可修复的故障，它们属于产品失效。

1. 故障分类

故障分类的方法很多，主要取决于故障分类的目的与用途以及产品结构的复杂程度。常见的故障分类有：

（1）按故障发生的基本原因分类

1）本质故障。它是指产品在规定条件下使用时，由于产品本身固有弱点而引起的故障。例如由于结构强度、材质、加工和装配工艺等原因所引起的过度变形、断裂、过度磨损、粘结、腐蚀、老化、紧固件松动、“三漏”及性能恶化等。本质故障是反映产品可靠性高低的基本故障，是影响可靠性指标的主要原因。

2）从属故障。它是指产品发生某一故障而引发的派生故障，或外界偶然事故引起的故障。例如，变速箱内某一紧固件损坏，导致齿轮损坏或引起一系列其他零件损坏，则该紧固件损坏为本质故障，由此引起的其他零件损坏均属从属故障。

3）误用故障。它是指不按规定条件使用产品而引起的故障，例如超负荷、误操作等。

（2）按故障的严重性及后果分类

1）致命故障。它是指危及或导致人身伤亡，引起系统报废或造成重大经济损失的故障。例如，电梯钢丝绳断裂、汽车制动器失灵、车轮脱落、转向系或发动机总成报废以及传动系总成报废等。

2）严重故障。它是指严重影响产品正常使用，或者规定的重要性能指标恶化至规定范围以外，必须停机修理，修理费用较高，在较短时间内无法排除的故障。例如，汽车发动机烧瓦，曲轴断裂，箱体裂纹，齿轮、轴承和喷油泵损坏等。

3）一般故障。它是指明显影响产品正常使用，修理费用中等，在较短的有效时间内可以排除的故障，即只需要更换或修理产品外部零件的故障。例如，钣金件开裂或开焊，喷油器损坏，传动带断，限位链断，操纵手柄、电器开关、灯泡损坏等。

4）轻度故障。它是指轻度影响产品正常使用，暂时不会导致工作中断，修理费用低廉的故障，即在日常保养中能用随机工具轻易排除的故障。例如，轻微渗漏、一般紧固件松动、非重要塑料件出现裂纹等。

（3）按失效程度分类

1）完全失效。它是指产品性能超过某种确定的界限，以致完全丧失规定功能的失效。

2）部分失效。它是指产品性能超过某种规定的界限，但没有完全丧失规定功能的失效。

（4）按失效时间特性分类

1）早期失效。它是指产品由于设计制造上的缺陷等原因而发生的失效。其特点是失效较快，开始失效率高，但随着工作时间增长，失效率逐渐降低。例如新产品研究试制阶段出现的失效，制造中由于原材制或元件的质量不好，或粗制滥造、检验不严等原因，使一些有缺陷的产品出厂，使用不久就出现失效。一般早期失效可以通过强化试验加以排除。

2）偶然失效。它是指产品由于偶然因素发生的失效。其特点是失效率较低而稳定或保持常数，是产品的最佳状态期，失效原因往往是一些超过规定使用条件的偶然因素。例如，应力水平超过了预定值就可能出现偶然失效。

3）耗损失效。它是指产品由于老化、磨损、损耗、疲劳等原因引起的失效。其特点是失效率很快上升。这种失效都发生在产品使用寿命的后期。如果在产品出现耗损失效前，更换或修复即将耗损的零件，就可以防止耗损失效，即采用预防维修或定期维修。

通常用典型的“浴盆曲线”来表示失效率与使用时间的关系，如图 8 - 10 所示。

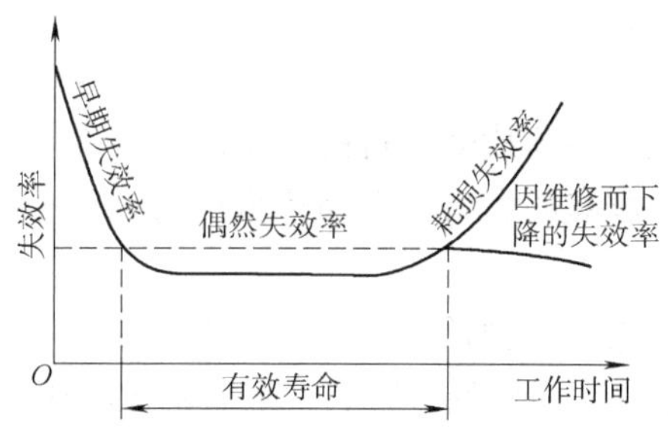

图 8 - 10　产品失效率随时间的变化

2. 故障分析

所谓故障分析，是指为了确认与鉴定潜在故障与显在故障，分析故障的发生概率、发生原因与后果，对产品或其相关事件而进行逻辑的、系统的调查活动。

产品发生故障，往往是人们对产品的规划开发、设计、制造以至销售、使用等过程的某些环节认识不足的反映。从这些阶段的工作内容来看，故障分析是根据故障现象，进一步认识产品行为和进一步完善产品可靠性的过程；从故障分析的预防功能来说，故障分析是产品质量与可靠性问题的早期报警或早期信息反馈的方式之一。

故障分析的目的在于预防与消除故障，提高产品可靠性。一个产品或系统发生故障会引起事故或灾害，造成经济损失，影响产品市场。通过故障分析，能够弄清故障原因，便于采取事前对策，避免故障损失。

故障分析有多种形式，主要的分类方法有四种。

（1）按故障分析的时机分类

1）事前分析。它是指在事前预测可能发生的险情，在未导致故障前加以检出识别，通过故障分析确定对策，把险情因素作为重点控制的质量特性，使其处于可允许范围的一种分析方法。在实施事前分析的情况下，一旦发生故障时，可以不慌乱地、胸有成竹地处理故障。产品开发设计、制造和使用中的各种预测性故障分析，均属于事前分析。

2）事后分析。它是指在故障发生后，即时研究应急对策、消除危险状态所进行的故障分析方法。事后分析也有两种情况：一次性分析，即个别事件的故障分析；重复分析，即大量产品的故障分析，以及相近产品故障重新发生后的故障分析。事后分析所积累的经验，有助于事前分析与事前对策的制订。如果把事前分析与事后分析有效结合起来，便能更好地发挥产品可靠性的保证作用。这如同保健管理中，把个人现时健康状况与过去病历结合起来进行诊断是一样的。

3）事中分析。当故障发生后，如果故障状态与规模不进一步扩大，一般可运用事后分析法，如果故障状态与规模有所扩大和变化，同时又不允许停止工作进行状态分析，则应测取故障对象的状态数据，进行即时判断以确定对策。这种沿着时间历程，动态掌握与分析故障状态的方法，一般称为事中分析，也称为即时分析。在可靠性工作中，主要应用事前、事中分析。

（2）按故障分析的连续性分类

1）间歇分析。它是指对单个或个别故障对象，集中在某一时刻进行的故障分析。

2）连续分析。它是指对大量或多个故障对象，在整个寿命周期内连续进行的故障分析。

（3）按分析方式分类

1）个别分析。它是指就某一项故障进行的分析。

2）统计分析。它是指以收集的大量数据为依据进行的分析。

（4）按产品管理阶段分类

1）设计中的故障分析。它是一种预测性故障分析，主要凭借经验与计算，在图样设计中，根据零部件、产品或系统的预计承受应力，找出安全的强度界限；通过样品试验掌握故障原因、机理，以完成高可靠性产品设计。

2）制造中的故障分析。它是对出厂前的入库合格品进行预测性故障分析，主要是对寿命试验、早期老化试验等过程中出现的故障进行分析，以掌握故障模式、故障可能发生的时间分布和故障原因等。

3）使用中的故障分析。它是指使用过程中的预测性故障分析与事后分析。预测性故障分析在于找出潜在故障，建立故障预防对策；事后分析在于消除故障，恢复故障对象的功能。

3. 故障模式

故障模式就是故障的表现形式，它类似于医疗方面的疾病症状。产品不同，故障模式也不同。机械零件常见的故障模式见表8-5。

表 8-5　机械零件常见的故障模式

序　号	故障模式	说　明
1	断　　裂	具有有限面积的几何表面分离现象，如轴类、杆类、支架、齿轮等
2	碎　　裂	零件变成许多不规则形状的碎块现象，如轴承、摩擦片、齿轮
3	开　　裂	零件产生的可见缝隙
4	龟　　裂	零件表面产生的网状裂纹，如摩擦片表面
5	裂　　纹	在零件表面或内部产生的微小裂缝
6	异常变形	零件在外力作用下超出设计允许的弹塑性变形的现象，如轴、杆类的弯曲
7	点　　蚀	零件表面由于疲劳而产生的点状剥落，如齿轮齿面、轴承等
8	烧　　蚀	零件表面因高温局部熔化或改变了金相组织而发生的损坏，如轴瓦等
9	锈　　蚀	零件表面因化学反应而产生的损坏
10	剥　　落	零件表面的片状金属块与原基体分离的现象
11	胶　　合	两个相对运动的金属表面，由于局部粘合，而又撕裂的损坏，如齿轮齿面
12	压　　痕	在零件表面产生凹状痕迹
13	拉　　伤	相对运动的金属表面沿滑动方向形成的伤痕，如缸筒等
14	异常磨损	运动零件表面产生的过快的非正常磨损
15	脱　　扣	螺纹紧固件丧失联接的损坏

常见机电产品的故障模式举例如下：

（1）容器的故障模式　泄漏、不能降温、加热、断热、冷却过分等。

（2）热交换器、配管类的故障模式　闭塞、流路扩大、变形、振动等。

（3）支承结构的故障模式　变形、松动、缺损、脱落等。

（4）水泵、涡轮机、发电机的故障模式　误起动、误停机、速度过快、反转、异常的负荷振动、发热、线圈漏电、运转部分破损等。

（5）电力设备的故障模式　电阻变化、放电、接地不良、短路、漏电、断开等。

（6）计测装置的故障模式　信号异常、劣化、示值不准等。

（7）阀、流量调节装置的故障模式　不能开或不能闭、错误开关、漏泄、闭塞、破损等。

（8）汽车的故障模式　排气管放炮、车桥异响、转向盘回位不良、发动机熄火、制动跑偏等。

（9）轴承的故障模式　腐蚀、变形、疲劳、磨耗、破裂等。

（10）继电器的故障模式　腐蚀、变形、疲劳、绝缘不良、耗损、折断等。

（11）电动机的故障模式　磨耗、变形、腐蚀、绝缘破坏、破损等。

8.4.2　故障树分析方法

1. 故障树定义

故障树分析（Fault Tree Analysis，FTA）。故障树分析是一种图形演绎方法，是失效事件在一定条件下的逻辑推理方法。在系统分析中，通过对可能造成系统失效的各种因素

（包括硬件、软件、环境和人为因素）进行分析，画出逻辑框图（即故障树），从而确定系统失效原因的各种可能组合方式或发生概率，以计算系统失效概率，采取相应的预防纠正措施，提高系统可靠性水平。

FTA 方法具有以下特点：

1）具有很大的灵活性，即不局限于对系统可靠性作一般分析，而是能够分析系统的各种失效状态；不仅可分析某些零部件失效对系统的影响，而且也可以对导致这些零部件失效的特殊原因进行分析，予以统筹考虑。

2）FTA 方法是一种用图形表达的逻辑推理过程，它可以围绕某些特定的故障树状态作层层深入的分析，通过清晰的故障树图形，表示系统的内在联系，并指出元件与部件之间的逻辑关系，找出系统的薄弱环节。

3）进行 FTA 分析的过程，也是对系统更深入认识的过程，它要求分析人员把握系统的内在联系，弄清各种潜在因素对故障发生影响的途径和程度，以便在分析的过程中发现问题并及时解决，从而提高系统的可靠性。

4）故障树的建立可以定量地计算复杂系统的失效概率及其他可靠性参数，为改善和评估系统可靠性提供定量数据。

5）故障树建成后，对不曾参与系统设计的管理和维修人员来说，相当于一个形象的管理和维修指南。

在系统服务寿命期的早期阶段，用 FTA 方法来判明失效形式，并在设计中进行改进；在样机生产后，批量生产之前的阶段，用 FTA 方法可以查明所制造系统是否满足可靠性和安全性的要求。在这两个阶段，采用 FTA 方法是最为有效的。

故障树分析法的步骤通常根据评价对象、分析目的和精细程度的不同而差异，但一般可按下面的步骤进行：

S.1　故障树的建造。

S.2　建立故障树的数学模型。

S.3　故障树的定性分析。

S.4　故障树的定量分析。

故障树分析的主要用途在于：

1）系统的可靠性分析，可靠性参数的定性分析和定量计算。

2）系统的安全性分析和事故分析。

3）系统的风险评价。

4）系统的重要度分析。

5）故障诊断与检修表的制订。

6）失效过程的仿真。

2. 故障树构造与符号

所谓构造故障树，就是找出系统失效和导致系统失效的诸因素之间的逻辑关系，并将这种关系用特定的图形表示，该图形看似一棵倒置的分叉树，故称其为故障树。

（1）事件定义及符号　在进行系统可靠性的故障树分析时，必须首先明确什么状态是正常，什么状态是故障。系统的故障状态往往不止一个，例如，提升电梯可能出现“制动器不灵”、“电器故障”、“钢丝绳断丝超限”等故障状态。因此，应选择最主要的一种系统故障状态加以分析，从而构成相应的故障树。

在故障树分析中，把需要分析的系统失效事件称为顶端事件，简称顶事件。顶事件确定后，作为故障树的根，画在上面，然后下一排画出引起顶事件发生的直接原因，可以包括设备故障、软件失效、环境影响和人为失误等，这种原因称为失效事件或二次事件。在顶事件和紧接的二次事件之间，根据它们之间的逻辑关系，画上适当的逻辑门，把它们连接起来。以同样的方法画出第三排，如此顺藤摸瓜进行下去，一直追溯到那些原始的或失效规则已掌握的原因为止。这些最基本的原因称为基本事件，它们是无法再分解或不必再分解的失效事件。有时，为了简化故障树，可能将故障树中的独立部分用一个省略事件代替，它表示那些可能发生，但概率很小的事件，有时也表示一个原因不明或故意没有讨论下去的事件。上述事件的表达符号如图 8 - 11 所示。

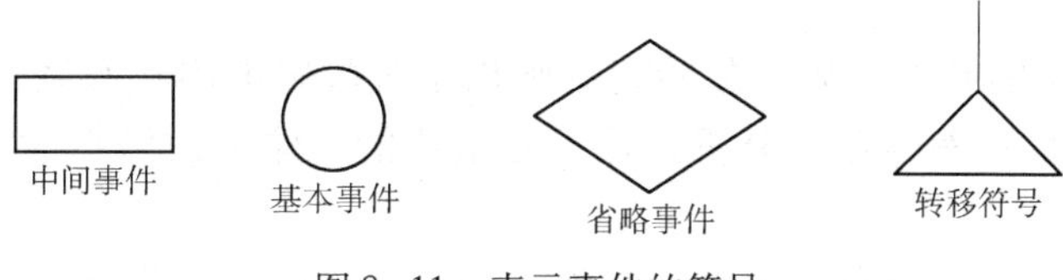

图 8 - 11　表示事件的符号

（2）逻辑门定义及符号　逻辑门是用来表示上下层事件的基本逻辑关系的符号，逻辑门符号与电路中所用的逻辑门符号相同。在故障树中只有成功和失败两种状态，因而一般仅用几种基本的逻辑门。

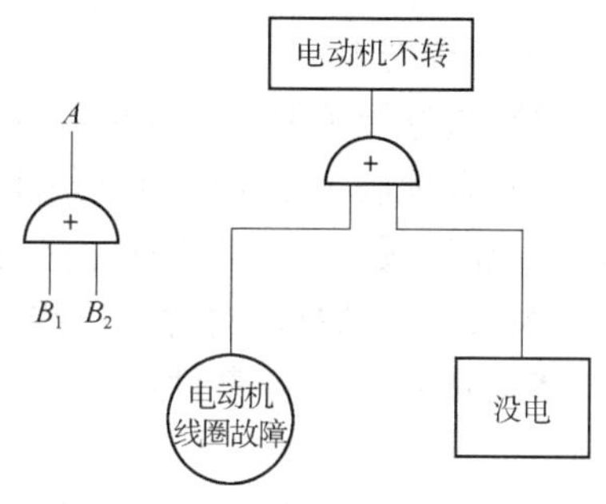

图 8 - 12　逻辑或门符号及实例

1）逻辑或门。把 B_1，B_2，…，B_n 作为输入事件，A 作为输出事件，若 B_1，B_2，…，B_n 中至少有一个以上的事件发生，必然导致事件 A 发生，这种逻辑关系称为事件的和，定义为逻辑或门（简称“或门”），符号如图 8 - 12所示。在该图中，电动机线圈故障和没电两个事件之中的任一事件发生，都会导致电动机不转的事件，因此它们之间构成或门。

逻辑或门的逻辑关系式为

$$A = B_1 + B_2 + B_3 + \cdots + B_n$$

2）逻辑与门。将 B_1，B_2，…，B_n 作为门的输入事件，A 为输出事件，如果 B_1，B_2，…，B_n 同时发生，必然导致 A 事件发生，这种逻辑关系称为事件的积，定义为逻辑与门（简称“与门”），符号如图 8 - 13 所示。在该图中，电梯超速过卷或过放与安全保护失灵同时发生时，才发生轿箱过卷断绳事故，因而它们构成与门关系。

逻辑与门的表达关系式为

$$A = B_1 B_2 B_3 \cdots B_n$$

图 8 - 13　逻辑与门符号及实例

3）逻辑异或门。当或门的输入事件是相互排斥的，即一个输入事件发生，其余输入事件都不发生，但输出事件发生，则称这种逻辑关系为“异

或”关系，符号如图 8 - 14 所示。其相应的数学表达式为

$$A = B\overline{C} + \overline{B}C$$

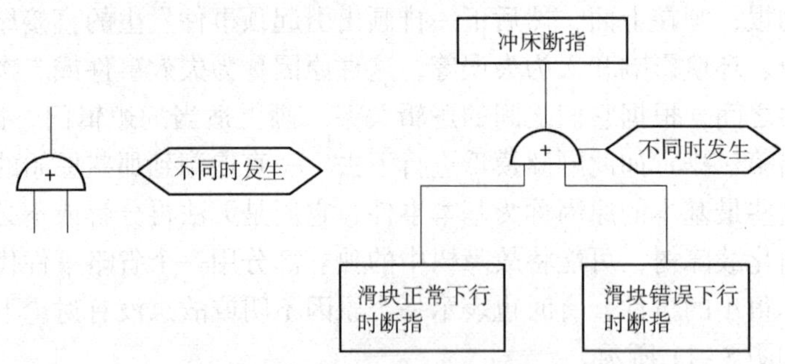

图 8 - 14　逻辑异或门符号及实例

（3）构建故障树的基本原则　故障树反映出系统故障的内在联系，能使人一目了然，形象地掌握这种关系并进行正确分析，是十分重要的。建造故障树时，应遵循如下基本原则：

1）建树者在事前应对所分析的系统有深刻的了解，广泛收集有关系统的设计、运行、流程图，设备技术规范等描述系统的技术文件及资料，进行深入细致的分析研究。

2）故障事件（失效模式）应精确定义，指明故障是什么，在何种条件下发生，切忌模棱两可、含糊不清。

3）选好顶事件，若顶事件选择不当，就无法分析和计算。

4）合理确定系统的边界条件，有了边界条件就明确了故障树建到何处为止。边界条件包括：确定顶事件，确定初始条件，确定不许可的事件，以及作出一些必要的假设，不考虑人为失误等，都是建树时的一些边界条件。

5）对系统中各事件的逻辑关系及条件必须分析清楚，不能有逻辑上的紊乱及相互矛盾。

图 8 - 15 所示是以矿井提升机过卷事故为例构建的故障树。

3. 故障树定性分析

故障树定性分析的主要任务是寻找故障树的全部最小割集和最小路集。

（1）最小割集和最小路集的定义　所谓割集，是能使顶事件发生的一些底事件之集合，即基本事件的集合。当这些底事件同时发生时，顶事件必然发生。如果割集中的任一底事件不发生，顶事件就不发生，这些底事件构成的集合便是最小割集。

所谓路集，也是一些底事件的集合，当这些底事件同时不发生时，顶事件必然不发生。如果路集中的任一底事件发生时，顶事件一定会发生，这就是最小路集。

割集和路集的意义可用图 8 - 16 说明。这是一个由三单元组成的串并联系统，该系统共有三个底事件，它们的割集为 $\{x_1\}$、$\{x_1, x_3\}$、$\{x_1, x_2, x_3\}$。因为当这三个割集中的底事件同时发生时，顶事件必然发生。然而在 $\{x_1\}$、$\{x_1, x_3\}$ 的两个割集中，如果任意除去一个底事件，它们就不再成为割集，所以它们是最小割集。

图 8 - 16 所示故障树的三个路集是 $\{x_1, x_2\}$、$\{x_1, x_3\}$、$\{x_1, x_2, x_3\}$。因为三个路集中底事件同时不发生时，顶事件必然不发生。在路集 $\{x_1, x_2\}$ 和 $\{x_1, x_3\}$ 中，若去掉任意一个底事件，则不再构成为路集，因而 $\{x_1, x_2\}$ 和 $\{x_1, x_3\}$ 是最小路集。

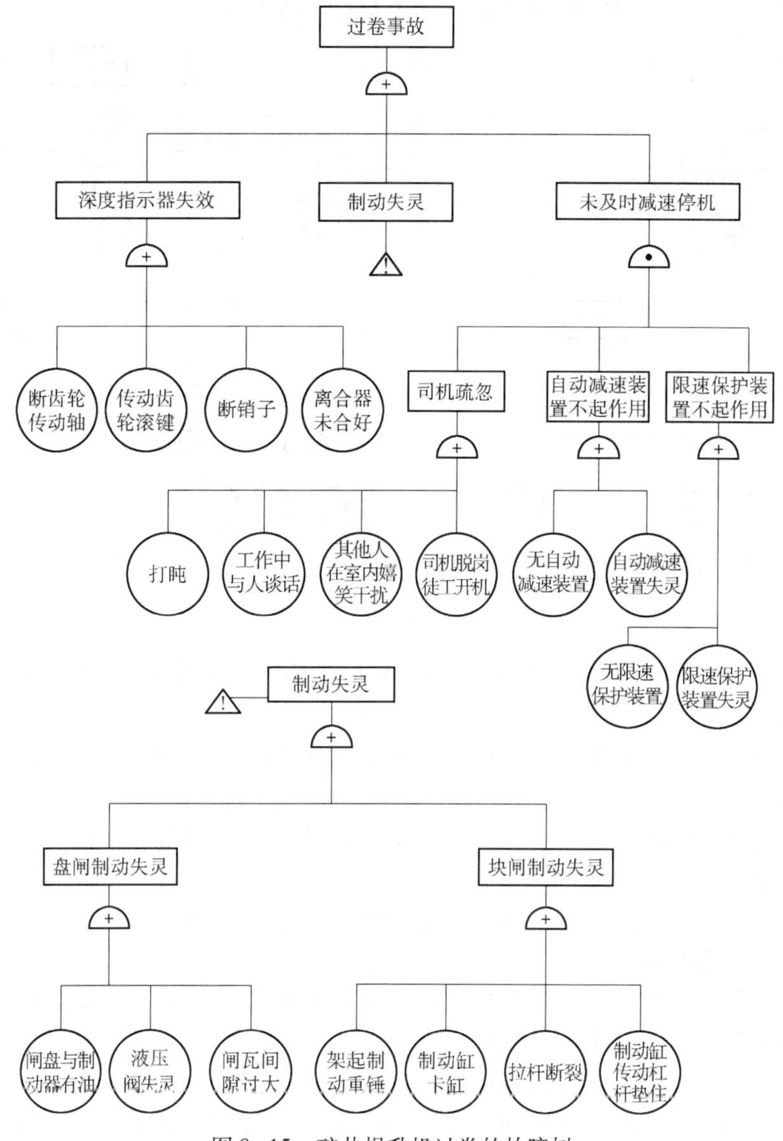

图 8-15　矿井提升机过卷的故障树

从上面的分析以及各个路集与割集的构成看，一个最小割集代表系统的一种失效模式，一个最小路集代表系统的一种正常模式。因为一个系统的失效模式和正常模式都有多种，所以一个故障树的最小割集和最小路集也都不止一个。对最小割集和最小路集进行研究，其意义在于可以发现系统的最薄弱环节，或称最关键部位，因此可以集中力量对最小割集或最小路集所指出的关键部位进行强化，而不至于盲目地在众多单元中分散花费力量。由此可见，在故障树中寻找最小割集和最小路集是非常重要的工作。

（2）求最小割集的方法　求最小割集有下行法（又称富塞尔－凡斯列法）和上行法（西门德勒斯法）。下面介绍上行法，该算法由下向上进行，每做一步都要利用集合运算规则简化吸收。

以图 8-17 所示的故障树为例，故障树的最下一级为

$$M_4 = x_4 \cap x_5,\ M_5 = x_5 \cup x_7,\ M_6 = x_6 \cup x_8$$

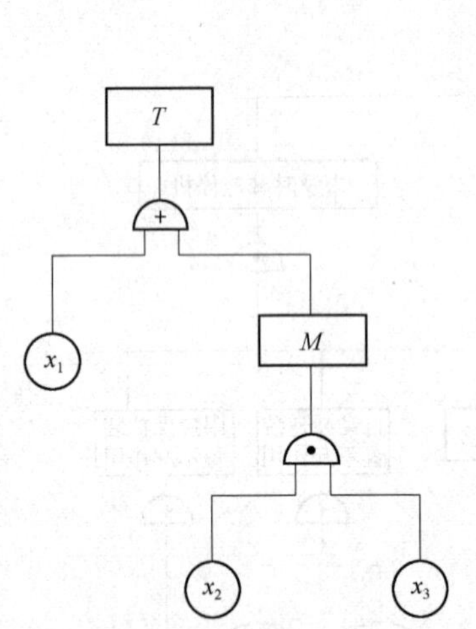

图 8-16　求割集与路集示意的串并联故障树

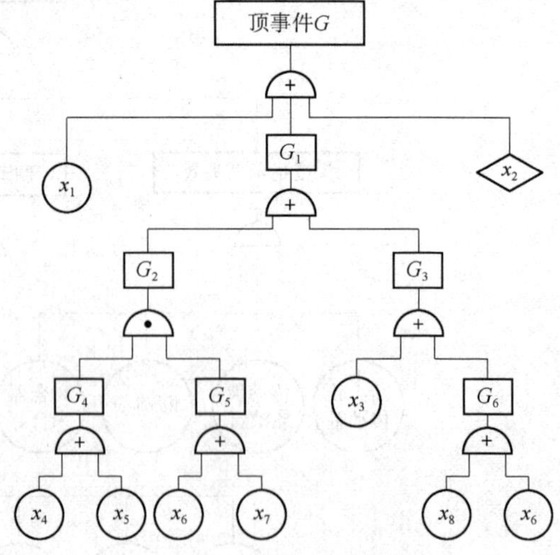

图 8-17　求割集示例的故障树

往上一级递推，有

$$M_2 = M_4 \cap M_5 = (x_4 \cup x_5) \cap (x_5 \cup x_7),\quad M_3 = x_3 \cup M_6 = x_3 \cup x_6 \cup x_8$$

再往上一级，有

$$M_1 = M_2 \cup M_3 = (x_4 \cup x_5) \cap (x_5 \cup x_7) \cup x_3 \cup x_6 \cup x_8 = (x_4 \cap x_7) \cup (x_5 \cap x_7) \cup x_3 \cup x_6 \cup x_8$$

最上一级为

$$T = x_1 \cup x_2 \cup M_1 = x_1 \cup x_2 \cup x_3 \cup x_6 \cup x_8 \cup (x_4 \cap x_7) \cup (x_5 \cap x_7)$$

由此得到的最小割集为

$$\{x_1\},\{x_2\},\{x_3\},\{x_6\},\{x_8\},\{x_4,x_7\},\{x_5,x_7\}$$

4. 故障树的定量计算

故障树的定量计算是利用故障树的逻辑图形作为模型，在底事件发生概率已知的情况下，计算出顶事件发生（即系统失效）的概率。

在机械可靠性计算中，可采用粗略的方法来近似计算顶事件发生的概率。若失效事件 A、B 的失效概率 $P(A)$、$P(B)$ 都比较小，并假定最小割集中失效事件相互独立，则有近似计算公式为

$$P(A \cup B) = P(A) + P(B)$$

$$P(AB) = P(A)P(B)$$

图 8-18 所示是提升机过放事故的故障树，从多起事故中近似统计图中底事件的概率为

$$P(x_1) = 0.05, P(x_2) = 0.01, P(x_3) = 0.20, P(x_4) = 0.08, P(x_5) = 0.06, P(x_6) = 0.04$$

采用近似算法，得

$$P(G_4) = P(x_1 \cup x_2) = P(x_1) + P(x_2) = 0.05 + 0.01 = 0.06$$

$$P(G_5) = P(x_3 \cup x_4) = P(x_3) + P(x_4) = 0.20 + 0.08 = 0.28$$

$$P(G_3) = P(x_5 \cup x_6) = P(x_5) + P(x_6) = 0.06 + 0.04 = 0.10$$

向上递推计算，便有

$$P(G_2) = P(G_4 \cup G_5) = P(G_4) + P(G_5) = 0.06 + 0.28 = 0.34$$

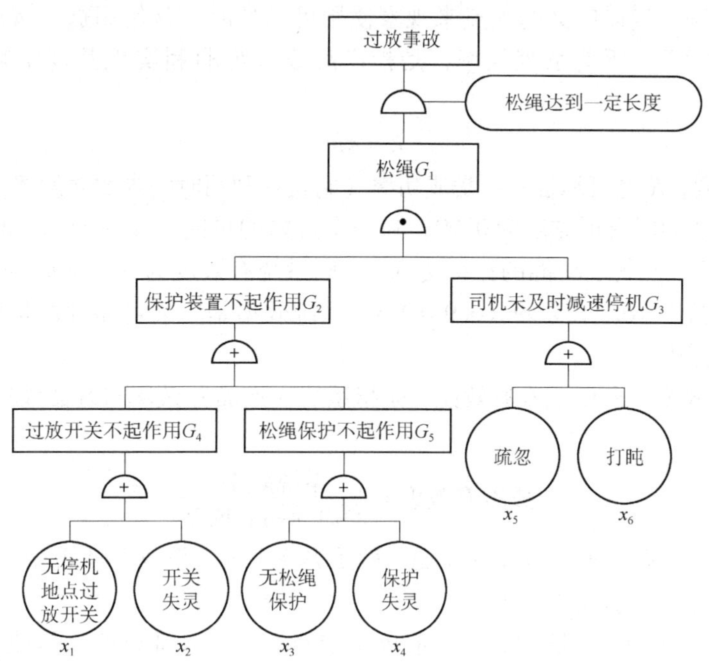

图 8-18　提升机过放故障树分析

最后，过放事故的发生概率为

$$P(G_1) = P(G_2 \cap G_3) = P(G_2)P(G_3) = 0.34 \times 0.10 = 0.034$$

即提升机不发生过放的可靠度为 $R = 1 - 0.034 = 0.966$。

8.5　产品的使用可靠性分析

8.5.1　使用可靠性与维修

1. 使用可靠性及其特征量

产品可靠性首先取决于可靠性的设计质量与制造质量。设计、制造所决定的可靠性称为固有可靠性。当产品一经投入使用，往往会由于环境条件苛刻、使用不当、维修不力等原因，引起故障或劣化而降低其功能。因此，即使可靠性高的产品或系统，售出之后，生产企业也不能说完成了它的产品责任。产品售出之后，还有如何维持与发挥产品固有的可靠性问题，即一般所说的使用可靠性问题。

所谓使用可靠性，是指产品或系统在实际使用中保证其固有可靠性的发挥程度，它既受设计、制造质量的影响，也受使用条件和人为因素的影响。可见，使用可靠性是在产品可靠性形成的最后阶段所发挥的可靠性，它是在库存、销售、使用等范围内实现的。一般来说，固有可靠性大于使用可靠性。人的因素（包括使用技术水平、工作态度等）对产品的使用可靠性有着直接的影响。离开人的因素，就谈不上产品的使用可靠性。

使用可靠性与用户的关系极为密切，用户为衡量使用可靠性的优劣，使用着各种各样的量度特征量，主要有：

(1) 综合效率　当以广义的观点来观察使用可靠性时，常使用这种量度，其代表性的量度是“系统效率”。所谓系统效率，是指产品或系统顺利实现其规定功能的程度，记为 E。

$$E=ARC$$

式中，A 是有效度；R 是可靠度；C 是成功率（它是在利用时间内成功发挥功能的比率）。

例如，某设备的固有可靠度为 0.99，在一个月内的可能工作时间为 360h，不可能工作时间为 40h，成功实现规定功能的比率为 0.9。则系统有效度为 $A=360/(360+40)=0.90$，由此得系统效率为 $E=0.9\times0.99\times0.9=0.8$。系统效率是广义可靠性的量度之一，多用于成本有效度的计算中。

(2) 成本有效度　所谓成本有效度，是指系统（产品）效率与寿命周期总成本之比值，它的计算式是

$$\text{成本有效度}=\frac{\text{系统效率}}{\text{寿命周期总成本}}$$

从上式可见，提高成本有效度的途径，就是提高系统效率或者降低寿命周期总成本。因此，应作产品的寿命周期成本分析。

(3) 维修性　使用可靠性的高低，取决于维修性。所以维修性也是使用可靠性的一种衡量尺度。有关维修性的度量尺度将在下面介绍。

2. 维修性及其度量尺度

维修性是当设备发生故障后，在规定的时间内成功地恢复设备规定功能的能力。如用概率来表示和量度这种能力，就是维修度。常用的维修性的表述尺度有：维修度、修复率、平均修复时间、有效度、成本比、最大维修时间（即维修动作的95%将能完成的维修时间）、设备修复时间中值（即设备总的修复时间分布的中位值）等。不同设备，其维修性指标并不一致。

(1) 维修度　对于可修复产品，维修度就是把发生故障的产品或系统在规定期限内完成修复的概率。它是维修时间的函数，记为 $M(\tau)$。若维修时间 $M(\tau)$ 服从指数分布，则有

$$M(\tau)=1-e^{-\mu t} \tag{8-23}$$

式中，μ 为修复率。

维修度和可靠度一样，虽然也用概率来度量，但它与可靠度的不同点是，它除了具有产品或系统本身的固有质量外，还与人的因素有关。这就是说，如要提高维修度，就必须考虑下面三个因素：

1) 进行结构设计时，要重视维修性设计，要使产品发生故障后容易发现或检查故障，而且易于修理。

2) 担任修理工作的维修人员，要具有熟练的技能。

3) 供维修用的设备和系统，包括备件、维修用具、工具管理等要处于良好状态。

以上三个因素称为维修三因素。

(2) 修复率　修复率是修理时间已达到某个时刻尚未修复的产品，在该时刻后的单位时间内完成修理的概率，记为 $\mu(\tau)$。

$$\mu(\tau)=\frac{M(\tau)}{1-M(\tau)} \tag{8-24}$$

（3）平均修复时间　平均修复时间为修复时间的均值，记为 MTTR。

$$\mathrm{MTTR}=\int_0^{\infty}\tau M(\tau)\,\mathrm{d}\tau \tag{8-25}$$

当 $M(\tau)$服从指数分布时，修复率的倒数是平均修复时间，即

$$\mathrm{MTTR}=\frac{1}{\mu} \tag{8-26}$$

（4）有效度　有效度是指可修复产品在某时刻 t 维持其功能的概率。一个设备或系统，如果在保证可靠度的同时，还有在发生故障后经过修理而恢复其功能的可能，那么这个设备或系统处于正常的概率就会增大。有效度就是可靠度和维修度结合起来对产品可靠性表征的一种尺度。

产品工作到 t 时刻的瞬态有效度 $A(t)$是在状态转移过程中 t 时刻产品处于正常状态的概率，它是时间 t 的函数。对失效率为 λ、修复率为 μ 的产品，瞬态有效度 $A(t)$的计算式为

$$A(t)=\frac{\mu}{\lambda+\mu}+\frac{\lambda}{\lambda+\mu}\mathrm{e}^{-(\lambda+\mu)t} \tag{8-27}$$

上式第一项为常数项，第二项为过渡项。当 $t\to\infty$ 时，上式中的第二项就趋向为零，而第一项则可表达出产品在较长时期内所具有的使用有效性，故称 $A(\infty)$为稳态有效度。由于平时大量研究的问题是产品长时间使用中的有效度问题，故经常使用稳态有效度，一般将$A(\infty)$简写为 A。若可靠度、维修度分别用指数分布的形态，则有效度表达为

$$A=\frac{\mathrm{MTBF}}{\mathrm{MTBF}+\mathrm{MTTR}}=\frac{\mu}{\lambda+\mu} \tag{8-28}$$

它就是式（8-27）中的常数项，是产品在长时间使用时的稳态有效度。从式（8-28）可以看出，要使有效度 A 增加，就要增加 MTBF 值即降低失效率 λ 值，或减小 MTTR 值即提高修复率 μ 值。由此可见，要使产品达到某种有效度，可以通过提高可靠度或提高维修度来实现，为了取得最佳的技术经济效果，两者应取得协调。

8.5.2　维修性设计

可靠性和维修性关系密切。对于可维修产品，提高其维修性是提高可靠性的重要方法。所以，在保证和提高可靠性的设计方法中，维修性设计是其重要的方法之一。

维修性设计是产品或系统设计工作中的一个重要组成部分，它要求在产品或系统的初始阶段将可维修性作为设计的一个目标，使产品或系统具有下列设计特征：

1）用最少的人员，在最少的时间内完成各项维修工作。

2）对测试设备和工具的种类及数量要求最少，对维修设施要求最低。

3）零部件的消耗最少。

4）对维修人员培训的工作量最少。

产品具有上述设计特征，称该产品具有较好的可维修性，从而提高了该产品的使用性能。

虽然维修性设计有其特定的工作内容、工作程序及方法，但是在产品整个设计和研制过程中，维修性设计与产品设计必须紧密配合，互相及时地输入或输出有关的设计数据和资料，并进行必要的设计协调，以保证设计出来的产品易于使用和维修，减少或避免由于技术上不协调导致设计返工而造成的人力、物力的浪费。

图 8 - 19 所示为维修性设计流程图，它主要包括以下一些内容：

1）提出基本维修概念。所谓维修概念，就是对整个生命周期内如何提供维修保障以保证产品正常工作给以明确的说明。它是进行整个产品设计和维修性设计共同的基本依据，根据规定的维修概念，即可建立维修性模型，协调地开展产品设计和维修性设计工作。

2）在选择产品设计方案时，为相应的设计部门提供维修性设计方面的技术咨询，提出适用于各零部件的定性和定量的数据资料及有关信息，并提供维修性设计准则。

3）通过对产品中所用零部件材料的维修性分析，以及考虑到结构维修的方便性，完成对产品的定性和定量的维修性分析，以确定维修性特性要求。按要求进行详细的权衡研究，提出设计建议。

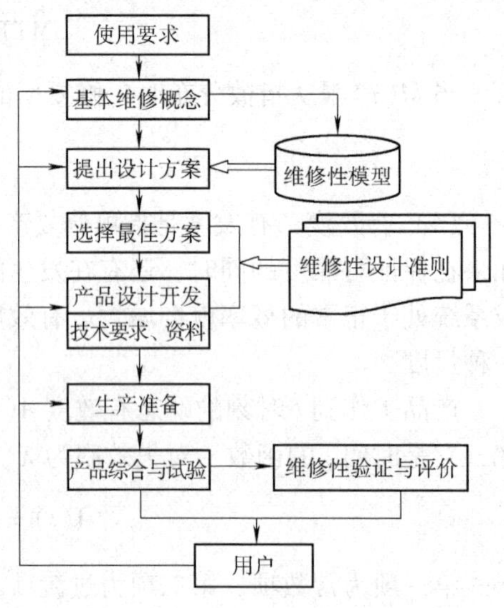

图 8 - 19　维修性设计流程图

4）根据需要，利用特定的模型或其他设计手段进行维修性验证与评价，以确定最合适的设计方案。

1. 维修性指标计算

产品的维修性是设计出来的，因此完成维修性的定量设计需要提出维修性的具体指标值。当前进行完全定量的维修性设计还存在一定的困难，因此只能进行半定量的或定性的维修性设计。但应创造条件，积累数据和资料，积极开展定量的维修性设计。平均修复时间（MTTR）的设计是当前最主要的维修性指标设计，也是最重要的、基本具备条件的定量维修性设计。

确定机械维修性的特征量值，需要对机械的用途、运行工况和故障经济后果作综合性的技术经济分析。一般的选择原则是：对要求高可利用率、运行工况是连续运行的机械，其可靠度、维修度、平均故障间隔时间和平均修复时间的倒数值应该选得高一些；对保证安全性是首要任务的机械，设计时应着重可靠性；若是周期、非随机运行工况的机械，维修性特征量的选择由综合技术经济分析决定。总之，选择维修性特征量的总原则是使机械的寿命周期费用最少，保证其效能最高。

按照用途、运行工况和故障经济后果选择出维修性特征量后，需要给出它们的设计值。优化算法是由给出的已知条件来计算维修性特征量值的常用方法。优化算法的基本思想是把机械的维修性特征量视为一个多元函数，影响维修性特征量值的各种因素是此多元函数的变元。对表示维修性特征量的多元函数，可以利用优化技术求解最优值。依照目标函数和约束函数的形式，用线性规划方法或者用非线性规划方法求解极值。用优化法求机械维修性特征量值的难点在于很难将影响设备维修性特征量的众多因素构造成是各项和的目标函数。为方便建立模型，一般将机械的广义可靠性特征量 R 作为目标函数，把求维修性特征量值的问题当做费用最佳分配问题求解，具体的求解方法可以参考有关专著。

在优化出 R 值之后，可以根据该可靠度值近似求出平均故障间隔时间。当 $R(\tau)$ 服从指

数分布时，得到平均故障间隔时间 MTBF 为

$$\mathrm{MTBF}=\frac{\tau}{\ln R(\tau)} \tag{8-29}$$

例 8-7　已知优化出的 R 值是完成期望任务的概率 $P(t_1,\tau)=0.95$，若完成任务的概率 $P(t_2)$ 在 $t_2=\tau=8\mathrm{h}$ 不小于 0.98，求要求修复机械的时间为多少？

机械的可靠度 $P(t_2)=R$ 服从指数分布，则平均故障间隔时间 MTBF 值

$$\mathrm{MTBF}=-\frac{\tau}{\ln R(\tau)}=-\frac{8}{\ln 0.95}\mathrm{h}=156\mathrm{h}$$

最大修复时间

$$\bar{t}_M=\frac{\mathrm{MTBF}\times[R(\tau)-P(t_1,\tau)]}{P(t_1,\tau)}=\frac{156\times(0.98-0.95)}{0.95}\mathrm{h}=4.94\mathrm{h}$$

即修复机械的时间为 4.94h。

2. 维修性指标实现

在实现 MTTR 的设计时应进行认真的策划，需考虑现场可更换单元和最小可更换单元，产品的维修性设计不能在产品方案论证和技术设计之后再来开展。由此可知，MTTR 设计是产品设计不可分割的组成部分，从方案论证开始，就要考虑。

结合产品设计，MTTR 设计的主要步骤是：

S.1　根据维修策略，确定维修级别，明确维修性指标。

S.2　随着设计的深入展开，多次进行故障分析，为故障诊断（检测和隔离）、模块化和可更换单元设计提供信息。

S.3　故障诊断设计。

S.4　模块化和可更换单元设计。

S.5　建立维修性模型。

S.6　MTTR 指标分配。

S.7　可更换性、可达性、人素工程及安全性等设计。

S.8　MTTR 预计。

S.9　MTTR 验证。

3. 维修性设计技术

（1）简化设计　在满足使用要求和功能要求的前提下，尽可能采用最简单的结构和外形。减少使用和维修人员的工作，降低对使用和维修人员的技能要求。尽可能简化、合并产品功能，减少零部件的品种和数量。

（2）模块化设计　模块是具有相对独立功能的结构整体。为便于维修，模块应设计成具有互换性的可以更换的单元；模块应便于单独进行测试，更换后不需进行调整或必须调整时应能单独进行；模块的大小和质量应便于拆装、携带和搬运。

（3）可更换性设计　可更换性设计是指可更换单元能快捷、方便拆卸和重装的设计。例如，可更换单元能灵活方便地连接和开启，密封门的弹扣设计和快速紧固等。

（4）可达性设计　凡需要检查、维护、装卸、更新的部位及零部件、组件等都应有良好的可达性，如维修通道的目视孔隙、透明窗口或快速启闭的口盖；足够的检测、维修空间等。

（5）安全和人素工程设计　维修安全设计是避免维修人员伤亡和产品损坏的设计。通常采用对危险部位设置警告标记、声光报警等预防措施，防机械损伤设计，防电击设计，防火、防爆、防毒设计。维修人素工程设计是使维修活动适合人的生理、心理和人体需要，以提高维修工作效率，减轻人员疲劳等的设计。它包括维修空间适合人体活动要求，维修环境的照明亮度、噪声、振动、颜色等。

4. 维修性的定性评定

定性评定机械维修性的方法有两种：原型机比较法和专家评分法。

（1）原型机比较法　把设计的机械维修性同选作标准样机的维修性逐项对比，按比较项目作出“佳”、“可”、“差”的评语，累加“佳”、“可”、“差”的次数，得“佳”次数多的维修性好。

这种方法在汽车设计中经常应用，比较的项目有结构组合参数和结构特性参数两类。车辆分系统的个数、分系统中的装配单位数、发动机布置（前置式、后置式或者中置式）、更换部件需要卸除的零部件总数、系统布置密集度、维修工位数、主要装配单位连接点处的位置、可达性要求的安装尺寸和位置等均属结构组合参数。总成（发动机、传动系等）的型号、维护频率、寿命、重量、尺寸、连接点数、诊断传感器形式和安装位置等，则是结构特性参数。

在评定机械的维修性时考虑的参数越多，往往会降低精度，所以当需要进行多参数评定机械维修性时只作大概的估计。为了减少比较项目，可以选用一些综合性指标。

（2）专家评分法　设计阶段评审维修性没有可用的参考样机，此时可采用专家评分法评定设计方案的维修性。专家们按照给定的评分标准给影响维修性的诸参数评分，得分多的维修性好。例如，可达性评分标准是按照需要拆卸的部件数规定的，见表8-6。

表8-6　可达性评分标准

需要拆卸的部件数	可达性评分
0	8
1	6
2	4
3	2
>3	0

由多名专家按照产品维修性评分标准，给各个影响产品维修性的参数打分，依照得分高低来评定产品的维修性。

5. 可靠性维修策略

维修工作大多根据如何控制维修时机来分类，即设备翻修和更新的期限，而不是日常例行维修保养工作的期限。根据设备类型、维修技术装备以及维修人员的技术水平等条件，可采取多种不同的维修方式。

（1）事后维修　事后维修是指设备在其发生故障造成停机之后才进行维修，所以又称为修复性维修。这种维修方式由于事先对故障现象没有充分掌握，而且在多数情况下故障正在负荷较重时发生，因此造成停机停产的严重经济损失，有的甚至会导致发生安全事故。此外，由于不能在事前做好准备工作，修理时间拖长、质量差、费用高、设备有效度低。所以它是一种比较落后的维修方式，仅适用于安全性和可靠性要求不高的一些简单机械设备。

（2）预防维修　随着设备和系统的日益复杂，以及因发生故障停机所造成的经济损失日益增大，那种只通过事后维修来维持设备工作能力的方法，已越来越被预防维修所替代，尤其对那些安全性受到特别重视的交通运输工具及一旦出了故障就会导致很大经济损失的工业系统，预防维修尤为重要，不可缺少。预防维修分为定期维修和视情维修。

1）定期维修。它是根据使用经验及统计资料，规定出相应的维修程序，每隔一定时间就进行一次维修，对设备中某些零部件进行更换或修复，以防止其发生功能故障。定期维修根据系统内主要零部件发生故障时间的统计分布来确定维修周期，这样可使维修工作在有准备的情况下进行。例如，发动机主要依据缸筒、曲轴及轴瓦磨损程度来确定其是否大修。但是，这种维修方式由于必须对零部件进行拆卸解体检修，不仅增加了修理时间，也影响了设备的固有可靠性。另外，所规定的维修周期，往往受多种因素特别是受偶然性故障的影响，不全符合实际，不是造成设备失修就是维修次数过多，维修费用增加。但由于维修可以事先尽量安排在非生产时间进行，可使停机所造成的损失减少。

迄今，定期维修方式在机械设备系统中仍广泛采用。定期维修根据系统中零部件所起的作用不同又分两种维修形式：

① 定期预防维修。对于系统中一些重要的关键件，且容易发生耗损故障或能构成功能上隐患的零部件，常采用定期预防维修。定期预防维修是根据对设备无故障工作到一定的使用寿命后，就进行一次维修，将设备中到期的主要零部件进行更换。

② 定期计划维修。对于设备中一些数量较大、价值较低的易损件常采用该法，即按计划所规定的固定周期时间来进行维修，更换系统一定数量的零部件，而不管它们是否会发生故障。

2）视情维修。它是根据机械设备的故障状态进行的维修，故又称按需维修。有些机械设备中，有些耗损故障，诸如磨损、疲劳裂纹扩展等在临近引起故障前，其故障状况是可以鉴别的。所以视情维修对每种具体设备及其零部件不规定固定的更换周期，而是在工作状态下对零部件进行在线连续性的状况监控，当其中一个或几个特性参数下降到某种规定的标准值时就进行维修，以消除潜在故障，避免进一步发生功能故障。

视情维修立足于故障的物理性能基础之上，同时要配备有十分可靠的监控及测试装置，不断地对零部件进行特性值的监测，直至发现有某种故障征兆的时候，才进行修理或更换。因此，它既能提高设备的有效度，又能充分发挥零部件的潜力。这种维修方式在许多大型复杂设备的维修工作中已取得显著效果。

（3）以可靠性为中心的维修　近年来，在预防维修的基础上发展起来一种状态监测维修方式和以可靠性为中心的维修思想。所谓状态监测维修，是依靠广泛收集并分析设备中主要零部件的故障和统计资料，同时采取相应的措施来保持及改进设备的固有可靠性，即在工作过程中不断地监测其可靠性，让一些主要零部件一直用到出故障之后再进行分析问题和解决问题，根据所发现的问题相应地采取修改设计或修改维修规程（包括维修方式、周期、工作内容、操作方法等）。

以可靠性为中心的维修方式是在状态监测的基础上形成和发展起来的，它是以可靠性理论为基础的。它的基本思想是认为大型复杂系统一般没有或很少有耗损期，而只有早期故障和偶然性故障，而对这些故障，预防维修是无效的。因而应该按照各种零部件的功能、功能故障、故障原因及其影响后果来确定需要的维修工作。因此，以可靠性为中心的维修，其任务就在于要根据设备及其零部件的可靠性特点，应用逻辑分析决策法，对影响可靠性的各项因素进行具体分析并加以控制。在扩大应用视情维修，采用状态监测维修，尽可能充分发挥设备固有可靠性等基本原则下，来制订既安全又经济的维修规范，也就是要以最低的费用来保持和恢复设备的固有可靠性水平。

习　题

8-1　不可修复产品和可修复产品的可靠性特征量有何不同？

8-2　产品的平均寿命与产品的故障间隔时间有何不同？

8-3　一个产品的可靠性涉及哪些主要环节？这些环节之间有何联系？

8-4　设某种产品的寿命服从指数分布，已知产品的平均寿命为200h，试计算该产品连续工作200h、20h、10h的可靠度。

8-5　已知一个零件的应力$\bar{s}=500\text{MPa}$，$\sigma_s=50\text{MPa}$；强度$\bar{r}=600\text{MPa}$，$\sigma_r=60\text{MPa}$。若应力和强度都服从于正态分布，求该零件的可靠度。

8-6　一个混合系统如图8-20所示，已知要求达到的可靠度为$R_s=0.98$，通过预测测得各单元的可靠度为$R_1=0.95$，$R_2=0.96$，$R_3=0.97$，$R_4=0.90$，$R_5=0.91$，试按比例分配法进行可靠性分配。

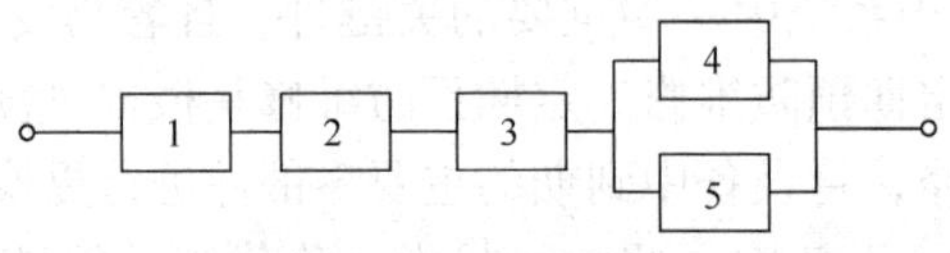

图8-20　题8-6图

8-7　如图8-21所示的混合系统，若各单元相互独立，每个单元可靠度分别为$R_1=0.99$，$R_2=0.98$，$R_3=0.97$，$R_4=0.96$，$R_5=0.975$，试求该系统的可靠度。

8-8　两个不同单元并联，各单元的工作相互独立，寿命均服从指数分布，单元的失效率$\lambda_1=0.00012/\text{h}$，$\lambda_2=0.00015/\text{h}$；一组维修工，修复率为$\mu_1=0.01/\text{h}$，$\mu_2=0.02/\text{h}$；试求该系统的稳态有效度。

8-9　图8-22所示为某产品的故障树，若已知底事件x_1和x_2的失效概率为0.3，x_3、x_4、x_5、x_6的失效概率均为0.15，x_7的失效概率为0.1，试求此故障树的最小割集与系统可靠度。

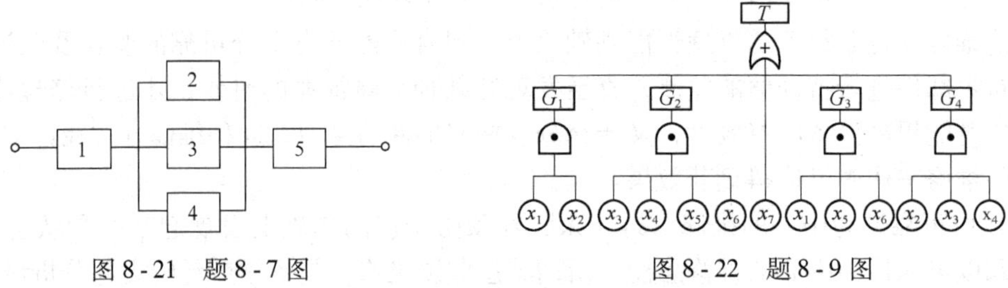

图8-21　题8-7图　　　图8-22　题8-9图

参 考 文 献

[1] 葛世荣．矿井提升机可靠性技术［M］．徐州：中国矿业大学出版社，1994.

[2] 李连祝，葛世荣．矿山机械可靠性设计［M］．北京：煤炭工业出版社，1994.

[3] 王超，王金．机械可靠性工程［M］．北京：冶金工业出版社，1992.

[4] 张训诰，肖德辉．可靠性及其应用［M］．北京：兵器工业出版社，1991.

［5］黄祥瑞．可靠性工程［M］．北京：清华大学出版社，1990.
［6］陈健元．机械可靠性设计［M］．北京：机械工业出版社，1988.
［7］杨万凯，白旭东．系统维修性分析［M］．沈阳：东北大学出版社，1991.
［8］何国伟．可靠性设计［M］．北京：机械工业出版社，1993.
［9］王时任，陈继平．可靠性工程概论［M］．武汉：华中工学院出版社，1983.
［10］王世芳．可靠性管理技术［M］．北京：机械工业出版社，1987.
［11］孙乐仁．机电产品可靠性技术［M］．北京：机械工业出版社，1987.